Wolfgang M. Heckl (Hg.)

Die Welt der Technik in 100 Objekten

Wolfgang M. Heckl (Hg.)

Die Welt der Technik in 100 Objekten

C.H.Beck

Mit 290 Abbildungen, davon 203 in Farbe

www.chbeck.de
Umschlaggestaltung: Kunst oder Reklame, München
Umschlagabbildungen: vorne: Prismenspektralapparat, Deutsches Museum, Konrad Rainer;
hinten oben: Rastertunnelmikroskop, Deutsches Museum, Reinhard Krause;
hinten unten: Benz-Motorwagen, Deutsches Museum, Hans-Joachim Becker
Satz: Janß GmbH, Pfungstadt
Druck und Bindung: CPI Ebner & Spiegel, Ulm
Gedruckt auf säurefreiem und alterungsbeständigem Papier
Printed in Germany
ISBN 978 3 406 78314 2

myclimate

klimaneutral produziert
www.chbeck.de/nachhaltig

Inhalt

Umhängetasche aus Safttüten und andere Objekte mit Zukunft

Anhang

Vorwort

Titanen der Technik und namenlose Erfinder

Dieses Buch unternimmt eine Reise zurück in die Vergangenheit, die uns bis heute prägt, und vorwärts in die Zukunft, um zu berichten, wie die Menschen im letzten halben Jahrtausend die Welt mit Technik erst erforscht und dann verwandelt haben, wie aber auch sie selbst und die Gesellschaft durch technische Erfindungen geprägt wurden. Es erzählt diese Geschichte anhand von Objekten, die aus dem Deutschen Museum stammen, das zu den größten, bedeutendsten und meistbesuchten Wissenschafts- und Technikmuseen der Welt gehört.

Jedes Objekt erzählt seine Geschichte auf mehreren Ebenen: was zu seiner Erfindung führte; für welche Zeit es geschaffen wurde; wie es die Beziehung des Menschen zur Wirklichkeit und nicht zuletzt diese Wirklichkeit selbst verändert hat; wie sein Lebenslauf aussah und schließlich auch, auf welchen Wegen es ins Deutsche Museum fand. Auf diese Weise entstehen anschauliche, facettenreiche Porträts, in denen sich sowohl die Entwicklungslinien von Naturwissenschaft und Technik als auch die großen Zusammenhänge der Weltgeschichte spiegeln.

Das Deutsche Museum ist reich an Superlativen. Es gibt hier eine Vielfalt an Themen, Herangehensweisen und Ausstellungsstücken zu besichtigen wie in kaum einem anderen Museum dieser Welt. Die versammelten Meisterwerke bringen uns zum Staunen – etwa 25 000 Exponate sind in den Ausstellungen auf der Museumsinsel und in den vier Zweigstellen zu sehen. Und doch ist dies nur rund ein Fünftel der insgesamt mehr als 120 000 Objekte, die zur Sammlung des Deutschen Museums gehören und zu denen noch die Bestände der Bibliotheken und des Archivs hinzuzurechnen sind.

Der Fundus aus Sammlung, Bibliothek und Archiv ist ein kulturhistorisch herausragender Schatz der Technik- und Wissenschaftsgeschichte. In 54 Fachabteilungen werden historisch bedeutende Objekte gesammelt – von Schiffen über Automobile bis zu Quantenprozessoren und der Atomphysik –, und in allen Bereichen gibt es Bemerkenswertes aufzufinden. Man darf skeptisch sein, ob 100 Objekte ausreichen, all dies abzubilden – und wer genau nachzählt, wird auch feststellen, dass die Zahl 100 im Titel dieses Buches mehr symbolisch zu verstehen ist und die exakte Zahl der vorgestellten Objekte etwas darüber liegt. Ähnlich wie die interessanteste Ausstellung nur dann besucherfreundlich ist, wenn ihr Spannungsbogen zu überblicken ist, dient auch hier die Begrenzung dazu, einen Rahmen abzustecken.

Wie aber wählt man aus Tausenden von Objekten gut 100 aus? Selbst wenn man sich nur auf die «Meisterwerke» beschränkt, wird es schwierig; zu breit ist das Haus aufgestellt und zu viele Stücke gibt es, die dieses Kriterium erfüllen. Die Redaktion dieses Buches hat daher einen anderen Weg gewählt und sich zum Ziel gesetzt, eine Auswahl zusammenzustellen, die mit den Objekten aus dem Deutschen Museum zugleich auch die Welt der Technik der letzten fünfhundert Jahre *repräsentiert*.

Damit ist dieses Buch kein Inventar der Meisterwerke des Deutschen Museums. Natürlich erfährt man etwas über die Höhepunkte der Sammlung wie den Benz-Patent-Motorwagen Nr. 1 oder den Lilienthalgleiter, die allen sofort in den Sinn kommen, wenn sie ans Deutsche Museum denken. Aber das Buch möchte den Blick auch in die Breite lenken: Die größten und prächtigsten Stücke des Hauses werden vorgestellt, aber auch kleine, unscheinbare; millionenfach hergestellte Massenartikel ebenso wie unbezahlbare Prototypen oder kurios anmutende technische Spielereien. Chronologisch geordnet geht es von den ältesten Exponaten des Hauses bis zu noch nicht inventarisierten Zukunftstechnologien. Die präsentierten Objekte erzählen von der Entdeckung des Neptuns, von der Elektrifizierung der Welt, der Fortpflanzung der Flöhe, von magischen Kugeln in der Medizin, Samstagsnachmittagsideen oder dem Nachleuchten des Urknalls. Die Exponate stammen von Titanen der Wissenschaft ebenso wie von vergessenen und namenlosen Erfindern. Manche – vielleicht der Ewer Maria HF oder die «Tante Ju» – werden Ihnen wie alte Bekannte vorkommen. Manche stehen als Leitobjekte exemplarisch für ganze Bereiche der Entwicklung, andere werfen Schlaglichter auf nur einzelne, fast vergessene Ereignisse.

Die Objekte sind so vielfältig wie die Welt der Technik und wie das Deutsche Museum selbst. Die einschlägigen Felder der Technik, von der Produktionstechnik über die Verkehrs- und Bautechnik bis hin zu den verschiedenen Energie- und Informationstechniken, sind genauso umfassend vertreten wie die unterschiedlichen Phasen der Technikentstehung von der Erfindung bis zum Massenprodukt. Gleichzeitig erhalten Sie auch einen vollständigen Einblick in die Welt des Deutschen Museums – in seine Zweigstellen, in die Bibliothek, in das Archiv, in die Depots, in Schätze, die nur im Rahmen besonderer Führungen zu besichtigen sind. Besonders freut mich, dass nicht zuletzt die Autorinnen und Autoren der Beiträge die Bandbreite des Hauses wie der Technik aufzeigen. Dies sind natürlich die Kuratorinnen und Kuratoren, die die Fachbereiche und Sammlungen verantworten, aber auch Kolleginnen und Kollegen aus dem Ausstellungsdienst und aus den Werkstätten, Mitarbeiter im Forschungsinstitut, in der Bibliothek und im Archiv, Restauratoren, Volontäre oder der Generaldirektor des Hauses.

In der Zusammenschau aller Objekte und Themen kann und will das Buch weder Geschichtsbücher noch Speziallektüre ersetzen – und erst recht nicht den Besuch des Museums! Vor allem anderen möchte es Lust machen auf die Auseinandersetzung mit der Technik – einem gewichtigen Teil der Menschheitsgeschichte. Ich hoffe, dieses Buch bereitet Ihnen beim Lesen Freude und verschafft Ihnen den einen oder anderen Aha-Moment, wenn Sie auch bei weithin bekannten Meisterwerken noch etwas Neues erfahren. Seien Sie neugierig, lassen Sie sich ein auf eine Reise in Bekanntes und Unbekanntes, und freuen Sie sich auf die Faszination von Wissenschaft und Technik!

Das Buch ist das Ergebnis einer zeitintensiven fünfjährigen Zusammenarbeit. Immer wieder wurden Objekte verworfen, neue aufgenommen – und bis zuletzt wieder gestrichen. Danken möchte ich an dieser Stelle dem Redaktionsbeirat, der die Auswahl der Objekte inhaltlich begleitete: Anja Bayer, Dirk Bühler, Sabine Gerber, Rolf Gutmann, Ulf Hashagen, Kathrin Mönch.

Ein herzliches Dankeschön geht außerdem an das Fotoatelier des Deutschen Museums mit Hans-Joachim Becker (Leitung), Hubert Czech, Christian Illing, Reinhard Krause, Susanne Weiß und Konrad Rainer, die sich für das Gros der

Bilder in diesem Band verantwortlich zeigen, sowie an das Textbüro des Deutschen Museums unter Leitung von Kathrin Mönch mit Claudia Hellmann, Andrea Lucas und Cornelia Schubert, die sich der Organisation und dem internen Lektorat der einzelnen Beiträge gewidmet haben und ohne die das Projekt nicht durchführbar gewesen wäre.

Nicht zuletzt danke ich dem Verlag C.H.Beck für sein Engagement und die äußerst angenehme Zusammenarbeit, insbesondere Dorothee Bauer für das gelungene Layout sowie, allen voran, Stefan Bollmann für sein scharfsinniges und sorgfältiges Lektorat und seinen Einsatz bei der Entstehung des Buchs.

WOLFGANG M. HECKL

Einleitung

Der Makrokosmos im Mikrokosmos

Um die Wende zum dritten Jahrtausend trat Paul Crutzen, Atmosphärenchemiker, Entdecker des Ozonlochs und Nobelpreisträger, eine Debatte los, deren große Dynamik und gewaltige Resonanz in Wissenschaft und Öffentlichkeit ihn selbst überraschte. Verzweifelt über den rasant voranschreitenden Klimawandel und die Untätigkeit der Menschheit, ihm wirksam zu begegnen, plädierte er dafür, eine neue erdgeschichtliche Epoche in die geologische Zeitskala aufzunehmen. Das Holozän als gegenwärtiger Zeitabschnitt sollte durch eine neue, nach dem Menschen (griechisch *anthropos*) benannte Epoche abgelöst werden. Crutzen schlug vor, das *Anthropozän* um die Mitte des 18. Jahrhunderts starten zu lassen, als die Menschheit in der Industriellen Revolution mit Hilfe neuer Techniken wie der Dampfmaschine begann, die Erde tiefgreifend zu verändern und sich zu einem geologischen Akteur zu entwickeln. Mittlerweile geht die Mehrheit der Experten allerdings davon aus, den Beginn des Anthropozäns auf die sogenannte «Große Beschleunigung» der menschlichen Eingriffe in die Erde um die Mitte des 20. Jahrhunderts zu datieren.

Als das Deutsche Museum in Zusammenarbeit mit dem ebenfalls in München beheimateten Rachel Carson Center für Umwelt und Gesellschaft 2014 unter dem Titel *Willkommen im Anthropozän. Unsere Verantwortung für die Erde* die weltweit erste große Ausstellung zu diesem Thema eröffnete, war der Begriff in der breiten Öffentlichkeit noch wenig bekannt. Die Wissenschaft arbeitete zwar bereits intensiv daran, die ebenso faszinierende wie erschreckende These der technisch gestützten Transformation der Erde durch den Menschen aus ganz unterschiedlichen Perspektiven auf ihre wissenschaftliche Evidenz hin zu überprüfen. Weit über die unmittelbar betroffenen Disziplinen wie Geologie, Erdsystemforschung oder Biologie hinaus setzten sich zahlreiche Forscher und Forscherinnen, vor allem auch in den Geisteswissenschaften, kritisch mit der These des Menschen als geologisches Subjekt und ihren vielfältigen Implikationen für das Verständnis der Verbindung von Natur, Technik und Kultur auseinander. Auch die Medien beteiligten sich lebhaft an der Debatte und nahmen begierig die neuen Erkenntnisse der Fachwissenschaft auf.

Das wissenschaftliche und mediale Dauerfeuer zeigt mittlerweile Wirkung. Heute ist der Begriff in vieler Munde. Politikerinnen wie Angela Merkel geht er ebenso leicht von den Lippen wie Besuchern des *Theaters des Anthropozäns*, der Oper *Anthropozän* oder des Spielfilms *Die Epoche des Menschen*. In Zeiten, in denen der Klimawandel und das Massenaussterben der Arten Wahlen entscheiden können, ist er für die einen zur begrifflichen Verkörperung drohender Umweltkatastrophen geworden und für die anderen zur Hoffnung auf eine Bewältigung künftiger Großkrisen durch einen vernünftigeren Umgang mit den Ressourcen der Erde.

Die Technosphäre

Beide Wahrnehmungsformen des Anthropozäns, die natur- und die geisteswissenschaftliche, richten den Fokus nicht zuletzt auf die Rolle der Technik – als Ursache der Umweltprobleme, mit denen wir uns heute konfrontiert sehen, oder als Lösung dieser Probleme. Bereits Crutzen hatte in technischen Innovationen eine der wichtigsten Voraussetzungen für die Entwicklung des Menschen zum Umgestalter der Erde gesehen. Viele Wissenschaftlerinnen und Wissenschaftler unterschiedlicher Disziplinen sind ihm in dieser Anschauung gefolgt. Diesem gedanklichen Zusammenhang verdankt sich auch der mit der Anthropozändebatte verknüpfte Komplementärbegriff des «Technozäns».

Weiter noch reicht die faszinierende Idee der «Technosphäre». Auch sie entstand zunächst aus einem kulturkritischen Zusammenhang, als im Kontext der sich ab den 1960er-Jahren formierenden Umweltbewegung und der planetarischen *Grenzen des Wachstums* – so der Titel des berühmten Berichts des Club of Rome zur Zukunft der Weltwirtschaft aus dem Jahr 1972 – massive Zweifel am technikfixierten Fortschrittsdenken der Nachkriegszeit aufkamen. Mit der Technosphäre markierte die aufkeimende Umwelt- und Erdsystemforschung die menschlichen Eingriffe in die globalen Stoffkreisläufe und den Austausch von Energie und Materie. Konsequent zu Ende gedacht wird daraus die These, dass die Technik eine eigene Sphäre bildet, die den in der Natur vorkommenden Räumen der Atmosphäre, Hydrosphäre, Lithosphäre, Kryosphäre und der Biosphäre gegenübertritt. Sie ist, wie Peter Haff, Mitglied der Anthropocene Working Group, argumentiert, zunächst vom Menschen geprägt worden, mittlerweile aber seiner Kontrolle entglitten, und entwickelt sich nach ihr eigenen Gesetzlichkeiten. Dies ist einerseits eine sehr weitgehende These, die dem allgemeinen Verständnis von Technik als Produkt menschlichen Handelns zuwiderläuft; sie ist andererseits eine produktive Provokation, die spannende neue Perspektiven auf die wahrhaft planetarischen Dimensionen eröffnet, welche die Technik in der Gegenwart hat und künftig haben wird. So hat sich eine Gruppe von Wissenschaftlerinnen und Wissenschaftlern jüngst der Aufgabe angenommen, die Größenordnungen der Technosphäre zu bestimmen, und diese sind gewaltig. Sie schätzen die Masse der Technosphäre auf fast 30 Billionen Tonnen und damit auf das 100 000-Fache des Gesamtgewichts aller existierenden Menschen. Rein rechnerisch ist jeder Quadratmeter der Erde (einschließlich der Meere) von 50 kg Technik bedeckt. Die Gruppe geht zudem von etwa 130 Mio. Arten technischer Objekte aus, womit die Diversität der Technosphäre diejenige der Biosphäre mit rund 90 Mio. Spezies übertreffen würde.

Der Begriff der Technosphäre schärft den Blick für die Allgegenwart von Technik in unserer modernen Welt und den langen Prozess der Herausbildung einer Kultur der Technik. Die Erde wird von pflanzlichen, tierischen und menschlichen Spezies bevölkert, denen im Laufe der Menschheitsentwicklung und insbesondere seit dem Anthropozän eine rasant wachsende Menge von technischen Spezies gegenübertreten. Es gehört zur menschlichen Kultur, all diese Spezies zu sammeln, zu erforschen und zu bewahren, um das in ihnen enthaltene Wissen und das Wissen über sie für die Gegenwart und für künftige Generationen zu sichern. Und genau das ist die Aufgabe von Museen.

In diesem Sinne dokumentieren die Sammlungen des Deutschen Museums Entstehung, Wachstum und Diversität der Technosphäre in exemplarischen Spezies – «Meisterwerke» nannten sie die Gründer des Museums, und dieser Begriff hat sich bis heute im Namen «Deutsches Museum von Meisterwerken der Naturwissenschaften und Technik» erhalten. Würde das Museum heute gegründet werden, könnte eine von vielen möglichen Namensgebungen «Deutsches Museum von Spezies der Technosphäre» lauten.

Sammlungen und Wissensordnungen im Technikmuseum

Das moderne Wissenschafts- und Technikmuseum ist eine Schöpfung des frühen 20. Jahrhunderts. Das 1903 von Oskar von Miller gegründete Deutsche Museum wirkte dabei für mehrere Jahrzehnte als strahlendes Vorbild, das weltweit vielfach nachgeahmt wurde. Im weiteren Verlauf des 20. Jahrhunderts, dem durch zwei Weltkriege und den Kalten Krieg geprägten «Zeitalter der Extreme» (Eric Hobsbawm), musste sich das Deutsche Museum mehrfach neu erfinden und kreativ seine Führungsposition in der rasant wachsenden Museumslandschaft konsolidieren. Basis und Rückgrat seiner Entwicklung waren – und sind – dabei die Sammlungen.

Die Wende zum 20. Jahrhundert war für die Museen generell eine Modernisierungs- und Reformphase. Unter dem Druck der breiten Bewegung zur Popularisierung naturwissenschaftlich-technischen Wissens wurden innovative Konzepte des Ausstellens realisiert und neue Strategien der Wissensvermittlung erprobt. In dieser Phase entstanden im Deutschen Museum – und darüber hinaus – neben den klassischen Sammlungen historischer Originale Objektgruppen, die speziell für das Museum hergestellt wurden. Sie verfolgten die doppelte Zielsetzung, Fachwissen über die aktuellen Entwicklungen in Naturwissenschaft und Technik zu vermitteln und dieses Wissen in historische Zusammenhänge einzuordnen. In den Ausstellungen standen Originale neben Modellen und Nachbildungen, Rekonstruktionen neben Demonstrationen und aufwendig gestalteten Dioramen, Texte neben Bildern und Grafiken.

Im Deutschen Museum erfunden wurde das Konzept der technischen Entwicklungsreihe. Ganz der zeitgenössischen Fortschrittsidee verpflichtet, erzählten die Museumsausstellungen lineare Fortschrittsgeschichten, in denen sich die Technik nach einer ihr eigenen Logik aus sich selbst heraus entwickelte. Ein gutes Beispiel für eine solche Fortschrittsgeschichte ist etwa der Entwurf des Ausstellungsbereiches «Schreibmaschinen» aus dem Jahr 1906. Hier sollte die Entwicklung der maschinellen Schreibtechnik vom ersten Modell der Firma Remington aus dem Jahr 1877 bis zum damals neuesten Modell des Unternehmens abgebildet werden. In enger Abstimmung mit den fachlichen Experten des Deutschen Patentamts wurden «erstklassige» von «zweitklassigen» Maschinen unterschieden, und anschließend gingen die Verantwortlichen des Museums daran, die ausgewählten Objekte einzuwerben.

Wir wissen heute, dass die Hochindustrialisierung von den 1880er-Jahren bis zum Ersten Weltkrieg eine Periode war, in der sich die Technik besonders dynamisch entwickelte. Europa erlebte eine «zweite industrielle Revolution», in der sich wissenschaftliche Entdeckungen und technische Erfindungen beispiellos häuften. Die Technosphäre dehnte sich rasch aus und drang tief in die Natur ein. Interessanterweise sahen die Verantwortlichen des Museums ihre Aufgabe nicht darin, diese außerordentlich große technologische Offenheit abzubilden. Im Gegenteil ging es ihnen darum, am Prozess einer technischen Standardisierung gestaltend mitzuwirken. Den Besuchern wurde das Bild eines technischen Hauptpfads der Schreibmaschinenentwicklung vermittelt; davon abweichende Bauweisen und Sonderanfertigungen wurden als «zweitklassig» qualifiziert.

Das Sammlungskonzept Oskar von Millers und seiner Mitstreiter war hochgradig systematisch angelegt. Es unterteilte den Kosmos der Technosphäre lehrbuchartig in einzelne Fachgebiete. Dieses Ordnungssystem lehnte sich mit seinen insgesamt 45 Fachgebieten eng an den historisch gewachsenen Disziplinenkanon der Naturwissenschaften und der Technik an und sparte allein die Medizin und die Lebenswissenschaften aus. Miller gelang es, ein breites Netzwerk von Experten zu mobilisieren, die fast durchweg zu den herausragenden Vertretern ihrer Fachrichtungen in Deutschland zählten, darunter zahlreiche Nobelpreisträger wie Wilhelm C. Röntgen, Walther Nernst, Wilhelm Ostwald oder Wilhelm Wien. Gestützt auf ihren souveränen Überblick über die jeweiligen Disziplinen sollten sie in sogenannten Wunschlisten die Grundstruktur der Sammlungsgebiete vorgeben. Die Experten legten fest, welche Objekte museumswürdig waren, und schrieben auf diese Weise einen Kanon technisch-materieller Kultur fest, der auf dem aktuell verfügbaren naturwissenschaftlichen und technischen Wissen basierte. Das versammelte Expertenwissen des Deutschen Kaiserreichs identifizierte insgesamt rund siebentausend Objekte, die als würdig für ein Museum von Meisterwerken der Naturwissenschaft und Technik gehalten wurden. Viele der in diesem Band versammelten Objekte gehen auf diese Wunschlisten zurück.

Ein Teil der Sammlungen des Deutschen Museums fällt jedoch aus dem Bild der neu entwickelten Systematik heraus: der Fundus der ersten 2023 Objekte, die von der Bayerischen Akademie der Wissenschaften aus ihrem umfangreichen Bestand an mathematisch-physikalischen Kollektionen gestiftet wurden. Die sogenannte Akademiesammlung enthielt Instrumente und Apparate zu Forschungszwecken ebenso wie Objekte zur akademischen Ausbildung und Lehre sowie zur Popularisierung von Wissenschaft. Auch aus diesem Grundstock der Sammlungen sind in diesem Band Objekte porträtiert, darunter der Prismenspektralapparat von Joseph von Fraunhofer (S. 133).

Es ist bemerkenswert, wie dauerhaft das zu Beginn des 20. Jahrhunderts entwickelte Ordnungssystem war und ist. Das Klassifikationsschema der Museumsgründer ist trotz der ständigen Anpassung des Museums an die Dynamik des Wachstums der Technosphäre weitestgehend stabil geblieben. Der heute in ein mehrstelliges Dezimalsystem gegliederte Katalog der Fachgebiete ist seit der Museumsgründung hier und da nachjustiert worden, auch durch die Hinzufügung von einigen weiteren Fachgebieten. Deren Zahl ist aber von ursprünglich 45 auf gerade einmal 54 heute gewachsen. Bedenkt man, wie sehr sich Naturwissenschaft und Technik im Verlauf des 20. Jahrhunderts gewandelt haben, so ist dieses hohe Maß an Stabilität der Wissensordnungen überaus augenfällig. Eine vergleichende Analyse der Sammlungsentwicklung der Schwestermuseen in Wien und London würde zeigen, dass sich auch dort die an der Wende zum 20. Jahrhundert etablierten Sammlungssystematiken in ihren Grundstrukturen kaum verändert haben. Kurzum: Wissensordnungen in Technikmuseen sind von einer bemerkenswerten Konstanz. Sie bilden einen materiellen Kontrapunkt zur heute dominanten Erzählung einer steten Beschleunigung des naturwissenschaftlich-technischen Wandels.

Als das im Zweiten Weltkrieg stark zerstörte Museum nach Kriegsende wiederaufgebaut wurde, hielten sich die Verantwortlichen so eng wie möglich an die Planungen der Gründerväter – und vergaben damit eine historische Chance, Neues zu schaffen. Erst nach Abschluss des Wiederaufbaus in den späten 1960er-Jahren wurde damit begonnen, innovative Konzepte zu prüfen sowie neue Themen aufzugreifen und damit auch neue Sammlungen anzulegen, die jedoch so weit wie möglich in die gewachsene Systematik integriert wurden. Eine engagierte Sammlungspolitik scheiterte dabei schon am notorischen Mangel an Depotfläche – bis heute ein ungelöstes Problem des Hauses, das insbesondere die Möglichkeiten drastisch begrenzt, Großobjekte wie etwa Flugzeuge oder Schiffe zu sammeln. Im Unterschied zu den meisten anderen Nationalmuseen hat das Deutsche Museum sich zudem in seiner Objektakquise nie auf den nationalen Raum begrenzt. Eine moderne, international orientierte Sammlungspolitik für das 21. Jahrhundert erfordert aufwendige Absprachen über Landesgrenzen hinweg. Hier hilft dem Deutschen Museum sein weltweites Netzwerk, und doch bleibt eine Sammlungstätigkeit in globaler Perspektive für jedes Technikmuseum eine große Herausforderung.

Jenseits der Objekte

Die Objektsammlungen sind das materielle Rückgrat des Deutschen Museums, und die Ausstellungen sind das Schaufenster zur Öffentlichkeit. Die Vision Oskar von Millers reichte von Beginn an aber weiter, als nur Objekte zu sammeln und auszustellen. Er wollte auf der Münchner Museumsinsel einen Dreiklang des Schauens, Studierens und Diskutierens schaffen, der in drei baulichen Schritten verwirklicht werden sollte – und wurde. Millers Vision war nie aktueller als heute, da sich das Deutsche Museum als ein integriertes Forschungsmuseum versteht. Es sollten freilich Jahrzehnte vergehen, ehe die baulichen Voraussetzungen für die Realisierung seiner Vision geschaffen werden konnten. Der Ort des Schauens war das Ausstellungsgebäude, das 1925 eröffnet wurde; der Ort des Studierens war die Bibliothek, die 1932 vollendet wurde; und der Ort des Diskutierens war der Kongress-Saal, der Kopfbau des Museumsareals auf der Isarinsel, der 1935 eingeweiht wurde.

Komplementär zur Bibliothek wurde ein als «Plansammlung» bezeichnetes Archiv für Wissenschafts- und Technikgeschichte aufgebaut, in dem die Besucherinnen und Besucher im Nachgang zu ihrem Ausstellungsbesuch historische Originaldokumente bedeutender Wissenschaftler und Ingenieure studieren konnten.

Das Konzept, die Objektsammlungen durch die Erwerbung von Bibliotheksgut und Archivmaterial zu erweitern und diese drei Sammlungsbestände aufeinander zu beziehen, war zu Beginn des 20. Jahrhunderts radikal neu und noch von keinem anderen Technikmuseum erprobt worden. Es sollte sich nicht nur als hochgradig innovativ, sondern auch als besonders zukunftsfähig erweisen.

Heute, im Zeitalter digitaler Information, bilden diese drei Sammlungen die integrierte Forschungsinfrastruktur des Deutschen Museums. Sie sind die Basis für all seine Aktivitäten in der Erforschung und Vermittlung von Naturwissenschaft und Technik wie auch für den rasant voranschreitenden Aufbau eines «digitalen Zwillings» des realen Museums in Gestalt des Deutschen Museums Digital.

Die Objektauswahl

Heute umfasst das Sammlungsinventar des Museums rund 122 000 Nummern, die in vielen Fällen nicht nur für ein einzelnes Objekt stehen, sondern auch für eine Vielzahl von Zubehörteilen oder Ähnlichem. Die Zahl der gesammelten Objekte – nennen wir sie technische Spezies – entspricht somit interessanterweise ziemlich genau einem Tausendstel der errechneten Diversität der Technosphäre. Das mag nach wenig klingen, ist aber gewaltig. Denn diese Objekte füllen nicht nur das in seiner Fläche erdweit größte Museum der Naturwissenschaften und Technik, sondern seine auf mehrere Standorte in Bayern verteilten Depots; nur etwa ein Fünftel aller Objekte ist ausgestellt. Hinzu kommen rund eine Million Bände in den Sammlungen der Bibliothek und die etwa 4700 Regalmeter umfassenden Sammlungen des Archivs, die Nachlässe von Wissenschaftlern und Ingenieuren ebenso enthalten wie Pläne und technische Zeichnungen, Fotos und Filme sowie Firmenschriften und Medaillen.

Aus all diesen potentiellen Kandidaten die gut 100 auszuwählen, deren Geschichten hier exemplarisch erzählt werden, war die wohl schwierigste Aufgabe beim Zustandekommen dieses Bandes. Sehr rasch zeigte sich dabei, dass der Begriff des Meisterwerks, der am Beginn der Geschichte des Deutschen Museums stand und auch heute noch in seinem offiziellen Namen enthalten ist, hier nicht weiterhalf – und dies nicht nur, weil er von der kulturwissenschaftlichen und museumshistorischen Forschung längst gründlich dekonstruiert worden ist.

So sollten sich zu den historisch besonders bedeutsamen Exponaten wie den Magdeburger Halbkugeln (S. 59), dem Benz-Motorwagen (S. 265) oder auch dem nobelpreisgekrönten Frequenzkamm von Theodor Hänsch (S. 603) Prototypen und Versuchsanordnungen, Serienprodukte und Massenware mit Alltagsrelevanz wie die Bosch-Küchenmaschine von 1952 (S. 521) hinzugesellen. Den Originalobjekten sollten Dioramen, Großinszenierungen wie das Bergwerk (S. 457), an die Seite gestellt werden.

Bei der Auswahl der Objekte sollten auch kuriose, geheimnisvolle Exponate und Lieblingsstücke der Kuratorinnen und Kuratoren wie z. B. der Brutschrank von Robert Koch (S. 251) berücksichtigt werden, sofern sie für eine wissenschaftliche Entdeckung oder technische Entwicklung exemplarisch stehen und relevant sind.

Gleichzeitig sollten die ausgewählten Objekte alle Teilbereiche der Sammlung des Hauses repräsentieren und damit das Wachstum der Technosphäre seit der Frühen Neuzeit abbilden. Darüber hinaus sollte jedes einzelne Objekt eine über die reine Objektbeschreibung hinausgehende spannende Geschichte erzählen.

Museumskuratorinnen und -kuratoren sind eine berufliche Spezies, die im auf das lateinische *curare* (sorgen, sich kümmern) zurückgehenden Wortsinne ihre Sammlungen pflegen, sich um sie sorgen, und dies um jedes einzelne Objekt «ihrer» Sammlungen gleichermaßen. Gewiss, auch sie haben Vorlieben. Aber wie soll eine Kuratorin oder ein Kurator aus einer Sammlung von durchschnittlich mehr als zweitausend Objekten die zwei oder drei Stücke auswählen, die besonders wichtig oder exemplarisch sind, um die Technosphäre in ihrer Gesamtheit zu repräsentieren?

Die endgültige Auswahl erfolgte deshalb im Kollektiv der Kuratorinnen und Kuratoren, unterstützt durch einen die Museumsbereiche übergreifenden Redaktionsbeirat. Sie erforderte lange Diskussionen, gemeinsames Abwägen von Argumenten des Für und Wider und immer wieder das Hinzufügen und Streichen einzelner Objekte. Jede noch so durchdachte Suchheuristik mit scheinbar klar definierten Auswahlkriterien scheiterte an der Komplexität der Aufgabe. Kurzum: Für ein auf systematischem Wege unlösbar erscheinendes Problem musste am Ende häufig auf pragmatischem Wege eine Lösung gefunden werden.

Im Ergebnis ist ein Buch entstanden, das Originalobjekte, Nachbauten, Archivalien, Bücher, Modelle, Dioramen und Inszenierungen beinhaltet, die Astronomie des 15. Jahrhunderts genauso abbildet wie die Robotik des 21. Jahrhunderts, das Leeuwenhoek'sche Mikroskop (S. 65) neben den Fischerdübel (S. 533) stellt und zu allen eine interessante Geschichte erzählt.

Die Bandbreite der hier versammelten Objekte bietet nicht nur einen Querschnitt durch die Technosphäre, sondern auch einen Längsschnitt durch die Geschichte des Deutschen Museums und eröffnet bemerkenswerte Einblicke in das Museum, seine Abteilungen, seine Zweigstellen und seine Sammlungen.

Bildet der Band aber auch die komplexe Geschichte der Entwicklung der Technosphäre ab? Die Antwort lautet: ja und nein. Wie erwähnt, haben wir mit großer Sorgfalt die Objekte so ausgewählt, dass sie möglichst weite Teile dieser Geschichte umspannen, vom späten 15. Jahrhundert bis in die Gegenwart, mit Ausblicken in die Zukunft. Zudem sind die Porträts der Exponate gleichsam als Kurzbiografien angelegt. Sie erzählen den individuellen Lebenslauf des jeweiligen Objekts, seine wissenschaftlich-technische Entstehungs- und Verwendungsgeschichte ebenso wie seine Sammlungs- und Ausstellungsgeschichte im Deutschen Museum, und verklammern diese mit den Kontexten der allgemeinen Entwicklung von Politik und Wirtschaft, Kultur und Gesellschaft. Auf diese Weise entstehen multiperspektivische und multidimensionale Mikroporträts, in denen sich sowohl die generellen Entwicklungslinien der Technosphäre als auch die allgemeinen Kontexte der Weltgeschichte spiegeln. Plastisch wird dabei auch, wie Wissen entsteht, in der Gesellschaft zirkuliert, in die Objekte eingeschrieben wird und schließlich im Deutschen Museum entlang seiner Sammlungssystematik neu geordnet wird.

Welche neuen Perspektiven dadurch etwa auch auf das Verhältnis von Wissenschaft und Technik zu Natur und Kultur eröffnet werden, zeigt beispielhaft ein Objekt, von dem sich Oskar von Miller wohl nie hätte vorstellen können, dass es von seinem Museum von Meisterwerken gesammelt oder gar ausgestellt werden würde: eine Umhängetasche, die von einer Kooperative philippinischer Frauen aus weggeworfenen Safttüten hergestellt wurde (S. 625). Dieses scheinbar so banale Objekt erweist sich bei näherer Betrachtung als ingeniöses Meisterstück der kreativen Wiederverwendung von Abfall. Und auch hier wird deutlich, wie die Kurzbiografie eines individuellen Objekts die großen welthistorischen Zusammenhänge erzählt – in diesem Fall der Plastikmüll als eines der drängendsten Probleme der Menschheit im Zeitalter des Anthropozäns.

Aber wie hätte es uns gelingen können, das rasante, exponentielle Wachstum der Technosphäre zu dokumentieren? Aktuellen Schätzungen zufolge verdoppelt sich das wissenschaftliche Wissen in weniger als zehn Jahren, und ebenso rasch wächst die Zahl der technischen Neuerungen. Kein Wissenschafts- und Technikmuseum dieser Erde – nicht einmal das Deutsche Museum als das flächenmäßig größte – kann in seiner Sammlungspolitik mit dieser Dynamik in ihrer vollen Tiefe und Breite Schritt halten, geschweige denn die hier präsentierte Objektauswahl. Je mehr sich unser chronologisch gegliederter Band der Gegenwart nähert, desto selektiver kann er die Entwicklung der Technosphäre erzählend abbilden. Zudem tendierte – und tendiert auch heute noch – die Sammlungspraxis der Kuratorinnen und Kuratoren des Deutschen Museums in Verbindung mit seinem breitgespannten Netzwerk von Spitzenvertretern von Wissenschaft, Technik und Industrie dazu, Objekte zu sammeln, in denen sich wissenschaftlich-technische Erfolgsgeschichten spiegeln: das erste Automobil, der erste Dieselmotor (S. 315), der erste Planetariumsprojektor (S. 449), der Kernspaltungstisch von Otto Hahn, Lise Meitner und Fritz Straßmann (S. 483). In diesen Leuchtturmobjekten des Fortschritts aber ist ein Großteil des wissenschaftlich-technischen Geschehens nicht enthalten. Denn viel häufiger als Erfolgsgeschichten sind Geschichten des technischen Scheiterns, bei denen es nicht gelingt, Entdeckungen oder Erfindungen zu Produkten weiterzuentwickeln, die am Markt reüssieren und als Konsumgüter auf unser Leben Einfluss nehmen. Der französische Soziologe Bernard Réal hat diesen Zusammenhang auf die treffende Formel gebracht: «Der Friedhof gescheiterter Innovationen ist zum Bersten voll.» Objekte, die Geschichten gescheiterter Technologien erzählen, kommen in den Museumssammlungen kaum vor; in diesem Band sind sie am ehesten mit dem Rumpler Tropfenwagen vertreten, ein Meisterstück aerodynamischer Formgebung, von dem aber nur rund 100 Exemplare gebaut wurden (S. 441).

Der Makrokosmos im Mikrokosmos

Blicken wir abschließend zum Anfang der Museumsgeschichte zurück, an deren Beginn die Kunst- und Wunderkammern standen. Mit unserem modernen Blick betrachtet, mögen sie uns als Sammelsurium ungeordneter Dinge erscheinen. Tatsächlich aber bezweckten sie das Gegenteil: Sie zielten darauf ab, den universalen Zusammenhang aller Dinge darzustellen, in dem die Objekte aus Natur und Wissenschaft, Kunst und Geschichte sich zu einer Einheit verbanden: *macrocosmos in microcosmos* lautete die lateinische Formel für diese Spiegelung des Universalen im Lokalen, des Allgemeinen im Spezifischen. Und diese Formel trifft auch heute noch das Ziel des Deutschen Museums ebenso wie das dieses Bandes: Im Mikrokosmos des Museums mit seinen enzyklopädisch angelegten Sammlungen und deren exemplarischen Objekten spiegelt sich der Makrokosmos der globalen Zusammenhänge von Wissenschaft und Technik, Politik, Wirtschaft und Kultur, kurzum die Entwicklung der Technosphäre in ihren gesellschaftlichen Zusammenhängen. Wir erzählen diese Zusammenhänge in über 100 objektbezogenen Geschichten und greifen dabei Fragen auf, die für die Gegenwart und mehr noch für die Zukunft des Menschen auf dem Planeten Erde von eminenter Bedeutung sind.

HELMUTH TRISCHLER

Preziosen der Frühen Neuzeit und die Verwandlung der surinamischen Insekten

apparere. ideo ꝙ vno signo sol ipse nixus: iter conficere videtur: cuius figuram corporis ipse suo lumine obscurat. Cum eo enim signo et occidere et exoriri videtur. ¶ Nonnulli dicunt nos .xij. signa duntaxat hac ratione perspicere posse: si in eius signi prima nouissimave parte consistat. Habent enim .xij. signa partes eiusdem modi: vt vnumquodque eorum in longitudine habeat partes .xxx. In latitudine autem partes .xij. Itaque euenit vt in longitudine signorum annus sit. In latitudine autem singuli dies sint. In prima parte signi nihilominus nos reliquum corpus eius signi videri posse nonnulli dicunt: Simili ratione et si fuerit in extrema parte signi: quod fieri non potest. Nam cum sol sit in qualibet parte signi et exoriatur: ita magnum videtur habere fulgorem: vt omnia sidera obscuret. Illud tamen potest euenire: vt cum sol sit in prima parte signi et occidat: reliquum corpus eius signi appareat. Sed certius et verius est .xj. signa ꝙ duodecim apparere posse. ¶ Preterea queritur quare sol contra mundi inclinationem currens: videatur cum ipsa sua sphera occidere et verti. Nam si sol contra siderum occasum curreret: De Ariete ad pisces: non ad Taurum transiret. Exoriri enim ante pisces ꝙ Aries occidere perspiciuntur et ita mundus verti videtur: vt prius pisces ꝙ aries occidant: Itaque diebus .xxx. sol in ariete currens: et eius corpus obscurans: sic duntaxat apparet sol: vt ex eo loco quo aries exoriri videatur, et post triginta dies sol videatur ab eodem loco surgere: ex quo loco taurus ante exoriri videbatur. Igitur apparet solem ab ariete ad taurum transire. Quod si ita est: necesse est eum contra mundi inclinationem currere. Quare autem euenit vt ante diximus: ꝙ videtur cum mundo sol verti. Eius similis hec causa est: vt si quis in nauicule rostro sedens: inquirat ad puppim transire: et nihilominus ipsa nauis iter suum conficiat. Ille quidem videbitur contra nauicule cursum ire: sed tamen eodem perueniet quo nauis. Hoc autem sic etiam facilius intelligetur. si nauim diuiseris in partes trecentas sexaginta: quemadmodum sol diebus .ccc.lx. simul mundum transigit. eodem

modo vt ante diximus si nauis sit diuisa: et in vna parte de .ccc.lx. constituatur quilibet eorum. Nauis autem habet vnius diei cursum: ille quidem contra nauim ire. Sed cum ea ad locum definitum peruenire intelligeretur. Non enim extra nauim est: quia rostro ad puppim transit. Sed ipsa naui continetur. Item sol cum per ipsum mundum iter conficiat: et eo continetur: videtur contra mundum ire: sed cum eo peruenit ad occasum. Cum enim mundus trecencies et sexagies se converterit: tunc sol iter annuum conficit.

Sol

S 4

1482

Poeticon Astronomicon

vermutl. Julius Hyginus/Erhard Ratdolt (Druck)
Venedig

Wir erleben in unserer Gegenwart einen durch Computer und Internet ausgelösten, als epochalen Einschnitt empfundenen Wandel der Kommunikation, der auch der Wissenschaft eine Fülle neuer Möglichkeiten eröffnet. Einen ebenso tiefgreifenden Umbruch erlebten die Menschen des ausgehenden Mittelalters durch die Erfindung des Buchdrucks. Der Mainzer Johannes Gutenberg (um 1400–1468) war der Erfinder dieser für das zweite nachchristliche Jahrtausend folgenreichsten Innovation, die sich schnell in ganz Europa verbreitete. Bücher hatte es bis Mitte des 15. Jahrhunderts nur in Form von Handschriften gegeben. Ihre Herstellung war teuer und zeitaufwendig, und immer wieder schlichen sich beim Kopieren Fehler ein. Mit dem Buchdruck aber war es nun möglich, altes und neues Wissen ungleich schneller in identischer Form zu verbreiten. Auch waren die Preise der gedruckten Bücher deutlich niedriger, sodass mehr Menschen sie sich leisten konnten. Der Buchdruck konnte so der entscheidende Katalysator für die wissenschaftliche Revolution der Frühen Neuzeit wie auch für die Reformation werden. Wie das Aufkommen der digitalen Medien eröffnete er der wissenschaftlichen Kommunikation völlig neue Möglichkeiten. Die Arbeiten von Kopernikus oder Galilei hätten ohne den Buchdruck nur schwer eine ähnliche Wirkung entfalten können.

Welt im Buch:
«Poeticon Astronomicon»

Inkunabelzeit

Die seit seiner Erfindung Mitte des 15. Jahrhunderts bis Ende 1500 ausgeführten Drucke werden Inkunabeln oder Wiegendrucke genannt und zeichnen sich dadurch aus, dass sie noch stark von den mittelalterlichen Handschriften geprägt wurden. Eine Inkunabel ist auch das *Poeticon astronomicon*, das älteste Buch in der rund eine Million Bände umfassenden Bibliothek des Deutschen Museums. Es ist der 1482 entstandene, 58 Blätter umfassende Druck eines antiken, um die Zeitenwende verfassten gleichnamigen astronomischen Werks, das für die Überlieferung des antiken Wissens auf dem Gebiet der Astronomie eine wichtige Rolle spielte. Entsprechend besaßen nicht wenige mittelalterliche Bibliotheken Abschriften davon. Der Verfasser war vermutlich der römische Philologe und Bibliothekar Julius Hyginus (um 60 v. Chr.–4 n. Chr.). Dieser hatte neben dem *Poeticon astronomicon* eine Vielzahl weiterer fachwissenschaftlicher Schriften, etwa zur Landwirtschaft oder zur Imkerei, sowie ein mythologisches Handbuch verfasst.

Der Drucker Erhard Ratdolt

Erstmals gedruckt wurde das *Poeticon astronomicon* in der Werkstatt des aus Augsburg stammenden und seit 1474 in Venedig lebenden Erhard Ratdolt (1447–1528). In der Lagunenstadt wurden schon seit 1469 Buchdruckerwerkstätten betrieben. Innerhalb weniger Jahre entwickelte sich die Stadt zu dem europaweit führenden Zentrum des Druckwesens und sollte es bis um 1600 bleiben. Ratdolt betrieb dort von 1476 bis 1486 eine Druckerei, in der er insgesamt rund siebzig Drucke herstellte. Der Druck mathematischer und astronomischer Schriften bildete den Schwerpunkt von Ratdolts venezianischer Werkstatt, die sich dadurch einen ausgezeichneten Ruf erwerben konnte. Dort wurde 1482 auch erstmals Euklids *Elemente der Geometrie* und damit das älteste mathematische Lehrbuch gedruckt. 1486 aber kehrte Ratdolt nach Augsburg zurück und lebte und arbeitete dort dann bis zu seinem Lebensende. Der Druck mathematisch-naturwissenschaftlicher Werke trat nun in den Hintergrund und er produzierte vorrangig liturgische Bücher. Ratdolt, der im Laufe seines Lebens rund 290 Drucke fertigte, gilt als einer der bedeutendsten und innovativsten

Drucker der Inkunabelzeit. So versah er 1476 als erster Drucker überhaupt ein Buch mit einem Titelblatt und wendete 1486 als einer der Ersten den technisch aufwendigen Mehrfarbendruck an.

Die erste gedruckte und bebilderte Himmelsbeschreibung

Das *Poeticon astronomicon* enthält zur Illustration von Hyginus' Ausführungen großformatige Holzschnitte, die sämtliche Konstellationen der Himmelskörper zeigen und sogar die Sternpositionen wiedergeben. Vermutlich hatte Ratdolt eigentlich die Absicht, das *Liber de signis* des Philosophen und Astrologen Michael Scotus (um 1180–um 1235) zu drucken. Scotus' Werk ist einer der bedeutendsten mittelalterlichen Texte zur Himmelskunde, von dem es entsprechend zahlreiche Handschriften gab. Ratdolt ließ für den geplanten Druck des *Liber de signis* sogar schon Holzschnitte anfertigen, die sich die Illustrationen in den Scotus-Handschriften zum Vorbild nahmen. Aufgrund der starken zeitgenössischen Beschäftigung mit Hyginus entschied er sich dann aber anders und druckte dessen *Poeticon astronomicon*. Die eigentlich

Die Illustrationen des «Poeticon Astronomicon» dienten als Vorbilder für die Darstellung der Sternbilder im Gewölbe der Universitätsbibliothek von Salamanca.

ORion: hunc a zona & reliquo corpore equinoctialis circulus diuidit cũ tauro decertantẽ collocatũ: dextra manu clauã tenentẽ & incinctũ ense: spectantẽ ad occasum: & occidentẽ exorta scorpionis posteriore parte & sagictario exoriẽte: cũ cancro autem toto corpore pariter exurgentẽ. Hic habet in capite stellas tres claras. In vtrisqz humeris singulas. In cubito dextro obscurã vnam. In manu similem vnam. In zona tres. In eo quo gladius eius deformatur tres obscuras. In vtrisqz genibus singulas claras. In pedibus singulas obscuras. Omnino sunt decẽ & septẽ.

Orion

für den Scotus-Druck vorgesehenen Holzschnitte verwandte er nun einfach für den Hyginus-Druck. Radolts Entscheidung hatte weitreichende Folgen: Über die Hyginus-Ausgabe von 1482 prägte Scotus die astronomische Illustration lange Zeit, bis zum Beginn des 17. Jahrhunderts. Das hatte auch damit zu tun, dass Ratdolts Hyginus-Ausgabe die erste gedruckte, mit Bildern ausgestattete Himmelsbeschreibung überhaupt war. Über die Buchillustration hinaus dienten die Illustrationen auch als Vorbild für die Darstellung der Planetengötter und Sternbilder bei der Gestaltung des Gewölbes der Universitätsbibliothek im spanischen Salamanca, das als «El Cielo de Salamanca» bekannt ist.

Illustration aus dem «Poeticon Astronomicon»: Der Jäger Orion wurde von Artemis als Sternbild an den Himmel versetzt

Das Buch war offensichtlich ein großer Erfolg, und so erschien 1485 in Ratdolts Werkstatt ein Nachdruck. 1491, schon in seiner Augsburger Werkstatt, druckte Ratdolt mit den identischen Illustrationen eine deutsche Übersetzung des *Poeticon astronomicon*. Neben Ratdolt schätzten auch andere Drucker die wirtschaftlichen Möglichkeiten einer Ausgabe günstig ein: Bereits 1488 brachte mit Thomas de Blavis ein weiterer Drucker Hyginus' Werk heraus. Den Inkunabeldrucken Ratdolts und de Blavis' sollten im 16. und 17. Jahrhundert weitere Ausgaben folgen, was die anhaltende Beschäftigung mit Hyginus zeigt.

Das *Poeticon astronomicon* wurde im April 1917 im Münchner Antiquariat Rosenthal, wo das Deutsche Museum ein häufiger Kunde war, erworben. Die Museumsbibliothek besitzt neben der Hyginus-Ausgabe aus dem Jahr 1482 noch drei weitere von Erhard Ratdolt gefertigte astronomische Drucke. Die im Mittelalter von Leopold von Österreich, Pierre d'Ailly und Albumasar verfassten Bücher wurden in den Jahren 1489, 1490 und 1495 in Ratdolts Augsburger Werkstätte gedruckt.

HELMUT HILZ

Clarissimi Viri Iginij Poeticon Astronomicon opvs vtilissimu[m] foeliciter Incipit. De Mundi et spherae ac vtriusq[ue] partiu[m] declaratio[n]e, Hyginus, Mythographus, Uenetijs (Venedig), 1488 (Sign. 3000 / 1929 B 2)

Maße (L × B × T)	217 × 160 × 15 mm
Umfang	[58] Bl.
Material	Pergament (Einband), Papier (Blätter)

1561

Cembalo

Franciscus Patavinus
Venedig

Bereits ein erster Blick, so flüchtig er auch sein mag, macht deutlich, dass es sich um ein besonderes Instrument handelt: Die lange, schmale Form und das schimmernd schwarze Holz sind von großer Eleganz und Grandezza. Tritt man näher heran, erkennt man die Kostbarkeit der Materialien: die mit Perlmutt belegten Tasten, die Ornamente aus Elfenbein und Ebenholz rechts und links der Tastatur, die fein geschnittenen Profile, die Rosetten im Resonanzboden und die delikaten Malereien, golden, grün und orange, oberhalb von diesem. Ein genauerer Blick ins Innere offenbart darüber hinaus, dass die Wirbel, an denen die Saiten befestigt sind, golden glänzen. Sie sind tatsächlich vergoldet, und zwar in der relativ haltbaren Feuervergoldung. Die Tatsache, dass ausgerechnet die Wirbel, an denen bei jedem Stimmen der Stimmschlüssel entlangfährt, vergoldet sind, unterstreicht, dass es ein Instrument ist, bei dem an nichts gespart wurde.

Der Erbauer

Heute gibt es am Instrument keinen Hinweis auf dessen Erbauer. Ursprünglich war er auf dem Brett oberhalb der Tastatur, dem sogenannten Vorsatzbrett, genannt: «Francisci Patavini dicti Ongari MDLXI» war dort zu lesen, wie aus schriftlichen Quellen zu erschließen ist. Das originale, prachtvoll verzierte Brett ging in den 1920er-Jahren verloren und wurde durch das heutige, schlichte schwarze ersetzt. Erbaut wurde

Eleganz und Grandezza: das Cembalo von Franciscus Patavinus

das Instrument demnach im Jahr 1561 von einem Franciscus Patavinus, der «der Ungar» genannt wurde. Über dessen Leben und Wirken ist nur wenig bekannt. Zwischen 1527 und 1562 ist er in Venedig belegt, wobei sein Name auch in der italienischen Form «Francesco Padovano detto l'Ongaro» vorkommt. Dies lässt vermuten, dass er – oder seine Familie – aus Ungarn kam und er in Padua gelebt hatte. Obwohl Nachnamen bereits seit langem üblich waren, war Patavinus nicht der Einzige, der nach seiner Herkunft benannt wurde. In Italien gab es einige Instrumentenbauer, Musiker und Künstler, bei denen dies der Fall war, so etwa Dominicus Pisaurensis bzw. Domenico da Pesaro (1533–1575), ein direkter Kollege von Patavinus in Venedig, Erbauer des ältesten erhaltenen Clavichords, oder Giovanni Pierluigi da Palestrina (um 1525–1594), einer der berühmtesten Komponisten der Zeit. Patavinus lieferte seine Instrumente an die Reichen und Mächtigen: Cembali von ihm besaßen etwa die Fugger in Augsburg, die Wittelsbacher in München und die Medici in Florenz. Einige dieser Instrumente waren den damaligen Inventaren zufolge ebenfalls prachtvoll ausgestattet. So wird eines der Fugger als «schönß langes Instrument von schönem schwartz Ebano [Ebenholz]», mit Tastenbelägen aus Elfenbein, vergoldeten Stimmwirbeln («vergulte Negelen») und «ainer gewaltigen Resonantz» beschrieben. Heute sind von Patavinus neben dem Cembalo im Deutschen Museum nur noch zwei Virginale aus den Jahren 1527 und 1552 erhalten, kleinere Instrumente, bei denen die Saiten ebenfalls mit Kielen angezupft werden. Sie werden in Brüssel und Venedig verwahrt.

Eine neue Art der Musik

Patavinus baute das Cembalo in einer Zeit, als Italien das Zentrum des europäischen Musiklebens und Instrumentenbaus war. Das zog zahlreiche Musiker und Instrumentenbauer aus dem Ausland an. Nordeuropäische Höfe schickten ihre Agenten nach Italien, um Instrumente und Noten zu kaufen und über die Alpen in den, von dort aus gesehen, «transalpinen» Norden zu senden. Besonders in die Lagunenstadt Venedig, die den Handel mit dem Orient beherrschte und sehr reich geworden war, kamen herausragende bildende Künstler wie etwa Tizian (ca. 1488–1576), Palladio (1508–1580) oder Tintoretto (1518/19–1594) und ebenso berühmte Musiker. An den Markusdom wurden die besten

Vergoldete Wirbel des Cembalos

Musiker der Zeit als Kapellmeister und Organisten berufen, darunter Adrian Willaert (ca. 1490–1562), der (wie so viele andere) aus Flandern in die Stadt gekommen war, Andrea Gabrieli (ca. 1532–1586) und Claudio Merulo (1533–1604). Sie entwickelten dort zur Zeit von Patavinus die Mehrchörigkeit wie auch eine neue Art der Instrumentalmusik, was ihnen die Bezeichnung «Venezianische Schule» eingebracht hat: Sie gaben die bis dahin prägende Orientierung an der Vokalmusik auf, indem sie nicht mehr nur verzierte Übertragungen vokaler Sätze schrieben, sondern die Möglichkeiten der Instrumente nutzten und so eine eigenständige, virtuose Musik für diese schufen. Ihre Toccaten, Fantasien, Ricercare und Canzonen erschienen in den venezianischen Verlagen und zählen zu den ersten Drucken, die dezidiert Tasteninstrumenten gewidmet sind. Es ist anzunehmen, dass die Schöpfer solch wegweisender Werke, wie die genannten Musiker des Markusdoms, die Instrumente von Patavinus kannten. Dessen Cembalo ist so auch ein Zeugnis dieser wichtigen Phase in der Geschichte der Instrumentalmusik und vermittelt eine Vorstellung von den Instrumenten, die die Komponisten zu ihrer neuen Musik

inspirierten. Aber nicht nur diese Profis machten Musik, auch unter Laien gehörte es zum guten Ton, Musikinstrumente zu beherrschen. Der in Venedig erschienene *Il cortegiano* (Der Hofmann) von Baldassare Castiglione (1478–1529), ein weit verbreiteter Leitfaden zum zeitgemäßen Verhalten in der gehobenen Gesellschaft, empfahl das Spiel von Laute und Tasteninstrumenten, um eine elegante Lebensführung und Bildung in den schönen Künsten unter Beweis zu stellen.

Zeugnis einer hohen Kunst

Das Cembalo von Patavinus, vor mehr als 450 Jahren entstanden, dokumentiert in besonderer Weise die hohe Kunstfertigkeit und den edlen Geschmack der damaligen Zeit. Die kostbaren Materialien, wie das für den Korpus großflächig verwendete Ebenholz, und die Verzierungen wurden bereits erwähnt. Auch die Länge ist mit 242 Zentimetern erstaunlich, denn damit ist es nur etwa 30 Zentimeter kürzer als ein moderner Konzertflügel und klingt wesentlich tiefer als die meisten anderen Cembali der Zeit. Wie für italienische Cembali typisch, sind die Wände des Korpus nur

4–6 Millimeter stark, was das Instrument sehr leicht macht – es wiegt lediglich 20 Kilogramm. Beim Blick auf die Tastatur verwundert der Umfang von nur 50 Tasten (gegenüber 88 des modernen Klaviers) – es ist der Umfang, der der Musik der Zeit entspricht. Die damals häufig gebaute sogenannte kurze Oktave im Bass hilft, einige Töne «zu sparen». Das Instrument hat zwei Saitenchöre, die heute im Oktavabstand stehen. Ursprünglich besaß es wohl einen separaten äußeren Kasten, an dem auch ein Deckel befestigt war. Beschreibungen sowie erhaltene Instrumente anderer Erbauer lassen vermuten, dass dieser prachtvoll verziert war.

Das Patavinus-Cembalo in der Draufsicht

Spuren der Zeit

1910, beinahe 350 Jahre nachdem es erbaut worden war, kam das Cembalo von Franciscus Patavinus ins Deutsche Museum. Es war Teil der etwa 300 Instrumente umfassenden Sammlung des Hannoveraner Klavierfabrikanten Karl Haake (1849–1908), die das Museum damals erwarb und bereits kurz darauf in seinen provisorischen Ausstellungen zeigte. Die Zeit war nicht spurlos an dem Instrument vorübergegangen. Wie viele wertvolle, besonders geschätzte Objekte war es gewartet und repariert, aber auch verändert und so dem Zeitgeschmack und den jeweiligen Erfordernissen angepasst worden; auch waren Teile verloren gegangen, wie der erwähnte ursprünglich wohl vorhandene äußere Kasten und das Gestell. Die Spuren des originalen Zustands wie der späteren Veränderungen sind bislang nur teilweise entdeckt und entschlüsselt – eine kriminalistische Erkundung wird dazu führen, die facettenreiche Geschichte dieses ältesten Tasteninstruments in der Sammlung des Deutschen Museums zu erschließen.

SILKE BERDUX

Cembalo von Franciscus Patavinus (Inv.-Nr. 25909)

Maße (H × B × L))	2426 × 795 × 183 mm (Instrument)
Masse	20 kg (Instrument)
Technische Daten	Ein Manual, heute G1/H1-c3, früher wohl C/E-f3, mit kurzer Oktave, 2-facher Bezug (8′ 4′)

HOROLOGIVM HORIZONTALE AD
ELEVATIONES POLI · 47 · 48 · 49 GRAD:
CHRISTOPHORVS SCHISSLER FACIE
AT AVGVSTE ANNO · 1 5 · 6 1 ·
78096

1561 / 1586

Multifunktionszirkel

Christoph I. und Christoph II. Schissler
Augsburg

Manche Instrumente des Deutschen Museums werden zwar in verschiedenen Sammlungsgebieten aufbewahrt, erschließen sich aber besser bei einer Zusammenschau. Dies gilt auch für zwei Zirkel aus vergoldeter Kupferlegierung: ein auf 1561 datierter im Fachgebiet Astronomie und ein auf 1586 datierter in der Mathematik. Der erste Zirkel wurde von Christoph I. Schissler (um 1531–1608), der zweite von seinem Sohn (Hans) Christoph II. Schissler (vor 1561–nach 1621) in Augsburg angefertigt.

Gimmicks der Frühen Neuzeit

So ein glänzendes Zirkelinstrument ist nicht nur schön anzusehen, sondern auch praktisch: Kompakt zusammengeklappt, ließ es sich leicht in die Tasche stecken – vermutlich geschützt in einem nicht mehr erhaltenen Etui. Auf den ersten Blick nicht ersichtlich, birgt das Instrument von Schissler Senior erstaunlicherweise gleich acht Instrumente in sich: Zunächst einen einfachen Stechzirkel. Mit dessen Hilfe konnte man sich durch Europa und die Welt bewegen, indem man auf einer Karte die Entfernung zwischen zwei Orten abgriff und den unveränderten Zirkel dann an einen Maßstab hielt, um die Strecke zu übertragen, sie abzulesen und so die Dauer einer Reise zu planen. Auf einem der beiden Zirkelschenkel steht auf Latein, worum es sich bei dem Instrument noch handelt: «HOROLOGIVM HORIZONTALE. AD / ELEVATIONES POLI · 47 · 48 · 49 GRAD:», also um eine

Vorderseite des Zirkels mit Sonnenuhr, Christoph I. Schissler, 1561

Horizontalsonnenuhr zur Nutzung auf den Polhöhen 47 °, 48 ° und 49 ° nördlicher Breite. Um die Sonnenuhr zu verwenden, spreizt man zunächst die beiden Schenkel auseinander. Zwei in den Schenkeln verborgene Querleisten werden dann ausgeklappt und jeweils am gegenüberliegenden Schenkel fixiert. Der separat aufbewahrte Stundenzeiger – ein Poldreieck – wird geöffnet und in zwei Löcher gesteckt. Ein kleiner Kompass im Scheitelpunkt des Zirkels ist das dritte Instrument. Mit ihm lässt sich die Sonnenuhr entlang des Meridians nach Nord–Süd ausrichten. Nun können die gleichlangen Stunden von Sonnenauf- bis Sonnenuntergang (5–12–7) an dem vom Poldreieck auf die Skala geworfenen Schatten abgelesen werden.

Nimmt man das Poldreieck ab, erhält man durch Wegklappen der Mittelstege, Ausklappen der beiden Schenkel und Herausziehen der Enden auf der Rückseite einen Maßstab. Schissler Senior verwendete hier den sogenannten Augsburger Werkschuh, der wie der römische Fuß gerundet 29,7 Zentimeter beträgt. Der Maßstab ist von 1 bis 11 Zoll eingeteilt. Jeder Zoll ist gleich lang, die Einteilungen nehmen aber um je 1 zu: Der erste Zoll ist ungeteilt, der zweite in zwei Teile, der fünfte in fünf Teile geteilt. Mit einem zusätzlichen Stechzirkel lassen sich so rasch Bruchteile abgreifen.

Zwei weitere Instrumente ergeben sich, wenn man den Zirkel auf den Kopf stellt und eine Schnur durch die gebogenen Enden an den Spitzen zieht: Hängt man ein kleines (nicht mehr erhaltenes) Lot in die Öse des Aufsatzes an der breiteren Querleiste, lässt sich das Zirkelinstrument nun als Wasserwaage verwenden. Weitere Nutzungsmöglichkeiten sind als Zeichenzirkel mit verstellbarer Öffnung, mit dessen Spitze sich zum Beispiel ein Kreis in eine Wachstafel ritzen lässt, und als Schmiege, mit der sich Winkel ermitteln und übertragen lassen. Das Instrument konnte im weitesten Sinne im Bereich des frühneuzeitlichen Vermessungswesens – von der Zeitmessung über Landvermessung bis hin zum artilleristischen Messwesen – genutzt werden.

Der vierundzwanzig Jahre jüngere Zirkel seines Sohnes (Hans) Christoph II. von 1586 ist reich mit floralen Motiven verziert. Ornamente entnahmen die Hersteller oftmals Vorlagenbüchern von Goldschmieden und Kupferstechern. Als grafisches Rechengerät gehört der Zirkel zur Gruppe der Analogrechner. Dieser Zirkeltyp ist ein Reduktionszirkel. Die Zirkelspanne lässt sich aufgrund des beweglichen Scheitels und der verschiebbaren Schenkel verstellen und wieder festschrauben. Dabei entspricht das eingestellte Verhältnis der Schenkellängen dem Verhältnis der Öffnungen des Zirkels. Strecken lassen sich so in einem festen Teilungsverhältnis beliebig vergrößern oder verkleinern. Zum Beispiel konnte ein Feldmesser die Strecken einer Karte, ein Baumeister oder Künstler die Seiten eines Polygons übertragen. Weitere aufgebrachte Skalen ermöglichen Berechnungen wie das Teilen, Vervielfachen oder die Umwandlung von Strecken, Flächen und Körpern. Die zunächst unscheinbaren Zirkel von Vater und Sohn entpuppen sich bei näherem Hinsehen als komplexe Multifunktionsinstrumente.

Die Augsburger Familienwerkstatt – eine europäische Schnittstelle frischen Wissens

Augsburg war im 16. Jahrhundert neben Nürnberg ein Zentrum des europäischen (wissenschaftlichen) Instrumentenbaus. Hier wie dort hatten mittelalterliche städtische Handwerkskunst, Gelehrtenwissen, eine günstige Handelsplatzlage mit wohlhabenden Fernhandelskaufleuten (Welser und Fugger), häufige Reichstage, Humanismus, Buchdruck und Reformation eine Melange erzeugt, die in Instrumenten gespeichertes frisches Wissen hervorbrachte. Während in Nürnberg auch hochwertige Messinstrumente aus Elfenbein oder Holz angefertigt wurden, waren Augsburger Handwerker eher auf Metalle spezialisiert. Diese Werkstoffe erforderten unterschiedliches feinmechanisches Know-how. Im Spätmittelalter und in der Frühen Neuzeit gab es viele Familienwerkstätten, in denen Väter und Söhne, Brüder, Onkel oder Schwäger miteinander arbeiteten.

Der Vater Christoph I. war seit 1553 Gürtlermeister (Messingarbeiter). Neben Zirkeln und Sonnenuhren stellte er auch Astrolabien, Erd- und Himmelsgloben, Armillarsphären, Quadranten, Geschützaufsätze, Automaten, Wegmesser und Kompasse her. Er war einer der bekanntesten Instrumentenmacher Europas und fertigte Instrumente unter anderem für Kaiser Rudolf II., die Wittelsbacher und die Medici an. Sie werden heute in wichtigen Sammlungen wie dem Mathematisch-

Als Maßstab aufgeklappte Rückseite des Zirkels

Reduktionszirkel, Rückseite, (Hans) Christoph II. Schissler, 1586

Physikalischen Salon in Dresden oder dem Museo Galileo in Florenz aufbewahrt. Sein Sohn (Hans) Christoph II. war Uhrmachermeister und arbeitete von 1580 bis 1584 im Haus (und der Werkstatt?) des

Vaters. Es sind zwar keine gemeinsamen Instrumente bekannt, doch schrieben Vater und Sohn seitdem den Zusatz «Alt» oder «Senior» bzw. «Junior» auf ihre oft sehr ähnlichen Produkte. Der Sohn arbeitete ab 1585 am Wiener, später am Prager Hof, wo er Kaiser Rudolfs II. Hofuhrmacher wurde. Er stellte neben Zirkeln auch Sonnenuhren, Quadranten, Himmelsgloben und Geschützaufsätze her. Es sind weniger Instrumente von ihm als von seinem Vater überliefert.

Multifunktionstools nicht nur für den Adel

Vergoldete Zirkel wurden sicherlich nicht bei Vermessungsarbeiten auf dem Feld verwendet. Aufgrund des hohen Materialwerts waren sie keine alltäglichen Gebrauchsinstrumente, sondern Statussymbole und Repräsentationsinstrumente, zum Beispiel zur spielerischen Demonstration mechanischer und geometrischer Verhältnismäßigkeiten in einer fürstlichen Kunst- und Wunderkammer. Man konnte an ihnen also nicht nur erklären und sie studieren, sondern auch mit ihnen beeindrucken, Macht demonstrieren und andere in Staunen versetzen. Doch nicht nur Fürsten wollten Arbeiten von Schissler Senior besitzen, auch der auf Genauigkeit fokussierte dänische Astronom Tycho Brahe (1546–1601) ließ sich einen großen Globus für astronomische Beobachtungen von ihm herstellen.

Vater und Sohn verkauften ihre qualitätsvollen Instrumente zu Höchstpreisen, die jedoch dem Materialwert und Arbeitsaufwand entsprochen haben dürften. Für wen die beiden Zirkel des Deutschen Museums angefertigt wurden, ist heute leider nicht mehr bekannt.

MAREIKE WÖHLER

Zirkel von Christoph I. und Christoph II. Schissler (Inv.-Nr. 18096 und 64022)

Maße (H × B × L)	5,0 × 12,3 × 15,5 cm / 2,1 × 14,5 × 18,8 cm
Masse	0,1 kg / 0,13 kg
Material	Kupferlegierung, vergoldet; Silber (Kompass) Kupferlegierung, vergoldet
Punzierungen (Vorderseite)	CHRISTOPHORVS SCHISSLER FACIE: / BAT AUGVSTE ANNO · 15 · 61 · CHRISTOPHORVS SCHISSLER IVNIOR ARTIFEX / AUGVSTÆ VINDELICORVM FACIEBAT * / ANNO 1586 ***

OCCIDENS
PISCES
AQVARIVS
CAPRICORNVS
SAGITARIVS

1588

Astrolabium

Erasmus Habermel
Prag

In arabischen Quellen ist zur Entstehungsgeschichte des Astrolabiums eine wohl nicht ganz ernst zu nehmende, aber anschauliche Anekdote überliefert: Eines Tages ritt Ptolemaios, ein griechischer Astronom und Naturwissenschaftler (ca. 100–160 n. Chr.), auf einem Esel und führte einen Himmelsglobus mit sich. Er ließ diesen fallen, das Tier trat darauf, und das Ergebnis war ein Astrolabium.

Vermessung und Orientierung

Das Astrolabium ist ein universelles, astronomisches Beobachtungs- und Recheninstrument. Man kann es auch als Kombination aus drehbarer Sternkarte, Visierinstrument zur Winkelmessung und astronomischem Rechenschieber beschreiben. An einem Haltering hängend, dient es zum Anvisieren von Objekten und zur Messung von Richtungswinkeln. Diverse Skalen und ein drehbares, zweidimensionales Abbild des Himmels ermöglichen Zeit- und Positionsbestimmungen. Die Übertragung der dreidimensionalen Raumsituation in eine zweidimensionale Ebene geschieht bei der Konstruktion eines Astrolabiums durch die stereographische Projektion, welche griechischen Gelehrten schon um 160 v. Chr. bekannt war. Dabei wird die Himmelssphäre in die Äquatorebene projiziert.

Astrolabium: Multifunktionsinstrument und Statussymbol

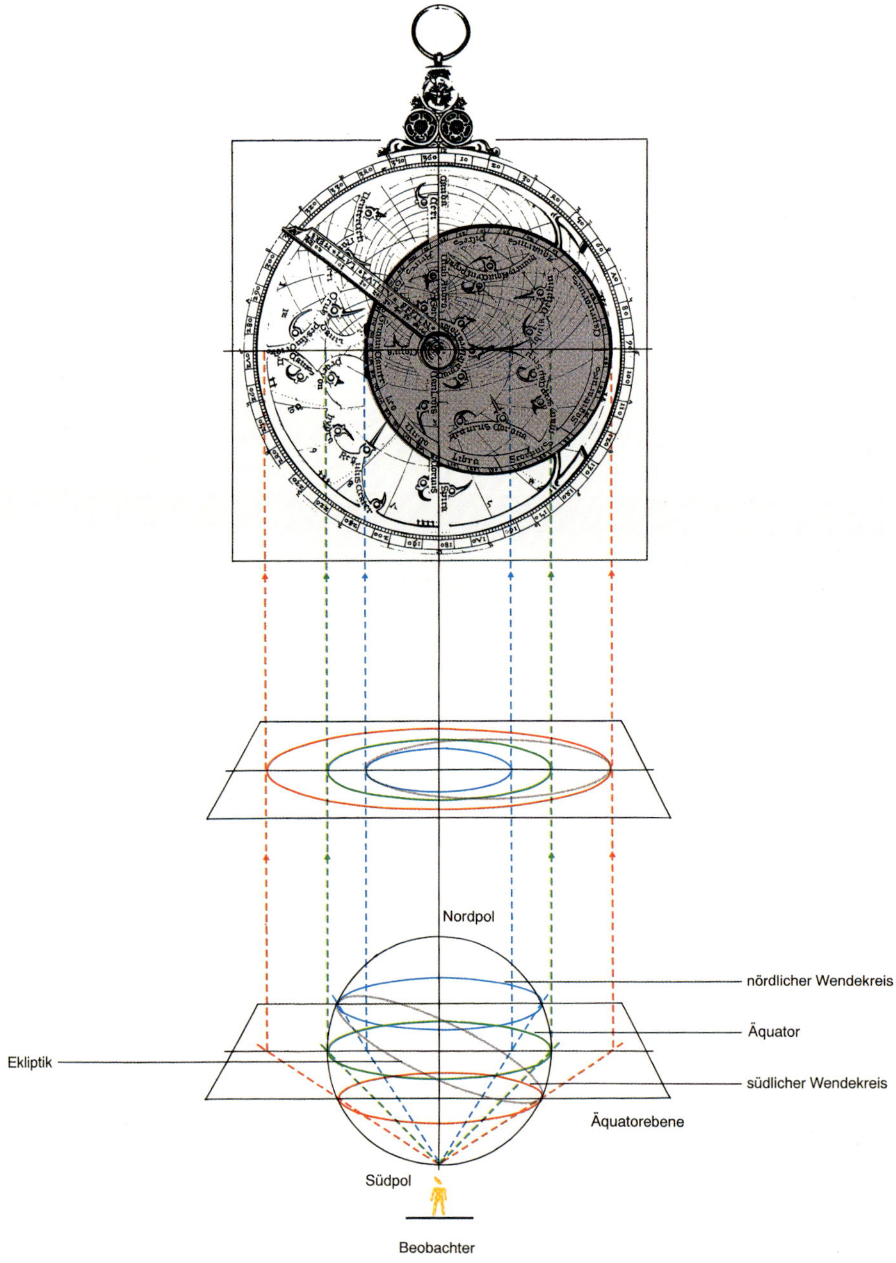

Darstellung der Kugel in zwei Dimensionen durch stereographische Projektion

Astrolabien sind meist aus Messing gefertigt. Auf dem Rand einer kreisförmigen Grundplatte sind umlaufend eine Zeitskala in Stunden und eine Winkelskala eingraviert. In die Grundplatte ist eine Scheibe eingelegt, die ein Gradnetz aus Höhen- und Azimutlinien des Horizontsystems trägt. Sie ist für eine bestimmte geographische Breite konstruiert. Darüber ist, drehbar um die Mittelachse, die sogenannte Rete gelegt. Diese ist eine meist kunstvoll durchbrochene Scheibe mit einem Netz der Positionen der wichtigsten Fixsterne (durch die Enden von Spitzen markiert) und dem Tierkreis. Ein Zeiger erlaubt die gegenseitige Zuordnung der Skalen und Positionspunkte.

Auf der Rückseite eines Astrolabs sind in fester Zuordnung Winkel-, Tierkreis- und Kalenderskalen eingraviert und ein um den Mittelpunkt schwenkbares Lineal (Alhidade) mit zwei Visiermarken (Dioptern) angebracht.

In der Regel wird die Rückseite durch ein sogenanntes Schattenquadrat und eine Kurvenschar zur Bestimmung der «ungleichen Stunden» vervollständigt. Mit dem Schattenquadrat lassen sich Seitenlängen in rechtwinkeligen Dreiecken bestimmen (z. B. die Höhe eines Berges bei bekannter Entfernung). Da man in früheren Jahrhunderten den Zeitraum zwischen Sonnenaufgang und Sonnenuntergang immer in zwölf Stunden einteilte, hatte man je nach Jahreszeit eine unterschiedliche Stundendauer, im Sommer längere als im Winter. Diese «ungleichen Stunden» konnte man mit Hilfe des Astrolabiums in «gleiche Stunden» umrechnen.

Vom Instrument mit Geschichte zum Statussymbol

Typische Anwendungen eines Astrolabiums sind die Bestimmung der Höhe von Gestirnen, die Ermittlung des Zeitpunktes von Aufgang, Untergang und Kulmination von Gestirnen oder auch die Bestimmung von Datum und Uhrzeit aus der Position eines Gestirns.

Das Astrolabium war über viele Jahrhunderte hinweg das wichtigste Instrument der Astronomen. Es wurde in der Zeit von 150 v. Chr. bis 150 n. Chr. von griechischen Gelehrten entwickelt und im Mittelalter von islamischen Gelehrten verbessert. Ab dem 16. Jahrhundert verlor das Astrolabium durch die Entwicklung des Fernrohrs und genauerer astronomischer Messinstrumente rasch seine Bedeutung.

Rückseite des Astrolabiums von Erasmus Habermel mit Winkel-, Tierkreis- und Kalenderskalen und drehbarem Zeiger (Alhidade) mit Visiermarken (Dioptern)

Das Astrolabium von Erasmus Habermel (um 1538–1606) im Deutschen Museum ist kunsthandwerklich von höchster Qualität und äußerst prunkvoll ausgeführt. Es ist aus vergoldetem Messing und signiert mit «Erasmus Habermel faciebat ‹88›». 1588 ist damit das Jahr der Herstellung. Habermel kam spätestens 1587 nach Prag, wo er bis zu seinem Tod 1606 lebte. 1593 wurde er dort von Kaiser Rudolf II. als Astronomischer und Geometrischer Instrumentenmacher angestellt.

Der habsburgische Kaiser Rudolf II. (1552–1612) versammelte in Prag während seiner Regierungszeit von 1576 bis 1612 ein breites Spektrum an kreativen Talenten und innovativen Denkern. Zu diesem Kreis gehörten neben anderen die beiden Hofastronomen Tycho Brahe (1546–1601) und Johannes Kepler (1571–1630), aber auch Handwerker wie Habermel.

Obwohl wahrscheinlich in Prag hergestellt, ist das Habermel-Astrolabium des Deutschen Museums nicht dem Kaiser, sondern einem italienischen Adeligen aus einer Seitenlinie des Adelsgeschlechtes Gonzaga aus Mantua gewidmet. In die Aufhängung des Astrolabiums ist das Familienwappen eingraviert, das auf Vespasiano Gonzaga, den Herzog von Sabbioneta und Trajetto, Generalkapitän und Vizekönig von Navarra und Valencia (1531–1591), hinweist.

Dieser Bezug wird untermauert durch eine Einlegescheibe, aus der hervorgeht, dass das Instrument für die geographischen Breiten 45 ° konstruiert wurde. Sabbioneta liegt südwestlich von Mantua (Lombardei) in der Poebenc auf 44 ° 59′ nördlicher Breite. Vespasiano Gonzaga beschäftigte sich unter anderem mit Festungsbau und veranlasste zwischen 1554 und 1591 die Umwandlung der Stadt Sabbioneta in eine zeitgenössisch ideale Festungs- und Residenzstadt.

Ein Prunkstück für Kunstkammer und Museum

Über den Zugang des Instrumentes ist im Eingangsbuch des Deutschen Museums vermerkt, dass es aus der Kunstkammer Rudolfs II. stammt. Seine auch als Wunderkammer bezeichnete Sammlung von Kunst und Naturalien, aber auch von wissenschaftlichen Instrumenten war um 1600 einzigartig. Unser Astrolabium wurde 1911 von Oskar von Miller, dem Gründer des Deutschen Museums, in einer Versteigerung erworben.

Wenn diese Angabe stimmt, könnte es sein, dass das Instrument von Vespasiano Gonzaga in Auftrag gegeben wurde, Prag aber nie verließ und bei Habermel verblieb. Gonzaga starb schon drei Jahre nach Anfertigung des Instrumentes, und weitere zwei Jahre später wurde Habermel Instrumentenmacher bei Rudolf II. Es könnte also durchaus sein, dass Habermel das prunkvolle Instrument als erstes Meisterwerk in die Kunstkammer des Kaisers einbrachte.

GERHARD HARTL, CHRISTIAN SICKA

Astrolabium (Inv.-Nr. 29028)	
Maße (H × B × L))	31 × 485 × 400 mm
Masse	4,7 kg
Material	Messing, vergoldet

QVANTI TAS DIEI
DANBZIG 54
LVBECK 54
ANTVERP 51
PRAGA 51
PARIS 48
NORNBERG 48
VENETIA 45
MALAND 45
ROMA 45
NEAPOLIS 42
STETIN 54
LITAV 54
COLONIA 51
LVNDRA 51
VIENNA 51
AVGSPVRG 48
LEON 48
TRENT 45
PORTVGAL 45
CONSTANTON 42
SOLI DEO GLORIA
DIE WELSCH VHR
DIE GROSE VHR
16 42

1652

Klappsonnenuhr

Leonhard Miller
Nürnberg

Die Zeit des Dreißigjährigen Kriegs (1618–1648) war verheerend: Viele Städte im Heiligen Römischen Reich wurden von der katholischen oder protestantischen Seite beschossen und teilweise monatelang belagert. Marodierende Söldner zogen durch die Lande, plünderten und brandschatzten, in einigen Städten sogar mehrmals in kurzen Abständen hintereinander. Die Menschen hungerten, erkrankten an Seuchen, starben. In solchen existenziell bedrohlichen Zeiten war Orientierung gefragt: Richtig ausgerichtet, behielt man wenigstens die Kontrolle über Zeit und Raum in einer Welt, die immer mehr aus den Fugen geriet.

Orientierung in Zeit und Raum

1652, vier Jahre nach dem mit dem Westfälischen Frieden endenden Religions- und Territorialkrieg, stellte der Nürnberger Kompassmacher Leonhard Miller diese tragbare Klappsonnenuhr aus Elfenbein mit vergoldeten Elementen her. Noch immer war es nützlich, eine Kombination von zeitmessender Sonnenuhr mit einem raumweisenden Kompass bei sich zu tragen, während man reiste – oder an einem Ort blieb.

Multifunktionales Reisetool: Innenansicht der geöffneten Klappsonnenuhr

Tragbare Sonnenuhren mit integriertem Kompass, die wie die Räderuhren nun gleichlange Stunden anzeigten, wurden in Nürnberg bereits seit Ende des 15. Jahrhunderts für den europäischen Markt hergestellt. Sie bestanden aus Holz, Elfenbein oder Metall. In diesen

Uhren vereinigte sich das seit dem Mittelalter in der Stadt akkumulierte handwerkliche Wissen mit dem theoretischen und Beobachtungswissen von Mathematikern und Astronomen.

Eine Klappsonnenuhr besteht aus einer Grund- und einer Deckplatte, die mit Scharnieren zumeist an den Schmalseiten miteinander verbunden werden. In den Boden der Grundplatte ist ein Kompass eingelassen, der zur Ausrichtung der Uhr in Nord-Süd-Richtung erforderlich ist. (Die Kompassnadel unserer Uhr ist nicht mehr original.) Die vier Haupthimmelsrichtungen werden hier mit den lateinischen Abkürzungen «SEPT» (für Septentrio, Norden), «ORIE» (für Oriens, Osten), «MERI» (für Meridies, Süden) und «OCCI» (für Occidens,

Oberseite der geschlossenen Klappsonnenuhr mit Windrose und durch eine Öffnung sichtbarer Kompassnadel

Westen) markiert, vier blasende Gesichter symbolisieren die Winde. Den Schatten wirft ein zwischen beiden Platten gespannter (hier fehlender) Faden, der im Winkel der Ortsbreite parallel zur Erdachse verläuft und als Polos bezeichnet wird.

Auf den vier Seiten dieser Klappsonnenuhr finden sich verschiedene Anzeigen (Indikationen), die nicht nur der Zeitmessung dienen: Auf der Oberseite der Deckplatte ist eine sechzehnteilige Windrose mit deutscher Beschriftung (u. a. «Nort», «Ost», «Sud», «West») und einem drehbaren Zeiger angebracht worden. Im nächsten Ring folgt eine Einteilung in 32 Striche. Im äußersten Ring sind die acht italienischen Hauptwindrichtungen («TRAMONTAN», «GRECO», «LEVANTE» etc.) angegeben. Durch eine runde Aussparung lässt sich bei geschlossenem Deckel die Nadel des Kompasses sehen und die Windrose daran ausrichten. Eine kleine, heute verlorene Windfahne konnte in die Mitte der Windrose gesteckt werden. Sie wurde in einem seitlichen Fach transportiert.

Auf der Innenseite der Deckplatte befindet sich eine Vertikalsonnenuhr mit kleinem Schattenzeiger (Stiftgnomon), welche die Linien für gleich lange Stunden (VII–XII–V) und die jeweilige Tageslänge (8–16) im Laufe des Jahres angibt («QVANTI/TAS DIEI»). Der jeweilige Monat ist über die zwölf Tierkreiszeichensymbole am Rand auffindbar.

Europa in die Tasche stecken

Unmittelbar unterhalb dieser Uhr ist eine idyllische, mit blaugrünem Farbmittel kolorierte Ortsansicht mit Häusern und Bäumen eingraviert. Direkt darunter steht eine zweispaltige Liste mit zwanzig rot und blaugrün unterlegten Ortsnamen und ihren (damals gebräuchlichen) Breitengraden – sie reicht von «DANBZIG [!] 54» bis «CONSTANTON 42», also von Danzig bis Konstantinopel (dem heutigen Istanbul). Zwischen den Häusern und der Liste wurden fünf passende Löcher gebohrt, um das obere Ende des Polfadens auf einer der Polhöhen von 54 ° bis 42 ° Nord einzustecken. Mit diesen Breitengraden korrespondieren auf der Horizontalsonnenuhr, die auf der Oberseite der Grundplatte angebracht ist, mehrere Sonnenuhrskalen. Je nach Breitengrad wirft der Schatten des Polfadens auf dem passenden Zifferblatt die richtige Ortszeit.

Unter der Horizontalsonnenuhr mit mittigem Kompass befinden sich zwei kleinere Nebenzifferblätter mit Stiftgnomonen, die italienische («. DIE . WELSCH . VHR .», 10–23) bzw. babylonische Stunden («. DIE. GROSE. VHR .», 1–14) anzeigen. Auch hier werden 24 gleiche (äquinoktiale) Stunden gemessen, ihr Beginn wird jedoch ab Sonnenuntergang bzw. -aufgang gezählt. Über die Grundplatte wurden kleine, rot und gelbgrün gefärbte Sonnen, Monde und Sterne verteilt.

Auf der Unterseite der Grundplatte, direkt unter dem Kompass, ist eine Monduhr für 29½ Tage angebracht. Mit ihr lassen sich Nachtstunden in Tagesstunden umrechnen, wenn der Mond scheint. Sowohl Windrose als auch Monduhr sind von floralen Ornamenten mit je vier rot gefärbten Hopfenblüten umrankt.

Die Nürnberger Kompassmacher: Akkumuliertes Spezialwissen seit dem Mittelalter

In die Kompassschale hat der Hersteller dieser Klappsonnenuhr seine Meistermarke mit einer Punze eingeschlagen. Auf der Oberseite der Deckplatte sind zwei weitere Marken eingepunzt und rot unterlegt worden. Bei der Marke handelt es sich um eine heraldische Lilie. Die Wissenschaftshistorikerin Penelope Gouk konnte sie dem Nürnberger Kompassmacher Leonhard Miller zuweisen. Dieser heiratete 1594, machte ungefähr zu dieser Zeit auch seinen Meister und starb 1653. Damit ist die auf 1652 datierte Uhr eine seiner letzten erhaltenen Arbeiten, gehört also zu Millers Spätwerk.

Gerne sammeln Museen frühe Instrumente eines Herstellers, zum Beispiel dessen Meisterarbeit. Ein Alterswerk ist ebenfalls etwas Besonderes, da sich hier das während eines Lebens gesammelte Wissen und Können eines Herstellers zeigt. In dieser Sonnenuhr kulminiert aber nicht nur ein Handwerkerleben, sondern indirekt auch ein ganzer Berufsstand: Im Laufe des 17. Jahrhunderts waren hochwertige Nürnberger Klappsonnenuhren aus Elfenbein eher zu Kunstkammerobjekten geworden. Das in dieser Stadt gesperrte, also unter anderem mit einem auswärtigen Arbeitsverbot belegte Kompassmacherhandwerk entwickelte seine Produkte Gouk zufolge nicht mehr weiter. Nach dem Dreißigjährigen Krieg – auch Nürnbergs Tore wurden von 1632 bis 1635 von kaiserlichen und schwedischen Truppen belagert – übten einige Nürnberger Kompassmacher mehrere Berufe aus, andere gaben ihr Handwerk gleich vollständig auf. Zum alltäglichen Gebrauch wurden vor Ort nun eher kleinere und günstigere Klappsonnenuhren aus Elfenbein mit Holzkern oder ganz aus Holz angefertigt, seit Mitte des 18. Jahrhunderts zunehmend solche aus Holz mit aufgeleimten Papierskalen.

Zwischen den Ziffern «4» und «8» auf der Skala der Horizontalsonnenuhr dieser Klappsonnenuhr wurde die in der Frühen Neuzeit verbreitete lateinische Wendung «SOLI DEO GLORIA» («Gott allein die Ehre») angebracht. Dieses reformatorische Bekenntnis gibt nicht nur einen Hinweis auf den Glauben eines Handwerkers des seit 1525 protestantischen Nürnbergs, sondern vielleicht auch auf den uns unbekannten Erstkäufer und Besitzer der Uhr. Die betreffende Person dürfte in jedem Fall über ausreichende Mittel verfügt haben, um sich ein elfenbeinernes Instrument mit Vergoldung leisten zu können. Ob diese Uhr auf Reisen genutzt, von einem Gelehrten zu Studienzwecken verwendet oder in einer Wunderkammer angeschaut und hergezeigt wurde, ist unbekannt. Der noch heute insgesamt gute bis sehr gute Erhaltungszustand spricht für die zweite oder dritte Möglichkeit.

Doch selbst Geld und Orientierungsinstrumente helfen in Krisenzeiten nur begrenzt weiter. Auf einer anderen Nürnberger Klappsonnenuhr aus dem Jahr 1642 könnte ein kollektives Empfinden auf den Punkt gebracht worden sein: «.driwsal [Trübsal]. angst. vnd. kvmer. ist aler menschen. plvmen.» Ihr Hersteller Joseph Tucher starb zwei Jahre später im Alter von dreißig Jahren.

MAREIKE WÖHLER

Klappsonnenuhr (Inv.-Nr. 69503)	
Maße (L × B × T)	10,8 × 6,8 × 2,0 cm
Masse	155 g
Material	Elfenbein, Kupferlegierung, Glas, Eisenlegierung (Nadel)
Punzierung	Meistermarke: [Kompassschale:] [Heraldische Lilie] Meistermarke: [Unterseite Grundplatte:] [2 × Heraldische Lilie]

1662

Magdeburger Halbkugeln mit Luftpumpe

Otto von Guericke
Magdeburg

Kann das «Nichts» existieren? Diese Frage beschäftigt die Philosophie seit der Antike. Thales von Milet (um 624/23–ca. 546 v. Chr.) und Aristoteles (384–322 v. Chr.) gingen davon aus, dass es das «Nichts» nicht geben kann. Der Raum müsse immer gefüllt sein, wenigstens mit der «Quintessenz», dem fünften Element. Nur wenige widersprachen dieser Ansicht, darunter Demokrit (um 460/59–um 370 v. Chr.) als Vertreter des sogenannten Atomismus. Wenn es kleinste unteilbare Einheiten – «Atome» – gibt, dann muss etwas um sie herum sein, nämlich Leere. In der mittelalterlichen Scholastik schlugen sich Thomas von Aquin (um 1225–1274) und Albertus Magnus (1200–1280) vehement auf die Seite des Aristoteles und postulierten, dass die Natur das Vakuum meide: «natura abhorret vacuum» – Die Natur schreckt vor der Leere zurück. Auch der Philosoph Roger Bacon (um 1220–ca. 1293) bestätigte noch einmal: Die Leere kann nicht existieren, jedes Teil befindet sich in göttlicher Ordnung, und wenn man in diese eingreift, wird die Natur sie schnell wiederherstellen. Das hieß im Klartext: Eine stabile Leere lässt sich nicht erzeugen, sie wird sofort mit Materie gefüllt.

Experimentieren – nicht nur argumentieren: die erste verwendbare Luftpumpe

Experimente mit Luftpumpen

Im 15. und 16. Jahrhundert veränderte sich die Naturphilosophie. Wurde zuvor hauptsächlich logisch argumentiert, experimentierte man nun auch verstärkt. Einer der Ersten, die hier Tatsachen schufen, war Evangelista Torricelli (1608–1647), der 1644 ein Vakuum in einer Quecksilbersäule herstellte. 1647 folgte Blaise Pascal mit einem weiteren Versuch zur Existenz der Leere.

Die Diskussion um das Vakuum muss auch den Juristen und Physiker Otto von Guericke (1602–1686) gepackt haben. Er begann – und das war neu – mit dem Bau der ersten verwendbaren Luftpumpe der Geschichte. Diese sollte so viel Luft wie möglich durch ein Ventil aus einem Gefäß herauspumpen. Er bastelte aber noch weiter und installierte die nächste Version in seinem Wohnhaus in Magdeburg. Die Luftpumpe im Deutschen Museum ist die noch einmal verbesserte dritte Version. Um die Kugeln zu evakuieren, werden sie anstelle des Glaskolbens, der auf der Luftpumpe oben zu sehen ist, angebracht.

Auch die Herstellung eines Gefäßes, das das Vakuum enthalten sollte, gelang nicht direkt. Zunächst experimentierte Guericke mit Bierfässern, die sich aber nicht richtig abdichten ließen. Auch die Herstellung von Kugeln aus Kupfer brachte nicht den gewünschten Erfolg. Deren Wände waren zu dünn und fielen beim Evakuieren zusammen. *Natura abhorret vacuum?* Guericke gab nicht auf und ließ sich weitaus dickere Kupfer-Halbkugeln – mit einem Durchmesser von ca. 55 Zentimetern – anfertigen, mit denen das Experiment endlich gelang!

Große Spektakel

Die Welt sollte jetzt sehen, was da gelungen war, und so veranstaltete Guericke eindrucksvolle Vorführungen. Die zwei Halbkugeln wurden aufeinandergelegt und mit einem Lederriemen, der in Wachs und Öl getränkt war, abgedichtet. An einer der beiden Halbkugeln befindet sich ein Ventil, durch das die Luft mit Hilfe der Pumpe herausgepumpt wurde. Ungefähr 14 Kilonewton wirkten nun durch den äußeren Luftdruck auf die Kugeln – Kräfte, die Guericke eindrucksvoll zu inszenieren verstand. Von jeder Seite ließ er acht Pferde an der Kugel ziehen, die jedoch wie verschweißt wirkte und unbeeindruckt den Pferdestärken standhielt. «Gelingt aber bei äußerster Kraftanstrengung die Trennung bis-

weilen doch noch, so gibt es einen Knall wie von einem Büchsenschuß», so Guericke. Dann kam der nächste Höhepunkt: Das Ventil wurde geöffnet, die Luft trat aus, und ein Kind sollte nun die beiden Halbkugeln auseinanderziehen. Es gelang mühelos – und die Menge staunte. Guericke war es wichtig, dass ihm die Zuschauerinnen und Zuschauer dabei halfen, die neuen Versuche zu bezeugen und die Kenntnis davon zu verbreiten.

Otto von Guerickes Vorführungen der Magdeburger Halbkugeln mit Pferden sorgten für großes Aufsehen.

Der Weg nach München

Die Kugeln mit Luftpumpe, die sich im Deutschen Museum befinden, wurden 1663 in einer Privataudienz vor Friedrich Wilhelm von Brandenburg (1620–1688) in Berlin vorgeführt. Guericke hatte sie extra für diesen Anlass angefertigt. Vermutlich schenkte er sie im Anschluss dem «Großen Kurfürsten», denn sie gelangten in die Königliche Bibliothek in Berlin. Die Versuche mit den Halbkugeln wirkten noch lange nach. In einem Bericht von 1740 über besondere Gegenstände in der Berliner Bibliothek findet sich «Otto von Guerickens neu erfundene Lufft Pumpe. Mit dieser kann man die Luft so aus einem Zimmer ziehen, daß Vögel und Fliegen darin sterben müßten». Tatsächlich führte die Erfindung später zu allerlei Vakuum-Experimenten, bei denen auch Vögel unter Glasglocken gesteckt und ihnen die Luft entzogen wurde. Im 19. Jahrhundert dann fand die Experimentalphysik ihren Weg von öffentlichen Orten hin zu einer eigenen Disziplin an den Universitäten, und das Physikalische Institut der Berliner Universität schaffte die Halbkugeln samt Luftpumpe 1889 zu sich, um sie in der Vorlesung den Studenten zu zeigen.

Auch als 1906 das Deutsche Museum in München gegründet wurde, war die Bedeutung der Luftpumpe nicht verblasst, und das Haus zeigte Nachbildungen an prominenter Stelle. Als einen Tag vor der feierlichen Grundsteinlegung des heutigen Gebäudes auf der Isarinsel, am 12. November 1906, dann der eigens angereiste Kaiser Wilhelm II. (1859–1941) von Museumsgründer und -direktor Oskar von Miller (1855–1934) durch die Sammlung geführt wurde und Miller es bedauerte, dass nicht die Originale im Deutschen Museum zu sehen seien, reagierte der Kaiser: Als Nachfahr des Großen Kurfürsten ließ er die Originale nach München bringen, wo sie bis heute zu sehen sind.

Das Vakuum bis in die Gegenwart

Hatte Guericke den Streit um das «Nichts» mit seinen Vorführungen beendet? Nein, die Diskussion ging noch lange weiter. So sehr es Guericke schaffte, mit seinen Versuchen Aufsehen zu erregen – die Gegner des Vakuums konnte er nicht überzeugen. Dabei trat Guericke selbst in einen Briefwechsel mit dem großen Philosophen – und Vakuumskeptiker – seiner Zeit: Gottfried Wilhelm Leibniz (1646–1716). Doch beeinflussen konnte Guericke Leibniz nicht, denn der schrieb später:

> «Man hält mir das Vakuum entgegen, das Herr Guericke von Magdeburg entdeckt hat, der es durch Auspumpen der Luft aus einem Rezipienten hergestellt hat; und

man behauptet, dass in diesem Rezipienten wahrhaftig ein vollkommenes Vakuum ist oder ein Raum, der zumindest teilweise ohne Materie ist. Die Aristoteliker und die Cartesianer, die das wahrhaft Leere gar nicht gelten lassen, haben auf jenes Experiment von Herrn Guericke ebenso wie auf diejenigen von Herrn Torricelli aus Florenz [...] geantwortet, dass es durchaus gar kein Vakuum in der Röhre oder in dem Rezipienten gibt, weil das Glas feine Poren hat, durch welche Strahlen des Lichtes, die des Magneten, und andere sehr dünne Materien hindurchgehen können.»

Otto von Guericke auf einem Ölgemälde von Claus Meyer (1856–1919) im Ehrensaal des Deutschen Museums

Leibniz und andere Gegner der Vakuumtheorie vertraten weiter die Position, dass der Raum kontinuierlich mit Materie gefüllt sei. Diese Vorstellung war noch bis ins 20. Jahrhundert vorherrschend.

Mittlerweile hat man einen Begriff des Vakuums entwickelt, der es in Abstufungen unterteilt. Das absolute «Nichts» als völlige Abwesenheit von Materie gibt es danach höchstens im Denken, aber nicht in der empirischen Welt. Selbst an den entlegensten Orten des Weltalls oder im technisch hergestellten Ultrahochvakuum entstehen und verschwinden Teilchen. So haben die Aristoteliker schließlich doch Recht bekommen, aber auf eine Weise, die sie nicht absehen konnten und die auch ihrer Grundannahme einer göttlichen, kontinuierlichen Ordnung widerspricht.

WIEBKE HENNING

Magdeburger Halbkugeln mit Luftpumpe (Inv.-Nr. 13701 und 13702)

Maße Luftpumpe (H × B × L/T)	ca. 1290 × 800 × 1190 mm
Maße Halbkugeln (H/L × D)	ca. 310 × 551 mm je Stück

1670

Einfaches Mikroskop

Antoni van Leeuwenhoek
Delft

«Was mag aber nun geschehen, wo ich solchen Leuten in Zukunft sagen muß, daß an schmutzigen Zähnen mehr Tierchen im menschlichen Munde existieren als Menschen im ganzen Reich [...].» Mit pragmatischen Äußerungen wie dieser zur Mundflora läutete Antoni van Leeuwenhoek (1632–1723) beinahe unbemerkt die Geschichte der Mikrobiologie ein. Tatsächlich mussten selbst Zeitgenossen bekennen, dass sie außerstande waren zu entdecken, was Leeuwenhoek durch seine Mikroskope sah. Heute können wir dank der fortschreitenden Entwicklung der Mikroskopie nachvollziehen, was Leeuwenhoek in der zweiten Hälfte des 17. Jahrhunderts sorgfältig umschrieben und in Zeichnungen festgehalten hat. Damals eigneten sich die gängigen Vergrößerungsgläser noch kaum zu ernsthaften wissenschaftlichen Untersuchungen. Niemand wusste in dieser Zeit genau, wie Linsen funktionierten. Auch war die handwerkliche Qualität der Gläser meist mangelhaft, und es fehlte zudem an verschiebbaren Halterungen, um auf ein Objekt scharfzustellen. Leeuwenhoek war einer der Ersten, die hierfür eine Lösung fanden.

Erste Einblicke in Mikrowelten

Keine Schraubzwinge, sondern eines der ersten Mikroskope

Die berühmtesten Mikroskope des Niederländers waren im Grunde stark vergrößernde Lupen: Zwischen zwei daumengroßen Blechen aus Messing, Silber oder Gold war eine winzige, rundliche Linse eingefasst. Auf der einen Seite befand sich eine lange Schraube, die es dem Betrachter erlaubte, das Anschauungsobjekt auf die passende Blickhöhe zu drehen. Zur Beobachtung wurde das Objekt meist mit einer Nadel auf dem kleinen Objekttisch fixiert. Dann konnte man mittels einer weiteren, kleineren Schraube – die sich auf Höhe des Objekttischs und senkrecht zum Blech befand – den Abstand zwischen Objekt und Linse anpassen. Gegen das Licht gehalten ließ sich so, mit etwas Übung, ein scharfes Bild des Objekts herstellen.

Leeuwenhoeks Zeitgenossen empfanden die Handhabung seiner Mikroskope als unpraktisch, da die grobe Mechanik die Feinfokussierung auf das Objekt erschwerte. So erklärt sich wohl, warum sein Design einzigartig blieb. Auch mag das schmucklose Äußere ein Grund dafür sein, warum man heute von ehemals 276 einfachen Mikroskopen nur noch von gut zehn Exemplaren Kenntnis hat. Immerhin zwei Originale kann das Deutsche Museum sein Eigen nennen. Der Museumsgründer Oskar von Miller erwarb diese 1906 von einem Universitätsmechaniker aus Utrecht. Die Präparate, die Leeuwenhoek jeweils passend zu der Vergrößerung der Linse anbrachte, sind jedoch nicht erhalten. Für seine außergewöhnlichsten Entdeckungen scheint Leeuwenhoek zudem andere Instrumente verwendet zu haben, vermutlich präzisere Mikroskope mit mehreren Linsen, die er jedoch – wohl aus Wettbewerbsgründen – nie jemandem zeigte.

Die hervorragenden Linsen waren es letztendlich, wodurch sich die Leeuwenhoek'schen Mikroskope auszeichneten. Über ihre Herstellung hat sich Leeuwenhoek allerdings kaum geäußert. Ausgehend von ihrer Form und durch Nachahmung der damals üblichen Glasbearbeitung wird heute vermutet, dass es verschiedene Produktionsphasen gab. Für seine ersten Linsen, die im Vergleich zu späteren winzig und kugelförmig erscheinen, hat Leeuwenhoek sich wohl an seinem Landsmann Johannes Huddenius (ca. 1628–1704) orientiert. Dieser erhitzte ein Glasstück auf einer Nadelspitze und formte so kleine Tropfen. Offensichtlich genügten diese Linsen jedoch Leeuwenhoeks Forscheransprüchen nicht, weshalb er ihre Form – und damit ihr Auflösungsvermögen – zunehmend verbesserte, indem er sie zunächst schliff und schließlich auch eine spezielle Methode des Glasblasens anwandte. Eine kürzlich ausgewertete Liste seines Inventars bekräftigt diese Entwicklung: Instrumente zum

Um 1700 gebautes Mikroskop aus Messing. Die Aufnahme zeigt die Seite, auf der das Objekt fixiert und vor die winzige Linse gedreht wird.

Schleifen und eine Drehbank zeugen von Leeuwenhoeks frühem Verfahren zur Glasbearbeitung. Des Weiteren fanden sich Brennspiegel, wie sie Ende des 17. Jahrhunderts zur Erzeugung von hohen Temperaturen genutzt wurden. Neueste Untersuchungen an zwei in den Niederlanden aufbewahrten Exemplaren der einfachen Mikroskope mittels Neutronenstrahlen stützen die Theorie, dass Leeuwenhoek die gängigen Herstellungsmethoden seiner Zeit kannte und perfektionierte. Während eine der Linsen offensichtlich geschliffen wurde, wurde die zweite nach einer Methode des englischen Gelehrten Robert Hooke (1635–1703) hergestellt. Diese Tatsache ist umso überraschender, als Hooke mit dem von ihm im Jahr 1678 veröffentlichten Rezept nicht dieselbe Auflösung erreichte wie Leeuwenhoek – und erklärt gleichermaßen, warum Letzterer seine Herstellungsmethoden geheim hielt.

Alles Forschen beginnt mit Neugier

Wie kam Leeuwenhoek als ehemaliger Tuchhändler zu solch handwerklichem Geschick und zu seinem naturwissenschaftlichen Interesse? Einmal war es nicht schwer, in seiner Heimatstadt Delft Zugang zu optischem Wissen zu erlangen. Denn um 1600 waren in Holland erste brauchbare Fernrohre und Mikroskope

Fig: 1

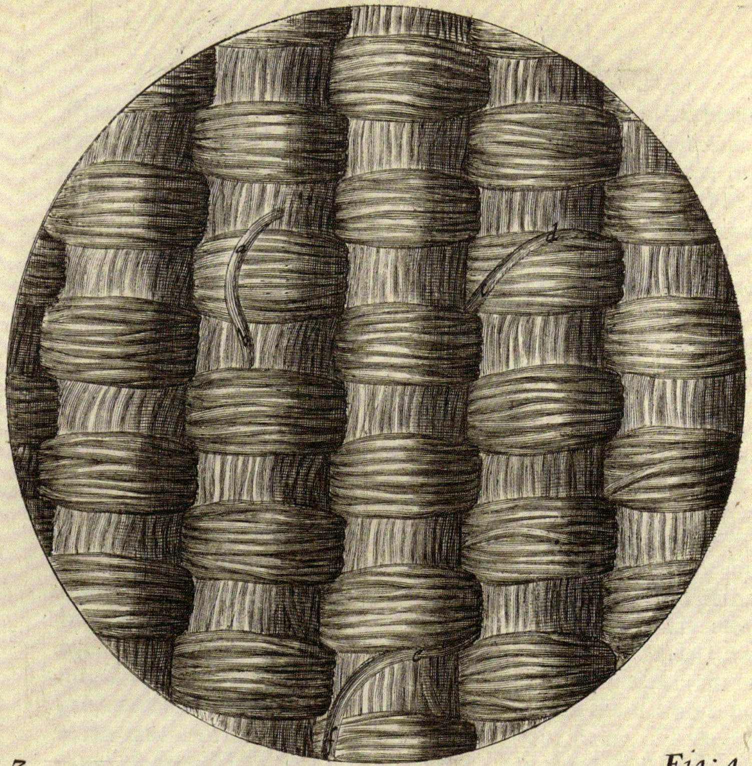

Fig: 3

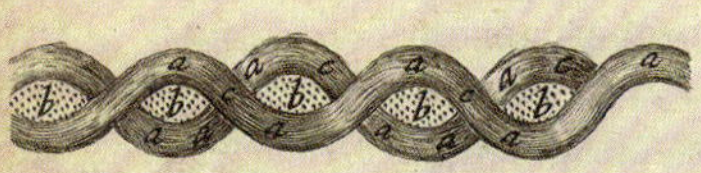

Fig: 4

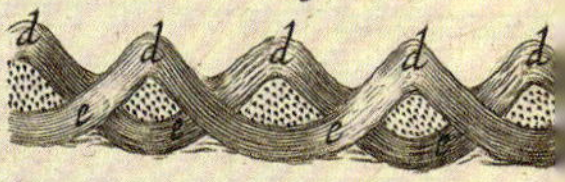

A

Fig: 2

C

D

B

entwickelt worden; ihre vergrößernde Wirkung im Fernen wie im Nahen enthüllte das zuvor Unsichtbare. Zwischen den zahlreichen Handwerkern, Malern, Gelehrten und Optik-Liebhabern entstand ein kreativer Austausch, der die Entwicklung und Verbesserung neuer Instrumente förderte. Zur selben Zeit kam eine neue Art des naturwissenschaftlichen Forschens auf: der «unvoreingenommene» Blick auf die Natur, wie ihn beispielsweise der englische Philosoph Francis Bacon (1561–1626) forderte. Von dieser Atmosphäre des Aufbruchs in neue optische Welten ließ sich auch Antoni van Leeuwenhoek anstecken.

Vergrößerte Stiche von Textilien in den «Micrographia» des englischen Gelehrten Robert Hooke

Hooke veröffentlichte 1665 sein bedeutenstes Werk *Micrographia*, das bereits 1667 nachgedruckt wurde. Die beeindruckenden Zeichnungen der *Micrographia* gaben Einblick in die bis dahin noch weitgehend unbekannte Welt des Mikrokosmos und dürften mit der Anstoß für Leeuwenhoeks Forscherdrang gewesen sein. Indem er die Natur durch seine Mikroskope betrachtete, deckte er Anatomie und Paarungsverhalten der Flöhe auf, demonstrierte den Blutkreislauf im Schwanz der Kaulquappe und bestimmte die Größe von Kleinstlebewesen anhand des Vergleichs mit Sandkörnern. Durch seine Neugier und Herangehensweise trug er wesentlich dazu bei, dass sich das Mikroskop zum wissenschaftlichen Standardwerkzeug entwickelte.

ANNEKATHRIN BAUMANN

Einfaches Mikroskop 1670 (Inv.-Nr. 8880)

Maße (H × B × L/T)	23 × 26 × 68 mm
Masse	18 g
Material	Silber

Einfaches Mikroskop 1700 (Inv.-Nr. 6768)

Maße (H × B × L/T)	20 × 28 × 74 mm
Masse	18 g
Material	Messing

um 1700

Doppelbrennlinsenapparat

Ehrenfried Walther von Tschirnhaus
Kieslingswalde

«Sie waren wunderbare Geräte, die das ganze Licht des Himmels wie in einem Pokal einfingen und es in Feuer umwandelten [...].» So beschrieb der litauische Kunsthistoriker Jurgis Baltrusiatis die Brennspiegel. Ihre Nutzung lässt sich bis in die Antike zurückverfolgen. Der Legende nach fing schon Archimedes Sonnenstrahlen mit Brennspiegeln ein und setzte damit römische Schiffe in Brand. Heute erleben solche Instrumente in gewaltigen Solarkraftwerken eine Renaissance. Vor über 350 Jahren stellte der sächsische Gelehrte Ehrenfried Walther von Tschirnhaus (1651–1708) Spiegel und Linsen von bis dahin nicht erreichter Größe her. Diese konnten eine Hitze erzeugen, der nicht einmal Stahl oder Diamant standhielten. So war ein exzellentes Werkzeug geschaffen, um die Eigenschaften verschiedenster Materialien chemisch zu untersuchen.

Tschirnhaus – Erfinder und Wissenschaftler

Ehrenfried Walther von Tschirnhaus war eine bemerkenswerte Persönlichkeit. In seiner Jugend machte er eine mehrjährige Europareise, aus der sich ein intensiver Briefwechsel mit der wissenschaftlichen Elite Europas ergab. Als Erfolge in der Mathematik ausblieben, wandte er sich zunehmend der Technik zu und begann – inspiriert von Brennspiegeln, die er in Paris gesehen hatte – mit dem Bau eigener Spiegel. Mit den sphärischen Kupferspiegeln konnte man das Sonnenlicht stark genug bündeln, um Holz zu entflammen und Eisen, Kupfer oder sogar Stahl zu schmelzen.

Heiße Kombination: Tschirnhaus' Doppelbrennlinsenapparat

Schon bald reichten Tschirnhaus die einfachen Kupferspiegel jedoch nicht mehr aus. Er wandte sich ab etwa 1690 zunehmend gläsernen Brennlinsen zu, von welchen er sich viele Vorteile versprach. Zum einen konnten so höhere Temperaturen erzeugt werden, aber sie waren auch transportabler und pflegeleichter. Zur damaligen Zeit war die Herstellung von Glas in den von Tschirnhaus ersonnenen Dimensionen eine immense technologische Herausforderung. Der Gelehrte half sich selbst und errichtete eine eigene Glaswerkstatt. Schon ein Jahr später gelang es ihm, die ersten schweren Glasblöcke zu gießen.

Um die benötigten Linsen aus den Blöcken zu schleifen, baute Tschirnhaus in seinem Heimatdorf Kieslingswalde eine vierarmige Polier- und Schleifmühle. Die nötige Energie dafür gewann er aus der Wasserkraft des dortigen Bachs. Über diese Erfindung schreibt er voller Stolz an seinen Freund Gottfried Wilhelm Leibniz (1646–1716): «Ich hab eine Machine die nicht leicht iemand erfinden wird [...], da kan lentes Opticae (optische Linsen) von unglaubliches größe und so vollkommen verfertigen, als iemahls das kleinste glaß geschlieffen und poliret worden [...]». Nach nur sechs Jahren gelang ihm die Herstellung von Brennlinsen mit über einem Meter Durchmesser – eine gewaltige Pionierleistung. Tschirnhaus' Verfeinerung der Glastechnik war für das Land Sachsen von großer wirtschaftlicher Bedeutung. Er wurde Mitbegründer und Leiter einiger sächsischer Glashütten und verhalf den feinen, geschliffenen Gläsern der Dresdner Hütte zu internationaler Beliebtheit. Auch das damals berühmte rote Tschirnhaus-Glas entstand in dieser Zeit.

Das Sonnenlicht mit Spiegeln einfangen

Tschirnhaus' Fokus jedoch lag auf der experimentellen Nutzung seiner Brennlinsen. Um die erreichten Temperaturen noch zu steigern, entwickelte er seinen berühmten Doppelbrennlinsenapparat, der ihm internationalen Ruhm einbrachte: Hinter der großen Hauptlinse sitzt eine weitere bewegliche Linse. Diese clevere Kombination bündelt das Sonnenlicht noch stärker. Für die Anfänge der chemischen Wissenschaften waren die Tschirnhaus'schen Apparate von enormer Bedeutung, da die erzeugte Hitze die Möglichkeit zur Untersuchung verschiedenster chemischer Elemente lieferte. Mit ihrer Hilfe versuchte man die Zusammensetzung von Wasser zu erforschen und verbrannte sogar Diamanten. Auch Tschirnhaus selbst experimentierte viel mit seinen Brennapparaten und dokumentierte die chemischen Eigenschaften diverser Materialien.

Oberstes Ziel all seiner Bemühungen aber war es, die Herstellung von Porzellan neu zu erfinden. Chinesisches Porzellan war in Europa bereits bekannt, doch bis dato schlugen alle Versuche, die Herstellung nachzuahmen, fehl. Mit seinen Brennapparaten testete Tschirnhaus verschiedenste Zusammensetzungen, bis ihm schließlich die Herstellung porzellanähnlicher Substanzen gelang. Die echte Porzellanherstellung glückte allerdings erst ein Jahr nach seinem Tod Johann Friedrich Böttger (1682–1719), seinem engen Mitarbeiter.

Tschirnhaus war ein Visionär, der die europäische Wissenschaft mit seinen Erfindungen bereicherte. Seine Brenngläser wurden an verschiedensten Fürstenhäusern und Institutionen im In- und Ausland verwendet. Noch 1822 waren sie von großer Bedeutung: In diesem Jahr kaufte die Königlich Preußische Akademie der Wissenschaften zu Berlin der Regierung von Erfurt einen Tschirnhaus'schen Brennapparat ab, um damit zu experimentieren. 1908 stiftete die Akademie den Apparat dem Deutschen Museum, wo er bis heute in der Ausstellung «Chemie» zu sehen ist.

CHRISTINA NEWINGER

Dieser Brennspiegel von Tschirnhaus ist heute im Mathematisch-Physikalischen Salon in Dresden zu sehen.

Doppelbrennlinsenapparat (Inv.-Nr. 13440)

Maße (H × B × L/T)	1985 × 1280 × 1750 mm
Masse	285 kg
Material	Holz, Glas, Metall

1719

Verwandlung der surinamischen Insekten

Maria Sibylla Merian
Amsterdam

Im Juni 1699, genau einhundert Jahre bevor Alexander von Humboldt zu seiner großen Expedition aufbrach, bestieg Maria Sibylla Merian zusammen mit ihrer Tochter Dorothea in Amsterdam ein Schiff nach Amerika. Ihr Ziel war Surinam, die niederländische Kolonie an der Ostküste Südamerikas. Dort wollte die bereits Zweiundfünfzigjährige die Pflanzen- und Insektenwelt studieren und in ihren unvergleichlichen Bildern dokumentieren. Eine solche Expedition war zur damaligen Zeit ein schwieriges und auch gefährliches Unterfangen, erst recht für eine Frau, die ohne männliche Begleitung unterwegs war und sich die Reise auch gänzlich selbst finanzieren musste. Frucht dieser Reise ist Merians Hauptwerk: *Metamorphosis insectorum Surinamensium* («Verwandlung der surinamischen Insekten»).

Eine ungewöhnliche Frau

Maria Sibylla Merian wurde 1647 als Tochter des bekannten Frankfurter Verlegers und Kupferstechers Matthäus Merian d. Ä. (1593–1650) geboren. Dieser verstarb, als Maria Sibylla erst drei Jahre alt war. Während ihre älteren Brüder Studienreisen zu Künstlern in ganz Europa unternahmen, um ihre künstlerischen Fähigkeiten zu verbessern, und schließlich das Verlagshaus des Vaters übernahmen, blieb

Eine der berühmtesten Illustrationen aus Merians Werk zeigt eine Vogelspinne, die einen Kolibri verzehrt (unten links).

Maria Sibylla in Frankfurt und erlernte dort von frühen Kindheitsjahren an das Zeichnen und Kupferstechen mit Unterstützung ihres Stiefvaters, des Malers Jacob Marrel (1614–1681). Sie interessierte sich schon in ihrer Jugend für Insekten und insbesondere Schmetterlinge, deren Raupen sie sammelte und bis zur Verwandlung zum Schmetterling großzog. Dieser für ein junges Mädchen ungewöhnliche Zeitvertreib erstaunt umso mehr, als die Entomologie zur Mitte des 17. Jahrhunderts noch in den Kinderschuhen steckte und vergleichsweise wenig Aufmerksamkeit genoss.

Auf Basis ihrer Beobachtungen veröffentlichte Merian zwischen 1679 und 1683, als sie mit ihrem Ehemann in Nürnberg lebte, die ersten zwei Bände des Buchs *Der Raupen wunderbare Verwandlung und sonderbare Blumennahrung*. Diese erste wissenschaftliche Veröffentlichung brachte ihr – bemerkenswert für eine Frau ihrer Zeit – die Aufmerksamkeit der zeitgenössischen Gelehrtenwelt ein und war konzeptionell schon prägend für ihre späteren Werke: Die einzelnen Insekten werden nicht statisch oder isoliert abgebildet – Eier, Raupe, Puppe sowie Schmetterling oder Motte illustrieren in einer einzigen Abbildung den Lebenszyklus des Insekts und zeigen begleitend immer auch die Wirtspflanze. Zudem verzichtete Merian darauf, einzelne Teile der Abbildungen zu nummerieren oder mit Buchstaben zu versehen, da dies den visuellen Gesamteindruck gestört hätte. Vielmehr sollten allein die Begleittexte, die ihre Beobachtungen erläutern, zum Verständnis des Bildes führen.

Reisen in ferne Länder

Mitte der 1680er-Jahre kam es zum Bruch zwischen Maria Sibylla Merian und ihrem Ehemann, woraufhin sie mit ihren beiden Töchtern in die Niederlande übersiedelte. Während ihres Aufenthalts in Amsterdam in den 1690er-Jahren hatte sie in der geschäftigen Handelsstadt die Gelegenheit, verschiedene botanische und naturkundliche Sammlungen mit Pflanzen, Tieren und weiteren Objekten aus den niederländischen Kolonien zu besichtigen. Als unbefriedigend empfand sie, dass die Insekten in der Regel als zusammenhanglose Objekte präsentiert wurden, ohne die verschiedenen Phasen ihrer Entwicklung oder die Pflanzen, von denen sie sich ernähren, zu berücksichtigen. So festigte sich in dieser Zeit Merians Entschluss, selbst eine Expedition nach Surinam

Jacob Marrel, Maria Sibylla Merian, 1679, Öl auf Leinwand

zur Erforschung der dortigen Tier- und Pflanzenwelt zu organisieren.

In Amsterdam bestritt Maria Sibylla Merian den Lebensunterhalt für sich und ihre Töchter, indem sie Malunterricht erteilte und Auftragsarbeiten für Illustrationen annahm. Einen Großteil der Kosten für die Reise nach Surinam brachte sie schließlich durch den Verkauf ihrer Sammlung von Insekten und Illustrationen auf und konnte so 1699, im fortgeschrittenen Alter von zweiundfünfzig Jahren, zusammen mit ihrer Tochter Dorothea Maria für zwei Jahre nach Südamerika reisen. Surinam war zu dieser Zeit vom Zuckeranbau geprägt. Die weitläufigen Felder wurden von Sklaven bestellt und der geerntete Zucker von den Plantagenbesitzern mit gutem Profit exportiert. Maria Sibylla Merian und ihre Tochter ließen sich in einem Haus in der Stadt Paramaribo nieder, von wo aus sie Ausflüge zu den umliegenden Wäldern und Plantagen unternahmen, Exemplare von Tieren und Pflanzen für ihre Studien und Sammlungen sowie den späteren Verkauf sammelten und eine Vielzahl von Illustrationen anfertigten. Merian sammelte so viele Informationen und Beobachtungen, wie sie konnte, sprach mit den Angehörigen der einheimischen Völker ebenso wie mit afrikanischen Sklaven und ließ deren Kenntnisse auch in ihre Notizen einfließen.

Als das heiße und feuchte äquatoriale Klima Maria Sibylla stark zusetzte, kehrten Mutter und Tochter 1701 nach Amsterdam zurück. Es sollte noch bis 1705 dauern, bis Merians Hauptwerk über die surinamische Tier- und Pflanzenwelt *Metamorphosis insectorum Surinamensium* in einer lateinischen und einer holländischen Ausgabe veröffentlicht wurde. Es enthält sechzig Kupferstiche mit neunzig verschiedenen Tieren und fünfzig Pflanzen. Im Gegensatz zu ihren früheren Veröffentlichungen stach Merian für diese Publikation die Kupferstiche nicht selbst, sondern ließ sie nach ihren Vorlagen anfertigen. Die Veröffentlichung dieses Prachtbands etablierte sie endgültig als weithin angesehene Naturforscherin ihrer Zeit.

Vermächtnis und Erinnerung

Auf den ersten Blick mag es verwundern, dass die Bibliothek des Deutschen Museums als Spezialbibliothek für die Geschichte der exakten Naturwissenschaften und Technik auch Bücher zur Insektenkunde aufbewahrt. Historisch gesehen aber war die Pflanzenkunde stets eng mit der Pharmazie verbunden, was das Buch zu einer interessanten Quelle für die pharmaziehistorische Forschung macht. Und die Pharmazie wiederum gehört schon seit der Anfangszeit zum Themenspektrum des Deutschen Museums – ein Grund dafür, dass sich in der Bibliothek eine ganze Reihe botanischer Werke findet.

Das Exemplar in der Sammlung der Bibliothek des Deutschen Museums ist keine Erstausgabe. Vielmehr handelt es sich um ein unkoloriertes Exemplar der 1719 vom Amsterdamer Verleger Johannes Oosterwijk herausgegebenen Überarbeitung, die Merians erste Ausgabe um zwölf Tafeln, davon zehn aus ihrem Nachlass, ergänzt. Eine handschriftliche Widmung im Exemplar der Bibliothek legt nahe, dass es nach der Drucklegung nach Straßburg gelangte: Der Straßburger Medizinprofessor Johann Jacob Sachs (1686–1762) schenkte das Buch am 29. April 1743 dem Mediziner Christian Wencker (1717–1764), vermutlich zum Anlass der Dissertation, die dieser zwölf Tage zuvor abgeschlossen hatte. Wencker stammte aus Nördlingen, von wo aus das Buch ins nahe gelegene Gunzenhausen gelangt sein muss, denn der Gunzenhausener Kaufmann Ludwig Faulstich schenkte es schließlich 1908 dem Deutschen Museum. Beide angesprochenen Ausgaben erschienen wohl in recht niedrigen Auflagenzahlen und sind deshalb heute wenig verbreitet.

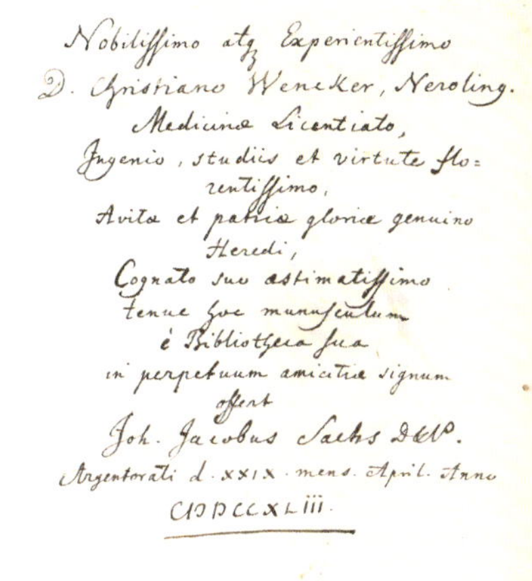
Nobilissimo atq Experientissimo
D. Christiano Wencker, Nerolingo.
Medicinae Licentiato,
Ingenio, studiis et virtute flo=
rentissimo,
Avitae et patriae gloriae genuino
Heredi,
Cognato suo aestimatissimo
tenue hoc munusculum
è Bibliotheca sua
in perpetuum amicitiae signum
offert
Joh. Jacobus Sachs D&P.
Argentorati d. XXIX. mens. April. Anno
CIↃIↃCCXLIII.

Handschriftliche Widmung

Maria Sibylla Merian zählt heute zu den großen Pionierinnen der Naturwissenschaften. Nach ihr sind nicht nur mehrere Wissenschaftspreise, das Gebäude des Senckenberg Biodiversität und Klima Forschungszentrums sowie mehrere internationale Forschungskollegs des Bundesministeriums für Bildung und Forschung, sondern auch ein Forschungsschiff und ein Venuskrater benannt.

EVA BUNGE

Over de Voortteeling en Wonderbaerlyke Veranderingen der Surinaemsche Insecten, Maria Sibylla Merian, Amsterdam, 1719 (Sign. 3000 / 1927 C 60)

Maße (L × B × T)	510 × 370 × 40 mm
Umfang	72 Bl.
Material	Leder (Einband), Pergament (Blätter)

Ikonen der Aufklärung und der Geheimcode der Sterne

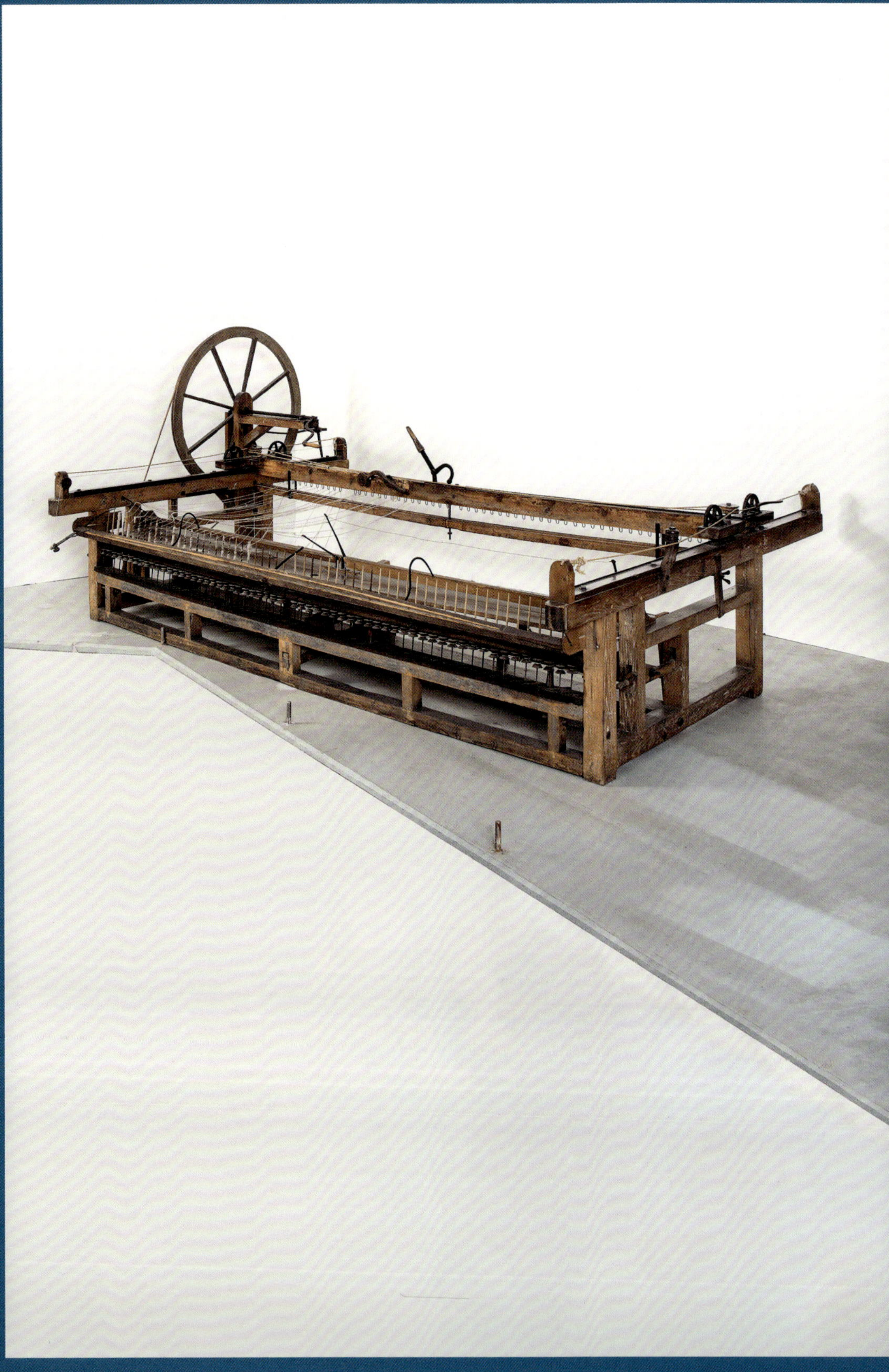

1764 [1856]

Spinning Jenny

James Hargreaves [H. Hölscher]
Lancashire [Bramsche bei Osnabrück]

James Hargreaves (1721–1778; auch als Hargraves, Hargravs und Hargrave überliefert) war ein Baumwollweber in Lancashire. Eines Tages wurde in seinem Haus ein Handspinnrad versehentlich umgestoßen. Der Anblick von Rad und Spindel, die sich wie von selbst weiterdrehten, brachte Hargreaves auf die Idee, den Spinnvorgang zu automatisieren. 1764 entstand die erste Spinning Engine, in der Umgangssprache «Spinning Jenny», die acht Spindeln gleichzeitig betreiben konnte. Die Legende will, dass die unvorsichtige Spinnerin, die ihr Spinnrad umgeworfen hatte, Hargreaves' Tochter Jenny war.

Die Automatisierung des Spinnrads

Das Prinzip der Spinning Jenny beruht darauf, dass von einer Vorgarnspule (mit grob gesponnenem Material) ein Faden über eine Spindel gezogen wird, der weiter über einen Pressbalken auf einem beweglichen Wagen läuft. Zuerst bewegt sich der Wagen mit geöffneter Presse von der Spindel weg, wodurch er das Vorgarn von der Vorgarnspule wickelt und durch die Presse zieht. Das Vorgarn wird verstreckt, indem sich kurz vor Ende der Ausfahrt die Presse schließt und der Wagen bis zum Anschlag weiterfährt. Gleichzeitig wird durch Drehen der Spindel das Vorgarn leicht gefestigt. Bei geschlossener Presse wird die Spindel nun gedreht, bis der Faden durch Verdrillung die gewünschte Festigkeit erreicht. Durch eine kurze Drehung in entgegengesetzter Richtung

«Eine Maschine, die den Faden zieht und spinnt, ohne die mühselige Arbeit überflüssiger Hände» lockert sich der Faden etwas und gleitet von der Spindelspitze auf die Spule. Der Wagen fährt langsam zurück, währenddessen dreht sich die Spindel und der Faden wird unter gleichzeitigem Heben und Senken eines Aufwinders Lage für Lage aufgespult. Der Aufwinder sorgt auch für den notwendigen Wechsel des Winkels zwischen Spinnphase und Aufwickelphase (beim Spinnen muss der Winkel zwischen Spindelspitze und Faden größer als 90 ° sein). Hat der Wagen die Spindel erreicht, öffnet sich die Presse und der Spinnvorgang beginnt von neuem. Mit der linken Hand wird dabei der Wagen hin- und herbewegt, mit der rechten das Antriebsrad.

Das Patent N° 962

Das Antriebsrad kann mit so vielen einzelnen Spindeln kombiniert werden, wie eine Arbeitskraft durch Drehbewegung antreiben kann. Hargreaves' Patent von 1770 spricht deshalb von sechzehn oder mehr Fäden:

> «Ein Verfahren zur Herstellung eines Rades oder einer Maschine von völlig neuer Konstruktion (und nie zuvor verwendet), um Baumwolle zu spinnen, zu ziehen und zu verdrillen, bedient von nur einer Person, die durch die Drehung oder Bewegung der einen Hand und das Ziehen der anderen bewirkt, dass das Rad oder die Maschine sechzehn oder mehr Fäden auf einmal spinnt, zieht und verdrillt.»

Nach einigen konstruktiven Verbesserungen konnten später bis zu 120 Spindeln gleichzeitig mit einer Spinnmaschine beschickt werden.

Maschinensturm und Industrielle Revolution

James Hargreaves brachte seine Erfindung wenig Glück. 1768 drangen aufgebrachte Heimarbeiter, die um ihre Existenz fürchteten, in sein Haus in Blackburn ein und zerstörten die Jennys. Chronisten berichten von «bösen und gefährlichen Personen, die (erklärten, dass) zehntausend kommen und die Stadt Blackburn zerstören würden, nachdem sie zu diesem Behufe ein Papier unterzeichnet hatten». Hargreaves, völlig mittellos, flüchtete nach Nottingham. Aus dem Patent der Spinning Jenny konnte er neues Kapital schöpfen und eine kleine Fabrik errichten – in unmittelbarer Nähe zu der Fabrik von Richard

Spinning Jenny. Kupferstich aus Rees' Cyclopaedia von 1822

Arkwright, seinem erfolgreicheren Rivalen und Erfinder der Waterframe, der ersten Spinnmaschine, die unabhängig von Menschenkraft angetrieben wurde.

Innerhalb der Industriellen Revolution war die Spinning Jenny ein wichtiger Meilenstein. Der Schnellschütze von John Kay (1733), auch «fliegendes Schiffchen» genannt, hatte das Weben erleichtert und den Bedarf an Garn massiv erhöht. Ein Weber war auf eine Vielzahl von Spinnern angewiesen, Mangel an Garn limitierte häufig die Produktivität der Webstühle. Die Spinning Jenny stellte das Gleichgewicht wieder her. Aller Maschinenstürmerei zum Trotz standen gegen Ende des 18. Jahrhunderts allein in England 20 000 Jennys. Die Jenny war zunächst vor allem für kleine Betriebe geeignet und brachte dort, wo sie eingeführt wurde, auch höhere Löhne mit sich. In einem anonymen Pamphlet heißt es:

> «Was für ein Aufruhr und welche Unruhe herrschten in dieser Grafschaft vor etwa zehn Jahren bei der Erfindung der Spinning Jennys? [...] Der weit verbreitete Schlachtruf war, dass sie den Armen das Brot wegnehmen und sie aus dem Ar-

> beitsleben drängen würden. Daraufhin erhob sich ein Mob, verbrannte die Maschinen, derer er habhaft werden konnte, und trug ihre Trümmer im Triumphzug herum [...] Das Feuer des Aufruhrs erlosch jedoch bald [...] Die Jennys machten sich in aller Stille auf den Weg, aus eigener Kraft. Tausende von Familien haben nun seit vielen Jahren Grund, Gott zu danken, dass sie erfunden wurden.»

Aber als in den Fabriken Jennys mit bis zu 120 Spindeln auftauchten, gab es neue soziale Verwerfungen. Innerhalb von wenigen Jahrzehnten stiegen die Löhne im Spinngewerbe auf das Dreifache, um dann annähernd wieder auf den Ausgangswert zurückzufallen.

Die Mule Jenny

Wie das Handspinnrad arbeitet die Spinning Jenny diskontinuierlich. Die Parallelerfindung von Richard Arkwright, die Waterframe von 1769, basiert auf dem Flügelspinnrad; sie arbeitet kontinuierlich und eignet sich für Wasserantrieb. Allerdings reißen – trotz niedriger Drehzahl – bei der Waterframe leicht die Fäden. Das ungelöste Problem, Fäden aller Qualität industriell herzustellen, löst zehn Jahre später Samuel Crompton mit der Mule Jenny. Sie ist, wie der namengebende Maulesel, eine Kreuzung aus zwei Arten, der Spinning Jenny und der Waterframe. Mit der Entwicklung und Vervollkommnung des vollautomatischen Selfaktors im 19. Jahrhundert findet die Geschichte von Hargreaves' Erfindung einen vorläufigen Abschluss. Die Steigerung der Produktivität ist sprunghaft. Eine Spinning Jenny mit 60 Spindeln konnte etwa 25 Handspinner ersetzen, eine Mule Jenny mit 14 Spindeln etwa 175 Handspinner, und ein Selfaktor, Baujahr 1880, konnte die Leistung der Mule Jenny nochmals verfünffachen. Der Dichter John Dyer, Zeitgenosse von Hargreaves, findet für die Vision die Worte: «eine Maschine, die den Faden zieht und spinnt, ohne die mühselige Arbeit überflüssiger Hände».

Fabrikhalle mit Mule Jennys in England um 1835. Von rechts nach links kann man die Arbeitsteilung innerhalb der Fabrik sehen: Kinder reinigen den Maschinenraum von störenden Abfällen, die Frauen reparieren gerissene Fäden, die Männer arbeiten als hochspezialisierte Maschinenführer – entsprechend abgestuft sind die Löhne.

Die Museums-Maschine

Die im Deutschen Museum ausgestellte Maschine ist auf sechzig Fäden ausgelegt. Sie ist die älteste erhaltene, einwandfrei intakte Maschine. In Bolton (Tong Moore Branch Library) befindet sich noch eine stark abgenutzte Maschine von 1819. Josef Vinzenz, Direktor der Preußischen höheren Fachschule für Textilindustrie in Cottbus, teilte am 27. Oktober 1910 dem Deutschen Museum mit: «Bezüglich der Ihnen zugesandten Jennyspinnmaschine gelang es mir folgendes festzustellen: Sie wurde im Jahre 1856 von H. Hölscher in Bramsche bei Osnabrück gebaut und diente bis zum Jahre 1896 zum Spinnen von schafwollenem Streichgarn.»

THOMAS BRANDLMEIER

Spinning Jenny (Inv.-Nr. 25202)

Maße (L × B × T)	ca. 300 × 150 × 150 mm
Material	Holz und Gusseisen

1780

Cembalo mit Hammerflügelregister und Notenschreibeinrichtung

John Joseph Merlin
London

In den letzten Jahrzehnten des 18. Jahrhunderts entwickelten sich in rascher Folge eine Reihe ausdrucksstarker Tasteninstrumente, mit der Folge, dass Cembalo und Clavichord zunehmend durch das Hammerklavier abgelöst wurden. Zeugnisse dieser Übergangsphase, die schließlich dazu führte, dass sich das Klavier als wichtigstes und beliebtestes Instrument der europäischen Musik etablierte, sind zahlreiche kurzlebige Hybridinstrumente, die in jener Zeit aufkamen.

John Joseph Merlin, ein rastloser Erfinder

Ein interessantes Beispiel für diesen Prozess ist das Cembalo mit Hammerflügelregister von John Joseph Merlin. 1735 im belgischen Huy geboren und in Paris ausgebildet, ließ Merlin sich 1760 in London nieder, wo er bis zu seinem Tod 1803 verschiedene Musikinstrumente sowie wissenschaftliche Geräte, Uhren und Automaten entwickelte und herstellte. Merlin, der als «Ingenious Mechanick» berühmt wurde, war ein rastloser Erfinder, der die unterschiedlichsten Objekte entwarf – von ungewöhnlichen Saiten- und Tasteninstrumenten über mechanische Möbel, Uhren und Waagen bis hin zu Rollstühlen, automatischen Kutschen und Kochgeräten; sogar die Erfindung der Rollschuhe wird ihm zugeschrieben! Ende der 1780er-Jahre eröffnete

John Joseph Merlins Hybridinstrument

Merlin eine Ausstellung in der Princes Street am Hanover Square, die er später «Merlin's Mechanical Museum» nannte. Hier stellte er einige seiner Erfindungen aus. Abgesehen von seinen technischen Fähigkeiten war Merlin aber auch ein Prominenter mit einem großen Freundes- und Bekanntenkreis. Er war ein gern gesehener Gast in der feinen Gesellschaft des georgianischen London und mit bedeutenden Persönlichkeiten seiner Zeit bekannt, darunter der Künstler Thomas Gainsborough (1727–1788), der Merlin 1781 portraitierte, sowie die berühmten Musiker Charles Burney (1726–1814) und Johann Christian Bach (1735–1782), die beide auf Merlins Instrumenten gespielt haben sollen.

Merlins Kombinations-Cembalo – zwei Instrumente in einem

Wie andere Tasteninstrumentenbauer seiner Zeit war sich Merlin der Einschränkungen des Cembalos im Vergleich zum Hammerklavier bewusst, auf dem man durch das unterschiedlich starke Anschlagen der Tasten laut und leise spielen konnte. 1774 ließ er sich deshalb ein neues Instrument patentieren, das er als «Compound Harpsichord» («Kombinations-Cembalo») bezeichnete und das die Klang- wie die Ausdrucksmöglichkeiten des Cembalos erweitern sollte. Das hier vorgestellte Instrument weist bemerkenswerte Eigenschaften auf, die Merlin in seinem Patent beschreibt. Im Wesentlichen handelt es sich um ein großes Cembalo mit einer einzigen Klaviatur mit fünf Oktaven Umfang, doch verfügt es zudem über eine Hammerflügelmechanik mit abwärtsschlagenden Hämmern sowie zusätzliche Einrichtungen, die dem Spieler erweiterte Möglichkeiten bieten.

Merlins Kombinations-Cembalo hat vier Saitenbezüge, die verschiedene Tonhöhen erzeugen, einen zu 4 Fuß, zwei zu 8 Fuß und einen zu 16 Fuß, was bei englischen Cembali eine Seltenheit ist. Die Springer besitzen zwei Arten von Plektren aus Federkielen bzw. Leder für die unterschiedlichen Bezüge und können so einen härteren oder weicheren Ton erzeugen. Darüber hinaus verfügt das Instrument über sieben Register, die über vier Handzüge und drei Pedale ein- und ausgeschaltet werden. Über die Handzüge lassen sich Vorrichtungen zum Dämpfen oder Nachklingen der Töne bzw. das Zupfen unterschiedlicher Saitenbezüge aktivieren und so verschiedene Klangfarben erzeugen, die etwa denen einer Harfe oder Laute ähneln. Der Einsatz der Pedale ermöglicht

Merlins Patent für ein «Kombinations-Cembalo». British Patent N° 1081, 12. September 1774

darüber hinaus dynamische Effekte wie Diminuendo oder Crescendo, entweder indem die Anzahl der angeschlagenen Saitensätze von drei auf zwei bis auf einen reduziert wird, oder indem die Position der Plektren des 16-Fuß-Bezugs verändert wird, wodurch das Zupfen härter oder weicher und der daraus resultierende Klang entsprechend lauter oder leiser wird. Merlins neues Instrument stellte daher im Prinzip zwei Instrumente in einem dar, verband es doch die mechanischen und akustischen Eigenschaften des Cembalos mit denen des Hammerklaviers. Durch die verschiedenen Züge und Pedale bot es Musikern erweiterte Möglichkeiten des Ausdrucks und der Klangvariation sowie dynamische Effekte.

Das im Deutschen Museum ausgestellte Instrument aus dem Jahr 1780 ist eines von nur noch zwei erhaltenen Kombinations-Cembali von Merlin; das undatierte andere Instrument befindet sich in einer Privatsammlung in der Schweiz. Das Einzigartige am Instrument im Deutschen Museum ist, dass es mit einer Notenschreibeinrichtung ausgestattet ist. Die durch ein Uhrwerk angetriebene Vorrichtung kann jeden Tastenanschlag aufzeichnen, indem Stifte Markierungen und Linien auf eine Papierrolle aufbringen und so jede musikalische Darbietung, selbst Improvisationen, dokumentieren. Es war einer der frühesten Versuche, einen Traum zu erfüllen, den nicht nur Musiker schon lange gehegt hatten – die flüchtige Musik festzuhalten. Das neuartige System setzte sich aufgrund der Komplexität der Dechiffrierung der Aufzeichnungen nicht durch. Im frühen 20. Jahrhundert wurde aber ein ähnliches Konzept zur Aufzeichnung von Musik für automatische Klaviere verwendet.

Notenschreibeinrichtung von Merlins Kombinations-Cembalo

Ein Instrument mit einer bewegten Geschichte

Sind bereits die technischen Eigenschaften von Merlins Kombinations-Cembalo bemerkenswert, so ist seine Provenienz nicht weniger faszinierend. Einem unbestätigten Bericht zufolge gehörte das Instrument einst der russischen Zarin Katharina der Großen (1729–1796). Diese vermutete Verbindung zum russischen Hof beruht auf einem zeitgenössischen Text, in dem erwähnt wird, dass Merlin 1770 einen Notenschreibapparat an Fürst Gallitzin nach St. Petersburg geschickt hat. Auch wenn sich dies nicht verifizieren lässt, könnte dieser Apparat dem geähnelt haben, der in dem Instrument des Deutschen Museums erhalten ist. Wenn der oben erwähnte Fürst Dmitri Michailowitsch Gallitzin (1721–1793) war, überrascht es nicht, dass er sich für musikalische Erfindungen interessierte: In seiner Zeit als russischer Botschafter in Wien hatte er Kontakt zu vielen namhaften Musikern, darunter Wolfgang Amadé Mozart (1756–1791), gehabt. Nach seinem Ankauf durch Oskar von Miller im Jahr 1915 wurde Merlins Kombinationsinstrument von der Firma Carl A. Pfeiffer in Stuttgart restauriert und wieder in einen spielbaren Zustand versetzt, sodass es vorgeführt werden konnte. Pfeiffer hielt es für «sehr glücklich», wie er in seinem Brief vom 28. Dezember 1915 an Oskar von Miller schrieb, dazu «die Kgl. Majestäten, die Minister, erste Musikkenner und Berichterstatter» einzuladen, was die große Bedeutung des Instruments unterstreicht.

PANAGIOTIS POULOPOULOS

Cembalo mit Hammerflügelregister und Notenschreibeinrichtung (Inv.-Nr. 43872)

Maße (L × B × H); Masse	2578 × 968 × 1014 mm; 130,2 kg (mit Gestell)
Umfang	Ein Manual, F1–f3, 1x4′, 2x8′, 1x16′
Veränderungen	Vier Handzüge mit den Bezeichnungen OCTAVE, VNISON, CELESTIAL HARPE und WELSH HARP für unterschiedliche Klangfarben, und ein weiterer Handzug für die Inbetriebnahme der Notenschreibeinrichtung
Pedale	Drei Pedale, eines für den 16-Fuß-Bezug und zwei für den Hammermechanismus
Materialien	Holz, Metall, Bein, Stoff, Papier
Signatur	Josephus Merlin / Privilegiarius Novi Forte Piano / N°. 80 Londini 1780

1788

Beschreibung der Entwürfe und des Baus der Brücken von Neuilly

Jean-Rodolphe Perronet
Paris

Eines der schönsten Modelle des Deutschen Museums stellt vier Bauabschnitte der Errichtung einer steinernen Brücke über die Seine bei Neuilly in den Jahren 1768–1772 dar. Der eindrucksvolle Entwurf lässt die Arbeit auf der Großbaustelle nahe Paris vor der Französischen Revolution lebendig werden und veranschaulicht mit großer Liebe zum Detail die technische Vorgehensweise. Zugrunde liegt ihm die Darstellung dieses Bauvorhabens in Jean-Rodolphe Perronets Werk *Description des projets et de la construction des ponts de Neuilli, de Mantes, d'Orléans* («Beschreibung der Entwürfe und des Baus der Brücken von Neuilly, Mantes und Orléans»), einem der vorbildlichsten technischen Bücher des 18. Jahrhunderts. Der Bau der Brücke von Neuilly ist ein Schlüsselmoment in der Geschichte des Bauwesens, der sowohl in der Lehre als auch in der Baupraxis seine Spuren über viele Generationen hinterlassen hat.

Das Buch

Jean-Rodolphe Perronet (1708–1794) gilt als einer der Wegbereiter des modernen Brückenbaus, den er durch neuartige Konstruktionen und Bauverfahren revolutionierte. Galt bis dahin die Regel, dass das Verhältnis von Spannweite zu Pfeilerstärke bei Steinbrücken drei zu eins zu betragen habe, so gelang es Perronet, das Verhältnis auf neun zu

Ein Schlüsselmoment in der Geschichte des Bauwesens

Aufbau der Rüstung für die Schalung im Jahr 1770 nach einer Zeichnung von Perronet. Der Stich zeigt sehr viele Einzelheiten der Baustelle und sogar eine Familie, die am Rande des Treibens ihre Brotzeit einnimmt. Er diente als Vorlage für das Modell des zweiten Bauabschnitts im Deutschen Museum.

eins zu verändern. Er konnte auf diese Weise das Durchflussprofil erheblich vergrößern, wodurch seine Bauwerke bei Eisgang und Hochwasser ein geringeres Hindernis darstellten und sich die Einsturzgefahr deutlich verringerte. Perronets Brücken zählen zu den ästhetisch wie auch technisch anspruchsvollsten Konstruktionen in der Geschichte des Steinbrückenbaus. Das Renommee des mit Voltaire und Diderot befreundeten Ingenieurs zeigt seine Aufnahme in die Académie des Sciences (1765), die Royal Society (1788) und die Berliner Akademie der Wissenschaften (1790).

Perronet, seit 1747 Leiter der neu gegründeten École des Ponts et Chaussées, war der erste Brückenbauer, der seine Bauten in einer umfangreichen Publikation darstellte. Damit verfolgte er das Ziel, für seine Bauweise zu werben und weitere Aufträge zu erhalten. Seine *Description des projets et de la construction des ponts de Neuilli, de Mantes, d'Orléans* wirkte vorbildhaft und ist eine der wichtigsten Quellen zur Geschichte des Brückenbaus. So sind dem Bau der zwischen 1768 und 1772 errichteten Seine-Brücke bei Neuilly allein 19 Kupferstiche gewidmet. Sie zeigen uns den Fortgang der Bauarbeiten, die dabei verwendeten Geräte wie auch das Leben auf der Baustelle und bieten detaillierte Einblicke in Perronets Arbeitsweise und das Arbeitsleben zur Zeit des Ancien Régime.

Die Bibliothek des Deutschen Museums besitzt die 1788 in Paris veröffentlichte zweite Ausgabe des erstmals 1782/83 erschienenen Werks, das einen Textband und einen 73 Kupferstichabbildungen enthaltenden Tafelband umfasst. Die Stiche sind hochkarätige Musterbeispiele für die Blütezeit der im 18. Jahrhundert führenden französischen Kupferstichkunst. Gedruckt wurde dieses Werk von François-Ambroise Didot (1730–1804), einem herausragenden französischen Drucker des 18. Jahrhunderts. Es darf in Hinsicht auf die Qualität seiner Stiche wie der Typographie zu den Spitzenleistungen der französischen Druckkunst des 18. Jahrhunderts gerechnet werden.

Perronets Buch wurde 1918 in München im Antiquariat von Ludwig Rosenthal (1840–1928) erworben. Die Stadt war zu Beginn des letzten Jahrhunderts im Antiquariatsbuchhandel von internationaler Bedeutung. Dies verdankte sie nicht zuletzt den Brüdern Jacques und Ludwig Rosenthal. Die Quelle des Angebots ihrer Antiquariate bildeten vor allem Raritäten aus Klöstern und Schlössern in Bayern und Österreich. Das Deutsche Museum gehörte zu den regelmäßigen Kunden der Rosenthals und erwarb Perronets Werk für gerade einmal 120 Mark. Heute ist es nur noch selten in Bibliotheken zu finden und hat einen Wert, der den ursprünglichen Einkaufspreis um ein Vielhundertfaches übertrifft.

Das Modell

Beim Wiederaufbau des Museums nach dem Zweiten Weltkrieg wurde die Ausstellung Brückenbau inhaltlich erneuert und in Abschnitte geordnet, die nach Baustoffen (Holz, Stein, Eisen/Stahl und Beton) gegliedert waren und dabei jeweils einer historischen Entwicklungslinie folgten. Bei der Suche nach einem geeigneten Beispiel für den wissenschaftlich begründeten Steinbrückenbau in der Zeit der Aufklärung lag es nahe, Perronets berühmte Brücke über die Seine bei Neuilly auszuwählen. Die Planer konnten nicht nur auf das Exemplar seines Werks in der Bibliothek zurückgreifen, sondern auch auf Stiche der Brücke aus dem Bestand der Technischen Hochschule München.

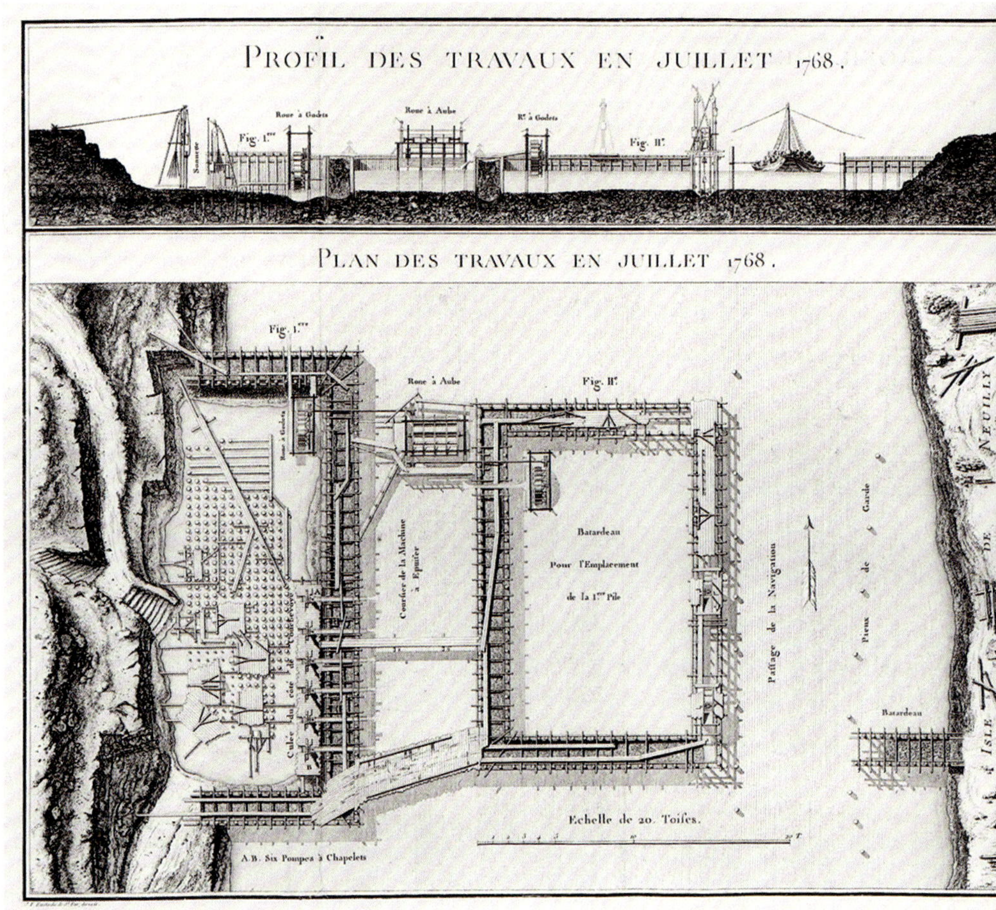

Diese Doppelseite aus Perronets Buch zeigt den Fortgang der Arbeiten an den Pfeilern der Brücke in Neuilly oben in einer Querschnitts- und unten in einer Grundrissdarstellung. Links ist der Stand der Arbeiten im Juli 1768, rechts im November 1768 zu sehen. Diese in ihrer Zeit neue Form der Darstellung ermöglichte es Perronet, eine Fülle technischer Details zu vermitteln.

Für den ersten der vier Abschnitte des Modells, die Gründungsarbeiten, diente der oben abgebildete Stich von Perronet als Vorlage.

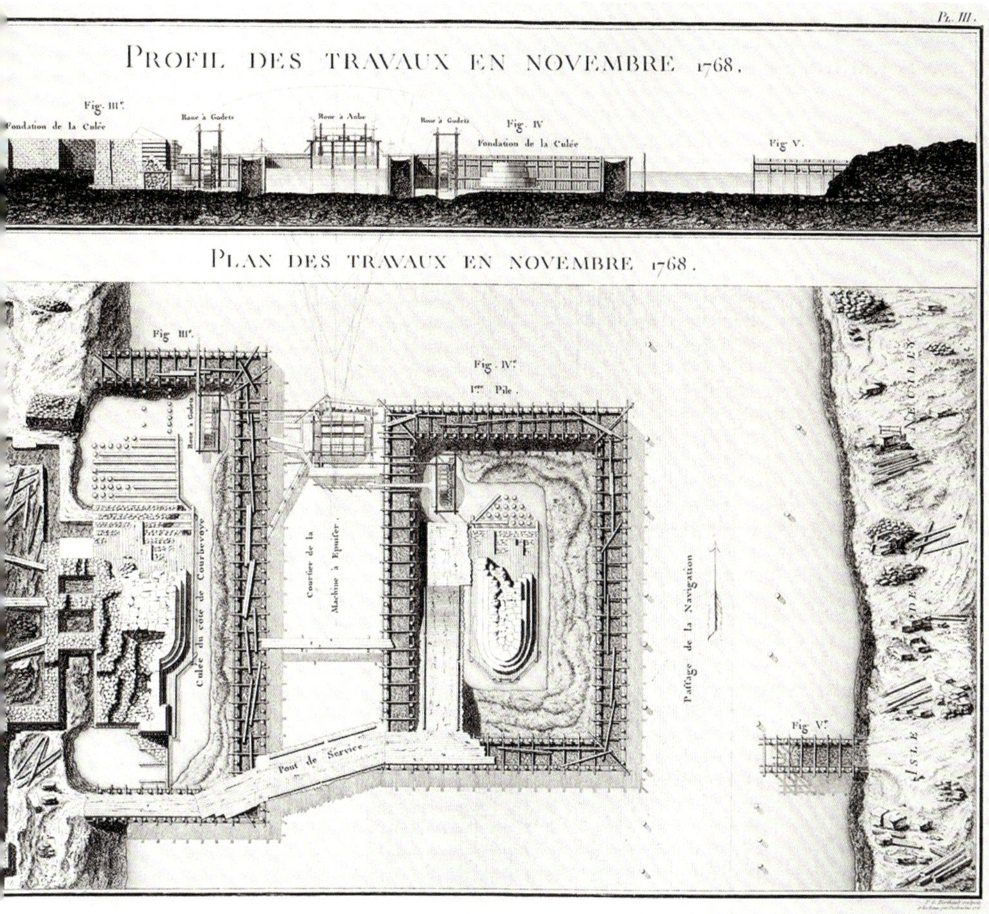
Pl. III.
PROFIL DES TRAVAUX EN NOVEMBRE 1768.
Fondation de la Culée
Roue à Godets
Roue à Aube
Roue à Godets
Fig. IV
Fondation de la Culée
Fig. V.
PLAN DES TRAVAUX EN NOVEMBRE 1768.
Fig. IV.e
Courfier de la Machine à Epuifer.
Culée du côté de Courbevoye
Paffage de la Navigation
Pont de Service
Fig. V.e

Glücklicherweise sind die ersten Schritte der Herstellung des Modells im Archiv des Museums anhand von Blaupausen der Konstruktionszeichnungen ausführlich dokumentiert. Für das Modell wurde der im Bauwesen eher ungewöhnliche Maßstab 1:40 gewählt. Dies hatte wohl praktische Gründe, denn das Modell musste einerseits an die räumlichen Möglichkeiten der Ausstellung angepasst sein, sollte aber gleichzeitig technische Details anschaulich präsentieren. Die Pläne orientieren sich nicht nur an den von Perronet veröffentlichten Zeichnungen, sondern auch an den vier von ihm als entscheidend beschriebenen Bauabschnitten. Sie zeigen detailliert die Herstellung der gewünschten vier Modellteile mit einem Schwerpunkt auf der Gestaltung der Bögen, insbesondere auf deren Steinschnitt, der Schalung und den Details der Baumaschinen und Geräte. Nach diesen Vorarbeiten konnte Anfang 1959 in den Werkstätten des Deutschen Museums mit dem Bau des Modells begonnen werden, das schon Mitte des Jahres fertiggestellt war.

Dieses Vorgehen hat sich bei der Herstellung von Modellen und Dioramen bis heute nicht geändert: Alles, was im Modell dargestellt wird, hat seine Grundlage in konkreten Plänen und Beschreibungen des Bauwerks. Weil der Maßstab der Pläne an den des Modells angepasst wird, müssen alle Zeichnungen neu berechnet und angefertigt werden. Heutzutage geschieht dies natürlich in digitaler Form. Manchmal, besonders bei Dioramen, werden sogar maßstabsgerechte Modelle der Modelle hergestellt, um ihre Wirkung auf den Betrachter vor dem eigentlichen Modellbau zu überprüfen.

Die vier Bauabschnitte

Der erste Abschnitt des Modells zeigt die Gründungsarbeiten im Flussbett im Juli 1768. Bevor die Arbeiten beginnen können, werden Stützmauern (Kofferdamm) in den Fluss gerammt. Das innerhalb dieser Mauern enthaltene Wasser wird abgepumpt, sodass ein trockener Schacht entsteht, der die Arbeit an Fundamenten und Pfeilern in der Mitte des Flusses ermöglicht.

Der zweite Abschnitt des Modells zeigt das Aufmauern der Pfeiler und die Schalung für die Bögen, die das Profil des Flusses überspannen. Es stellt den Stand der Arbeiten zwischen 1769 und 1770 dar.

Der dritte Abschnitt des Modells zeigt die Mauerarbeiten an den Bögen.

Deutlich ist die Bauweise der Steinbögen sowie die Vorbereitung und Platzierung der Werksteine zu erkennen. Die Arbeitsweise der Kräne und die Arbeit der Steinmetze sind besonders detailliert ausgearbeitet. Dieser Abschnitt repräsentiert den Stand der Arbeiten im Jahre 1772.

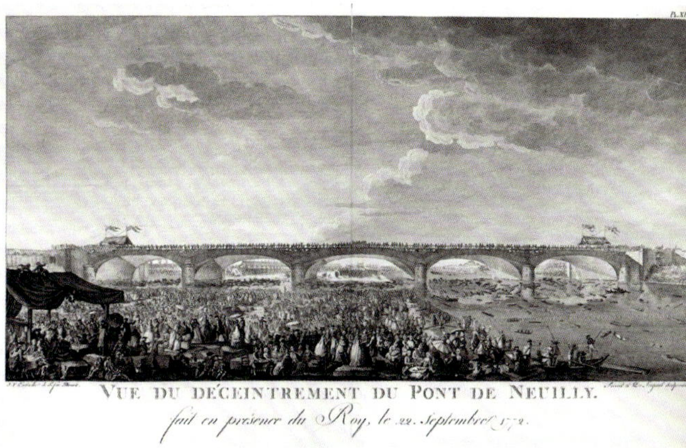

Einweihung der Brücke von Neuilly im Beisein des Königs

Die Einweihung der Brücke am 22. September 1772 wurde zum spannenden Fest vor großem Publikum; unter dem eigens dafür errichteten Baldachin hatte sogar die königliche Familie Platz genommen. Das Baugerüst wurde gerade abgebaut, die Holzteile schwimmen die Seine hinab und die Brücke steht frei.

Der vierte Abschnitt unseres Modells zeigt die nach Abschluss der Bauarbeiten und der Einweihung der Brücke anstehenden Mauerwerksarbeiten, die Ende 1772 vorgenommen wurden: die Bearbeitung der Steinoberflächen, die Verlegung des Pflasters und den vollständigen Abbau der Baustelleneinrichtung.

Wegen seiner außerordentlichen Präzision in jedem Detail, seiner handwerklich vollkommenen Verarbeitung und seinem dokumentarischen Wert für die Geschichte der Bautechnik ist das Modell des Brückenbaus über die Seine bei Neuilly bis heute eines der spektakulärsten im Museum.

DIRK BÜHLER, HELMUT HILZ

Description Des Projets Et De La Construction Des Ponts De Neuilli, De Mantes, D'Orléans, De Louis XVI, etc., Jean-Rodolphe Perronet, Paris, 1788 (Sign. 3000 /1929 C 126)

Maße (L × B × T)	570 × 420 × 50 mm
Umfang	[1] Bl., XXXIV z. T. gef. Bl., gef. Bl. XXXIV*, Bl. XXXIV**, z. T. gef. Bl. XXXV–LXXIII
Material	Halblederband (Einband), Papier (Blätter)

Modell des Baus der Seine-Brücke bei Neuilly (Inv.-Nr. 80201)

Gesamtmaß der vier Abschnitte (L × B × T)	6700 × 1450 × 800 mm

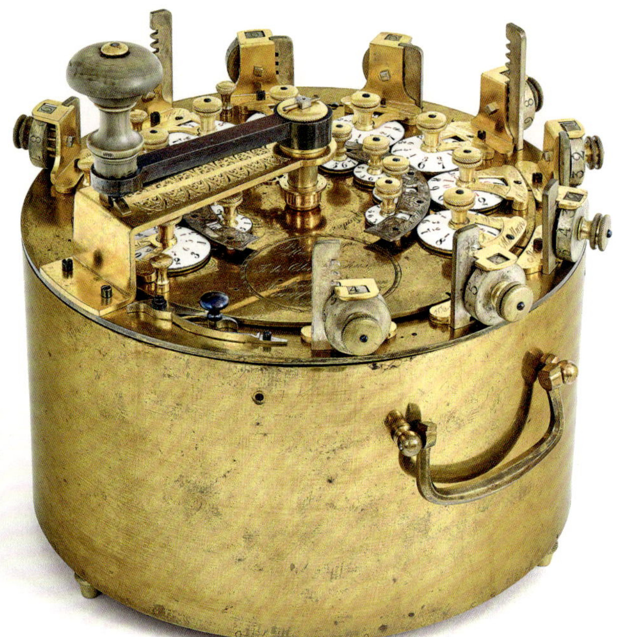

1792/1820

Rechenmaschinen

Johann Christoph Schuster
Westheim bei Bayreuth

«Rekordpreis für Rechenmaschine» betitelte im Juni 1993 das Magazin *Der Spiegel* einen Artikel:

> «Weltweit existieren nur noch fünf der eßtellergroßen, unhandlichen und von schweren Zahnrädern strotzenden Dosen-Rechenmaschinen, wie sie von dem deutschen Instrumentenbauer Johann Christof Schuster und [...] Philipp Matthäus Hahn vor rund 170 Jahren gebaut wurden. Vier dieser kunsthandwerklichen Meisterstücke sind im Besitz von Museen, das fünfte kam beim Auktionshaus Christie's in London unter den Hammer. Nach einem erbitterten Bieter-Duell [...] ersteigerte der Schweizer Uhrenhändler Edgar Mannheimer die Schuster-Uhr zu dem Rekordpreis von 7,7 Millionen Pfund (umgerechnet 19,2 Millionen Mark).»

Auch wenn der Preis nie bezahlt wurde, da der Bieter vorher verstarb, überraschte dessen Höhe doch selbst die Experten.

Rechenmaschinen vom Uhrmacher

Im 17. und 18. Jahrhundert begnügten sich die Kaufleute noch damit, auf Linien zu rechnen, wie es seit Adam Ries Gepflogenheit war. Einige Uhrmacher und Instrumentenbauer begannen jedoch, neben komplizierten Uhren, Spieldosen und Automaten Rechenmaschinen zu entwickeln. Die daraus entstandenen mechanischen Meisterwerke bereicherten nach ihrer Fertigstellung die Schatzkammern

Dose für die Schatzkammer: Rechenmaschine Schuster II (1805–1820)

und Raritätensammlungen der Herrscher und brachten den Erfindern Ansehen und einen guten Lohn ein.

Der Lehrer und sein Schüler – Hahn und Schuster

> «In seinem dreizehnten Jahr verfertigte er eine hölzerne Schlaguhr, bald darauf eine hölzerne Taschenuhr. [...] Da seine vorzügliche Fähigkeit in diesem Fache bekannt wurde, empfahlen ihn einige erhabene Gönner dem großen Mechanikus, Herrn Pfarrer Hahn in Echterdingen, der ihn liebreich aufnahm, und in seiner Art, Uhren und Maschinen zu verfertigen, mit dem besten Erfolg unterrichtete.»

So schrieb ein Zeitgenosse, der Pfarrer Friedrich Carl Wüstner, über Johann Christoph Schuster (1759–1823) und seine Verbindung zu Philipp Matthäus Hahn (1739–1790). Schuster erlernte als junger Mann das Handwerk der Uhrmacherei bei seinem späteren Schwager Hahn in dessen Werkstatt in der Nähe von Stuttgart. Zu diesem Zeitpunkt hatte Hahn bereits zwei mechanisch anspruchsvolle, kunstvoll gestaltete und vor allem funktionsfähige Vierspezies-Maschinen gefertigt – Rechenmaschinen, die die vier Grundrechenarten, also Addition, Subtraktion, Multiplikation und Division, mechanisch lösen konnten. Hahn war es 1774 als Erstem gelungen, eine brauchbare Vierspezies-Maschine herzustellen.

Bereits mehr als hundert Jahre zuvor, im Jahre 1671, hatte der Philosoph, Mathematiker und Universalgelehrte Gottfried Wilhelm Leibniz (1646–1716) eine Vierspezies-Maschine konstruiert und dazu die Staffelwalze erfunden. Obwohl Leibniz' Maschinen mechanisch noch unzureichend waren, hatte er mit dem Prinzip der Staffelwalzen einen Meilenstein in der Geschichte der Rechenmaschinen gesetzt. Darüber hinaus ist heute bekannt, dass 1709 Giovanni Poleni (1683–1761) eine mit Sprossenrädern arbeitende Vierspezies-Maschine entwickelt hatte. Er zerstörte sie aber, da er mit der technischen Realisierung unzufrieden war. Um 1730 baute dann der Wiener Hofmathematikus Anton Braun (1686–1728) zwei kreisrunde Maschinen, von denen die kleinere, später gebaute ebenfalls im Deutschen Museum bewundert werden kann.

Zurück zu Schuster: Er übernahm um 1787 das väterliche Gut in Westheim bei Bayreuth, wo er sich eine eigene Werkstatt einrichtete. Er arbeitete als Mechanikus und Hofuhrmacher in Ansbach und begann, selbst Rechenmaschinen mit dem bei Hahn erlangten Wissen und den von Leibniz erfundenen Staffelwalzen zu bauen. Heute existieren noch fünf Maschinen vom Hahn'schen Typ – zwei von Hahn selbst und drei von Schuster.

Handwerkliches Meisterwerk mit faszinierender Mechanik

Alle fünf noch erhaltenen Maschinen haben das gleiche Funktionsprinzip. Jedes Einzelteil der dosenförmigen Maschinen wurde handgefertigt und ist ein Unikat. In der Mitte befindet sich eine Kurbel zum Antrieb der Mechanik. Um ihre Achse sind die Zählwerke kreisförmig angeordnet. Ganz am äußeren Rand befindet sich das Einstellwerk. Die ringförmige Anordnung der emaillierten Scheiben mit roten und schwarzen Ziffern stellt das Ergebniswerk dar.

Nahe der Kurbel befindet sich das Umdrehungswerk: Es zählt die Anzahl der Drehungen der Kurbel. Somit konnte mit der Maschine auch multipliziert und dividiert werden. Eine Multiplikation wird als mehrfache Addition und eine Division als mehrfache Subtraktion ausgeführt. Das Umdrehungswerk zeigt an, wie oft die entsprechende Zahl bereits addiert bzw. subtrahiert wurde. Praktischerweise lässt sich die innere Baugruppe aus Umdrehungs- und Ergebniszählwerk so verdrehen, dass es genügt, bei einer Multiplikation mit beispielsweise 20 nur zweimal statt zwanzigmal zu kurbeln.

Die Kurbel treibt die Staffelwalzen an. Staffelwalzen sind Zylinder, an denen neun unterschiedlich lange Rippen gestaffelt ausgebildet sind. Die Walze wird entsprechend der eingestellten Zahl angehoben, sodass die entsprechende Anzahl an Rippen vom Übernahmezahnrad abgegriffen werden kann. Hahn und Schuster ordneten die auf Leibniz zurückgehenden Staffelwalzen ringförmig an. Dadurch läuft der Rechenvorgang an ihnen nacheinander ab.

Rechnen durch Kurbeln

Schaut man sich die emaillierten Anzeigescheiben des Ergebniswerks genauer an, wundert man sich vielleicht, dass schwarze und rote Ziffern darauf zu sehen sind. Im Anzeigefenster erscheinen Zahlen, deren Summe immer 9 ergibt.

Die Summe der Zahlen im Anzeigefenster ist immer 9.

Die roten Ziffern sind die sogenannten 9er-Komplementzahlen der schwarzen: 0 und 9; 1 und 8, … Dank ihrer kann die Maschine auch subtrahieren und dividieren, obwohl die Kurbel nur in eine Richtung gedreht werden kann. Die schwarzen Ziffern liefern das Ergebnis für Addition und Multiplikation, die roten Ziffern das für Subtraktion und Division.

Bei der Addition wird der erste Summand im Ergebniszählwerk und der zweite Summand im Einstellwerk eingestellt. Eine Umdrehung der Kurbel genügt, die Zahlen werden akkumuliert und das Ergebnis erscheint im Ergebnis-

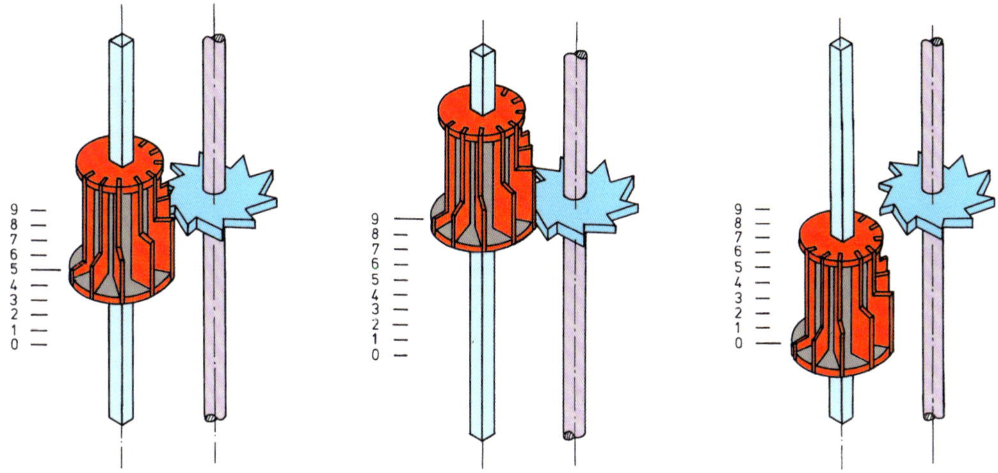

zählwerk. Selbst ein Zehnerübertrag über mehrere Stellen funktioniert, ohne dass es zu Blockaden kommt wie noch bei den Rechenmaschinen von Leibniz.

Staffelwalzen mit den eingestellten Werten 5, 9 und 0

Bei einer Multiplikation stellt man einen Faktor im Einstellwerk ein. Die Kurbel wird gedreht, im Umdrehungszählwerk erscheint die 1. Dreht man die Kurbel jetzt so oft, bis im Umdrehungszählwerk der zweite Faktor erscheint, dann zeigt das Ergebniszählwerk das Ergebnis an.

Bei der Subtraktion wird der Minuend im Ergebniswerk eingestellt. Wichtig ist, dass man hierfür die roten Komplementzahlen verwendet. Ins Einstellwerk stellt man den Subtrahenden, also die abzuziehende Zahl. Die Kurbel wird nun gedreht und im Ergebniswerk erscheint die Differenz als rote Zahl. Dies kann man mit einer einfachen Beispielrechnung nachvollziehen. Möchte man die Subtraktion 28–13 durchführen, wird 28 als rote Zahl im Ergebniswerk eingestellt. 28 entspricht 71, da sowohl 2 und 7 wie auch 8 und 1 summiert 9 ergeben. Im Einstellwerk steht die 13. Hier gibt es keine roten Zahlen. Bei der Drehung der Kurbel werden nun die Zahlen 71 und 13 addiert und man erhält 84 als Ergebnis. Dies entspricht 15. Die Rechnung stimmt also.

Bei der Division wird dieser Schritt wie bei der Multiplikation so oft ausgeführt, bis der Divisor im Umdrehungszählwerk erscheint. Auch hier lassen sich durch Verschieben der inneren Baugruppe die Rechenschritte verkürzen.

Der Weg ins Museum

Von den fünf noch existierenden Maschinen vom Hahn'schen Typ befindet sich je eine der beiden zwischen 1770 und 1776 von Philipp Matthäus Hahn selbst gefertigten Maschinen im Württembergischen Landesmuseum Stuttgart und im Landesmuseum für Technik und Arbeit in Mannheim. Die im *Spiegel*-Artikel erwähnte Schuster-Rechenmaschine steht heute im Arithmeum in Bonn.

Die beiden anderen – Schuster I und Schuster II – sind im Deutschen Museum. Schuster I kam am 19. Mai 1906 als Teil einer Stiftung der Technischen Hochschule Berlin in den Besitz des Museums. Im Jahr zuvor, am 15. Februar 1905, hatte die Technische Hochschule München dem Museum bereits Schuster II gestiftet. Sie war Teil der polytechnischen Sammlung, für die sie 1821 auf Anordnung von König Maximilian I. Joseph von Bayern (1756–1825) für beachtliche 1000 Gulden gekauft worden war.

KATJA RASCH

Schuster I und II (Inv.-Nr. 5048 und 2106)	
Maße (H × B)	150 × 300 mm / 225 × 310 mm
Masse	8,1 kg / 8,395 kg

Das Deutsche Museum besitzt zwei Rechenmaschinen von Schuster. Hier die Aufsicht auf Schuster I (1789–1792)

Haas
&
Hurter
LONDON

1792

Reisebarometer

Haas & Hurter
London

Ende des 18. Jahrhunderts setzte im Zuge der Aufklärung in Europa das zweite Entdeckungszeitalter ein. Angeregt durch die Berichte früher Forschungsreisender wie Louis Antoine Bougainville oder Georg Forster begab man sich auf die Reise, im Gepäck viele nützliche Instrumente. Hofmechanikus F. W. Voigt aus Jena lieferte dazu im Jahr 1802 eine ganze Liste an Dingen,

> «welche der wahre Naturforscher nicht entbehren kann [...]; Astronomische Instrumente, Maasstab, Waage, Gewicht, Microscop, chemische Reagenzien, meteorologische Instrumente, wohin ich außer dem Barometer, Thermometer und Hygrometer, auch die Instrumente und Reagentien zur Zerlegung des Luftkreises, die Luftelektrometer, den Condensator und vieles andere rechne.»

Bei dieser Menge an Gerätschaften, die ein Forschungsreisender mit sich führte, ist leicht zu verstehen, dass die Hersteller dieser Geräte versuchten, diese so klein und leicht wie möglich zu konstruieren. Besonders der Bau geeigneter tragbarer Barometer, die nicht zu meteorologischen Zwecken, sondern zur Höhenmessung bei Expeditionen, Bergbesteigungen oder Ballonfahrten zum Einsatz kamen, beschäftigte die Instrumentenmacher zu dieser Zeit – denn damit ließ sich die Höhe eines Berges oder die Tiefe einer Höhle präzise bestimmen.

Kompakt und leicht, mit ausgedehnter Skala und integriertem Stativ: das Reisebarometer No. 38

Reisetauglich? Von wegen!

Solche sogenannten Gefäßbarometer für die Höhenmessung bestanden üblicherweise aus einer ca. 60 bis 80 cm langen, mit Quecksilber gefüllten Glasröhre. Das geschlossene Ende ragte nach oben, das offene Ende steckte unten im Deckel einer Dose aus Hartholz. Auf das Quecksilber im Gefäß wirkt die Atmosphäre ein: Je niedriger der Luftdruck um das Barometer ist, desto mehr sinkt der Flüssigkeitspegel im Holzbehälter und steigt im eingesteckten Glasrohr entsprechend auf.

Wie man sich leicht vorstellen kann, ist an einer solchen Konstruktion eigentlich gar nichts reisetauglich. So war auf einer Reise zunächst die Zerbrechlichkeit der Glasröhre problematisch, vor allem wenn das schwere Quecksilber beim Transport gegen die Röhre schlug. Dies erforderte einen stabilen, aber transportablen Holzkasten, der die Glasröhre schützte. Darüber hinaus benötigte man einen geschickten Mechanismus, der Glasröhre und Holzgefäß verschloss – dicht, aber nachgebend, sollte sich das Quecksilber bei starken Temperaturschwankungen zu stark ausdehnen. Aus heutiger Sicht würde man vermuten, dass die Forschungsreisenden befürchteten, dass das giftige Quecksilber ausfließen könnte. Aber weit gefehlt – damals hatte man Angst, das Barometer könnte Luft fangen. In der Glasröhre musste nämlich ein Vakuum herrschen. Falls Luft eindrang, lieferte das Barometer ungenaue Messungen. Zur Entfernung von Lufteinschlüssen musste die quecksilbergefüllte Röhre in regelmäßigen Abständen ausgekocht werden, um das Barometer gebrauchsfähig zu halten. Dabei kam es immer wieder zur Sprengung der Glasröhre. Pfarrer Johann Friedrich Luz, der sich in seiner Freizeit viel mit Experimentalphysik und Mechanik beschäftigte, lieferte 1784 eine ausführliche, mehrseitige Anleitung zum Auskochen von Barometern und riet:

> «Zur Vorsorge breite man ein schlechtes aber großes Tuch auf den Stubenboden, damit wenn auch die Röhre zu Grunde gehet, doch das Quecksilber erhalten werde. Denn auch der Geschickteste ist vor dem Zerspringen der Röhre, nicht ganz sicher.»

Die Skala des
Reisebarometers No. 38

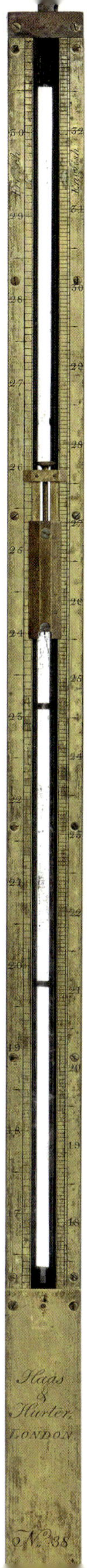

Ein Reisebarometer erkennt man an seiner Skala

Das Reisebarometer No. 38 wurde Ende des 18. Jahrhunderts von der Londoner Firma Haas & Hurter angefertigt und kann als klassisches Reise-equipment dieser Zeit betrachtet werden. No. 38 ist ein besonders kompakt und leicht gebautes Ge-ſäßbarometer.

Als Maßeinheit verwendete man englische Inches und französische Zolleinheiten. Die Skala umfasst 17–32 Inches, was Höhenmessungen bis 4500 Meter über dem Meeresspiegel ermöglichte. Im Vergleich dazu waren für stationäre Wetterbeobachtungen 28–31 Inches völlig ausreichend.

Als Nonius bezeichnet man die kleine verschiebbare Messskala, die sich auf der Barometerskala befindet. Diese war besonders für höchst präzise Höhenmessungen im Dezimeterbereich bestens geeignet. Um die thermische Ausdehnung des Quecksilbers bei der Höhenmessung berücksichtigen zu können, ist das Reisebarometer No. 38 zusätzlich mit einem Thermometer ausgestattet. Die englische Skaleneinteilung (0 bis +210 ° Fahrenheit) und die französische Einteilung (–10 bis +80 ° Réaumur) entsprechen einer Skala von –13 bis +100 ° Celsius.

Mit dem Reisebarometer unterwegs

Für den längeren Transport wurde das Reisebarometer teilentleert, um es vor dem Gewicht des hin- und herschwappenden Quecksilbers zu schützen. Ein Teil des Quecksilbers ließ sich in der Glasröhre einschließen, den Rest trug man nach persönlicher

Empfehlung von Johann Hurter während der Reise «in einer besonderen Büchse aus Buchsbaumholz» bei sich in der Tasche. Das Instrument besitzt einen Schwimmer aus Messing, der oben aus dem hölzernen Quecksilberbehälter ragt. Messing eignete sich als Material, da es leichter als Quecksilber ist – auch Elfenbein war üblich. Während der Befüllung konnte die Spitze des Schwimmers durch Schaugläser an den Seiten beobachtet werden. Wie man zeitgenössischen Veröffentlichungen entnehmen kann, ließ sich der Gefäßinnenraum durch einen Schraubverschluss auf der Unterseite verkleinern oder vergrößern, um das Quecksilberniveau auf raffinierte Weise zu regulieren. Dieser Verschluss ist an unserem Exemplar heute defekt.

Das gebrauchsfertig aufgebaute Reisebarometer

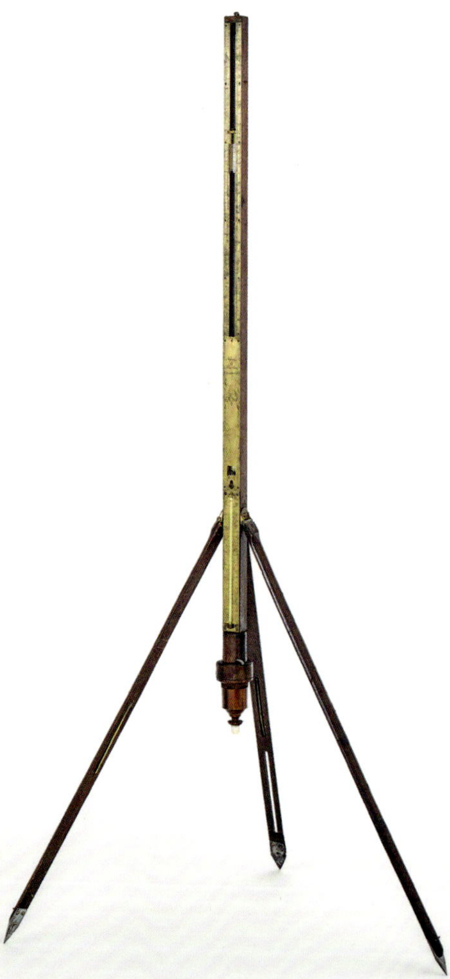

Das Reisebarometer No. 38 konnte zur Messung entweder an einem Ring aufgehängt werden, oder man klappte die Seitenteile aus Mahagoni zu einem Stativ auf – eine geschickte Konstruktion, da die drei Schenkel im eingeklappten Zustand zugleich als schützende Hülle für das empfindliche Gerät dienten.

Diese Erfindung wird Jesse Ramsden (1735–1800) zugeschrieben, der ab 1762 in London hochwertige wissenschaftliche Instrumente herstellte. Seine Barometer hatten – wie all seine wissenschaftlichen Instrumente – einen sehr guten Ruf. Der junge Erfinder Jakob Bernhard Haas (1753–1828) war in London bei Ramsden in die Lehre gegangen, bevor er sich mit seinem älteren Freund, dem Schweizer Miniaturmaler Johann Heinrich von Hurter (1734–1799), selbstständig machte. Deshalb waren ihm Ramsdens Instrumente und deren Vorzüge und Nachteile bestens bekannt. Haas & Hurters Barometerkonstruktionen fielen deutlich leichter aus. Ihr Reisebarometer No. 38 wog ohne Quecksilberfüllung nur 970 Gramm, Ramsdens Konstruktion dagegen 2000 Gramm. Instrumentenhersteller und auch viele Forschungsreisende wetteiferten um das exakteste, praktikabelste, stabilste oder leichteste Reisebarometer. Die einen konstruierten Geräte, die vorrangig so präzise wie nur möglich messen konnten. Ein leichtes Instrument, das tagelang in der Hand oder auf dem Rücken getragen werden konnte, war das Ziel anderer Hersteller, und wieder andere konstruierten Instrumente mit Skalen, deren Höhenbestimmung weit über die Gebirge Europas hinausging, um beispielsweise die Anden in Südamerika untersuchen zu können. Für den Universalgelehrten und Forscher Alexander von Humboldt (1769–1859) bestand wahre Reisetauglichkeit vor allem darin, dass ein Barometer so schlicht wie möglich gebaut und somit auch einfach reparierbar war. Im Anschluss an seine frühen Expeditionen schrieb er, dass keines seiner vielen astronomischen und physikalischen Instrumente mehr Sorgfalt erfordert und mehr Ärger verursacht habe als das Reisebarometer und dessen Transport. Humboldt war allerdings in der glücklichen Lage, seine Instrumente auf seinen Expeditionen nicht selbst tragen zu müssen. So gab er den schweren, aber deutlich stabileren Reisebarometern von Jesse Ramsden den Vorzug.

Leider ist nicht bekannt, wem das Haas & Hurter'sche Reisebarometer No. 38 seinerzeit gedient hat, bevor es schließlich in den Besitz der Bayerischen Akademie der Wissenschaften kam. Von dieser wurde es 1905 dem Deutschen Museum für dessen Gründungssammlung gestiftet und zählt als Inventarnummer 25 zu den allerersten Exponaten des Deutschen Museums.

CAROLA DAHLKE

Reisebaromter No. 38 (Inv.-Nr. 25)

Maße (L × D)	947 × 50 mm
Masse	970 g
Material	Metall, Holz, Glas, Quecksilber (geringe Menge, da entleert), Elfenbein
Signatur	No. 38 / Haas & Hurter, LONDON

1797

Stangenpresse

Alois Senefelder
München

> «Ich wünsche, daß sie bald auf der ganzen Erde verbreitet, der Menschheit durch viele vortreffliche Erzeugnisse vielfältigen Nutzen bringen, und zu ihrer größern Veredlung gereichen, niemals aber zu einem bösen Zwecke mißbraucht werden möge.»

Diesen Wunsch für die von ihm erfundene neue Drucktechnik der Lithografie äußerte Alois Senefelder 1821 in seinem *Lehrbuch der Steindruckerey*. Ihren Anfang nahm seine Erfindung aber bereits drei Jahrzehnte zuvor. Die Legende besagt, dass der Theaterschriftsteller und Schauspieler Alois Senefelder (1771–1834) ursprünglich eines seiner eigenen Stücke veröffentlichen lassen wollte, dass jedoch die gängigen Druckverfahren zu teuer waren. Also machte er sich selbst daran, eine neue Technik zu entwickeln.

Nach zahlreichen Versuchen mit den unterschiedlichsten Materialien und Druckverfahren kam Senefelder die zündende Idee durch einen Zufall. Da seine Mutter Kleidung an die Wäscherin übergeben wollte, schrieb er den Waschzettel kurzerhand mit fetthaltiger Tinte auf eine Kalksteinplatte. Als er das Geschriebene betrachtete, kam ihm der Gedanke, die Platte selbst zum Drucken zu verwenden. Er präparierte den Stein mit Scheidewasser, schwärzte die Platte ein und druckte: Die Lithografie war geboren. Ob sich diese Begebenheit tatsächlich genau so zugetragen hat, kann heute keiner mehr sagen.
Gleichwohl erfand Senefelder mit der Lithografie einen Prozess, der das Druckgewerbe revolutionierte. Er selbst nannte die neue Technik «chemische Druckerey».

Galgen oder Presse? Die Erfindung der Lithografie

Das neue Flachdruckverfahren machte sich die Abstoßung von Fett und Wasser zunutze: Mit einem fetthaltigen Kreidestift wird ein spiegelverkehrtes Bild auf den Stein gezeichnet. Dieses wird mit Wasser und anschließend mit Gummiarabicum fixiert. So entstehen druckende und nicht druckende Flächen auf einer Ebene, indem die gezeichneten Flächen die fettige Druckfarbe aufnehmen, während die freien Flächen sich mit Wasser vollsaugen und die Farbe abstoßen. Für seine Erfindung erhielt Senefelder am Anfang des 19. Jahrhunderts Privilegien und Patente in Bayern, Österreich und Großbritannien.

Galgen oder Presse?

Schon bald nach der Erfindung der neuen Drucktechnik, stellte sich für Senefelder die Frage, welche Presse sich wohl am besten für den Druck eignete. Die Steinplatten selbst waren zwar schwer und dick, konnten aber unter zu großem Druck trotzdem leicht zerbrechen. Deshalb scheiterten Senefelders Versuche mit gängigen Kupfer- und Buchdruckpressen. Nachdem sich kein passendes Gerät finden ließ, machte er sich selbst an die Konstruktion einer geeigneten Druckpresse.

Die Stangenpresse wirkt auf den ersten Blick improvisiert und zusammengezimmert. Wegen ihrer Höhe von knapp drei Metern und ihres ungewöhnlichen Aufbaus wird die Holzkonstruktion auch Galgenpresse genannt. Sie eignete sich jedoch ausgezeichnet zum Drucken mit den großen Steinen. Über einem Tisch ist eine große Rahmenkonstruktion mit einer Reiberstange angebracht. Der Stein befindet sich beim Druckvorgang auf dem Tisch. Durch die Betätigung des Fußpedals wird die Reiberstange heruntergezogen. Der lederbespannte Reiber kann dann über das Papier auf dem Stein gezogen werden. Die hölzernen Stangenteile sind relativ flexibel, sodass sie beim Reiben nachgeben können und der Stein nicht bricht.

Senefelders Stangenpresse im Deutschen Museum

Schon kurz nach seiner Gründung bekundete das Deutsche Museum Interesse an Alois Senefelder und seiner Erfindung. Die Bayerische Hof- und Staatsbibliothek besaß einige Stücke aus seinem Nachlass. Sie waren Teil der großen

«Sammlung Ferchl», die Franz Maria Ferchl (1792–1862), ein Freund der Familie Senefelder, schon bald nach dessen Tod angelegt hatte. Im Juni 1905 erhielt das Deutsche Museum schließlich einige Artefakte dieser Sammlung. Neben einer Büste, Werkzeugen und Senefelders Totenmaske befand sich unter den Gegenständen auch «Senefelders erste Steindruckpresse». Diese Stangenpresse soll vom Erfinder der Lithografie selbst gebaut worden sein. Ob dies tatsächlich der Fall ist, lässt sich heute nicht mehr nachweisen. Zumindest wurden einige Teile der Presse im Laufe der Jahre ausgetauscht. Jedoch besteht der Grundrahmen der Presse wohl wirklich aus Holz, das im 18. Jahrhundert verbaut wurde.

Lithografie reloaded

Senefelders Erfindung war bis ins 20. Jahrhundert eines der vorherrschenden Druckverfahren beispielsweise für Plakate, künstlerische Abbildungen, Postkarten und unzählige andere Druckprodukte. Nach und nach wurde das Verfahren perfektioniert. Neben der Chromolithografie, dem farbigen Steindruck, und der Fotolithografie wurden auch Steindruck-Schnellpressen entwickelt, die die Lithografie noch wirtschaftlicher machten. Schließlich bildete die Lithografie Anfang des 20. Jahrhunderts auch die Grundlage für eine neue Drucktechnik – den Offsetdruck. Dieses indirekte Flachdruckverfahren, bei dem die Farbe von Gummituchzylindern auf das Papier übertragen wird, ermöglicht das Bedrucken von zahlreichen Materialien wie Papier, Kunststoff oder Glas. Der Offsetdruck ist heute das wohl wichtigste und am weitesten verbreitete Druckverfahren der Welt.

FRANCA LANGENWALDER

Stangenpresse (Inv.-Nr. 4340)

Maße (H × B × T)	2880 × 2730 × 1100 mm mit Pedal
Masse	ca. 168 kg
Material	Holz, Leder, Metall

um 1800

Kempelen'scher Sprechapparat

vermutl. Wolfgang von Kempelen
vermutl. Wien/Preßburg (Bratislava)

Das Publikum zweifelte, ob es sich um eine geniale Erfindung oder einen Betrug handelte. Konnte es möglich sein, dass der Apparat, den der habsburgische Beamte Wolfgang von Kempelen 1783/84 in ganz Europa vorführte, die menschliche Sprache nachahmte, einzelne Wörter und sogar ganze Sätze hervorbrachte? Oder war es nicht viel wahrscheinlicher, dass irgendwo ein Mensch verborgen war, dessen Stimme in den Apparat geleitet wurde? Dies war schwer zu beurteilen, denn bei den Vorführungen war nur ein schlichter hölzerner Kasten zu sehen, aus dem ein Balg hervorragte, und Wolfgang von Kempelen (1734–1804), der mit den Händen in diesen Kasten griff und ihm Töne entlockte. Das in der Kiste befindliche, etwa 20 Zentimeter lange und 15 Zentimeter breite Kästchen, die «Windlade», an der Kempelen verschiedene Vorrichtungen bediente und so die Laute erzeugte, war für das Publikum unsichtbar.

Die Skepsis des Publikums wurde dadurch befördert, dass man noch nie zuvor künstlich erzeugte menschliche Sprache gehört hatte, dafür aber zahlreiche «falsche» Sprechapparate und Bauchredner. Und da war auch die spezielle Art der Vorführung, in der sich Spektakel und Wissenschaft mischten, das Staunen über Naturphänomene, deren Nachahmung und über neue, trickreiche Erfindungen. Wahrheit oder Betrug – das wurde in Zeitschriften vehement diskutiert, im Fall des Sprechapparats mit unterschiedlichen Einschätzungen. Und schließlich beförderte Kempelen selbst die Skepsis, da er auf seiner Reise einen weiteren Apparat präsentierte, der in vielleicht noch stärkerem Maß Anlass zu Spekulatio-

Beginn der Sprachsynthese: Kempelen'scher Sprechapparat

nen gab: den «Schachtürken», eine lebensgroße Figur, die an einem Tisch saß und automatisch Schach zu spielen schien. Der «Schachtürke» wurde Jahre später als Trick entlarvt (ein im Tisch verborgener Mensch bediente die Puppe), der Sprechapparat war hingegen ein durch und durch seriöses Unterfangen.

Geschichte einer Passion

Wolfgang von Kempelen hatte bereits in den 1760er-Jahren begonnen, sich mit der künstlichen Erzeugung der menschlichen Sprache zu befassen. Es war ein alter Traum der Menschheit und ein Modethema der Zeit, mit dem sich etwa auch der Mathematiker Leonhard Euler (1707–1783), der Arzt und Naturforscher Erasmus Darwin (1731–1802), der Großvater von Charles Darwin, sowie der Naturforscher Christian Gottlieb Kratzenstein (1723–1795) beschäftigten. Für Kempelen wurde es zur Passion. Der Apparat, den er in langjähriger Arbeit neben seinen beruflichen Tätigkeiten und anderen Projekten entwickelte und stetig verbesserte, war der erste, mit dem ganze Wörter erzeugt werden konnten. Er hatte mit Rohrblättern begonnen und dann verschiedene Apparate gebaut, die für jeden Vokal eine eigene Pfeife vorsahen. Schließlich hatte er die Idee, wesentliche Teile des menschlichen Sprechapparats nachzuahmen: die Lungen durch den Balg, den Vokaltrakt durch die Windlade mit einem Mundtrichter für die Lippen (für den er eine der damals modernen, aus Südamerika importierten Kautschukflaschen verwendete), die Nasenlöcher durch zwei Papierröllchen und die Stimmbänder durch ein Elfenbeinblatt. Eine Möglichkeit, die Zähne und den beweglichen Gaumen nachzuahmen, sah Kempelen nicht. Die Vorrichtungen für die Erzeugung von Konsonanten wurden mit Hebeln auf der Windlade bedient, die Vokale entstanden durch Verformung des Mundtrichters. Das Spiel des Apparats musste erlernt und geübt werden – wie das eines Musikinstruments. Da dabei das Hören der erzeugten Laute eine wichtige Rolle spielt, konnte Kempelen seine Idee, mit dem Apparat Gehörlosen eine Stimme zu geben, nicht umsetzen.

Die Windlade des Kempelen'schen Sprechapparats

Einige Jahre nach seiner Reise publizierte Kempelen 1791 die umfangreiche Abhandlung *Mechanismus der menschlichen Sprache,* in der er seine Forschungen schilderte und in einen größeren Zusammenhang einordnete, zudem seinen Sprechapparat detailliert beschrieb

und abbildete sowie Hinweise gab, wie die einzelnen Laute zu erzeugen sind. Damit wollte er den Zweifeln an seiner Erfindung begegnen und es Interessierten ermöglichen, durch eigene Nachbauten den Apparat weiterzuentwickeln und so die Sprachsynthese voranzutreiben. Da Kempelen sich der Grenzen seiner Erfindung bewusst war, formulierte er selbst mögliche Verbesserungen. Sein Buch stieß auf reges Interesse, an verschiedenen Orten wurden Sprechapparate nach Kempelens Beschreibung gebaut, bis in die Mitte des 19. Jahrhunderts bestimmte sein Prinzip die Diskussion um die Sprachsynthese.

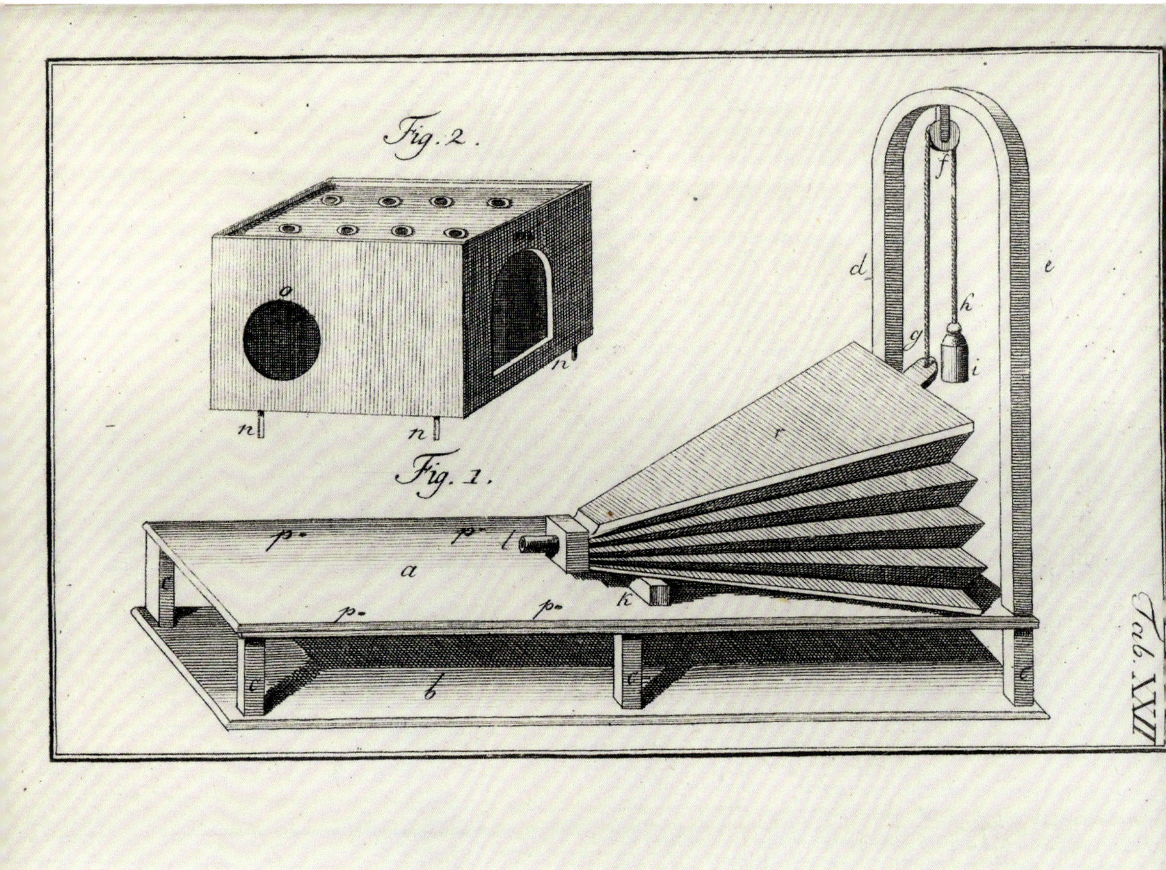

Originale Kempelen'sche Sprechapparate

Erhalten sind nach derzeitiger Kenntnis nur zwei historische Sprechapparate nach Kempelens Prinzip: jener im Deutschen Museum und ein Apparat im Science Museum in London, den der britische Physiker Charles Wheatstone (1802–1875) in den 1830er-Jahren nach dem Buch von Kempelen angefertigt hat. Der Apparat von Wheatstone folgt ziemlich genau der Beschreibung Kempelens, während der im Deutschen Museum dieser zwar sehr nahe kommt, in Details aber abweicht. Die Abweichungen entsprechen interessanterweise den von Kempelen formulierten Verbesserungsvorschlägen. Es ist sehr wahrscheinlich, dass Kempelen diesen Apparat selbst baute (worauf auch der Zettel am Gehäuse hinweist, der aber wohl erst angebracht wurde, als der direkte Zusammenhang mit Kempelen nicht mehr gegeben war) und dabei die Verbesserungen umsetzte, die er vor Erscheinen des Buchs nicht hatte realisieren können. Vermutlich ist der Apparat des Deutschen Museums somit der älteste erhaltene Apparat zur Sprachsynthese. Nicht nur dies macht ihn heute zu einer «Ikone der Aufklärung», sondern auch, dass er in besonderer Weise deren Streben nach Erforschung und Nachahmung der Natur repräsentiert.

Darstellung des Sprechapparats in Kempelens «Mechanismus der menschlichen Sprache», Wien 1791

Replik

Trotz seiner Berühmtheit und intensiver Diskussionen über seine Bewertung und Zuschreibung war der Apparat im Deutschen Museum bis vor einigen Jahren nicht detailliert dokumentiert – und er ist nicht spielbar. In den Jahren 2014 bis 2016 wurde er in einem interdisziplinären Forschungsprojekt genau dokumentiert; dabei wurden auch das Umfeld und die Zuschreibung an Kempelen erforscht. Da in das wertvolle Original nicht eingegriffen werden soll, wurde in den Werkstätten des Deutschen Museums zudem von dem Orgelbauer Alexander Steinbeißer eine detailgetreue Kopie gebaut. Sie erlaubt es, die Bau- und Spielweise sowie die Möglichkeiten und Grenzen des Apparats zu erkunden und damit auch die unterschiedlichen zeitgenössischen Berichte zu bewerten: Die Möglichkeiten sind begrenzt, Wörter wie z. B. «Mama», «Papa» und «Roma» können erzeugt werden – und das in verschiedenen Tonlagen. Dies waren die ersten Schritte auf einem langen Weg, der über zweihundert Jahre später zu Siri und ähnlichen Programmen führen sollte.

SILKE BERDUX

Kempelen'scher Sprechapparat (Inv.-Nr. 6596)

Maße (H × B × T)	650 × 1000 × 275 mm (Gesamtmaß); 96 × 227 × 143 mm (Windlade)
Masse	10,48 kg
Weitere Angaben	Tonerzeugung mit aufschlagender Zunge aus Elfenbein
Zettel auf dem Gehäuse	Sprachmaschine / Vom Hofrath Kempele // Le parleur de Kempele

1806

Repetitionstheodolit

Brander & Hoschel (Theodolit)/Schechner (Unterbau)
Augsburg/München

Wer über ein Gebiet herrscht, sollte es kennen – im 18. Jahrhundert noch keine Selbstverständlichkeit. Koordinaten für Landkarten beruhten auf aufwendigen Messungen und Auswertungsrechnungen. Die bayerischen Kurfürsten griffen auf das Know-how der verbündeten französischen Geografen zurück, technische Probleme und politische Differenzen verhinderten aber zunächst die komplette genaue Kartierung Bayerns. Gegen 1800 wollten die technischen und politischen Eliten diese eigenständig organisieren. Die Bayerische Akademie der Wissenschaften hatte schon mehrere Winkelmesser, sogenannte Theodolite, beschafft, da ganz Bayern in überschaubarer Zeit erfasst werden sollte.

Theodolite waren ein zentrales Instrument der Landesvermessung: Dabei werden zwei Landmarken angepeilt, am horizontalen Skalenkreis des Theodoliten lässt sich sogleich der Winkel zwischen beiden ablesen. Dabei helfen ein Fernrohr und eine Glas-Libelle wie bei der Wasserwaage.

Von den angepeilten Orten aus werden die nächsten Zielpunkte aufs Korn genommen. So erhalten die Geodäten ein Netz von Dreiecken, das sie über die Landkarte legen können und in dem sie alle Winkel bestimmt haben. Im Idealfall reichte es, eine Entfernung zwischen zwei Landmarken sehr genau zu kennen. Damit ließen sich alle anderen Distanzen berechnen – die kurfürstlichen Behörden konnten das Kataster und die Grundsteuer korrekt aufstellen. Doch nur im Idealfall, denn real kam alles auf die Präzision der Winkelmessungen an. Sie sollten auf ein Sechzigstel oder wenigstens ein Dreißigstel eines Winkelgrades stimmen, nur genaueste Theodolite waren brauchbar.

Ein Gerät zur Vermessung der Welt

Optimierung …

In größerem Umfang baute diese Theodolite Georg Friedrich Brander (1713–1783). Der hochtalentierte Mechanikus tüftelte in Augsburg an Verbesserungen vor allem englischer Geräte und reizte die Mittel seiner Zeit aus: Er gestaltete die Skalen groß und gut ablesbar, führte Feinbewegungsschrauben ein. Mit den zugehörigen «Cadranskalen» ließen sich Bruchteile des Winkelgrads bestimmen. Und nicht zuletzt verfasste Brander verständliche Anleitungen zu seinen Geräten mit praktischen Beispielen für deren Gebrauch. Denn eine der größten Fehlerquellen bei der Vermessung waren die Landvermesser selbst, wenn sie im Gebrauch ihrer Arbeitsmittel nicht geübt waren.

Früh bekam Brander Hilfe von Christoph Kaspar Höschel (1744–1820), seinem späteren Schwiegersohn. Das gemeinsame Unternehmen machte gute Geschäfte. Höschel führte es nach Branders Tod weiter; auch er verfasste viele Anleitungen. Die Theodolite verkauften sich auch um 1800 noch gut.

… und Ergänzung des Bestehenden

Doch für die neuen Vermessungspläne des 1806 zum Königreich aufgestiegenen Bayern reichte die Genauigkeit von Branders und Höschels Innovationen nicht mehr aus. Wie also konnten die zum Teil schon ein paar Jahrzehnte alten Winkelmesser auf einen neuen Stand gebracht werden? Darüber dachte auch der Mechaniker Schechner nach, der ein Zusatzgerät entwickelte. Wer Schechner war, wissen wir nicht sicher. Wahrscheinlich handelte es sich um den königlichen Hofmechaniker Franz Xaver Schechner aus München, denn dieser war 1818 beim Zentral-Straßen- und Wasserbaubureau angestellt, das an den bayerischen Kartographieprojekten beteiligt war.

Die von der Bayerischen Akademie der Wissenschaften zwischen 1803 und 1806 in größerer Stückzahl beschafften Theodolite waren alle schon ein paar Jahre alt. Schechner sollte diese Geräte für moderne Messzwecke verwendbar machen. Von französischen Landvermessern hatte er erfahren, dass diese ein neues Verfahren einsetzten: Sie «repetierten» die Messung. Das Prinzip war dasselbe wie ehedem: Zwei Zielpunkte werden mit dem Theodoliten nacheinander angepeilt. Aber die Skala der neuen Geräte war so konstruiert, dass man

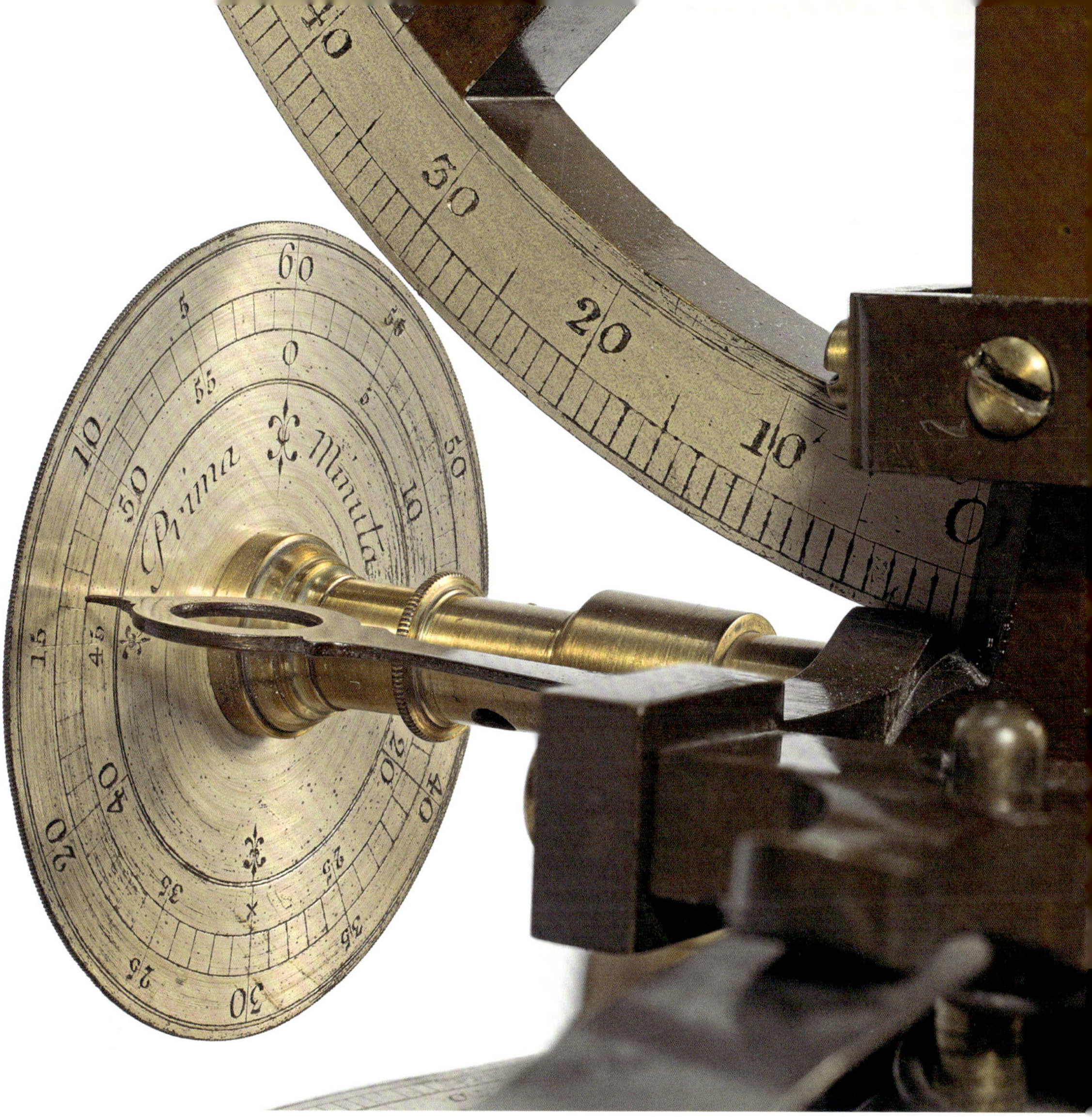

Auf den Skalen der kleineren Scheiben lassen sich Bruchteile eines Winkelgrades ablesen.

den Schwenk von einem Ziel zum anderen mehrmals wiederholen und danach das entsprechende Vielfache des realen Winkels ablesen konnte. Das sorgte für eine weit höhere Genauigkeit, weil Bedienungsfehler und andere Störfaktoren durch die Vielzahl der Messungen teilweise herausgerechnet wurden.

Einen ganz neuen Repetitionstheodoliten zu bauen, dazu fehlte Schechner jedoch die Zeit. Er konstruierte deshalb für einen vorhandenen Theodoliten von Höschel eine Erweiterung, die sich einfach unter dessen Fuß schrauben ließ. Sie erlaubte es, den

Theodoliten nach einer Messung als Ganzes auf den ersten Zielpunkt zurückzudrehen. Der Schwenk ließ sich beliebig oft wiederholen, wobei sich der abgelesene Winkel an der Skala vervielfachte. Durch Schechners Unterbau taugte auch der ältere Theodolit zu Repetitionsmessungen. Die Details für den Unterbau hatte sich Schechner wohl bei ähnlich montierten Geräten aus dem 18. Jahrhundert abgeschaut. Insbesondere ähnelt die Mechanik mit den vier Stellschrauben der eines Repetitionstheodoliten von Jesse Ramsden (1735–1800).

Neugestaltung statt stetiger Veränderung

Schechners Erfindung blieb trotz ihrer Originalität ein Zwischenstadium in der Entwicklung leistungsfähiger Theodoliten. Bald profitierten die Vermesser von einer sprunghaften Weiterentwicklung der Skalenherstellung und der Metallbearbeitung. Hersteller wie Georg Reichenbach (1772–1826) produzierten ab 1811 weitaus genauere Theodolite als Höschel, die sich als Standardgeräte für die Geodäsie anboten. Die schrittweisen Verbesserungen von Praktikern wie

Höschel oder Schechner schlossen aber nicht nur technische Lücken. Sie schufen auch die Grundlage für innovative Geräte, indem sie die neuen Mechanismen der Repetition durch provisorische Lösungen erprobten.

BENJAMIN MIRWALD

Repetitionstheodolit (Inv.-Nr. 657)

Maße ganzes Objekt	Höhe 446 mm, Durchmesser 178 mm, Breite 245 mm, Masse 7,6 kg
Maße Teleskop	Objektivbrennweite 19cm, Länge 203 mm, Okularbrennweite 11 mm
Maße Vertikalbogen	Durchmesser 178 mm
Maße Horizontalkreis	Durchmesser 178 mm, Durchmesser Gradkreis 173 mm
Maße Fuß	Höhe 152 mm, Breite 131 mm, Tiefe 145 mm, Durchmesser Schneckenrad 124 mm, Masse 3 kg
Material	Glas, Messing, Metall
Beschriftung Vertikalbogen, Herstellersignatur	Brander & Hoschel in Augsburg
Beschriftung Fußplatte, Herstellersignatur	Schechner in München

Durch ein Glasprisma wird die Skala gespiegelt und lässt sich damit auch von der Seite ablesen.

1814

Prismenspektralapparat

Joseph von Fraunhofer
Benediktbeuern

1801 brach in der Thiereckgasse (heute Weinstraße) in München das Haus des Glasermeisters Weichselberger zusammen und begrub neben dessen Frau auch den vierzehnjährigen Lehrling Joseph Fraunhofer (1787–1826) unter den Trümmern. Fraunhofer wurde gerettet und avancierte bald zum berühmtesten Fernrohrbauer seiner Zeit. Seine exzellenten Fernrohre waren auch der Grund, warum mit ihm eine Revolution in Physik und Astronomie begann. Das war im Jahr 1817, als er Hunderte von dunklen Linien im farbigen Spektrum der Sonne entdeckte. Diese Linien benutzte er als exakte Markierungen zwischen den Farben, um die Brechung und Farbenzerlegung des Lichtes bei den unterschiedlichen Linsen seiner optischen Geräte – mit Hilfe des Prismenspektralapparates – genau zu messen. Er sah aber schon, dass diese dunklen Sonnenlinien bei anderen Sternen anders lagen. Erst mehr als vier Jahrzehnte nach seinem Tod stellte sich heraus, dass sie eine Art Morsealphabet der chemischen Elemente auf jedem Stern darstellen. Ohne sie wüssten wir heute fast nichts über das ganze Universum. Sie erschließen uns auch – hier meist als helle Linien – das Innere der Atome.

Farbfehler und achromatische Objektive

Die Geburt der modernen Astrophysik aus dem Prismenspektralapparat von Joseph von Fraunhofer

Fraunhofers so bedeutende Entdeckung kam also aus der Technik. Er war Techniker, kein studierter Wissenschaftler. «Opticus» nannte er sich, und hatte als Leiter der optischen Werkstätten im säkularisierten Kloster Benediktbeuern bei München die Aufgabe, bestes Glas und beste Linsen für optische Instrumente, etwa für Theodoliten zur Landesvermessung, für astronomische Fernrohre und Mikroskope, herzustellen. Er nutzte das Wissen des angestellten Schweizer Experten Pierre Guinand (1748–1824) bei der Herstellung reinsten optischen Glases, entwickelte es aber schnell weiter, auch in die Bereiche exaktester Linsenbearbeitung und feinmechanischer Präzision. Gute einfache Linsen gaben zwar gute Abbildungen, hatten aber ein besonderes Problem: Sie zerlegten auch das Licht, das durch sie fiel. Das ergab störende Farbränder bei jedem Bild. Um die zu vermindern, bestanden Fernrohrobjektive schon damals aus einer Kombination zweier Linsen, das Material der einen stark, das der anderen schwächer brechend – jede Linse mit unterschiedlichen Krümmungsradien. So konnten die unvermeidlichen Farbfehler bei der Brechung des Lichts wenigstens für zwei Farben im Spektrum minimiert werden. (Heute hat schon jedes Handyobjektiv und erst recht jede Kamera erheblich mehr Linsen!)

Um solche achromatischen Objektive in guter Qualität zu erhalten, muss man aber die Brechung des Lichts für jede einzelne Farbe genau kennen – und damit auch die gesamte Farbaufspaltung, die so genannte Dispersion. Die Farben existieren leider nicht sauber getrennt im Spektrum des Sonnenlichts, sondern gehen kontinuierlich ineinander über. Wie sollte man da immer genau die gleiche Stelle in den Farben Rot, Gelb usw. für die Bestimmung der jeweiligen Brechung auswählen? Fraunhofer probierte es zunächst, indem er aus dem Sonnenlicht möglichst einfarbiges Licht herausfilterte. Filter liefern allerdings kein exakt einfarbiges Licht. Schließlich entwickelte er eine erheblich genauere Methode: sechs Lampen, mit unterschiedlichen Farbfiltern versehen, sandten einzelne Farblichtkegel über ein erstes Glasprisma 225 Meter weit bis zu seinem Labor. Dort trafen schmale Ausschnitte dieser Farblichtkegel auf das zu untersuchende zweite Prisma. So erhielt er von jeder der sechs Lampenfarben äußerst enge Bereiche, brauchbare Messmarken also.

Das Ölgemälde von Rudolf Wimmer aus dem Jahr 1905 hängt im Ehrensaal des Deutschen Museums. Es zeigt Joseph von Fraunhofer mit einem Prisma in der Hand neben seinem Spektralapparat.

Der Prismenspektralapparat

Das zweite Prisma stand nun schon auf einem exakten optischen Unterbau, dem Messtisch eines Theodoliten. Das war die Geburtsstunde des Fraunhoferschen Prismenspektralapparats, dessen Originalausführung das Deutsche Museum besitzt. Wir wissen nicht genau, wann Fraunhofer dieses Experiment zum ersten Mal durchführte, sicher nach 1809, möglicherweise um 1814. Fraunhofer benutzte also ein Messinstrument der Geodäsie, den Theodoliten, der für genaueste Winkelmessung im Gelände konstruiert war. Er veränderte ihn für seine Zwecke, indem er insbesondere ein Tischchen für das zu untersuchende Prismenglas darauf montierte. Auch er wollte exakte Winkel messen – jetzt die der Lichtablenkung in seinem Prisma. Dazu wurde der große runde Messtisch gedreht, bis Fraunhofer im oberen Fernrohr den gesuchten Lichtstrahl sah. Nun

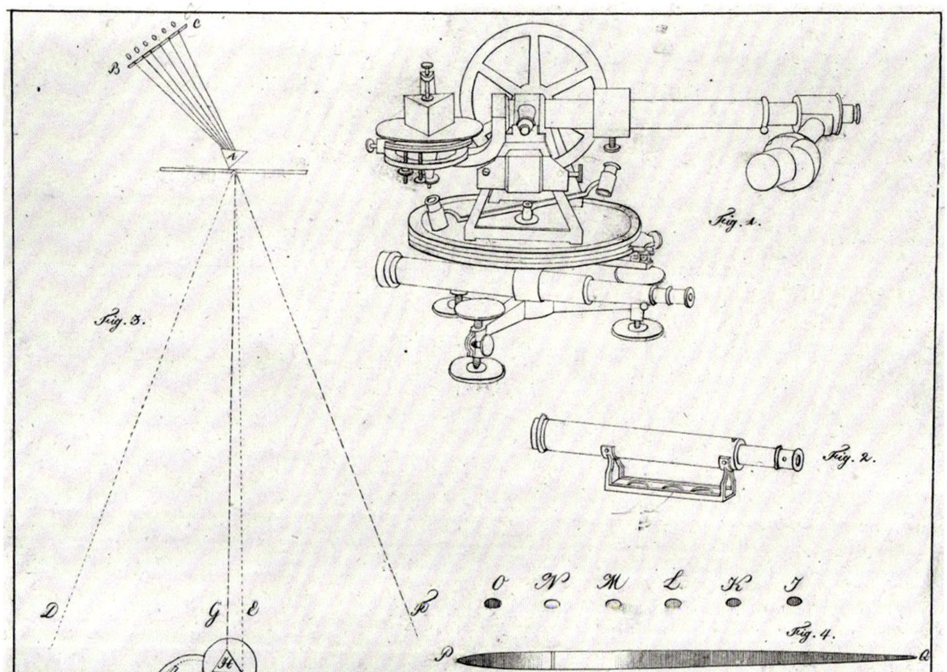

konnte er mit den zwei Messlupen den gedrehten Winkel genau ablesen. Das Fernrohr unter dem Messtisch diente zur zusätzlichen Justierung des gesamten Apparates auf dem Labortisch. Seitlich am oberen Fernrohr brachte Fraunhofer noch einen Querstutzen mit einer kleinen Lampe an, deren Licht in das Fernrohr einfiel und ein Messfadenkreuz vor dem Okular deutlich sichtbar machte. Diese Lampe ist nicht mehr erhalten. Wir wissen heute auch nicht mehr, ob alle Teile des erhaltenen Apparats aus ein und derselben Benutzung stammen. Fraunhofer hat seine Apparatur sicher mehrmals verändert – wie Unterschiede zwischen dem Original im Museum und der Skizze von Fraunhofer 1817 zeigen –, vor allem den dicken Querriegel am Stativ des oberen Fernrohrs in der historischen Abbildung. Das Prisma im Foto ist sicher nicht mehr das ursprüngliche.

Auf dieser Skizze ist der Lampenapparat Fraunhofers zu sehen. Über 225 Meter wurden die Farblichtkegel von sechs Lampen bis zum Prismenspektralapparat im Labor Fraunhofers gesandt (links unten). Rechts unten sieht man die sechs schmalen Lichtflecken 0 (rot) bis J (violett), die aus den Farblichtkegeln als möglichst scharfe Messmarken aussortiert wurden.

Die Entdeckung der dunklen Linien im Sonnenspektrum

Mit diesem Prismenspektralapparat fand Fraunhofer bald eine viel einfachere Methode, Lichtbrechung zu messen – sein Lampenapparat hatte wohl nur in dunkelster Nacht funktioniert. Er richtete seinen Apparat über einen schmalen Spalt im sonst verdunkelten Fenster auf die Sonne. Was er nun sah, überraschte und beeindruckte ihn tief! 574 dunkle Linien zählte er im Farbenband des Sonnenlichts, sah jedoch – wie er schrieb – unzählig viele und zeichnete äußerst fein rund 250 davon. Was diese Linien waren, konnte er nicht mehr entschlüsseln.

Er fand keine Zeit mehr, diesen «Geheimcode» weiter zu untersuchen, so stark war er mit Aufträgen für optische Instrumente aus der ganzen Welt eingedeckt. Nur vier bis fünf Tage im Monat höchstens konnte er optisch-wissenschaftlich forschen, wie er in Briefen mitteilte. Denn ausschließlich er konnte garantieren, dass seine vierzig Arbeiter in den Werkstätten den weltbesten Standard der Instrumente einhielten, den er vorgab. «Geübte Naturforscher» sollten das Geheimnis der dunklen Linien weiter untersuchen. Bei seinem Genie wäre er in kurzer Zeit geübt genug gewesen, um das Rätsel selbst zu lösen. Aber er starb bereits 1826, mit neununddreißig Jahren, an Lungentuberkulose. Neben

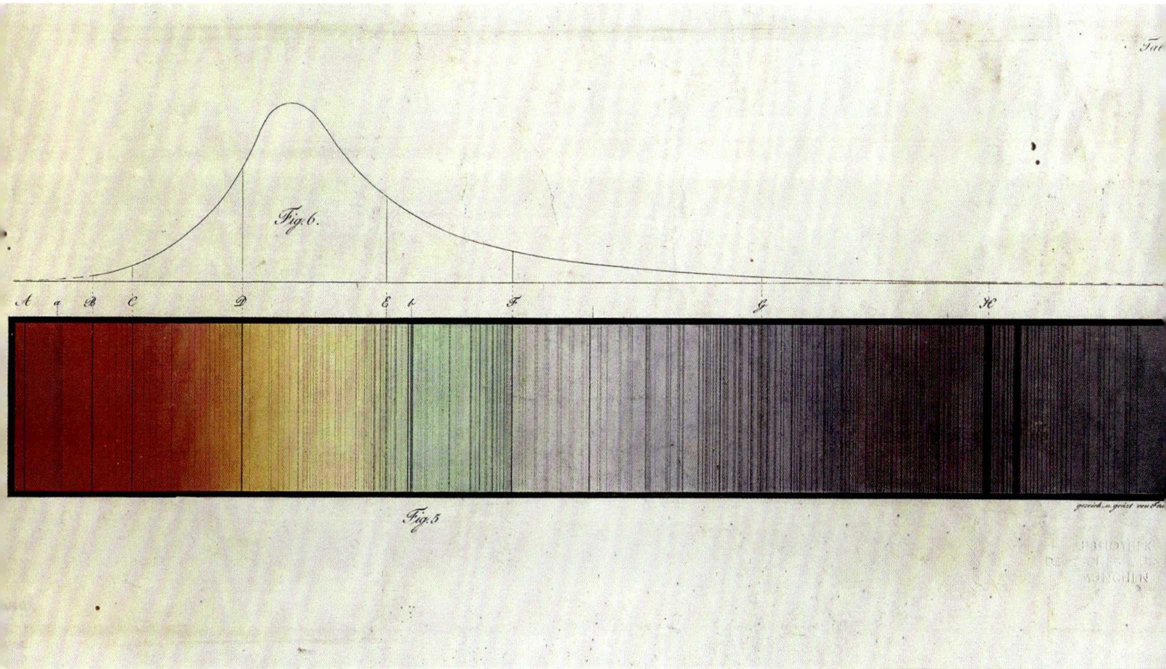

Fraunhofers dunkle Linien im Sonnenspektrum, von ihm selbst gezeichnet, auf Kupfertafeln geätzt und wahrscheinlich auch selbst koloriert

der Arbeitsüberlastung waren wohl vor allem die ungesunde Luft in der Glasschmelze und seine schwächliche Gesundheitskonstitution schuld daran.

Seine neue Messmethode mit den dunklen Linien (zusammen mit seinen übrigen optisch-mechanischen Verbesserungen) war bis zu zehntausendmal genauer als alle bisherige Kunst. So verbreiteten sich die dunklen Linien schnell über den ganzen Kontinent – als Messmarken für immer genauere Linsenherstellung.

Das physikalisch-chemische Geheimnis dieser dunklen Linien allerdings wurde erst ab 1859 gelüftet, in der Zusammenarbeit des Physikers Gustav Robert Kirchhoff (1824–1887) mit dem Chemiker Wilhelm Robert Bunsen (1811–1899): Fraunhofers Linien geben, als Absorptionslinien, exakte Auskunft über die chemischen Elemente, ihre Häufigkeit und ihren Strahlungszustand in den oberen Atmosphären der Sterne. Das Sterngas dort ist etwas kühler als die hell leuchtenden Schichten darunter und verschluckt (= absorbiert) Teile des Sternlichts, das sie durchstrahlt. An den entsprechenden Stellen des Farbspektrums bleiben dunklere Stellen übrig. Damit begann die moderne Astrophysik. Die dunklen Linien stehen an den gleichen Stellen wie die hellen, die Emissionslinien, die die Atome jedes leuchtenden Gases aussenden. Zusammen bilden beide eine entscheidende Grundlage der modernen Atomphysik.

JÜRGEN TEICHMANN

Prismenspektralapparat (Inv.-Nr. 4034)

Maße (H × B × T)	308 × 250 × 480 mm
Masse	9,95 kg
Horizontalkreisdurchmesser	240 mm
Vertikalkreisdurchmesser	155 mm
Signatur	Reichenbach Utzschneider u Liebherr in München

Der Einzug der Maschinen und ein Schutzpocken-Impfungs-Zeugniß

1817

Wassersäulenmaschine

Georg von Reichenbach
Pfisterleiten

Salz und der Salzhandel waren seit dem Mittelalter ein wichtiger Wirtschaftsfaktor. In Bayern konnte auf die reichhaltigen Salzlagerstätten bei Reichenhall zurückgegriffen werden. Dort trat das Salz in salzhaltigen Solequellen zu Tage. Die Sole wurde abgeschöpft und anschließend in Salinen gesiedet, bis schließlich alles Wasser verdampft war und das Salz in seiner reinen Form vorlag.

Die Soleleitung von Reichenhall nach Traunstein, 1619

Der Siedevorgang war energieaufwendig und benötigte viel Brennholz. Im Laufe der Jahrhunderte wurden die Wälder um Reichenhall nach und nach so weit gelichtet, dass dieser Rohstoff teuer importiert werden musste. Es ist daher nicht verwunderlich, dass es schon früh Überlegungen gab, die Salinen dorthin zu verlegen, wo genügend Brennholz vorhanden war. Als 1613 eine weitere sehr ergiebige Solequelle in Reichenhall entdeckt wurde, beschloss Herzog Maximilian I., diese Überlegungen in die Tat umzusetzen: In Traunstein sollte eine neue Saline errichtet und die Sole aus Reichenhall in 33 Kilometer langen Rohrleitungen dorthin geführt werden. Soleleitungen waren zu dieser Zeit nichts Neues. In Österreich gab es bereits einige solcher Leitungen – allerdings nutzten alle das natürliche Gefälle. Zwischen Reichenhall und Traunstein galt es dagegen, eine Höhendifferenz von fast 260 Metern zu überwinden, sodass mit der Leitung auch sieben Brunnhäuser mit Pumpwerken gebaut wurden.

Steuerung für die Wassersäulenmaschine von Georg von Reichenbach – die erste Pipeline der Welt

Mit dem Bau der Leitung und der Brunnhäuser wurde Hofbaumeister Hanns Reiffenstuel (1548–1620) beauftragt. Er konstruierte die Pumpwerke mit Wasserrädern als Antrieb. Auf dem Weg von Reichenhall bis Traunstein musste die Sole von 482 Metern bis zum höchsten Punkt auf der Lettenklause in 738 Metern Höhe gepumpt werden. Von dort floss die Sole dann mit dem natürlichen Gefälle bis nach Traunstein. Nach nur zwei Jahren Bauzeit konnte die Soleleitung 1619 erfolgreich in Betrieb genommen werden. Sie wird heute als erste Pipeline der Welt bezeichnet.

Knapp zwei Jahrhunderte nach ihrer Inbetriebnahme wurde die Leitung erneuert und modernisiert, um ihre Förderleistung zu steigern. An der Modernisierung beteiligt war auch Georg von Reichenbach (1771–1826), der anstelle von Wasserrädern Wassersäulenmaschinen zum Pumpen der Sole einsetzte. Wassersäulenmaschinen sind frühe Kolbenmaschinen aus dem Bergbau, die von Georg von Reichenbach technisch perfektioniert wurden.

Georg von Reichenbach

Reichenbach war einer der wichtigsten Innovatoren der Frühindustrialisierung in Bayern. Auf Empfehlung von Reichsgraf Rumford studierte Reichenbach in England die neuesten Kenntnisse des Maschinenbaus und der Technik. Nach seiner Rückkehr war Reichenbach für das Militär tätig, baute unter anderem neue Maschinen für Gewehr- und Kanonenfabriken. 1804 gründete er zusammen mit dem Unternehmer Josef von Utzschneider und dem Feinmechaniker Joseph Liebherr das mathematisch-mechanische Institut, das bald europaweit einen ausgezeichneten Ruf für den Bau von präzisen Optiken und Messinstrumenten hatte.

Erweiterung der Soleleitung nach Rosenheim, 1810

Nach der erfolgreichen Modernisierung der ersten Soleleitung von Reichenhall nach Traunstein sollte die Leitung erweitert werden. Ziel war es, die Salzproduktion weiter zu steigern, stellte sie doch eine einträgliche Geldquelle für das junge bayerische Königreich dar. Als Standort für die neue Saline wurde schließlich das waldreiche und verkehrsgünstig gelegene Rosenheim gewählt.

Mit dem Bau der Leitung wurde Georg von Reichenbach beauftragt, der sich bei der Modernisierung der ersten Soleleitung bereits einen Namen gemacht hatte.

1810 konnte Reichenbach den Bau der 79 Kilometer langen Leitung nach Rosenheim erfolgreich abschließen. In den fünf benötigten Brunnhäusern setzte er, wie schon bei der Modernisierung des vorherigen Streckenabschnitts, Wassersäulenmaschinen ein, um die Sole zu heben. Für seine Verdienste wurde Reichenbach 1813 durch den bayerischen König geadelt.

Wassersäulenmaschinen zur Solehebung

Wassersäulenmaschinen gehören zu den frühen Kolbenmaschinen und wurden bereits im 18. Jahrhundert vor allem in Bergwerken zur Wasserhaltung eingesetzt, um das Grundwasser abzupumpen. Dampfmaschinen waren als Antrieb schon bekannt, in kohle- und waldarmen Gegenden kamen sie jedoch kaum zum Einsatz.

Der Vorteil von Wassersäulenmaschinen gegenüber Wasserrädern bestand in der höheren Leistung bei gleichem Antriebswasser. Das Wasser wurde aus Gebirgsbächen und anderen Wasserquellen zu den Maschinen geleitet. Wassersäulenmaschinen arbeiten mit dem Druck des Antriebswassers. Mit Hilfe dieses Drucks wird ein Kolben in der Maschine hin- und herbewegt. Der Kolben wiederum treibt eine Pumpe an, die die Sole durch eine Rohrleitung pumpt.

Georg von Reichenbach entwickelte diesen Maschinentyp zur Perfektion. Die Wassersäulenmaschine in der Sammlung des Deutschen Museums, die Reichenbach für einen dritten Streckenabschnitt der Soleleitung – zwischen Berchtesgaden und Reichenhall – konstruierte, besitzt einen Treibkolben im Treibzylinder und einen Aufziehkolben im Aufziehzylinder. Beide Kolben sind mit dem Kolben der Kolbenpumpe über eine Stange verbunden. Das Wichtigste an der Maschine war die Steuereinheit zur Regelung der Wasserzufuhr. Das Wasser wird abwechselnd in den Treib- und in den Aufziehzylinder geleitet. Drückt das Wasser auf den Treibkolben, wird der Kolben der Kolbenpumpe nach unten gedrückt und Sole nach oben gefördert. Wird dagegen der Aufziehkolben vom Wasser unter Druck gesetzt, bewegt sich der Pumpenkolben nach oben: Sole wird in die Maschine gesaugt.

Die Soleleitung von Berchtesgaden nach Reichenhall, 1817

Auch in den an Reichenhall angrenzenden Gebieten gab es ergiebige Salzvorkommen. In der Fürstpropstei Berchtesgaden wurde 1212 mit dem Salzabbau in Bergwerken begonnen. Seit 1555 bestand zwischen Berchtesgaden und Reichenhall ein exklusiver Salzhandel. Alle Erträge aus den Salzbergwerken wur-

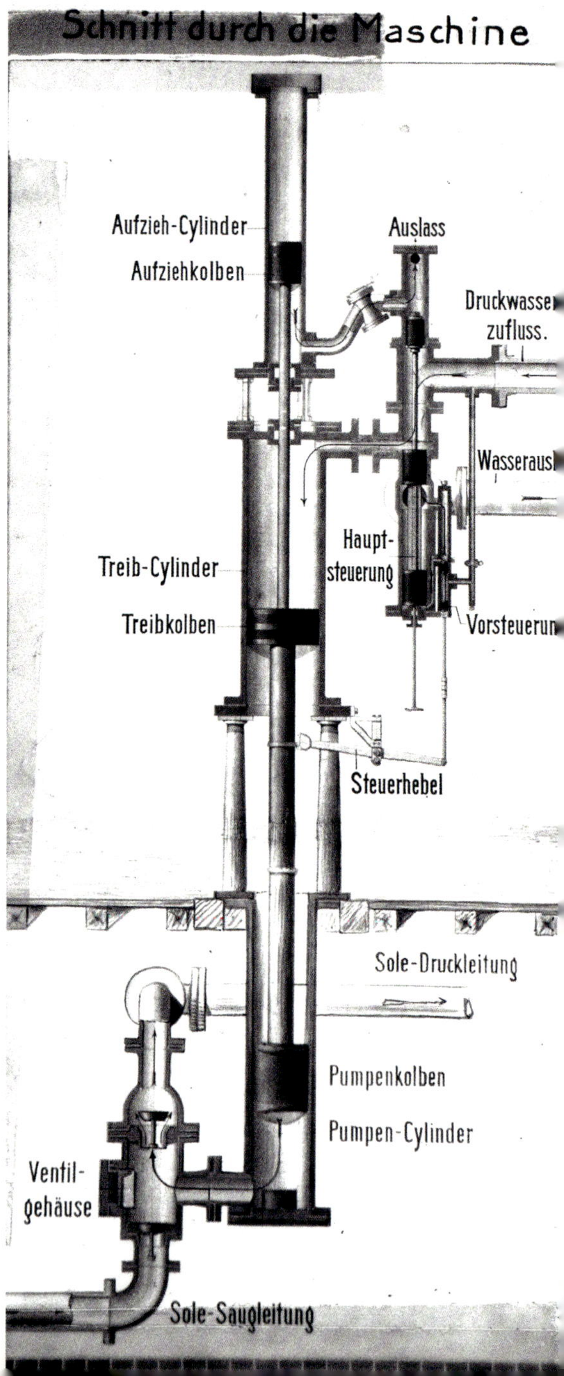

den nach Reichenhall exportiert und gelangten von dort zu den großen Salzhandelszentren Bayerns.

Durch den Wiener Kongress 1814/15 wurden in Europa neue territoriale Verhältnisse geschaffen und Berchtesgaden wurde dem Königreich Bayern zugeschlagen. Die bis dahin für den Transport verwendete Salzstraße führte nun über österreichisches Gebiet. Zusätzlich stellte sich auch die Frage, wie die Salinen in Berchtesgaden langfristig mit Brennholz versorgt werden sollten. So kam auch hier schnell die Idee auf, eine Rohrleitung zu bauen.

Die Wassersäulenmaschine in der Ausstellung des Deutschen Museums; rechts ihr Funktionsschema

Mit der Planung und Durchführung dieses Bauprojekts wurde wiederum Georg von Reichenbach betraut. Die größte Herausforderung waren die starken Steigungen. In seiner Planung sah Reichenbach zwei Pumpwerke entlang der Strecke vor: eines in Pfisterleiten, wo die Sole 90 m angehoben wurde, und eines in Ilsank, wo sie sogar 356 m gehoben werden musste. Trotz anfänglicher Probleme mit der Dichtigkeit der Druckrohre konnte die Solehebemaschine in Ilsank im Dezember 1817 erfolgreich den Betrieb aufnehmen. Ihre Pumpleistung stellte zu dieser Zeit einen Rekord dar. Zusammen mit ihrer Schwestermaschine in Pfisterleiten war die Maschine knapp 100 Jahre in Betrieb.

Der Weg ins Museum

Als die Soleleitung Anfang 1903 modernisiert werden musste, wurden die beiden Wassersäulenmaschinen durch elektrisch angetriebene Pumpen ersetzt. Die Wassersäulenmaschine aus Pfisterleiten wurde 1905 als technisches Meisterwerk in die Sammlung des neu gegründeten Deutschen Museums aufgenommen. Heute sind Wassersäulenmaschinen kaum mehr im Einsatz. Sie wurden von Elektro- und Verbrennungsmotoren sowie von Pelton-Turbinen verdrängt.

WIEBKE MALITZ

Wassersäulenmaschine (Inv.-Nr. 2340)

Förderleistung	11 m^3 pro Stunde auf 90 m Höhe
Maße (H × B × T)	7150 × 1000 × 2750 mm
Masse	8075 kg

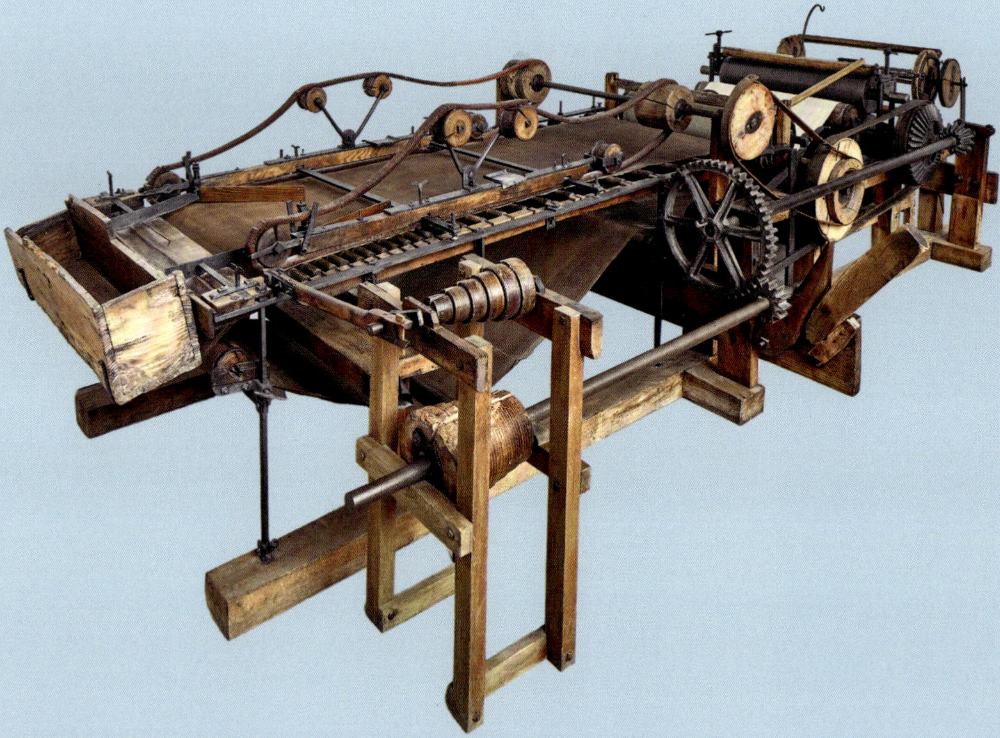

1820

Langsiebpapiermaschine

Maschinenfabrik Calla
Paris

Nahezu 2000 Jahre lang stellte man Papier in mühsamer Handarbeit Blatt für Blatt her. Der Faserbrei, der meist aus Lumpen (Hadern) von Leinen, Flachs und Baumwolle bestand, wurde mit einem Schöpfsieb aus einer großen Bütte herausgehoben. Nachdem die Fasern sich nach mehrmaligem Schütteln auf dem feinmaschigen Sieb abgesetzt hatten, wurde das Blatt auf einem Filz abgegautscht, danach gepresst, luftgetrocknet und von Hand mit einem Achat-Stein geglättet. Dies war ein langwieriger Prozess, bei dem drei routinierte Arbeiter – Schöpfer, Gautscher und Leger – im besten Fall täglich etwa 3000 Bogen feines Papier herstellen konnten. Die Papiermacher verstanden sich als Künstler, ihr Handwerk galt als «weiße Kunst».

Erst um 1800 gab es ernsthafte Versuche, die Papierherstellung maschinell auszuführen. Jahrelange Entwicklungsarbeit, Improvisationen, Fehlschläge und nicht zuletzt heftige Auseinandersetzungen um Patentrechte mussten überstanden werden, bis die profitable Herstellung von qualitativ hochwertigem Papier maschinell möglich war. Aus dieser frühen experimentellen Phase stammt die Langsiebpapiermaschine des Deutschen Museums. Sie wird auf ca. 1820 datiert und gilt heute als eine der ältesten weltweit noch erhaltenen Papiermaschinen. Die viereinhalb Meter lange Maschine konnte 1976 vom Deutschen Museum erworben werden. Sie stammt ursprünglich aus dem Besitz von Claude Sauvade, dem die «Moulin de la Combe Basse» in der Auvergne gehörte.

Die Mechanisierung der «weißen Kunst»: Langsiebpapiermaschine

Von Robert zu Donkin

Tatsächlich ist Frankreich das Land, in dem der Papiermaschinenbau seinen Anfang nahm, nicht in der Auvergne, sondern in der Nähe von Paris. Nicolas-Louis Robert (1761–1828) arbeitete in der Pariser Buchdruckerei Didot zunächst als Korrektor und leitete dann die an die Druckerei angeschlossene Papiermühle in Essones südlich von Paris. Bereits im 18. Jahrhundert stieg der Papierbedarf auch durch die wachsende Anzahl publizierter Druckwerke rasant an. Als es während der Revolutionsjahre immer wieder zu Auseinandersetzungen mit den Papiermachern kam, war das Bedürfnis der Unternehmer groß, sich durch eine maschinelle Produktion von den streitbaren Arbeitern unabhängig zu machen. Robert tüftelte jahrelang an seiner Papiermaschine. Am 19. Januar 1799 wurde ihm das Patent für eine Apparatur erteilt, die eine fortlaufende Papierbahn herstellen konnte.

Die eigentliche Innovation von Louis Robert war ein «endloses» Sieb, das oberhalb einer großen Bütte über zwei Walzen geführt und umgelenkt wurde. Eine Handkurbel trieb die Maschine an; dabei schüttete ein Schaufelrad beständig Faserstoff aus der Bütte auf das Sieb. Die Siebbahn wurde seitlich geschüttelt, danach durchlief die Papierbahn zwei Presswalzen, die überschüssiges Wasser auspressten, bevor das nasse Papiervlies auf eine Walze aufgewickelt wurde.

Robert fehlten die Mittel, um die weitere Entwicklung seiner Erfindung voranzutreiben und die Maschine zu perfektionieren. Er verkaufte sein Patent deshalb an seinen Chef Saint-Léger Didot (1767–1828). Die Folge waren jahrelange Streitigkeiten. Auch Didots Schwager John Gamble mischte sich in die Angelegenheit ein. Gamble übervorteilte gleich beide Streithähne und meldete kurzerhand auf seinen Namen Roberts Konstruktionszeichnungen in England zum Patent an (1801). Dann verkaufte er Teile der Rechte an den Londoner Papiergroßhändler und Papiermühlenbesitzer Fourdrinier. Das Brüderpaar Henry (1766–1854) und Sealy Fourdrinier (1773–1847) entwickelte daraufhin weitaus effizientere Maschinen. Dabei waren die Mechaniker und Ingenieure John Hall (1765–1836) und Bryan Donkin (1768–1855) entscheidend beteiligt – Letzterer sollte sich zu einem der erfolgreichsten und bedeutendsten Papiermaschinenbauer des 19. Jahrhunderts entwickeln.

Vor allem Donkins berühmte Papiermaschine von 1807, die ein eigenes Patent erhielt, besaß viele fortschrittliche Merkmale: Dazu gehörten insbesondere ein fein abgestimmtes Walzensystem, ein raffinierter Schüttelmechanismus und eine schlaue Kombination von Gautsch- und Nasspressen. Donkin gelang es, den Antrieb der Maschine zu optimieren, indem die Kraft jeweils direkt auf die verschiedenen Maschinenbereiche übertragen wurde. Dank Thomas B. Crompton (1792–1858) wurde die Papierherstellung einige Jahre später durch die Konstruktion einer dampfbeheizten Trockenpartie samt Schneidevorrichtung noch weiter beschleunigt. Crompton meldete sie 1820 zum Patent an.

Die Langsiebpapiermaschine des Deutschen Museums

Hersteller der Langsiebpapiermaschine des Deutschen Museums ist die Maschinenfabrik Calla bei Paris. Ihr technischer Stand geht über Roberts Anfänge weit hinaus, bleibt aber etwas hinter Donkins avancierter Konstruktion von 1807 zurück. Als Antrieb diente ein Wasserrad, dessen Antriebswelle direkt mit der sechsstufigen Siebschüttelung gekoppelt war. Mit verstellbaren Riemen konnte das Format (max. Breite 75 cm) der Papierbahn verändert werden. Die Maschine besitzt allerdings keine Trockeneinrichtung, sodass die nasse Papierbahn auf der Haspel aufgerollt, von der Maschine genommen und dann wieder zum Trocknen abgerollt werden musste. Die Grundkonstruktion aus Holz und handgeschmiedeten Eisenteilen war oft und lange dem wässrigen Papierfaserbrei ausgesetzt – fast ein Wunder, dass diese Papiermaschine sich bis heute erhalten hat.

SONJA NEUMANN

Langsiebpapiermaschine (Inv.-Nr. 79264)

Maße (L × B × T)	435 × 140 × 120 cm

München bey Jos: Sidler.

Luftfahrt der Mad: Reichardt

auf der Theresien-Wiese am Oktober-Feste zu München 1820.

1820

Lithografie
Ballonfahrt der Madame Reichard

München

Zehn Jahre Oktoberfest! Dieses Jubiläum war für München und ganz Bayern ein besonderes Ereignis. Entsprechend attraktiv fiel das Programm aus. Im Anschluss an das obligatorische Pferderennen bestaunten rund 30 000 Schaulustige – unter ihnen auch König Maximilian I. Joseph – die «Luftfahrt der Mad. Reichardt auf der Theresien-Wiese am Oktober-Feste zu München». Die Lithografie, die im Vorfeld bei dem Münchner Verleger und Lithografen Joseph Sidler (1785–1835) in Auftrag gegeben worden war, stand an diesem Tag zum Verkauf. Ein Exemplar befindet sich in der Grafiksammlung des Archivs des Deutschen Museums. Dargestellt ist der mit Wasserstoff gefüllte Ballon, der über dem königlichen Pavillon auf der Festwiese schwebt. Im Korb hält Madame Reichard in beiden Händen Wimpel. Einen davon – auf der Druckgrafik nicht zu erkennen – zierte das Münchner Stadtwappen mit einer Widmung. Er war ihr kurz zuvor überreicht worden. In den Wolken darüber ist die Aeronautin idealisiert in einem Porträt abgebildet.

Pionierin der Luftfahrt mit Feingefühl

Sich seiner Winzigkeit bewusst werden – Wilhelmine Reichard, die erste deutsche Ballonfahrerin

Für Wilhelmine Reichard (1788–1848) war dies ihre siebzehnte Ballonfahrt und fulminanter Abschluss ihrer Abschiedstournee als «Luftschifferin». Drei Monate zuvor war sie mit ihrem Ballon in Gegenwart des österreichischen Kaisers in Prag aufgestiegen, worüber die Zeitungen ausführlich berichtet hatten, ebenso wie über ihre Fahrten in Wien im Juli und August 1820. Die Münchner Ballonfahrt verlief bei bestem Herbstwetter und trotz eines aufkommenden Westwindes problemlos. Auch zwei Risse im Ballon hinderten die Luftschifferin nicht daran, über die Stadt nach Osten zu gelangen und nach etwa 45 Minuten in einem Wald nahe von Zorneding etwas unsanft zu Boden zu gehen. So endete die letzte Ballonfahrt der berühmten Madame Reichard abseits der allgemeinen Aufmerksamkeit.

Begonnen hatte ihre Karriere im April 1811, als sie im Alter von dreiundzwanzig Jahren zum ersten Mal alleine in einem Ballon abhob – als erste Frau in Deutschland. Die Begeisterung für die Luftschifffahrt teilte sie mit ihrem Ehemann, dem Chemiker Gottfried Reichard (1786–1844), der im Mai 1810 zum ersten Mal in einem mit Wasserstoff gefüllten Ballon aufgestiegen war. An dessen Konstruktion hatten die beiden Luftfahrt-Enthusiasten seit ihrer Hochzeit im Jahr 1807 gemeinsam gearbeitet. Riskante Ballonfahrten übten für das Publikum einen noch größeren Reiz aus, wenn sie von einer Frau unternommen wurden. Durch eine geschickte Öffentlichkeitsarbeit kam Madame Reichard sehr schnell zu einiger Berühmtheit – und auch zu Einkünften. Diese plante das Ehepaar Reichard in den Aufbau einer chemischen Fabrik einzubringen.

Wilhelmine Reichard gilt auch als Pionierin der wissenschaftlichen Luftfahrt. Überliefert sind ihre exakten Beobachtungen und Messungen, die sie während ihrer Ballonfahrten aufzeichnete. In einem Brief an ihren Ehemann, der im Juli 1820 in einer Wiener Zeitung veröffentlicht wurde, schildert sie exakt ihre Beobachtungen des Wetters und des Luftdrucks bei steigender Höhe sowie der Landschaft. Weitaus eindrucksvoller sind aber ihre Reflexionen über das Ballonfahren im Allgemeinen:

> «Die tiefe Stille in der Nähe, das eintönige Gemurmel von der Erde herauf, das sanfte Dahinschweben und der Blick über ein von der lebhaftesten Phantasie nicht zu entwerfendes Bild, erzeugen ein süßes, schwärmerisches Gefühl, welches man nicht zu unterdrücken vermag. Wenn auch dem weiblichen Geschlechte vorzügliche Empfänglichkeit für Eindrücke dieser Art zugesprochen wird, so glaube ich doch, daß der rauheste, stolzeste Mann sanft würde, wenn er, gleich einem Sonnenstäubchen im Weltall schwebend, seiner Winzigkeit so augenscheinlich bewußt wird.»

Annähernd vier Jahrzehnte zuvor hatten die Brüder Michel Joseph und Étienne Jacques de Montgolfier dem staunenden Publikum einen unbemannten Heißluftballon vorgeführt. Beim zweiten Aufstieg dann schickte man ein Schaf, einen Hahn und eine Ente in die Lüfte. Als alle Tiere überlebten, hob der erste mit Menschen besetzte Heißluftballon am 21. November 1783 im Garten des Schlosses Muette bei Paris ab. Parallel zu den Brüdern Montgolfier experimentierte der Physiker Jacques Charles an einem Ballon, der mit Wasserstoffgas befüllt war. Von Frankreich ausgehend verbreitete sich die Ballonbegeisterung in ganz Europa. Schon bald wurden Ballone auch für wissenschaftliche Zwecke eingesetzt, etwa zu den Fragen, ob der Erdmagnetismus mit der größeren Entfernung zur Erde abnimmt oder wie sich die Zusammensetzung der Luft in großen Höhen ändert. Nach wie vor fanden Ballonaufstiege jedoch meist zu besonderen Anlässen statt, anfangs noch zur Prachtentfaltung bei höfischen Festen, später als Massenattraktion auf Jahrmärkten und Volksfesten.

Der genaue Grund dafür, dass Madame Reichard nach 1820 nie mehr die Gondel eines Ballons bestieg, ist nicht bekannt. Vielleicht waren es das hohe Risiko und die Sorgen um ihre fünf Kinder, vielleicht war bei den publikumswirksamen «Ballon-Events» aber auch genug Geld zusammengekommen. Die Reichards bauten jedenfalls im Jahr 1821 im sächsischen Döhlen, heute ein Stadtteil von Freital, ihre Fabrik auf, wo im Folgenden sehr erfolgreich vor allem Schwefelsäure produziert wurde.

MATTHIAS RÖSCHNER

Luftfahrt der Mad. Reichardt auf der Theresien-Wiese am Oktober-Feste zu München 1820, Lithografie (DMA, GS 00065)

Maße (H × B) Bild 238 × 176 mm; Blatt 273 × 181 mm

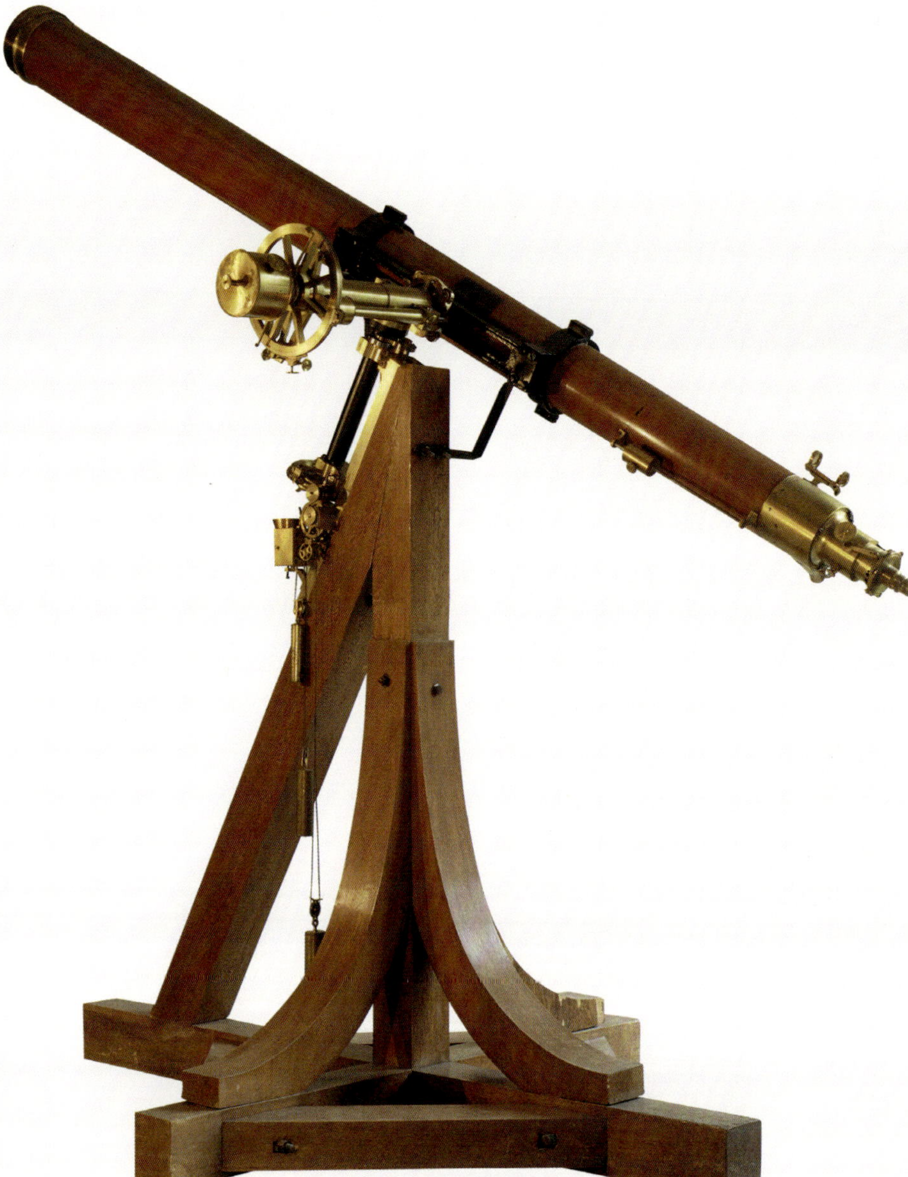

1829

Refraktor für die Sternwarte Berlin

Joseph von Fraunhofer
München

Mit diesem Refraktor, einem Linsenfernrohr also, entdeckte der Berliner Astronom Johann Gottfried Galle (1812–1910) nicht nur den C-Ring des Saturns und einige Kometen, sondern sichtete am 23. September 1846 das wohl berühmteste Himmelsobjekt des 19. Jahrhunderts: den Planeten Neptun als kleinen Stern, mehr als 4000-mal schwächer strahlend als der hellste Fixstern Sirius.

Am Morgen des gleichen Tages hatte Galle einen Brief seines französischen Kollegen Urbain Leverrier (1811–1877) erhalten. Auf Grundlage der Newton'schen Himmelsmechanik, die kurz vor 1800 perfektioniert worden war, war es Leverrier gelungen, die Bahn des Uranus genau zu berechnen. Doch seine Berechnungen stimmten nicht mit der bekannten Bahn überein. Er schlussfolgerte, dass ein bisher unbekannter Planet für diese Störung verantwortlich sein musste. Leverrier berechnete dessen aktuelle Position und bat mehrere Sternwarten, darunter das Pariser Observatorium, nach dem unbekannten Planeten zu suchen. Doch alle scheuten die vermutete langwierige Beobachtungsarbeit oder glaubten nicht an solche Berechnungen. Da Leverrier wohl annahm, ein jüngerer Kollege an einem hervorragenden Teleskop würde eher Arbeit investieren, wandte er sich mit einem Brief an den einfachen «Observator» Galle. Galle und sein Hilfsassistent Heinrich Louis d'Arrest (1822–1875) verglichen, mit Erlaubnis des Sternwartdirektors, noch am selben Abend alle Sterne, die sich in der Nähe von Leverriers errechneter Position befanden, mit einer neuen Berliner Sternkarte. Tatsächlich sichteten sie einen Licht-

Das Linsenfernrohr, mit dem der Planet Neptun entdeckt wurde punkt, der nicht auf der Karte verzeichnet war. Einen Abend später war klar, dass sich dieser zwischen den – zu ihm ruhenden – Fixsternen bewegt hatte. Es konnte nur der gesuchte Planet sein. Die Entdeckung war ein Triumph der klassischen Himmelsmechanik, der exaktesten Wissenschaft des 19. Jahrhunderts.

Fraunhofer'sche Präzision

Der Refraktor, an dem Galle arbeitete, war 1828 auf Anregung von Alexander von Humboldt (1769–1859) in Auftrag gegeben worden. Angefertigt wurde er von Nachfolgern des Optikers Joseph Fraunhofer (1787–1826), der 1817 die dunklen Linien im Sonnenspektrum entdeckt hatte (s. Seite 133 ff.). Im Jahr 1835 kam der Refraktor in die neue Königliche Sternwarte in Berlin. Mit seiner Objektivöffnung von 9 Pariser Zoll (rund 24 Zentimeter) und einer Brennweite von über 4 Metern ähnelt dieser Refraktor dem größten noch von Fraunhofer selbst hergestellten Teleskop, das 1824 in Dorpat (Estland) aufgestellt worden war. Doch gibt es auch Abweichungen. So sitzt etwa das Gegengewicht für das schwere Teleskop bei Galles Instrument direkt auf der zum Himmelsäquator zeigenden Achse (Deklinationsachse), während es beim früheren Refraktor auf einer durch den Deklinationskreis hindurchführenden parallelen Achse befestigt war. Beim Dorpat-Refraktor balancieren zwei lange Entlastungshebel an der Seite des Fernrohrs den nicht im Schwerpunkt aufgehängten Tubus aus. Aufgrund seiner einfachen Bedienung, seiner mechanischen Präzision und optischen Genauigkeit war schon dieses Vorgängerteleskop allen anderen zeitgenössischen Fernrohren überlegen und wurde von allen Astronomen geschätzt. Es war über Jahrzehnte das Vorbild für nachfolgende Präzisionsteleskope, unter anderen für seinen «Zwillingsbruder» aus Berlin, der heute im Deutschen Museum in München steht.

Bahnbrechende Fernrohrtechnik

Fraunhofer schuf mit seinen großen Refraktoren etwas völlig Neues, in der Kombination von weltbesten Qualitätsobjektiven, Mikrometer, Okularen und Teleskopantrieb. Auch die parallaktische Montierung zur einfachen Mitführung des Teleskops mit dem – sich auf Grund der Erdrotation bewegenden – Himmel wurde von Fraunhofer zum ersten Mal erfolgreich für so große Fernrohre eingesetzt. Bei dieser Montierung steht die Stundenachse parallel zur Erdachse, zeigt also Richtung Nordpol; sie ist auf dem Holzstativ fest montiert und bildet mit der Deklinationsachse ein großes T. Durch die justierbaren Gegengewichte kann der schwere Teleskop-Tubus problemlos und leicht bewegt werden. Der automatische Antrieb der Polachse durch eine Uhr, die neben ihrem Gewichtsantrieb einen raffinierten Zentrifugalregulator mit Reibungskontrolle enthielt, war damals außergewöhnlich. Ein Stern konnte etwa eine Stunde im Gesichtsfeld gehalten werden. Erst für die sich später entwickelnde Astrofotografie musste der Stern länger «still halten». Durch Verstellung des Zentrifugalregulators konnte der Antrieb auch einfach beschleunigt oder verlangsamt werden. Erstaunlich erscheint aus heutiger Sicht, dass neben dem Gestell auch der Fernrohr-Tubus aus Holz besteht. Für seine Herstellung wurden verschiedene Schichten dünner Holzlatten auf einen gedrehten Holzdorn geleimt und mit Mahagonifurnier belegt. Das heute im Deutschen Museum zu bestaunende Fernrohr enthält sowohl Originalteile (Tubus, Objektiv) als auch Rekonstruktionen des ursprünglichen Instruments (Achsensystem, Holzstativ).

Der Lohn der Entdeckung

Für die Entdeckung des Neptuns mit dem Fraunhofer'schen Refraktor wurde Johann Gottfried Galle vielfach geehrt, unter anderem sind Krater auf dem Mond und Mars nach ihm benannt. Die Vorhersage dieser Entdeckung gebührt allerdings Leverrier. Galle ist es letztlich zu verdanken, dass mit Hilfe der genauen Sternkarten und des präzisen Fraunhofer-Refraktors der neue Himmelskörper so rasch identifiziert wurde.

JÜRGEN TEICHMANN

Refraktor für die Sternwarte Berlin (Inv.-Nr. 44724)

Maße (H × B)	4250 × 292 mm
Masse	ca. 2000 kg
Freier Objektivdurchmesser	244 mm
Brennweite	4,32 m

1833

Fahrkunst

Georg Ludwig Wilhelm Dörell
Zellerfeld

«Und nun soll man auf allen Vieren hinab klettern, und das dunkle Loch ist so dunkel, und Gott weiß, wie lang die Leiter sein mag. [...] Die Leitersprossen sind kotig naß. Und von einer Leiter zur andern geht's hinab, und der Steiger voran, und dieser beteuert immer, es sei gar nicht gefährlich, nur müsse man sich mit den Händen fest an den Sprossen halten, [...] wo vor vierzehn Tagen ein unvorsichtiger Mensch hinuntergestürzt und leider den Hals gebrochen.»

Diese eindrucksvolle Beschreibung einer Grubenfahrt gibt uns der Schriftsteller Heinrich Heine (1797–1856) in seiner 1826 erschienenen *Harzreise*. Er schildert hier seinen Besuch der berühmtesten und reichsten Gruben des Oberharzes, der Silbergruben «Dorothea» und «Carolina». Bereits seit dem 18. Jahrhundert wurde auch bergbauinteressierten Laien eine Grubenfahrt ermöglicht. Auf den Seiten der Besucherbücher, im Archiv des niedersächsischen Landesamtes für Bergbau, Energie und Geologie in Clausthal-Zellerfeld, befinden sich über 20 000 Einträge, die von einem frühen Bergbautourismus zeugen, darunter auch ein Kommentar von James Watt (1736–1819), dem berühmten Erfinder der Dampfmaschine.

Die älteste Methode

Fahrkunst: Auf und Ab im Bergbau

In der Zeit des Aufbaus des Deutschen Museums gehörte der Oberharzer Bergbau zu den bekanntesten Erzrevieren Deutschlands. Daher war es naheliegend, ihn in die Ausstellung zu integrieren. Zu den herausragen-

Der «Stürzer» auf der Hängebank

den Objekten des Münchener Schaubergwerks gehört die Hängebank aus dem «Neuen Serenissimorum Tiefsten Schacht» des Rammelsberger Bergwerks, das seit 1992 zum UNESCO-Weltkulturerbe zählt. Sie wurde in den 1920er-Jahren dem Deutschen Museum überlassen.

In achtstündigen Schichten arbeitete der «Stürzer» auf der Hängebank, um die heraufkommenden Tonnen zu entleeren – eine körperlich harte Arbeit, trotz technischer Hilfe durch die Wasserkraft. Eines blieb dem Bergmann jedoch erspart: der anstrengende tägliche Gang in die Tiefe des Bergwerks und der allabendliche Weg zurück an die Erdoberfläche, das sogenannte Ein- und Ausfahren aus der Grube. Unter Tage wird ähnlich wie bei der Ballon-«Fahrt» jegliche horizontale und vertikale Bewegung als «Fahren» bezeichnet. Entsprechend heißen die Leitern «Fahrten».

Gleich neben der Hängebank können die Besucherinnen und Besucher die Einfahrt eben jenes «Heine'schen Steigers» in einen Schacht studieren. Das Klettern über lange, nasse Fahrten ist die älteste Methode der Bergleute, um an ihren Arbeitsplatz zu gelangen. Dabei sicherten sie sich mit einer Hand gegen einen Sturz in die Tiefe, und die andere Hand hielt das spärlich leuchtende Grubenlicht, um den Weg zu erhellen.

Im 16. Jahrhundert begann die letzte Phase des Oberharzer Bergbaus, dessen Anfänge bis ins 3. Jahrhundert n. Chr. zurückreichen. In dieser Zeit befanden sich die entstehenden Schächte dicht an der Oberfläche. Die Bergleute arbeiteten ausschließlich mit Hammer und Meißel, bergmännisch «Schlägel und Eisen» genannt. Die Wege waren kurz und für die Bergleute beim Ein- und Ausfahren gut zu bewerkstelligen.

Über die folgenden Jahrhunderte stießen die Bergleute allerdings tiefer und tiefer in den Schoß der Erde vor, und im 18. Jahrhundert erreichten sie Tiefen, bergmännisch «Teufen», von bis zu 400 Metern und darüber hinaus. Dies bedeutete, dass der Bergmann im Durchschnitt eine Stunde benötigte, um von der Hängebank über die Fahrten an seinen Arbeitsplatz zu gelangen. Und nach Schichten von acht bis zwölf Stunden dauerte es mindestens 1,5 Stunden, um wieder an die Oberfläche zurück zu gelangen. Übermüdet und ermattet, war der Bergmann dabei immer in Gefahr, auf den nassen, glitschigen Leitern abzurutschen und zurückzustürzen. Überlegungen, die Zeiten zu verkürzen und die Belastungen zu verringern, fanden kaum Gehör bei Obrigkeit und

Betreibern: Die Wegezeit musste schließlich nicht bezahlt werden und die Wirtschaftlichkeit des Bergbaues war noch gegeben.

Die Lösung eines Problems: die kraftsparende Fahrkunst

Um 1830 erreichten die Schächte Tiefen über 600 Meter. Die einzige Möglichkeit der Bergleute, an ihren Arbeitsplatz zu gelangen, waren im Oberharz immer noch die Fahrten. Im Bergamt bemerkte man nun aber die Schwierigkeiten, die damit einhergingen, und vor allem die sinkenden Fördermengen. Sinkende Fördermengen bedeuteten sinkende Einnahmen und die Gefahr der Schließung einer ganzen Industrie. Der Schuldige war endlich erkannt: der Arbeitsweg. Die Bergleute verloren durch die Fahrten so viel Kraft, dass sie ihren Akkord nicht halten konnten. Nun wurden Überlegungen angestellt und Ideen geliefert, um diese Problematik zu lösen. Dabei ging es darum, in erster Linie Kraft, nicht Zeit zu sparen.

Die Fahrkunst im Deutschen Museum

Ludwig Dörell (1793–1854), Berggeschworener beim Bergamt Zellerfeld, gelang es im Jahr 1833 mit der Einführung der «Fahrkunst» endlich, eine Lösung für das Problem zu finden. Die Fahrkunst im Deutschen Museum, die bereits seit 1925 mit dem Beginn der Ausstellung auf der Museumsinsel zu sehen ist, besteht aus zwei sich wechselseitig auf und ab bewegenden hölzernen Gestängen. An den Gestängen sind in definierten Abständen Haltegriffe und Trittbretter befestigt. Der Bergmann trat auf ein Brett und ließ sich nach unten mitnehmen. Die Hubhöhe betrug dabei etwa 1,50 bis 1,60 Meter. Der vertikale Abstand der Trittbretter zueinander auf einer Seite war die doppelte Hubhöhe. Im Totpunkt, bevor die Bewegung sich umkehrt, stehen zwei Trittbretter an den Gestängen für eine Sekunde auf gleicher Höhe. Das nutzte der Bergmann und wechselte auf das freie Trittbrett am anderen Gestänge über. Der horizontale Abstand betrug dabei etwa 0,40 Meter. Er fuhr dann weiter nach unten und wechselte im nächsten Totpunkt erneut. Dieses erfolgte so lange, bis er sein Ziel, die entsprechende Arbeitsebene, erreicht hatte. Am Abend fuhr er in umgekehrter Richtung wieder aus. Damit sparte er enorm viel Kraft, die er nun wieder in seine Akkordarbeit stecken konnte. Die Rettung des Oberharzer Bergbaus war nur durch diese Leistungssteigerung möglich geworden. Ein wunderbarer Nebeneffekt dieser Erfindung war der Zeitgewinn durch kürzere Ein- und Ausfahrten. Und auch die Unfallzahlen gingen zurück, sodass sich die Sicherheit im Oberharzer Bergbau ganz wesentlich verbesserte.

Weltweit erkannte man die Vorteile solcher Fahrkünste und übernahm gerne diese neue deutsche Bergbautechnologie. Wäre sie bereits zu Zeiten von Heines Harzreise im Einsatz gewesen, hätte er sie vermutlich liebend gerne genutzt und ihr ein literarisches Denkmal gesetzt.

ANDREAS RAVENS

Fahrkunst (Inv.-Nr. 52422)

Maße (H × B × L/T)	7800 × 330 × 490 mm
Masse	400 kg geschätzt
Material	Nadelholz, Eisen

1835

Balancier-Betriebsdampfmaschine

Gutehoffnungshütte
Sterkrade

Eines war klar am Beginn der Industrialisierung: Es konnte kaum genügend guten Stahl für all die neuen Maschinen und Produkte geben. Die Herstellung des belastbaren Werkstoffs, des sogenannten Gussstahls, war aber ein großes Geheimnis. Friedrich Krupp (1787–1826), der Firmengründer, hatte 1816 tatsächlich ein eigenes Verfahren zur Herstellung von Gussstahl – auch Tiegelstahl genannt – gefunden, war dann aber nach längerer Krankheit 1826 gestorben. Er hatte das Unternehmen mit hohen Schulden seiner Frau vermacht. Therese Krupp (1790–1850) gründete mit finanzieller Unterstützung ihrer Schwägerin Helene von Müller das Unternehmen nach dem Tod ihres Mannes neu.

Der älteste Sohn von Therese und Friedrich war vierzehn Jahre alt, als sein Vater starb: Alfried (1812–1887), der sich später Alfred nannte. Der Legende nach hatte ihm der Vater das Geheimnis verraten. In Wirklichkeit wussten wohl die wenigen Arbeiter in der kleinen «Gussstahl-Fabrik», die zu dieser Zeit eher ein handwerklicher Betrieb war, über das Herstellungsverfahren Bescheid.

Eine Dampfmaschine muss her

Die erste Dampfmaschine der Krupps

Am Flüsschen Berne in Essen, wo das Stammhaus der Krupps stand, trieben noch Wasserräder die Schmiedehämmer an. Es gab nur selten genau die richtige Menge Wasser; im Frühling war es zu viel, im Sommer oft zu wenig, ein verbreitetes Problem bei den Wasserantrieben jener Zeit. Wenn der Hammer gut lief, musste

Krupps «neues» Hammerwerk mit der Dampfmaschine, Holzschnitt der Fabrikumgebung von 1836

praktisch Tag und Nacht durchgearbeitet werden, gefolgt von unproduktiven Unterbrechungen.

Ein zweites Problem verschärfte die Situation: Das Unternehmen war seit den letzten Lebensjahren Friedrich Krupps auf zwei Standorte in einigen Kilometern Entfernung zueinander aufgeteilt: Um den teuren Transport des Brennstoffs zu sparen, fand das Schmelzen des Erzes möglichst nahe bei den Kohlegruben statt. Das Schmieden aber erfolgte weiterhin am Bach. Nun entschieden die Krupps, dass die Schmiedehämmer an den Standort der Schmelzöfen übersiedeln sollten. Die einzige Lösung hierfür war die Anschaffung einer Dampfmaschine.

Die Maschine zieht ein

Eine moderne Dampfmaschine war aber ungeheuer teuer und überstieg zu Beginn der 1830er-Jahre das Budget der Krupps bei weitem. Letztlich half einmal mehr die Familie aus. Ein vermögender Cousin trat in das Unternehmen ein und brachte die nötigen Mittel auf: für den Kauf der Maschine bei der Gutehoffnungshütte im nahen Oberhausen und die erforderlichen Neubauten sowie die Ausstattung der Fabrik.

Dampfmaschinen waren damals eine große Seltenheit in der Region. Im gesamten Ruhrgebiet gab es im Eisenhüttenwesen insgesamt nur sechs davon. Die Maschine hatte 20 PS, das sind nach heutiger Maßeinheit knappe 15 Kilowatt an Leistung. Das Schwungrad mit seinen fast dreieinhalb Tonnen war gewaltig, der Kolben hob sich 25-mal in der Minute und der Dampf stand bereits unter Druck. «Hochdruck» bedeutete damals etwa 2,5 bar über dem Atmosphärendruck. Damit konnte die Dampfmaschine im Dauereinsatz so viel leisten wie 420 Arbeiter. Wenn man bedenkt, dass Krupp zu der Zeit zwischen 50 und 70 Arbeiter beschäftigte, wird deutlich, welchen Schub die Maschine für die Produktivität des Unternehmens bedeutete.

Doch leider war die kraftstrotzende Schönheit mit ihren gotisch anmutenden Spitzbögen anfällig. Zu dieser Zeit ließen sich keine Ersatzteile aus dem Katalog bestellen. Auch hätten ein paar PS mehr nicht geschadet: Wenn der große Schmiedehammer ging, standen die Drehbänke still. Und der Brennstoffverbrauch war abenteuerlich, obwohl es half, dass die Kohlen gleich in der Nachbarschaft gefördert wurden. Neben drei Hämmern, die über die Welle angetrieben wurden, versetzte die Maschine über Transmissionsriemen auch Schmirgelsteine zum Schleifen des Stahls in Bewegung, sowie einige Drehbänke.

Mittlerweile war aus Alfred längst ein ehrgeiziger Geschäftsmann geworden, dem es auch darum ging, den angestammten Platz der Familie in der Essener Gesellschaft wiederzugewinnen. Neue Abnehmer in ganz Europa sollten für Walzen und Prägestempel gewonnen werden. All die dazu notwendigen Arbeiten wie Drehen, Schleifen und Bohren der Stahlwaren forderten die Kraft der Dampfmaschine.

Die Maschine kommt an ihre Grenzen

Zeitgleich mit dem Einzug der Dampfmaschine in die Fabrik begann in Deutschland auch das Eisenbahnzeitalter. In den Jahren zwischen 1835 und 1850 wurden 6000 Kilometer Eisenbahnnetz gebaut, riesige Investitionen – privat wie staatlich. Das Geschäft mit Eisen und Stahl explodierte förmlich. Im Jahr 1847 hatte die erste Eisenbahnlinie auch Essen erreicht. Alfred Krupp wollte diesen Boom nutzen. Im Jahr 1852 kommt er auf eine Idee, die den endgültigen Durchbruch der Firma bringt. Er erfindet einen nahtlosen Radreifen für die Eisenbahn. Ein geschmiedetes längliches Stück Stahl wird mittig gespalten, ringförmig auseinandergetrieben und schließlich gewalzt. Endlich gehört der gefürchtete Reifenbruch an der Schweißnaht der Vergangenheit an. Zigtausende Reifen werden bestellt. Die Dampfmaschine arbeitet Tag und Nacht. Schon 1850 bekommt sie Unterstützung von einer zweiten Dampfmaschine, acht Jahre später sind es bereits zwölf.

Der widerstandsfähige Stahl war aber auch perfekt geeignet für Maschinenteile, die besonders stark beansprucht wurden, etwa für die Kolbenstangen der Dampfantriebe oder die riesigen Stahlfedern der Loks und Waggons. Bald war die Belegschaft auf 1000 Arbeiter angewachsen. Und man bemühte sich bereits um Aufträge im später so lukrativen Rüstungsgeschäft. Die Schmiedearbeiten mussten jetzt oft ausgelagert werden, die Hämmer waren zu klein geworden.

Da entwickelte Krupps erfinderischer Kopf eine ganz neue Maschine, einen riesigen mit Dampf betriebenen Hammer: eine Dampfmaschine, die nichts anderes tat, als den tonnenschweren Hammerbären hochzuziehen. Unter dem Namen «Dampfhammer Fritz» wurde diese Maschine im Jahr 1861 in Betrieb genommen.

Ins Deutsche Museum kam die erste, zu dieser Zeit längst ausrangierte Dampfmaschine Alfred Krupps bereits im Jahr 1905, gestiftet von der Firma Krupp.

JOANNA STOCKHAMMER

Balancier-Betriebsdampfmaschine (Inv.-Nr. 2348)	
Hersteller	Hüttengewerkschaft und Handlung Jacobi, Haniel & Huyssen (JHH), Sterkrade
Herstellungsjahr	1835
Kolbendurchmesser	314 mm
Kolbenhub	1308 mm
Dampfdruck	3,5 bar
Drehzahl	25 min^{-1}
Leistung	14,6 kW (20 PS)

Das Eisenbahnzeitalter beginnt: Eröffnung der ersten deutschen Eisenbahnstrecke zwischen Nürnberg und Fürth, 1835

DAGUERREOTYPE

1839

Schiebekastenkamera Le Daguerreotype

Louis Jacques Mandé Daguerre und Alphonse Giroux
Paris

Am 19. August 1839 wurde die Daguerreotypie durch den Physiker François Dominique Arago (1786–1853) in Paris öffentlich bekannt gegeben. Die gegen Zahlung einer lebenslangen Rente in den Besitz der französischen Regierung übergegangene Erfindung wurde «in edelmütiger Weise der ganzen Welt» zum Geschenk gemacht und Frankreichs führende Position auf diesem Gebiet damit dauerhaft zum Ausdruck gebracht. Die Geschichtsschreibung hat die Erfindung der Fotografie seither mit diesem Jahr verknüpft.

Angesicht des Engagements des französischen Staates, der dieses aufsehenerregende Verfahren zur Mehrung des nationalen Prestiges zu nutzen verstand, darf aber nicht vergessen werden, dass es William Henry Fox Talbot (1800–1877) in England zur gleichen Zeit ebenfalls gelungen war, fotografische Aufnahmen auf Papier herzustellen. Bei der Talbotypie oder Kalotypie wurde zuerst ein Negativ aufgenommen, von dem dann beliebig viele Abzüge hergestellt werden konnten – eine Schlüsseltechnik, die das bis zur Digitalfotografie praktizierte Negativ-Positiv-Verfahren begründete. Dass Talbots Erfindung jedoch zunächst nur eine geringere Bedeutung beigemessen wurde, lag auch daran, dass die direkt in das Papier eingelassene lichtempfindliche Substanz anders als bei der Daguerreotypie die Detailgenauigkeit der Aufnahme beeinflusste.

«Spiegel mit Gedächtnis»: die Schiebekastenkamera «Le Daguerreotype»

Die Partnerschaft zwischen Niépce und Daguerre

Louis Jacques Mandé Daguerre (1787–1851), nach dem das erste fotografische Verfahren benannt ist, war ein Geschäftsmann, der in Paris erfolgreich ein Diorama betrieb, in dem Panoramadarstellungen so raffiniert beleuchtet wurden, dass die Illusion von räumlicher Tiefe entstand. Versuche, mit Hilfe der Camera obscura angefertigte Zeichnungen dauerhaft festzuhalten, brachten ihn 1826 in Kontakt mit dem Privatgelehrten Joseph Nicéphore Niépce (1765–1833). Dieser arbeitete bereits seit längerem an einem Verfahren, um graphische Vorlagen, aber auch Ansichten nach der Natur zu reproduzieren, indem er Zinnplatten mit lichtempfindlichem Asphalt beschichtete und sie anschließend als Druckstock verwendete. 1829 schlossen Daguerre und Niépce einen Vertrag mit dem Ziel, beider Wissen zur Herstellung von fotografisch erzeugten Druckvorlagen zu vereinen. Als Niépce 1833 starb, hatte Daguerre bereits erkannt, dass Jod und poliertes Silber sehr viel lichtempfindlicher waren und damit schneller reagierten als Zinn und Asphalt. Nachdem es ihm auch noch gelungen war, das zunächst unsichtbare (latente) Bild sichtbar zu machen und schließlich auch noch zu fixieren, waren alle Voraussetzungen für eine dauerhafte Aufzeichnung von Abbildern nach der Natur erfüllt. Dank seiner Verbindungen zum königlichen Hof gelang es Daguerre, diese Technik unter seinem Namen publik zu machen und gegen eine Leibrente für sich und Niépces Sohn Isidore an den Staat zu verkaufen.

Die Fotochemie

Die Technik der Daguerreotypie beruht auf der Lichtempfindlichkeit von Silberhalogenidverbindungen. Als Bildträger dienten polierte, versilberte Kupferplatten, die vor der Aufnahme mit Jod bedampft wurden, um eine lichtempfindliche Silberjodidschicht zu erzeugen. Die so präparierten Platten wurden an der Rückseite der Kamera eingesetzt, sodass während der Aufnahme Licht durch das Objektiv darauffallen konnte. Um das latente Bild zu entwickeln, wurde es mit Quecksilber bedampft und anschließend das nicht belichtete Silberjodid mit Kochsalz, später Natriumthiosulfat, herausgewaschen. Anschließend wässerte man die fertige Aufnahme und trocknete sie über einer Flamme.

Um die empfindliche Oberfläche zu schützen und eine nachträgliche Oxydation des Silbers zu verhindern, wurden Daguerreotypien verglast und gegen Lufteintritt versiegelt. Die Daguerreotypie ist folglich ein Einzelbildverfahren; von den seitenverkehrten Aufnahmen können keine Abzüge hergestellt werden.

Die Aufnahme des Boulevard du Temple in Paris gehört zu einem Triptychon, das Daguerre 1839 dem bayerischen König Ludwig I. schenkte.

Die Kamera

«Le Daguerreotype», die nach Angaben von Daguerre von dessen Schwager Alphonse Giroux (1775–1848) hergestellte hölzerne Kastenkamera, ist auf den ersten Blick kaum von einer Camera obscura zu unterscheiden. Um das Bild scharf einzustellen, wird ein in den vorderen Kasten eingesetzter Schubkasten mit der Mattscheibe auf einem hölzernen Laufboden nach hinten verschoben und fixiert. Ein Klappspiegel hinter der Mattscheibe ermöglicht es, das projizierte Bild aufrecht stehend zu betrachten. Für die Aufnahme wird der Mattscheibenrahmen gegen eine Kassette mit der lichtempfindlichen Aufnahmeplatte vertauscht. Das Objektiv ist ein achromatisches Landschaftsobjektiv. Die Messingfassung des Objektivs fungiert als Blende, eine schwenkbare Klappe dient als Verschluss. Als Belichtungszeit vermerkte Daguerre je nach der Intensität des Lichts einen Zeitraum von drei bis dreißig Minuten.

«La Daguerréotypomanie». Karikatur von Theodore Maurisset (1803–1860), die Ende 1839 veröffentlicht wurde

Erste Daguerreotypien in München

Die mit großer öffentlicher Anteilnahme verfolgte Bekanntgabe der Daguerreotypie löste eine regelrechte Euphorie aus, die in der zeitgenössischen Publizistik als «Daguerreotypomanie» ironisch karikiert wurde.

Im Münchner Kunstverein waren bereits im September 1839 Daguerreotypien von Carl August von Steinheil zu sehen. Einen Monat später wurden hier drei Originalaufnahmen von Daguerre ausgestellt, die dieser an König Ludwig I. von Bayern übersandt hatte.

Aber nicht nur die Aufnahmen selbst, auch die Daguerreotypiekameras fanden rasch ihren Weg von Frankreich nach Deutschland. Der Berliner Kunsthändler Louis Friedrich Sachse (1798–1877), der mit Daguerre befreundet war, sicherte sich schon im Frühjahr 1839 sechs Originalausrüstungen. Eine dieser Kameras gelangte später in den Besitz des Königlichen Gewerbeinstituts in Berlin, das sie 1905 schließlich dem Deutschen Museum für seine im Aufbau befindliche fotografische Sammlung überließ.

CORNELIA KEMP

Schiebekastenkamera Le Daguerreotype (Inv.-Nr. 4287)

Speicher	Daguerreotypie
Bildformat	216 × 167 mm (ganze Platte)
Objektiv	Charles Chevalier, Paris; achromatischer Meniskus 1:14/380 mm
Verschluss	Schwenkverschluss
Maße (H × B × T)	315 × 372 × 680 mm
Masse	7 kg

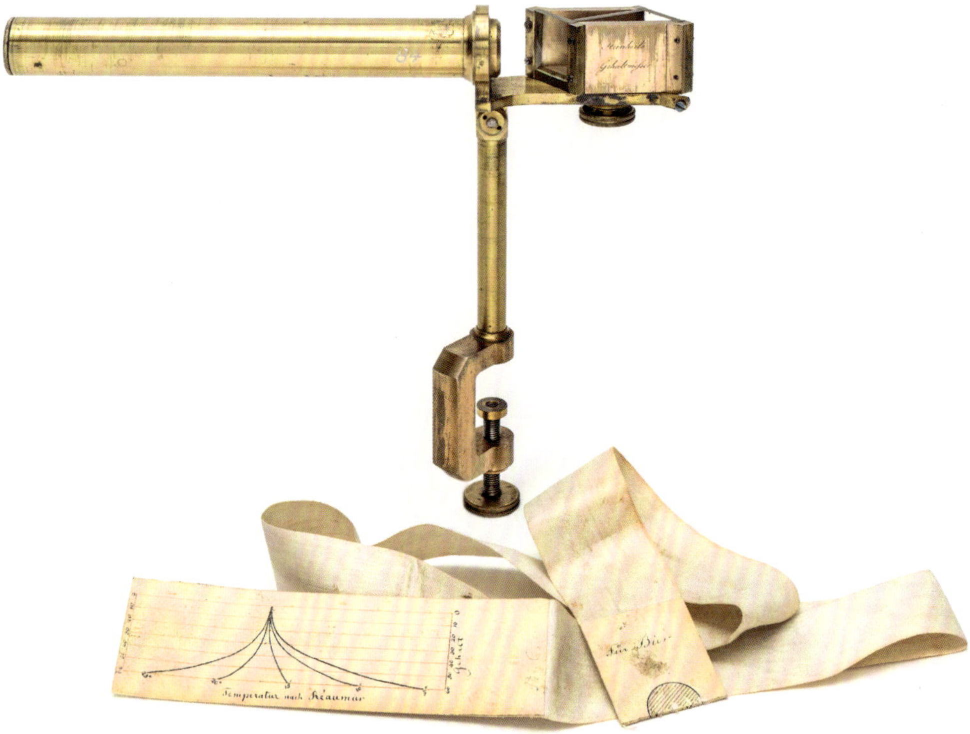
Temperatur nach Réaumur

1842

Optischer Gehaltmesser

Carl August von Steinheil
München

«Und wenn etwas in Bayern im Stande ist, das Volk aufzuregen, selbst Revolutionen herbeizuführen, wie es sich schon thatsächlich zeigte, so ist es der Gehalt oder der festgesetzte Preis des Bieres.» Dieses Zitat aus der *Bavaria*, der im Auftrag Maximilians II. erschienenen Landesbeschreibung des Königreichs Bayern, bezieht sich auf die «Münchner Bierkrawalle» der 1840er-Jahre. Als sich damals aufgrund von Missernten die Getreidepreise und damit auch der Bierpreis erhöhten, entlud sich der Unmut der Bevölkerung in gewaltsamen Aufständen. Für viele Menschen war das Bier zu jener Zeit nicht nur ein Genuss-, sondern ein «Grundnahrungsmittel», zum Teil auch Ersatz für das nicht immer saubere Trinkwasser. Es lag daher im Interesse der bayerischen Regierung, einen sowohl für die Brauer als auch für die Bevölkerung gerechten und nachvollziehbaren Bierpreis zu bestimmen. Aus diesem Grund war schon im Jahr 1811 das Bayerische Biersatzregulativ eingeführt worden, in dem neben dem Preis auch die Zusammensetzung des Biers festgelegt wurde.

Doch inwieweit befolgten die Bierbrauer diese gesetzlichen Vorgaben? Es standen keine technischen Möglichkeiten zur Verfügung, die Einhaltung der Regeln auch zu überprüfen. So argwöhnte die durstige Bevölkerung immer wieder, dass die Brauer ihr Bier mit schlechter Qualität und damit zu teuer verkauften.

Steinheils optischer Gehaltmesser mit Kurventafel

Aufgrund dieser unbefriedigenden Situation beauftragte die bayerische Regierung ab dem 19. Jahrhundert Wissenschaftler damit, eine Methode zur Analyse der genauen Zusammensetzung von

Bier zu entwickeln. Der Physiker und Unternehmer Carl August von Steinheil (1801–1870) war damals Mitglied der Bayerischen Akademie der Wissenschaften und Konservator ihrer mathematisch-physikalischen Sammlung. Im Dezember 1841 stellte er auf einer Sitzung der Akademie erstmals einen sogenannten optischen Gehaltmesser für Flüssigkeiten vor.

Das Instrument war so konstruiert, dass man mit einem Beobachtungsmikroskop mit integriertem Fadenkreuz durch einen Flüssigkeitstank auf einen etwa zwei Meter entfernten Gegenstand blickte. Der Flüssigkeitstank war durch eine Trennscheibe diagonal in zwei gleich große Hälften geteilt, deren lichtbrechende Wirkung sich bei Füllung mit Wasser gerade gegeneinander aufhob. Das Instrument wurde so positioniert, dass der beobachtete Gegenstand in der Mitte des Fadenkreuzes erschien. Füllte man dann in eine der Hälften anstelle von Wasser das zu prüfende Bier, so wurde das Licht in Abhängigkeit vom Gehalt des Biers mehr oder weniger stark gebrochen, und der Gegenstand erschien verschoben. Um das Fadenkreuz und den Gegenstand wieder in Deckung zu bringen, musste der Winkel des Flüssigkeitstanks mittels einer Stellschraube verstellt werden. Die Position dieser Schraube war ein direktes Maß für den Brechungsindex des untersuchten Biers. Bis 1843 optimierte Steinheil seine Erfindung so weit, dass in Kombination mit einem bereits bekannten Instrument zur Messung der Flüssigkeitsdichte (Aräometer) nicht nur der Stammwürzegehalt, sondern auch der Gehalt an Alkohol und Malzzucker in einem Bier mit Hilfe einer Kurventafel bestimmt werden konnte.

Vom Brauhandwerk zur Wissenschaft

Carl August von Steinheil bemühte sich darum, seine Erkenntnisse der Allgemeinheit zur Verfügung zu stellen, und schrieb:

> «Ich übergebe daher dieses neue Prüfmittel der Öffentlichkeit in der Hoffnung, dass es dazu dienen werde, bisher nicht leicht nachweisbaren Missbräuchen entgegen zu treten und dem Publikum den Bayerischen Nationaltrunk für volles Geld auch nach vollem Schrot und Korn zu liefern.»

Doch seine Hoffnung auf eine rasche Einführung der «Bierprobe» sollte nicht in Erfüllung gehen. Bei den Münchener Bierbrauern stieß sein Messgerät auf vehemente Ablehnung, besonders bei denen, deren Biere er für «nicht tarifmäßig» befunden hatte. Die Brauer sahen diese Neuerung als empörenden Eingriff in ihr Handwerk an und wehrten sich mit Erfolg gegen eine Einführung des Gehaltmessers als amtliche Bieruntersuchungsmethode.

In den folgenden Jahrzehnten führte die intensive Beschäftigung mit der Gehaltsbestimmung des Biers zu einer wissenschaftlichen Erforschung des Brauprozesses. In Bayern wurde damit die Basis für die schrittweise Umstellung vom traditionellen Brauhandwerk zur industriellen Bierproduktion geschaffen.

Trotz ihrer Startschwierigkeiten erzielte die Messmethode von Carl August von Steinheil im Laufe der Zeit durchaus Erfolg: Sie wurde noch ausgebaut, um verschiedenste Materialien analysieren zu können. Heute ist diese optische Methode zur Bestimmung des Brechungsindex unter dem Namen Refraktometrie bekannt. Sie wird zur Untersuchung von Bier, Milch und Most ebenso verwendet wie zur Echtheitsprüfung von transparenten Edelsteinen.

Steinheil-Refraktometer im Deutschen Museum

Schon kurz nach seiner Gründung wurden dem Deutschen Museum drei Steinheil-Refraktometer von der Bayerischen Akademie der Wissenschaften gestiftet. Wie viele andere Exponate aus der Gründungssammlung verdeutlichen sie, wie intensiv die Wissenschaft des 18. und 19. Jahrhunderts an der Lösung der praktischen Probleme ihrer Zeit arbeitete. In einem Tagebucheintrag unterstrich Carl August von Steinheil sein Verständnis von praxisorientierter Wissenschaft mit folgenden Versen: «Steril ist die Wissenschaft, die nur Wissen schafft. Doch sie wird zur Schöpferkraft, wenn sie durch Wissen schafft.»

DANIELA SCHNEEVOIGT

Optischer Gehaltmesser (Inv.-Nr. 84)

Maße (H × B × T)	190 × 263 × 45 mm
Masse	0,515 kg
Materialien	Messing, Glas

Aluminium

1845

Metallisches Aluminium

Friedrich Wöhler
Göttingen

Die Frage, woraus die Dinge in unserer Welt bestehen, ist eine der zentralen Fragen der Chemie. Anfang des 19. Jahrhunderts wurde allmählich erkannt, dass es nicht nur im Tier- und im Pflanzenreich Gruppen mit ähnlichen Merkmalen und Eigenschaften gibt, sondern auch bei den chemischen Elementen, die 1869 im bekannten «Periodensystem» angeordnet wurden.

Naturgemäß lernte der Mensch zuerst jene Elemente kennen, die, wie Gold oder Quecksilber, in der Natur elementar vorkommen. Erst zu einem späteren Zeitpunkt kamen einige jener Elemente hinzu, die sich, wie Eisen oder Blei, durch einfache Verhüttungstechniken aus ihren Verbindungen, den Erzen, gewinnen ließen. Die meisten heute bekannten Elemente wurden erst im Verlauf der vergangenen 200 Jahre bekannt – als Folge der Entstehung der modernen Chemie und der damit einhergehenden Entwicklung neuer Methoden.

Vom Alaun zum Aluminium

Auch dem chemischen Element Aluminium kam man erst im 19. Jahrhundert auf die Spur. Das ist erstaunlich, denn Aluminium ist das häufigste Metall der Erdkruste und in vielen Gesteinen, etwa Feldspat und Glimmer, enthalten. Auch etliche aluminiumhaltige Verbindungen wurden unwissentlich schon seit Jahrtausenden genutzt, zum Beispiel die zur Keramikherstellung verwendeten Tone, die durch Verwitterung feldspathaltiger Gesteine entstehen. Der

Probe des ersten, 1845 von Friedrich Wöhler als kompakte Metallmasse erhaltenen Aluminiums

Alaun ist eine seit der Antike genutzte, natürlich vorkommende Aluminiumverbindung. Er wurde als Beizmittel bei der Textilfärberei, wegen seiner austrocknenden und fäulnishemmenden Eigenschaften in der Medizin sowie zur Mumifizierung menschlicher und tierischer Leichen verwendet. Die eiweißfällende und damit blutstillende Wirkung des Alauns nutzt man bis heute: Moderne Rasiersteine enthalten geschmolzenen Alaun, ebenso Deostifte.

Erst im späten 18. Jahrhundert entdeckten die Chemiker, dass der Alaun und der Töpferton in kleinere «Bausteine» zerlegt werden konnten, die «Alaunerde» und die «Tonerde». 1782 vermutete der französische Chemiker Antoine Laurent de Lavoisier (1743–1794), dass beide «Erden» das Oxid eines bislang unbekannten Elements seien. Damit hatte er Recht – beide bestehen nach Entfernung aller Verunreinigungen tatsächlich aus Aluminiumoxid. Angeregt von Lavoisiers These, begannen zahlreiche Chemiker nach dem vermuteten neuen Element zu suchen. Als dieses tatsächlich entdeckt wurde, erhielt es, abgeleitet vom lateinischen Wort *alumen* für Alaun, den Namen «Aluminium».

Ein neues Metall

Einer der ersten Wissenschaftler, der das vermutete Element aus der Ton- oder Alaunerde freizusetzen suchte, war der britische Chemiker Humphry Davy (1778–1829). Mit Hilfe der «Voltaschen Säule», einer Art Batterie, hatte er bereits die Elemente Natrium, Kalium, Calcium, Magnesium, Barium und Strontium aus ihren jeweiligen Verbindungen isoliert und war damit zum Entdecker eines beträchtlichen Teils des «linken Flügels» des Periodensystems geworden. Als er seine bewährte Methode 1808/12 auf die «Tonerde» anzuwenden suchte, hatte er jedoch Pech, weil sich das entstandene Aluminium nicht aus dem Reaktionsgemisch abtrennen ließ.

Erst dem deutschen Chemiker Friedrich Wöhler (1800–1882) gelang es, das gesuchte Metall, das auch er zuvor «nur» als graues Metallpulver erhalten hatte, als zusammenhängende Metallmasse zu gewinnen. 1845 hielt er das Aluminium endlich in Form einiger stecknadelkopfgroßer Metallkügelchen in den Händen. Eines davon befindet sich heute im Deutschen Museum. Ein ebenfalls von Wöhler hergestelltes Aluminiumblättchen dokumentiert, dass das neue Metall dehnbar war und zu dünnen Blechen ausgehämmert werden konnte.

In Paris erworbene Brosche aus dem Nachlass des deutschen Chemikers Friedrich Wöhler, vermutlich eines der ersten Aluminiumschmuckstücke

Vom Schmuckmetall zum Massenprodukt

Da das Aluminium, wie der Inhalt des von Wöhler selbst beschrifteten Reagenzglases zeigt, nur in winzigen Mengen erhalten werden konnte, war es zunächst nichts als eine Laborkuriosität. Als praktisch nutzbares Metall wurde es erst erkannt, als der französische Chemiker Henri Étienne Sainte-Claire Deville (1818–1881) 1854 begann, es in größeren Mengen zu produzieren. Wegen seines hohen Preises und fehlender technischer Anwendungsmöglichkeiten wurde es anfangs nur zu Luxusartikeln und Schmuck verarbeitet. Eine Aluminiumbrosche in Gestalt einer Stiefmütterchenblüte, die das Deutsche Museum besitzt, zeugt von dieser hohen Wertschätzung.

Dank der Fortschritte der Elektrotechnik konnte 1889 ein elektrolytisches Verfahren entwickelt werden, das erstmals eine Aluminiumherstellung in industriellem Maßstab ermöglichte. Wichtigstes Ausgangsmaterial dazu war das

Aluminiumoxid. Dieses wurde und wird bis heute fast ausschließlich aus dem aluminiumhaltigen, von Eisenoxid-Beimengungen meist rötlich gefärbten Mineral Bauxit gewonnen, das in vielen Ländern im Tagebau gefördert wird. Zu Devilles Zeiten war allerdings nur eine einzige Bauxit-Lagerstätte in der Nähe des südfranzösischen Ortes Les Baux bekannt, von der sich der Name Bauxit ableitet.

Zur Gewinnung des reinen Aluminiumoxids muss der Bauxit «aufgeschlossen», das heißt von Verunreinigungen befreit werden. Dabei fallen große Mengen Rotschlamm an, der sich wegen seines Schwermetallgehalts nicht nutzen lässt und daher in Schlammbecken oder auf Halden gelagert wird. Diese Deponien verursachen immer wieder folgenschwere Umweltkatastrophen.

Zur Isolierung des Aluminiums wird das Aluminiumoxid dann einer Schmelzflusselektrolyse unterworfen. Da das Oxid einen hohen Schmelzpunkt besitzt, ist die Elektrolyse sehr energieintensiv. Der hohe Energiebedarf erklärt die Standortwahl der ersten Aluminiumfabriken, die am Rheinfall in Neuhausen in der Schweiz oder an den Niagarafällen in den USA entstanden.

Mobilitätsmetall

Die Nutzungsmöglichkeiten erweiterten sich enorm, als Ende der 1890er-Jahre die ersten Aluminiumlegierungen bekannt wurden. 1906 entwickelte der deutsche Chemiker und Metallurge Alfred Wilm (1869–1937) die leichte, aber feste, magnesiumhaltige Legierung Duralumin, die ab 1909 hergestellt wurde. Da ihre Härte annähernd der von Stahl entsprach, eignete sie sich besonders für den Bau von Luftschiffen und Zeppelinen und nach der Entwicklung des Ganzmetallflugzeugs auch für den Flugzeugbau.

Die Verwendung von Aluminiumlegierungen bot sich immer dann an, wenn ein leichter und zugleich fester Werkstoff gesucht war, beispielsweise zur Herstellung von Ausrüstungsgegenständen für das Militär, zur Konstruktion optischer und medizinischer Instrumente oder im Automobilbau, wo sich im Laufe der 1920er-Jahre die Verwendung von Kolben aus Aluminiumlegierungen durchsetzte.

Koffer aus aneinandergenieteten Duralumin-Blechen, die von 1915 bis 1918 zum Flugzeugbau verwendet worden waren. Da der Versailler Vertrag den Flugzeugbau verbot, musste das Duralumin nach Kriegsende anderweitig genutzt werden.

Vom Kriegsmetall zum Allerweltsmetall

Im Ersten Weltkrieg schnellte der Bedarf an Aluminium für den Bau von Luftschiffen und bald darauf auch von Ganzmetallflugzeugen signifikant in die Höhe. Während des Kriegs wurde Aluminium auch als «Ersatz» für knapp gewordene Metalle, besonders Kupfer, verwendet. Angesichts des gestiegenen Bedarfs wurde die Bevölkerung dazu aufgerufen, Aluminiumgegenstände aus Privatbesitz abzuliefern und einschmelzen zu lassen. Langfristig konnte der Metallmangel allerdings nur durch einen Ausbau der Aluminiumproduktion behoben werden.

Heute ist Aluminium ein unverzichtbarer Werkstoff, der für Mobilität und Bequemlichkeit, aber auch für Krieg, Ausbeutung der Dritten Welt, rücksichtslosen Umgang mit der Natur und Ressourcenverschwendung steht. Immerhin lässt er sich gut recyceln. Am Anfang seiner ambivalenten, kaum zweihundert Jahre alten Geschichte steht ein banal wirkendes Objekt: ein von Friedrich Wöhler hergestelltes, stecknadelkopfgroßes Aluminiumkügelchen.

ELISABETH VAUPEL

Erstes Aluminium als kompakte Metallmasse (Inv.-Nr. 60056)

Dichte	2,7 (und damit viermal leichter als Blei und achtmal leichter als Platin)
Schmelzpunkt	660 °C
Siedepunkt	2270 °C
Eigenschaften	Sehr dehnbar, sodass man es zu feinen Drähten ausziehen, zu dünnen Blechen auswalzen und zu feinsten Folien bis herab zu 0,004 mm Dicke («Blattaluminium») aushämmern kann.

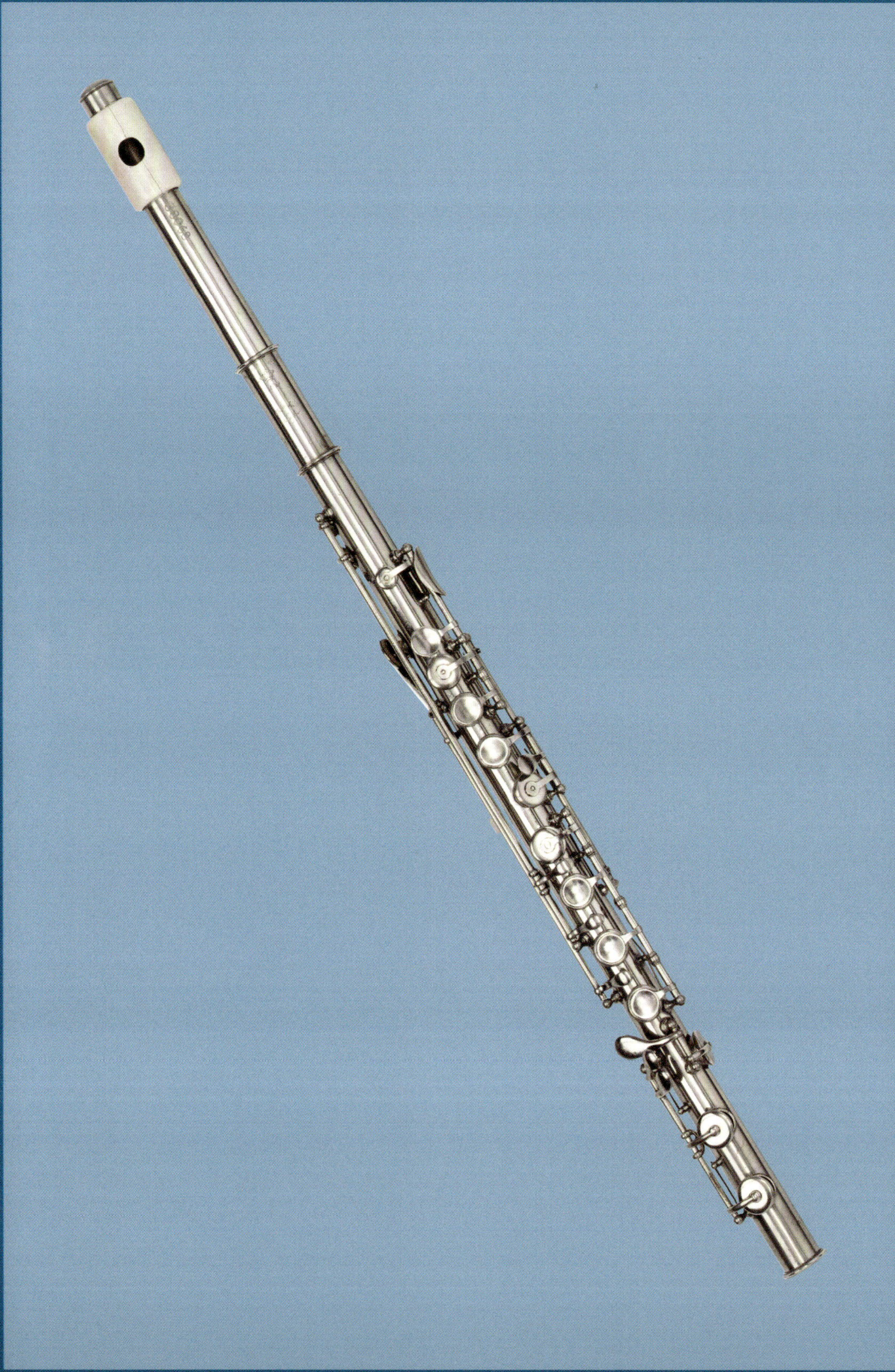

1848

Zylinderflöte

Theobald Böhm
München

Wohl selten hat ein Musikinstrument so heftige und kontroverse Reaktionen hervorgerufen wie die Querflöte, die der Münchner Flötenbauer und Flötist Theobald Böhm 1847 präsentierte. Der Komponist Richard Wagner (1813–1883) nannte sie «Gewaltsröhre» und «Kanone», andere feierten sie als Durchbruch zu neuen Möglichkeiten des Flötenspiels und -baus. Wie konnte es zu solch unterschiedlichen Einschätzungen kommen?

Eine «neue Art von Flöten»

Theobald Böhm (1794–1881) war bereits dreiundfünfzig Jahre alt, als er seine neue Flöte vorstellte. 1794 in München geboren, hatte er bei seinem Vater das Goldschmiedehandwerk erlernt und sich dann als Flötist und Flötenlehrer einen Namen gemacht, bevor er sich 1828 dem kommerziellen Flötenbau zuwandte und 1832 mit einem neuen Griffsystem Furore machte. Bereits mit diesem raffinierten System aus Achsen und daran befestigten Ringklappen setzte er neue Maßstäbe. Das neue Griffsystem ermöglichte es, die Grifflöcher an den Positionen der Flöte zu platzieren, die akustisch am günstigsten sind, und nicht mehr an denen, die von den Fingern erreicht werden können.

Seelenlose «Gewaltsröhre» oder Vorreiterin eines neuen Klangideals: die Böhmflöte

Nach einigen Jahren als Ingenieur vor allem im Bereich des Hüttenwesens nahm Böhm in den 1840er-Jahren seine Überlegungen zum Flötenbau wieder auf.

Die Flöte, die Böhm 1847 präsentierte, brach in mehrfacher Hinsicht mit der Tradition, stellte so Gewohntes in Frage, es war eine Revolution der Querflöte. Dies begann bereits mit Böhms Vorgehen bei der Entwicklung des Instruments. Er hatte nicht nur beim Bau experimentiert, wie dies Instrumentenbauer schon immer getan hatten, sondern mit dem Münchner Physiker und Professor für Geologie Karl Emil von Schafhäutl (1803–1890) systematisch akustische Versuche durchgeführt, um das Schwingungsverhalten von Röhren verschiedener Formen und Materialien zu erforschen. Das Ergebnis war, dass zylinderförmige Rohre aus dünnem Metall die besten Schwingungseigenschaften besitzen. Solche Rohre verwendete Böhm nun für seine Flöte und betrat auch damit Neuland: Er fertigte sie aus Metall, nur 0,25 Millimeter dick, und nicht aus Holz, dem bislang gängigen Baumaterial. Zudem formte er den Innendurchmesser des Rohrs, die sogenannte Bohrung, zylindrisch, also gleichmäßig dick, und nicht, wie bis dahin üblich, konisch, sich vom Kopfende zum Fuß verjüngend. Sein Griffsystem von 1832 versah Böhm nun mit Deckelklappen. Die neue Flöte ließ sich leicht anblasen und entsprach Böhms Vorstellung eines Instruments, auf dem alle Töne frei, kräftig und gleichmäßig, zudem in allen Tonarten sauber klingen. Es folgte so einem neuen Klangideal und war für die zu dieser Zeit größer werdenden Konzertsäle geeignet.

Für seine «in akustischen Verhältnissen und Material neue Art von Flöten» erhielt Böhm 1847 ein sogenanntes Privileg, einen Vorläufer des Patents. Seine Erkenntnisse publizierte er werbewirksam in der Schrift *Über den Flötenbau und die neuesten Verbesserungen desselben*, die auch auf Englisch und Französisch erschien; Böhm sah sein Instrument also wohl eher als Weiterentwicklung und nicht als Bruch mit den bisherigen an. Seine Zylinderflöten nummerierte er von 1 beginnend; zudem legte er ein Geschäftsbuch an, in dem er bis 1859 und zur Flöte Nummer 129 zu jedem Instrument das Material, die Ausstattung und den Käufer eintrug. Die nummerierten Flöten sind kostbare Raritäten, von denen das Deutsche Museum gleich mehrere besitzt (Nummer 5, 7, 30 und 67). Die abgebildete frühe Nummer 5 aus dem Jahr 1848 war, wie der Eintrag im Geschäftsbuch und die Signatur mit Krone auf dem Flötenkopf zeigen, die Dienstflöte von Sigmund Zaduck (vor 1833–1887) in der Münchner Hofkapelle. Nummer 67 erwarb 1859 ein gewisser Carl Lilpop in Warschau. Nicht nur diese Flöte verließ die bayerische Hauptstadt, viele weitere gingen

Theobald Böhm mit einer Zylinderflöte aus Holz. Fotografie von Franz Hanfstaengl, nach 1854

in alle Welt bis nach Indien und in die USA – sorgfältig verpackt in einem maßgefertigten Kasten und begleitet vom wichtigsten Werkzeug für die Einregulierung der Mechanik.

Böhm hatte hohe Qualitätsanforderungen. In seiner Werkstatt in der Münchner Innenstadt fertigte er mit seinem Partner und Nachfolger Carl Mendler (1833–1914) und wenigen Schülern nur etwa zehn bis fünfzehn Flöten pro Jahr. «Es ist in der ganzen Welt bekannt, dass ich niemals eine Flöte verschicke, die nicht so perfekt ist, wie eine Flöte sein kann», schrieb er 1878, als er sich aus

Signaturen von Theobald Böhm und der Münchner Hofkapelle auf der Zylinderflöte Nr. 5

dem operativen Geschäft bereits seit vielen Jahren zurückgezogen hatte, aber noch in der Werkstatt mitarbeitete.

Zustimmung und Ablehnung

Die Firmen Rudall & Rose in London sowie Godfroy & Lot in Paris erwarben noch im Jahr der Erfindung von Böhm das Recht, in ihren Ländern Instrumente nach seinem Muster zu bauen – sie waren von deren Vorteilen überzeugt. Bei den Weltausstellungen 1851 in London und 1858 in Paris wurden Böhms Instrumente ausgezeichnet – in Paris hielt sogar Louis-Napoléon Bonaparte (1778–1846) die Laudatio auf den Münchner Flötenbauer.

Waren die Reaktionen in Frankreich und Großbritannien wie auch in den USA, wohin das Instrument durch Schüler Böhms kam, weitgehend positiv, stieß es ausgerechnet im deutschsprachigen Raum sowie in Italien nicht nur bei Richard Wagner, sondern auch bei zahlreichen Flötisten auf erbitterten Widerstand. Böhm wurde hart und zum Teil polemisch angegangen. In Stellenausschreibungen wurde sogar explizit erwähnt, dass sich Spieler von Böhmflöten nicht bewerben sollten. Grund dafür war weniger die Notwendigkeit, für das Spiel neue Griffe zu erlernen bzw. für die Herstellung von Holz- auf Metallarbeit umzustellen, als vielmehr eine grundlegend andere Idee davon, was eine Querflöte ist und sein soll. Dem Instrument fehle das, was eine Flöte ausmache, schrieben die Kritiker: die Weichheit des Klangs, der «reizende Schmelz», die verschiedenen Klangschattierungen und die musikalischen Gestaltungsmöglichkeiten der traditionellen Flöten, «ihr Ton [sei] viel zu scharf und schneidig, das Material zu hart ansprechend», ein seelenvolles Spiel nicht möglich. Die Heftigkeit der Reaktionen mag überraschen, ist jedoch nachvollziehbar, wenn man bedenkt, dass das Instrument die «Stimme» der Musikerinnen und Musiker darstellt. Es ist das Werkzeug, mit dem sie ihrer Kunst nachgehen. Es ermöglicht ihnen, die Musik so zu gestalten, wie sie diese imaginieren – oder macht genau dies unmöglich.

Böhm setzte sich mit der Kritik auseinander und reagierte auf sie – wie er sich überhaupt stetig mit der Weiterentwicklung seines Instruments und dessen Mechanik befasste. Ab 1854 fertigte er Zylinderflöten ganz aus Holz, später kombinierte er Metallrohre mit einem Holzkopf und erfand schließlich 1858 noch ein neues Instrument, die Altflöte, in der er sein «Bedürfniss tiefer, kräftiger und zugleich sonorer Flötentöne» am besten verwirklicht sah.

Doch auch dies half im deutschsprachigen Raum nichts. Noch lange dominierten hier in den Orchestern die Flöten traditioneller Bauart. Entsprechend war Böhms Flöte auch im Angebot der Instrumentenbauer nur eine unter vielen. Im 20. Jahrhundert setzte sich die Zylinderflöte aus Metall durch – im Staatsorchester in Böhms Heimatstadt München erst in den 1940er-Jahren. Heute ist diese Flöte in leicht veränderter Form «die Querflöte» und wird nach ihrem Erfinder auch «Böhmflöte» genannt. Dank der großzügigen Schenkung des Münchner Unternehmers Dr. Heinz Prager (1927–2015) kann das Deutsche Museum die Erfindungen Böhms und deren Rezeption mit herausragenden Objekten zeigen.

Böhms innovative Neuerungen haben übrigens nicht nur das Flötenspiel revolutioniert, auch andere Instrumente wie Klarinette, Oboe, Fagott und später Saxophon erhielten das von ihm erfundene Griffsystem. In der Sammlung des Deutschen Museums sind auch diese vertreten – doch dies ist eine andere Geschichte.

SILKE BERDUX

Zylinderflöte Nr. 5 von Theobald Böhm (Inv.-Nr. 38068)

Maße (H × B × T)	631 × 66 × 36 mm
Masse	0,30 kg
Weitere Angaben	Neusilber, Elfenbein; zweiteilig, H-Fuß; Böhm-System mit Deckelklappen mit beidseitiger Achsanordnung, offene Gis-Klappe
Signaturen	Th. Boehm / in / München / 5 [Krone] / N°. 29

Schutzpocken

Impfungs Zeugniß.

Ernest Wittermann alt 1 Jahr gebürtig von aus Steyermark ist von dem Unterzeichneten im Jahre 1855 den 25 May mit Schutzpockenstoffe geimpft worden, und hat den regelmässigen Verlauf derselben überstanden.

Gratz den 6ten Juny 1855

Englhofer
Impfarzt.

1855

Schutzpocken-Impfungs-Zeugniß

Kaisertum Österreich
Graz

Wann die Pocken zum ersten Mal auftraten, ist unbekannt. Die Mumie des Pharaos Ramses V. zeigt charakteristische Narben, die vermuten lassen, dass der ägyptische Herrscher mit etwas über dreißig Jahren 1145 v. Chr. an den Pocken starb. Er gilt als eines der frühesten bekannten Opfer des Pockenvirus.

Die echten Pocken, verursacht durch das Virus Variola major, führten in 30 Prozent der Fälle zum Tod, der besonders aggressive Verlauf, Schwarze Blattern genannt, war fast immer tödlich. Weniger gefährlich, wenn auch nicht harmlos, waren die Weißen Pocken (Variola minor) mit einer Todesrate von etwa einem Prozent, die Ende des 19. Jahrhunderts zum ersten Mal in Südafrika beschrieben wurden.

Die Pocken befielen Jung und Alt, Arm und Reich, es gab keinen Schutz vor dieser Krankheit. Im 16. und 17. Jahrhundert starb allein in Europa ein Drittel der Bevölkerung an den Pocken. In Deutschland fand die letzte schwere Pockenepidemie zwischen 1871 und 1874 statt; sie kostete etwa 170 000 Menschen das Leben. Selbst im 20. Jahrhundert starben weltweit noch 300 Millionen Menschen an dieser heimtückischen Viruskrankheit.

Die Pocken sind hochinfektiös. Sie werden über direkten Körperkontakt oder Tröpfcheninfektion zwischen Menschen übertragen, aber auch über kontaminierte Gegenstände wie Bettlaken und Kleidung. Typisch für die Pocken sind blassrote, juckende Flecken, die sich über kreisrunde Knötchen zu wassergefüllten Bläschen und schließlich weiter zu eitrigen Pusteln entwickeln. Die Pusteln platzen auf, und

«Schutzpocken-Impfungs-Zeugniß» aus dem Jahr 1855

es bildet sich eine gelbe Kruste, die hochinfektiös ist. Das Abheilen dauert weitere drei Wochen; selbst die abfallende Kruste ist noch ansteckungsfähig.

Wer die Pocken überlebte, war oft lebenslang davon gezeichnet. Bei manchen Überlebenden blieben große, entstellende Narben, meist im Gesicht, zurück. Aber auch Erblindung, Gehörverlust und Lähmungen konnten die Folge sein. Einen Vorteil aber bot eine überstandene Pockenerkrankung – wer überlebt hatte, war gegen eine erneute Ansteckung immun.

Hochrisiko-Impfung mit echten Pocken

Sollte man es tatsächlich wagen, sich absichtlich mit Pocken zu infizieren, nur um danach gegen die Krankheit geschützt zu sein? In Indien und China wurden schon vor mehr als zweitausend Jahren erste Versuche unternommen, Menschen auf diese Art und Weise gegen die Pocken zu immunisieren. Im 18. Jahrhundert gelangte das Wissen über das riskante Verfahren aus dem Fernen und Nahen Osten nach Europa. Man infizierte gesunde Kinder absichtlich mit einer milden Form der Pocken, indem man in einen kleinen Hautschnitt am Oberarm frisches Pustelsekret oder getrocknete, zerriebene Pusteln einbrachte. Meist war ein milder Krankheitsverlauf die Folge, doch 0,5–3 Prozent der so Behandelten starben.

Kuhpocken statt menschlicher Pocken

In der zweiten Hälfte des 18. Jahrhunderts mehrten sich die Hinweise, dass auch eine überstandene Infektion mit Kuhpocken (eine milde, pockenartige Erkrankung, die vor allem Rinder befällt) gegen die echten Pocken schützte. Der englische Landarzt Edward Jenner (1749–1823) wagte 1796 das Experiment. Sarah Nelmes, eine Kuhmagd aus seiner Nachbarschaft, hatte sich an den Kühen des Gehöftes mit Kuhpocken infiziert. Auf ihrer Hand bildeten sich die typischen Pusteln.

> «[Ich] impfte einem gesunden achtjährigen Knaben die Kuhpocken ein. Der Stoff stammte aus der Pustel des Armes einer Milchmagd […], und wurde am 14. Mai 1796 mittels zweier seichter Hautschnitte […] dem Arme des Knaben appliziert.»

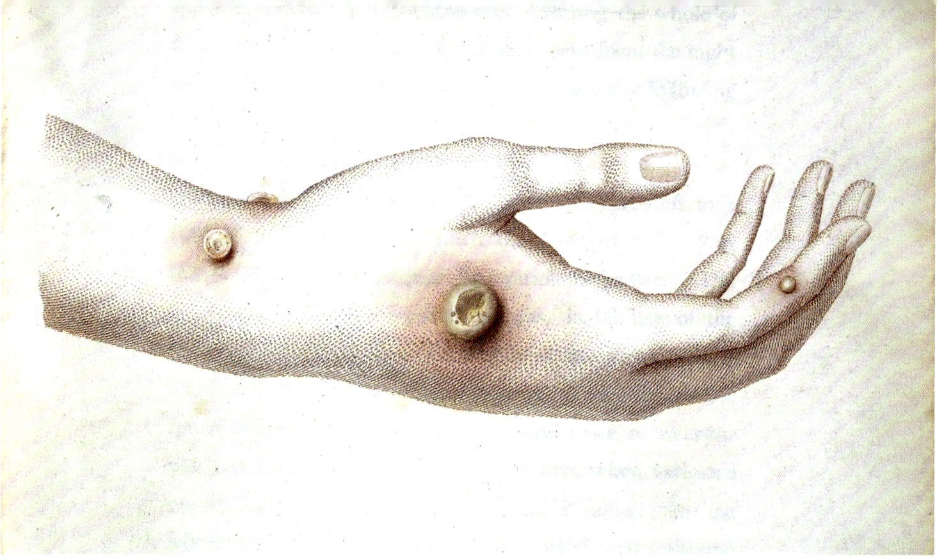

Darstellung der Kuhpocken an der Hand einer Kuhmagd von Edward Jenner

Der Junge erkrankte am siebten Tage, er verlor den Appetit und hatte leichten Kopfschmerz. Aber schon wenige Tage später fühlte er sich wieder besser. Am Arm bildete sich eine Pustel, die jedoch ohne weitere Symptome verkrustete. Als Zeichen der erfolgreichen Impfung blieb nur eine Narbe.

«Um mir größere Gewissheit zu verschaffen, ob dieser vom Virus der Kuhpocken in so milder Form infizierte Knabe gegen Variola immun wäre, unterzog ich ihn am 1. Juli der Impfung mit der aus einer Pustel entnommenen Blatternmaterie. […] Zu einem Ausbruch der Blattern kam es nicht.»

Der Nachweis war erbracht, dass man einen Menschen mit einem ähnlichen, aber viel weniger gefährlichen Erreger gegen den Ausbruch der eigentlichen Krankheit impfen konnte. Vom tierischen Ursprung, der Kuh (lat. *vacca*), abgeleitet, nannte Jenner seinen Impfstoff *vaccine* und die Impftechnik *vaccination*. Noch heute wird die Impfung im Englischen allgemein *vaccination* genannt, während Vakzin im Deutschen einen Impfstoff bezeichnet.

Um den Nachschub an Impfstoff mit den sogenannten Schutzpocken zu sichern, wurden im Laufe der Zeit Impfanstalten eingerichtet. Dort wurden Kühe gehalten, die regelmäßig am Bauch mit Kuhpocken infiziert wurden, damit man aus den entstandenen Pusteln frisches Sekret für die Impfung gewinnen konnte.

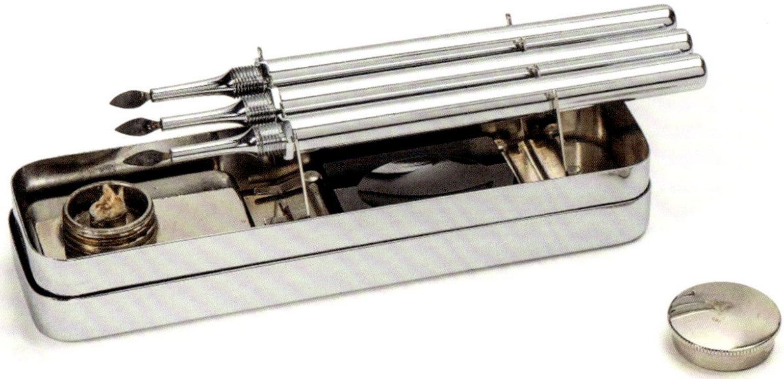

Impfpflicht

Mit Impfmessern wurde der Pockenimpfstoff mit zwei kleinen Schnitten in den Oberarm gebracht.

Um die Verbreitung der Pocken im noch jungen Königreich Bayern langfristig einzudämmen, ordnete König Max I. Joseph im August 1807 an, dass alle über Dreijährigen, die noch nie die Pocken hatten, bis zum 1. Juli 1808 in Bayern geimpft werden müssten. Als Nachweis wurden Impfzeugnisse ausgestellt, die die erfolgreiche Impfung mit den Schutzpocken bescheinigten. Damit war das junge Königreich Bayern das erste Land der Welt, das eine Pockenimpfpflicht erließ.

Das hier gezeigte «Schutzpocken-Impfungs-Zeugniß» aus dem Kaisertum Österreich ist ein besonderes Objekt, da es deutlich aufwendiger gestaltet ist als vergleichbare bekannte Bescheinigungen aus dem deutschsprachigen Raum. Das Zeugnis aus dem Jahr 1855 zeigt die griechische Göttin Hygieia, die von einem mit dem Spruch «Ehr u. Dank dem Dr. Jenner» verzierten Podest auf die Szenerie hinabblickt, die Edward Jenner beim Impfen von Kindern zeigt. Mütter sind zu sehen, die ihre Kinder zur Göttin emporheben und nach der Impfung wieder nach Hause tragen. Aber auch die der Vakzination den Namen gebende Kuh fehlt nicht.

Surveillance and Containment

Die Pocken waren ein ideales Ziel für eine Ausrottungskampagne. Da das Pockenvirus nur von Mensch zu Mensch übertragen wird und keine Tiere infizieren kann, kann man seine Ausbreitung leichter kontrollieren. Zuerst ging man vor allem mit Massenimpfungen gegen die Pocken vor. Der Erfolg stellte sich ein, die Zahl der Länder mit endemischen Pocken ging von 59 im Jahr 1959 auf 31 im Jahr 1967 zurück. Allerdings konnte in dichtbesiedelten Ländern immer noch zu wenig bewegt werden, in Südamerika, Afrika und Asien gab es immer noch Länder mit hohen Pockenzahlen. Deshalb wurde die Pocken-Ausrottungskampagne 1967 intensiviert. Jeder Verdachtsfall, ganz gleich in welchem Land, wurde nun verfolgt und gezielt bekämpft. Es hatte sich gezeigt, dass Pockenausbrüche am besten durch eine neue Strategie zu kontrollieren waren – *Surveillance and Containment* genannt. Es ging darum, Erkrankte rasch zu erkennen, diese zu isolieren und ihre Kontaktpersonen zu impfen. Infizierte Menschen wurden unter Quarantäne gestellt.

Dieses neue Vorgehen zeigte rasch Erfolg – 1971 waren die Pocken in Südamerika ausgerottet, 1975 folgte Asien. Im Oktober 1975 kam es in Bangladesch zur letzten Infektion mit Variola major, 1977 war Ali Maow Maalin in Somalia, ein Helfer der Weltgesundheitsorganisation WHO, schließlich der letzte Mensch, der an Variola minor erkrankte. Die Pocken waren besiegt. Die Krankheit, so die WHO, ist ausgerottet.

Verhindern konnte die WHO aber nicht, dass noch zwei Labore in den USA und in Russland virulente Pockenstämme aufbewahren. Sie sind Relikte aus den Zeiten des Kalten Kriegs. Bis heute ist deshalb die Sorge geblieben, dass die Pocken einmal als Biokampfstoff genutzt werden könnten. Wegen der möglichen Gefahr eines Anschlags wird in Deutschland seit 2002 wieder Pockenimpfstoff bevorratet.

FLORIAN BREITSAMETER

Schutzpocken-Impfungs-Zeugniß (Inv.-Nr. 2021-46)

Maße (H × B × L/T)	1 × 250 × 397 mm
Aufschrift	«Schutzpocken / Impfungs-Zeugniß / [handschriftlich:] Ernest Wittermann / Gratz den Ersten JUNY 1855»

Die Elektrifizierung der Welt und die Mona Lisa der Automobilgeschichte

1863

Telefon

Philipp Reis
Friedrichsdorf

Dass die «fernmündliche Kommunikation» heute so selbstverständlich möglich ist, verdanken wir Philipp Reis (1834–1874). Ihm ist es als erstem Menschen gelungen, Sprache über elektrischen Strom in die Ferne zu übertragen. Das Potential seiner Erfindung hat der Physiklehrer offenbar erahnt: «Ich habe der Welt eine große Entdeckung geschenkt, anderen muss ich überlassen, sie fortzuführen.»

Das Pferd frisst keinen Gurkensalat

«Über Telephonie durch den galvanischen Strom» lautete der Titel des Vortrags, den Philipp Reis im Oktober 1861 vor dem Physikalischen Verein zu Frankfurt hielt. Darin stellte er zum ersten Mal öffentlich einen Apparat vor, «mit welchem ich im Stande bin, Töne verschiedener Instrumente, ja bis zu einem gewissen Grade auch die menschliche Stimme zu reproduciren». Zunächst machte Reis den Anwesenden Melodien hörbar, die in einem entfernten Raum «bei geschlossenen Türen (nicht sehr laut) in den Apparat gesungen wurden». Gewisse Schwierigkeiten hatte das «Telephon», wie er seine Erfindung nannte, hingegen mit der Wiedergabe der menschlichen Stimme, insbesondere den Vokalen. Um zu beweisen, dass sich der Sprecher und der entfernt platzierte Hörer nicht abgesprochen oder zuvor etwas auswendig gelernt hatten, wurden völlig sinnbefreite Aussagen übertragen. «Das Pferd frisst keinen Gurkensalat»

Das Telefon von Philipp Reis: links der Geber mit Sprechtrichter, rechts der Empfänger gilt als der Satz, der in diesem Kontext die weltweite Telefonkommunikation eingeleitet hat.

Obwohl Philipp Reis die Anwesenden des wissenschaftlichen Vereins mit der ersten Übertragung von Sprache und Musik auf elektrischem Weg verblüffte, wurde seine Apparatur eher als Spielerei betrachtet und seinem Telefon zunächst kein praktischer Nutzen beigemessen.

Das Ohr stand Pate – ein bionisches System

Spule mit Stricknadel und Geige als Resonanzkörper

Philipp Reis war Physiklehrer am Gymnasium im hessischen Friedberg, wo er vom Rektor dafür gelobt wurde, dass er für seinen Unterricht wunderbar anschauliche Experimente konstruierte. Als das Ohr auf dem Lehrplan stand, kam ihm um 1860 die entscheidende Idee. Er schnitzte ein Holzohr, eine Membran simulierte das Trommelfell und eine Metallzunge bildete den Hammer. Ein Stromkreis mit Batterie wurde über Drähte und eine Spule, die um eine Stricknadel gewickelt wurde, geschlossen. Bewegte sich nun die Membran durch das Schallereignis, hatte der sich über die Kontaktfedern ändernde Strom eine leise hörbare Schwingung der Stricknadel zur Folge.

Ohne Resonanzkörper noch sehr leise, verbesserte Reis die Anordnung, indem er sich eine Geige des Musiklehrers auslieh und die Spule samt Nadel daran befestigte. Wenn auch noch rudimentär, wurde durch Philipp Reis' Ohrexperiment das erste Mikrofon erschaffen, indem es mit Hilfe der Membran samt den beiden Kontaktfedern im Stromkreis gelang, mechanische Schallschwingungen in elektrische Schwingungen umzuwandeln.

Nach heutigen Maßstäben gilt seine Erfindung als bionisches System. Das Prinzip der Schallaufnahme hat Phillip Reis durch das Studium der Natur erkannt und es technisch umgesetzt. Es sei ihm gelungen, schreibt er rückblickend, «einen Apparat zu erfinden, der es ermöglicht, die Funktion der Gehörwerkzeuge klar und anschaulich zu machen». Gleichwohl wurde die Bionik – ein Kofferwort aus Biologie und Technik – erst einhundert Jahre später als eigenständige Disziplin etabliert.

Die Würfelform

Die Erkenntnisse aus seinem Ohrexperiment haben Philipp Reis dazu bewogen, besser handhabbare Apparaturen zu konstruieren und zu bauen. Die bekannteste Version, ein Originalapparat in Würfelform aus dem Jahr 1863, befindet sich in der Sammlung des Deutschen Museums. Es handelt sich dabei um zwei Komponenten, den Geber mit dem Sprechtrichter und den Empfänger, der die Funktion des Lautsprechers innehat.

Über den Trichter aufgenommener Schall lässt die runde Membran des Gebers schwingen, an der Platinkontakte angebracht sind. Über einen Stromkreis sind diese mit einer Batterie und dem Empfänger verbunden. Analog zum Wechseldruck des Schallereignisses, der die Membranbewegung hervorruft, variiert der Stromfluss über die Kontakte, da sich dabei deren Abstand zueinander verändert. Diese Stromänderung bewirkt nun eine Änderung eines Magnetfelds im als Spule gewickelten Draht des Empfängers. Die Kraft, die durch das magnetische Wechselfeld auf die innenliegende Stricknadel einwirkt, versetzt die Stricknadel in Schwingungen. Das Hörereignis ist die Folge der mechanischen Schwingung der Stricknadel, die proportional zum eingesprochenen Schallereignis in Bewegung versetzt wird.

Die Reis'sche Anordnung bestand also aus zwei Komponenten; sie konnte jeweils nur in einer einzigen Funktion verwendet werden – zum Sprechen oder zum Hören. Ein bidirektionales Gespräch, eine authentische Kommunikation war mit diesem Arrangement ausgeschlossen. Möglicherweise liegt in dieser

Die Vermittlung von Gesprächen wurde vorzugsweise von Frauen übernommen. Im Fernmeldeamt Körnerstraße in Charlottenburg, das Ende 1906 seinen Betrieb aufnahm, arbeiteten 500 Telefonistinnen auf zwei Säle verteilt.

Einschränkung eine Begründung, weshalb seiner Erfindung zunächst keine reale Bedeutung beigemessen wurde.

Philipp Reis war überzeugt vom Potential seiner Entdeckung und betrieb die Entwicklung seines ersten Apparates beharrlich weiter. Die entstandene berühmte Würfelform ließ er in kleiner Stückzahl in einer Frankfurter Manufaktur fertigen und verkaufte diese Apparate samt Bedienungsanleitung als wissenschaftliche Demonstrationsobjekte an Interessierte in die ganze Welt. Allerdings hat er keine Patentanmeldung vorgenommen, worin einer der Gründe für seinen mangelnden kommerziellen Erfolg liegen könnte. In Folge einer Tuberkuloseerkrankung und seines frühen Todes im Jahr 1874 blieb Philipp Reis der große Durchbruch seiner Erfindung zu Lebzeiten verwehrt.

Der Siegeszug

Erst 1876, zwei Jahre nach dem Tod von Philipp Reis, meldete Alexander Graham Bell (1847–1922) in Chicago seine Version eines Telefonapparats zum Patent an – und gilt gemeinhin als Erfinder des Telefons. Mit den Kenntnissen vom Funktionsprinzip des Reis'schen Telefons hat Bell einen Apparat konstruiert, der abwechselnd zum Sprechen vor den Mund oder zum Hören ans Ohr gehalten werden konntc. Diese bidirektionale Eigenschaft ermöglichte es nun, ein Gespräch zu führen. Damit begann der Siegeszug des Telefons. Schon bald fand der Bell'sche Apparat Beachtung in Deutschland, nachdem das hiesige Militär diese Errungenschaft als nützlich erachtete. 1877 gab dann der zuständige Generalpostmeister Heinrich von Stephan die Devise «Jedem Bürger sein Telefon» aus, und schon im selben Jahr wurde in Deutschland mit der Produktion von Apparaten nach Bell'schem Vorbild begonnen. Die Verbreitung des Telefons ging mit der Errichtung der öffentlichen Fernsprechnetze einher. Eines der ersten Fernsprechnetze 1881 in Berlin zählte 48 Teilnehmer. Obschon das Telefon anfangs als Luxusgut betrachtet wurde, waren 1910 bereits eine Million Anschlüsse deutschlandweit registriert. Die Verbindung zur Vermittlungsstelle wurde mittels Kurbel am Apparat hergestellt und das Gespräch manuell weitergeleitet.

Heutzutage ist Telefonie allgegenwärtig. Seit 2006 gibt es neben der Vielzahl an Festnetztelefonen sogar mehr Mobilfunkanschlüsse als Einwohner in Deutschland. Die anfangs belächelte und als Spielerei eingeschätzte Erfindung von Philipp Reis hat sich für die moderne Lebenswelt als unentbehrlich erwiesen.

LUISE ALLENDORF-HOEFER

Geber mit Sprechtrichter (Inv.-Nr. 7611) sowie Empfänger mit Spule und innenliegender Stricknadel (Inv.-Nr. 7612)

Maße Geber (H × B × L)	**11,5 cm × 11,5 cm × 11 cm, m = 670 g**
Maße Empfänger (H × B × L)	**3,2 cm × 10,2 cm × 23,5 cm, m = 210 g**
Material	**Holz, Metall, Schweinsdarm (Membran), Kupferdraht seidenumspannt**

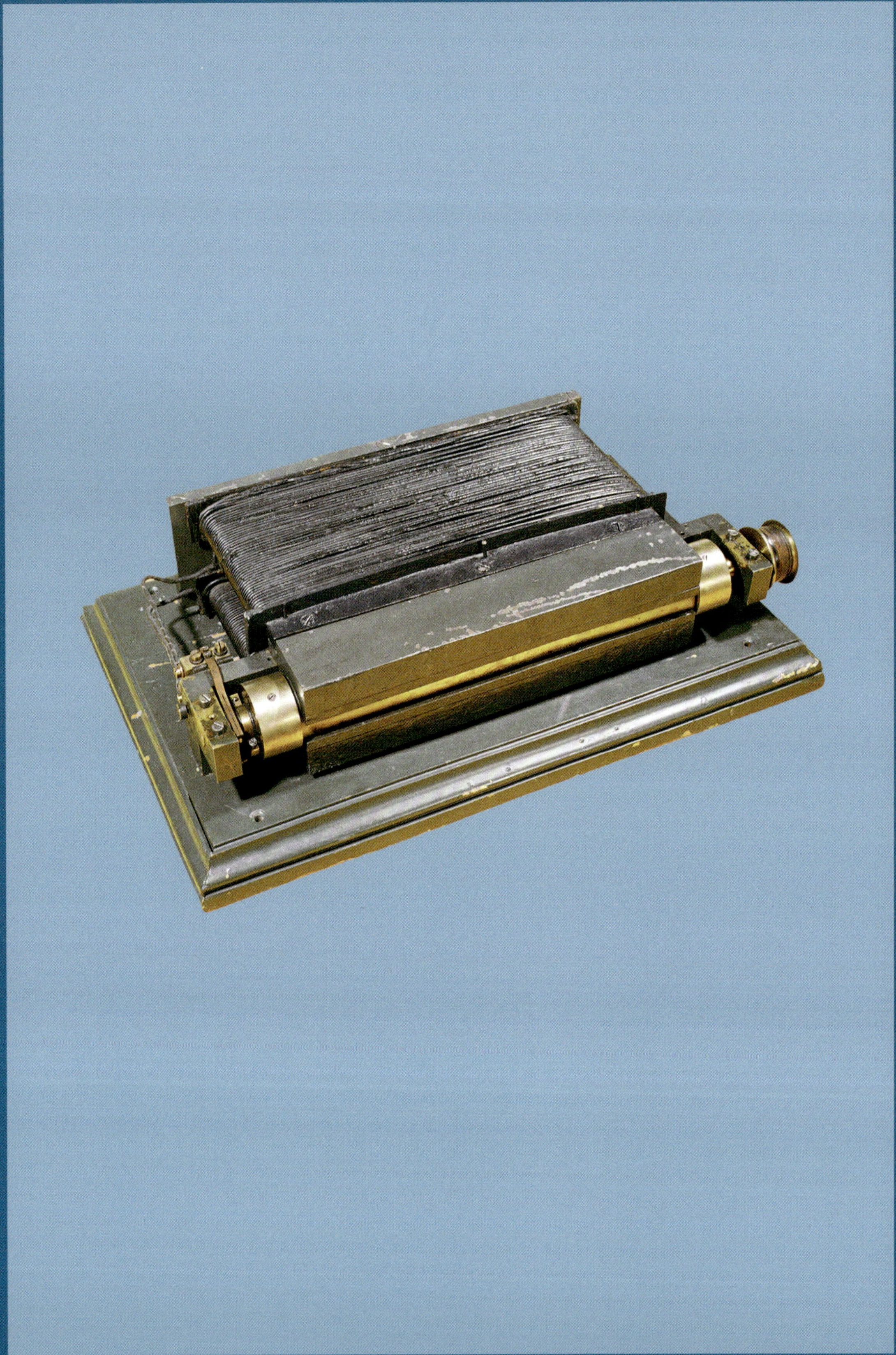

1866

Dynamomaschine

Siemens & Halske
Berlin

> «Es war in der Zeit vom 16. bis 20. IX. 1866 in der späten Nachmittagsstunde, da trat mein hochverehrter Chef an mich [...] heran, um [...] technische Einzelheiten zu besprechen [...] Bei dieser Gelegenheit machte er mich darauf aufmerksam, daß die Wirkung eines Induktors eine bedeutend höhere werden müßte, wenn man die permanenten Stabmagnete desselben durch einen Elektromagnet ersetzen würde, dessen Windungen durch Batteriestrom gespeist würden [...] Kaum war der Apparat fertiggestellt [...], als meinem Chef mitten im Experimentieren der Gedanke kam, den Batteriestrom auszuschalten, die Umkehrung des Stromes zu erproben und den Elektromagnet des Apparates durch selbsterzeugten Strom zu speichern [speisen] [...] Die Wirkung war eine verblüffend überwältigende. Blitzartig fühlte jeder die Größe des getanen Schrittes, ohne zu ahnen, zu welchen Zielen er führen wird.»

So erinnerte sich der ehemalige Werkmeister von Siemens & Halske, Carl Müller, vierzig Jahre danach an die Geburtsstunde der Dynamomaschine. Der «hochverehrte Chef» ist niemand anderes als der Übervater der deutschen Elektrotechnik, Werner von Siemens (1816–1892). Dieser selbst formulierte unmittelbar nach dem geschilderten Ereignis die Vision einer raschen Elektrifizierung der Industrie:

> «Der Technik sind gegenwärtig die Mittel gegeben, electrische Ströme von unbegrenzter Stärke auf billige und bequeme Weise überall da zu erzeugen, wo Arbeitskraft disponibel ist. Diese Thatsache wird auf mehreren Gebieten derselben von wesentlicher Bedeutung werden.»

Die Dynamomaschine von Siemens aus dem Jahr 1866

Die «Mittel», von denen hier die Rede ist, sind leistungsfähige Generatoren. Diese wandeln die mechanische Rotation einer Turbine in elektrische Energie um. Sie sind bis heute und auch in der absehbaren Zukunft die bei weitem bedeutendsten Erzeuger elektrischer Energie. Sowohl in Kraftwerken – seien sie mit Kohle, Gas, nuklear oder mittels Solarthermie betrieben – als auch in Wind- und Wasserkraftanlagen kommen Generatoren zum Einsatz.

Auf den Magneten kommt es an

In einem Generator wird mechanisch eine relative Drehung von elektrisch leitenden Spulen gegenüber einem Magnetfeld erzeugt. Dies bewirkt eine zeitliche Änderung im magnetischen Fluss durch die Spulen, die dadurch elektrische Leistung abgeben. Bevor es Dynamomaschinen gab, wurden die Magnetfelder in Generatoren durch Permanentmagneten hervorgerufen. Diese waren zu jener Zeit aufwendig in der Herstellung, nur relativ schwach und verloren zudem mit der Zeit ihre Magnetisierung. Im Gegensatz dazu wird in einer Dynamomaschine ein Elektromagnet mit Eisenkern verwendet, der stärkere Magnetfelder erzeugen kann. Voraussetzung dafür ist allerdings, dass er an eine externe Stromquelle

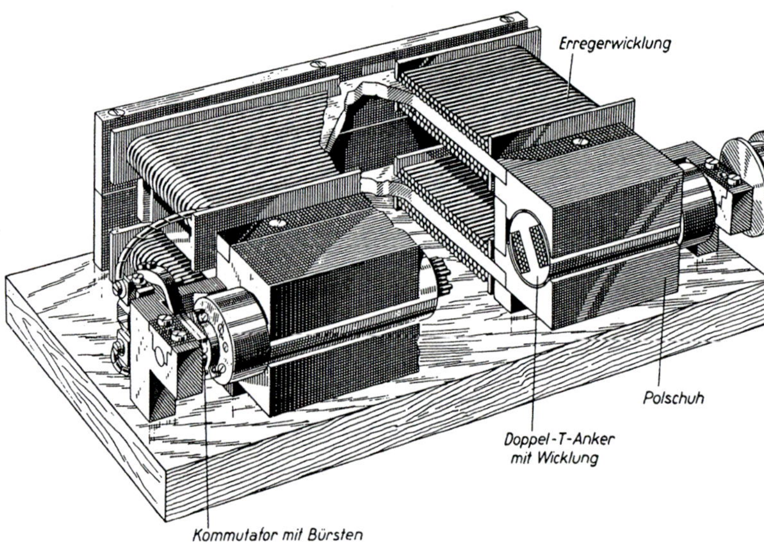

Aufbau und Querschnitt der Dynamomaschine von Werner Siemens von 1866. Der rotierende Anker ist vorne, die Elektromagnete sind dahinter angeordnet.

angeschlossen wird. Man bezeichnet dies als Erregung. Durch die richtige Verschaltung der Spulen kann der Generator diese Erregungsleistung selbst erzeugen, was Siemens als dynamoelektrisches Prinzip bezeichnete. Es wird dazu immer ein Teil der vom Generator erzeugten elektrischen Leistung in den Elektromagneten zurückgespeist. Da auch nach Abschalten des Geräts ein kleiner Rest Magnetisierung im Eisenkern verbleibt, kann die Dynamomaschine aus dem Stand hochgefahren werden, ohne dass eine externe Stromquelle nötig wäre. Bei jeder Umdrehung verstärkt sich dabei die Magnetisierung der Eisenkerne, bis der Betriebszustand erreicht ist.

Wer hat's erfunden?

Das dynamoelektrische Prinzip war ein Meilenstein in der Generatorentwicklung. Ist es aber richtig, dass es allein einem Geistesblitz von Siemens zu verdanken ist? Tatsächlich ist die Geschichte der Erfindung der Dynamomaschine erheblich facettenreicher. Das dynamoelektrische Prinzip selbst wurde bereits zwischen 1851 und 1853 durch den Ungarn Ányos Jedlik (1800–1895) als Selbsterregung erstmals beschrieben. Der dänische Ingenieur Søren Hjorth (1801–1870) baute 1854 sogar einen Generator, der diesen Effekt nutzte, und meldete ihn zum Patent an. Beide waren durchaus erfolgreiche Erfinder und Wissenschaftler. Trotzdem konnten sie ihre Dynamomaschinen nicht etablieren. Im Dezember 1866, also nahezu zeitgleich mit der Veröffentlichung von Siemens, meldeten zudem die britischen Brüder Varley eine vergleichbare Erfindung als englisches Patent an, das sie aber verfallen ließen. Eine besondere Kuriosität ereignete sich bei der Vorstellung der Siemens'schen Dynamomaschine in der englischen Fachwelt durch Werners Bruder William Siemens (1823–1883) im Januar 1867. Unmittelbar auf dessen Vortrag folgte der des britischen Wissenschaftlers und Pioniers der Elektrotechnik Charles Wheatstone (1802–1875). Das Thema? «Die Nutzbarmachung des dynamoelektrischen Prinzips». Vor dem Hintergrund der vielen, zum Teil deutlich älteren Arbeiten zum Thema ist es nicht haltbar, die Erfindung der Dynamomaschine allein Siemens zuzuschreiben. Es entsteht vielmehr der Eindruck, als habe sie Mitte der 1860er-Jahre «in der Luft gelegen». Was könnte hierfür der Auslöser gewesen sein?

Die zwei Innovationen in der Dynamomaschine

Um diese Frage zu beantworten, ist es hilfreich, die technische Innovation der Dynamomaschine in zwei Teile zu zerlegen: die Verwendung von Elektromagneten anstelle von Permanentmagneten und das dynamoelektrische Prinzip, also die Speisung dieser Elektromagneten durch den vom Generator selbst erzeugten Strom. Diese beiden Innovationen sind unabhängig voneinander entstanden. Bereits im Jahr 1864 verwendete der Brite Henry Wilde (1833–1919) Elektromagneten in einer Maschine, die später auch die Basis der Arbeit Wheatstones bilden sollte und die Siemens bekannt war. In dieser Maschine wurden die Eisenkerne der Elektromagneten allerdings noch aus einer zweiten, wesentlich kleineren Maschine gespeist, die ihrerseits mit Permanentmagneten betrieben wurde. Wildes Beitrag zur Entwicklung leistungsfähiger Generatoren war es also, diese erstmals kaskadenförmig aufzubauen, wobei eine kleine Erregermaschine den Strom für das Magnetfeld des Elektromagneten einer wesentlich größeren Maschine erzeugte. Dieses Design von Generatoren setzte sich unabhängig von der Entdeckung des dynamoelektrischen Prinzips für größere Generatoren als Standard durch und ist bis heute sehr verbreitet. Generatoren mit Selbsterregung, also wirkliche Dynamomaschinen im Sinne von Siemens, ermöglichten es dann, auf Permanentmagnete vollständig zu verzichten.

Bedeutung der Dynamomaschine

Dynamomaschinen waren vor allem für die Pionierphase der Starkstromtechnik ab dem ausgehenden 19. Jahrhundert von Bedeutung. Bevor es Netze gab, mussten alle Generatoren eigenständige Einheiten bilden, und Dynamomaschinen waren ein entscheidendes technisches Mittel, dies zu realisieren. Im Zuge der Zusammenschaltung von einzelnen Kraftwerken mit ihren Inselnetzen zu immer größeren Kraftwerksverbünden nahm ihre Bedeutung mehr und mehr ab. Zwar werden die meisten Generatoren noch immer mit Elektromagneten betrieben – dieser Teil der Innovation, der Beitrag Wildes, blieb also erhalten. Da wir heute aber in der Regel ein funktionierendes Netz haben, ist es möglich, die Energie zur Erregung dieser Elektromagneten direkt von dort zu beziehen.

Das Exponat des Deutschen Museums ist ein Versuchsaufbau auf Basis eines

Die magnetelektrische Maschine von H. Wilde (Nachbildung) ist im Vergleich zur Dynamomaschine von Siemens um 90° gedreht.

Läuteapparats für Telegrafensysteme. An diesem Aufbau wurde Siemens das Prinzip der Selbsterregung deutlich, welches er daraufhin als «dynamoelektrisches Prinzip» bezeichnete. Obgleich es schon früher demonstriert wurde, setzten sich dieser Name und die Bezeichnung «Dynamomaschine» für Generatoren, die sich dieses Prinzip zunutze machen, durch. Das Exponat kam 1906 als eines der frühesten Sammlungsobjekte zusammen mit vielen weiteren Objekten der Firma Siemens ans Deutsche Museum.

KONRAD SCHÖNLEBER

Dynamomaschine von Siemens (Inv.-Nr. 59641)	
Maße (H × B × L/T)	170 × 380 × 590 mm
Masse	ca. 50 kg
Material	Messing, Kupfer
Leistung	ca. 50 Watt

1867

Atmosphärischer Gasmotor

Nicolaus August Otto und Eugen Langen/Gasmotorenfabrik Deutz
Deutz

Im Jahr 1858 feierte der Kölner Karneval unter dem Motto «Train de Plaisir» die Errichtung des neuen «Centralbahnhofs». Er vereinigte die verschiedenen, beiderseits des Rheins gelegenen Bahnhöfe der fünf voneinander unabhängigen Kölner Eisenbahngesellschaften unter einem Dach. Das war ein wichtiger Schritt beim Aufstieg Kölns zu einem bedeutenden Verkehrsknotenpunkt im Westen Deutschlands. Mittendrin: der fünfundzwanzigjährige Handlungsreisende Nicolaus August Otto, der am Karnevalsdienstag in einem der Tanzsäle die neunzehnjährige Anna Katharina Gossi kennenlernte. Der sich nun entspinnende Briefwechsel zwischen dem «teuersten Fräulein Anna» und dem «teuersten Herrn Otto» zeigt, dass beide voneinander sehr angetan waren. Um zu heiraten und einen eigenen Hausstand zu begründen, reichte Ottos schmales Einkommen als Kaufmannsgehilfe aber bei weitem nicht aus.

… nicht patentierbar

Nicolaus August Otto (1832–1891) wurde nach dem Besuch der Realschule und einer Kaufmannslehre ab 1853 in Köln «Handlungscommis» für Kolonialwaren und bereiste in dieser Funktion den gesamten Westen des Deutschen Bundes. Auf seinen Reisen hörte er von der 1860 durch den Luxemburger Étienne Lenoir entwickelten Gasmaschine, die heute als erster wirtschaftlich nutzbarer Gasmotor gilt. Gasmotoren haben gegenüber den damals schon weitverbrei-

Auf dem Weg zum Ottomotor: die atmosphärische Gasmaschine mit der Fabriknummer 7

teten Dampfmaschinen den entscheidenden Vorteil, dass weder ein Kessel noch ein Kamin zu ihrem Betrieb erforderlich sind, sodass regelmäßige Kesselinspektionen und auch die Einstellung eines Heizers entfallen konnten. Lediglich ein Anschluss an die damals wachsenden Gasnetze war erforderlich, sodass der Motor besonders für kleinere Betriebe sehr interessant war.

Im selben Jahr war Ottos Mutter gestorben und hatte ihm etwas Geld hinterlassen. Zwar nicht genug, um zu heiraten, aber so viel, dass Otto und sein Bruder Wilhelm die Mittel hatten, 1861 ein erstes Patent beim preußischen Handelsministerium anzumelden: Nach etwas Experimentieren hatten die Ottos einen Vergaser entwickelt, der es ermöglichen sollte, den Lenoir-Motor mit Spiritus anstelle von Leuchtgas zu betreiben. Damit hätte der Motor überall betrieben werden können, sogar auf einem Fahrzeug. Das Patent aber wurde von der notorisch kritischen «Gewerbedeputation» umgehend als «an und für sich nichts Neues» abgelehnt.

Das Problem des Zündzeitpunkts

Otto experimentierte allein weiter. Er ließ sich dafür beim Mechaniker Zons in der Schildergasse einen Lenoir-Motor bauen, in den er zu verschiedenen Stellungen der Kurbelwelle Brennstoff einbrachte, einmal auch, als sich der Kolben in Richtung Einlass bewegte (in der Sprache heutiger Verbrennungsmotoren «aufwärts»). Rund dreißig Jahre später notierte Otto zu seinen damaligen Versuchen: «Das war der Ausgangspunkt für einen Viertaktmotor». Insbesondere lernte er, die in einem Motor angesaugte Luft vor der Zündung zu verdichten. Wenn mehr Luft – und damit mehr Sauerstoff – im Zylinder ist, kann auch mehr Brennstoff verbrannt werden. So ist es möglich, die Leistung einer Gasmaschine deutlich zu steigern. Otto konnte seine Versuche zwar nicht direkt in eine nützliche Erfindung umsetzen, er war aber optimistisch genug, um sich einen neuen Vier-Zylinder-Motor bauen zu lassen.

Doch der Zündzeitpunkt war ein größeres Problem als vermutet. Die Explosion des Gas-Luft-Gemischs, die Ottos Motor antreiben sollte, verursachte einen Schlag, der sich durch die Pleuelstange auf die ganze Maschine übertrug. Die Folge war, dass die Versuchsmotoren nicht sehr lange hielten. Otto versuchte das Problem mit einem zusätzlichen «Dämpfungszylinder» in den Griff zu kriegen.

Als dies nicht funktionierte, veränderte er die Arbeitsweise seines Motors fundamental. Nicht mehr die Expansion des sich durch die Explosion ausdehnenden Gas-Luft-Gemisches sollte die Arbeit des Motors verrichten, sondern der Luftdruck der Atmosphäre, der die nach Expansion abgekühlten Verbrennungsgase wieder zusammendrückte. Ottos Motor sollte also «atmosphärisch» funktionieren.

Otto ließ bei Zons eine atmosphärische Maschine bauen, die 1863 auch zu seiner Zufriedenheit arbeitete. Zügig wurden Patente in Großbritannien, Frankreich, Belgien und den meisten deutschen Staaten erteilt. Lediglich auf dem für Otto immens wichtigen Heimatmarkt Preußen wurde ein Patent abermals verweigert, mit der Begründung, dass atmosphärische Maschinen seit der Dampfmaschine von Thomas Newcomen aus dem Jahr 1712 etabliert seien.

Partnerschaft mit Eugen Langen

Mittlerweile waren die Mittel Ottos erschöpft, und eine Hochzeit mit Anna Gossi war immer noch nicht näher gerückt. In dieser Zeit lernte Otto Eugen Langen (1833–1895) kennen, der als Sohn eines Kölner Zuckerfabrikanten (und später Mitbegründer des Kölner Zuckerherstellers Pfeifer & Langen) einerseits über die nötigen Mittel verfügte, andererseits als ehemaliger Student des Karlsruher Polytechnikums auch technische Kenntnisse hatte. Die beiden gingen eine Partnerschaft ein, aus der letztlich die heutige Deutz AG hervorgehen sollte. Eugen Langen brachte in die Partnerschaft nicht nur 10 000 Taler, sondern auch seinen technischen Sachverstand ein. Um auch beim atmosphärischen Gasmotor Schläge auf die Welle zu reduzieren, schlug er vor, auf eine Kurbelwelle zu verzichten, und stattete den Motor stattdessen mit einem von ihm konstruierten Freilauf aus. Wurde der Kolben durch die Explosion aufwärts getrieben, war er nicht mit dem Schwungrad verbunden; wurde er durch die Atmosphäre abwärts getrieben, wurde ein Zahnrad in die Zahnstange am Kolben eingekoppelt. Etwas Vergleichbares haben heute zum Beispiel die Hinterräder von Fahrrädern, um ein Rollen ohne Treten zu ermöglichen. In den heute noch erhaltenen Maschinen, die als «Flugkolbenmotoren» bezeichnet werden, kann man Freilauf und Zahnstange sehr gut erkennen.

Der Freilauf war auch Teil eines in Preußen 1866 erteilten Patents, des ersten

Der atmosphärische Gasmotor wurde prominent beworben. Insgesamt wurden rund 4500 Muster gebaut.

auf die Namen Nicolaus August Otto und Eugen Langen. Die Erteilung des Patents steigerte das Selbstbewusstsein Ottos und Langens und sie entschieden sich, den Flugkolbenmotor auf der Weltausstellung von 1867 in Paris zu zeigen. Die Maschine fiel sofort unangenehm wegen des lauten, durch den Freilauf verursachten klackernden Geräuschs auf und wäre nicht weiter beachtet worden. Nur durch die Beharrlichkeit des preußischen Vertreters und Mentors Langens, Franz Reuleaux, wurde der Gasverbrauch der in Paris gezeigten Motoren gemessen, und siehe da, die atmosphärische Gasmaschine erwies sich als die mit Abstand wirtschaftlichste. Der Motor wurde mit einer Goldmedaille ausgezeichnet. Auch wenn die wirtschaftlichen Schwierigkeiten Ottos und seiner Fabrik mit diesem Erfolg noch nicht ausgestanden waren, hatte er sein Ziel erreicht: Am 23. Mai 1868 konnte er Anna Gossi endlich heiraten.

Ottos neuer Motor

Der atmosphärische Gasmotor war ein kommerzieller Erfolg, der den Ruf der auf der rechten Rheinseite, ungefähr gegenüber vom Kölner Centralbahnhof, wachsenden «Gasmotorenfabrik Deutz» begründete. Kurze Zeit später reichte seine

Leistung jedoch schon nicht mehr aus. Das im Deutschen Museum gezeigte Exemplar mit der Fabriknummer 7 hat eine Leistung von rund 350 Watt und wiegt etwa 900 kg. Otto, Langen und ihre Mitarbeiter (zu denen inzwischen auch Gottlieb Daimler und Wilhelm Maybach gehörten) besannen sich auf die Experimente aus den frühen 1860er-Jahren und entwickelten «Ottos neuen Motor», der im Jahr 1876 marktreif wurde. Dieser war der erste kommerziell gefertigte Viertaktmotor. Nach diesem Verfahren arbeiten heute Millionen Otto- und Dieselmotoren weltweit: Ansaugen, Verdichten, Arbeiten und Ausstoßen. Die Bezeichnung «Ottomotor» ist übrigens erst seit 1936 gebräuchlich.

THOMAS RÖBER

Atmosphärischer Gasmotor Fabriknr. 7 (Inv.-Nr. 3172)

Maße (H × B × L/T)	2200 × 1300 × 1000 mm, Maße mit Betonsockel und angebauten Rohren
Masse	900 kg mit Betonsockel
Leistung	0,55 kW
Kolbenhübe	40 pro Minute
Drehzahl	80 bis 100 min^{-1}

1875

Schreibmaschine Sholes & Glidden

Christopher Latham Sholes, Carlos S. Glidden, E. Remington & Sons
Ilion (NY)

Bis in die 1980er-Jahre war nahezu jedes Büro von einem nicht zu überhörenden Geräusch erfüllt: dem Klackern und Rattern der rasant gedrückten Schreibmaschinentasten. Seit Verbreitung der Computer sind Schreibmaschinen nach und nach wieder aus unserem täglichen Leben verschwunden. Doch gehörten sie in der zweiten Hälfte des 19. Jahrhunderts zu den bahnbrechenden Erfindungen der Kommunikation – neben Telegrafie, Telefonie und Fotografie. Sie revolutionierten das Geschäftsleben in einer sich immer rascher vernetzenden Welt, indem sie das Verfassen von Dokumenten vereinfachten, standardisierten und beschleunigten. Bis heute können Komponenten dieser Innovation in modernster Technik entdeckt werden.

Schneller als der Stift

Wo zuvor oft mehrere Angestellte Briefe und Skripte aufwendig per Hand geschrieben und abgeschrieben hatten, genügte nun meist eine Person, um diese Arbeit per Schreibmaschine in kurzer Zeit zu erledigen. Weltweit kommerziell erfolgreich waren bei den mechanischen Schreibmaschinen vor allem die Modelle mit Typenhebeln. Bei diesen ist an jeder Buchstabentaste ein Hebel angebracht, an dem erhöhte Schriftzeichen befestigt sind. Ein ganz besonderes Exemplar der frühen Typenhebelmaschinen ist heute im Besitz des Deutschen Museums: The Sholes & Glidden Type Writer von 1875. Dieses ausgesprochen

Die QWERTY-Tastatur der «Sholes & Glidden», später als «Remington» berühmt geworden

Die «Sholes & Glidden» mit geschlossener Abdeckung

gut erhaltene Modell wurde dem Museum 1937 durch die Wanderer-Werke AG vermittelt, ein deutsches Unternehmen, das neben Fahrrädern, Motorrädern und Autos auch die berühmten Continental-Schreibmaschinen herstellte.

Tüftler und Produzenten

Das Bedürfnis, maschinell zu schreiben, bestand schon Jahrzehnte vor der Entwicklung der «Sholes & Glidden». Zahllose Entwürfe und verschiedenste Konstruktionen wurden angefertigt. So gab es Stanzgeräte, die Buchstaben in Papierstreifen einprägten, aber auch kompliziertere Apparate, die mit Hilfe von Stiften schrieben. Einige Tüftler wie der Italiener Giuseppe Ravizza (1811–1885) oder der Österreicher Peter Mitterhofer (1822–1893) fertigten Maschinen an, die zwar funktionsfähig waren, aber nie in Produktion gingen. Als erste Schreibmaschine überhaupt wurde in den 1870er-Jahren die «Schreibkugel» genannte Maschine des Dänen Rasmus Malling-Hansen (1835–1890) hergestellt. Ein Bericht über eine dieser frühen Erfindungen in der Zeitschrift *Scientific American* war es auch, der Christopher Latham Sholes (1819–1890), Carlos Glidden (1834–1874) und ihre Mitstreiter dazu inspirierte, ein eigenes Schreibmaschinenmodell zu entwickeln.

Zwischen 1867 und 1873 entstanden über fünfundzwanzig Versuchsmodelle des *type writers*, bis Sholes und seine Kollegen einen Prototypen entwickelten, der schließlich bei der Firma E. Remington & Sons in Produktion ging. Remington & Sons, die eigentlich Waffen und Nähmaschinen herstellten, hatten den Prototypen jedoch vor der Herstellung noch einmal umfassend überarbeitet – weshalb die ersten Modelle in ihrem Aussehen stark an Nähmaschinen erinnerten. Sie wurden, wie ursprünglich auch das Modell im Deutschen Museum, auf entsprechenden Tischgestellen platziert.

Der Sholes & Glidden Type Writer fand schnell großen Zuspruch. Schon 1872 wurde die Maschine im *Scientific American* hochgelobt: Sie lasse Probleme wie langsames Schreiben oder unleserliche Schrift vergessen und könne sogar die Arbeit von Sekretärinnen, Sekretären und Druckern gleichzeitig ausführen.

Die Erfindung von QWERTZ

Die im Deutschen Museum ausgestellte «Sholes & Glidden» ist über 13 Kilogramm schwer. Ihre tauchlackierte metallene Verschalung und die eher ungewöhnliche Abdeckung der Tastatur wurden bei E. Remington & Sons in Handarbeit mit ornamentalen Abziehbildern geschmückt. Das Herzstück der Schreibmaschine sind die kreisförmig angeordneten Typenhebel, die über Zugdrähte mit den Tasten verbunden sind. Die Tasten sind wiederum so aufgereiht, dass ein Verhaken einzelner Hebel vermieden und beidhändiges Tippen erleichtert wird, indem häufig verwendete Buchstabenpaare, wie AB oder ST, nicht nebeneinanderstehen. Die 44 Hartgummitasten bilden die nach ihren Anfangsbuchstaben benannte QWERTY-Tastatur (im deutschen Sprachraum QWERTZ), die auch heutzutage auf nahezu allen modernen Computern, Tablets und Smartphones zu finden ist und sich gegen zahlreiche andere Tastaturlayouts behaupten konnte.

Drückt man bei der Sholes & Glidden Type Writer eine Taste, schlägt der entsprechende Typenhebel von unten auf ein Farbband und auf die fahrbare

Frauen an Schreibmaschinen: Großraumbüro der 1930er-Jahre

Walze mit dem eingespannten Papier. Durch dieses Auftreffen der Typenhebel von unten kann das Geschriebene erst nach der Fertigstellung betrachtet werden. Tippen lassen sich auf dem im Museum ausgestellten Gerät nur Großbuchstaben, man kann darauf nicht wie auf späteren Schreibmaschinen zwischen Groß- und Kleinschrift umschalten. Trotz dieser anfänglichen Einschränkungen entsprechen Form und technische Konzeption der «Sholes & Glidden» in vielen Details den modernen Schreibmaschinen des 20. Jahrhunderts.

Ein neues Rollenbild entsteht

Bei Markteinführung stieß die «Sholes & Glidden» auf Widerstände: Der stolze Preis von 125 Dollar führte dazu, dass in den ersten Jahren nur wenige hundert Stück verkauft wurden. Nachdem Ende der 1870er-Jahre einige Verbesserungen durchgeführt und der Preis gesenkt worden war, kletterten die Verkaufszahlen der später als «Remington» berühmt gewordenen Schreibmaschine jedoch in die Zehntausende. Besonders in der Geschäftswelt fanden sie und ihre Nachfolgermodelle bald reißenden Absatz.

Da in den 1860er-Jahren männliche Arbeitskräfte in den USA aufgrund des Amerikanischen Bürgerkriegs rar waren, begannen Firmen zunehmend, auch Frauen einzustellen. Frauen waren zudem die billigeren Arbeitskräfte, sodass sie nach und nach die Schreiber und Sekretäre in den Büros ersetzten. Speziell für Frauen angebotene Tippkurse und neue gesellschaftliche Strömungen führten schließlich dazu, dass sie anfingen, auch Verwaltungsberufe zu erobern. Waren um 1870 nur 3 Prozent der amerikanischen Büroangestellten Frauen, so stieg diese Zahl um die Jahrhundertwende schon auf einen Anteil von 29 Prozent. Die Schreibmaschine wurde in Reklameanzeigen meist in Verbindung mit *office girls* beworben, sodass sich ein neues weibliches Rollenbild etablierte. Einerseits eröffneten Schreibmaschinen wie die «Sholes & Glidden» Frauen den Arbeitsmarkt, andererseits ging mit dem Beruf der Sekretärin über viele Jahre ein Rollenbild einher, das die berufstätige Frau auf den Typus der loyalen und charmanten «Zuarbeiterin» festlegte und ihr weitere Karrierechancen verwehrte.

FRANCA LANGENWALDER

Schreibmaschine Sholes & Glidden (Inv.-Nr. 68149)

Maße (H × B × L/T)	347 × 410 × 390 mm
Masse	13,45 kg
Material	Leder, Holz, Kunststoff, Metall

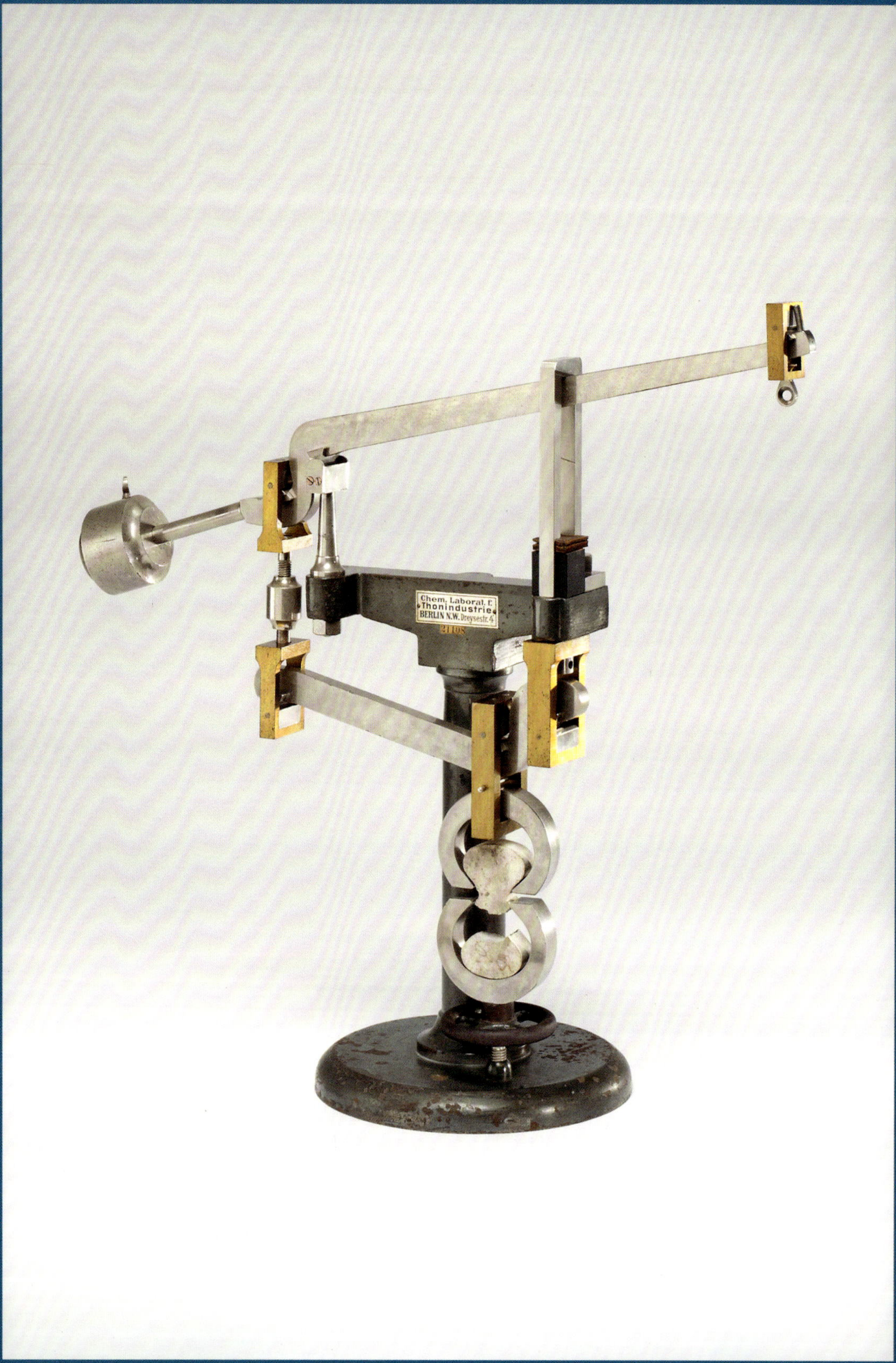
Chem. Laboral. f.
Thonindustrie
BERLIN N.W. Dreysestr. 4

1876

Zementprüfapparat

Wilhelm Michaëlis
Berlin

Wilhelm Michaëlis (1840–1911), Chemiker und Pionier der Zementforschung, kündigte im Jahr 1910 dem Museumsgründer Oskar von Miller eine 179 kg schwere Lieferung der von ihm entwickelten Prüfgeräte an. Im Mittelpunkt dieser Geräte stand der «Universal-Festigkeitsapparat» für Zement, Gips und Mörtel. Mit seiner Hilfe konnte die Zug- und Biegungsfestigkeit der Baustoffe ebenso gemessen werden wie ihre Haftfestigkeit sowie ihre Stabilität, wenn mit Hilfsapparaten Stäbe, Nägel oder Dorne in sie eingetrieben wurden. Außerdem gehörten zur Lieferung auch verschiedene Hohlformen zur Herstellung der Probekörper.

Michaëlis' an Vollständigkeit und Erhaltungszustand einmalige Gerätesammlung gilt heute als Meilenstein in der Erforschung des «Portlandzements». Dieses Bindemittel war Ende des 18. Jahrhunderts wiederentdeckt worden und wurde seit 1824 industriell hergestellt. Es ist hydraulisch, das heißt, es härtet mit Wasser aus und wird dadurch wasserfest. Portlandzement ist ein wesentlicher Bestandteil von Beton, dem Baustoff der Moderne.

Die Anfänge der Zementprüfung

Dem schottischen Ingenieur John Grant (1819–1888) gelangen als Erstem erfolgreiche Experimente zur Prüfung von Portlandzement. Grant legte damals bereits Regeln für das Prüfverfahren fest und entwickelte 1858 ein Gerät zum Test der Zugfestigkeit.

Zugfestigkeitstest durchgeführt: Michaëlis' Zementprüfgerät

Der deutsche Chemiker Wilhelm Michaëlis nutzte die von Grant entwickelten Normen und verwendete dessen inzwischen gut etabliertes Prüfgerät schon 1864. Schließlich entwickelte er den Normal-Zugfestigkeitsapparat. Für eine Zugprüfung mit diesem Apparat stellte er Modelle mittels einer schon von Grant verwendeten Probenform her. Um vergleichbare Messergebnisse zu erhalten, versah er diese Prüfkörper zusätzlich mit einer Kehlung für eine definierte Bruchstelle.

Hergestellt wurden die Proben aus einem Teil Zement, drei Teilen Sand und Wasser. Waren sie ausgehärtet, spannte Michaëlis sie sorgfältig in die Klammern der Apparatur ein. Die obere Klammer war über einen Hebel mit einem Gegengewicht verbunden, einem Behälter, der so lange weiter mit Schrot gefüllt wurde, bis die Probe brach. Anhand der Füllmenge konnte berechnet werden, welcher Zugkraft die Probe standhielt. Bei zwei Kilogramm Schrot war sie dank der fünfzigfachen Übersetzung des Doppelhebelsystems einer Zugkraft von 100 Kilogramm ausgesetzt. Auf dem Querschnitt von fünf Quadratzentimetern ergab sich eine Zementmörtel-Festigkeit von 20 kg/cm^2.

Dieser Apparat wurde von den damaligen Laboratorien schnell angenommen, auch weil Michaëlis ihn in den wichtigsten Zeitschriften der Ton- und Zementindustrie anpries und ihn 1878 sogar auf der Weltausstellung in Paris präsentieren konnte. Gelobt wurden die solide und einfache Konstruktion, das geringe Gewicht des Apparats und seine Handlichkeit.

Zugversuche für Zementmörtel?

Aus heutiger Sicht scheint es überraschend, dass die Prüflabore der Ton- und Zementindustrie für die Mörtelproben zunächst Zugfestigkeitsprüfungen einführten, anstatt, wie es für den Baustoff sinnvoller scheint, die Druckfestigkeit zu begutachten.

Michaëlis äußert 1875 in seiner Schrift *Zur Beurtheilung des Cementes – für Architekten, Ingenieure und Fabrikanten* sein Erstaunen über «die großartige Lücke im Wissen der Architekten» bezüglich der Festigkeitslehre und der Baumaterialien:

> «Dass man, obwohl es bei unseren Bauten fast ausschliesslich nur auf die Druckfestigkeit ankommt, immer nur auf Zugfestigkeit prüfte, hat seinen Grund darin, dass eben diese mittelst einfacher Vorrichtungen auf leichte Weise genügend sicher gefunden werden kann.»

Für die so notwendige Kontrolle des Zements auf den Baustellen und in den Baubüros sei der billige Hebelapparat vollständig ausreichend. Ein einfacher Hebelapparat für die Prüfung der Zugfestigkeit war damals in der Tat schon für 150 Reichsmark zu haben. Ein Apparat zur Prüfung der Druckfestigkeit, wie ihn beispielsweise die Firma Frühling, Michaëlis & Co. anbot, kostete immerhin 1200 Reichsmark.

Die Empfehlungen von Michaëlis wurden zur Grundlage der «Normen für die einheitliche Lieferung und Prüfung von Portland-Cement», die der neu gegründete Verein der deutschen Portland-Cement-Fabrikanten im Jahr 1877 herausgab. Zehn Jahre später überarbeitete man diese Normen und führte nun doch auch die Druckprobe als verbindlichen Test für den Baustoff ein. Da war der globale Siegeszug dieses Baustoffs schon nicht mehr aufzuhalten. Von Portlandzement wurden 2015 auf der Erde insgesamt 4,1 Milliarden Tonnen hergestellt und zu mehr als 12 Milliarden Kubikmeter Beton verarbeitet.

JUTTA SCHLÖGL, DIRK BÜHLER

Zementprüfapparat (Inv.-Nr. 21108)

Maße (H × B × L/T)	610 × 650 × 250 mm zusammengebaut
Masse	24,2 kg zusammengebaut
Aufschrift [Schild]	Chem.Laborat. f. Thonindustrie / Berlin N. W. Dreysestr. 4

1879

Differentialbogenlampe

Friedrich von Hefner-Alteneck/Siemens-Schluckertwerke
Berlin

«Es gibt einen starken, folgsamen, raschen, willigen zu allem dienlichen Agenten, der an meinem Bord herrscht. Er leistet mir alles, Beleuchtung, Erwärmung, ist die Seele meiner mechanischen Werkzeuge. Dieser Agent ist die Elektrizität.» Das Schiff, von dem hier die Rede ist, ist das U-Boot «Nautilus» von Kapitän Nemo in Jules Vernes Roman *20 000 Meilen unter dem Meer.* 1870, als diese Geschichte erstmals veröffentlicht wurde, war nicht nur die U-Boot-Technik, sondern auch die beschriebene Nutzung der Elektrizität Science-Fiction. Immer wieder berichtet Professor Pierre Aronnax, der unfreiwillig auf der «Nautilus» gelandete und fiktive Ich-Erzähler des Romans, ganz erstaunt über das «elektrische Licht», das nicht nur das Innere des Bootes ausleuchtet, sondern in Form von «elektrischen Schiffslaternen» auch die Sicht unter Wasser ermöglicht. Diese Begeisterung für etwas so Alltägliches wie eine Lampe lässt den Leser etwas stutzen, sind doch andere Aspekte dieses Romans aus heutiger Sicht viel erstaunlicher. Es zeigt, dass elektrische Beleuchtung im letzten Drittel des 19. Jahrhunderts noch eine Sensation war. Der Siegeszug des elektrischen Lichts bedurfte noch einer Reihe von Entwicklungen und Entdeckungen.

Ein wichtiger Meilenstein: die Differentialbogenlampe

Die erste elektrische Beleuchtung war nicht etwa die Glühlampe, wie man annehmen könnte, sondern die sogenannte Kohlenbogenlampe. Schon zu Beginn des 19. Jahrhunderts beobachtete der

Die erste elektrische Beleuchtung war nicht die Glühbirne.

Naturforscher Humphry Davy (1778–1829), dass man zwischen zwei Kohlestiften durch das Anlegen einer elektrischen Spannung einen sehr hellen elektrischen Lichtbogen zünden kann. Damit war das Grundprinzip der Kohlenbogenlampe bekannt. Es fand in den folgenden Jahrzehnten jedoch nur vereinzelt Anwendung. So wurden zum Beispiel Leuchttürme mit den extrem hellen elektrischen Bogenlampen ausgestattet. Einer der ersten stand seit 1863 an der französischen Ärmelkanalküste in der Nähe der Stadt Le Havre. Die Leuchtturmanlage wurde im Zweiten Weltkrieg zerstört. Als Diorama kann man sie aber noch immer im Deutschen Museum bewundern.

Dass elektrische Beleuchtung anfangs nur in Spezialfällen zum Einsatz kam, lag vor allem an ihrer komplizierten Handhabung. Ein Hauptproblem war, dass die Kohleelektroden, zwischen denen sich der Lichtbogen bildete, abbrannten, sich dadurch ihr Abstand vergrößerte und die Lampe deshalb erlosch. Außerdem konnten nicht mehrere Bogenlampen parallel durch eine Energiequelle gespeist werden, weil sich die Stromverteilung ständig änderte und die Lichtbögen nicht stabil brannten. Das bedeutete, dass für jede einzelne Kohlebogenlampe ein eigener Generator benötigt wurde, was diese Technik extrem teuer und aufwendig machte. Viele Erfinder

Diorama der ersten elektrischen Leuchtturmbeleuchtung bei Le Havre, 1863/65

suchten nach einer Abhilfe für dieses Problem. Aber es dauerte bis 1878, als Friedrich von Hefner-Alteneck (1845–1904), Chefkonstrukteur bei Siemens & Halske, mit seiner Differentialbogenlampe eine technisch ausgereifte Lösung fand, die die elektrische Beleuchtungstechnik für die nächsten Jahrzehnte bestimmen sollte. Dabei wird der Abstand der Kohlestifte automatisch so geregelt, dass der elektrische Widerstand des Lichtbogens konstant bleibt. Damit brannten die Lichtbögen gleichmäßig, auch dann, wenn ein Generator mehrere Lampen versorgte.

Der raschen Verbreitung des elektrischen Bogenlichts zur Beleuchtung großstädtischer Straßen und Plätze, von Bahnhöfen sowie großen Fabrikhallen und Häfen stand nun nichts mehr im Wege. Stolz konnte Hefner-Alteneck 1882 verkünden, dass vier Jahre nach seiner Erfindung «viele Tausende von Differentiallampen» brannten und allein Siemens & Halske jährlich Kohlen lieferte, «die in ihrer Gesammtlänge nach Hunderten von Kilometern zählen». Die Differentialbogenlampe von Friedrich von Hefner-Alteneck aus dem Jahr 1879 ist schon seit 1905 im Besitz des Deutschen Museums und gehört somit zu einem der ganz frühen Exponate des Hauses. Ursprünglich wurde sie zur Beleuchtung der Kaisergalerie in Berlin eingesetzt.

Die Erfindung der Glühlampe

Für die Beleuchtung kleinerer Räume eigneten sich Bogenlampen jedoch immer noch nicht. Sie erzeugten ein viel zu helles Licht, das nicht nach Belieben gedimmt werden konnte. Die damals äußerst populäre Zeitschrift *Die Gartenlaube* warnte dementsprechend noch 1876: «Indessen ist dieses Licht so, daß es, unverhüllt gelassen, Augenkrankheiten erzeugen würde.» Ein weiteres Problem war, dass die Bogenlampen nicht einfach ein- und ausgeschaltet werden konnten. Eine Lösung für diese Probleme fand 1879 der bekannte amerikanische Erfinder und Unternehmer Thomas Alva Edison (1847–1931). Er ließ Strom durch einen Kohlefaden in einem evakuierten Glaskolben fließen, der dadurch zur Weißglut erhitzt wurde und Licht abstrahlte – die Glühlampe. Bei einem Besuch der Pariser Elektrizitätsausstellung von 1881 beschrieb Oskar von Miller, der spätere Gründer des Deutschen Museums, diese neue technische Errungenschaft ganz begeistert:

«Der Eindruck der Ausstellung war überwältigend […] Die Edison-Glühlichter […] strahlten wie Tausende von Sternen von der Decke, die Bogenlampen von Brush, Siemens und Hefner-Alteneck verbreiteten ein bis dahin unbekanntes starkes Licht […] Das allergrößte Aufsehen aber erregte doch eine Glühlampe von Edison, die man mit einem Schalter anzünden und auslöschen konnte, an welcher die Menschen zu Hunderten anstanden, um selbst diesen Schalter einmal bedienen zu können.»

Diese Kohlefadenglühlampe ist ein Original von Edison. Sie wurde um 1885, nur wenige Jahre nach der Entwicklung der Glühlampe, gefertigt. In den folgenden über einhundert Jahren hat sich am Aussehen der Glühlampe nicht mehr allzu viel verändert.

Obwohl Edison allgemein als der Erfinder der Glühlampe gilt, stammen nicht alle Lösungen von ihm. Es lassen sich über zwei Dutzend Personen ausmachen, die vor 1880 am elektrischen Glühlicht gearbeitet haben. Edison aber fasste die verschiedenen Ansätze in einem Hightech-Produkt zusammen: die Herstellung und Montage eines geeigneten Kohlefadens, die preiswerte Erzeugung des Vakuums sowie eine zuverlässig vakuumdichte Leitungsführung durch den Glaskörper. Zweifellos gebührt ihm also das Verdienst, ein verkaufsfähiges Produkt auf den Markt gebracht zu haben. Er entwickelte jedoch nicht nur die Glühlampe, sondern auch die anderen Elemente eines kompletten Beleuchtungssystems, bestehend aus Fassungen, Schaltern, Sicherungen, Leitungen, Dynamomaschinen und Stromzähler. Erst die Vermarktung dieses Gesamtpakets ermöglichte den Siegeszug der elektrischen Beleuchtung. Nun konnte man die Nacht zum Tag machen, zumindest, wenn man sich einen elektrischen Anschluss leisten konnte.

Noch zu Beginn des 20. Jahrhunderts galt elektrisches Licht als Symbol von Komfort und Wohlstand. Das Luxusprodukt von einst ist heute indes zum allgegenwärtigen Phänomen geworden, sodass wir es oft gar nicht mehr richtig wahrnehmen. Zumindest in den Industriestaaten gibt es deshalb ein neues Problem: die Lichtverschmutzung der Nacht. Längst kann man in Städten und deren Umgebung nachts nur noch ein paar Dutzend der hellsten Sterne sehen. Während die meisten Menschen mit dieser Einschränkung vermutlich noch ganz gut leben können, stellt die Lichtemission für den Tag-Nacht-Rhythmus und die Orientierungsmöglichkeiten vieler Tiere ein echtes Problem dar.

SEBASTIAN KASPER

Differentialbogenlampe (Inv.-Nr. 3605)

Maße (L × D)	1540 × 183 mm

Kohlefadenglühlampe (Inv.-Nr. 44215)

Maße (L × D)	170 × 60 mm

Siemens & Halske
Berlin.

1879

Elektrische Lokomotive

Siemens & Halske
Berlin

In den Sammlungen des Deutschen Museums befinden sich zwei frühe elektrische Lokomotiven: die erste Versuchslok von 1879 – sie steht derzeit im Verkehrszentrum – und eine frühe Grubenlokomotive in der Sammlung Bergbau. Beide Objekte wurden um 1880 von der Firma Siemens & Halske gebaut und haben eine enge Verbindung, die durch ihre räumlich getrennte Präsentation aber kaum deutlich wird. Sie sind wichtige Sachzeugnisse der Frühzeit einer Entwicklung, ohne die unser heutiges Leben nicht denkbar wäre – der elektrischen Energieübertragung.

Eine elektrische Lok sorgt für Aufsehen

1879 wurde die erste elektrische Lokomotive auf der Berliner Gewerbeausstellung der Öffentlichkeit vorgestellt. Ziel dieser Ausstellung war es, medienwirksam einen Überblick über die Berliner Firmen und deren Produkte zu geben und damit die Industrialisierung Preußens zu dokumentieren. Als ein in Berlin ansässiges Unternehmen war auch die 1847 gegründete Telegraphenbauanstalt Siemens & Halske vertreten. Am 8. Juni 1879 vermeldete die *National-Zeitung*, dass seit Ende Mai auf der am 1. des Monats eröffneten Ausstellung nun auch eine elektrische Eisenbahn zu sehen sei: «Interessant vor allem ist daran die kleine Maschine ohne Schornstein, auf welcher der Lokomotivführer rücklings sitzt. Diese Maschine birgt in ihrem Innern den bewegenden elektrischen Apparat, dessen Konstruktion zur Zeit

Das Original der ersten elektrischen Bahn von 1879

noch ein Geheimnis ist.» Die Zeitgenossen waren begeistert. Bis zum Ende der Ausstellung am 30. September hatten knapp 90 000 Besucher die Gelegenheit zu einer Rundfahrt von etwa drei Minuten bei einer Fahrgeschwindigkeit von 7 km/h genutzt. Eine Fahrt kostete immerhin 20 Pfennig, was damals keineswegs wenig war. Die Einnahmen von fast 18 000 Mark wurden wohltätigen Zwecken gestiftet. Angetan von der Begeisterung der Zeitgenossen schrieb Werner Siemens am 12. Juni an seinen Bruder Karl in London: «Unsere elektrische Eisenbahn macht jetzt hier viel Spektakel. Sie geht in der Tat über Erwartung gut […] Es läßt sich darauf in der Tat jetzt was bauen!»

Diesen Worten war ein längerer Prozess vorausgegangen: Nach einem Besuch der Niagarafälle hatte Werners Bruder Wilhelm (William) Siemens auf die enormen ungenutzten Energien verwiesen und die Vision eines Energietransports entwickelt. Angeregt durch solche Artikel, trat 1877 der Braunkohlengrubenbesitzer und preußische Baumeister E. Westphal aus Cottbus mit der Idee an Werner Siemens heran,

Auf der Berliner Gewerbeausstellung von 1879 stellte Siemens & Halske die erste elektrische Bahn der Öffentlichkeit vor. Fast 90 000 Besucher hatten die Gelegenheit zu einer dreiminütigen Rundfahrt auf dem Ausstellungsgelände.

seine Kohlen nicht nach Berlin zu transportieren, sondern sie vor Ort in Cottbus zu verbrennen und die so gewonnene Energie elektrisch nach Berlin zu übertragen. Da Siemens eine Energieübertragung über 100 Kilometer technisch noch nicht realisierbar erschien – erst 1882 gelang ein wichtiger Schritt mit einer 57 Kilometer langen Gleichspannungsleitung von Miesbach nach München –, schlug er Westphal vor, zunächst eine kürzere Kraftübertragung zu bauen und mit einer elektrischen Bahn die Arbeit in der Kohlengrube zu erleichtern sowie deren Produktivität zu erhöhen. Im Herbst 1878 begannen bei Siemens & Halske die Entwicklungsarbeiten und Anfang 1879 wurde eine erste elektrische Lokomotive vorgestellt. Westphal konnte sich jedoch nicht zu einer Bestellung durchringen, möglicherweise weil er dem Prototyp den harten Grubenbetrieb nicht zutraute. Jedenfalls blieb ein Konflikt zurück – Westphal hatte nicht bekommen, was er sich wünschte, und Siemens blieb auf den Entwicklungskosten sitzen. Der Grubenbesitzer verwies auf seinen Anteil an der Idee der elektrischen Energieübertragung und forderte eine angemessene finanzielle Beteiligung, was Siemens in seiner Antwort vehement zurückwies. Spätestens seit Mitte der 1870er-Jahre diskutierte die internationale elektrotechnische Fachwelt über die Möglichkeiten und Probleme einer elektrischen Energieübertragung. Bereits 1877 hatte das Unternehmen Siemens & Halske versuchsweise eine entsprechende Anlage in der Gewehrfabrik Spandau getestet. Auf der Gewerbeausstellung waren in der Textilhalle noch weitere Beispiele für elektrische Kraftübertragungen zu sehen, die «einen sich stets erneuernden Kreis von Schaulustigen und Wißbegierigen um sich zu sammel[te]n», wie im *Deutschen Reichs-Anzeiger* vom 21. August 1879 zu lesen war.

Von der Ausstellung in den Grubenbetrieb

Als die Eröffnung der Berliner Gewerbeausstellung zusehends näherrückte, entschloss sich Siemens, die Lokomotive dort für Marketingzwecke, wie man es heute nennen würde, einzusetzen. Am 14. Februar 1879 schrieb er an seinen Bruder Karl:

> «Die Berliner Gewerbeausstellung [...] nimmt immer größere Dimensionen an! Wir müssen uns schon anständig beteiligen, wenn wir die leitende Position in der Ber-

liner Industrie behaupten wollen. Wir werden unter anderem auch eine Eisenbahn mit elektrischer Lokomotive ausstellen, die großes Aufsehen machen wird. Bewährt sich die Sache, woran ich nicht zweifle, so wird das Ding auch viele Nachfolger finden.»

Auf dem Ausstellungsgelände am Lehrter Bahnhof wurde ein Rundkurs mit Schienen aufgebaut. Ende Mai waren der Gleisbau und die Installation von Dampfmaschine und Generator in der Allgemeinen Maschinenhalle der Ausstellung abgeschlossen. Die Stromzufuhr erfolgte über eine isolierte Mittelschiene; als Stromabnehmer dienten zwei Rollen.

Die Lokomotive und einige Nachfolger wurden noch mehrfach, auch im Ausland, gezeigt. Selbst in den USA wurde Siemens' Leistung zur Kenntnis genommen, wie ein Beitrag im Fachblatt *Scientific American* vom 12. Juni 1880 zeigt.

Seit Ende der 1870er-Jahre hatte sich Werner Siemens intensiv mit der Idee des elektrischen Zugbetriebs beschäftigt. So entwickelte er Pläne für eine Hochbahn in Berlin, die allerdings nicht realisiert wurden. Am 16. Mai 1881 fuhr dann in Lichterfelde bei Berlin die erste elektrische Straßenbahn. Auch im Bereich der elektrischen Grubenbahnen arbeitete das Unternehmen weiter. So ging am 1. September 1882 im Steinkohlebergwerk Zaukerode bei Freital (Sachsen) die erste elektrische Grubenbahn der Welt in Betrieb. Deren Direktor Oberbergrat Förster war beim Besuch der Berliner Gewerbeausstellung auf die elektrische Traktion aufmerksam geworden und hatte 1882 bei Siemens & Halske eine elektrische Grubenbahn gekauft. Die «Dorothea» getaufte Zugmaschine war mit ihren 1,5 Tonnen in der Lage, bis zu 20 Hunte mit 8 Tonnen Gesamtgewicht bei einer Geschwindigkeit von 12 km/h zu befördern. Zuvor hatten Pferde diese schweren Transportarbeiten geleistet, was aber wesentlich teurer war, wie wirtschaftliche Untersuchungen zeigten. Die Stromzufuhr zur Grubenlok erfolgte über zwei am Stollenfirst befestigte T-Schienen.

1883 lieferte Siemens zwei leistungsstärkere Lokomotiven für eine Anlage im Salzbergwerk Neu-Staßfurt, die im Januar 1884 in Betrieb ging. Ebenfalls 1883 baute das Unternehmen noch eine Grubenbahn für die Hohenzollern-Grube bei Beuthen (Oberschlesien), die zweigleisig angelegt war und auf der drei elektrische Zugmaschinen zum Einsatz kamen.

Das elektrische Geheimnis von oben

Insgesamt wurde dieser Loktyp zwischen 1882 und 1902 in 53 Exemplaren gebaut. Eine dieser Maschinen kam 1906/07 von Beuthen ins Deutsche Museum. Die Versuchslok der Berliner Gewerbeausstellung war bereits 1905 von Wilhelm von Siemens, dem Sohn des Unternehmensgründers, im Rahmen einer größeren Objektspende an das Deutsche Museum übergeben worden. Sie war bereits in der ersten Ausstellung als «Ausgangspunkt der elektrischen Bahnen» zu sehen. Aus Sicht der Entwickler bei Siemens & Halske sowie der Zeitgenossen war sie aber nur ein Beispiel von mehreren Demonstrationen einer erfolgreichen Energieübertragung mit Elektrizität.

FRANK DITTMANN

Auf Grundlage der Ausstellungsbahn von 1879 entwickelte Siemens & Halske die erste elektrische Grubenlokomotive.

Elektrische Lokomotive, Siemens & Halske (Inv.-Nr. 3720)

Maße (H × B × T)	900 × 850 × 1470 mm
Masse	954 kg

Elektrische Grubenlokomotive, Siemens (Inv.-Nr. 6834)

Maße (H × B × T)	1500 × 1650 × 2650 mm
Masse	2125 kg

HF 31
RENZO

1880

Ewer Maria HF 31

Hinrich Sietas
Cranz bei Hamburg

Bericht des Seeamts:

> «Johann Lübben war mit seinem Ewer und zwei Leuten in der Nordsee, musste aber wegen Sturmes der Stärke 8–9 das Fischen einstellen. Der Ewer lag beigedreht, als Lübben plötzlich eine gewaltige Sturzsee ankommen sah. Er wurde selbst fast über Bord gespült, sah seine Leute achteraus treiben und warf ihnen den Rettungsring zu. Nach drei vergeblichen Versuchen zu wenden, gelang es ihm beim vierten Mal, doch konnte er jetzt von den beiden nichts mehr sehen und auch nichts zu ihrer Rettung unternehmen.»

Bei dem tragischen Vorfall aus dem Jahr 1901 verlor fast die gesamte Besatzung der Maria HF 31 (Hamburg-Finkenwerder) ihr Leben. Um 1900 war die Fischerei mit einem Ewer, einem kleinen Segler, eine gefährliche Arbeit, bei der wenig Technik zum Einsatz kam, sondern traditionelles Handwerk, Erfahrung und Können eine große Rolle spielten. In manchen Jahren blieben zehn Ewer aus Finkenwerder auf See.

Fischfang in Not

Finkenwerder, ein kleiner Ort an der Elbe südwestlich von Hamburg, bot im 19. Jahrhundert nur wenigen Einwohnern ein Auskommen. Ein Großteil lebte vom Fischfang, der vor 1815 noch auf der Elbe betrieben wurde, obwohl dort die Fischbestände bereits durch strikte Vorschriften geschützt waren.

Der Ewer Maria HF 31 in der Schifffahrtshalle im Deutschen Museum

Die Boote waren zunächst flachbodige Pfahl-Ewer mit einem pfahlartigen Mast und einem hohen, schmalen Segel. Ihr Treibnetz wurde bald durch die Kurre abgelöst, ein beutelartiges Grundnetz, das seitlich über Bord gelassen und von einem etwa zehn Meter langen Rundholz offen gehalten wurde. Da diese «Baumkurre» schwer zu handhaben war, wurden auf den Fisch-Ewern als erste Hilfsmittel Seilwinden montiert.

Mit der Industriellen Revolution wuchs nach 1850 die Bevölkerung in Deutschland stark an und auch die Fischerei erlebte einen Aufschwung. Der Fang konnte nun mit der Eisenbahn preiswert von der Küste in das Inland gebracht werden. Die Fischzüge wurden zudem immer ergiebiger, da inzwischen Fischdampfer mit größeren Schleppnetzen eingesetzt wurden. Dadurch verminderte sich der Fischbestand einzelner Gebiete wiederum so stark, dass weiter entfernte Fischgründe aufgesucht werden mussten – zum Nachteil der Ewer, die ursprünglich nicht für die Fischerei auf hoher See ausgelegt worden waren.

Steigerung der Fangerträge

Zunächst schien die auf den Dampfern eingesetzte neue Schleppnetztechnik für die Ewer nicht geeignet zu sein. Doch bald gelang es, die Scherbretter, die seitlich an den Netzen wie senkrecht eingetauchte Tragflächen zum Aufspreizen der Netzöffnung dienten, so zu gestalten, dass sie sich auch für Segler eigneten, sofern man ihre Besegelung verstärkte. So wurde der Pfahl-Ewer durch den Giek-Ewer ersetzt, der drei Segel und etwa die doppelte Segelfläche erhielt. Um auch den einseitigen Zug des Netzes besser ausgleichen zu können, ging man ab 1850 zum zweimastigen Besan-Ewer über. Der kantige Rumpf der Besan-Ewer ähnelte dabei immer noch dem der Pfahl-Ewer. Gefischt wurden den Sommer über Schollen und Seezungen; wer sich dann auch im Winter hinauswagte, betrieb den Fang von Austern.

In der zweiten Hälfte des 19. Jahrhunderts hatten englische Fischer einen für den Schleppnetz-Einsatz gut geeigneten schnittigen Schiffstyp entwickelt, der um 1880 als Kutter nach Deutschland kam. Hier reagierten Bootsbauer in kurzer Zeit, indem sie auch den heimatlichen Ewer entsprechend anpassten. Die einfachste und billigste Form der «Aufrüstung» war ein Balkenkiel, den man unter dem flachen Schiffsboden anfügte. Er war dort weniger als Verstärkung gedacht, sondern sollte wie eine Kielflosse den seitlichen Abtrieb vermindern und den Vortrieb des Schiffs verbessern.

Diese Maßnahme ist auch bei der Maria HF 31 im Deutschen Museum zu erkennen, die 1880 als Besan-Ewer erbaut wurde. Der ehemals typische flache Boden liegt nun oberhalb eines hohen, langen Kielbalkens, der allerdings das ebene Aufliegen des Boots bei Ebbe verhinderte. Eine weitere Besonderheit des Ewers, die im Museum im seitlich geöffneten Rumpf gut zu erkennen ist, war die Bünn, ein seewasserdurchfluteter Laderaum, in dem der Fang lebendig befördert wurde und bis zum Anlanden frisch blieb. Lebende Schollen erzielten hohe Preise und verfügten über einen festen Markt.

Um mit den großen Fischdampfern mithalten zu können, wurden die Ewer schließlich in einem weiteren Schritt motorisiert. Maria HF 31 erhielt spät, erst 1924 einen Motor von gerade 22 kW (30 PS). Nun schützte auch erstmals ein hinten aufgesetztes hohes Ruderhaus den Steuermann.

Maria HF 31, Gemälde von J. Holst, 1909

Im Zweiten Weltkrieg wurde der Ewer für eine 1940 geplante Landung der deutschen Wehrmacht in Großbritannien «dienstverpflichtet». Dafür wurden auch die kleinsten Fahrzeuge erfasst, die Aktion fand dann jedoch nicht statt. Nach dem Krieg versah das Schiff seinen Dienst noch bis 1950, als seine beiden letzten Betreiber nach 45 gemeinsamen Jahren der Zusammenarbeit in einer «Mackerschaft» in den Ruhestand gingen.

Was darauf mit dem betagten Schiff geschah, legt Zeugnis ab von der entstehenden Freizeitgesellschaft: Es wurde als «Oldtimer» betrieben. Der neue Eigner, ein Kaufmann, nahm hierfür den Rückbau in einen reinen Segler vor und entfernte Motor und Ruderhaus des Ewers. Er ließ dann aber die frühere Pflege und Sorgfalt der Fischer vermissen; so verfiel das Steckenpferd des Hobbyseglers schließlich im Schlick der Stör, nahe der Elbe.

Der schmale Eingang des Deutschen Museums erzwang drastische Zuschnitte des Ewers, dessen Sektionen danach nur noch zusammengeheftet werden konnten.

Umzug nach München

Der herrschenden Flottenpropaganda entsprechend war das Gründungsgeschenk Kaiser Wilhelms II. für das Deutsche Museum 1910 ein großes Modell eines damals aktuellen deutschen Kriegsschiffs gewesen. Es wurde, wie große Teile des Gebäudes, im Bombenhagel von 1944 zerstört. Nach dem Zweiten Weltkrieg wurde die Schifffahrtsabteilung völlig neu konzipiert. «Leitfossil» sollte nun ein Segelschiff werden, das als Symbol einer vorindustriellen Zeit und deren «einfacher» Technik verstanden werden konnte, auch als ziviler Ausgleich zum Unterseeboot U1, das im Untergeschoss erhalten geblieben war. Daneben war es auch ein architektonisches Ziel, die hohe Ausstellungshalle, die bisher nur mit wuchtigen Vitrinen bestückt worden war, attraktiv zu beleben.

Bei der Fahndung nach geeigneten Schiffen in Norddeutschland stieß man auf den fast vergessenen Ewer Maria HF 31. Für 4500 Mark, den damaligen Preis eines Volkswagens, wurde das Schiff erworben. Seine letzte Reise, das Zersägen auf die Maße des engen Museumstores in München und die Zurichtung in der Halle blieben nicht unumstritten. Auf Seiten der «Bewahrer» hatte man sich ein Segelschiff mit nostalgischer Anmutung gewünscht; die «Neuerer» hingegen bemängelten, ein solcher Schiffstyp könne keine moderne Entwicklung repräsentieren. In Hamburg gar, dem Ursprungsort des Ewers, galt dieser damals nicht einmal als erhaltenswert. Tatsächlich lassen sich aber an den verschiedenen Etappen der Nachrüstung der Maria HF 31 gut die vielen technischen Veränderungen während der langen Betriebszeit verfolgen. Leider wurden bei der Rückführung des Ewers in eine vermeintlich «ursprüngliche» Form einige Spuren dieses Werdeganges gelöscht. Auch das Zerschneiden des Rumpfes ist ihm nicht gut bekommen. Etwa sechzig Jahre nach seiner Aufstellung ist es höchste Zeit für eine Restaurierung, um die verbliebene originale Substanz von Rumpf und Takelage zu erhalten.

JOBST BROELMANN

Ewer Maria HF 31 (Inv.-Nr. 73621)

Rumpflänge	**19,22 m**
Breite	**5,96 m**
Tiefgang	**ca. 1,8 m, dabei Verdrängung ca. 70 t**
Motor	**Glühkopfmotor, 22 kW (30 PS)**

1881

Brutschrank

Robert Koch/Kunstschlosser Hermann Scharlach
Berlin

Ab Mitte des 19. Jahrhunderts begann man, mit Bakterien zu arbeiten und sie zu kultivieren. Zunächst wurden Bakterienkulturen nur bei Raumtemperatur aufgestellt, was nicht für jede Bakterienart optimale Wachstumsbedingungen versprach. Erst mit dem Brutschrank des deutschen Mediziners Robert Koch (1843–1910) begann die moderne mikrobiologische Forschung. Koch entwickelte den Schrank während seiner Tätigkeit am Kaiserlichen Gesundheitsamt in Berlin, wo er seit dem 9. Juli 1880 arbeitete. Wie aus einem dem Deutschen Museum vorliegenden Schriftwechsel hervorgeht, stellte im April 1881 der Berliner Kunstschlossermeister Hermann Scharlach den Brutschrank nach eigenen Entwürfen Robert Kochs für den damals stolzen Preis von 1365 Mark her. Etwa drei Jahre später hatte sich der Einsatz dieses Spezialschranks so bewährt, dass man begann, diese Schränke in Serie zu bauen.

Gut isoliert und wohltemperiert

Wie der Name schon andeutet, besteht die Kerneigenschaft des von Koch entwickelten Brutschranks darin, die eingestellten Proben zu wärmen und damit quasi zu «bebrüten». Das wird durch seine besondere Bauweise ermöglicht: Der Schrank ist von einer Isoliermasse umschlossen und zudem mit doppelten Wänden ausgestattet. Die Isoliermasse besteht aus einer Mischung von pulverisierten fossilen Kieselalgen (Kieselgur) und Pferdehaaren. Die Zwischenräume der

Gut isoliert und wohltemperiert: Mit dem Brutschrank von Robert Koch begann die Mikrobiologie.

doppelten Wände konnten mit Wasser gefüllt werden, welches durch einen Bunsenbrenner unter dem Brutschrank auf die gewünschte Temperatur gebracht werden konnte. So wurde eine für das Bakterienwachstum optimale und konstante Temperatur erreicht. Dadurch ließen sich im Schrank auch Bakterienarten kultivieren, die sich erst bei Temperaturen über der normalen Zimmertemperatur vermehren. Zur Zeit Robert Kochs strich man die Bakterienproben auf einfache Glasplatten, die mit Nährgelatine beschichtet waren. Diese Platten wurden auf Glasbänkchen gestapelt und zum Schutz vor dem Austrocknen unter großen Glasglocken aufgestellt.

Bakterien in Reinkultur: der Tuberkuloseerreger

1882 entdeckte Robert Koch die «Tuberkelbazillen», also Bakterien, die die gefährliche Krankheit Tuberkulose verursachen. Zu dieser Zeit starb noch etwa jeder siebte Deutsche an Tuberkulose, die meist als Lungenerkrankung auftrat. Zunächst konnte Koch die Erreger durch das Einfärben von verschiedenen Gewebeproben nachweisen. Dank seines Brutschranks gelang es ihm erstmals, Tuberkulosebakterien aus dem Gewebe von Versuchstieren zu isolieren und anschließend in Reinkultur zu züchten. Dazu nutzte er einen «festen durchsichtigen Nährboden» aus Agar-Agar, einem geleeartigen Mittel, das aus Algen hergestellt wird. Die darauf ausgestrichenen Proben wurden anschließend in seinem Schrank, den er auch «Brutapparat» nannte, warmgehalten. Nach frühestens zehn Tagen waren erste Kolonien von Tuberkulosebakterien zu erkennen – denn sie wachsen sehr langsam im Vergleich zu anderen Bakterienarten. Aus den so gewonnenen Reinkulturen fertigte Koch nun Proben an, die er gesunden Versuchstieren spritzte. Als diese erkrankten, hatte der Mikrobiologe den Beweis erbracht, dass die von ihm identifizierten Bakterien tatsächlich die Ursache der Krankheit Tuberkulose waren.

Höchste Sicherheitsstufe

Die heutigen Brutschränke sind eine Weiterentwicklung der Koch'schen Erfindung und müssen höchsten Ansprüchen genügen. Es geht nicht nur darum, den zu kultivierenden Zellen optimale Wachstumsbedingungen zu bieten und

sie vor Verunreinigung (Kontamination) mit anderen Organismen wie Pilzen zu bewahren, sondern vor allem auch darum, den mit ihnen arbeitenden Forscherinnen und Forschern höchste Sicherheit zu gewährleisten. Denn in Brutschränken werden neben Bakterien auch Hefepilze, Säugetierzellen und gefährliche Viren kultiviert. Je höher die Sicherheitsstufe eines Labors ist, desto besser muss das Personal vor den gezüchteten Kulturen geschützt werden.

Robert Koch in seinem Laboratorium: Brutschrank, Versuchstiere und Analysegeräte – alles in einem Raum

MARGHERITA KEMPER

Brutschrank von Robert Koch (Inv.-Nr. 2363)

Maße (H × B × T)	1240 × 1075 × 560 mm
Masse	225 kg

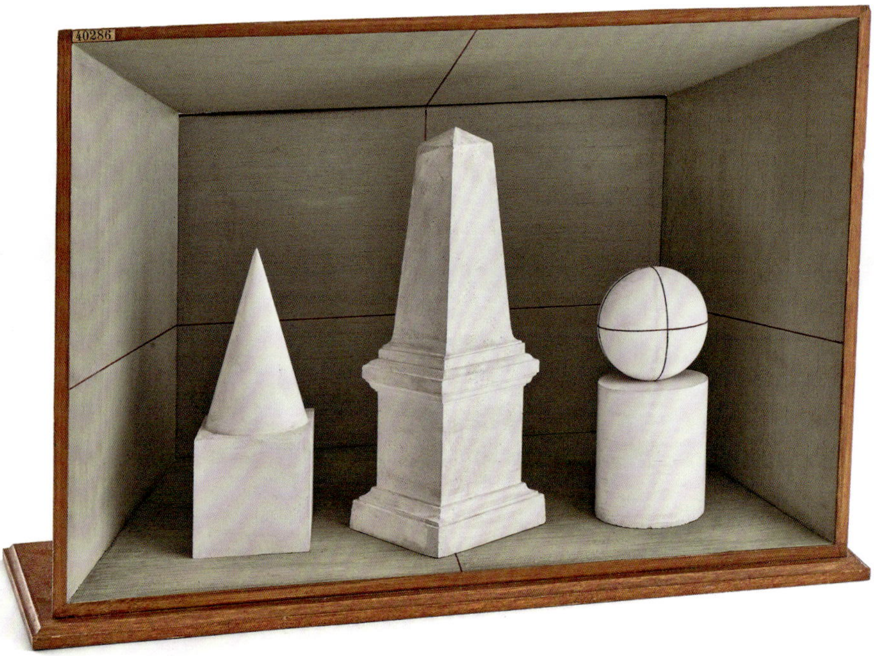
40286

1882

Modelle zur Reliefperspektive

Ludwig Burmester
Dresden

Stellen Sie sich vor, Sie befinden sich in einem Theater Ende des 19. Jahrhunderts. Ein beeindruckend realistisches Bühnenbild entfaltet sich vor Ihnen; samt allen Kulissen macht es den Eindruck, perspektivisch stimmig inszeniert zu sein. Aber etwas irritiert, etwas stört Ihr Auge. An einer Stelle stimmen die perspektivischen Beziehungen nicht.

So oder so ähnlich erging es wahrscheinlich Ludwig Burmester (1840–1927), Professor für Darstellende Geometrie am Königlichen Polytechnikum in Dresden. Jedenfalls begann er zu dieser Zeit, das mathematische Fundament für die Theaterperspektive und die Reliefperspektive zu legen und sich eingehend mit diesen Themen auseinanderzusetzen. Sein Ziel war es, den Künstlern ein praktisches Hilfsmittel an die Hand zu geben. Er selbst formulierte es folgendermaßen:

> «Aus diesem Grunde habe ich die [...] idealen reliefperspektivischen Modelle in Gips herstellen lassen, welche nicht nur Bildhauer und Architekten, sondern auch dem Theatermaler das Verständnis der räumlichen perspectivischen Beziehungen erleichtern und die Raumanschauung fördern.»

Die Modelle – in drei Akten

Auf die Perspektive kommt es an: Typische Körper von Ludwig Burmester

Die beeindruckenden Modelle zur Reliefperspektive, die Ludwig Burmester in seinem Zitat erwähnt und die er in seinem Buch *Grundzüge der Reliefperspective* detailliert beschreibt, sind:

- «Typische Körper», bestehend aus einem Rotationskegel auf einem Würfel, einem Obelisken und einer Kugel auf einem Rotationszylinder,
- eine freistehende «Bogenhalle» mit Kreuzgewölbe,
- das Innere einer «Romanischen Basilika».

Alle drei wurden von ihm 1882 in Dresden für die Ausbildung angehender Künstler entworfen, mathematisch beschrieben und hergestellt.

Auf den ersten Blick würde man die Modelle vermutlich der Architektur zuordnen. Schaut man jedoch genauer hin, fällt auf, dass sie nicht – wie erwartet – realitätsgetreue Abbilder sind. Ganz im Gegenteil: Sie wurden vielmehr absichtlich verzogen und schief gebaut – jedoch auf mathematischer Grundlage und damit reliefperspektivisch korrekt verzerrt. Jedes befindet sich in einem Kasten, der nur 15 Zentimeter tief ist. Blickt man genau von vorn auf diese Objekte, erscheinen sie dem Betrachter räumlich ausgeprägt und korrekt proportioniert. Der sogenannte Augpunkt – jener Ort, von dem aus das Reliefmodell idealerweise betrachtet wird – ist dabei 59 Zentimeter entfernt. Um die perspektivische Verzerrung auch von hinten studieren zu können, verfügen die hölzernen Kästen, die sich durch Fluchtlinien auch selbst perspektivisch präsentieren, über eine aufklappbare Rückwand.

Bogenhalle, Reliefperspektive nach Ludwig Burmester

Mehrere Jahrzehnte lagerten die Modelle in einem der Depots des Deutschen Museums. Als sie zur Restaurierung in die museumseigene Werkstatt der Bildhauerinnen und Bildhauer gebracht wurden, lösten sie dort aufgrund ihrer unglaublichen Präzision wahre Begeisterungsstürme aus. Bildhauer, die sich tagtäglich mit dem Bau von Dioramen beschäftigen, wissen Burmesters Arbeit ganz besonders zu schätzen.

In seinem Buch *Grundzüge der Reliefperspective* beschreibt Burmester detailliert die Herstellung der Modelle. Mathematisch genau entwickelte er Gussformen, mit denen er 1882 dreißig Sätze seiner drei Modelle aus Gips goss. Von diesen ist heute nur noch ein einziger kompletter Satz an der TU Wien und ein Modell «Typische Körper» an der Universität Leipzig vorhanden. Die ursprünglichen Gussformen kamen laut alter Aufzeichnungen 1911 ins Deutsche Museum und sind dort vermutlich zur Herstellung der Exemplare, die das Deutsche Museum besitzt, verwendet worden: Je zwei Exemplare der «Typi-

schen Körper» und der «Bogenhalle» sind heute noch Teil der Sammlung, die «Romanische Basilika» leider nicht mehr.

Faszination Reliefperspektive

Bei der Zentralperspektive wird ein dreidimensionales Objekt so auf Papier abgebildet, dass es einen räumlichen Eindruck vortäuscht. Ganz anders bei der Reliefperspektive, bei der das Ergebnismodell nicht zweidimensional wird, sondern räumlich bleibt. Es stellt eine Verkleinerung eines Originals dar – alle

Die Seitenansichten der Bogenhalle zeigen eine verzerrte Ansicht und die millimeter-dünnen Säulen.

Dimensionen sind verkürzt, wobei die Strecken in Blickrichtung eine besonders starke Kürzung erfahren. Ausgehend vom Augpunkt wird das Modell Punkt für Punkt konstruiert. Alle gedachten Linien, die einen Originalpunkt mit einem Reliefpunkt verbinden, gehen von diesem Augpunkt aus. Wo sich der entsprechende Reliefpunkt befindet, bestimmt eine geometrische Konstruktion. Sie bewirkt beispielsweise, dass sich im Original parallele Linien im Relief zu ihrem jeweiligen Fluchtpunkt hin orientieren. Die Theaterperspektive schließlich nutzt die dreidimensionale Reliefperspektive und verschmilzt sie mit der gemalten zweidimensionalen Zentralperspektive.

Beim genauen Betrachten der Bogenhalle sieht man beispielsweise, dass keiner der scheinbar rechten Winkel tatsächlich ein rechter Winkel ist und dass keine zwei Säulen der Bogenhalle gleich sind. Jede ist individuell geformt – präzise den mathematischen Regeln der Reliefperspektive gehorchend. Jedes Bauteil hat eine individuelle Form. Je tiefer man in das Modell eindringt, desto dünner werden die Säulen und umso filigraner die Details. Eine richtig ausgeführte reliefperspektivische Konstruktion lässt die Objekte jedoch vom Augpunkt aus betrachtet korrekt proportioniert erscheinen. Burmester weist in seiner Veröffentlichung, die er speziell an Kunstakademien, Kunstgewerbeschulen und technische Lehranstalten adressiert, allerdings auch darauf hin, dass ein künstlerisch wertvolles Relief dann und wann Abweichungen von den geometrischen Regeln aufweisen darf, «wenn es der Schönheit dient».

KATJA RASCH

Modelle zur Reliefperspektive: Typische Körper (Inv.-Nr. 40286); Bogenhalle (Inv.-Nr. 40287)

Maße (H × B × T)	373 × 545 × 153 mm

1882 [1905]

Organette Ariston

Fabrik Leipziger Musikwerke vormals Paul Ehrlich & Co.
Leipzig

Selbst eine einfache Familie, die in einsamer, von Gott und der Welt verlassener Gebirgsgegend lebe, in welche außer dem Gekreisch der Raubvögel und dem Geheul des Sturms nie ein Laut dringe, und die bislang keinen Zugang zur Musik hatte, könne nun die Einöde beleben, Notenblätter einlegen und sich in die Stimmung versetzen lassen, die sie sich wünsche. Diese herzerwärmende Schilderung erschien 1885 in der *Zeitschrift für Instrumentenbau.*

Anlass für diese euphorischen Äußerungen war das Ariston, ein selbstspielendes Musikinstrument, das kurz zuvor auf den Markt gekommen war. Erfinder und Hersteller war der Leipziger Paul Ehrlich (1849–1925), der im Mai 1882 ein Patent für ein «Mechanisches Musikwerk mit kreisförmigen Notenblättern» angemeldet hatte (DRP 21715). Dieses war die Grundlage für das Instrument, das ab 1883 produziert wurde. Weder dem recht unscheinbaren Kasten noch dem Titel des Patents ist anzusehen, dass es eine äußerst innovative Erfindung war, die in mehrfacher Hinsicht den Beginn von etwas Neuem markierte.

Das Instrument

Musik à la carte: das Ariston mit auswechselbaren Lochplatten

Die meisten Teile des Ariston waren von früheren Instrumenten bekannt: die Kurbel, mit der der Spieler den Balg und den Programmträger in Bewegung setzte, und die Harmoniumzungen, mit denen die Töne erzeugt wurden. 24 Töne waren es beim ersten Ariston, später gab es auch größere Modelle mit bis zu 36 Tönen.

Die im Patent erwähnten «kreisförmigen Notenblätter» sind Lochplatten aus Karton, auf denen die Musik gespeichert ist. Sie werden mit sogenannten Claves abgetastet, die sich unterhalb der Platte befinden. Kommen diese an ein Loch, öffnet sich das Ventil zu einer Zunge und der entsprechende Ton erklingt. Diese Platten waren die revolutionäre Neuerung, die sich als besonders zukunftsträchtig erweisen sollte. Sie waren leicht auszutauschen, auf allen Aristons abzuspielen und nachzukaufen.

Ein neuer Wirtschaftszweig

Eine Neuheit war auch, dass Instrumente wie Platten industriell gefertigt und so in großer Stückzahl hergestellt werden konnten. Dadurch waren Preise möglich, die für viele Haushalte erschwinglich waren.

Dies zahlte sich aus. 1888, nur fünf Jahre nach Bau des ersten Ariston, beschäftigte Paul Ehrlich bereits 300 Arbeiterinnen und Arbeiter, die jährlich 30 000 Instrumente im Wert von einer Million Mark fertigten; 1889 waren 200 000 Instrumente und 4,5 Millionen Lochplatten verkauft. Befördert durch Werbekampagnen gingen Lieferungen in alle Welt. Um der Nachfrage gerecht werden zu können, verbesserte Ehrlich die Herstellungsmethoden, etwa durch die Erfindung neuartiger, mit Dampfkraft betriebener Notenstanzmaschinen, die in kurzer Zeit tausende Platten stanzen konnten. Zudem baute er für die arbeitsteilige Produktion neue, größere Produktionsstätten im Leipziger Vorort Gohlis. Damit legte er den Grundstein für die Entstehung der Musikautomatenindustrie in Deutschland, die, mit Leipzig als wichtigstem Zentrum, ein nicht zu unterschätzender Faktor im Wirtschaftsleben wurde.

Eine Fülle von Musik

Mit den Lochplatten war ein neues Produkt entstanden, das gesondert vermarktet wurde. 1891 wurden mehr als 6000 verschiedene Titel für das Ariston angeboten. Damit war eine bisher nicht gekannte Fülle verschiedener Musikstücke verfügbar, die allerdings jeweils weniger als eine Minute dauerten. Das Repertoire umfasste Musik aller Genres und Herkunft – keine Nation sei ausgeschlossen, hieß es in einem Katalog. Heute gibt es uns einen Eindruck vom

Musikgeschmack der damaligen Zeit. Die Auflagen der Platten gingen in die Zehntausende. Dies rief die Komponisten auf den Plan, die für die Nutzung und Vervielfältigung ihrer Werke Anteile am Gewinn forderten. Sie strengten Prozesse gegen Hersteller wie Ehrlich an und wurden so zu Pionieren im Kampf um das Urheberrecht.

Claves der Organette Ariston

Organetten wie das Ariston wurden bis ins erste Jahrzehnt des 20. Jahrhunderts gebaut, das Ariston des Deutschen Museums stammt aus dieser Zeit. Doch waren sie damals bereits unmodern: Andere selbstspielende Instrumente sowie Phonographen und Grammophone hatten ihnen den Rang abgelaufen. So unterschiedlich diese auch waren, alle arbeiteten mit leicht auswechselbaren Programmträgern, wie sie erstmals beim Ariston zum Einsatz gekommen waren.

SILKE BERDUX

Organette Ariston (Inv.-Nr. 1990-735)

Baujahr	1905
Maße (H × B × T); Masse	300 × 470 × 550 mm (Breite mit Kurbel); 6,6 kg
Technische Daten	24 durchschlagende Zungen, auswechselbare Lochscheiben aus Hartpappe, Kurbelantrieb

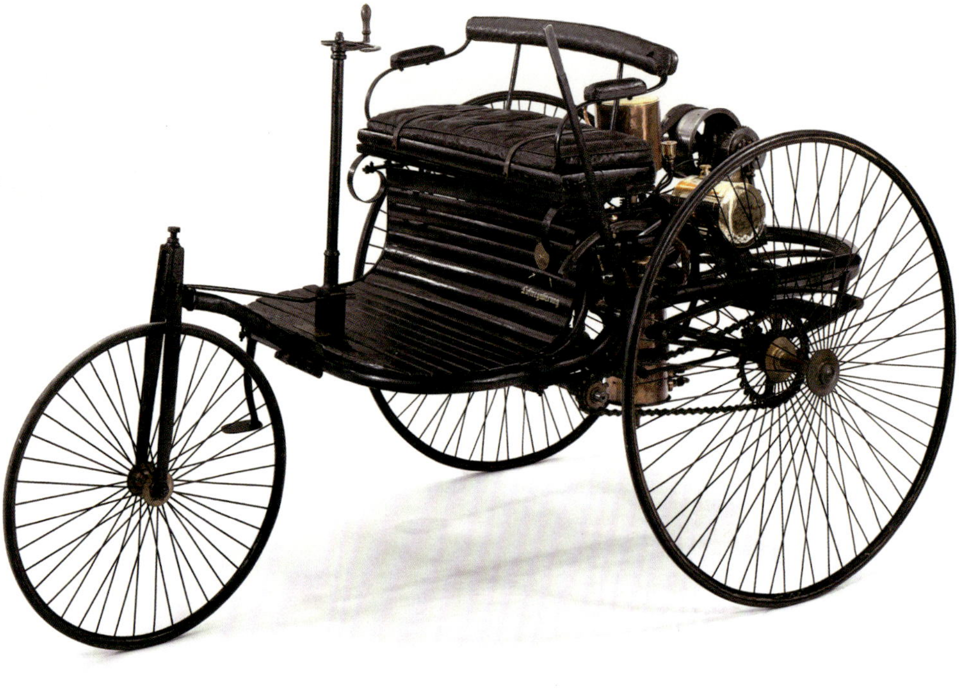

1885

Benz-Patent-Motorwagen

Benz & Co. Rheinische Gasmotorenfabrik
Mannheim

Als Carl Benz 1886 sein unscheinbares, dreirädriges «Fahrzeug mit Gasmotor» zum Patent anmeldete, konnte er kaum ahnen, dass Automobile eines Tages die Welt erobern würden. Tatsächlich hatte sein Dreirad auch äußerlich wenig gemein mit den uns heute bekannten Autos. Unschwer kann man eine Abkunft vom Fahrrad erkennen. Benz war nicht der Erste und nicht der Einzige, der sich mühte, ein Fahrzeug durch einen Verbrennungsmotor anzutreiben; aber er war derjenige, dem es gelang, eine wirklich funktionstüchtige Lösung zu finden und diese zu einem industriellen Erfolg zu machen. Und so ist Benz' Meisterstück heute eine Art Mona Lisa der Automobilgeschichte.

Gut Ding braucht Weil

Heutzutage scheint es einfach, einen Motor in einen Wagen einzubauen. Für die Konstrukteure des 19. Jahrhunderts war es eine große Herausforderung. Zum einen mussten Verbrennungsmotoren, die klein, leicht und schnellläufig genug waren, einen Wagen anzutreiben, erst entwickelt werden. Zum anderen wogen die üblichen Kutschenkonzepte mit Drehgestellen viel; auch bedurften pferdelose Wagen einer neuen Art der Achstechnik und Steuerung. Carl Benz, der 1844 in Mühlberg bei Karlsruhe geboren worden war, gehörte zur ersten Generation akademisch geschulter Ingenieure in Deutschland und verfügte aus Tätigkeiten in verschiedenen Firmen auch über die nötigen praktischen Kenntnisse im Moto-

Dem Fahrrad nachempfunden: der erste Motorwagen von Carl Benz ren- und Wagenbau. Die Idee, einen Motorwagen zu bauen, kam ihm nach eigenem Bekunden, nachdem er 1867 einem Bekannten ein Veloziped abgekauft hatte, das schwer zu fahren war. Sein Ziel erreichte er in vielen kleinen Schritten, die die Entwicklung des Motors ebenso umfassten wie die Konzeption eines passenden Fahrgestells. Dabei konnte er kaum auf bekannte Teile zurückgreifen, sondern musste sich die meisten Komponenten selbst erarbeiten. Die Freiheit dazu gab ihm die Gründung seines eigenen Unternehmens 1883. Nach Monaten intensiver Auseinandersetzungen, Versuche und Rückschläge konnte er Ende 1885 einen Patentantrag für ein «Fahrzeug mit Gasmotorenbetrieb» einreichen, der am 29. Januar 1886 bewilligt wurde.

Die Technik

Das Herzstück des Dreiradwagens war der Motor. Benz entwickelte in seiner Werkstatt einen für damalige Verhältnisse leichten, wassergekühlten und schnell laufenden Ottomotor mit nur einem liegenden Zylinder und liegendem Schwungrad, der nach dem Viertaktprinzip arbeitete. Mit nicht einmal 1 PS (0,66 kW) erbrachte er keine große Leistung, genügte aber dem Zweck, ein

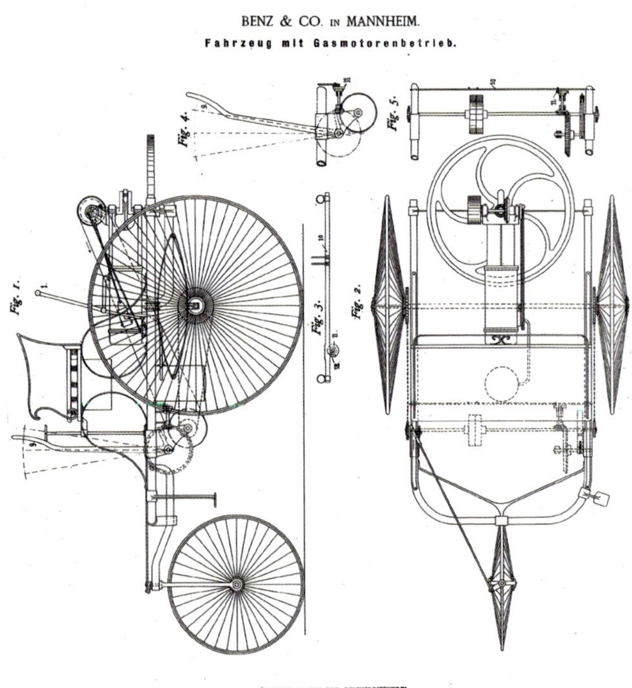

Darstellung des Benz-Patent-Motorwagens in der Patentschrift, DPR Nr. 37435

leichtes Fahrzeug anzutreiben. Während vergleichbare stationäre Motoren mit Gas aus größeren Behältern betrieben werden konnten, benötigte ein mobiler Antrieb einen «kompakten» Kraftstoff mit hoher Energiedichte. Dafür eignete sich Leichtbenzin. Mittels eines selbstentwickelten Oberflächenvergasers gewann Benz daraus das Gas für den Motorenbetrieb. Viel Zeit verwendete er auch auf die Erprobung verschiedener elektrischer Zündungen: In seinem Patentwagen kam eine Summerzündung zum Einsatz.

Zum Erfolg seines Versuchs trug wesentlich das Leichtbaukonzept des Fahrgestells mit einem Rahmen aus Siederohren bei. Die Dreiradkonstruktion ermöglichte eine schlichte Lenkung. Das Vorderrad wurde in eine Gabel eingebaut und über eine senkrecht stehende Lenkstange gesteuert. Alles in allem wog sein Wagen nur rund 265 Kilogramm!

Die Kraftübertragung erfolgte über Lederriemen von einer Motorriemenscheibe auf ein sogenanntes Vorgelege und von dort über Ketten auf die großen, dem Hochrad entliehenen Hinterräder. Neben der festen Antriebsscheibe am Vorgelege befand sich eine leerlaufende Scheibe. Durch Verschieben des Riemens von einer Scheibe zur anderen konnte »gekuppelt« werden.

Der Motor wurde im Leerlauf durch das Drehen des Schwungrades in Betrieb genommen. Links neben der Sitzbank befand sich der Fahr- und Bremshebel. Mit ihm wurde der Riemen auf der Scheibe verschoben und die Bandbremse – eine Art Außentrommelbremse – angezogen oder losgelassen.

Da der Wagen hinten viel schwerer war als vorne, war das Fahren nicht ganz leicht: Auf schlechtem Untergrund «hüpfte» das Vorderrad – ein Grund für die schwereren Rahmen seiner nachfolgenden Dreiräder.

Vom Technikpionier zum Automobilbauer

Mit der Patentanmeldung des Benz-Dreirades war eine wichtige technische Hürde zum Motorwagen genommen – für den Unternehmer Benz begannen die Herausforderungen nun jedoch erst. Nicht nur, dass das Fahrzeug noch unvollkommen war, es fehlten auch die Kunden. Noch gab es in Deutschland keine ernsthafte Nachfrage nach motorisierten Wagen, deren Bedeutung als Verkehrsmittel um 1890 noch kaum erkennbar war. Die ersten Kunden waren Sportler oder Technikinteressierte, das Befahren von Straßen mit Motorwagen war noch

1888 fuhren Berta Benz und ihre Söhne Eugen und Richard zu den Verwandten nach Pforzheim – die Reise geriet zu einer ersten Überlandfahrt auf einem Benz-Dreirad.

nicht dauerhaft gestattet, und die Menschen auf der Straße erschraken, wenn sie dem seltsamen Fahrzeug begegneten.

Nach der Patentanmeldung nutzte Benz den «Prototyp» 1886/87 für weitere Versuche und Verbesserungen. 1887/88 folgten ein zweites und drittes Modell, bei denen er unter anderem die Stahlspeichenräder gegen Holzräder tauschte. Der gängige Weg, eigene Produkte bekannt zu machen, waren damals Gewerbeausstellungen. Benz nutzte jede Gelegenheit, seine Motoren und nun auch seine Wagen in nationalen und internationalen Ausstellungen zu präsentieren. Den Anfang vom Durchbruch stellte die Reise zur Pariser Weltausstellung 1889 dar, auf der der Patentwagen, aber auch Benz' Motoren die Aufmerksamkeit der französischen Motorenbauer und Automobilisten fanden. Die französische Kundschaft half Benz, mit den neuen Fahrzeugen ins Geschäft zu kommen. Seit Mitte der 1890er-Jahre entwickelte sich dann auch in Deutschland eine erste Nachfrage nach Automobilen, wie sie jetzt in Frankreich hießen, und die Firma Benz war mit neuen vierrädrigen Modellen auf dem Sprung, sich vom kleinen Motorenbauer zur ersten großen deutschen Automobilfirma auszuwachsen.

Einen Anteil am Erfolg hatte auch Berta Benz, Benz' Ehefrau. 1888 brach sie mit ihren Söhnen zu einer ersten «Fernfahrt» von Mannheim nach Pforzheim auf. Die Tour wurde zur Ochsentour, denn die drei Reisenden hatten große Mühen, zu Benzin zu kommen und das Fahrzeug am Laufen zu halten. Doch das Trio bewältigte die rund 100 km lange Strecke mit Bravour und belegte so nebenbei die prinzipielle Funktionstüchtigkeit der Benz-Dreiräder.

Der Patentwagen als Werbeträger und Museumsstück

Mit dem Versuchsende wurde der Benz-Patent-Motorwagen Nr. 1 zunächst zerlegt. Laut August Horch, der in den 1890er-Jahren einige Zeit bei Benz arbeitete, soll der Motor als stationäre Kraftmaschine in der Werkstatt weiter genutzt worden sein. Horch zufolge ließ der Vertriebsleiter bei Benz den Patentwagen 1895 wieder neu zusammenfügen. Welche Teile damals in der Werkstatt eventuell erneuert wurden, lässt sich heute schwer rekonstruieren, da keine Firmenunterlagen dazu überliefert sind. Das 1895 wiedererstandene Benz-Dreirad Nr. 1 warb bis 1905 auf nationalen und internationalen Ausstellungen, zuletzt in Chicago, für die Firma Benz. 1906 stifteten der Erfinder und die Benz AG Benz' Erstlingswerk dem kurz zuvor gegründeten Deutschen Museum, wo es seit 1911 dauerhaft ausgestellt ist. Weitere heute ausgestellte Dreiräder dieser Art sind spätere Nachbauten, die seit den 1930er-Jahren entstanden.

Im Kontext der Gestaltung einer neuen Automobilausstellung wurde Ende der 1930er-Jahre die Frage nach der Originalsubstanz des Fahrzeugs aufgeworfen. 1941 wurde der Motor als wichtigstes technisches Element im Forschungsinstitut für Kraftfahrwesen und Fahrzeugmotoren in Stuttgart untersucht und auf dem Prüfstand vermessen. Die Prüfer kamen zu dem Ergebnis, dass es sich um den originalen Motor handelt.

BETTINA GUNDLER

Benz-Patent-Motorwagen Nr. 1 (Inv.-Nr. 4710)	
Motor	1-Zylinder-Viertaktmotor mit liegendem Zylinder und Verdampfungskühlung
Hubraum	984 cm^3
Leistung	0,66 kW (0,88 PS)
Zündung	Summerzündung
Vergaser	Oberflächenvergaser
Masse	265 kg
Höchstgeschwindigkeit	16 km/h in der Theorie, in der Praxis weniger

1889

Dampfturbine mit Generator

Charles Parsons
Newcastle

Ab dem 18. Jahrhundert breitete sich die Dampfmaschine von England in die ganze Welt aus. Unabhängig von Wind und Wetter trieb sie in den aufstrebenden Industriezentren die Arbeitsmaschinen in den Fabriken an. Dampfmaschinen waren der Motor der Industrialisierung. Im 19. Jahrhundert bekamen sie Konkurrenz durch neue Antriebsmaschinen – eine davon war die Dampfturbine.

Von der Dampfmaschine zur Dampfturbine

Um eine Dampfmaschine zu betreiben, wird Wasser in einem Kessel erhitzt und verdampft. Der so erzeugte Dampf bewegt einen Kolben in einem Zylinder hin und her. Die Bewegung wird anschließend über eine Kurbel und ein Schwungrad in eine Drehbewegung übersetzt. Diese wurde genutzt, um Arbeitsmaschinen jeglicher Art anzutreiben. Die Idee, mit Dampf direkt eine Drehbewegung zu erzeugen und nicht erst einen Kolben hin- und herzuschieben, lag auf der Hand. Ähnlich wie Wasser durch ein Wasserrad strömt, sollte Dampf über die Schaufeln einer Dampfturbine strömen und diese in Drehung versetzen. Bereits James Watt (1736–1819) hatte sich mit Überlegungen dieser Art befasst. Im 19. Jahrhundert wurden allein in England mehrere Hundert Patente zu Dampfturbinen angemeldet.

Aber erst gegen Ende des 19. Jahrhunderts entwickelte sich eine Dynamik, die den erfolgreichen Bau und die Etablierung von Dampfturbinen als Antriebsmaschine ermöglichte: Zu diesem

Dampfturbine mit Generator

Zeitpunkt entstanden in Amerika und Europa die ersten Elektrizitätskraftwerke, und Strom als universeller Energieträger breitete sich rasant aus. Für die Kraftwerke brauchte es immer leistungsfähigere Antriebe. Die bis dahin eingesetzten großen Kolbendampfmaschinen waren knapp zweihundert Jahre optimiert und weiterentwickelt worden. Sie stießen nun an ihre Leistungsgrenze. Die Massenkräfte, die beim Hin und Her des Kolbens entstehen, wären beim Bau noch größerer Maschinen nicht mehr zu kontrollieren gewesen. Es war auch keine Option, heißeren Dampf einzusetzen, um die Leistung der Maschinen zu steigern – höhere Temperaturen in der Maschine hätten das Schmieröl des Kolbens zersetzt.

Eine Dampfturbine versprach dagegen eine völlig gleichmäßige Drehbewegung mit geringer Reibung ohne hohe Massenkräfte zu erzeugen. Ohne die Notwendigkeit der Schmierung ließen sich auch höhere Dampftemperaturen erreichen, was wiederum einen besseren Wirkungsgrad ermöglichte.

Der Erfinder Charles Parsons

Fortschritte in der Fertigungstechnik und der Werkstoffkunde ermöglichten es zwei Erfindern Ende des 19. Jahrhunderts, Dampfturbinen dauerhaft als Antriebsmaschine zu etablieren. Neben Gustav de Laval (1845–1913) war dies Charles A. Parsons (1854–1931), der Konstrukteur der Dampfturbine mit Generator.

Parsons stammt aus einer anglo-irischen Adelsfamilie. Er erhielt seine wissenschaftliche Grundausbildung im Privatunterricht und studierte anschließend in Dublin und Cambridge vorwiegend Technik und Naturwissenschaften. Bereits 1877 meldete er sein erstes Patent für eine Dampfmaschine mit einem rotierenden Zylinder an. Nach seinem Studium und ersten Arbeitserfahrungen ging er als Juniorpartner zum Unternehmen Clarke, Chapman & Co., wo er sich von Beginn an auch mit dem Bau von Dampfturbinen beschäftigte. 1884 brachte Parsons dort seine erste Dampfturbine auf den Markt, die ab 1885 in einem Kraftwerk in Newcastle Elektrizität erzeugte.

Aller Anfang ist schwer

Eine große Herausforderung beim Bau einer Dampfturbine waren die sehr hohen Drehzahlen, die beim Betrieb der Turbinen entstanden. Fast zeitgleich mit Parsons baute der Schwede Gustav de Laval einen Dampfturbinentyp, bei dem Dampf durch eine Düse auf ein Schaufelrad strömt. Diese Turbinen hatten Drehzahlen von 30 000 Umdrehungen in der Minute, die über ein Getriebe auf ein brauchbares Maß von 3000 Umdrehungen pro Minute heruntergesetzt werden mussten. Andernfalls war zu befürchten, dass die hohen Drehzahlen die anzutreibenden Maschinen zerstören würden.

Auch Parsons erkannte dieses Problem und versuchte es durch den Bau von mehrstufigen Turbinen zu reduzieren. In einer Parsons-Turbine strömt der Dampf abwechselnd durch feststehende Leitschaufeln und durch auf einer Welle montierte Laufschaufeln. Die Leitschaufeln funktionieren als Düsen und lenken den Dampf auf die folgende Laufschaufelreihe, die so in eine Drehbewegung versetzt wird. Durch diese Mehrstufigkeit konnte Parsons bereits mit seinen ersten Turbinen Drehzahlen von 18 000 Umdrehungen pro Minute erreichen und diese direkt an einen von ihm selbst entwickelten Generator anschließen.

Bei dem Objekt im Deutschen Museum handelt es sich um eine Dampfturbine mit Generator aus dem Jahr 1889. Sie trägt die Fabrik-Nr. 281. Ihre Bauweise ist beinahe identisch mit der ersten Dampfturbine von Parsons, die heute im Science Museum in London ausgestellt ist. Allerdings war ihre Drehzahl bereits auf 6000 Umdrehungen pro Minute reduziert. Der Dampf tritt mit 8 bar und 160 °C in die Turbine ein und am Ende des Arbeitsvorgangs in die Atmosphäre aus. Die Dampfturbine hat eine für ihre Größe damals beachtliche Leistung von 16 kW (22 PS). Etwa zehn Jahre lang arbeitete sie auf dem portugiesischen Postdampfschiff «Melange» und versorgte das Schiff mit Strom für die Beleuchtung. 1905 wurde die Turbine in die Sammlung des Deutschen Museums aufgenommen.

Die Dampfturbine als Schiffsantrieb

Schon bald etablierte sich die Dampfturbine als Antrieb von Generatoren. Parsons strebte darüber hinaus ihre Verwendung als Schiffsantrieb an. Bereits 1884, in seiner Zeit bei Clarke, Chapman & Co., meldete er dafür ein Patent an. 1894 gründete er die Marine Steam Turbine Company und begann mit dem Bau seines Prototypenschiffs: der «Turbinia».

Beim Institute of Naval Architects (INA), der zu dieser Zeit führenden Berufsvereinigung der Schiffsbauingenieure, begegnete man seiner Erfindung mit Skepsis. Um die INA und die Öffentlich-

Das erste dampfturbinengetriebene Boot, die «Turbinia», in voller Fahrt, 1897

keit von der Fortschrittlichkeit seiner Schiffsturbine zu überzeugen, musste Parsons sich etwas einfallen lassen. Bei der Flottenparade anlässlich des Diamantenen Thronjubiläums von Queen Victoria 1897, bei der Ehrengäste aus aller Welt vertreten waren, witterte er seine Chance. Als die königliche Yacht an der Parade vorbeizog, brach auf einmal Parsons mit seiner «Turbinia» aus den Reihen aus und demonstrierte vor der düpierten Royal Navy die überlegene Geschwindigkeit seines Turbinenboots von etwa 60 km/h. In der *Times* wurde die Unverfrorenheit dieses Vorgehens mit der Wichtigkeit und Neuartigkeit dieses Bootes entschuldigt.

Heute sind Dampfturbinen vorwiegend als Antrieb von Generatoren im Einsatz und erzeugen in Kraftwerken Strom. Als Schiffsantrieb hat sich inzwischen der viel wirtschaftlicher zu betreibende Dieselmotor durchgesetzt. Nur wenige militärische Schiffe setzen nach wie vor auf den Turbinenantrieb.

WIEBKE MALITZ

Dampfturbine mit Generator (Inv.-Nr. 3075)

Dampfeintrittsdruck	8 bar
Dampfeintrittstemperatur	160 °C
Gegendruck (Dampfaustrittsdruck)	1 bar
Drehzahl	6000 min^{-1}
Leistung	16 kW
Maße (H × B × T)	850 × 450 × 2550 mm
Masse	400 kg

1890

Luftreifen-Fahrrad Victoria Fire Fly

Victoria Cycle Works Co.
Manchester

Das Fahrrad Fire Fly fand schon sehr früh seinen Weg ins Deutsche Museum. Bereits im Sommer 1906, im Jahr der Grundsteinlegung für das 1925 zu eröffnende Museum, waren Museumsmitarbeiter auf der Suche nach mehreren Fahrrädern, «die für die Darstellung der Entwicklung dieser Fahrzeuge in unserem Museum» angeschafft werden sollten. Auf ihrem Wunschzettel stand unter anderem, dass sie «eines der ersten Geräte mit Luftreifen von Dunlop» in die Sammlung aufnehmen wollten. Deshalb wurde eine Anfrage per Brief an den Fahrradhändler Croker aus Seacombe im Nordwesten Englands gesandt. Crokers Antwort fiel positiv aus und er schickte schon wenige Wochen später mit dem Herrenfahrrad Fire Fly von 1890 ein ganz besonderes Fortbewegungsmittel nach München: ein frühes Niederrad mit Diamantrahmen, Kettenantrieb auf das Hinterrad und luftbefüllten Gummireifen. Diese Luftreifen waren eine Schlüsselinnovation, die maßgeblich dazu beitrug, dass das Fahrrad zu einem Massenverkehrsmittel wurde.

Entscheidend für die Entwicklung der Luftreifen und damit für die Verbreitung des Fahrrads und des Automobils war ihr Material, der Naturkautschuk. Bis es 1929 gelang, brauchbaren synthetischen Kautschuk herzustellen, waren Vollgummi- und Luftreifen auf den wertvollen Rohstoff Naturkautschuk angewiesen. Dieser stammte in der Regel aus kolonialen Produktionsverhältnissen, die auf Ausbeutung und Zwangsarbeit basierten.

Das Herrenfahrrad Fire Fly, eines der ersten Räder mit Dunlopreifen

Aus Ärger Luft machen

Bis zum Jahr 1888 waren Fahrzeuge wie Kutschen, Karren und Fahrräder meist mit eisenbeschlagenen Holzrädern ausgestattet. Ab den 1870er-Jahren gab es auch auf Felgen aufgezogene Vollgummireifen, die jedoch aufgrund ihrer Härte die Stöße auf den unebenen Straßen und Wegen nur unzureichend abdämpften. Eine Verbesserung wurde schon erreicht, als die Gummireifen mit einem Hohlraum in der Mitte durchzogen wurden – so war immerhin eine leichte Dämpfung möglich. Trotz dieser Neuerung war das Fahren auf diesen Gummireifen für Zwei- und Dreiradfahrer recht unbequem und konnte zu gefährlichen Stürzen führen. Auch deshalb war das Fahrrad zu jener Zeit noch weit davon entfernt, ein alltägliches Verkehrsmittel zu werden.

Die Vollgummireifen, ob mit oder ohne Hohlraum, brauchten einen weiteren Fortschritt, um das Zweirad voranzubringen. Dass diese Weiterentwicklung aus Luft bestand und tatsächlich Verbreitung fand, ist dem damals in Irland lebenden, aus Schottland stammenden Tierarzt John Boyd Dunlop (1840–1921) zu verdanken.

Einer Anekdote nach machte ihn sein neunjähriger Sohn auf das Reifenproblem aufmerksam, als er sich darüber beschwerte, dass sein Tricycle (Dreirad) langsam und unbequem sei. Dunlop nahm sich der Problematik an und stellte fest, dass durch die unzureichende Federung des Gefährts auf schlechten Straßen viel Energie und Geschwindigkeit verloren ging. Im Jahr 1887 kam der erfindungsreiche Tüftler dann auf die Idee, die Stöße des holprigen Bodens durch einen mit Luft befüllten, elastischen Schlauch zu dämpfen. Diesen Schlauch klebte er aus Gummistreifen zusammen und versah ihn mit einem Ventil. Mit Bändern aus feinem Leintuch fixierte er ihn auf einer Holzfelge und begrenzte damit auch die Ausdehnung des Gummischlauchs. Vor Schädigung und Abnutzung schützte Dunlop den Schlauch durch eine Außenschicht aus Gummi, den Mantel. Dieses Konzept war Inhalt des Patentantrags «Verbesserung von Reifen für Zweiräder, Dreiräder und andere Straßenfahrzeuge», den Dunlop am 23. Juli 1888 einreichte, am 31. Oktober bewilligt bekam und der am 7. Dezember 1888 wirksam wurde.

Wie häufig der Fall wurde die technische Neuerung zuerst im Sport eingesetzt und getestet. Die anfängliche Skepsis gegenüber den Pneumatikreifen legte

sich aufgrund der offensichtlichen Leistungssteigerung der Radfahrer, die auf Luftreifen fuhren. Das führte zu einer schnellen Verbreitung der Luftreifen, auch über den Radsport hinaus. Schon zwei Jahre nach Dunlops Patentierung wurden Luftreifen in Serie hergestellt. Zudem verbesserten weitere Erfindungen Dunlops und anderer den Luftreifen nach und nach: Unter anderem ermöglichten es abnehmbare Reifen, einen beschädigten Schlauch einfacher auszutauschen oder zu reparieren. Vor dieser Neuerung hatten Radfahrerinnen und Radfahrer das ganze Rad zur Reifenreparatur einschicken müssen.

Frauen bei der Herstellung von Luftreifen für Fahrräder, Frankreich 1896

Der Luftreifen – eine «erfolgreiche Rückerfindung»

Einige Zeit nach Dunlops Patentbewilligung stellte man fest, dass der schottische Erfinder Robert William Thomson (1822–1873) schon Jahre zuvor *aerial wheels*, auch «elastische Gürtel» genannt, entwickelt hatte. Das waren Reifen aus aufgeblasenen Tierdärmen, geschützt durch eine robuste Außenschicht aus Leder. Für diese Erfindung hatte Thomson bereits 1845 in England, im folgenden Jahr in Frankreich und 1847 in den Vereinigten Staaten von Amerika Patente erhalten. Zu jener Zeit fand dieser Luftreifen jedoch keine Verbreitung, geriet in Vergessenheit und das Patent erlosch. Als Dunlop von diesem früheren Luftreifen erfuhr, äußerte er sich erfreut darüber, dass ihm die «Rückerfindung» der Luftreifen gelungen war. Dunlop gilt bis heute als erfolgreicher

Ideengeber für Luftreifen, da diese aufgrund seines Patents kommerziell hergestellt wurden und Verbreitung fanden.

Erfolg auf Luft gebaut

Der mit Luft befüllbare, von einem robusten Schutzmantel umgebene Schlauch ließ die Radfahrerinnen und Radfahrer schneller werden und schützte sie selbst, aber auch den Rahmen des Fahrrads vor harten Stößen. Neben Fahrrädern wurde auch die Verbreitung des Automobils und der motorisierten Zweiräder maßgeblich durch die federnden Luftreifen vorangetrieben. Ab 1898 wurden in Frankreich die ersten Pneus für Autos in Serie hergestellt. Das Fahrrad Fire Fly und seine Luftreifen sind somit Meilensteine der Fortbewegung auf zwei und vier Rädern.

HELENE HOFFMANN

Frauen auf Luftreifen-Rädern in modischer Fahrradbekleidung, um 1900

Luftreifen-Fahrrad Fire Fly (Inv.-Nr. 6713)	
Masse	22 kg
Raddurchmesser	27 Zoll

1890

Präzisionspendeluhr

Sigmund Riefler
München

Sigmund Riefler (1847–1912) war genial – genial und konsequent. So ließ er aus Angst vor Ansteckung täglich sein Münzgeld von seiner Haushälterin abkochen, und zur Begleichung einer Rechnung übergab er dem Verkäufer oder Kellner seine Börse; dieser musste sich das Geld dann selbst herausnehmen. Mit derselben extremen Gründlichkeit konstruierte und erschuf Sigmund Riefler seine Präzisionspendeluhren.

Uhren für die Welt

Sigmund Riefler wurde 1847 in Maria Rain bei Nesselwang im Allgäu als Sohn des Zirkel- und Reißzeugherstellers Clemens Riefler geboren. Nach der Mechanikerlehre im väterlichen Betrieb studierte er am Polytechnikum in München Maschinenbau, Mathematik und Geodäsie, an der Universität Physik und Astronomie. Früh interessierte er sich für den Bau von Uhren und setzte sich erst mit der Verbesserung tragbarer Uhrenhemmungen, dann von ortsfesten Uhren intensiv auseinander. Mit seiner Präzisionssekundenpendeluhr gelang ihm die Entwicklung eines genialen Gesamtprodukts, in dem das vorhandene Wissen der Präzisionsuhrmacherei umgesetzt und weiterentwickelt wurde. Ihre klare, von Mathematik und Physik geprägte gedankliche Linie, die direkte Form in der Konstruktion und deren Umsetzung in der Ausführung brachte beständige Gangergebnisse von einer bis dahin unerreichten Genauigkeit. Bis zum Ende der offiziellen

Pendeln mit der Präzision des Quecksilbers: die Riefler N° 1

Zeitmessung mit mechanischen Präzisionssekundenpendeluhren wurden Riefler-Uhren weltweit zum Standard. Die zwischen 1890 und 1965 an über sechshundert Observatorien und Institute in der ganzen Welt verkauften Präzisionssekundenpendeluhren belegen dies – Riefler-Uhren gaben die öffentlich verbreitete Normalzeit der Staaten an. Sternwarten ermöglichte die hohe Präzision eine noch exaktere Auswertung ihrer Himmelsbeobachtungen. Und auf See trug die Steuerung des Zeitzeichengebers, der über Langwelle von den Schiffen empfangen werden konnte, zur genauen Positionsermittlung und damit zur Sicherheit bei. Heute erledigen diese Aufgaben empfindliche Atomuhren und GPS-Steuerungen über Satelliten.

Präziser als ein Wimpernschlag

Neben der Riefler N°1 wurden noch weitere 372 Präzisionspendeluhren mit der 1889 patentierten «Freien Federkrafthemmung mit Doppelrad» gebaut. Während Sigmund Riefler zunächst noch ein Sekundenpendelwerk mit Wochengangdauer der Firma Strasser & Rohde aus Glashütte verwendete und mit seiner eigenen Hemmung versah, baute er später die Uhrwerke komplett selbst und verbesserte diese durch eine «elektrische Aufziehvorrichtung», die 1903 patentiert wurde.

Das in der Riefler N°1 verwendete Pendel mit Temperaturkompensation ist das Riefler-Quecksilberpendel Type H, mit der Produktionsnummer 3. Bisher befand sich bei Quecksilberkompensationspendeln das Quecksilber in einem Glas- oder Metallzylinder, der als Pendelkörper diente. Sigmund Riefler beschritt neue Wege. Er verwendete ein nahtloses Mannesmann-Stahlrohr (dessen Herstellung 1885 entwickelt und fünf Jahre später perfektioniert wurde) mit 16 Millimeter Außendurchmesser und befüllte dieses mit einer genau berechneten Menge Quecksilber. Durch das Aufsteigen und Absinken des Quecksilberspiegels im Rohr glich sich die durch Temperaturschwankungen bedingte Längenausdehnung des gesamten Pendels so aus, dass der Abstand seines Schwerpunkts vom Drehpunkt und dadurch die Schwingungsdauer des Pendels konstant blieb. 1891 erhielt Sigmund Riefler ein Patent auf dieses Pendel. Im Zuge der materialtechnischen Entwicklung erfand er nach dem Quecksilber- das sogenannte Invarpendel, ein Nickelstahlkompensationspendel, welches bis

1965 ca. 3820-mal gebaut und auch an andere Firmen verkauft wurde. Es wird noch immer kopiert.

Die Gehäuse der Uhren von Sigmund Riefler sind so konstruiert, dass sie das Uhrwerk mit Pendel sowohl gegen Staub als auch gegen Erschütterungen schützen. Die Gehäuse werden, ohne das über eine Werkhalteplatte direkt an der Wand montierte Uhrwerk zu berühren, separat an der Wand befestigt. Durch diese Trennung können Pendel und Uhrwerk wesentlich störungsfreier laufen als im Gehäuse montierte Uhrwerke.

Die 1890 gebaute, in der Verkaufsliste der Firma Riefler als N°1 geführte astronomische Sekundenpendeluhr kam 1994 als letzte von insgesamt acht Riefler-Präzisionspendeluhren ans Deutsche Museum. Ihre Ganggenauigkeit liegt bei 0,03–0,06 Sekunden Abweichung pro Tag. Zum Vergleich: Ein Wimpernschlag dauert 0,10 Sekunden lang.

THOMAS REBÉNYI

Präzisionspendeluhr N° 1 (Inv.-Nr. 1994-581)

Maße (H × B × L/T)	210 × 470 × 1440 mm
Masse	30,2 kg
Aufschrift [Zifferblatt]	S. Riefler. München 1890

LINOTYPE
LINOTYPE
LINOTYPE

1890 [1964]

Zeilensetz- und Gießmaschine Linotype

Ottmar Mergenthaler [Berliner Maschinenbau-Actien-Gesellschaft]
Baltimore [Berlin]

Linotype – der Name ist Programm. Angeblich soll der amerikanische Zeitungsverleger Whitelaw Reid (1837–1912) im Angesicht der Maschine gesagt haben: «Ottmar, you've cast a line of types!» Ein passender Name war gefunden, denn genau das ist es, was die Linotype kann: vollständige Zeilen aus Matrizen setzen und gießen.

Als Satz bezeichnet man im Druckgewerbe den Arbeitsschritt, bei dem aus einer Druckvorlage – sei es ein Text, ein Bild oder eine Grafik – eine drucktaugliche Form entsteht. Über Jahrhunderte hinweg mussten die einzelnen Lettern von Hand aus dem Setzkasten zu einer Zeile auf dem Winkelhaken zusammengefügt werden. Der Wunsch nach einer Beschleunigung des Verfahrens wurde im 19. Jahrhundert jedoch immer dringlicher. In dieser Zeit gab es viele gescheiterte Versuche, aber auch durchaus brauchbare Ergebnisse, die einzelnen Handgriffe im Satz durch eine Setzmaschine zu automatisieren.

Ottmar Mergenthaler – ein genialer Mechaniker

Ottmar Mergenthaler wurde 1854 in Hachtel bei Bad Mergentheim geboren und erlernte das Uhrmacherhandwerk – das Druckgewerbe war ihm zunächst völlig fremd. Mergenthaler selbst sah in seiner fehlenden Erfahrung einen Vorteil:

«A line of types» – die Linotype

«Zweifellos, wäre ich Drucker gewesen, hätte ich nie an eine andere Arbeitsweise gedacht. Männer sind daran gewöhnt, an der Vorgehensweise festzuhalten, welche sie erlernten. Die Tatsache, dass ich nichts von den technischen Einzelheiten des Gewerbes wusste, veranlasste mich, es auf eine neue Art und Weise anzupacken.»

Im Alter von 18 Jahren hatte sich Mergenthaler in die USA aufgemacht, wo er seinem Vetter August Hahl in dessen Werkstatt unter die Arme griff. Dort fertigten sie neben Uhren auch Erfindermodelle für Patentanmeldungen. Auf diese Weise lernte er den Erfinder Charles T. Moore und den Gerichtsstenographen James O. Celphane kennen, die mit der Idee einer Art lithographischen Schreibmaschine zu ihm kamen. Aus dieser ersten Zusammenarbeit entwickelte sich schließlich das Setzmaschinenprojekt.

Dank Celphanes Fähigkeit, Investoren zu begeistern, wurde 1884 eine kombinierte Matrizensetz- und Zeilengießmaschine fertiggestellt. Vom ursprünglichen Ziel war Mergenthaler nach eigener Auffassung damit allerdings noch weit entfernt, da die Maschine keine automatische Ausschließungsvorrichtung besaß. Durch die finanzielle Unterstützung eines neu gegründeten Syndikats aus Zeitungsverlegern konnte die Weiterentwicklung der Maschine fortgesetzt werden. Im Juli 1886 wurde schließlich die Blower-Linotype in den Räumen der Zeitung *New York Tribune* in Betrieb genommen. Mergenthaler war mit dem Ergebnis aber noch immer unzufrieden und werkelte weiter an seiner Erfindung – zum Unmut seiner Geldgeber, die so schnell wie möglich Profit aus der Maschine ziehen wollten.

Man könnte darin einen Konflikt unterschiedlicher Geisteshaltungen sehen. Auf der einen Seite Ottmar Mergenthaler, das «Erfindergenie», in Anbetracht seiner eigenen, absoluten Idee stets unzufrieden mit dem Erreichten. Auf der anderen Seite seine Geldgeber, für die nur zählt, was sich in klingende Münze verwandeln lässt. Mergenthaler hatte mit seinen Bedenken aber tatsächlich recht. Denn die Maschine lief ganz und gar nicht rund und verursachte nach Inbetriebnahme ständige Reparaturarbeiten, die die Kosten in die Höhe trieben.

Die Konflikte spitzten sich zu, und so gab Ottmar Mergenthaler 1888 seinen Posten in der Mergenthaler Printing Company auf. Stattdessen gründete er eine eigene Werkstatt, in der er neben der Produktion von Maschinenteilen unablässig an seiner Zeilensetzmaschine weiterarbeitete.

Und wieder war es sein Freund Celphane, der Investoren für Mergenthalers neue Pläne fand. Ein erstes Modell der Square Base Linotype konnte bereits 1889 umgesetzt werden. Bedauerlicherweise war diese viel zu schwer konstruiert worden. Dafür arbeitete sie schneller und präziser als alle ihre Vorgänger. Neue Pläne für eine leichtere Maschine führten schließlich zur Simplex Linotype (Model 1), die 1890 in New York vorgestellt wurde.

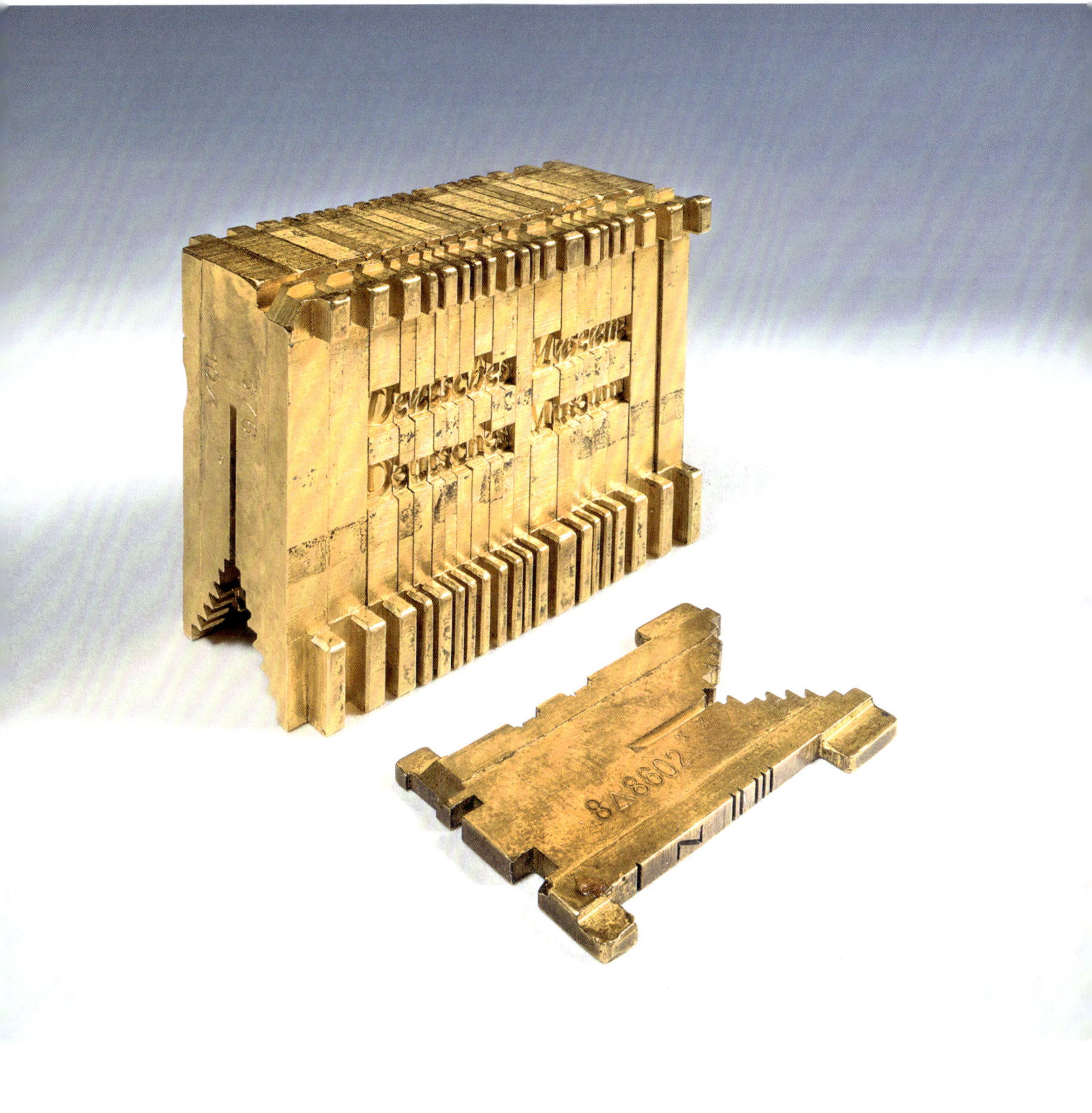

Eine Linotype-Matrizenzeile

Mit dieser Zeilensetzmaschine feierte Ottmar Mergenthaler seinen größten Erfolg. Thomas Edison soll sie sogar als Achtes Weltwunder bezeichnet haben.

Von da an eroberte die Linotype das Druckgewerbe. Obwohl die optimale Bedienung der komplexen Maschine eine ausgiebige Schulung und lange Übung voraussetzte, überzeugte ihre Setzleistung von bis zu 6000 Zeichen in der Stunde vor allem die Zeitungsverlage. Leider blieb die Simplex Linotype (Model 1) die letzte Linotype, die zu Mergenthalers Lebzeiten umgesetzt wurde. Ottmar Mergenthaler starb am 28. Oktober 1899 in Baltimore.

Was eine Linotype so alles kann

Die Linotype wird über eine Tastatur bedient. Ein Tastenanschlag löst eine Matrize aus dem Magazin, das sich oberhalb der Tastatur befindet. Die Matrize ist eine metallene Gussform des gewählten Buchstabens. Sie fällt durch einen Führungskanal auf einen schnell laufenden Transportriemen, der sie ins Sichtfeld der Setzerin oder des Setzers befördert. Dort gesellt sie sich zu den anderen gewählten Matrizen. Dies ist der Moment, in dem Tippfehler von Hand korrigiert werden können. Ein Glockenzeichen erklingt, sobald die Zeile fast voll ist. Als nächstes wird ein Hebel betätigt, der das Ausschließen in Gang setzt. Die Arbeitskraft kann sich nun der nächsten Zeile widmen, während die Maschine die übrigen Arbeitsschritte selbstständig durchführt. Für das Ausschließen werden die Spatienkeile von der Maschine so weit in die Wortzwischenräume gedrückt, bis die gewählte Formatbreite erreicht ist. Anschließend wird die gesamte Zeile zum Gießkessel weitergeführt und die Matrizen werden mit Blei befüllt. Von hier werden die Matrizen und Spatienkeile über den Transportriemen zurück in ihr Magazin geräumt. Die fertig gegossene Zeile wird gereinigt, geglättet und in einer Art Setzschiff gesammelt. Alles also ganz einfach.

Die Linotype 6c S Quick des Deutschen Museums

Unsere Linotype stammt aus dem Jahr 1964 und wurde von der Berliner Maschinenbau-Actien-Gesellschaft, vormals Louis Schwartzkopff produziert. Seit 1954 hatte die Mergenthaler Linotype Company sogenannte Quick-Modelle eingeführt, die sowohl von Hand wie auch mit Lochstreifen steuerbar waren.

Die Linotype 6c S Quick eignete sich besonders gut für typografisch einfache Texte, wie zum Beispiel für Zeitungen. Im Handbetrieb konnte sie bis zu 8000 Zeichen in der Stunde setzen und mit Lochstreifensteuerung sogar bis zu 20 000 Zeichen. Dennoch konnten die Maschinen mit dem aufkommenden Fotosatz nicht mithalten, und so stellte das Unternehmen ab Mitte der 1970er-Jahre Stück für Stück seine Produktion von Zeilensetzmaschinen ein.

Die Linotype war nicht die einzige Setzmaschine ihrer Zeit, die das Druckgewerbe veränderte. Großen Erfolg hatte beispielsweise auch Wilbur Scudders Monoline oder nicht zu vergessen John R. Rogers' Typograph. Letztere soll sogar leichter, kleiner, billiger und einfacher in der Bedienung gewesen sein. Dennoch bevorzugten viele Druckunternehmen die Linotype.

Eine Linotype in Betrieb zu sehen ist ein reines Vergnügen: wie die Matrizen geradezu in Position rutschen, um von einer Ebene in die nächste gehoben, verschoben und getragen zu werden. Das dauerhafte Rattern wird begleitet von Krachen, Klacken, Klingeln, Klicken und Klirren. Man kommt nicht umhin, zu schmunzeln und zu denken: «Ha! Wer hat sich das denn ausgedacht? Meisterhaft.»

SARAH MANZ

Linotype Modell 6c S Quick Nr. 15 889 (Inv.-Nr. 76383)

Objektmaße (H × B × T)	2150 × 1700 × 1820 mm
Masse	2400 kg
Material	Metall, Kunststoff, Papier, Asbest, Leder, Bleilegierung
Vertrieb	Linotype GmbH, Frankfurt am Main

1891

Generator zur Drehstromübertragung

Maschinenfabrik Oerlikon
Oerlikon

Ohne Strom ist das moderne Leben nicht denkbar. Wie selbstverständlich gehen wir heute davon aus, dass er uns jederzeit und an (fast) jedem Ort zur Verfügung steht. Dabei ist die Übertragung von elektrischer Energie über weite Entfernungen erst seit etwas mehr als einhundert Jahren möglich. Ein bedeutender Meilenstein zur Entstehung des Stromnetzes, das heutzutage große Teile unserer Erde umspannt, war die weltweit erste Drehstromübertragung, die 1891 während der Internationalen Elektrotechnischen Ausstellung in Frankfurt am Main gezeigt wurde.

Gleichstrom versus Wechselstrom

In der Frühzeit der Nutzung von elektrischer Energie gab es zwar schon erste Stromnetze, diese waren jedoch räumlich stark begrenzt. Das lag daran, dass man Gleichstrom verwendete, also Strom, der über die Zeit konstant bleibt. Dieser konnte zu dieser Zeit jedoch noch nicht hochgespannt und daher nur mit großen Verlusten über größere Entfernungen übertragen werden. So konnten die frühen Gleichstromnetze nur Verbraucher in einem Radius von ein bis zwei Kilometern mit elektrischer Energie versorgen; den Anforderungen der rasant wachsenden Städte mit ihrem zunehmenden Kreis von Stromverbrauchern wurde das nicht

Fernversorgung mit Strom: Drehstromgenerator

Drehstromgenerator der Maschinenfabrik Oerlikon im Wasserkraftwerk in Lauffen (1891)

mehr gerecht. Um die meist in der Peripherie der Städte angesiedelten Industrien mit Strom zu versorgen und die Wasserkräfte außerhalb der Städte als Energiequelle zu nutzen, wurde damit begonnen, die Möglichkeiten einer Übertragung mit Wechselstrom, dessen Intensität sich periodisch ändert, zu erproben. Der große Vorteil dieser Art von Strom lag darin, dass man mit Transformatoren bereits technische Mittel kannte, um seine Spannung zu verändern.

Die Stromübertragung mit Wechselstrom wurde erstmals 1884 auf der Elektrizitätsausstellung in Turin gezeigt. Es folgten weitere Versuche, woraufhin in Fachkreisen schon bald eine heftige Kontroverse über die Frage entbrannte, welcher Stromart die Zukunft gehörte. Die Debatte erreichte in Deutschland ihren Höhepunkt, als in Frankfurt am Main 1887 ein Stromsystem für das neue Elektrizitätswerk ausgewählt werden sollte. Es entbrannte eine jahrelang öffentlich geführte Diskussion, die als «Frankfurter Systemstreit» in die Geschichte der Elektrotechnik eingegangen ist. Die Stadt ließ sich von einer Kommission aus weltweit renommierten Experten beraten, was aber zu keinem eindeutigen Ergebnis führte. Die Idee für eine Ausstellung als öffentliche Leistungsschau kam schließlich von keinem Techniker, sondern von dem Politiker und Herausgeber der *Frankfurter Zeitung* Leopold Sonnemann (1831–1909). Als Organisator und Ausstellungsleiter wurde Oskar von Miller gewonnen.

Die Internationale Elektrotechnische Ausstellung in Frankfurt am Main

Die Internationale Elektrotechnische Ausstellung fand von Mai bis Oktober 1891 in Frankfurt statt. Über 450 Aussteller präsentierten die neueste Technik von der Erzeugung bis zur Nutzung von elektrischer Energie.

Für Oskar von Miller stand fest, «daß es die Hauptaufgabe dieser Ausstellung sei, das Problem der elektrischen Kraftübertragung und Kraftverteilung auf weite Entfernung einer Klärung zuzuführen». Damit griff er eine Idee auf, die er bereits 1882 auf der Elektrizitätsausstellung im Münchner Glaspalast verfolgt hatte. Damals wurde eine Fernübertragung mit hochgespanntem Gleichstrom (1500 bis 2000 V) über 57 Kilometer von Miesbach nach München gebaut. Sie zeigte zwar, dass die Übertragung elektrischer Energie technisch realisierbar war, erreichte aber lediglich einen Wirkungsgrad von 22 Prozent.

Neun Jahre später fand Miller in der AEG und der Schweizer Maschinenfabrik Oerlikon innovationsfreudige Partner, die gemeinsam eine 175 km lange Leitung für den zu dieser Zeit neuen Drehstrom bauten. Oerlikon lieferte die Technik, Wechselstrom mit Hilfe von Transformatoren hochzuspannen. Die AEG trug das von Michael von Dolivo-Dobrowolsky (1862–1919) entwickelte Drehstromsystem bei.

Die erste Drehstromübertragung zwischen Lauffen und Frankfurt

Drehstrom besteht aus drei Wechselströmen, die zueinander jeweils 120° phasenverschoben sind. Sie entstehen in drei am Umfang des Generators um 120° versetzten Spulen und werden über drei voneinander getrennte Leitungen übertragen. Der besondere Charme der Verwendung von drei Phasen liegt darin, dass durch ihr Zusammenspiel keine Rückleiter benötigt werden, um den Stromkreis zu schließen. Dadurch lässt sich beim Bau von Leitungen fast die Hälfte an Material einsparen. Der Generator für die erste Drehstromübertragung wurde vom Chefingenieur der Schweizer Firma Maschinenfabrik Oerlikon, Charles L. E. Brown jun. (1863–1924), entworfen. Die 9 Tonnen schwere Innenpolmaschine mit einer Leistung von 221 Kilowatt (300 PS) wurde im Wasserkraftwerk des Württembergischen Portland-Zementwerks in Lauffen aufgestellt. Der dort mit der Kraft des Neckars produzierte Drehstrom wurde mit Hilfe eines Transformators zunächst auf 15 000 Volt, später versuchsweise sogar auf 25 000 Volt, hochgespannt und über eine Freileitung entlang der Eisenbahnstrecke Heidelberg-Hanau zum Frankfurter Ausstellungsgelände übertragen. Dafür wurde ein nur 4 Millimeter dicker Kupferdraht in 8 bis 17 Metern Höhe über mehr als 3000 mit Porzellanisolatoren versehene hölzerne Leitungsmasten verlegt. Für den Bau der Fernleitung waren die Reichspost und die württembergische Telegrafenverwaltung verantwortlich. Als öffentlich bekannt wurde, dass man beabsichtigte, eine derart hohe Spannung über einen blanken Draht zu übertragen, schalteten sich die Landesbehörden ein. Man befürchtete sowohl eine Gefährdung der Menschen, die sich in der Nähe der Leitung aufhielten, als

Wasserfall auf der Internationalen Elektrotechnischen Ausstellung in Frankfurt am Main (1891)

auch Störungen der parallel laufenden Telegrafenleitung. Oerlikon baute daraufhin eine Testleitung und bewies damit, dass die Leitung keine Gefahr für die Umgebung darstellte.

Am 24. August 1891 abends gegen 20 Uhr wurde zum ersten Mal Strom erfolgreich nach Frankfurt geschickt. Der gute Wirkungsgrad von 75 Prozent zeigte, dass sich elektrische Energie wirtschaftlich über große Entfernungen von Orten mit Primärenergiequellen (beispielsweise Wasserläufe oder Kohlegruben) zu Gebieten mit hohem Verbrauch übertragen lässt.

Auf der Frankfurter Ausstellung versorgte der Strom aus Lauffen öffentlichkeitswirksam neben einem Tableau mit 1000 Glühlampen, das die Fernübertragung pries, auch den Motor einer Pumpe, die einen Wasserfall speiste. Nach Ausstellungsende wurde die elektrische Energie ins in der Nähe des Wasserkraftwerks in Lauffen gelegene Heilbronn geleitet – das damit zur weltweit ersten Stadt avancierte, die bereits im Januar 1892 die regelmäßige Fernversorgung mit Strom aufnehmen konnte.

Als 1909 die Anlage erneuert wurde, versuchte Oskar von Miller das eindrucksvolle Zeugnis der Energiegeschichte für das Deutsche Museum zu sichern. Da sich die Portland-Zementfabrik Lauffen jedoch weigerte, den Generator zu stiften, kaufte ihn die Maschinenfabrik Oerlikon zurück und übereignete ihn dem Museum. Alle anderen Maschinen und Anlagenteile wurden demontiert und als Altmaterial verkauft.

Trotz der geglückten Drehstromübertragung entschied man sich in Frankfurt nach der Ausstellung für ein System mit einphasigem Wechselstrom. Es sollte bis Anfang des 20. Jahrhunderts dauern, bis sich der Drehstrom allmählich durchsetzte und die heutigen hauptsächlich auf Drehstrom basierenden Stromversorgungsnetze entstanden.

FRANZISKA SCHWIERSCH

Drehstromgenerator (Inv.-Nr. 21978)

Leistung	**200 kVA**
Drehzahl	**150 U/min**
Maße (H × B × T)	**2150 × 2500 × 3600 mm**
Masse	**9000 kg**

Der durchleuchtete Mensch und der Siegeszug der neuen Verkehrsmittel

1892

Interferometer

Ludwig Mach
Prag

«Was für eine sonderbare Familie sind wir! Man wird später Bücher über uns – nicht nur über einzelne von uns – schreiben», notierte der Autor Klaus Mann bereits zu Lebzeiten in seinen Tagebüchern. Ob die Manns in der Literatur, die Bachs in der Musik oder die Chaplins im Schauspiel – in vielen berühmten Familien werden Begabungen und Leidenschaften über Generationen weitergetragen. Das gibt es auch in der Wissenschaft, doch sind hier die Namen oft weniger geläufig. Die Curies, Braggs, Bohrs, Thomsons und Kornbergs sind nur einige Beispiele für Familien, aus denen gleich mehrere Mitglieder den Nobelpreis erhielten.

Der lange Schatten eines berühmten Vaters

Dass bei den Machs ein Name dominiert, hat verschiedene Gründe. Als Physiker und Philosoph war Ernst Mach (1838–1916) in einer heute nahezu undenkbaren wissenschaftlichen Breite tätig. Physiologie, Psychologie sowie vielfältige physikalische Disziplinen und wissenschaftstheoretische Fragen beschäftigten ihn zeitlebens. Seine umfangreichen Schriften entfalteten eine bis in die Gegenwart anhaltende akademische Wirkung. Mit der Hilfe seines ältesten Sohns Ludwig Mach (1868–1951) führte Ernst Mach verschiedene experimentelle Untersuchungen durch, zu denen auch die Versuche mit dem Interferometer zählten. Fälschlicherweise wird die Entwicklung

Misst Längenunterschiede so klein wie die Wellenlänge des Lichts: das Interferometer von Ludwig Mach

Darstellung einer Geschossaufnahme, Druckstock aus Zink auf Holz, ca. 1900

des «Interferenz-Refractometers» in der Literatur oft dem Vater zugewiesen, obgleich Ernst Mach selbst sie allein seinem Sohn zusprach. Das Instrument trägt heute den Namen von Ludwig Mach und Ludwig Zehnder (1854–1949), da beide es unabhängig voneinander zur selben Zeit entwickelten.

Anders als sein berühmter Vater verfolgte Ludwig Mach keine akademische Laufbahn, sondern schlug sich finanziell mehr schlecht als recht als selbstständiger Erfinder durch. Es gelang ihm nie wirklich, aus dem Schatten seines vielbeachteten Vaters herauszutreten. Nach Ludwig Machs Tod in Vaterstetten bei München schenkte seine Witwe Anna Karma Mach (um 1888–1938) das Interferometer dem Deutschen Museum. Heute befinden sich die umfangreichen schriftlichen Nachlässe von Ernst und Ludwig Mach in den Sammlungen des Museumsarchivs.

Wissenschaftliche Präzision und militärische Anwendung

Das Mach-Zehnder-Interferometer ist ein grundlegendes Instrument für die Messtechnik und die Quantenoptik. Es besteht aus einem Stativaufbau mit zwei Spiegeln und zwei halbdurchlässigen Glasplatten, die sich in einem Rechteck gegenüberstehen. Einfallendes Licht wird von der ersten Glasplatte in zwei Bündel geteilt, die anschließend unterschiedliche Wege im Interferometer nehmen. Durch die beiden Spiegel werden die Teilbündel auf der zweiten Glasplatte wieder vereint und überlagert. Indem sich die Wellenzüge der Teilbündel verstärkend und auslöschend überlagern, ergibt sich im Bild ein Muster aus hellen und dunklen Streifen. Auf diese Weise können zwischen den beiden Wegen der Teilbündel Unterschiede gemessen werden, die so klein sind wie die Wellenlänge des Lichts, also weniger als ein Tausendstel Millimeter. Wenn die Dichte der Luft auf den beiden Teilstrecken auch nur gering variiert, führt dies zu sichtbaren Veränderungen des Streifenmusters.

Ludwig und Ernst Mach untersuchten mit dem Interferometer die Druckwellen fliegender Geschosse. Die gestochen scharfen Bilder schnell fliegender Gewehrkugeln weckten rasch das Interesse militärischer Akademien und der Rüstungsindustrie.

Im Archiv des Deutschen Museums finden sich Hunderte solcher Geschossaufnahmen. Die vor allem von Ludwig Mach verfeinerte interferometrische Methode bot den Vorteil, dass sie auch quantitative Aussagen zu Druckwellen und Druckverlauf der Projektile lieferte. Die Interferometrie wurde rasch zum Standard für die ballistische Forschung und ist heute außerdem auch fester Bestandteil der Bildgebung von Überschall-Windkanälen.

Vater und Sohn waren sich der direkten Konsequenzen ihrer Projektilforschungen bewusst. Von Ernst Mach existiert dazu eine kritisch-ironische Bemerkung aus dem Jahr 1897:

> «Die Menschen fühlen sich heutzutage verpflichtet, zuweilen für recht fragwürdige Ziele und Ideale sich gegenseitig in kürzester Zeit möglichst viele Löcher in den Leib zu schießen. Und ein anderes Ideal, welches zu dem vorgenannten meist in schärfstem Gegensatze steht, gebietet ihnen zugleich, diese Löcher von kleinstem Kaliber herzustellen, und die hergestellten möglichst rasch wieder zu stopfen und zu heilen.»

JOHANNES-GEERT HAGMANN

Interferometer (Inv.-Nr. 75280)

Maße (L × B × T)	475 × 655 × 417 mm
Material	Metalle, Glas, Marmor

1892

Vakuumspektrograph

Viktor Schumann
Leipzig

«Da meine Baarmittel nicht umfangreich sind, so muss ich sehr sparsam wirthschaften, wenn ich mich ungeschmaelert meinem Studium soll widmen können. (In unserem deutschen Reiche hat man für Arbeiten von Leuten meines Schlages keine Baarmittel disponibel. Bei uns ist es nicht wie in Amerika, wo die wissenschaftlichen Bestrebungen des privaten Forschers ebenso unterstützt werden wie die des Berufsgelehrten.)»

Diesen illusionslosen Kommentar verfasste 1901 der Leipziger Ingenieur und Amateurphysiker Viktor Schumann (1841–1913) in einem Brief an einen amerikanischen Kollegen.

Vom Ingenieur zum Naturforscher

Schumann war Autodidakt und damit ein Außenseiter in der Forschung des späten 19. Jahrhunderts, als die Physik bereits zu einer etablierten akademischen Disziplin ausgereift war. Er interessierte sich besonders für die Spektroskopie, bei der Strahlung nach ihrer Wellenlänge zerlegt wird.

Geboren in Markranstädt in der Nähe von Leipzig hatte er zunächst eine Ausbildung in einer Maschinenfabrik begonnen. Nach einem Ingenieurstudium an der höheren Gewerbeschule in Chemnitz arbeitete er in verschiedenen Fabriken und übernahm schließlich die technische Leitung in einem Leipziger Unternehmen. Schumann war erfolgreich in seiner Arbeit, aber privat musste er mehrere

Zweiter, verbesserter Vakuumspektralapparat von Viktor Schumann

Schicksalsschläge hinnehmen: Sein Sohn und seine Frau starben bereits früh. Nach dem Tod seiner Frau beschäftigte Schumann sich in seiner Freizeit fast ausschließlich mit der Fotografie, die damals noch an den Anfängen stand. Er richtete sich ein privates Labor in seiner Wohnung ein, um dort fotochemische und spektroskopische Experimente durchzuführen.

Es gelang ihm, die Empfindlichkeit der mit Bromsilber und Gelatine beschichteten Platten zu erhöhen, die damals beim Fotografieren belichtet wurden. Bald fand er mit seinen Verbesserungen Anerkennung in der fotografischen Fachliteratur. Durch seine erfolgreichen Versuche fühlte sich Schumann ermutigt und verlagerte sein Interesse zunehmend auf den kurzwelligen Teil des ultravioletten Spektrums von Gasentladungen. Bereits 1852 hatte der irische Physiker George Stokes (1819–1903) den Niederfrequenzbereich dieser Strahlung bis zu einer Grenze von 185 Nanometern untersucht. Viktor Schumann erkannte, dass auf den herkömmlichen Fotoplatten die Materialien Luftsauerstoff, Glas und Gelatine die kleineren Wellenlängen absorbierten und ihre Abbildung entscheidend begrenzten. Um 1890 gelang es ihm schließlich, diese Begrenzungen zu überwinden. Dies glückte ihm mit einem selbst entwickelten, neuartigen Instrument, dem Vakuumspektralapparat. Statt Quarz verwendete er Fluorit für die Linsen, überzog die Gelatine der Fotoplatten mit einer sehr dünnen Emulsion und evakuierte die Messkammer seines Apparates. Da er somit die absorbierenden Hemmnisse Quarz, Gelatine und Luftsauerstoff entfernt hatte, konnte Schumann erstmals Strahlung mit Wellenlängen unter 185 Nanometer messen.

Mit diesem Erfolg im Rücken gab er 1892 seinen Beruf auf, um sich als Privatmann mit seinen bescheidenen Ersparnissen vollständig der UV-Spektroskopie zu widmen. Gesundheitsprobleme führten dazu, dass er zehn Jahre später seine Arbeit einstellen musste. Schumann verstarb im Jahr 1913 im Alter von einundsiebzig Jahren. Die von ihm entdeckte «Schumann-Region» des ultravioletten Spektrums zwischen 125 und 185 Nanometern ist heute ebenso aus der Literatur verschwunden wie die nach ihm benannte «Schumann-Strahlung». Allerdings erfuhr Schumann zu Lebzeiten für seine Arbeit insbesondere in den USA große Anerkennung. Dort führte der Physiker Theodore Lyman (1874–1954) an der Harvard University die von Schumann entwickelte Methode weiter und entdeckte mit ihr in den Jahren 1904–1914 die erste Serie von Spektrallinien im Wasserstoffatom. Diese im ultravioletten Bereich des Spektrums zwischen ca. 91 und 121 Nanometern liegenden Spektrallinien sind heute als Lyman-Serie bekannt.

Rezeption und Interpretation von Schumanns Arbeit

Im Jahr 1936 bereitete das Deutsche Museum eine Sonderausstellung zum 250. Todestag des Erfinders Otto von Guericke (1602–1686) vor, in der man neben Originalen aus Guerickes Labor auch moderne Anwendungen der Vakuumtechnik zeigen wollte. Auf diese Weise gelangten zwei Vakuumspektralapparate von Schumann, die Aufzeichnung mehrerer Spektren sowie zwei seiner Laborbücher aus der Sammlung der Universität Leipzig in das Deutsche Museum. Sie wurden gemeinsam mit dem Röntgenspektrographen des Nobelpreisträgers Manne Siegbahn (1886–1978) ausgestellt.

Zur Zeit des Nationalsozialismus wurde Schumanns Geschichte und Arbeit ideologisch verdreht und sein Lebenswerk für den Unterricht zur Geschichte der Physik als selbstloser wissenschaftlicher Opferwille umgedeutet. Diese ideologisch aufgeladene Interpretation von Schumanns Werk konnte sich zum Glück nicht durchsetzen und ist heute vergessen.

Hinsichtlich seines Erfolgs bei der methodischen Erweiterung der Spektroskopie blieb Schumann selbst bescheiden. So schrieb er auf seine wissenschaftliche Arbeit zurückblickend im Jahr 1901: «Obgleich ich von Haus aus auf diesem Gebiete Dilettant bin, habe ich meine Aufgabe doch ernster aufgefasst, als es gewöhnlich Männer dieser Art zu thun pflegen.»

JOHANNES-GEERT HAGMANN

Vakuumspektrograph (Inv.-Nr. 67787)

Maße (L × B × T)	280 × 290 × 450 mm

W. Saville-Kent, del. et pinx. ad nat.

Riddle & Couchman, Imp. London, S.E.

GREAT BARRIER REEF CORALS.

1893

The Great Barrier Reef of Australia

William Saville-Kent
London

«Ungeachtet der extremen Schönheit von Form und Struktur der künstlich präparierten Korallen […], dieser exquisiten Calciumcarbonat-Fabrikationen, wird man nun verstehen, dass sie nur die weißgebleichten Knochen oder Skelette brillant gefärbter Lebewesen darstellen.»

So beschreibt der britische Meeresbiologe William Saville-Kent (1845–1908) in seinem 1893 erschienenen Buch *The Great Barrier Reef of Australia: Its Products and Potentialities* die vom Riff geernteten und für den Export bestimmten Korallen. Mit diesem Werk publizierte er die erste umfassende wissenschaftliche Abhandlung über dieses bemerkenswerte Naturwunder.

Ein Leben für die Meeresforschung

Die Faszination für die Meeresforschung sollte Saville-Kents ganzes Leben bestimmen. Nach dem Studium am King's College in London und der Royal School of Mines arbeitete er in seinen Zwanzigern einige Jahre in der naturhistorischen Abteilung des British Museum in London und war dort unter anderem für die Betreuung einer Sammlung von Korallen zuständig. Schon damals träumte er davon, diese Wesen einmal in ihrer natürlichen Umgebung sehen zu können. Bis es so weit war, vergingen aber noch einige Jahre. Saville-Kent arbeitete zwischenzeitlich in

Farbdruck von Korallen nach einem Aquarell von William Saville-Kent einigen Aquarien in Großbritannien, versuchte sich an der Gründung einer eigenen Firma und wanderte schließlich 1884 nach Tasmanien aus, um dort einen Posten als Inspektor in der Fischereiwirtschaft anzutreten. In den folgenden mehr als zwanzig Jahren in Australien sollte er ähnliche Posten in verschiedenen Bundesstaaten innehaben. Er wurde Präsident der Royal Society in Queensland und übte sowohl in der meeresbiologischen Forschung als auch in der Fischereiwirtschaft und der dazugehörigen Gesetzgebung einen nachhaltigen Einfluss aus.

Sein Buch über das Great Barrier Reef behandelt neben Korallen eine Vielzahl anderer Gegenstände: Tierarten von Fischen bis Seegurken, Theorien zur Entstehung des Riffs, Fischereien und Aquakulturen, Seerouten sowie Geschichten über Schiffswracks und Schatzfunde sind nur einige der Themen, die in ihrer Gesamtheit ein facettenreiches Bild des weltgrößten Korallenriffs kurz vor Beginn des 20. Jahrhunderts liefern. Das Herzstück des Werks sind zweifelsohne die zahlreichen Fotografien – sie stellen mit insgesamt 48 Seiten das erste fotografische Zeugnis des Great Barrier Reefs dar und sind in ihrem Umfang und ihrer Qualität durchaus unüblich für ein Buch der damaligen Zeit. Die Mehrzahl der Fotografien zeigt Korallen des Riffs, darüber hinaus aber sind beispielsweise auch Fische und Seeigel sowie Perlen und australische Ureinwohner bei der Verarbeitung von Seegurken zu sehen. Aus Saville-Kents Text lässt sich herauslesen, dass die Fotografie in ihrer Präzision für ihn ein sehr nützliches wissenschaftliches Werkzeug war, dass ihn die Einschränkungen der schwarz-weißen Abbildungen aber auch frustrierten. Er beschreibt die farbenfrohen Korallen in ausdrucksstarken Worten, um den Lesenden die bunte Unterwasserwelt der australischen Küsten näherzubringen, und fügt am Ende des Buchs einige nach seinen Aquarellen angefertigte Farbdrucke ein, die zumindest einen Eindruck der tatsächlichen Farbgebung vermitteln sollen.

William Saville-Kent beim Fotografieren am Great Barrier Reef. Das untere Bild zeigt im Hintergrund die Grashütte, in der er für einige Wochen wohnte.

Um die Fotografien anzufertigen, musste Saville-Kent einige Mühen auf sich nehmen. Die Unterwasserfotografie steckte in den 1890er-Jahren noch in den Kinderschuhen. So musste er jeweils warten, bis eine ungewöhnlich starke Ebbe die Korallen freilegte und gleichzeitig windstilles Wetter es erlaubte, auch unter der Wasseroberfläche liegende Riffteile noch scharf abzulichten. In seiner Kombination aus

PLATE XXVII.

W. Saville-Kent, Photo. London Stereoscopic Co. Rep.

AUTHORS' METHODS OF PHOTOGRAPHING SUBMERGED CORALS AND BÊCHE-DE-MER.

Augenzeugenbericht, Fotografien, wissenschaftlicher Untersuchung und Beitrag zur naturkundlichen Theoriebildung stellt *The Great Barrier Reef of Australia* einen Meilenstein in der Geschichte der Erforschung der Korallenriffe und des Einsatzes der wissenschaftlichen Fotografie dar.

Umweltschutz gegen Ende des 19. Jahrhunderts

Aus heutiger Sicht ist darüber hinaus noch ein weiterer Punkt von Interesse: Aus dem Text lässt sich viel über das damalige Verhältnis von Mensch und Natur herauslesen. Die Umweltgeschichte als historische Disziplin hat insgesamt an Bedeutung und Aktualität gewonnen, was in Anbetracht der fortschreitenden Erderwärmung und Umweltverschmutzung kaum verwunderlich ist. Bedroht durch Klimawandel und menschlichen Raubbau wurde das Great Barrier Reef bereits 1981 von der UNESCO zum Weltnaturerbe erklärt. Auch Saville-Kent war um das Wohl der Natur besorgt – er setzte sich für nachhaltige Fischerei und Perlenzüchtung ein und wirkte an entsprechenden Gesetzgebungen mit. Seine Stelle als Fischereiinspektor in Tasmanien endete, als er sich gegen die Ansiedlung von Lachsen in tasmanischen Gewässern aussprach. Er hielt dieses Vorhaben für Geldverschwendung und erkannte schon damals, dass einheimische Fischarten von eingeschleppten Tieren ausgerottet werden können:

> «Die Einführung von exotischen Arten, wo ein Land bereits gute einheimische Fische besitzt, ist kaum zu empfehlen. Die wahllose Verbreitung der Bachforelle in allen zugänglichen Flüssen Tasmaniens hat in vielen von ihnen bereits eine hervorragende einheimische Äsche ausgerottet [...] Die Art wird in einigen weiteren Jahren, wenn ihr nicht geholfen wird [...], wahrscheinlich in dieser Kolonie aussterben.»

Saville-Kents Engagement für den langfristigen Schutz der australischen Natur war dabei durchweg von wirtschaftlichen Aspekten flankiert. Einheimische Fische galten ihm vor allem dann als schützenswert, wenn sie guten Sport für Angler boten oder sich wirtschaftlich verwerten ließen. Wie sich bereits dem Untertitel entnehmen lässt, der von den Produkten und Potenzialen des Korallenriffs spricht, macht Saville-Kent verschiedene Vorschläge, wie Fischerei und

Perlenzucht ausgeweitet werden können, und betont wiederholt den großen wirtschaftlichen Profit, der sich aus dem Riff ziehen lässt. Umweltschutz, wirtschaftlicher Nutzen und Bewunderung für die Schönheit der Natur waren für ihn (noch) keine Gegensätze. «[Die Ressourcen] sind in nahezu unbegrenztem Umfang entwicklungsfähig [...]», schreibt er in der Einleitung und schlägt damit einen Ton an, der das gesamte Buch durchzieht. Aus heutiger Sicht ist er so naiv wie verfehlt.

Mittlerweile wissen wir leider nur allzu gut, dass natürliche Ressourcen endlich sind. Inzwischen ist über die Hälfte der Korallen des Great Barrier Reefs abgestorben. 2019 stufte Australien die Zukunftsaussichten des Riffs von «schlecht» auf «sehr schlecht» herab.

EVA BUNGE

The Great Barrier Reef of Australia: Its Products and Potentialities, William Saville-Kent, London, 1893 (Sign. 3000 /1925 B 367)

Maße (L × B × T)	340 × 270 × 65 mm
Umfang	387 Seiten
Material	Leder (Einband), Papier (Blätter)

1893

Dieselmotor DM 250/400

Rudolf Diesel/Maschinenfabrik Augsburg
Augsburg

Am 10. August 1893 erschütterte ein lauter Knall das Fabrikgelände der Maschinenfabrik Augsburg. «Die Zündung erfolgte sofort», notierte Verursacher Rudolf Diesel (1858–1913) ungerührt in seinem Laborbuch, und daneben einen Zünddruck von 80 Atmosphären. Zwanzig Jahre später merkte Diesel lakonisch an: «In Wirklichkeit war der Druck noch höher, denn der Indikator wurde unter heftigster Explosion zerstört und dessen Stücke flogen an unseren Köpfen vorbei.» Dieser (erfolgreiche) erste Versuch einer «Selbstzündung», der den Erfinder fast das Leben gekostet hätte, war jedoch nur ein erster Schritt einer jahrelangen Entwicklung, die eine aus theoretischen Überlegungen hervorgegangene Erfindung praktisch umsetzte – und die bis heute fortgesetzt wird.

Eine Idee wird geboren

Anfang 1893 erschien Diesels Schrift *Theorie und Konstruktion eines rationellen Wärmemotors*, in der er – damals 34 Jahre alt – seine Überlegungen zu seinem neuartigen, kurz zuvor patentierten Motor ausführt. Darin finden sich Gedanken zu einer Maschine, die sich möglichst eng an einen idealen, thermodynamisch perfekten Motor anlehnt. Beispielsweise soll die Verbrennung und anschließende Expansion der Brenngase bei möglichst konstanter Temperatur stattfinden, um Wärmeverluste weitestgehend zu vermeiden. Eine solche Maschine wird nach dem französischen Ingenieur Sadi Carnot (1796–1832) als «Carnot-Maschine» be-

Der «Erste Dieselmotor», eines von zwei baugleichen Exemplaren zeichnet. In der «Carnot-Maschine» hängt der Wirkungsgrad nur vom Verhältnis der höchsten und der niedrigsten Temperatur im Prozess ab, hier beispielsweise Verbrennungstemperatur und Umgebungstemperatur. Praktisch ist das nicht möglich, und auch heute geben alle «Wärmemotoren» (wie Ottomotoren, Dampf- oder Gasturbinen) einen großen Teil der aus dem Kraftstoff aufgenommenen Energie als Wärme an die Umgebung ab.

Das Buch erreichte seinen Zweck: Es gelang Diesel, sich die Unterstützung der Maschinenfabrik Augsburg und der Friedrich Krupp AG in Essen zu sichern. Im Austausch für Verwertungs- und Nutzungsrechte an seiner Erfindung verpflichteten sich die Unternehmen, innerhalb von sechs Monaten einen Versuchsmotor zu bauen, den der Ingenieur zur praktischen Erprobung seiner Maschine nutzen konnte.

Die Versuchsmaschine war nach dem ersten Einspritzversuch schnell wieder repariert: «Dem Motor war nichts passiert, war er doch (...) gebaut wie eine Kanone.» So konnten die Versuche bald fortgesetzt werden: «Wiederum mehr oder weniger heftige Explosionen». Insgesamt wurde die Versuchsmaschine – neben zahllosen kleineren Modifikationen für die Versuche – viermal umgebaut, bevor die gewonnenen Erkenntnisse 1896 in eine umfassende Neukonstruktion mündeten.

Die neue Maschine, nach den Zylindermaßen (Bohrung/Hub) mit «Motor 250/400» bezeichnet, wurde in zwei Exemplaren, je eins für die beiden Industriepartner, gebaut. Das Exemplar des Krupp-Grusonwerks wurde jedoch nach kurzer Zeit wieder für weitere Versuche nach Augsburg zurücktransportiert. Heute steht es als «Erster Dieselmotor» im Deutschen Museum. Zur großen Zufriedenheit lief der Motor schon im Dezember 1896 «sofort tadellos» und wurde im Februar 1897 durch Professor Moritz Schröter von der Königlich Bayerischen Technischen Hochschule München untersucht. Dabei wurde ein Wirkungsgrad von 26,2 Prozent ermittelt – für damalige Zeiten ein sensationeller Wert!

Diesel hatte zwar keine «Carnot-Maschine» erfunden, aber trotzdem einen «rationellen Wärmemotor». In der Folge wurden an beiden Motoren Versuche mit verschiedensten festen, flüssigen und gasförmigen Brennstoffen durchgeführt – einen Test mit Erdnussöl im Jahr 1900 erwähnt Diesel nur «der Vollständigkeit halber». Auch mit einer einfachen Form der Aufladung experimentierte Diesel, verwarf sie aber als «ungemein schädlich»: Es gelang nicht, die Luft im

Kurbelgehäuse so weit zu komprimieren, dass der Nutzen, eine Leistungssteigerung im Gesamtprozess, die dafür eingesetzte mechanische Energie überstieg. Heute ist die Aufladung, beispielsweise im «Turbodiesel», weitverbreitet.

Diorama des Deutschen Museums von Diesels Versuchsstand 1893

Trotz der alles in allem sehr erfolgreichen Versuche und einem triumphalen Auftritt bei der Hauptversammlung des Vereins Deutscher Ingenieure (VDI) 1897 in Kassel war die Weiterentwicklung des Motors zur Marktreife für Diesel wirtschaftlich und psychisch zermürbend. Dies trug letzten Endes auch zu seinem Suizid im September 1913 bei – nur einen Monat nach Erscheinen seiner Schrift *Die Entstehung des Dieselmotors*.

Auch heute noch der «Rationellste»

Rudolf Diesel erhoffte sich von seinem Motor einen Schub zur Dezentralisierung von Industrie- und Handwerksbetrieben, da der Motor, unabhängig von einer zentralen Gasversorgung und ohne einen Dampfkessel «in seiner Leichtigkeit und Transportfähigkeit fast den Nähmaschinen vergleichbar», problemlos

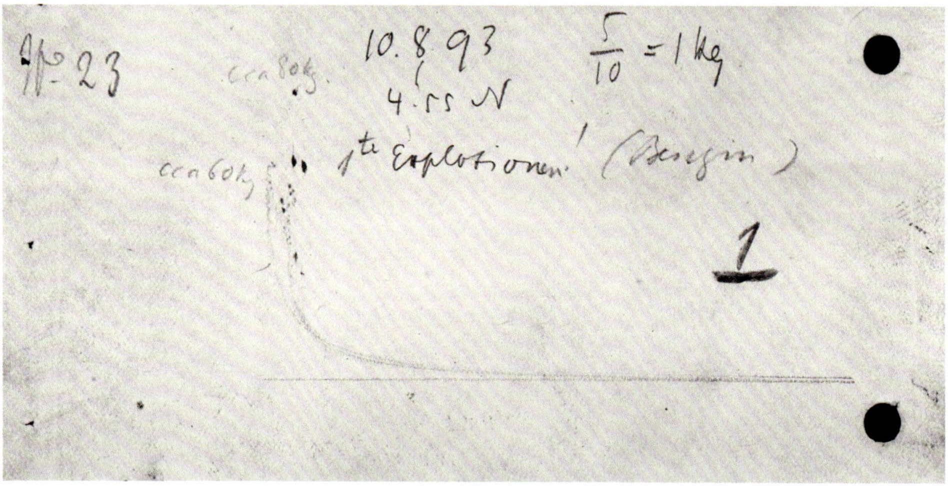

Das Indikatordiagramm von Diesels Versuch vom 10. August 1893. Auch das Einsetzen der Explosionen hat Diesel markiert.

überall einzusetzen war. Dadurch könnten sich kleine Betriebe problemlos auch außerhalb von Städten ansiedeln – abseits der Gas- und Elektrizitätswerke – und so von «Luft, Licht und Raum» profitieren.

Auch der Menschen- und Güterverkehr sollte dezentralisiert werden: Anstatt lange Züge zusammenzustellen, die von großen und schweren Dampfloks gezogen wurden, sollten kleine, leichte, mit Dieselmotoren ausgestattete Triebwagen Menschen und Güter schnell und flexibel ans Ziel bringen.

Dass es letztlich anders kam und es heute wirtschaftlich sinnvoll ist, Rohstoffe und Produkte in großen Schiffen um die halbe Welt zu transportieren, ist auch ein «Verdienst» des Dieselmotors: Große Schiffsdieselmotoren, in der Regel Zwei-Takt-Turbodiesel, erreichen Wirkungsgrade von über 50 Prozent – mehr als jede andere Wärmekraftmaschine. Wie ihr Urahn können sie mit geringen Anpassungen eine Vielzahl an Brennstoffen verbrennen, zum Beispiel unter anderem auch Rückstandsöle aus der Erdölverarbeitung (sog. Marines Rückstandsöl oder Schweröl). Mit solchen Motoren ausgestattete Containerschiffe verbinden die Häfen auf der ganzen Erde und bringen Elektronik aus China, Weichkäse aus Frankreich oder Rindfleisch aus Argentinien zu Kunden auf der ganzen Welt. Selbstverständlich werden die Handelswaren in den Häfen von Lastwagen mit Dieselmotoren abgeholt und zu den Verbrauchern gebracht.

Dieselmotoren hatten lange den Ruf, behäbig, schwerfällig und wenig sportlich zu sein. Das hat sich längst geändert: Am 18. Juni 2006 gewannen Frank Biela, Marco Werner und Emanuele Pirro mit dem Audi R10 TDI – und damit erstmals mit einem Dieselmotor – das 24-Stunden-Rennen von Le Mans. Für den Individualverkehr erfreuen sich Dieselmotoren weiterhin großer Beliebtheit: Im Jahr 2020, rund sechs Jahre nach Auffliegen des «Dieselskandals» um manipulierte Abgaswerte von Diesel-PKW, war rund jeder vierte in Deutschland neu zugelassene PKW mit einem Dieselmotor ausgestattet. Einer der Gründe, aus dem sich viele Fahrer heute für einen Dieselmotor entscheiden, ist sicherlich dessen hohe Wirtschaftlichkeit. Bei vergleichbarer Leistung verbrauchen Dieselmotoren deutlich weniger als Ottomotoren. Dies hat aber auch seinen Preis: Der beste Weg, um den Wirkungsgrad zu steigern – und damit den CO_2-Ausstoß zu verringern –, ist die Erhöhung der Verbrennungstemperatur. Hohe Temperaturen begünstigen aber die Bildung von Stickstoffoxiden (NO_x). Mittlerweile sind klimafreundliche Diesel-PKW für rund zwei Drittel der verkehrsbedingten NO_2-Emissionen in Städten verantwortlich. Auch das erklärt den hohen Stellenwert der Abgasnachbehandlung bei der Entwicklung von Verbrennungsmotoren. Und es zeigt, womit sich Ingenieure seit jeher beschäftigen: Eine Verbesserung eines Parameters wird stets mit einem Kompromiss an anderer Stelle erkauft. Einen in jeder Hinsicht «perfekten» Motor gibt es nicht.

THOMAS RÖBER

Dieselmotor DM 250/400 (Inv.-Nr. 3096)

Maße (H × B × L)	4300 × 2750 × 2050 mm mit Ständer
Masse	5950 kg
Leistung	14,7 kW bei 172 1/min
Bohrung × Hub	250 mm × 400 mm
Hubraum	19,6 l

Hildebrand & Wolfmüller
München

1894

Motorrad Hildebrand & Wolfmüller

Heinrich Hildebrand & Alois Wolfmüller
München

Komplexe Erfindungen bestehen aus einer Reihe von Detaillösungen, die oft einen fließenden Übergang von ersten Versuchen bis zum erfolgreichen ersten Serienmodell darstellen. Nicht selten arbeiteten mehrere Ingenieure parallel an einer Erfindung, ohne immer Quellen zu hinterlassen – so auch beim Motorrad. Vielen gilt der Reitwagen von Daimler und Maybach von 1885 als erstes Motorrad, doch bereits für die 1860er-Jahre existieren Belege dampfgetriebener Zweiräder.

Einfacher ist die Frage nach der ersten Serienmaschine zu beantworten: Es war die Firma Hildebrand & Wolfmüller aus München, die erstmals serienmäßig und kommerziell ein Motorrad produzierte – und dies Mitte der 1890er-Jahre, lange bevor Motorräder größere Verbreitung fanden. Dass sich die Firma den Begriff «Motorrad» zudem patentrechtlich schützen ließ, untermauert bis heute ihren Ruf als einer der wichtigsten Vorreiter der Motorradgeschichte.

Große Ambitionen und ein frühes Ende

Tatsächlich beeindrucken die Eckdaten des Münchner Unternehmens: Von 1894 bis 1896 baute Hildebrand & Wolfmüller nach verschiedenen Quellen 400 bis 2000 Motorräder und beschäftigte rund 800 Arbeiter. Die technischen Details sind ebenso interessant: Im Gegensatz zu den Modellen, die zu Beginn des 20. Jahrhunderts weltweit den ersten Motorradboom einläuten sollten, erinnert die Hildebrand &

Erinnert noch an ein Fahrrad: das erste Serienmotorrad

Wolfmüller ein wenig an ein Fahrrad. Das etwa 42 Kilogramm schwere Fahrzeug besaß einen Doppelrohrrahmen, der für hohe Stabilität sorgte und den Einbau des Motors erleichterte. Der Zweizylinder-Viertaktmotor mit 1488 cm^3 leistete etwa 2,5 PS und ermöglichte in der Serienausführung eine Geschwindigkeit bis 45 km/h.

Trotz der vielversprechenden Ansätze stellte die Firma bereits Anfang 1896 die Produktion ein. Vor allem technische Probleme und in deren Folge eine Menge von Reklamationen verursachten ihr Ende. Große Schwierigkeiten bereitete die Glührohrzündung, auch die neuartige Luftbereifung genügte kaum den Alltagsansprüchen. Darüber hinaus war die Handhabung schwierig. So erfolgte die Kraftübertragung wie bei einer Lokomotive direkt von der Pleuelstange auf das Hinterrad. Leerlauf, Kupplung und Getriebe gab es nicht, was das Fahren gerade in der Stadt erschwerte. Die Polizeibehörden in München verboten bald den Gebrauch des Motorrads innerhalb der Stadtgrenzen. Der hohe Anschaffungspreis begrenzte zudem den Käuferkreis stark.

Zukunftsvisionen zum Verkehr: In der Zeichnung von 1899 taucht die Hildebrand & Wolfmüller auf.

Die Lösung grundsätzlicher Probleme erfolgte erst später

Das Scheitern von Hildebrand & Wolfmüller verdeutlicht die technischen Probleme im Kraftfahrzeugbau des ausgehenden 19. Jahrhunderts. Die Motorentechnik mitsamt ihren Komponenten steckte noch in den Kinderschuhen. Zwar kämpften auch Autofahrer mit den technischen Schwierigkeiten, nur waren diese in einem drei- oder vierrädrigen Fahrzeug halbwegs in den Griff zu bekommen. Zweiräder hingegen benötigen kleinere und leichtere Motoren, die es für einen zuverlässigen Betrieb noch nicht gab.

Die Motorradproduktion sollte erst um 1902 richtig in Gang kommen, als die größten Probleme gelöst waren. Der von Maybach und Daimler entwickelte Spritzdüsenvergaser begann bereits vor der Jahrhundertwende den Oberflächenvergaser abzulösen. Die Hochspannungs-Magnetzündung mit wechselbaren Kerzen von Bosch brachte 1902 den Durchbruch. Ein zuverlässiger, kleiner Motor war somit vorhanden. Und tatsächlich nahmen immer mehr Firmen in Europa und Nordamerika um 1902 erfolgreich die Produktion auf. Da war Hildebrand & Wolfmüller, die erste Motorradmarke überhaupt, schon Geschichte.

Das Deutsche Museum besitzt zwei Modelle des Münchner Motorradproduzenten Hildebrand & Wolfmüller – einen Prototyp von 1893 und ein Serienmodell von 1894. Letzteres gilt als das am besten erhaltene Exemplar dieses Pioniers im Motorradbau. Es kam bereits 1906 als private Stiftung ins Museum und war das erste Motorrad in der Sammlung des Deutschen Museums.

FRANK STEINBECK

Erstes Serienmotorrad Hildebrand & Wolfmüller (Inv.-Nr. 1180)

Motor	2-Zylinder-Viertaktmotor, liegend, wassergekühlt
Zündung	Glührohrzündung
Hubraum	1488 cm^3
Leistung	1,8 kW (2,5 PS)
Antrieb	Direktantrieb des Hinterrads über Pleuelstange und Kurbel
Masse	42 kg
Höchstgeschwindigkeit	ca. 45 km/h

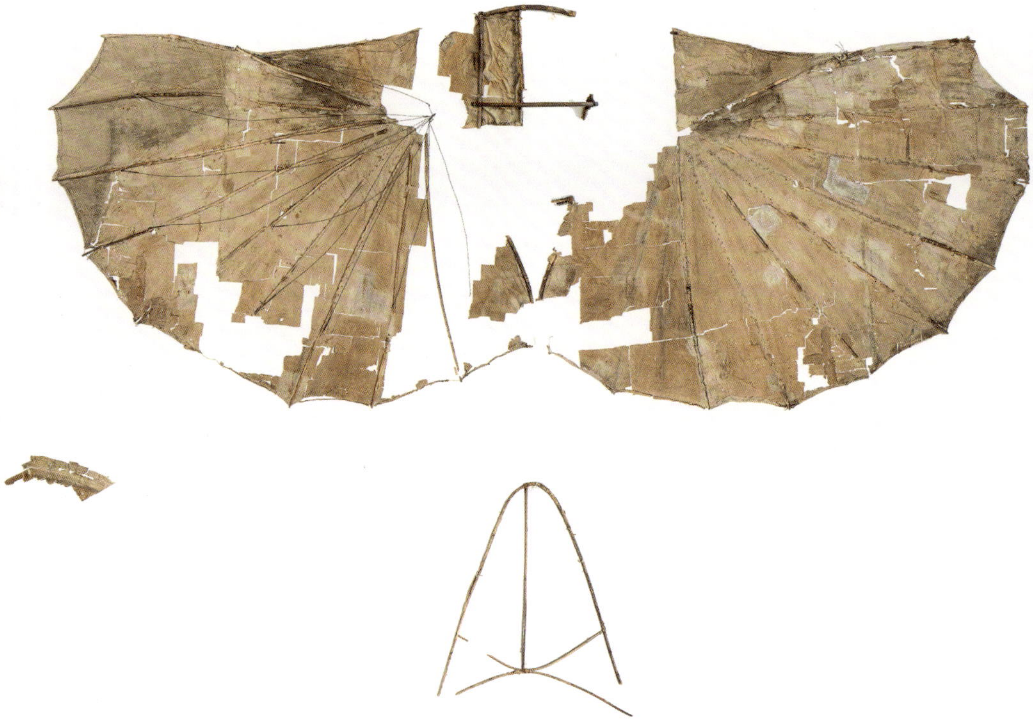

1894

Normal-Segelapparat

Otto Lilienthal
Berlin-Lichterfelde

Warum behaupten Menschen, sie können fliegen, obgleich sie doch einer flugunfähigen Spezies angehören? Die Antwort auf diese Frage führt uns zurück in das Jahr 1891, an den Windmühlenberg bei Derwitz. Immer und immer wieder gelang es dem Maschinenbauer Otto Lilienthal (1848–1896) von hier oben aus wie ein Vogel durch die Luft zu gleiten. Er hat sich damit nicht nur seinen persönlichen Traum aus den Kindertagen im pommerschen Anklam erfüllt, sondern erstmals belegt, dass der Mensch mit einer geeigneten Ausrüstung tatsächlich fliegen kann.

Sein Normal-Segelapparat steht für einen weiteren Schritt, den der Flugpionier vorausgegangen ist: Lilienthal fertigte die Fluggeräte in Serie und verkaufte mindestens neun Modelle an Flugbegeisterte und Forscher.

Die Flugfrage

Otto Lilienthal war vertraut mit den seinerzeit aktuellen Entwicklungen in der Luftfahrt. Er hatte erkannt, dass seine Zeitgenossen sich mit der Bewegung im Luftraum befassten, ohne das eigentliche «Wunder» vom Fliegen theoretisch und praktisch durchdrungen zu haben. So waren die ersten Flugversuche mehr zufällige Hopser oder Sprünge, aber kein reproduzierbares sowie kontrolliertes Abheben, Fliegen und Landen. Lilienthal nutzte alle ihm zur Verfügung stehenden kreativen, wissenschaftlichen, handwerklich-technischen und finanziellen Mittel, um eine

Der Traum vom Fliegen und was davon blieb: Flügel vom Normal-Segelapparat

Otto Lilienthal beim Gleitflug mit dem Normal-Segelapparat vom Fliegeberg in Berlin-Lichterfelde, 29. Juni 1895

Lösung des Flugproblems zu finden. Er orientierte sich bei der Suche nach dem grundlegenden Fehler seiner Vorgänger an Lebewesen, die fliegen können: Vögel. Die bisherigen Flugexperimente hatten auf den flugmechanischen Eigenschaften von flachen Flügeln aufgebaut. Lilienthal untersuchte erstmals gewölbte Tragflächen, wie er sie bei Vögeln beobachtet hatte, und entwickelte einen Teststand, den «Rundlaufapparat», mit dem er die Flugeigenschaften verschieden geformter Testflächen berechnete. Er erklärte den vorteilhaften größeren Auftrieb mit dem unterschiedlichen Verhalten der Luft, die um die gewölbte Fläche strömte. Die «krummlinige Bewegung der Luftteilchen» unterhalb der Fläche entspräche einer Zentrifugalkraft, durch die die Teilchen von unten auf die Fläche drückten. Gleichzeitig erzeugten die über die Fläche hinwegströmenden

Luftteilchen eine «nach oben gerichtete Saugewirkung». All dies fand ab etwa 1866 statt, neben Lilienthals eigentlicher Tätigkeit als Student, Konstruktionsingenieur bzw. selbstständiger Unternehmer und seinen Aufgaben als Familienvater. Im Jahr 1889 veröffentlichte Lilienthal seine Ergebnisse im Buch *Der Vogelflug als Grundlage der Fliegekunst* und betonte darin die Unterstützung durch seinen Bruder, Gustav Lilienthal (1849–1933).

Zeitgenossen warfen dem Flugpionier vor, seine Erkenntnisse nicht bereits 20 Jahre früher publik gemacht zu haben, also zu einem Zeitpunkt, als die Berechnungen vorlagen. Lilienthal aber war davon überzeugt, dass den theoretischen Grundlagen eine ausführliche praktische Überprüfung folgen müsse, und so unternahm er ab 1890/91 tausende Flugversuche mit Apparaten, die nach seinen Konstruktionsprinzipien gebaut worden waren. Die Bedeutung dieser Herangehensweise für die Luftfahrt betonte wenig später auch der berühmte US-amerikanische Flugzeugbauer Wilbur Wright (1867–1912):

> «Zweifellos haben andere Männer, lange vor Lilienthal, daran gedacht, Versuche solcher Art anzustellen. Lilienthal aber dachte nicht nur über die Flugfrage nach, sondern ging auch zur Tat über. Dadurch hat er einen größeren Beitrag zur Lösung dieses Problems geleistet als alle seine Vorgänger. Er bewies anschaulich die Ausführbarkeit des praktischen Fluges, ohne die ein Fortschritt auf diesem Gebiet nicht möglich gewesen wäre.»

Beschädigter Normal-Segelapparat von Otto Lilienthal, Dokumentation nach dem Absturz mit Todesfolge, August 1896

Lilienthal starb am 10. August 1896 an den Folgen eines Absturzes. Aber durch seine Publikationen und seine Flugapparate lebten die von ihm geschaffenen Grundlagen des Fliegens weiter fort. Unter anderem verbreitete auch der amerikanische Luftfahrtingenieur Octave Chanute (1832–1910) Lilienthals methodische und praxisbezogene Arbeitsweise in der Flugforschung in dem 1894 erschienenen Sammelband *Progress in Flying Machines*.

Segelapparate aus der Maschinenfabrik Otto Lilienthal

Lilienthal war zeitlebens bestrebt, seine Begeisterung für das Fliegen weiterzugeben. Mit dem Normal-Segelapparat hatte er nach jahrelangen Versuchen zu unterschiedlichen Formen ein Standardmodell geschaffen, das er für den «Fliegesport» geeignet befand.

Das zentrale Element der hölzernen Flugzeugkonstruktion ist das Gestellkreuz mit dem Gestellring, in dem der Flieger positioniert war.

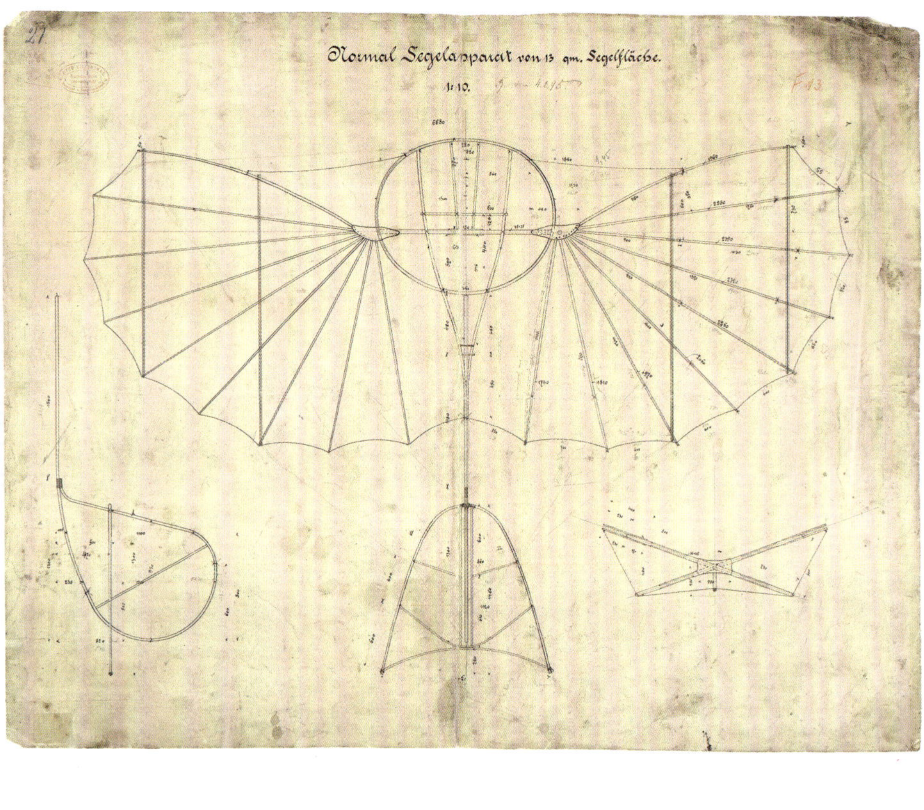

Zeichnung des Normal-Segelapparats

Zu beiden Seiten erstrecken sich die Flügel mit Rippen aus Weidenruten. An dem Gestellring setzt hinten in der Mitte das Leitwerk an. Es besteht aus einer Bambusstange und der vertikalen Fläche, über die eine bewegliche horizontale Fläche geklappt wurde. Das vertikale Leitwerk stellte den Gleiter in den Wind, und die horizontale Fläche stabilisierte die Fluglage. Der Gestellring, die Flügel und die Leitwerksflächen sind mit Baumwollgewebe bespannt, das angeklebt und aufgenagelt wurde. Die Oberverspannung war aus Schnur, die Unterverspannung aus Metalldraht hergestellt, deren Länge mit Spannschlössern justiert wurde.

Für den Flug wurde der zusammengefaltete Gleiter zu einer Anhöhe transportiert, vor Ort aufgebaut und mit Spanndrähten verspannt. Durch das Einschieben von vier gebogenen, hölzernen Profilschienen auf der Flügeloberseite gelang die korrekte Krümmung der Flügelflächen. Zum Abheben trug der Flieger das Fluggerät an den Startpunkt, lief gegen den Wind los, hob ab und setzte im Idealfall bei der Landung mit den Füßen wieder auf. Die Steuerung erfolgte durch eine Verlagerung des Schwerpunkts mit gezielten Körperbewegungen.

Das Original im Deutschen Museum

In den Jahren 1894 bis 1896 baute Lilienthal gemeinsam mit seinem Mitarbeiter Paul Beylich (1874–1965) die Normal-Segelapparate und verkaufte neun Stück davon zum Preis von jeweils 500 Mark. Am 10. August 1904 erwarb das Deutsche Museum in München einen Normal-Segelapparat aus Lilienthals Nachlass beim Patentbüro Reichau & Schilling, Berlin. Der Gleiter, Baujahr vermutlich 1894, gehörte von diesem Zeitpunkt an zum Grundstock der Sammlung. Er repräsentiert einen Meilenstein der Luftfahrtforschung: die praktische Flugtechnik und die gewölbte Flügelfläche. Das Exponat war von 1906 bis ca. 1942 mit einem Oberdeck ausgestellt, bei dem es sich jedoch um ein fälschlich hinzugefügtes Bauteil handelte, wie Luftfahrthistoriker in den 1980er-Jahren nachwiesen.

Als Folge der Luftangriffe auf München im Zweiten Weltkrieg wurde die Sammlung eingelagert. Bei der Sichtung der Luftfahrtsammlung 1953 wurde das Schadensausmaß am Gleiter durch die schlechten Lagerbedingungen erstmals dokumentiert. Das Exponat blieb im Museumsdepot und ist nur noch in

Fragmenten erhalten. Dieser Umstand führte jedoch dazu, dass sehr viele originale Materialien unverändert vorliegen, an denen die Herstellungstechnik von Lilienthal genau abzulesen ist. Dadurch unterscheidet sich das Exponat im Deutschen Museum von weiteren erhaltenen Gleitern, die im Technischen Museum Wien, im National Air and Space Museum in Washington DC, im Moskauer Wissenschafts- und Gedenkmuseum von Professor N. J. Schukowski (1847–1921) und im Science Museum in London wiederholt mit modernen Materialien überarbeitet wurden.

In der Bauweise findet sich eine Kombination verschiedenster handwerklicher Techniken und Materialienquellen wieder: Weidenruten sind nach der Art von Korbflechtern geformt, die Verbindungen der hölzernen Grundkonstruktion sind durch Steckverbindungen und Umwicklung mit Drachenschnur gesichert, die metallenen Spannschlösser lassen sich auf Schlosserarbeiten in Lilienthals Maschinenfabrik zurückführen, und die Bespannung mit dichtgewebtem, segelartigem Tuch wurde mit Methoden von Polsterern angebracht. Diese Spuren zur Herstellung eines Segelapparats der 1890er-Jahre sind umso bedeutender, als das Wissen zum Flugzeugbau bis etwa 1910 weniger in schriftlichen Bauanleitungen als an den erhaltenen Objekten dokumentiert ist.

CHARLOTTE HOLZER

Normal-Segelapparat (Inv.-Nr. 2235T1)	
Spannweite	6,7 m
Flügeltiefe	2,6 m
Masse	20 kg
Material	Holz, Baumwolle, Hanf, Stahl, Kupferlegierung
Weiteste zurückgelegte Strecke	250 m
Fluggeschwindigkeit	14 m/s
Gebaute Fluggeräte	mind. 12

Erhaltene Fragmente des Normal-Segelapparats nach dem Zweiten Weltkrieg. Aufnahme vom 31. August 1953

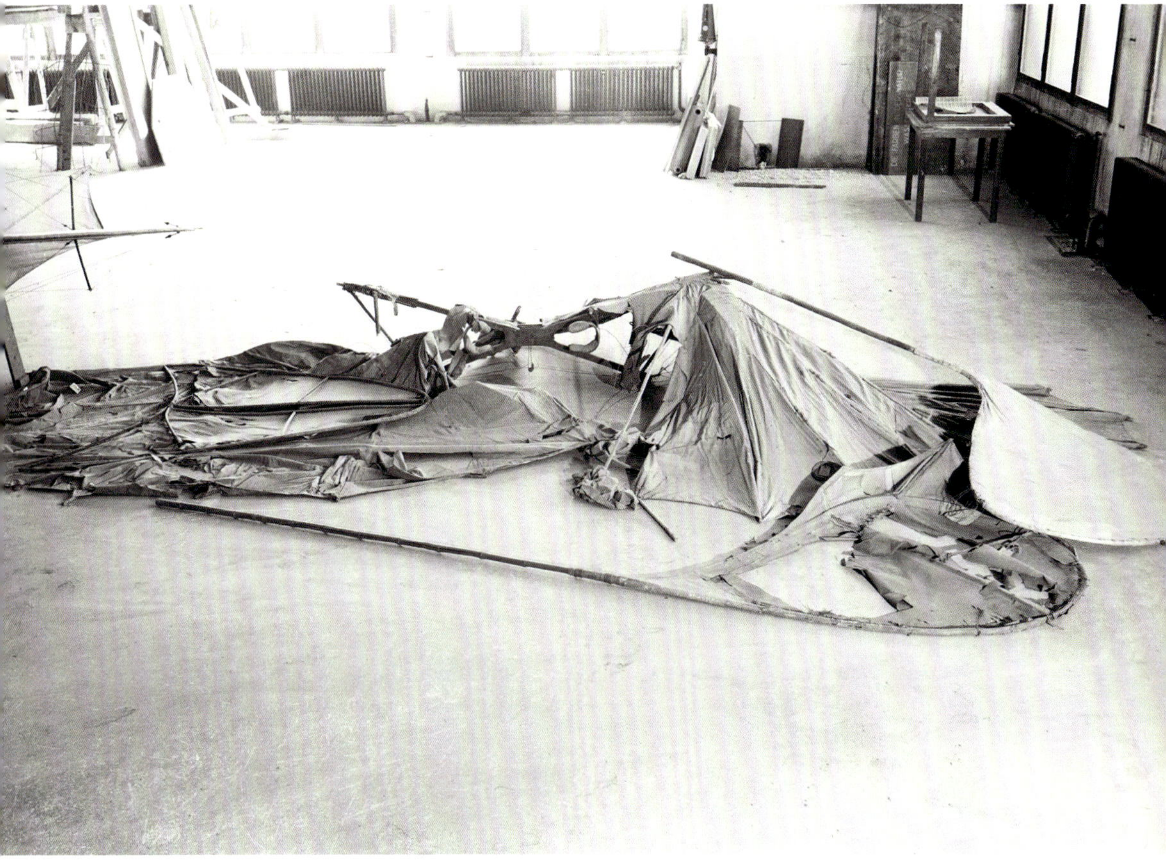

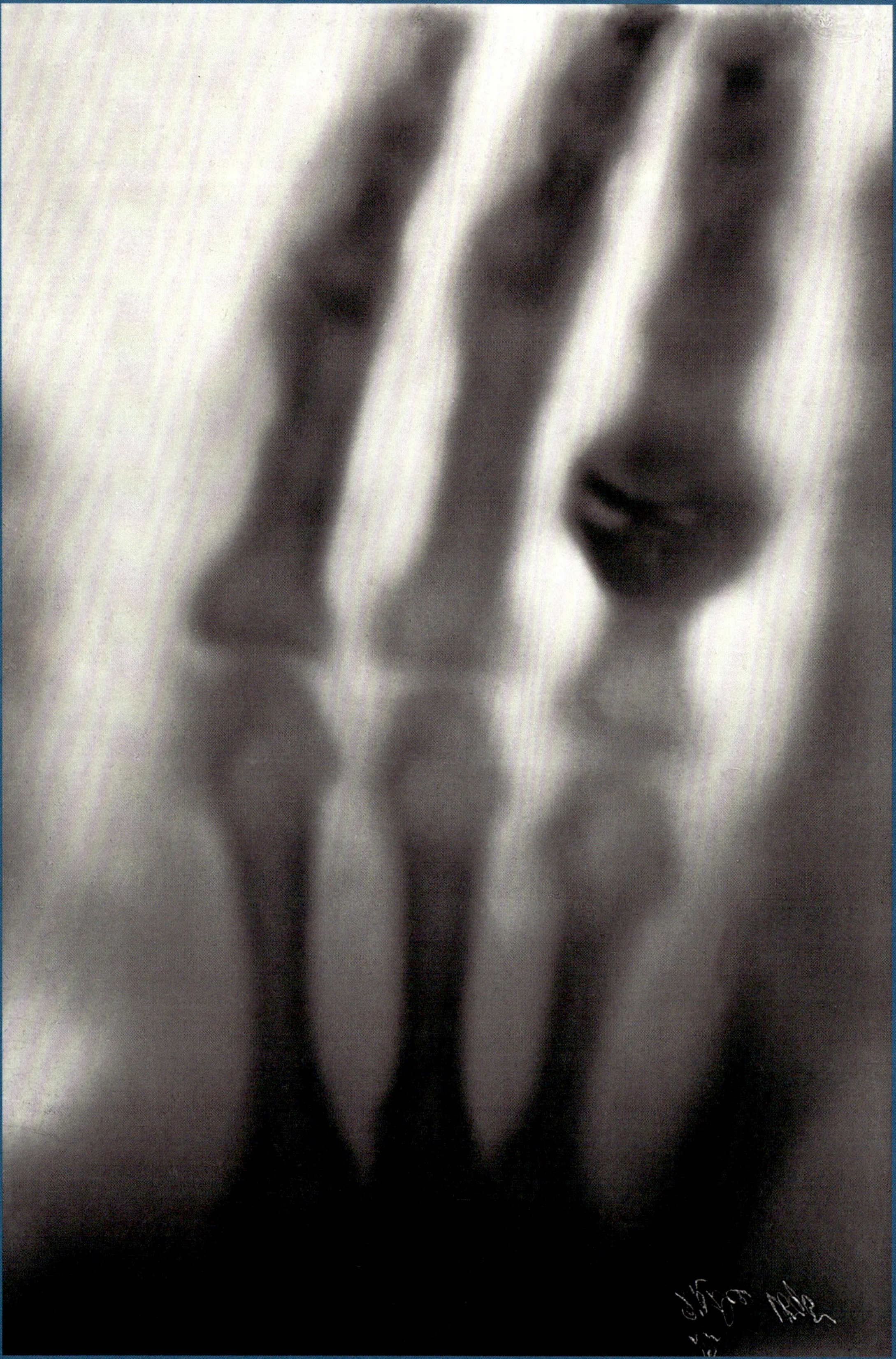

1895

Aufnahme der Hand von Anna Bertha Röntgen

Wilhelm Conrad Röntgen
Würzburg

Unter welchen Umständen genau die Röntgenstrahlen entdeckt wurden, ist nicht bekannt. Sehr wahrscheinlich hatten mehrere andere Experimentatoren zuvor schon ähnliche Beobachtungen gemacht, ohne diese jedoch weiter zu verfolgen oder zu untersuchen. Im November 1895 experimentierte der Physiker Wilhelm Conrad Röntgen (1845–1923) in Würzburg mit Gasentladungsröhren. Durch Zufall entdeckte er, dass Leuchtschirme, die Entladungen abbilden sollten, auch in größerer Entfernung noch leuchteten. Da die Elektronenströme nur im Inneren der Röhren verliefen und also nicht die Ursache für dieses Phänomen sein konnten, schloss Röntgen auf die Existenz einer neuen und unbekannten Art von Strahlen, die er «X-Strahlen» nannte. Rasch stellte Röntgen fest, dass die neuen Strahlen Materie durchdringen und fotografische Platten belichten konnten.

Der «durchleuchtete Mensch»

Besonders berühmt und populär wurde eine der ersten Aufnahmen Röntgens, eine Fotografie vom 22. Dezember 1895, auf der die durchleuchtete Hand seiner Frau Anna Bertha (1839–1919) zu sehen ist. Das Diapositiv zeigt das teilweise unscharfe Schattenbild der Hand, auf dem sich deutlich die Umrisse von drei Finger-

Diapositiv der Aufnahme der Hand von Anna Bertha Röntgen vom 22. Dezember 1895 knochen sowie ein Fingerring abzeichnen. Nachdem Röntgen seine Beobachtungen zum Jahreswechsel 1895/96 veröffentlicht hatte, wurden seine Experimente binnen kurzem an anderer Stelle wiederholt und bestätigt, denn für diese Versuche waren keine neuen physikalischen Instrumente erforderlich. Die breite Öffentlichkeit feierte Röntgens Entdeckung als Sensation. Eine Vielzahl von inländischen und ausländischen Zeitungen griff die Nachricht vom «durchleuchteten Menschen» auf, und schnell verbreitete sich die neue Kunst der «Schattenbilder» bei Karikaturisten und auf Jahrmärkten, wo man sich zur Belustigung durchleuchten lassen konnte. «Beim Anblick des gespenstischen Bildes schwarzer Knochen und der locker schwebenden Ringe im schattenhaften Umriß der Hand ging nicht nur ein Staunen, sondern auch ein Schaudern durch die Welt», schrieb später die Journalistin Margeret Boveri (1900–1975).

Als Verfahren zur Abbildung des Körperinneren wurden Röntgenaufnahmen umgehend auch in der Medizin eingesetzt. Da die auf Dauer zellschädigende Wirkung von hochenergetischer Strahlung zu diesem Zeitpunkt noch nicht bekannt war, traf man anfangs keine Vorsichtsmaßnahmen. Erst um die Jahrhundertwende empfahlen Mediziner vermehrt Schutzvorrichtungen bei der Bestrahlung, zum Beispiel eine Blei-Abschirmung. Im Jahr 1901 erhielt Wilhelm Conrad Röntgen in Anerkennung der großen Bedeutung seiner Entdeckung den ersten Nobelpreis für Physik. Für den Preis hatte Röntgen die überwältigend große Zahl von 16 aus 29 Nominierungen erhalten.

Freund und Förderer des Deutschen Museums

In der Sammlung Physik finden sich wohl kaum Objekte, die so eng mit der Geschichte des Deutschen Museums verbunden sind wie Röntgens Originalröhren und Fotoplatten. Auch haben sich nur wenige Wissenschaftler beim Aufbau des Deutschen Museums so verdient gemacht wie er. Im April 1900 wechselte Wilhelm Conrad Röntgen von der Universität Würzburg nach München, wo er nicht nur als Professor für Physik tätig war, sondern auch das Amt des Konservators am Physikalischen Kabinett übernahm, also in der Sammlung wissenschaftlicher Instrumente der Fakultät. Ab 1904 wirkte Röntgen zudem als vertretender Konservator in der herausragenden mathematisch-physikalischen Sammlung der Bayerischen Akademie der Wissenschaften.

«Röntgen-Altar»: Vitrine mit den Originalapparaten aus den frühen Ausstellungen des Deutschen Museums

Als die Unterstützer zur Errichtung des Deutschen Museums am 5. Mai 1903 zur ersten Gründungssitzung zusammentrafen, hatte der Museumsgründer Oskar von Miller auch den prominenten Physiker eingeladen und um seine Unterstützung geworben. Röntgen erklärte sich bereit, in verschiedenen Gremien mitzuarbeiten, und förderte das Museum fortan vor allem durch die Vermittlung und Einwerbung von wissenschaftlichen Sammlungen. Auch jene physikalischen und mathematischen Instrumente, die seiner konservatorischen Aufsicht unterstanden, gingen 1905 als Gründungssammlungen in den Bestand des Deutschen Museums ein. Zudem wurden dem Museum dank Röntgens Fürsprache wichtige Originalapparate aus seinem Labor gestiftet. Er vermittelte dem Haus auch einen funktionsfähigen Nachbau seiner vollständigen Versuchsapparatur, mit der er die «X-Strahlen» entdeckt hatte. Das Deutsche Museum dankte ihm sein Engagement, indem es in den ersten Ausstellungen zur Physik seine Leistungen nicht nur prunkvoll, sondern nahezu vergöttlichend präsentierte.

JOHANNES-GEERT HAGMANN

Aufnahme der Hand von Anna Bertha Röntgen (Inv.-Nr. 51460)

Maße (L × B × T)	**190 × 140 × 5 mm**
Material	**Glas, beschichtet**

21114
CINÉMATOGRAPHE

1895

Cinématographe

Auguste und Louis Lumière
Paris

In der Geschichtsschreibung des Kinos markiert der 28. Dezember 1895 ein wichtiges Datum: An diesem Tag führten die Brüder Auguste (1862–1954) und Louis Lumière (1864–1948) im Grand Café auf dem Boulevard des Capucines in Paris erstmals ihre Filme vor einem zahlenden Publikum vor. Ihr System der Filmprojektion erwies sich als wirklich praktikabel und war damit auch dem der Brüder Max (1863–1939) und Emil Skladanowsky (1866–1945) überlegen, die schon vier Wochen zuvor im Berliner Wintergarten Filme öffentlich vorgeführt hatten. Deren Technik der Wiedergabe war jedoch noch so unausgereift, dass sie schon bald wieder aufgeben mussten.

Der Versuch der Brüder Lumière, ihre «bewegten Bilder» kommerziell auszuwerten, wie es zuvor bereits etliche Pioniere vergeblich unternommen hatten, brachte den Durchbruch und begründete die Erfolgsgeschichte des Films als neues Medium der Unterhaltungsindustrie.

Von der Laterna magica zur Filmprojektion

Was aus der Rückschau als Geburtsstunde des Kinos erscheint, war keineswegs der geniale Wurf eines einzelnen Erfinders. Vielmehr hatten die Brüder Lumière die letzte, entscheidende Verbesserung an einer Apparatur vorgenommen, die von zahlreichen Vorläufern vorbereitet und erprobt worden war.

Revolution aus dem Nussbaumkasten: der «Cinématographe» der Gebrüder Lumière

Optische Bewegungsillusionen, wie sie durch die Wunder-

trommel oder das Daumenkino erzeugt werden, waren seit langem bekannt. Ab den 1870er-Jahren wurde es mit der Momentfotografie möglich, Bewegungsabläufe in Bruchteilen von Sekunden fotografisch aufzuzeichnen. Erste guckkastenähnliche Betrachtungsgeräte wie das Phonoscope von Georges Demeny (1850–1917) oder der Elektrische Schnellseher von Ottomar Anschütz (1846–1907) ermöglichten die Wiedergabe von fotografischen Sequenzen und brachten die auf Scheiben kreisförmig angeordneten Bilder durch Umdrehung zum Laufen. Das schon 1894 öffentlich vorgeführte Kinetoscope von Thomas Alva Edison (1847–1931) gilt als der erste «Filmbetrachter», doch war auch dieser Apparat nur ein individuelles Betrachtungsgerät und kein Projektor für ein größeres Publikum.

Der vielseitige «Cinématographe»

Der Lumière'sche «Cinématographe», ein handlicher Nussbaumkasten, konnte zugleich als Aufnahme-, Kopier- und Projektionsgerät genutzt werden. Allein durch diese vielseitigen Anwendungsmöglichkeiten übertraf er alle bis dahin entwickelten Geräte. Als Filmmaterial diente ein schon bald in der eigenen Trockenplattenfabrik in Lyon hergestellter Zelluloidfilm in der von Edison vorgegebenen Breite von 35 Millimetern.

Die entscheidende Neuerung des Lumière'schen Geräts bestand in einem mit zwei Stiften ausgestatteten Greifermechanismus. Gesteuert von einer Nockenwelle bewegte sich dieser auf und ab und griff dabei in die Perforationslöcher zu beiden Seiten des Filmstreifens. Der Film wurde auf diese Weise ruckweise Bild um Bild weitertransportiert. Um diesen Transport unsichtbar zu machen, verdeckte eine rotierende Umlaufblende das Bildfenster. Jedoch sind diese Dunkelphasen so kurz, dass der Betrachter sie nicht wahrnimmt. Bei der Aufnahme wurde das ca. 18 Meter lange Filmband, das sich in einer hölzernen Kassette auf der Kamera befand, nach der Belichtung in einer Metallkassette im Inneren aufgespult. Bei der Projektion nahm ein Stoffsack unter dem Gerät den abgespielten Film auf. Die Wiedergabefrequenz von 16 Bildern pro Sekunde ermöglichte eine nahezu flimmerfreie Projektion, bei der die ca. 800 Bilder eines Streifens innerhalb einer Minute vorgeführt wurden.

Filmvorführung mit dem Cinématographe, Holzstich von Louis Poyet, ca. 1897

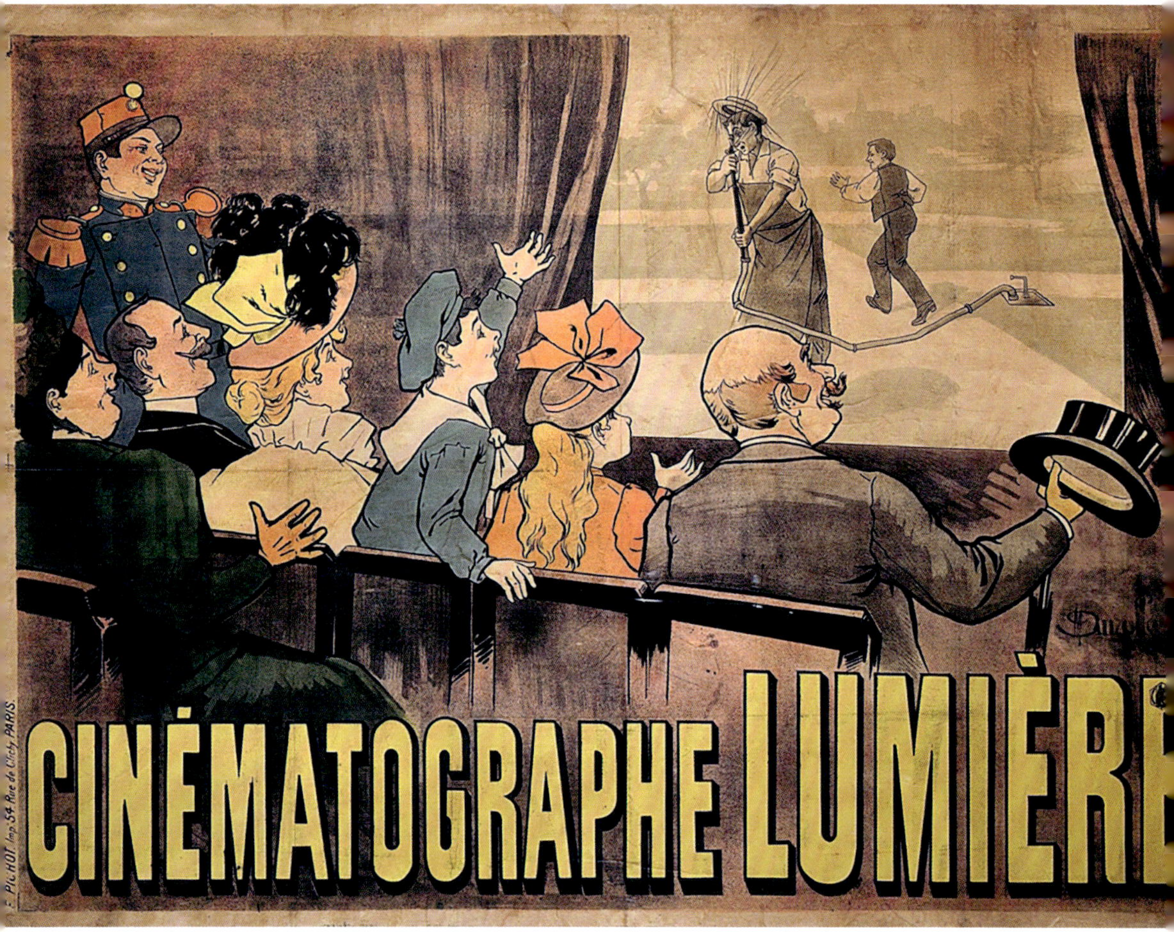

Filmvorführung mit dem Cinématographe, Plakat von Marcellin Auzolle, 1896

Seinen raschen Erfolg verdankte der Cinématographe auch der fortschreitenden Elektrifizierung, die ein gleichmäßig abbrennendes Bogenlicht und damit eine gleichmäßig helle Projektion ermöglichte. Der Kondensator, ein mit destilliertem Wasser gefülltes, kolbenförmiges Glasgefäß zwischen dem offenen Glühlicht und dem Film, reduzierte die Wärmestrahlung und verringerte auf diese Weise die Gefahr, dass sich der leicht entflammbare Nitrofilm entzündete.

Erfolgsgeschichte

Im Pariser Grand Café wurden täglich im halbstündigen Rhythmus 20 Filme mit einer Dauer von 25 Minuten vorgeführt. Die Filme zeigten belebte Alltagsszenen, wie die Ankunft eines Zuges oder Arbeiter beim Verlassen der Fabrik Lumière, aber auch unterhaltende Episoden wie das Frühstück eines Babys oder die Groteske eines begossenen Gärtners. Die Brüder Lumière verstanden es, ihre Erfindung gewinnbringend zu nutzen: Um unerwünschte Konkurrenz zu verhindern, verkauften sie bis 1897 kein einziges ihrer Geräte, sondern schickten stattdessen 50 Kameraleute (opérateurs) in alle Welt, um Filme aufzunehmen und vorzuführen.

In Deutschland fand die erste Filmvorführung des Cinématographe am 20. April 1896 in Köln statt und war dem Engagement des Kölner Schokoladenfabrikanten Ludwig Stollwerck (1847–1922) zu verdanken. Dieser hatte sich der «Automatie» verschrieben und die Vorführrechte für Deutschland erworben.

Im Jahr 1909 wandte sich Oskar von Miller direkt an die Brüder Lumière, um für das Deutsche Museum eine Filmkamera zu erbitten. Die Brüder kamen dem Wunsch bereitwillig nach und stifteten dem Museum die mit der Fabriknummer 66 bezeichnete Kamera aus ihrem Archiv.

CORNELIA KEMP

Cinématographe von Auguste und Louis Lumière (Inv.-Nr. 2114)

Maße (H × B × L/T)	282 × 195 × 230 mm
Masse	3,86 kg
Typ	Normalfilmkamera
Speicher	35-mm-Film, ca. 18 m
Bildformat	19 × 26 mm
Objektiv	ca. 1:5/50 mm
Bildfrequenz	1 Umdrehung 8 Bilder
Verschluss	Sektorenblende
Material	Holz
Beschriftung	[Innenseite] nr. 66
Schild	CINÉMATOGRAPHE/Auguste et Louis Lumière/Breveté S. G. D. G./J. Carpentier/Ingenieur – Constructeur/Paris

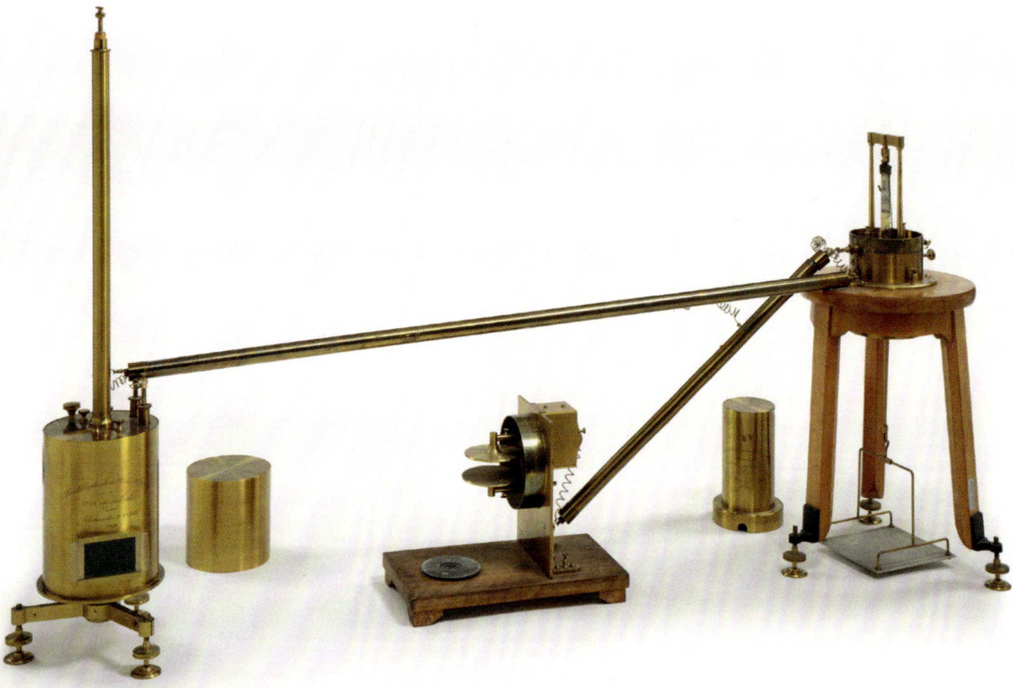

1898 [1907]

Apparatur zur Messung der Radioaktivität

Pierre und Marie Curie/Société Centrale des Produits Chimiques Paris

«In Anerkennung Ihrer Verdienste zum Fortschritt in der Chemie mit der Entdeckung der Elemente Radium und Polonium, mit der Isolierung von Radium und dem Studium der Eigenschaften und der Verbindungen dieses außergewöhnlichen Elements» wurde am 10. Dezember 1911 die Physikerin und Chemikerin Marie Skłodowska-Curie (1867–1934) in Stockholm mit dem Nobelpreis für Chemie ausgezeichnet. Nach dem Nobelpreis in Physik, den sie 1903 zusammen mit ihrem Mann Pierre Curie (1859–1906) und Henri Becquerel (1852–1908) erhalten hatte, war es bereits die zweite Auszeichnung von Marie Curies Arbeit durch die Königlich Schwedische Akademie der Wissenschaften.

Eigenartige Strahlen

Nachdem Becquerel 1896 entdeckt hatte, dass Uranverbindungen eine bei dahin unbekannte Art von Strahlung aussenden, entwickelte Marie Curie gemeinsam mit ihrem Mann Pierre eine Methode, um diese neuartige Strahlung zu messen. Die im Deutschen Museum ausgestellte Apparatur zur Messung der Radioaktivität nach Curie kam bereits im Januar 1907 in das kurz zuvor gegründete Museum. Der Museumsgründer Oskar von Miller hatte

Mit einer identischen Apparatur gelangen Curie in Paris ihre bahnbrechenden Beobachtungen

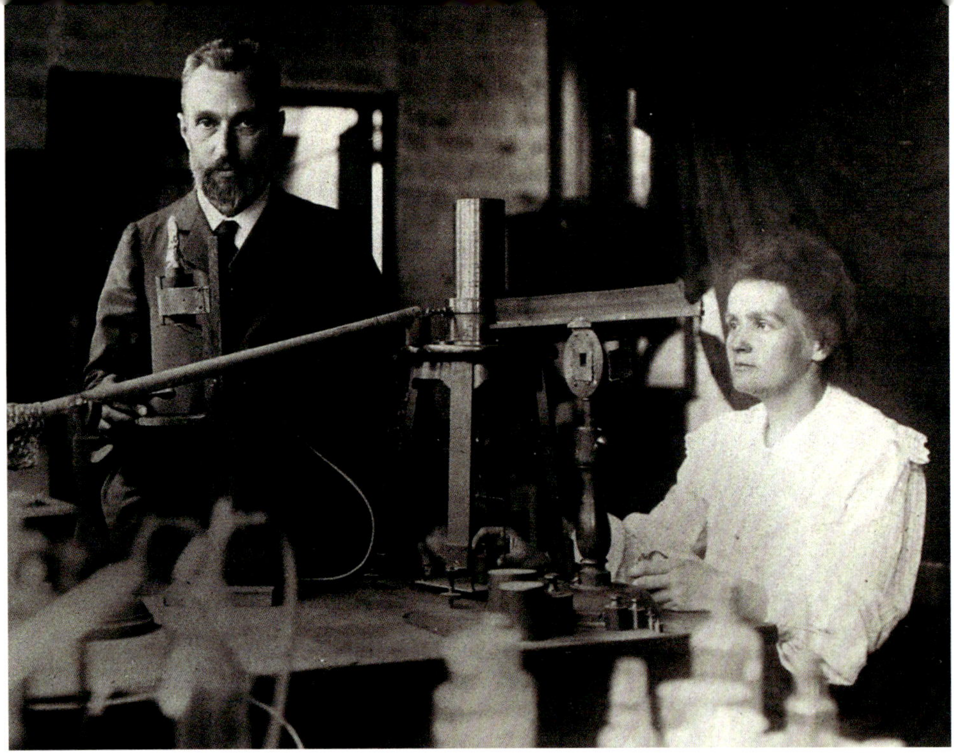

Pierre und Marie Curie an ihrer Messapparatur. Die berühmte Aufnahme wurde gestellt und ist stark retuschiert.

sich im Jahr 1906 vergeblich darum bemüht, die Originalapparatur zu erhalten. Auf seine höfliche Anfrage antwortete Marie Curie in einem Brief an Miller:

«Ich bedaure es sehr, Ihnen für Ihre Ausstellung die für unsere Arbeit verwandten Instrumente oder Proben der erhaltenen Präparate nicht senden zu können. […] Eine ähnliche Anfrage erhielten Herr Curie und ich bereits vor einiger Zeit von einem amerikanischen Museum, und wir konnten dem Gesuch nicht entsprechen.»

Stattdessen konnte das Museum einen exakten Nachbau der Apparatur durch die Société Centrale des Produits Chimiques in Paris nach Unterlagen Marie Curies in Auftrag geben und diese zum damaligen Preis von etwa 600 Francs erwerben.

Die Apparatur besteht aus drei Komponenten: ein piezoelektrischer Apparat (in der Objekt-Abbildung rechts), der eine elektrische Spannung durch die mechanische Belastung eines Quarzkristalls erzeugt. Dazu verwendete Curie eine Waagschale mit Gewichten, die den Kristall belasteten (rechts unten). In der Mitte der Apparatur befindet sich ein Plattenkondensator, den eine externe Stromquelle auflädt. Die Messung nutzt das Phänomen, dass radioaktive Proben die Luft ionisieren. Bringt man in den Luftzwischenraum des Kondensators eine radioaktive Probe ein, entlädt sich der Kondensator aufgrund der Ionisierung. Dies lässt sich schließlich mit einer Gegenspannung und einem Elektrometer (links) sehr genau bestimmen. Damit stand erstmals eine quantitative Messmethode für die sogenannte Becquerel-Strahlung zur Verfügung. Für diese Arbeiten zur Natur der radioaktiven Strahlen wurde Marie und Pierre Curie der Physik-Nobelpreis des Jahres 1903 verliehen.

Neue chemische Elemente

Mit den in ihrem Labor neu entwickelten Verfahren konnten die Curies feststellen, dass die natürliche Strahlung des Minerals Pechblende weitaus höher war, als sein Urananteil vermuten ließ. Pechblende bestand – nach damaligem Kenntnisstand – aus Uran und Sauerstoff und ist eine natürliche Quelle für Radioaktivität. Marie Curie untersuchte und zerlegte die Pechblende chemisch und konnte auf diese Weise 1898 zeigen, dass sie zwei weitere bis dahin unbekannte chemische Elemente enthielt. Diese Elemente zeigten eine deutlich höhere Strahlung als Uran. Das erste taufte sie nach ihrer Heimat Polen Polonium, das zweite Radium. In einer Publikation über diese Entdeckungen benutzte Marie Curie erstmals den Begriff «radioaktiv», um die neue Strahlung zu beschreiben. Zur Anreicherung des neuen Elements Radium zerlegte Marie Curie eine Tonne Pechblende-Abfälle aus Jáchymov im heutigen Tschechien.

Die Arbeiten der Curies waren bahnbrechend für unser grundsätzliches Verständnis der Materie. Die ersten Einblicke in den Zerfall radioaktiver Elemente, die systematische Untersuchung der Zerfallsprodukte sowie die Entdeckung der Elemente Radium und Polonium schlossen eine Vielzahl von Lücken im Periodensystem. Marie Curie gründete in der Folge ein großes Institut in Paris. Dort wie auch an vielen anderen Orten der Welt wuchs eine Generation von Forscherinnen und Forschern heran, die sich mit radioaktiven Isotopen beschäftigten. Nicht zuletzt legten die Curies durch ihre Beobachtungen der Auswirkungen von Radium auf Gewebe auch den Grundstein für die Strahlentherapie in der Krebsbehandlung.

Knochenarbeit für die Wissenschaft

Marie Curie in ihrem Labor in Paris

Die jahrelange Knochenarbeit mit Pechblende, die zur Entdeckung der neuen Elemente führte, wurde im Dezember 1911 mit der Verleihung des zweiten Nobelpreises, dieses Mal für Chemie, belohnt. Marie Curie war damit die erste Person – und ist bis heute die einzige Frau –, der gleich zwei Nobelpreise verliehen wurden. Außerdem erhielt sie als einziger Mensch bislang zwei Nobelpreise aus unterschiedlichen wissenschaftlichen Kategorien. Ihr wissenschaftliches Engagement bezahlte sie letztendlich mit ihrer Gesundheit. Die Beschäftigung im Labor über viele Jahre hinweg, insbesondere mit stark strahlenden Radiumpräparaten, führte schon früh zu Entzündungen der Fingerspitzen. Mit siebenundsechzig Jahren starb Marie Curie an einer Anämie, die nach heutigem Kenntnisstand auf ihre Arbeit mit den radioaktiven Stoffen zurückzuführen ist.

Über kaum eine andere Wissenschaftlerin wurde mehr historisch geforscht und geschrieben. Als Vorbild für die Jugend findet Marie Curies Name Verwendung für die Titel von Bildungseinrichtungen weltweit. Auch das vielleicht wichtigste Förderprogramm für junge Wissenschaftlerinnen und Wissenschaftler in der EU ist nach ihr benannt, sodass ihr Werdegang und ihre Leistungen gelegentlich in der Verkürzung und Übertreibung als «Superheldin der Wissenschaften» porträtiert werden.

SUSANNE REHN-TAUBE,
JOHANNES-GEERT HAGMANN

Apparat zur Messung der Radioaktivität (Inv.-Nr. 9042)

Maße (B × H × T)	800 × 330 × 1430 mm
Material	Verschiedene Metalle, Holz, Wachs

1900

Fadenmodell zur Darstellung eines einschaligen Hyperboloids

Alexander Brill/Martin Schilling
München/Halle (Saale)

Bei einer Fahrt durch den Münchner Stadtteil Bogenhausen kommt man kaum umhin, die «Mae West», eine 52 Meter hohe Skulptur der US-amerikanischen Künstlerin Rita McBride (*1960), am Effnerplatz wahrzunehmen. Seinen Namen verdankt dieses Kunstwerk der US-Filmschauspielerin Mae West (1893–1980), die als Femme fatale Furore machte und deren legendäre Wespentaille sich in der Skulptur widerspiegelt.

Dieses mathematisch-ästhetische Gebilde im Straßengewirr von Bogenhausen ist – für manch einen vielleicht überraschend – eine algebraische Fläche, ein sogenanntes einschaliges Hyperboloid.

Doch was ist ein Hyperboloid? Aus der Schule kennen viele die Hyperbel – eine Kurve, die aus zwei Ästen besteht und zwei Symmetrieachsen besitzt. Rotiert diese Hyperbel um eine ihrer Symmetrieachsen, entsteht eine Fläche im Raum – ein Hyperboloid. Bei Rotation um die senkrechte Achse bildet sich eine einzige zusammenhängende Fläche aus, die Ähnlichkeit mit einer Sanduhr hat – ein einschaliges Hyperboloid. Erfolgt die Rotation jedoch um die waagrechte Achse, entstehen zwei schüsselähnliche Gebilde, die keine Verbindung miteinander haben – ein zweischaliges Hyperboloid.

Ästhetisches Gebilde mit didaktischem Nutzwert: Das Fadenmodell veranschaulicht mathematische Zusammenhänge

Bemerkenswerterweise kann ein einschaliges Hyperboloid, eine offensichtlich allseits gewölbte Fläche, ebenso mit Geraden,

«Mae West»: Original und Skulptur

beispielweise mit Stangen oder gespannten Fäden, konstruiert werden. Diese Eigenschaft macht die Fläche nicht nur für Künstler wie Rita McBride interessant; auch Ingenieure nutzen sie bei der Konstruktion von Kühltürmen oder Getrieben.

Stellen wir uns vor, eines der Stahlrohre der «Mae West» wandert langsam, ohne seine Neigung zu verändern, Stück für Stück am oberen Stahlkreis entlang und überstreicht nach und nach jede Lücke zwischen den Rohren. Dann formt sich daraus eine Fläche, die identisch ist mit der einer rotierenden Hyperbel, dem einschaligen Hyperboloid.

Die Grafik zeigt eine Hyperbel (rot) mit ihren beiden Symmetrieachsen (schwarz)

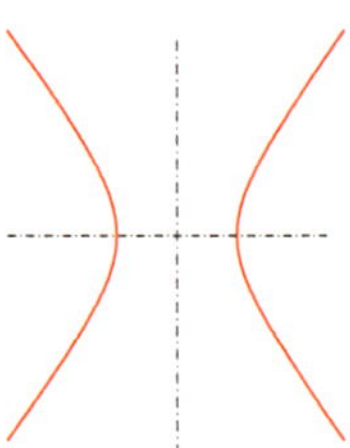

Ein filigranes, wandelbares Objekt

Die Ähnlichkeit zwischen dem Giganten aus Stahl-Kunststoff-Rohren am Effnerplatz und dem Fadenmodell aus der Sammlung des Deutschen Museums ist offensichtlich. Bei beiden handelt es sich um die

Visualisierung der gleichen Fläche. Das eine Mal wird sie als Kunstobjekt inszeniert, das andere Mal als Anschauungsobjekt für die Lehre – umgesetzt zur Zeit der vorletzten Jahrhundertwende, als man noch keine Grafikprogramme zu Hilfe nehmen konnte. Beide wirken äußerst elegant, allerdings ist die Darstellung aus Baumwollfäden sehr viel filigraner und fragiler.

Das Exponat besteht aus einem Messinggestell, an dem rot und grün gefärbte Baumwollfäden zwischen zwei Ringen, den sogenannten Leitkreisen, gespannt sind. Der obere Leitkreis ist drehbar, der untere starr gelagert. Bleigewichte spannen die Fäden. Steht das bewegliche Fadenmodell, wie in folgender Abbildung, dann bilden die grünen Fäden einen Kegelstumpf und die roten einen Doppelkegel.

Wird der obere Kreis verdreht, dann schnürt sich der grüne Kegelstumpf zu einem einschaligen Hyperboloid ein, der rote Doppelkegel hingegen fächert sich auf und wird ebenfalls zu einem einschaligen Hyperboloid.

Ein weiteres Drehen des oberen Kreises hat zur Folge, dass sich beide Hyperboloide, also die Fäden, berühren.

Je mehr Fäden ein solches Modell besitzt, desto offensichtlicher wird, dass diese eine Fläche bilden. Die durch Bleigewichte gespannten Fäden sind Geraden und liegen komplett auf der Fläche des Hyperboloids. Flächen mit dieser Eigenschaft nennt man in der Mathematik Regelflächen. Somit veranschaulicht das Fadenmodell, ebenso wie die «Mae West», dass ein einschaliges Hyperboloid eine sogenannte Regelfläche ist. In unserem Modell stellen die roten wie auch die grünen Fäden dieselbe Fläche dar. Das einschalige Hyperboloid ist demnach eine besondere Regelfläche, denn an jeder Stelle der Fläche kreuzen sich ein roter und ein grüner Faden. Somit gehen durch jeden Punkt der Fläche sogar zwei Geraden und nicht nur eine.

Mathematisch beschreibt man diese Fläche kurz und prägnant mit dieser algebraischen Gleichung:

$$\frac{x^2}{a^2} + \frac{y^2}{a^2} - \frac{z^2}{c^2} = 1$$

Was sagt uns diese Gleichung? Die Werte x, y und z geben die räumliche Lage eines Punktes auf dem Hyperboloid an. Die Konstanten a und c sind frei wählbar, wobei a verantwortlich ist für die Wespentaille der «Mae West», also den Radius der eingeschnürten Stelle des Hyperboloids. Die Konstante c bestimmt, wie üppig und ausladend «Mae West» oben und unten ist. Jede Lösung dieser Gleichung liegt auf dem Hyperboloid.

Die Gleichung mag kurz und prägnant sein, doch ohne die eindrucksvolle Veranschaulichung des Modells lässt sich der interessante Zusammenhang schwer erkennen: Ein durch eine Hyperbel, eine «krumme» Kurve, erzeugtes Hyperboloid kann auch durch Geraden konstruiert werden.

Tradition der mathematischen Modelle

Derartige Modelle, die es uns ermöglichen, eine algebraische Fläche auf besonders natürliche Weise zu visualisieren und haptisch begreifbar zu machen, erlebten Ende des 19. Jahrhunderts ihre Blütezeit. Sie wurden aus verschiedensten Materialien gefertigt: aus Papier, Gips, Blei oder, wie im vorgestellten Modell, aus Fäden. Vor allem die beiden deutschen Mathematiker Felix Klein (1849–1925) und Alexander Brill (1842–1935) waren Befürworter dieser Visualisierung der Mathematik und von ihrem Nutzen in der Lehre überzeugt. Modellierkabinette wurden eingerichtet und waren fester Bestandteil der Lehre an Schulen und Universitäten. Bald schon schlossen sich ihnen andere Mathematiker an. Auf Anregung von Felix Klein und Alexander Brill begann der Verlag von Brills Bruder Ludwig in Darmstadt mathematische Modelle herzustellen und zu verkaufen. Walter von Dyck (1856–1934), Mitbegründer des Deutschen Museums, der bei Klein und Brill in München studiert hatte, unterstützte den Aufbau einer ansehnlichen Sammlung mathematischer Modelle am Deutschen Museum.

Das Fadenmodell, gestiftet von der Firma Schilling in Halle an der Saale, kam gemeinsam mit anderen mathematischen Modellen 1906 in die Sammlung des Deutschen Museums. Die Firma Schilling, die aus der Firma L. Brill hervorgegangen war, bot ein umfangreiches Sortiment mathematischer Modelle per Katalog an. Unseres, damals mit Seidenfäden ausgestattet, wurde seinerzeit zum Preis von 75 Mark verkauft.

Vor einigen Jahren wurde es in den hauseigenen Werkstätten des Deutschen Museums restauriert. Dabei wurden nicht mehr verwendbare Fäden ausgetauscht und verloren gegangene Gewichte ersetzt. Seitdem präsentiert sich das Modell wieder genauso ästhetisch wie die «Mae West» am Effnerplatz.

KATJA RASCH

Fadenmodell (Inv.-Nr. 6483)

Maße (H × B × T)	510 × 340 × 220 mm
Herstellung	Verlag Martin Schilling
Entwurf	Modellierkabinett unter Alexander Brill

Naphtolgelb S
Alizarinsaphirol B
Biebricher Scharlach
Neufuchsin
Benzoflavin
40915

1900

Teerfarbstoffe

Deutsche Chemische Gesellschaft
Berlin

Wie bei anderen Entdeckungen auch war die Initialzündung für die Entwicklung der künstlichen Farbstoffe ein Versehen: Der achtzehnjährige englische Chemiker William Henry Perkin (1838–1907) wollte 1856 im Labor aus Anilin das Malaria-Medikament Chinin herstellen. Verunreinigungen im Anilin reagierten zu einem schwarzen Feststoff, der – in Alkohol gelöst – eine intensiv violette Farbe annahm. Der erste organische Farbstoff auf künstlicher Basis war geschaffen. Glücklicherweise warf Perkin das Ergebnis seines misslungenen Versuches nicht weg, sondern untersuchte es weiter. Sowohl er selbst als auch sein Lehrer August Wilhelm von Hofmann (1818–1892) aus Gießen wurden daraufhin Pioniere der Teerfarbenchemie.

Mitte des 19. Jahrhunderts war Steinkohle der wichtigste fossile Rohstoff. Vor allem die Umsetzung zu Leuchtgas war ein bedeutender technischer Prozess: Die Bewohner von Europas Metropolen feierten die Gaslaternen als technischen Fortschritt, der die Nacht zum Tage machte. Bei der Kohleentgasung fiel Steinkohleteer als Nebenprodukt an, eine ölige, schwarze Flüssigkeit. Sie besteht aus hunderten organischen Verbindungen, die per Destillation gereinigt werden können. Die Chemiker des 19. Jahrhunderts erforschten die Inhaltstoffe und versuchten, neue Stoffe daraus zu gewinnen. Die kräftige Farbe von Perkins Fehlversuch ist nur eines von vielen Beispielen.

Teerfarbstoffe, gezeigt auf der Pariser Weltausstellung 1900

Die Farben der Wissenschaft

Ob eine Substanz farbig ist, hängt mit ihrer molekularen Struktur zusammen. Sonnenlicht, das uns weiß erscheint, ist eine Mischung aus Licht verschiedener Farben. Bricht sich Sonnenlicht an einem Glasprisma oder beispielsweise einer Spiegelfacette, entsteht ein Spektrum farbigen Lichts. Erscheint uns ein Stoff farbig, liegt das daran, dass nur ein Teil des weißen Sonnenlichts reflektiert wird: Unser Auge nimmt dann nur die Lichtwellen der jeweiligen Farbe wahr. Die Komplementärfarbe dessen, was wir sehen, wurde von der Substanz verschluckt. Ein Stoff erscheint uns also blau, weil er die gelben Lichtwellen des Sonnenlichtes absorbiert hat. Ist eine Substanz nicht in der Lage, Lichtwellen zu absorbieren, reflektiert sie alle Farben und erscheint weiß oder farblos.

Die Moleküle, die Perkin und seine Zeitgenossen aus dem Steinkohleteer gewannen, zählen zu den organischen Molekülen, das heißt, sie bestehen im Wesentlichen aus den chemischen Elementen Kohlenstoff, Wasserstoff, Stickstoff und Sauerstoff. Besonders reich ist Teer an aromatischen Verbindungen. Diesen Namen erhielten sie ursprünglich aufgrund des guten Geruchs einzelner ihrer Vertreter, meistens riechen sie aber nicht sehr gut. Dafür weisen sie eine Besonderheit auf: Ihre Molekülstruktur zeigt eines oder mehrere Benzol-Sechsecke, eingebaut in komplexe Kohlenstoffgerüste. Über diese Kohlenstoffgerüste können sich Elektronen frei bewegen. Und diese Elektronen sind es, die einzelne Bestandteile des weißen Sonnenlichtes absorbieren und den Stoff farbig erscheinen lassen.

Ein Rätsel und ein Streit: Das Benzol-Sechseck

Für die wissenschaftliche Erforschung der Teerfarbstoffe war die Entschlüsselung der Benzol-Struktur durch August Kekulé (1829–1896) wegweisend. Benzol war bekannt als Nebenprodukt der Leuchtgasproduktion. In den Fässern, in denen das Gas transportiert wurde, schied sich ein lästiges Öl ab, dessen Analyse ausgesprochen schwierig war. Die chemischen Analysemethoden verbesserten sich im 19. Jahrhundert rasant, dennoch war es schwer, das Rätsel der Benzol-Struktur zu lösen. Zu wenig wusste man noch über den Atombau und die Art und Weise, wie chemische Bindungen entstehen.

Kekulé entwarf eine revolutionäre Theorie der Bindungen von organischen Molekülen. Er stellte sich Bindungen zwischen den chemischen Elementen als «Verwandtschaften» vor, bei denen jedes Teilchen eine bestimmte Anzahl Bindungen zu benachbarten Teilchen eingehen kann. Dem Kohlenstoff schrieb er – völlig korrekt – die Möglichkeit zu, vier Bindungen einzugehen. Dass diese Bindungen nicht nur zu Teilchen anderer Elemente, beispielsweise Wasserstoff, sondern auch zum Kohlenstoff selbst möglich sein sollten, war eine revolutionäre Annahme. Viele Zeitgenossen Kekulés waren anderer Ansicht; er wurde dafür teilweise offen angefeindet. Dabei ist gerade diese Erkenntnis die Grundlage für die unendlichen Möglichkeiten des Baukastens der organischen Chemie. Kekulé entwarf auch eine Formelschreibweise für die Bindungen, die wir heute in großen Teilen noch benutzen, im Wissen davon, wie diese Bindungen zustande kommen.

Auf Basis dieser Strukturtheorie konnte Kekulé also eine Form finden, in der sich sechs Kohlenstoffatome so verbinden, dass sie absolut gleichwertig sind: ein regelmäßiges Sechseck. Obwohl er auch dafür angegriffen wurde, setzte sich diese richtige Annahme bald durch und legte den theoretischen Grundstein für die systematische Erforschung der Inhaltsstoffe des Steinkohleteers und im nächsten Schritt der Synthese neuer, künstlicher Farbstoffe.

Ein Riesenerfolg: Die aufkommende Farbstoffindustrie in Deutschland

Die neuen Farbstoffe trafen auf einen gierigen Markt: Textilproduktion und Modeindustrie nahmen einen gewaltigen Aufschwung dadurch, dass alle Farben des Regenbogens nun zur Verfügung standen. Durch die industrielle Optimierung der Produktionsprozesse kosteten die Farbstoffe nur einen Bruchteil der natürlichen Varianten und waren ganzjährig verfügbar. Neue Unternehmen wurden gegründet, die teilweise noch heute existieren, darunter das größte Chemieunternehmen der Welt, die BASF. In den Firmen forschten Kekulés Schüler wie Adolf von Baeyer (1835–1917), Carl Graebe (1841–1927) und Carl Liebermann (1842–1914) und setzten die theoretischen Erkenntnisse unmittelbar in neue Produkte um. So standen bald für die berühmten Naturfarben Alizarin und Indigo chemische Synthesen zur Verfügung. Die BASF machte daraufhin ein Vermögen mit der Entwicklung von Alizarinfarbstoffen. Die

Diese Reklamepostkarte aus den 1930er-Jahren bewirbt Indanthren-Farbstoffe, ein Markenname, den sich die BASF bereits 1901 schützen ließ.

Ernst Ludwig Kirchner verwendete für sein «Bildnis Dodo» (1909) neben weiteren Teerfarblackpigmenten auch Alizarin als Aluminiumlack, etwa in den rotvioletten Tönen des Sessels.

organischen Farbstoffe waren nicht nur bunt, sie waren auch leicht zu applizieren und äußerst beständig beim Waschen und unter Lichteinstrahlung.

Die Pariser Weltausstellung von 1900 feierte die Errungenschaften und die Industrie feierte sich selbst. Die für die Ausstellung errichteten prachtvollen Pavillons Grand und Petit Palais künden noch heute davon. Die Ausstellung der deutschen chemischen Industrie demonstrierte deren enorme Wirtschaftskraft, unter anderem mit zwei separaten Sammlungen an Teerfarbstoffen, die in Schaugläsern gezeigt wurden. Nach der Ausstellung in Paris wanderte die Sammlung zunächst in ein Depot nach Berlin; 1914 dann wurden 222 Standgläser mit Substanz- und Anfärbeproben dem Deutschen Museum gestiftet. Eine Entsorgungsaktion in den 1970er-Jahren überlebte glücklicherweise eine ganze Reihe von Exponaten, sodass heute immerhin noch 91 synthetische Farbstoffe zeigen können, dass sie in über 100 Jahren nichts an Leuchtkraft eingebüßt haben.

SUSANNE REHN

Standgläser mit den Teerfarbstoffen: Naphtholgelb S (Inv.-Nr. 40842), Alizarinsaphirol B (Inv.-Nr. 40937), Biebricher Scharlach (Inv.-Nr. 40862), Neufuchsin (Inv.-Nr. 40899) und Benzoflavin (Inv.-Nr. 40915).

Maße (H × D)	295 × 10 mm
Material	Glas, Farbstoffe, Textil- und Garnmuster auf Papprollen

1902 [1913]

Fünfmast-Vollschiff Preussen

Joh. C. Tecklenborg Schiffswerft und Maschinenfabrik AG
Bremerhaven

«Sie haben das mächtige Meer unterm Baum
Und über sich Wolken und Sterne.
Sie lassen sich fahren vom himmlischen Hauch
Mit Herrenblick in die Ferne.»

So lauten die ersten Zeilen des Gedichts «Segelschiffe» des Dichters Joachim Ringelnatz (1883–1934). Sie beschreiben treffend ein Meisterwerk der Schiffbaukunst zu Beginn des 20. Jahrhunderts: das Frachtsegelschiff «Preussen». Das Segelschiff wurde im Auftrag der Hamburger Reederei Laeisz auf der Werft Joh. C. Tecklenborg in Geestemünde gebaut; 1902 lief es vom Stapel. Mit einer Rumpflänge von knapp 134 Meter «über Gallion und Heck» – der mächtige Bugspriet ragte noch weiter über das Schiff hinaus – war die «Preussen» eines der größten Segelschiffe, die je die Weltmeere befuhren, und das einzige Fünfmast-Vollschiff seiner Zeit. Die «Preussen» führte an ihren fünf Masten jeweils sechs Rahsegel. Zusammen mit weiteren 17 Stagsegeln betrug die Gesamtsegelfläche ca. 5560 m². Zusammengenommen mussten ständig ganze 41 Kilometer Drähte und Tauwerk (stehendes und laufendes Gut) bedient bzw. gewartet werden; knapp 50 Mann Besatzung waren hierfür, für Segelmanöver sowie das Be- und Entladen (Laden und Löschen) auf dem Großsegler im Einsatz. Über einen Hilfsmotor verfügte die «Preussen» nicht; bei günstigen Bedingungen beschleunigten Wind und Segel das Schiff aber derart, dass für eine vergleichbare Motorleistung eine Maschine von 6000 PS (4400 kW) notwendig gewesen wäre.

«Mit Herrenblick in die Ferne»: Modell des Fünfmastschiffs «Preussen»

Gebaut wurde das Schiff, um Salpeter aus Chile nach Deutschland zu transportieren. Salpeter wurde damals in großen Mengen zur Herstellung von Kunstdünger benötigt. Die weite Überfahrt aus Hamburg, über den gesamten Atlantik und zu den Salpeterhäfen der chilenischen Küste im Pazifik, führte um die Spitze Südamerikas – das häufig stürmische und deshalb berüchtigte Kap Hoorn. Laeisz' Frachtsegler, deren Namen alle mit dem Buchstaben P begannen (Pamir, Passat, Peking, Padua etc.), waren für ihre Seetüchtigkeit und hohe Reisegeschwindigkeit bekannt, weshalb sie als Flying-P-Liner in die Geschichte eingingen. Keiner dieser Frachtsegler fuhr jemals eine schnellere Reise von Hamburg zum chilenischen Salpeter-Hafen Iquique als die «Preussen». Und auch der Geschwindigkeitsrekord unter den großen Frachtseglern gebührte ihr: Im März 1910 segelte das Schiff auf einer Wache – also über einen Zeitraum von vier Stunden – knapp 73 Seemeilen, was einer Durchschnittsgeschwindigkeit von rund 34 km/h entspricht.

Konkurrenz durch die Dampfschifffahrt

Um die letzte Jahrhundertwende stand die Frachtschifffahrt unter Segeln in hartem Wettbewerb zu den Dampfschiffen. Deren Maschinen wurden dank rascher technologischer Entwicklung immer effektiver und wirtschaftlicher – und deshalb zur ernsthaften Konkurrenz für die Segelschiffe. Rentabel waren Segelschiffe seit den 1890er-Jahren nur noch auf weiten Seestrecken, auf denen Dampfschiffe zu viel Kohle mitführen und verheizen mussten, um Gewinne einfahren zu können – und weil die Besatzungen der Segelschiffe beim Laden und Löschen der Schiffe für verhältnismäßig wenig Geld schufteten. 8000 Gewichtstonnen Salpeter passten in die Laderäume der «Preussen» – das entspricht 160 000 Säcken zu je einem Zentner. Eine Schiffsladung Salpeter der «Preussen» füllte damals 18 Güterzüge zu je 30 Waggons mit jeweils 15 Tonnen Zuladung. Hintereinandergestellt, wären diese Güterzüge 6,5 Kilometer lang gewesen.

Die «Preussen» unter Vollzeug beim Verlassen des New Yorker Hafens, 27. Mai 1908

Die Strandung

Dreizehn Reisen legte die «Preussen» sicher zurück, davon eine komplette Weltumsegelung. Zu Beginn ihrer vierzehnten Reise jedoch kollidierte das stolze Segelschiff in den ersten Novembertagen des Jahres 1910 im Ärmelkanal mit einem Dampfer, welcher dem Segler vorschriftswidrig die Vorfahrt nahm. Den englischen Hafen Dover als Nothafen anzulaufen missglückte. Zwar kamen dem beschädigten Großsegler drei Dampfschlepper zu Hilfe; jedoch gelang es diesen nicht, die «Preussen» in den sicheren Nothafen zu bringen, da bei zunehmend schwerem Wetter eine Schlepptrosse brach – weshalb das Schiff bei stürmischem Wind tragisch vor Dover strandete. Tage später, bei ruhigem Wetter, gelang es selbst zwölf Dampfschleppern nicht mehr, das Segelschiff von den Klippen zu ziehen; das stolze Schiff musste schließlich aufgegeben werden.

Das Modell der «Preussen»

Selbstverständlich war Oskar von Miller an einem Modell dieses einzigartigen Schiffs für die Ausstellung des neu gegründeten Museums in München interessiert. Indes, die Bauwerft Joh. C. Tecklenborg war nicht bereit, das werfteigene Modell zur Verfügung zu stellen. Dieses war auf der Weltausstellung in St. Louis 1904 derart beschädigt worden, dass man von weiteren Transporten lieber absah. Erst nach dem Verlust des Schiffs vor Dover rang sich die Werft dazu durch, ein zweites Modell der «Preussen» zu bauen, in der Absicht, «die Erinnerung an das [...] seiner Zeit größte Segelschiff der Welt an maßgebender technischer Stelle festzuhalten». Um das Mo-

Die «Preussen» 1910 als Wrack nach der Kollision im Ärmelkanal

dell möglichst realistisch werden zu lassen, wurde dem Wunsch des Museums entsprochen, die Nietreihen, welche die Stöße der Stahlplatten des Rumpfes zusammenfügten, mit ins Modell zu bringen. Die Segel wurden von dem Modellbauer Paul Karl in Berlin angefertigt. Dieser hatte eine Technik entwickelt, Modellschiffsegel derart auszuformen, dass sie äußerst realistisch, wie vom Winde gebläht, aussahen. Um im Museum einen direkten Größenvergleich mit anderen Schiffen zu ermöglichen, wurde dieses zweite Werftmodell der «Preussen», wie die anderen Modelle in der Ausstellung auch, im Maßstab 1:50 gefertigt.

Am 23. September 1913 kam das Schiffsmodell schließlich ins Deutsche Museum – knapp drei Jahre nachdem das Original vor den weißen Klippen von Dover aufgegeben werden musste. In der Schifffahrtsabteilung «segelt» dieses Modell bis heute – unter Vollzeug mit 47 stolz geblähten Segeln. Und das nun schon seit über einhundert Jahren. So wie Joachim Ringelnatz es in der dritten Strophe seines eingangs zitierten Gedichts ausdrückte:

> «Wie das im Winde liegt und sich wiegt,
> Tauwebüberspannt durch die Wogen,
> Das ist eine Kunst, die friedlich siegt,
> Und ihr Fleiß ist nicht verlogen.»

JÖRN BOHLMANN

Modell des Fünfmast-Vollschiffs «Preussen» (Inv.-Nr. 40012)

Maßstab	1:50
Maße (H × B × T)	ca. 1450 × 600 × 2900 mm
Original	
Maße (L × B)	133,5 × 16,4 m
Größte Masthöhe über Deck	55 m
Verdrängung	11 400 t
Tragfähigkeit	8000 t
Segelfläche	max. 5560 m²
Besatzung	48 Mann

1905 [1922]

Schüttelrutsche

Gebr. Eickhoff Maschinenfabrik u. Eisengießerei GmbH
Bochum

Mechanisierung bedeutet die Unterstützung menschlicher Arbeitskraft durch Maschinen und im übertragenen Sinne die Einführung von technischen Hilfsmitteln in ganzen Produktionsbereichen und Branchen. In der modernen Wirtschaft verbindet sich die Mechanisierung mit der Rationalisierung, unter der man beispielsweise eine Beschleunigung der Fertigungsverfahren, die Spezialisierung durch Arbeitsteilung oder auch eine Verschlankung des Personals versteht. Einen veritablen Rationalisierungsschub erlebten die westlichen Industriestaaten zu Beginn des 20. Jahrhunderts, als in zahlreichen Branchen die Handarbeit durch Maschinen ersetzt wurde. Von dieser Entwicklung wurde mit leichter zeitlicher Verzögerung auch der Bergbau erfasst. Im Zentrum der bergbaulichen Mechanisierung stand die Schüttelrutsche. Sie wurde im deutschen Steinkohlenbergbau eingesetzt, um die abgebaute Kohle über lange Strecken unter Tage zu befördern.

Schrittmacher der Mechanisierung unter Tage

Die Schüttelrutsche ist eine aus Einzelstücken zusammengesetzte Rinne aus Blech mit halbkreisförmigem oder flach-trapezförmigem Querschnitt, die von Motoren hin- und herbewegt (geschüttelt) wird. Ihre Bewegung besteht aus Hingang und Rückgang, wobei beim Hingang dem Fördergut eine bestimmte Bewegungskraft vorwärts erteilt wird, beim Rückgang die Bewegungsrichtung gegen

Diese Schüttelrutsche war bis 1954 im Steinkohlenbergbau des Ruhrgebiets im Einsatz.

die Förderrichtung verläuft. Das transportierte Material wird bei der Vorwärtsbewegung so stark beschleunigt, dass es auch beim Rückgang in Förderrichtung weitergleitet. Als Antrieb der Schüttelrutsche kamen sowohl Druckluft- als auch Elektromotoren zum Einsatz.

Während die Kohle in den meisten Gebieten noch bis weit in die 1920er-Jahre hinein von Bergleuten per Hand gewonnen wurde, kam im Ruhrbergbau die Schüttelrutsche schon ab etwa 1905 zum Einsatz. Sie stand direkt im schmalen langen Abbauraum, dem Streb, um die Kohle über eine weite Strecke zu transportieren. Durch den Ersten Weltkrieg verzögerte sich die Verbreitung der Schüttelrutsche, ging aber anschließend rasch und flächendeckend vonstatten.

Welche Veränderungen brachte die Schüttelrutsche?

Die Schüttelrutsche verschaffte den Zechen vielfache, miteinander verknüpfte Vorteile. Einmal ermöglichte sie es, die Kohle im Schüttelrutsch-Streb rascher abzubauen und die Gefahren des natürlichen Gebirgsdrucks, also der Druckspannungen im Gebirgskörper, zu minimieren bzw. die zur Verfügung stehende Zeit produktiver zu nutzen. Bis dahin war in den Bergwerken der unübersichtliche Pfeilerbau üblich gewesen, der mit den Schüttelrutschen nun einem räumlich konzentrierten Strebbau wich. Dieser verbesserte die Frischluftzufuhr unter Tage und reduzierte auch die Gefahr von Schlagwettern, einem speziellen Luft-Methan-Gemisch, das sich leicht entzünden und explodieren kann. Kleine Ortsgruppen wurden nun abgelöst von Schichten mit 30 bis 50 Bergleuten, die nicht mehr im unübersichtlichen Pfeilerbau arbeiteten, sondern im konzentrierten Strebbau von einem Steiger beaufsichtigt werden konnten. In der Folge stieg die Leistung pro Bergmann und Schicht an. Die Schüttelrutsche steigerte nicht nur die Leistung der Zechen, sie gab den Bergbau-Unternehmen auch ein Instrument an die Hand, Rhythmus und Tempo der Kohlengewinnung zu bestimmen.

Ganz anders präsentierte sich die Schüttelrutsche den betroffenen Bergleuten. Für sie brachte dieser Mechanisierungsprozess zahlreiche Nachteile mit sich, gegen die sie heftig protestierten. So verursachten die Motoren und die Rutschen selbst erheblichen Lärm, was nicht nur zu erhöhtem Stress führte, sondern auch Gefahren barg. Denn die Bergleute konnten das Knistern im

Deckengebirge, dem sogenannten Hangenden, nicht mehr hören, das sie bislang vor einem Bruch gewarnt hatte. Vor allem aber hinderte die Schüttelrutsche die Arbeiter daran, ihrer Tätigkeit selbstbestimmt nachzugehen. Die Menge der abgebauten Kohle und das Tempo des Abbaus waren nun von maschinellen Faktoren und den Vorgaben der Unternehmensleitung abhängig. Sogar für das Aufsicht führende Personal bedeutete der Schüttelrutschenbetrieb vielfache Zumutungen. «Den Kerl, der die Schüttelrutsche erfunden hat, soll der Teufel holen», formulierte 1910 ein gestresster Steiger im Verbandsorgan der organisierten «technischen Grubenbeamten».

Mechanisierung und Rationalisierung waren im Ruhrbergbau bis weit in die 1920er-Jahre Auslöser für soziale Konflikte. Auf der einen Seite standen die Zechen und ihre Interessenverbände, auf der anderen die Bergleute und ihre Gewerkschaften – und im Zentrum die Schüttelrutsche, an der sich die Konflikte entzündet hatten.

Als Oskar von Miller zusammen mit seinen Mitstreitern ein Anschauungsbergwerk plante, durfte die Schüttelrutsche als Basisinnovation im Bergbau nicht fehlen. 1925 eröffnete das Ausstellungsgebäude auf der Museumsinsel und präsentierte den Besuchern im Abschnitt zum Kalibergbau eine Schüttelrutsche, die vom führenden Hersteller Eickhoff gestiftet worden war. Da in den folgenden Jahrzehnten der Bergbau im Ruhrgebiet mehr und mehr auf Vollmechanisierung umstellte, konnte Mitte der 1950er-Jahre eine zweite Rutsche erworben werden. Sie diente zuvor der Zufuhr von Bergen (Steinen) für den Blasversatz, um die durch den Kohlenabbau entstandenen Hohlräume zu verfüllen. Seither steht auch im Steinkohlenbergwerk des Museums eine Blechrinne, die unscheinbar wirkt, aber eine der folgenreichsten Neuerungen in der Geschichte des Bergbaus war.

HELMUTH TRISCHLER

Schüttelrutsche (Inv.-Nr. 50711)

Maße (H × B × L/T)	ca. 950 × 800 × 6500 mm (gekürzte Rutschenwanne)
Material	Metall

ZUM AUSPUMPEN
WASSERS

1906

Unterseeboot U1

Germaniawerft
Kiel

> «Die heimtückischste aller Seekriegswaffen, das Unterseeboot (ist) die Waffe des Schwächeren, weil es im ritterlichen Kampf der Panzerriesen den dickhäutigen englischen Linienschiffen auf hoher See nicht mehr gewachsen ist.»

Diese herablassende Einschätzung einer neuen Waffe stammt aus der Feder eines deutschen Kapitänleutnants und erschien noch um 1905. Sie gab prägnant die Ablehnung der Kaiserlichen Marine wieder, neben den bevorzugten Großkampfschiffen auch Unterseeboote zu bauen, wie es andere Seemächte damals schon längst begonnen hatten.

Die List neuer Techniken – eine Waffe des Schwachen?

Woher rührte diese Ablehnung einer Technik, mit der sich bereits kein Geringerer als Leonardo da Vinci befasst hatte? Auch Leonardo hat die Zwiespältigkeit des Abtauchens in die Unsichtbarkeit erkannt, die Möglichkeit, dort «Morde zu begehen». Es bedeutete Ehrlosigkeit und Feigheit, den Gegner aus einem Hinterhalt, sozusagen in seinem Rücken anzugreifen. Schon in einem Stück Shakespeares werden versteckte Minen kritisiert, die die «Disziplin des Krieges» zerstörten. Erfinder, die Sprengladungen anbrachten oder Torpedos bemannten, um, wie Jules Vernes Kapitän Nemo, als Rebellen die Schiffe der verhassten Seemächte zu versenken, galten, im heutigen Sinne, als geächtete Terroristen.

Blick in die Zentrale des U1

Um sich in der von rastlosen Entwicklern angefachten hitzigen

Flottenrüstung zu behaupten, hatte die als Rüstungsschmiede bekannte Firma Krupp auf eigene Initiative mit der Entwicklung von Tauchbooten begonnen. Sie verpflichtete hierzu den spanischen Ingenieur Raimondo d'Equevilley, der in Frankreich bereits bei einem bekannten U-Boot-Konstrukteur Erfahrungen gesammelt hatte.

Nachdem Krupp der Bau und Verkauf von drei Tauchbooten nach Russland gelungen war, entschloss sich unter öffentlichem Druck schließlich auch die deutsche Marine, Krupps Germaniawerft mit dem Bau eines ähnlichen Bootes, dem U1, zu beauftragen.

Maßgebend für d'Equevilleys Entwurf war die Lösung der Raumfrage. Um die von der Marine geforderte Geschwindigkeit zu erreichen, wählte er eine lange, aber sehr schmale, den zylindrischen Druckkörper eng einhüllende Rumpfform. Der dickwandige innere Druckkörper stellte das zentrale, tragende Bauelement des Bootes dar. Um diesen herum wurde der flüssige Brennstoff in einer zweiten, stromlinienförmigen dünnen Hülle gelagert, wobei der Gewichtsausgleich während des Verbrauches bei der Fahrt durch frei nachflutendes Seewasser erreicht wurde. Dies war eine Erfindung d'Equevilleys und wurde ein typisches Merkmal aller folgenden deutschen U-Boote.

Hybridantrieb für Unter- und Überwasserfahrt

Für den Antrieb des U1 über Wasser und ohne Luftzufuhr unter Wasser gab es wenig Alternativen. Ein schon länger gesuchter, aber noch nicht ausgereifter «Einheitsantrieb» war nicht verfügbar. Stattdessen musste ein «Hybridantrieb» benutzt werden, der dann etwa 100 Jahre lang, bis zur Verfügbarkeit der Brennstoffzelle, der typische Antrieb der U-Boote blieb. Dieser Hybridantrieb bestand einerseits aus einem Elektroantrieb mit Akkumulatoren für die Tauchfahrt, wie er bereits in Verkehrsbooten – etwa auf dem bayerischen Königssee – verwendet wurde. Bei der Fahrt über Wasser wurde andererseits auf einen Verbrennungsmotor zurückgegriffen, der dabei auch gleichzeitig die Akkumulatoren aufzuladen hatte.

Als die Germaniawerft Krupps für den Bau des U1 Motoren benötigte, waren Dieselmotoren jedoch noch nicht einsatzbereit. Die einzigen lieferfähigen Motoren waren Petroleummotoren der Firma Körting. Diese hatten jedoch den Nachteil, tagsüber wegen weißer Abgase, nachts wegen ihres Feuerscheins weithin sichtbar zu sein. Da sie in ihrer Laufrichtung nicht umsteuerbar waren, mussten für sie zudem Verstellpropeller verwendet werden.

Erst 1913 ermöglichten Dieselmotoren für den Seekrieg unter Wasser den qualitativen Sprung von der Verteidigung zum Angriff: Ihr geringer Verbrauch führte zu einem wesentlich größeren Aktionsradius. Dies hatte auch Rudolf Diesel selbst erkannt: «Es ist nicht mehr bloß eine Waffe zur Verteidigung der Küste, das Unterseeboot kann jetzt hinaus, die feindliche Flotte auf hoher See angreifen.»

Diesem strategischen Wandel entsprach bald ein Kurswechsel bei der Flotte. Den U-Booten wurden im Seekrieg immer mehr Aufgaben zuteil, bis 1917 im «uneingeschränkten U-Bootkrieg» schließlich auf die Trumpfkarte der einst so geschmähten «Heimtücke» gesetzt und die Versenkung auch der Handelsschiffe aus dem Hinterhalt der Tiefe befohlen wurde.

Der Beginn dieser Waffe, das U1, galt in der Marine intern als Werk eines Ausländers. Für die weiteren «deutschen Boote» wurde deren Bau zunächst in das ferne Danzig verlegt, und schon mit dem U2 kam es dann auch zur Entwicklung neuer Bauvarian-

U1 als Überwasserschiff. Der aufgesetzte Fahrstand sollte eine bessere Sicht ermöglichen.

ten. Die Zählung ab U1 suggeriert so den Beginn einer homogenen Entwicklungsreihe mehr, als es der Realität tatsächlich entspricht.

Dauerhaft wie Krupp-Stahl

Was sich hingegen am Beispiel des U1 als ein Kontinuum verfolgen lässt, ist die Beziehung Krupps zum Deutschen Museum. Bereits 1906 stiftete die Firma ein Modell des U1 aus der Weltausstellung in Mailand, dann 1912 ein sehr fein detailliertes, speziell gefertigtes Schnittmodell von U1. Dieses sollte, im selben großen Maßstab, mit dem Gründungsgeschenk Kaiser Wilhelm II. für das Museum gleichziehen – ein aktuelles, ebenfalls geschnittenes Linienschiffsmodell.

Um 1915, noch in den Anfängen eines vermeintlich kurzen Krieges, wurde deutlich, dass Oskar von Miller einen deutschen Sieg und

Ansicht des 1912 von der Firma Krupp gestifteten Schnittmodells des U1 im Maßstab 1:25

Eine Mannschaft des U1 vor dem Turm mit einer Verkleidung für eine längere Überwasserfahrt

die geplante Eröffnung seines Museums nicht ungern mit einem Original erfolgreicher deutscher Technik gefeiert hätte. Doch der Krieg dauerte an, erbittert und zur See nun uneingeschränkt, und das U1 wurde noch benötigt. Als 1917 dann das Deutsche Museum zunehmend mit dem Wunsch konfrontiert wurde, Modelle und Anschauungsmaterial zum U-Boot-Krieg zur Verfügung zu stellen, äußerte Miller nun explizit den Wunsch nach einem U1. Für das Privileg, das erste Produkt einer mittlerweile berühmten Entwicklungsreihe auszustellen, war Miller bereit, auf den letzten Stand der Technik oder historisch berühmtere Boote zu verzichten. Er nahm damit auch eine dem aktuellen Kriegsgeschehen übergeordnete, unabhängige Position ein. Bereits zu Beginn des Ersten Welt-

Vordere Sektion des U 1 bei dem Transport in das Museumsgebäude auf der Museumsinsel, ca. 1922

kriegs war das U1 keine aggressive Waffe mehr, sondern wurde nur noch als Schulungsboot eingesetzt. Sein Stellenwert war eher historisch und unpolitisch, ganz anders als ihn etwa das U9 verkörpert hätte, das 1914 drei britische Panzerkreuzer versenkt hatte.

Nach dem für Deutschland verlorenen Krieg forderten die Alliierten die Abgabe aller deutschen U-Boote. Nach langwierigen Verhandlungen, wiederum mit der Hilfe Krupps, gelang es, das U1 oder vielmehr das, was davon inzwischen noch auffindbar war, für das Deutsche Museum zu erhalten. Die Maschinenanlage war bereits demontiert, ihre Teile verstreut; sie musste wie ein Baukasten neu aufgelistet und zusammengestellt werden. Drei Rumpfsektionen und die übrigen Einzelteile wurden mit der Bahn nach München transportiert und in den Jahren 1921 bis 1923 stückweise an der Rückseite des Museumsneubaus auf der Museumsinsel eingebracht. Zur besseren Zugänglichkeit des «Innenlebens» war der Druckkörper aufgeschnitten, das meiste der Außenhülle und fast alle Kabel, Rohrleitungen und Apparaturen fehlten. Einige der Akkumulatoren wurden als Attrappen ergänzt. Jahrzehnte später fand sich sogar das originale Steuerrad wieder: es war wohl als Andenken von Bord gegangen und wurde nach langen, verborgenen Wegen 1992 von einem Sammler in Kiel erworben.

Das derart reduzierte Artefakt des U1 lässt wenig von seiner ursprünglichen Funktionalität erkennen und erinnert eher an frühere, in Bruchstücken angeschwemmte Meeresfossile, deren geheimes Wesen und schreckenerregendes Aussehen einstmals große Besuchermassen anzogen. U-Boote sind medienwirksam und attraktiv geblieben. Auf dem Erfolg des U1 basierende Versuche, weitere und sogar noch viel größere Boote des Zweiten Weltkrieges nach München zu holen, blieben jedoch erfolglos. So verkörpert das U1 eine hoffentlich abgeschlossene Phase der Geschichte. Neues Interesse verdienen die «yellow submarines», die zur Erkundung der Meere und Ozeane dienen, um deren Welten lebensfähig und lebenswert zu erhalten – dies nun ein jüngerer Menschheitstraum.

JOBST BROELMANN

Unterseeboot U1 (Inv.-Nr. 49211)

Maße (L × B)	42,4 m × 3,8 m
Verdrängung	238 t, getaucht: 283 t
Besatzung	12 Mann
Motor/Leistung	je 2 Petroleum-Motoren u. Elektromotoren zus. 294 kW (400 PS)
Tauchtiefe	max. 30 m
Geschwindigkeit	10,8 kn (20 km/h), getaucht 8,7 kn (16 km/h)
Bewaffnung	1 Torpedorohr

NEW-YORK-PARIS
NEW-YORK-PARIS

1907

Protos Wettfahrtwagen New York–Paris

Motoren-Fabrik Protos GmbH
Berlin

Im Winter 1907/08 entstand bei der Berliner Motoren-Fabrik Protos ein Auto, das als Teilnehmerfahrzeug der ungewöhnlichen Rallye von New York nach Paris 1908 Berühmtheit erlangte. Die Firma Protos unterstützte mit dem Bau des Wagens einen jungen Oberleutnant, der bis dato gar kein Automobilist war. Sein Name war Hans Koeppen (1876–1948). Er hatte sich in den Kopf gesetzt, dass der von der französischen Zeitung *Le Monde* und der *New York Times* beworbene Wettbewerb rund um die nördliche Hemisphäre nicht ohne ein deutsches Team starten sollte.

Solide, praktisch, robust

Technisch bot das Fahrzeug verglichen mit den zeitgenössischen Spitzenprodukten nicht viel Ungewöhnliches. Mit wassergekühltem Vierzylindermotor, 4560 cm^3 Hubraum und 30 PS war es gut, aber nicht überbordend motorisiert und stemmte mittlere Geschwindigkeiten. Das Chassis stammte von der Firma Joseph Neuss und war für den Zweck einer Reise rund um die Welt und auf schlechten Wegen extra verstärkt worden. Der Antrieb erfolgte immerhin kettenlos über ein Wechselgetriebe, Kardanwelle und ein Differential auf die Hinterachse. Da Reifenpannen um 1908 noch häufig und zeitraubend waren, verfügte das Fahrzeug außer-

Als Erster im Ziel, dennoch nur Zweiter: der legendäre Protos

Protos mit Team am Start in New York, Februar 1908

dem über ein sehr praktisches kleines Detail: Spannfelgen, die es den Fahrenden ermöglichten, die Gummibereifung relativ schnell zu wechseln. Zwei der drei Teammitglieder saßen vorn, das dritte hinten auf einem heute nicht mehr vorhandenen Notsitz.

Da die Wettfahrt ursprünglich durch die Kältezonen der Nordhalbkugel führen sollte, erhielt der Wagen zum Start einen Planwagenaufbau, um Werkzeug, Ersatzreifen und Ersatzteile, aber auch Zelt, Pelze und Verpflegung gut geschützt verstauen zu können. Außerdem hatte man Zusatztanks für bis zu 600 Liter Benzin dabei, denn die Versorgung mit Benzin war eine der großen Herausforderungen der Veranstaltung. Mit Aufbau und voll beladen brachte es das Fahrzeug schließlich auf rund 2,5 Tonnen Gewicht, was dem schnellen Vorwärtskommen rasch hinderlich wurde. *Learning by doing* befreiten sich die automobilen Abenteurer im Protos nach ein paar Wochen von großen Teilen des mitgeführten Ballasts.

New York–Paris: ein Wettbewerb, der zur Legende wurde

Die Rallye von New York nach Paris geriet zu einem skurrilen Wettbewerb. Ihr Startpunkt war der Times Square vor dem damals neuen Hochhaus der *New York Times*. Neben dem Deutschen Team auf einem Protos gingen fünf weitere Mannschaften ins Rennen. Aus Frankreich waren gleich drei Teams dabei, die auf DeDion, Motobloc und Sizaire-Naudin fuhren. Eine Gruppe aus Italien startete auf einem Züst und die Teilnehmer aus den USA auf einem Thomas Flyer. Die Rallyefahrer waren teilweise Veteranen der automobilen Szene, die schon 1907 an einer Rallye von Peking nach Paris teilgenommen hatten, teilweise aber auch Neulinge – wie eben der deutsche Oberleutnant Koeppen und seine Ingenieure Ernst Maaß und Hans Knape, oder auch der Amerikaner George Schuster, der zwar den Umgang mit Autotechnik verstand, aber ebenfalls keine Wettkampferfahrung mitbrachte. Neben den Fahrern, Organisatoren und technischen Experten waren auch Zeitungsleute unter den Aktiven, die regelmäßig über den Rennverlauf berichteten.

Ralley-Start in New York

Improvisation ist alles

Route und Regeln des Rennens wurden während der Fahrt mehrfach umgeschrieben – statt um den Nordpol sollte es wegen eines verspäteten Starts im Februar bald nur noch durch Nordamerika bis San Francisco, dann weiter durch das südliche Sibirien gehen, und statt über die Beringstraße zu fahren, wie ursprünglich geplant, durften die Teilnehmer mit dem Schiff den Pazifik überqueren. Das Rennen blieb aufregend genug: Es gab weder Tankstellen noch eine sonstige Wartungsinfrastruktur; unbefahrbare Straßen mussten ge-

Protos im Sumpf – ein Farmer hilft.

Protos, völlig verdreckt, in einer Garage in Cedar Rapids, Iowa

räumt oder umgangen, Fahrzeuge immer wieder aus dem Matsch gezogen und repariert werden. War gar kein Weg vorhanden, wichen die Fahrer auch mal auf die Eisenbahntrasse der Union Pacific und der brandneuen Transsibirischen Eisenbahn aus.

Mit viel Durchhaltevermögen, kreativen Reparaturlösungen sowie der Unterstützung der Bevölkerung entlang der Rallyeroute und manchmal auch der anderen Teilnehmer gelang es drei Rallye-Crews tatsächlich, Paris auf eigenen Rädern zu erreichen: Als Erster kam nach 21 278 Kilometern und fünfeinhalb Monaten am 26. Juli 1908 der Protos mit seiner inzwischen teilweise erneuerten Mannschaft ins Ziel. Als Zweiter folgte vier Tage später George Schuster auf seinem Thomas Flyer. Er hatte versucht, dem ursprünglichen Plan zu folgen und Sibirien von Valdez aus über das Eis der Beringstraße zu erreichen. Das gelang ihm zwar nicht, aber der Ausflug wurde belohnt und machte ihn zum Punktesieger der Kältetour. Das Protos-Team dagegen kassierte einige Straftage, weil es nach einem schweren Schaden am Differential in den Rocky Mountains, der vor Ort nicht behoben werden konnte, kurzerhand mit der Bahn nach Seattle gefahren war. Danach reichte es nur noch für den zweiten Platz. Zeitlich abgeschlagen, aber doch erfolgreich, kam schließlich im September auch der Züst in Paris an.

Eine große Werbetour für den Automobilismus

Die Geschichte des Rennens von New York nach Paris wurde vor allem eines: eine weithin wahrgenommene Werbeveranstaltung für den Automobilismus. Die Wagen fuhren durch Gegenden, in denen zuvor kaum ein Auto zu sehen gewesen war, und die Zeitungen in New York, Paris, Berlin und Rom berichteten ausgiebig über Erfolge und Pannen der Autoabenteurer. So nachhaltig blieb das abenteuerliche Rennen mit seinen kleinen und großen Erlebnissen und kantigen Persönlichkeiten im Gedächtnis, dass es in den USA als *The Great Race* in die Geschichte einging. In einer gleichnamigen Komödie mit Jack Lemmon und Tony Curtis in den Hauptrollen setzte 1965 Blake Edwards dem Rennen und seinen Teilnehmern ein filmisches Denkmal.

Die beiden Siegerautos haben die Zeit bis heute überlebt. Der Thomas Flyer steht seit 2010 in der Automotive Hall of Fame der USA in Dearborn/Michigan. Den Protos stiftete die Firma Siemens, inzwischen Eigner der Protos GmbH, 1911 dem Deutschen Museum, wo er heute im Verkehrszentrum ausgestellt ist.

BETTINA GUNDLER

Protos (Inv.-Nr. 27877)	
Motor	4-Zylinder-Viertaktmotor, Reihe
Hubraum	4560 cm^3
Leistung	22 kW (30 PS), 1500 U/min
Höchstgeschwindigkeit	80 km/h
Verbrauch	ca. 30 l/100 km
Masse	1100 kg (ohne Aufbauten)

Elektronentanz und

ein Staubkorn mit Bedeutung

KUNGLIGA SVENSKA VETENSKAPS-AKADEMIEN
har vid sin sammankomst den 9 November 1909 i enlighet med föreskrifterna i det af
ALFRED NOBEL
den 27 November 1895 upprättade testamente beslutat att tilldela hälften af det pris, som detta år bortgifves åt den som inom fysikens område har gjort den viktigaste upptäckt eller uppfinning, till
FERDINAND BRAUN
såsom ett erkännande af hans förtjänster om den trådlösa telegrafiens utveckling.
Stockholm den 10 December 1909
Kungl. Vet. Akads preses.
Chr. Aurivillius
Kungl. Vet. Aks sekreterare.

INVENTAS VITAM IUVAT EXCOLUISSE PER ARTES
NATURA
SCIENTIA
ERIK LINDBERG
REG. ACAD. SCIENT. SUEC.
F. BRAUN
MCMIX

1909

Nobelurkunde und Nobelmedaille von Ferdinand Braun

**Königlich Schwedische Akademie der Wissenschaften
Stockholm**

Auf der prachtvollen Nobelurkunde sticht eine Strichzeichnung auf der rechten Seite durch ihre Schlichtheit heraus. In der grün umrankten Vignette ist nichts weniger als die preisgekrönte Erfindung schematisch dargestellt: der gekoppelte Sender mit geschlossenem Schwingkreis und Antennenkreis als eine entscheidende Entwicklung in der drahtlosen Telegrafie. Der Name des Nobelpreisträgers ist direkt darunter in roten Lettern auf goldenem Grund geschrieben: FERDINAND BRAUN. Der Physiker nahm diese Urkunde mit der zugehörigen Medaille am 10. Dezember 1909 aus den Händen König Gustavs V. von Schweden entgegen. In jenem Jahr wurde der Nobelpreis für Physik zweimal vergeben. Zusammen mit Braun erhielt der Italiener Guglielmo Marconi die Auszeichnung «in Anerkennung ihrer Verdienste um die Entwicklung der drahtlosen Telegrafie», wie es auf der Urkunde heißt. Der Weg der beiden Männer hin zu dieser höchsten wissenschaftlichen Auszeichnung verlief allerdings auf komplett getrennten Pfaden.

Vom Nutzen, das Leben durch Entdeckungen zu verändern: Nobelurkunde und -medaille (Rückseite) für Ferdinand Braun

Guglielmo Marconi und Ferdinand Braun

Guglielmo Marconi (1874–1937) hatte 1895 als gerade einmal Zwanzigjähriger damit begonnen, die einige Jahre zuvor von Heinrich Hertz (1857–1894) erstmals nachgewiesenen elektromagnetischen Schwingungen zur drahtlosen Übertragung von Nachrichten praktisch nutzbar zu machen. Die 1897 gegründete Marconi-Gesellschaft verkaufte ihre Systeme in England, unter anderem an die Marine und das Heer; der Gesellschaft gelang es darüber hinaus, die meisten Überseeschiffe mit Funkstationen auszurüsten, darunter übrigens auch die «Titanic».

Ferdinand Braun (1850–1918) kam im Jahr 1898 als Physikprofessor in Straßburg eher zufällig zur drahtlosen Telegrafie, als er um die Begutachtung einiger telegrafischer Instrumente gebeten wurde. Er erkannte schnell die Verbesserungspotenziale und führte erste Versuche durch – finanziell unterstützt durch den Kölner Schokoladenfabrikanten Ludwig Stollwerck (1857–1922). Braun entwickelte den sogenannten gekoppelten Sender, bei dem der geschlossene Schwingkreis nur lose mit dem resonanten Antennenkreis gekoppelt war. Dadurch ergaben sich erheblich größere Sendereichweiten. Diese in der Folge als «Braun'scher Sender» bekannte Schaltung erhielt bereits im Oktober 1898 den Patentschutz. Im Dezember desselben Jahres wurde zur Verwertung und Weiterentwicklung der Erfindung die Funkentelegraphie GmbH in Köln gegründet, aus der im Jahr 1903 die Telefunken AG hervorging. Die Firma lieferte fortan die funktechnischen Ausrüstungen für das deutsche Militär und deutsche Reedereien sowie für die Kommunikation mit den Kolonien. Einige Jahre nach der Entwicklung des Senders verbesserte Braun 1906 noch die Empfängerseite, indem er einen Kristalldetektor einsetzte – die erste Halbleiteranwendung überhaupt.

Ferdinand Braun wurde 1872 an der Universität Berlin mit einer Arbeit zu Saitenschwingungen promoviert. Im Jahr darauf legte er sein Staatsexamen als Gymnasiallehrer ab und unterrichtete von 1874 bis 1876 an der traditionsreichen Thomasschule in Leipzig. Danach lehrte er als Professor für Experimentalphysik in Marburg, Straßburg, Karlsruhe und Tübingen. Im Jahr 1895 wurde er Direktor des Physikalischen Instituts an der Universität Straßburg. Hier demonstrierte Braun kurz darauf zum ersten Mal die Kathodenstrahlröhre, die als Braun'sche Röhre bekannt wurde. Diese erfuhr erst Jahre später vor allem durch die Verwendung in Fernsehgeräten und Messinstrumenten eine zu Brauns Zeiten ungeahnte Bedeutung. Patentstreitigkeiten mit der Marconi-Gesellschaft um die Telefunken-Station im amerikanischen Sayville führten ihn 1914 nach New York. Der Kriegseintritt der USA verhinderte seine Rückkehr nach Deutschland. 1918 starb Ferdinand Braun an den Folgen eines Sturzes im New Yorker Stadtteil Brooklyn.

Nobelurkunde und -medaille

Seine Nobelurkunde und -medaille gelangten in den 1960er Jahren durch mehrere Stiftungen von Nachkommen Ferdinand Brauns in den Besitz des Deutschen Museums. Die von der Königlich Schwedischen Akademie der Wissenschaften ausgestellte Urkunde ist auf Pergament mit Hand geschrieben und reich verziert. Der Text in schwedischer Sprache geht auf der linken Seite zunächst auf das Testament Alfred Nobels vom 27. November 1895 ein. Gestaltet wurde sie von der schwedischen Künstlerin Sofia Gisberg (1854–1926), die in dem Zeitraum von der ersten Verleihung des Nobelpreises im Jahr 1901 bis zu ihrem Tod im Jahr 1926 nahezu sämtliche Urkunden der Nobelpreise für Physik und Chemie für jeden Wissenschaftler eigens entworfen hat.

Auf der Nobelmedaille ist eine Allegorie der Natur («NATURA») und der Wissenschaft («SCIENTIA») zu sehen mit der lateinischen Umschrift «INVENTAS VITAM IUVAT EXCOLUISSE PER ARTES», was sich wörtlich mit «Es nützt, das Leben durch entdeckte Künste verändert zu haben» übersetzen lässt. Die Vorderseite der Goldmedaille, die rund 200 Gramm wiegt und einen Durchmesser von 6,5 Zentimetern hat, ziert das Porträt von Alfred Nobel mit dessen Lebensdaten. Hier ist auch der Name des schwedischen Bildhauers und Medailleurs Erik Lindberg (1873–1966) eingraviert, der die weltberühmte Medaille 1902 entworfen hatte. Seitdem haben sich die Nobelmedaillen für Physik und Chemie optisch nicht mehr verändert.

MATTHIAS RÖSCHNER

Nobelurkunde (DMA, NL 003/001)	
Maße (L × B)	580 × 387 mm
Material	Pergament
Nobelmedaille (DMA, NL 003/002)	
Maße (D); Masse	65 mm; 206 g
Material	Gold

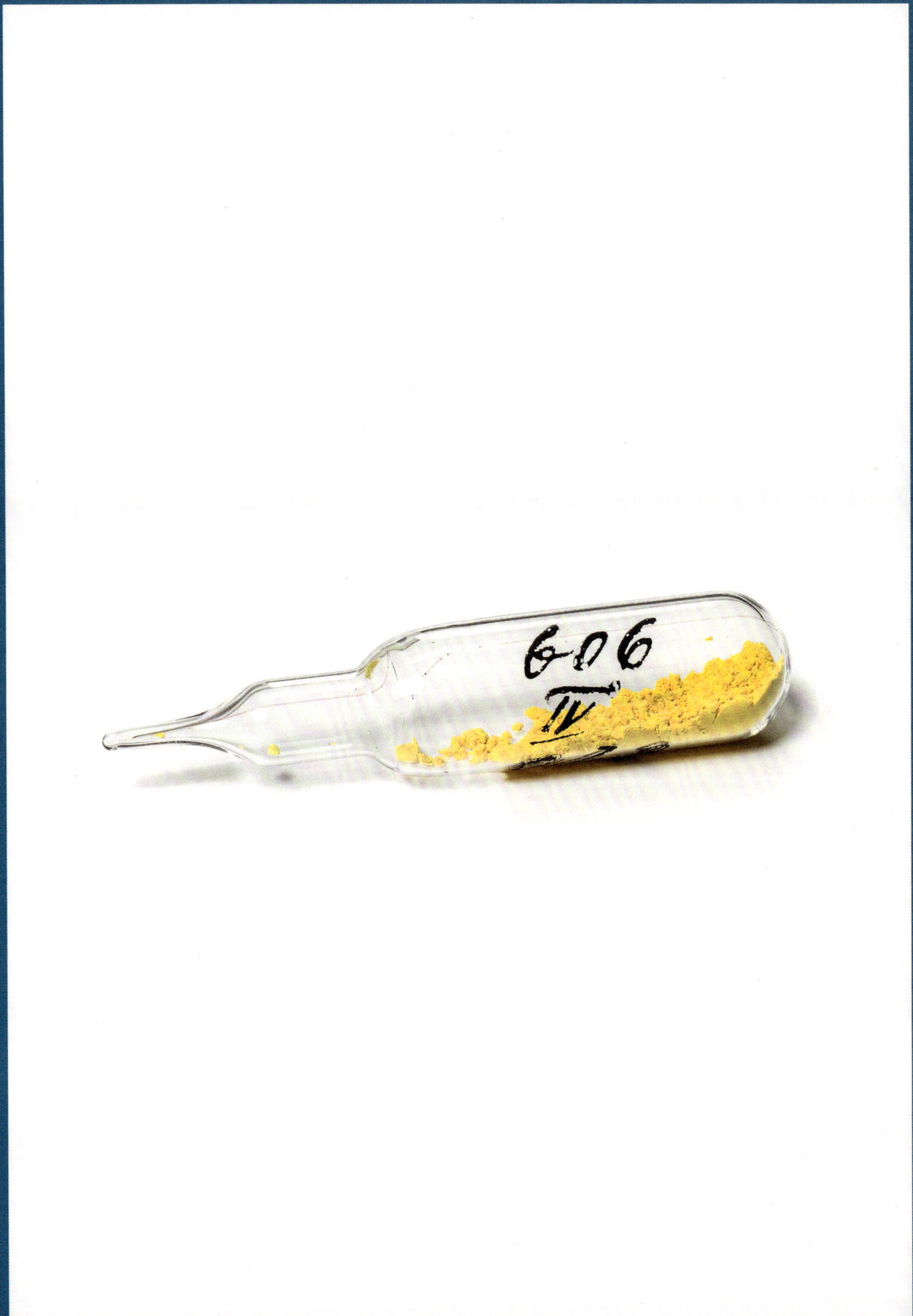
606
IV

1909

Präparat 606

Paul Ehrlich
Frankfurt

Es sind kleine Glasampullen, oben abgeschmolzen, gefüllt mit einem zitronengelben Pulver. Sie tragen kein Etikett, aber in schwarzer Farbe sind sie von Hand mit «606 IV» beschriftet. Darunter steht eine Gewichtsangabe des Inhalts (z. B. «0,2 g»). 1909 wurden sie in Frankfurt am Main abgefüllt und von dem japanischen Bakteriologen Sahachirō Hata (1873–1938) für Tests an befreundete Mediziner geschickt. Der Pharmakologe Martin Jacoby (1872–1941), Leiter des Chemischen Instituts in Moabit, schenkte sie im Juli 1933 dem Deutschen Museum, wenige Monate bevor er als Jude zwangsweise in den Ruhestand versetzt wurde.

Die Ampullen belegen einen wichtigen Wendepunkt in der Geschichte der modernen Pharmazie. Denn ihr Inhalt ist das Ergebnis der ersten auf einer Theorie basierenden zielgerichteten Arzneimittelsuche. Das «Präparat 606» wurde Paul Ehrlichs (1854–1915) erste «magische Kugel» im Kampf gegen eine Infektionskrankheit. «Wir müssen lernen, magische Kugeln zu gießen, die gleichsam wie Zauberkugeln des Freischützen nur die Krankheitserreger treffen», so lautete das Ziel, das sich Paul Ehrlich am Anfang dieses Kampfs gesetzt hatte. Ehrlichs Forschungsarbeit und die seiner Mitarbeiter ist aus heutiger Sicht so bemerkenswert, da sie erstmals die Prinzipien einer modernen Arzneimittelentwicklung erfüllte.

Magische Kugeln: das Präparat 606 von Paul Ehrlich

Magische Kugeln

Als Beginn der Therapie von Infektionskrankheiten gilt die Beobachtung des Schimmelpilzes *Penicillium notatum* auf einer Petrischale durch den Briten Alexander Fleming (1881–1955). Bei einer Aufräumaktion in seinem Labor hatte Fleming 1928 festgestellt, dass viele seiner Petrischalen mit Bakterienkulturen durch Schimmel verunreinigt und damit eigentlich unbrauchbar geworden waren. Fleming schaute zum Glück noch einmal genauer hin und stellte fest, dass sich in der Nähe des Schimmelpilzes seine Versuchs-Bakterien nicht vermehrt hatten. Offensichtlich hatte der Schimmelpilz eine Substanz gebildet, die Bakterien abtöten konnte. Fleming nannte sie nach dem Schimmelpilz Penicillin. Es gilt gemeinhin als der erste in der Natur gefundene Wirkstoff, der gegen Bakterien wirksam war.

Aber diese schöne Geschichte ist vor allem das – eine schöne Geschichte. Denn bereits im Jahr 1910 kam das erste Medikament auf den Markt, das gegen den Erreger einer Infektionskrankheit wirksam war. Sein Name war Salvarsan und seine Entwickler hießen Paul Ehrlich und Sahachirō Hata. In der Medizingeschichte markiert dieses Ereignis den Beginn der erfolgreichen Antibiotikaforschung. Im Gegensatz zu Flemings Beobachtung beruhte der Erfolg von Paul Ehrlich nicht auf einem glücklichen Zufall, sondern war das Ergebnis einer lebenslangen Beschäftigung mit dem Immunsystem und der systematischen Suche nach Möglichkeiten, chemisch gegen Infektionen vorzugehen.

Ehrlich färbt am längsten

In der zweiten Hälfte des 19. Jahrhunderts boomte die Farbstoffindustrie. Innerhalb sehr kurzer Zeit standen eine Vielzahl an neuen, chemisch hergestellten Farbstoffen zur Verfügung. Mit ihnen konnte man Zellen anfärben und daraufhin mikroskopisch sehr genau untersuchen, was Ehrlich oftmals bis in den späten Abend hinein tat. «Ehrlich färbt am längsten», spotteten seine Studienkollegen. Sein Erfolg brachte Ehrlich, der aus einer alteingesessenen jüdischen Familie stammte, aber an die Charité in Berlin.

Seine ersten Schritte auf dem Weg zu einer erfolgreichen Therapie von Infektionskrankheiten tat Ehrlich dann bei Emil von Behring (1854–1917) im

Laborbuch von Paul Ehrlich mit der Verbindung 606

Labor von Robert Koch. Behring entwickelte dort gemeinsam mit dem japanischen Bakteriologen Shibasaburo Kitasato (1853–1931) ein Heilserum gegen Diphtherie. An dieser bakteriellen Infektionskrankheit starben damals allein in Deutschland jährlich etwa 50 000 Kinder. Behring und Kitasato gelang es, aus dem Blut von zuvor mit Diphtherie infizierten Tieren sogenannte Antitoxine (heute als Antikörper bekannt) zu gewinnen, also ein Gegengift gegen die Diphtherie. Ende des Jahres 1891 wurde das Diphtherie-Antitoxin erstmals an zwei an Diphtherie erkrankten Kindern getestet – ohne Erfolg. Es war Paul Ehrlichs Verdienst, eine Methode zur Wertbestimmung des Heilserums zu entwickeln; dadurch wurde es möglich, die für eine erfolgreiche Therapie nötige Dosis zu berechnen. Klinische Versuche mit dem

Diphtherie-Heilserum waren Anfang 1894 erfolgreich. In der Folge brachten die Farbwerke Hoechst «Behring's Diphtherie-Heilmittel dargestellt nach Behring-Ehrlich» auf den Markt.

Für die Arbeiten, die Ehrlich auf dem Gebiet der Immunologie und Serumtherapie geleistet hatte, wurde ihm schließlich 1908 zusammen mit Ilja Metchnikov (1845–1916) der Nobelpreis für Medizin verliehen.

Von der Serumtherapie zur Chemotherapie

> «Die Serumtherapie ist daher, wo sie anwendbar ist, offenbar jedem anderen Aktionsmodus überlegen! Aber wir kennen eine Reihe von Infektionskrankheiten [...], bei denen der Serumweg gar nicht oder nur unter außerordentlichem Zeitverlust gangbar ist. In diesen Fällen müssen chemische Mittel zu Hilfe kommen! Es muss also an die Stelle der Serumtherapie die Chemotherapie treten»,

beschrieb Ehrlich die neue Aufgabenstellung. Ausgangspunkt war der von ihm 1910 formulierte Grundsatz: Corpora non agunt nisi fixata – «Die Körper wirken nicht, wenn sie nicht gebunden sind». Ein Arzneistoff kann nur auf jene Körpersysteme wirken, von denen er auch aufgenommen wird. Andersherum betrachtet könnte also ein Farbstoff, der spezifisch an ein Bakterium bindet, ein Gift gezielt zu diesem Bakterium bringen. Statt Heilseren, die aus dem Blut gewonnen wurden, sollten chemische Verbindungen gegen Infektionskrankheiten eingesetzt werden. Genau das besagt der neu geprägte Begriff der Chemotherapie.

Noch in Berlin hatte Ehrlich erste Versuche mit dem Farbstoff Methylenblau unternommen. Ehrlich wusste, dass dieser Farbstoff an Bakterien und einzellige Parasiten, etwa den Erreger der Malaria, binden konnte. Sollte es auch möglich sein, damit die Krankheitserreger im Menschen abzutöten? Erste Therapieversuche an zwei Patienten verliefen durchaus positiv, aber die Wirkung blieb zu schwach, um große Heilerfolge erzielen zu können.

Noch bessere Forschungsbedingungen erhielt Ehrlich, als er 1906 zum Direktor des durch eine Geldspende finanzierten Georg-Speyer-Hauses wurde. Dort entwickelte er eine Vorgehensweise, die zur Grundlage der modernen Arzneimittelentwicklung wurde: Ausgehend von einer Startsubstanz, bei der eine

Paul Ehrlich und Sahachirō Hata

gewisse Wirksamkeit beobachtet worden war, ließ er von dieser Substanz chemische Varianten anfertigen und am Tier testen, ob sich die erwünschte Wirkung durch die chemische Veränderung verstärkte oder abschwächte und sich Nebenwirkungen reduzieren ließen.

In den frühen Jahren des 20. Jahrhunderts waren neue Arzneimittel oft ein Produkt der chemischen Forschung. Neue synthetisierte Substanzen wurden durch Mediziner auf ihre Wirkung getestet. Erwies sie sich als wertvoll, wurde die Substanz als Arzneimittel eingesetzt. Ehrlich änderte diese Vorgehensweise entscheidend. Programmatisch formulierte er:

> «Während früher der Chemiker dem Mediziner die Substanzen lieferte, die er erproben sollte, konnte jetzt das Verhältnis sich umkehren und der Chemotherapeut dem Chemiker Gesichtspunkte angeben, die zur zielbewußten Herstellung wirklicher Heilsubstanzen führen.»

Die Ausgangssubstanz für Ehrlichs Suche nach einer magischen Zauberkugel war eine Arsenverbindung, die Atoxyl genannt wurde. Wie der Name schon andeutet sollte sie im Gegensatz zu anderen Arsenverbindungen «ungiftig» sein. Dass dies nicht der Fall war, stellte Robert Koch bei einer Afrikaexpedition durch Versuche an Menschen fest, als er Atoxyl als Mittel gegen die gefährliche Schlafkrankheit testete. Das Problem war: Die erforderliche Dosierung für eine heilende Wirkung war so hoch, dass die toxischen Nebenwirkungen des Arsenpräparates überwogen; sie führten zur Erblindung und sogar zum Tod der unfreiwilligen Patienten.

War es überhaupt möglich, ein sicheres und unbedenkliches Arzneimittel zu schaffen, das im Körper eines Patienten die Krankheitserreger abtötete, ohne zugleich die Körperzellen zu schädigen? Paul Ehrlich sprach von der Aufgabe, «chemisch zielen» zu lernen: «Wir wollen also den Parasiten an erster Stelle isoliert treffen, das heißt, wir müssen zielen lernen, chemisch zielen lernen!»

Präparat 606

Als Glücksfall für Ehrlich erwiesen sich schließlich zwei Tatsachen. Hatte man am Institut zuerst vor allem die Wirkung der neuen Arsensubstanzen auf Trypanosomen (u. a. der Erreger der Schlafkrankheit) und Malaria getestet, so weitete man die Forschung nun auch auf die

Anstaltspackung Neosalvarsan, 1944

Syphilis aus. Passend dazu brachte der junge japanische Gastwissenschaftler Sahachirō Hata aus Tokio die Technik mit, Kaninchen mit Syphilis zu infizieren. Dadurch war es möglich, die Substanzen direkt auf ihre Wirksamkeit zu testen.

Hata untersuchte systematisch alle in den letzten drei Jahren im Speyer-Haus hergestellten Verbindungen und identifizierte das Präparat 606, Arsphenamin, als das wirksamste Agens. Zuerst zeigte es seine Wirkung gegen Spirochitäten beim Huhn, später auch mit großem Erfolg gegen Syphilis beim Kaninchen. Im nächsten Schritt wurden erste vorsichtige Tests an Patienten in Kliniken vorgenommen und die positiven Vorergebnisse eindrucksvoll bestätigt. Oft genügte eine einzige Spritze, um einen Menschen vollständig gesunden zu lassen. Ein erweiterter Test mit 20 000 Patienten und Patientinnen diente dazu, mehr über mögliche Nebenwirkungen zu erfahren. Die Farbwerke Hoechst brachten das Präparat schließlich im Dezember 1910 unter dem Handelsnamen Salvarsan («heilendes Arsen») auf den Markt.

Die Volksseuche Syphilis war damit heilbar geworden. Bis Ende 1910 waren bereits über 200 000 Betroffene mit Salvarsan behandelt worden, 12 000 bis 14 000 Ampullen wurden pro Tag produziert. Doch es gab auch Kritik. So konnte es bei falscher Anwendung zu fatalen Nebenwirkungen kommen. Ehrlich arbeitete stetig weiter an einer Optimierung des Wirkstoffs; in den folgenden Jahren wurden weitere Salvarsan-Derivate auf den Markt gebracht.

Ab 1941 verdrängte Penicillin Salvarsan langsam vom Markt. Aber der erste erfolgreiche Schritt im Kampf gegen einen Erreger von Infektionskrankheiten war bereit 1910 getan.

FLORIAN BREITSAMETER

Präparat 606 (Inv.-Nr. 67007)

Maße (L × D)	**60 × 12 mm (Ampulle)**
Inhalt	**Arsphenamin**

WRIGHT
WRIGHT

1909

Wright Model A

Gebrüder Wright
Dayton (OH)

Das Verdienst, das erste flugfähige und steuerbare motorgetriebene Flugzeug entwickelt, gebaut und geflogen zu haben, gebührt den Brüdern Wright. Orville Wright (1871–1948) und sein Bruder Wilbur (1867–1912) besaßen eine Fahrrad-Reparaturwerkstätte (später auch eine Fahrradproduktion) in Dayton/Ohio. Seit ihrer Jugend zeigten sie aber auch Interesse an der Lösung flugtechnischer Probleme und standen in engem Erfahrungsaustausch mit Otto Lilienthal (s. Seite 325 ff.). Als die Nachricht von dessen tödlichem Absturz die USA erreichte, intensivierten sie ihre Anstrengungen, eine flugfähige Maschine zu entwickeln. Die Brüder Wright leiteten die Entwicklung und Produktion der ersten Motorflugzeuge ein und prägten damit maßgeblich eine neue Ära der Luftfahrt.

Erste flugtechnische Arbeiten

Die Wrights gingen systematischer und konsequenter vor als die Flugpioniere, die sich seit dem späten 19. Jahrhundert an der Lösung des Motorflugproblems versuchten. Sorgfältig werteten sie die vorhandene Literatur aus und machten sich erst danach an eigene praktische Arbeiten. Mit Gleitflugversuchen, aber auch mit Profil- und Flügelformuntersuchungen näherten sie sich konsequent ihrem anspruchsvollen Ziel an. Bereits 1901 waren sie so weit, einen Gleiter in allen drei Achsen einwandfrei steuern zu können.

Das einzig erhaltene Original des Wright-Standardtyps A

Der «Flyer» von 1903. Wilbur Wright liegt ausgestreckt auf der unteren Tragfläche.

Der «Flyer»

Ab 1902 sahen sich die Brüder Wright imstande, ein erfolgreiches Motorflugzeug zu bauen. Auf der Grundlage ihrer Gleitflugapparate konzipierten sie Rumpf und Tragflächen. Zudem entwickelten und bauten sie einen Motor, der eine geringe Masse hatte und dennoch die erforderliche Leistung lieferte. Ende September 1903 hatten sie ihre Vorbereitungen abgeschlossen und fuhren mit dem «Flyer», wie sie ihr Flugzeug nannten, nach

Kitty Hawk (North Carolina) an der Atlantikküste, eine Gegend, die sich mit ihren Sanddünen für Flugversuche bestens eignete. Am 17. Dezember 1903 gelangen den Wrights die ersten erfolgreichen Motorflüge. Gestartet wurde der «Flyer» von einer Holzschiene (ohne Katapult); er landete auf Kufen. Zwei Weiterentwicklungen in den darauffolgenden Jahren, die «Flyer II» und «Flyer III», bestätigten die Fähigkeit der Wrights, erfolgreich Motorflüge durchzuführen. Mit dem «Flyer III» gelangen ihnen bereits Flüge von über dreißig Minuten Dauer.

Wright Model A

Der Wright-Doppeldecker im Deutschen Museum wird als «Model A» oder auch «Standardtyp A» bezeichnet. Er stellt die erste «Serienversion» dar, welche die Wrights basierend auf den Erfahrungen und Erkenntnissen ihrer ersten drei Versuchsflugzeuge produzierten. Äußerlich unterschied sich der Typ A von den «Flyer»-Modellen dadurch, dass das Höhensteuer weiter nach vorn und die vertikalen Seitensteuerflächen weiter nach hinten gerückt waren. Signifikant war am Model A, dass es zweisitzig konzipiert war, sodass neben dem Piloten bereits ein Passagier mitfliegen konnte. Das Flugzeug wurde meistens mit einem Katapult gestartet. Mit diesem Typ traten die Wrights dann 1908 auch an die Öffentlichkeit. Bis dahin hatten sie ihre Flüge geheim gehalten. Durch Demonstrationsflüge bewiesen sie einem staunenden Publikum die ausgereifte Konstruktion ihres Flugzeugs. Auch in Berlin, auf dem Tempelhofer Feld, damals Exerzierplatz der Berliner Garnison, wurde im September 1909 ein Wright-Flugzeug, Model A, vorgeführt. Unter dem frenetischen Beifall der Zuschauer umflog Orville Wright bereits beim ersten Demonstrationsflug am 4. September das Flugfeld etwa acht- bis zehnmal in ca. 10 bis 15 m Höhe. Weitere Flüge an den Tagen danach folgten. Rund 350 000 Berliner sollen nach Tempelhof gepilgert sein, um die Sensation mit eigenen Augen zu verfolgen.

Der Publizist und Verleger August Scherl (1849–1921), der die auflagenstärksten Zeitungen in Deutschland wie den *Berliner Lokalanzeiger* und *Die Gartenlaube* besaß, erwarb anschließend das Flugzeug und präsentierte es im April 1912 in Berlin auf der «Allgemeinen Luftfahrzeug-Ausstellung» (ALA). Scherl stiftete es dem Deutschen Museum, nachdem Oskar von Miller bereits

1910 großes Interesse an diesem Flugzeug bekundet hatte. Es wurde nach Ende der Ausstellung demontiert, nach München transportiert und war so eines der ersten Motorflugzeuge, das in die Sammlung des Hauses kam. Da es im Herbst 1942 gemeinsam mit weiteren Flugzeugen ausgelagert wurde, entging es einer Zerstörung im Zweiten Weltkrieg und konnte nach seiner Restaurierung 1958 mit der Neueröffnung der Abteilung Luftfahrt wieder dem Publikum präsentiert werden. Als das weltweit einzig erhaltene Wright-Modell vom Typ A amerikanischer Fertigung gehört es zu den bedeutendsten Exponaten des Deutschen Museums. Der Wright-A-Doppeldecker dokumentiert den Beginn des Motorflugs und weist zudem auf die Anfänge der Luftfahrtindustrie in Deutschland hin. Die in Johannisthal bei Berlin ansässige Firma «Flugmaschine Wright GmbH» produzierte bis 1913 etwa 60 Wright-Doppeldecker verschiedener Versionen. Sie prägten die Anfangsjahre der Motorluftfahrt in Deutschland.

HANS HOLZER

Wright Model A (Inv.-Nr. 1912/35345)	
Spannweite	12,5 m
Flügelfläche	47 m^2
Leermasse	ca. 550 kg
Geschwindigkeit	60 km/h
Triebwerk	Wassergekühlter 4-Zylinder-Reihenmotor Wright 22 kW

Flugvorführung Orville Wrights auf dem Tempelhofer Feld, September 1909. Hinter der Zuschauergruppe ist der Holzturm für das Fallgewicht der Startanlage zu sehen.

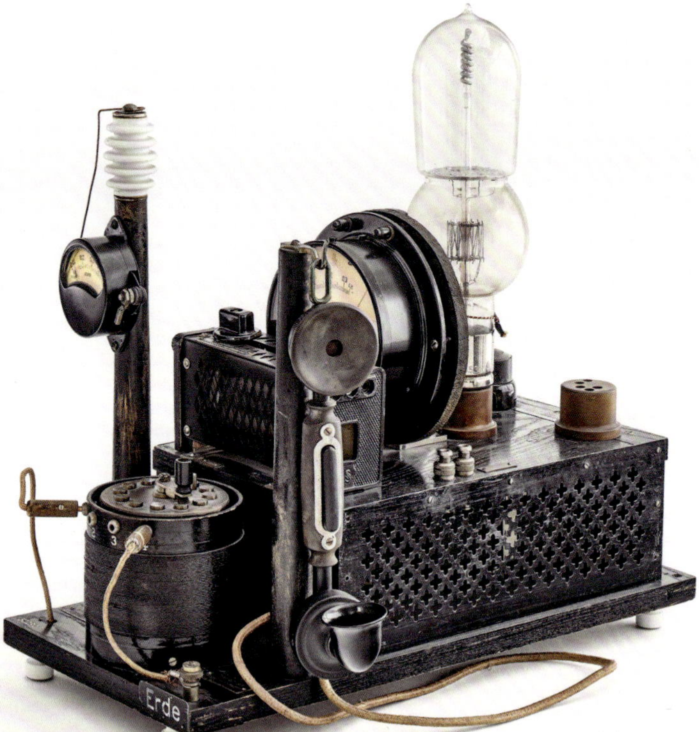
Erde

1913

Röhrensender

Alexander Meißner
Berlin

Die große Zeit der Handys in ihrer zentralen Funktion als Mobiltelefone scheint schon fast wieder vorbei zu sein. Nehmen wir heute unser Smartphone zur Hand, nutzen wir es überwiegend als tragbaren Computer. Trotzdem bleibt die Sicherheit, nahezu jederzeit und von fast jedem Ort Anrufe tätigen zu können und erreichbar zu sein – ein Zustand, der lange Zeit sehnlichst herbeigewünscht wurde.

Kommunikationshunger

Mitte des 19. Jahrhunderts, als der Überseehandel eine Blütezeit erlebte, verbreitete sich die Telegrafie weltweit – mit der Folge, dass die unvorstellbaren Distanzen sich etwas kleiner anfühlten. Insbesondere für Nationen mit weit entfernten Kolonien wurde die zuverlässige Langstreckenkommunikation zu einer Lebensader. Um das Unterseekabelnetz zu ergänzen, kamen in Europa und Amerika Hochleistungssendestationen für die drahtlose Telegrafie zum Einsatz. Anfang des 20. Jahrhunderts war die Technik der Lichtbogen- und Maschinensender ausgereift und der Langwellenbereich vollständig ausgenutzt. Die maximale Kapazität der Langstreckenkommunikation war erreicht, aber der Bedarf noch lange nicht gedeckt. Die wachsende Nachfrage nach schnelleren und besseren Kommunikationsmöglichkeiten, nicht zuletzt durch eine zunehmend vernetzte internationale Wirtschaft und Politik, motivierte zur Entwicklung neuer Ansätze.

Die Schwingungen bändigen – der erste Röhrensender

Die technische Basis dafür bildete die damals gerade erst erfundene Elektronenröhre. Die 1904 vom britischen Ingenieur John Ambrose Fleming (1849–1945) patentierte erste Röhre, eine Diode, ließ nur erkennen, ob ein Signal vorhanden war. Die Röhre lieferte dennoch einen guten Ersatz für die bis dahin gebräuchlichen Detektorkristalle, die in ihren elektrischen Eigenschaften stark variierten und anfällig für Störungen waren. Stundenlange, nervenaufreibende Justagearbeiten erübrigten sich damit. 1906 stellte Robert von Lieben (1878–1913) sein «Kathodenstrahl-Relais für manche Probleme der Telephonie (Übertragung der Sprache auf große Entfernungen, Kabeltelephonie, drahtlose Telephonie, Verstärkung der Sprach- und Musikübertragung, usw.)» vor. Dabei handelte es sich um eine Röhre mit einer zusätzlichen Gitterelektrode, über die der Strom zwischen Kathode und Anode kontrolliert werden konnte. Daraus ergab sich eine Fülle neuer Einsatzmöglichkeiten. 1912 schlossen die drei größten in der Funktechnik tätigen Unternehmen, Siemens, AEG und Telefunken, einen Vertrag über die Nutzungsrechte an Liebens Patenten.

Die Schwingungen bändigen

Damit war die Stunde von Alexander Meißner (1883–1958) gekommen, der als Ingenieur bei Telefunken beschäftigt war und das Potenzial der Liebenröhre für die Funktechnik bereits erkannt hatte.

Meißner beschäftigte sich schon seit dem Abschluss seines Maschinenbaustudiums an der Technischen Hochschule Wien 1907 mit Fragen der Funktechnik. Sein besonderes Interesse galt den Elektronenröhren und ihrem Einsatz in der Hochfrequenztechnik. Die Frequenz der bis dahin mechanisch mit einem Maschinensender erzeugten ungedämpften Schwingungen war begrenzt. Die neuen Entwicklungen in der drahtlosen Nachrichtenübertragung erforderten aber höhere Frequenzen. Außerdem konnten die Signale nicht mit den damals gebräuchlichen Detektoren empfangen werden: Die immer gleich bleibende Amplitude des ungedämpften Signals war im Kopfhörer nicht zu hören – im Gegensatz zu den gedämpften Schwingungen eines Lichtbogensenders mit abnehmender Amplitude.

Die Idee, die letztendlich beide Probleme umging, lieferte ein Patent von 1905, das der Amerikaner Reginald Fessenden (1866–1932) für die Erzeugung von Interferenztönen im hörbaren Bereich mittels zweier Schwingungen erhielt: Das empfangene Signal wurde mit einer im Empfänger erzeugten Schwingung überlagert. Ergebnis war – nach dem Gleichrichten mit einem gebräuchlichen Detektor – ein hörbares Signal, dessen Frequenz der Differenz der beiden überlagerten Signale entsprach. Lag diese Differenz im entsprechenden Frequenzbereich, konnte man einen Ton hören.

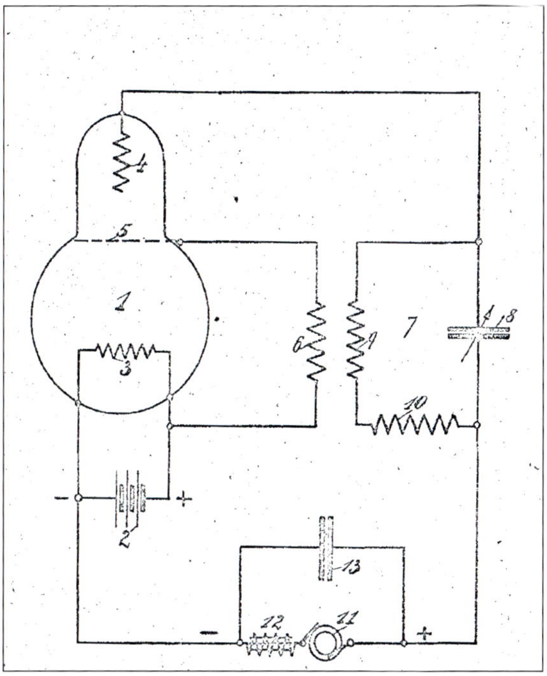

Schaltplan der Liebenröhre als Oszillator aus Meißners Patentschrift Nr. 291 604 «Einrichtung zur Erzeugung elektrischer Schwingungen»

Zur Erzeugung dieser Schwingungen entwickelte Meißner die Rückkopplungsschaltung, die ihn berühmt machen sollte. Sein Ziel war eine Schwingung mit fester Frequenz, deren Amplitude gleich blieb, statt abzunehmen. Es war bekannt, dass ein Verstärker dazu neigt, in Schwingung zu geraten, wenn ein Teil des Ausgangssignals wieder auf den Eingang zurückgeführt wird. Mit der Liebenröhre war nun der perfekte Verstärker gefunden, um diese bis dahin lästige Erscheinung zum technischen Vorteil zu nutzen. In eine Schaltung aus Schwingkreis und Liebenröhre setzte Meißner eine Koppelspule so zwischen Anode und Gitter ein, dass ein Teil des Ausgangssignals auf die Gitterelektrode

Eine Liebenröhre in Betrieb. Die Röhre war mit Quecksilberdampf gefüllt. Die ionisierten Quecksilberatome erzeugten ein helles, blaues Leuchten.

zurückgeführt wurde. Dadurch wurde das vom Schwingkreis erzeugte Signal so verstärkt, dass am Ausgang dieses sogenannten Überlagerers eine ungedämpfte Schwingung mit einer konstanten, genau abstimmbaren Frequenz auftrat. Die Rückkopplungsschaltung bildete zusammen mit dem Hochfrequenzverstärker von Otto von Bronk (1872–1951) die schaltungstechnische Grundlage der gesamten Funk- und Rundfunktechnik der 1930er- bis 1950er-Jahre. Neben der Liebenröhre und dem Hochfrequenzverstärker zählte der Meißner-Rückkopplungsoszillator zu den drei wertvollsten Schutzrechten der Firma Telefunken.

«Telephonspielereien», die Zweite

Da der Spieltrieb des Ingenieurs bekanntlich unbegrenzt ist, erweiterte Meißner schnell das Potenzial seines Überlagerers. Wurde ein Sprachsignal auf die Schwingung moduliert und eine Antenne angeschlossen, diente er als Röhrensender. So gelang es Meißner 1913, eine erste drahtlose Sprechverbindung zwischen dem Berliner Telefunken-Laboratorium und dem 37 Kilometer entfernten Nauen herzustellen. Nach dem tonmodulierten Lichtbogensender, den Wilhelm Schloemilch (1870–1939), ebenfalls Ingenieur bei Telefunken, 1906 entwickelte, der aber von seinem Chef Graf von Arco (1869–1940) als «Telephonspielerei» abgetan wurde, ist dieser Sender der zweite bahnbrechende Versuch zur drahtlosen Sprachübertragung aus dem Hause Telefunken. 1925 wurde Meißners Sender von der Gesellschaft für drahtlose Telegraphie m.b.H., System Telefunken, dem Deutschen Museum gestiftet. Im Eingangsbuch von 1925 ist das Objekt als «1 Lieben-Röhrensender EN. 75 No 3550 mit Kondensator CV. 202 u. m. 1 Röhre 15°» aufgeführt. Aus «einem» Röhrensender wurde rasch «der Erste», wollte man doch von einer so wichtigen Technologie ein ganz besonderes Artefakt haben. Die Anfrage an Meißner ergab jedoch, dass der allererste Überlagerer, mit dem nach Nauen telefoniert wurde, dem Ersten Weltkrieg zum Opfer gefallen war. Meißner bot aber ein baugleiches Gerät an. Dieses befindet sich seitdem unter der Bezeichnung «Erster Röhrensender mit Liebenröhre» in den Ausstellungen zum Thema Telekommunikation.

TINA KUBOT

Erster Röhrensender (Inv.-Nr. 53292)

Maße (H × B × L)	ca. 480 × 320 × 520 mm

1917

Barkhausen-Kurz-Röhre

Jenaer Glaswerk Schott
Jena

Objekte schreiben Geschichte. Über die Zeit hinweg werden sie zu wichtigen Quellen, aus denen wir die Vergangenheit lesen und erschließen. Doch haben Museumsobjekte eine Biografie? Kann man einem «Ding», das nicht lebendig ist, ein Leben in all seinen Facetten, in vergleichenden Bildern von der Geburt über die Wanderjahre und das Altern bis hin zum Verbleib an einer Ruhestätte zuschreiben? Wird seine Geschichte damit greifbarer, weil sie an Konzepte von Wandel und Vergänglichkeit anknüpft, die wir aus der eigenen Lebenserfahrung kennen? Eine solche Geschichte lässt sich über die Barkhausen-Kurz-Röhre erzählen, doch dazu legen wir – mit dem üblichen Rhythmus vieler Erzählungen in diesem Buch brechend – den Krebsgang ein.

Eine Weltreise bis ins Deutsche Museum

In einer stillen Ecke, in einem der zahlreichen Museumsdepots, lagert heute eine einzelne Glasröhre. Sie ist achtsam in einer Kiste verpackt und gepolstert, und ein Museumsmitarbeiter hat sie mit einem Objektschild um ihren Hals versehen. Darauf sind Name – «Barkhausen-Kurz-Röhre» –, Alter – rund einhundert Jahre – sowie Größe und Gewicht vermerkt. Unempfindlich und gelassen, denn Geduld ist die wichtigste Tugend in einem Museum, wartet die Röhre auf den Tag der Rückkehr in die Ausstellungen.

Der Tanz der Elektronen und die Weltreise einer Röhre

Ausgestellt im Museum war sie bereits, wenngleich nur für wenige Monate, in einer Einzelvitrine in hervorgehobener Stellung in der Abteilung zur Museumsgeschichte. Viele Menschen aus der ganzen Welt – Museumsbesucherinnen und -besucher, aber auch Journalistinnen und Journalisten – kamen in die Ausstellung, um die Röhre nach einer langen und beschwerlichen Reise um die Welt mit eigenen Augen zu sehen. Im November 2016 übergab die Familie des japanischen Elektroingenieurs Yōji Itō (1901–1955) die Barkhausen-Kurz-Röhre als Schenkung dem Deutschen Museum zur Ergänzung seiner Sammlungen. Nach rund fünfundsiebzig Jahren in Japan, wo die Röhre sorgfältig als Erinnerungsstück aufbewahrt wurde und zeitweise auch im National Museum of Nature and Science in Tokio ausgestellt war, brachte eine Kunstspedition das fragile Objekt mit dem Flugzeug über Russland von Asien nach Europa.

Wertvolle Erinnerung – technischer Meilenstein

Yōji Itō studierte in den 1920er-Jahren beim Physiker Heinrich Barkhausen (1881–1956) in Dresden. Nach dem Abschluss seiner Promotion kehrte er nach Japan zurück und machte Karriere in der Kaiserlich Japanischen Marine. Seinem Doktorvater blieb Itō auch in den darauffolgenden Jahren freundschaftlich verbunden. Während des Zweiten Weltkriegs im Frühjahr 1941 reiste Itō für einen Studienbesuch zum Stand der militärischen Nachrichtentechnik nach Europa. Dort übergab ihm an seinem alten Studienort sein Lehrer ein besonderes Ostergeschenk – eine in Jena von der Firma Schott hergestellte Elektronenröhre vom Typ M – mitsamt Brief, der ihre Vorgeschichte knapp zusammenfasste. In der Folge brachte Itō die beiden wertvollen Andenken unter schwierigen Bedingungen, jedoch unversehrt mit dem Flugzeug und dem Schiff von Dresden über Nordafrika und Südamerika in sein Heimatland.

In seinem Brief vermerkte Barkhausen, dass er mit dieser Röhre erstmals im Jahr 1917 während des Ersten Weltkriegs, gemeinsam mit dem Physiker Karl Kurz (1881–1960), die «Elektronentanz-Schwingung» beobachtete, die nach ihren Entdeckern auch Barkhausen-Kurz-Schwingung genannt wird. Im Laboratorium der Torpedoinspektion in Kiel beschäftigten sich Barkhausen und Kurz während des Ersten Weltkriegs mit der Nachrichtenübertragung im Wasser und in der Luft. Bei der Untersuchung von Verstärkerröhren beobachteten sie durch Zufall den überraschenden Effekt, dass in bestimmten Röhren – als

Bremsfeldröhren geschaltete Trioden – hochfrequente elektromagnetische Schwingungen angeregt werden konnten. Die dabei auftretende pendelnde Bewegung der Elektronen um das Gitter im Innern der Röhre bezeichnete Barkhausen mit dem anschaulichen Bild eines «Elektronentanzes». Seine Entdeckung gab der Forschung zu Hochfrequenzoszillatoren einen wichtigen Impuls, der in der Folge zu einer Reihe von neuen Anwendungen, darunter schließlich auch der Entwicklung des Radars, führte.

Vom zweiten Leben der Dinge

Von ihrer Entstehung in Jena über den technischen Einsatz in Kiel sowie ein zweites «Leben» als Andenken bis hin zum Museumsobjekt hat die Barkhausen-Kurz-Röhre in rund einhundert Jahren die Erde einmal umrundet und dabei ganz verschiedene Funktionen angenommen. Gleichzeitig ist der Wandel in ihrer Bedeutung untrennbar verbunden mit den Menschen, deren Arbeit und Leben sie über viele Jahre hinweg begleitete. Viele Eigenschaften haben Menschen in dieser Röhre gesehen und ihre Vorstellungen auf sie projiziert: ein in Serie hergestelltes technisches Hilfsmittel, eine Zeitkapsel für einen wissenschaftlichen Meilenstein, ein Symbol für die Freundschaft zwischen Wissenschaftlern verschiedener Nationen, ein Erinnerungsstück an den früh verstorbenen Familienvater sowie eine Trophäe für die Museumssammlung. Die Biografie der Barkhausen-Kurz-Röhre ist verschränkt mit den Lebenswegen der Menschen, die mit ihr in Verbindung traten. Mag sie wie andere Museumsobjekte unbelebt sein, so wird durch die Zuschreibung einer Biografie ihre Geschichte gegenständlich, überprüfbar und im Museum wieder lebendig.

JOHANNES-GEERT HAGMANN

Schott-Röhre, verwendet von Heinrich Barkhausen und Karl Kurz im Jahr 1917 (Inv.-Nr. 2016-693)

Maße (H/L × D)	235 × 171 mm

Junkers
HB-RIM

1919 [1927]

Verkehrsflugzeug Junkers F 13

Otto Reuter/Junkers-Flugzeugwerk AG
Dessau

Als am 5. Februar 1919 erstmals ein Postflug zwischen Berlin und Weimar, dem Tagungsort der Deutschen Nationalversammlung, vom Boden abhob, war damit der Weg geebnet für den regelmäßigen Flugbetrieb, der bald auch Passagiere befördern sollte. Zum Einsatz kamen provisorisch umgerüstete offene Militärdoppeldecker, geflogen von der 1917 gegründeten Deutschen Luft-Reederei (DLR). Wenige Tage zuvor hatte der Erfinder und Unternehmer Hugo Junkers (1859–1935) seinem Chefingenieur Otto Reuter (1886–1922) den Auftrag erteilt, ein eigenes Verkehrsflugzeug zu entwerfen. Es sollte auf der Grundlage vorangegangener Junkers-Metallflugzeug-Konstruktionen entstehen, die für das Militär gebaut worden waren.

Eine «fliegende Limousine»

Junkers hatte sich als Konstrukteur von Gasheizgeräten und Unternehmer einen Namen gemacht und auch bereits früh für Flugzeug- und Flugmotorenbau interessiert. Mit freitragenden Flügeln und Metallbauweise trug er entscheidend zur Verbreitung von Flugzeugen im weltweiten Luftverkehr bei, bevor er 1933 von der NSDAP-Regierung kaltgestellt und enteignet wurde.

Die Konstruktion sah eine «fliegende Limousine» vor mit den Annehmlichkeiten eines kleinen Wohnzimmers: Die durch eine große Tür begehbare, geschlossene und sogar beheizbare Kabine bot auf einem Ledersofa im Heck und zwei Korbsesseln Platz für

Mit offener Pilotenkanzel: die Junkers F 13 (Nachbau)

vier Passagiere. Glasfenster mit Gardinen ermöglichten einen freien Ausblick. Im letzten Produktionsjahr 1930 gab es sogar eine Toilette, und auch das Cockpit, bis dahin für den vermeintlich erforderlichen direkten Kontakt der Piloten zur Natur offen ausgelegt, bekam schließlich eine geschlossene Verglasung. Wichtig im Hinblick auf die aerodynamische Qualität, die Flugsicherheit und vor allem die Langlebigkeit war jedoch die von Junkers entwickelte Wellblech-Ganzmetallbauweise mit einem freitragenden, unten liegenden Tragflügel.

Ein Produkt schafft sich Märkte

Nur sechs Monate und etwa 9000 Arbeitsstunden nach den ersten Skizzen erfolgte bereits am 25. Juni 1919 der Erstflug der F 13 genannten und von einem Sechszylinder-Reihenmotor angetriebenen Konstruktion. «Das Flugzeug ist in fliegerischer, aerodynamischer und wirtschaftlicher Beziehung eine hervorragende Maschine», lautete das Urteil im Erprobungsbericht des Testpiloten Emil Monz (vermutlich vor 1900–1921). Bereits am 13. September wurde mit drei Passagieren ein werbewirksamer Rekordflug auf 6759 Meter Höhe durchgeführt, was eindrucksvoll die Überlegenheit gegenüber

Die Junkers F 13 im Deutschen Museum

zeitgenössischen Wettbewerbern aus Holz, Stahlrohr und Leinwand vor Augen führte.

Neue Märkte ließen sich in Folge weiterer Pionierflüge erschließen, wie im Oktober 1920 der Überflug der Amerikanischen Kordilleren. Auch die Gründung zahlreicher Fluggesellschaften weltweit – von Argentinien über Brasilien bis in die Türkei – trug zum wirtschaftlichen Erfolg bei. In den USA gab es mit dem Unternehmer John M. Larsen einen Importeur, und auch der Absatz in Japan, Persien, der Sowjetunion und Afghanistan gelang. Ab August 1924 sorgte die eigens gegründete Junkers-Luftverkehrs-AG für eine selbst generierte Nachfrage. Sie ging im Januar 1926 in der Luft Hansa auf.

Beliebt machte sich die F 13 bei den Fluggesellschaften und ihren Piloten aufgrund ihrer Flexibilität und der extremen Robustheit: Problemlos konnten zum Beispiel statt des Radfahrwerks auch Schwimmer für den Einsatz von Wasserflächen aus oder Skier montiert werden. Darüber hinaus führte das Material, die Leichtmetall-Legierung Duralumin, aus der die F 13 vollständig bestand, und die Fachwerkbauweise zu einem äußerst klimabeständigen und reparaturfreundlichen Flugzeug.

Auf dem Weg zur «Tante Ju»

Bis 1930 bauten die Junkers-Flugzeugwerke von der F 13 etwa 350 Flugzeuge in zwölf verschiedenen Typen. Die rund dreihundert technischen Anpassungen reflektieren den Fortschritt eines ganzen Jahrzehnts. Im selben Jahr löste die mehr als doppelt so große, zunächst einmotorige Junkers Ju 52/1m («Fliegender Möbelwagen») den Urahn der regelmäßigen Verkehrsfliegerei ab und schrieb als «Tante Ju» ihre eigene Erfolgsgeschichte.

Von Deutschland nach Afghanistan und zurück

Die im Deutschen Museum ausgestellte Junkers F 13 der Version fe wurde entweder 1927 oder 1928 gebaut und an den afghanischen König Amanullah Khan (1892–1960) verkauft. Noch vor dem ersten Einsatz hatte man den König jedoch durch eine Revolution aus dem Land getrieben, und erst ab 1937 konnte die F 13 zur Schulung von dortigen Militärpiloten reaktiviert werden. Kurt

H. Weil (1896–1992), 30 Jahre zuvor Konstrukteur bei Junkers in Dessau und nach dem Krieg Professor in Kabul, entdeckte den beschädigten Rumpf auf einem Schrottplatz. 1969 schenkte die afghanische Regierung den Rumpf dem Deutschen Museum, die Luftwaffe transportierte ihn nach Erding und die damalige Firma MBB restaurierte und ergänzte ihn um vereinfachte Nachbauten der fehlenden Tragflächen und des Leitwerks. Nur vier weitere originale F 13 existieren weltweit, dazu kommen fünf nicht flugfähige Nachbauten. Am 9. September 2016 startete ein originalgetreuer Nachbau mit einem Sternmotor von Pratt & Whitney zu seinem Erstflug in der Schweiz. Bei der 2015 neu gegründeten Junkers Flugzeugwerke AG entsteht seither eine kleine Serie für Liebhaber nostalgischer Flugerlebnisse.

ROBERT KLUGE

Junkers F 13 (Inv.-Nr. 78042)	
Spannweite	17,75 m
Länge	10,15 m
Höhe	4,10 m
Abflugmasse	2300 kg
Reisegeschwindigkeit	170 km/h
Reichweite	925 km
Triebwerk	Wassergekühlter Reihenmotor Junkers L5, 228 kW (310 PS)

So fand Kurt H. Weil
die F 13 in Kabul vor.

VAMPYR

1922

Segelflugzeug HAWA H 1 Vampyr

Flugtechnisches Institut der Hochschule Hannover/Hannoversche Waggonfabrik
Hannover

Wer hat nicht schon einmal mit Bewunderung und Staunen beobachtet, wie leicht und scheinbar mühelos der Flug von Möwe, Storch oder Bussard aussieht, wenn die Tiere in der Gleitflugphase fast bewegungslos durch die Luft ziehen? Als Meister der Flugkunst segeln sie ruhig mit ausgebreiteten Flügeln über den Wolken. Diese Kunst hat sich der Mensch bei der Natur abgeschaut und konnte auf diese Weise das motorlose Fliegen erlernen. Der Luftfahrtpionier Otto Lilienthal (1848–1896) leitete mit seinen Gleitflügen den Beginn der modernen Luftfahrt ein (s. Seite 325 ff.). Mit zahlreichen Vorträgen und Schriften verhalf Lilienthal dem Flugprinzip «schwerer als Luft» zum Durchbruch. Das Fluggerät muss also ohne unterstützendes Medium (wie bei Gas- oder Heißluftballonen) auskommen. Der Auftrieb wird unter anderem durch die Luftströmungen an den Tragflächen gewährleistet.

Als nach dem Ersten Weltkrieg die Beschäftigung mit dem Motorflug in Deutschland untersagt war, wurde das motorlose Fliegen wiederentdeckt. Es bot die Möglichkeit, mit geringem finanziellen und technischen Aufwand zu fliegen und zu forschen. Diese Lehrjahre und ersten Segelflug-Wettbewerbe ab 1920 auf der Wasserkuppe in der Rhön haben die Entwicklungen des Segelfluges so weit gefördert, dass es heute möglich ist, sich stundenlang im motorlosen Flug in der Luft zu halten und dabei Strecken von mehreren tausend Kilometern zurückzulegen. Eine entscheidende Rolle auf diesem Weg spielte das Segelflugzeug «Vampyr», das den Beginn der eigentlichen Segelflugentwicklung einleitete.

Mit ihm beginnt der Segelflug: der «Vampyr».

Der Stammvater aller Hochleistungssegelflugzeuge

Der Entwurf des «Vampyr» stammt von Georg Madelung (1889–1972), der 1921 am Flugtechnischen Institut der TH Hannover zum Dr.-Ingenieur für Maschinenbau promovierte. Unter seiner Leitung lag die konstruktive Ausführung in den Händen der Studenten und Mitglieder der gerade gegründeten Akademischen Fliegergruppe Hannover, Walter Blume, Fritz Hentzen und Arthur Martens. Der «Vampyr» war revolutionär und richtungsweisend für die weitere Entwicklung. Er war das erste Segelflugzeug, mit dem im Hangaufwind Flüge von mehreren Stunden durchgeführt wurden.

Die Initiative für die Konstruktion des «Vampyr» war von Arthur Pröll und Hermann Dorner, dem Chefingenieur der Hannoverschen Waggonfabrik AG (HAWA), ausgegangen. Die Inflation drohte alle Forschungsgelder zu vernichten, und so wurde in letzter Minute ein großes Projekt geplant, das schließlich zum «Vampyr» führte. Das Segelflugzeug wurde 1921 in der HAWA aufgebaut und sollte kurz darauf für Aufsehen sorgen.

Entscheidend für den Erfolg des «Vampyr» war seine neuartige konstruktive und aerodynamische Gestaltung. Seine Tragflächen sind ohne jede Drahtverspannung freitragend. Alle Kräfte werden von einem Holm und der drehsteifen Nasenbeplankung aufgenommen. Durch die neue Flügelbautechnik wurden größere Spannweiten möglich und Aufwinde konnten besser genutzt werden. Das Flugzeug ragte souverän aus dem oft eigenartig verspannten Gestrüpp von Doppeldeckern und Hängegleitern heraus und war als aerodynamisch sorgfältig konzipiertes und auf geringe Sinkgeschwindigkeit ausgelegtes Modell ein Novum im Segelflugzeugbau. Es hatte bereits ein gutes Seitenverhältnis des Flügels von 1:10, eine Spannweite von 12,6 Metern, ein günstiges Profil mit hohen Auftriebswerten und erreichte aufgrund der durchdachten Konstruktion und der verhältnismäßig geringen Nebenwiderstände die beachtliche Gleitzahl von 16. (Heutige Hochleistungssegelflugzeuge haben eine Gleitzahl um 60, bei einer Geschwindigkeit von ca. 110 km/h.) Der «Vampyr» zeichnete sich durch ausreichende Festigkeit und Einfachheit im Aufbau aus. Besonderes Merkmal waren die Medizinbälle, die als Fahrwerk dienten und teilweise im voll verkleideten Rumpf versenkt waren, sowie eine Flügelverwindung, also elastisch aufgebaute Flügelenden,

«Vampyr» beim Start auf der Wasserkuppe in der Rhön, 1922

die eine Rollbewegung des Flugzeugs ermöglichen. Heutige Flugzeuge besitzen entgegengesetzt arbeitende Querruder. Die damals revolutionären Entwurfsprinzipien zeigten den Leistungssegelflugzeugen die Entwicklungsrichtung auf und sind über die Jahrzehnte in ständig verbesserter Form erhalten geblieben.

Weltrekorde auf den Rhön-Wettbewerben

Am 20. August 1921 kam der «Vampyr» beim 2. Rhön-Wettbewerb auf der Wasserkuppe zum Einsatz und erzielte unter den 34 Teilnehmern die besten Ergebnisse. Arthur Martens flog am 23. August 1921 den Weltrekord mit einer Strecke von 3580 Metern in 5:33 Minuten und wenige Tage später sogar von 7500 Metern in 15:40 Minuten.

Ein Jahr später wurde der «Vampyr» beim gleichen Wettbewerb mit verändertem Tragwerk eingesetzt. Martens gelang am 18. August 1922 durch geschicktes Fliegen von horizontalen Achten im Hangaufwind der erste Segelflug mit einer Stunde und sechs Minuten Flugzeit, 8,9 Kilometer Flugstrecke und 108 Meter Überhöhung der Startstelle. Walter Georgii, Professor der Meteorologie und Pionier der Segelflugforschung, beriet die Segelflieger auf der Wasserkuppe seit 1921 und erforschte die Aufwindmöglichkeiten. Er bezeichnete diesen Tag später als die «Geburtsstunde des Segelflugs», da der Übergang vom Gleit- zum leistungsfähigen Segelflug gelungen war.

«Vampyr» mit Weltrekordflieger Fritz Hentzen, 1922

Der bis dahin wenig beachtete und zum Teil sogar lächerlich gemachte Segelflug erfuhr seine erste Würdigung und ließ die Fachwelt aufhorchen. Der «Vampyr» wurde in leicht variierter Form mehrfach nachgebaut, so als «Storch», «Max» und «Moritz», und diente als Vorbild für weitere berühmte Segelflugzeuge der frühen Jahre.

Der Weg ins Museum

Das Flugzeug fand im Jahr 1924 als Stiftung der Technischen Hochschule Hannover Aufnahme in das Deutsche Museum, wurde jedoch bei den schweren Luftangriffen im Juli 1944 stark beschädigt. Erst über ein Jahrzehnt später entdeckte Heinz Cordes, der als Lehrling am Bau des «Vampyr» mitgewirkt hatte, ihn bei einem Besuch im Keller des Museums wieder. Der Rumpf wurde im Deutschen Museum restauriert, die Tragfläche, von der nur noch der Holm sowie Beschläge und Fragmente der Rippen vorhanden waren, in der Segelflug-Werkstatt Rendsburg wiederhergestellt. Am 6. Mai 1967 fand das komplette Segelflugzeug in einem Festakt zum 42. Deutschen Luftfahrertag erneut Aufnahme in die Luftfahrtabteilung des Deutschen Museums.

TATJANA DIETL

Segelflugzeug HAWA H1 Vampyr (Inv.-Nr. 52258)

Spannweite	12,60 m
Rüstmasse	120 kg
Beste Gleitzahl	ca. 16
Geringstes Sinken	ca. 0,75 m/s
Flügelstreckung	10
Flächenbelastung	ca. 12,2 kg/m^2

D841

1922

Aufnahme des Spektrums eines Spiralnebels

Mount-Wilson-Observatorium
Mount Wilson (CA)

Steht man in einer klaren Nacht an einem Ort, an dem es dunkel genug ist, kann man die Andromedagalaxie als kleine, schwach leuchtende Wolke am Himmel entdecken. Von den Abermilliarden Galaxien liegt Andromeda unserer Milchstraße am nächsten – trotzdem ist sie noch 2,5 Millionen Lichtjahre entfernt. Nur sehr leistungsstarke Teleskope können in Galaxien auch einzelne Sterne ausmachen. Tatsächlich waren Astronomen erst in den 1920er-Jahren in der Lage zu unterscheiden, ob es sich bei einem Objekt um eine relativ nahe kosmische Gaswolke, sogenannte Nebel, oder um ein entlegenes Sternsystem handelte. Bis dahin hielten viele Astronomen Galaxien für Nebel innerhalb unserer Milchstraße. Der Kern des Problems war, dass die Entfernung der gesichteten Himmelskörper nicht gemessen werden konnte.

Das Rätsel der kosmischen Nebel

Das Deutsche Museum ist im Besitz einer der Originalfotoglasplatten, die in den 1920er-Jahren im Mount-Wilson-Observatorium in Kalifornien belichtet wurden. Der millimetergroße Fleck darauf ähnelt einem Staubkorn, doch seine Bedeutung war enorm. Er zeigt das Lichtspektrum einer Galaxie, die, wie zahlreiche andere Sternsysteme, mit dem berühmten Hooker-Teleskop aufgenommen

So winzig wie spektakulär: Auf der Fotoglasplatte ist – rot eingekreist – die Spektralaufnahme eines Spiralnebels zu sehen.

wurde. Dank dieser Aufnahmen konnten Astronomen Rückschlüsse ziehen, die unsere Vorstellung vom Universum für immer verändern sollten. Bis dahin war man von einem statischen Weltall ausgegangen, das ausschließlich aus Sternen unserer Milchstraße bestand. Nun erwies sich das Weltall als Raum voller Galaxien, der sich seit dem Urknall beständig weiter ausdehnt.

Die Milchstraße ist nicht allein!

Im Jahr 1919 kam der amerikanische Astronom Edwin Powell Hubble (1889–1953) an das nordöstlich von Los Angeles gelegene Mount-Wilson-Observatorium. Dort stand ihm das berühmte Hooker-Teleskop zur Verfügung, das mit einem Spiegel von gut 2,5 Metern Durchmesser größte Teleskop seiner Zeit. Hubble wusste genau, wohin er das Instrument ausrichten musste: Er untersuchte den Andromedanebel und machte Dutzende Aufnahmen. Als er 1923 die Fotoplatten verschiedener Tage verglich, entdeckte er einen veränderlichen, pulsierenden Stern im Nebel und markierte ihn aufgeregt mit dem Kürzel «VAR!» (englisch «variable» – veränderlich).

Die Erkenntnis, wie ausschlaggebend pulsationsveränderliche Sterne, sogenannte Cepheiden, als astronomische Größen waren, lag damals kaum ein Jahrzehnt zurück. Die Periode dieser Pulsation hängt von der (durchschnittlichen) absoluten Helligkeit dieser Sterne ab. Diese ist also bestimmbar. Aus der Differenz zwischen der absoluten Helligkeit und der scheinbaren Helligkeit, mit der ein Stern sich am Nachthimmel zeigt, lässt sich die Entfernung des Sterns berechnen.

Der von Hubble entdeckte Cepheide pulsierte mit einer Periode von 31,4 Tagen. Dies genügte, um seine Entfernung zu bestimmen: Er sollte ungefähr eine Million Lichtjahre von der Erde entfernt liegen. Obwohl Hubbles Kalkulation erheblich unter der tatsächlichen Distanz lag, übertraf sie den bekannten Durchmesser unserer Galaxie doch bei weitem. Damit war klar, dass sich Andromeda ein beträchtliches Stück außerhalb der Milchstraße befand. Das Universum war also weit größer als vermutet – und es gab andere Galaxien!

Edwin Hubble blickt durch das 2,54-Meter-Teleskop (100 Zoll) im Mount-Wilson-Observatorium, Kalifornien, um 1923.

Wachsende Entfernungen, expandierender Weltraum

Hubble hatte mit seiner Beobachtung bewiesen, dass Spiralnebel wie Andromeda in Wirklichkeit unabhängige Galaxien jenseits der Milchstraße sind. Doch dies war erst der Anfang einer ganzen Reihe bahnbrechender Entdeckungen. Im Jahr 1929 zeichnete Hubble auf, wie sich die Entfernung von 24 Galaxien in Abhängigkeit zu ihrer Radialgeschwindigkeit änderte.

Unter der Radialgeschwindigkeit einer Galaxie versteht man ihre Geschwindigkeit in Richtung der Sichtlinie zum Beobachter auf der Erde. Man kann sie folgendermaßen berechnen: Wenn das Licht einer Galaxie durch ein Prisma geleitet wird, entsteht ein durchgängiges Spektrum. Die kurzen Wellenlängen befinden sich am einen Ende des Spektrums (violettes Ende), die langen Wellenlängen am anderen (rotes Ende). Überlagert wird dieses Spektrum von einer Reihe senkrechter Linien. Diese entstehen, weil die chemischen Elemente der äußeren Sternatmosphären bestimmte Wellenlängen absorbieren. Das Element Calcium absorbiert oder «schluckt» Licht beispielsweise bei einer Wellenlänge von 393 und 397 Nanometer, den sogenannten K- und H-Linien.

Falls die beobachtete Lichtquelle sich vom Betrachter weg oder auf diesen zu bewegt, verändert sich die Position der Absorptionslinien. Bewegt sie sich weg, verschieben sich die Linien in den roten Spektralbereich. Umgekehrt verschieben sich die Linien in Richtung des violetten Spektralbereichs, falls die Lichtquelle sich nähert. Aus der Veränderung der charakteristischen Absorptionslinien auf Spektralbildern lässt sich demzufolge die Radialgeschwindigkeit der Lichtquelle ableiten: Je größer die Verschiebung, desto schneller bewegt sich das beobachtete Sternsystem von uns fort oder auf uns zu.

Hubble bemerkte beim Vergleich der Fotoplatten etwas Erstaunliches: Fast alle Galaxien bewegen sich von unserer Milchstraße fort, wobei ihre Geschwindigkeit mit wachsender Entfernung zunimmt. Folgender Vergleich veranschaulicht diesen Vorgang: Man denke sich die Galaxien als kleine Ameisen, die auf der Oberfläche eines Luftballons sitzen. Wird der Ballon aufgeblasen, wachsen

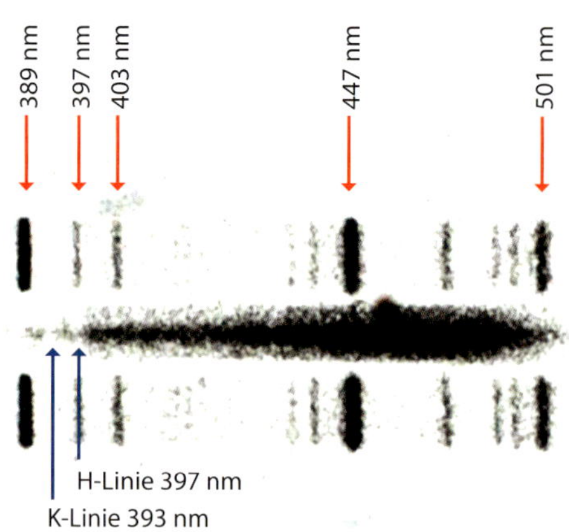

Vergrößerte Spektralaufnahme der Fotoglasplatte im Besitz des Deutschen Museums. Das Spektrum des Spiralnebels ist in der Mitte zu sehen, zwischen den beiden Reihen senkrechter Linien.

die Entfernungen zwischen den einzelnen Ameisen – je weiter sie voneinander weg sitzen, umso schneller wächst die Distanz zwischen ihnen.

Die Beweiskraft der von Hubble und seinen Kollegen gesammelten Daten war überwältigend. Sie zwang die bis dahin zögerliche Wissenschaftswelt, die Vorstellung eines sich ausdehnenden, also dynamischen Weltalls zu übernehmen. Auf eben dieser Vorstellung beruht unser heutiges Modell des Kosmos.

Vom Mount-Wilson-Observatorium ins Deutsche Museum

Von den vielen Spektralaufnahmen, die zur Entdeckung des sich ausdehnenden Weltalls beitrugen, fand eine Fotoplatte 1937 ihren Weg ins Deutsche Museum. In Europa hatte man bislang noch nie derartige Spektralbilder von Galaxien gesehen. Die Fotoplatte war so winzig und unscheinbar, dass sie leicht übersehen werden konnte, und repräsentierte doch die aufregende Forschungsarbeit jener Zeit. So winzig war sie deshalb, weil das Licht entfernter Galaxien zu schwach ist, um sich über ein langes Spektrum zu verteilen. Vergrößert man die Aufnahme jedoch, so zeigen sich in dem sonst kontinuierlichen Spektrum zwei weiße Lücken (siehe blaue Pfeile). Es handelt sich dabei um die K- und H-Linien, die Absorptionslinien von Calcium bei 393 und 397 Nanometern. Sie scheinen in Bezug auf Vergleichs-Heliumlinien (siehe rote Pfeile) nicht maßgeblich verschoben. Ihre minimale Verschiebung in Richtung Violett lässt vermuten, dass es sich hier um das Spektrum einer nahen Galaxie handeln könnte, möglicherweise um das der elliptischen Zwerggalaxie M32, die zu unserem Galaxienhaufen der Lokalen Gruppe gehört.

Die einst am Hooker-Teleskop belichtete Platte mit ihrem winzigen «Fleck» steht für den Beginn einer Reihe wegweisender Entdeckungen über die ungeheure Weite des Kosmos. Edwin Hubble fand für diese Entwicklung passende Worte: «Die Geschichte der Astronomie», sagte er, «ist eine Geschichte zurückweichender Horizonte.»

NESLIHAN BECERICI-SCHMIDT

Originalaufnahme des Spektrums eines Spiralnebels (Inv.-Nr. 2013-810)

Objekt	**Fotoglasplatte**
Maße (H × B)	15 × 35 mm

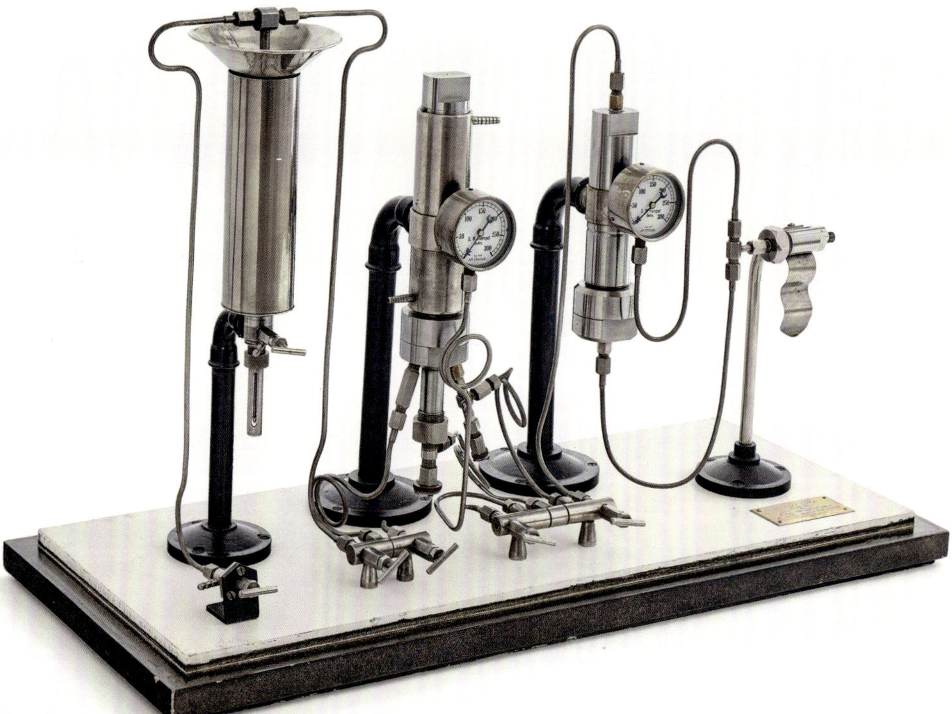

1922

Versuchsapparatur zur Synthese von Ammoniak

Fritz Haber, Robert Le Rossignol, Hermann Lütge
Berlin

Pflanzen brauchen zum Wachsen Stickstoff. Dieser ist reichlich in der Luft vorhanden. Allerdings können die Pflanzen den Stickstoff nicht aus der Luft aufnehmen, sondern benötigen ihn in chemisch gebundener Form, wie er auch in Düngemitteln vorkommt. Bis Ende des 19. Jahrhunderts wurden natürliche Düngemittel, wie Salpeter und der aus Vogelkot gewonnene Guano, verwendet. Da die Bevölkerung aber stetig wuchs und die natürlichen Düngervorräte immer knapper wurden, erhöhte sich auch die Gefahr von Hungerkatastrophen.

Brot und Bomben

Grundsätzlich schien die Lösung auf der Hand zu liegen: Würde es gelingen, den Luftstickstoff chemisch so zu verändern, dass er sich zur Herstellung von Düngemitteln eignete, wäre ein schier unerschöpfliches Reservoir zugänglich. Diese chemische Fixierung des Luftstickstoffs, die auch für die Sprengstoffindustrie von Interesse war, wurde zu einer der größten Herausforderungen der Wissenschaft erklärt. Das Hauptaugenmerk richtete sich dabei auf Ammoniak (NH_3), eine Verbindung aus Stickstoff und Wasserstoff, mit der viele weitere Stickstoffverbindungen chemisch hergestellt werden können.

Nicht nur für Düngemittel gut: die chemische Fixierung des Luftstickstoffs

Der deutsche Chemiker Fritz Haber (1868–1934) beschäftigte

sich seit 1904 mit der Herstellung von Ammoniak. Die chemische Umsetzung des reaktionsträgen Luftstickstoffs stellte enorme Anforderungen an den Apparatebau. Es wurden hohe Drücke und Temperaturen benötigt; außerdem mussten geeignete Katalysatoren, welche die Reaktion überhaupt erst ermöglichen, gefunden werden. Robert Le Rossignol (1884–1976), der britische Ingenieur und Assistent von Haber, entwickelte schließlich einen Kompressor, der den für die Reaktion nötigen Druck aufzubauen vermochte.

Im Jahr 1909 war es endlich so weit: Mit einem ersten Demonstrationsapparat wurden die Richtigkeit der von Haber aufgestellten Berechnungen und die technische Machbarkeit einer kontinuierlichen Produktion von Ammoniak bewiesen. Zusammen mit Carl Bosch (1874–1940) arbeitete Haber in den Folgejahren daran, das Verfahren in eine großtechnische Produktion zu überführen. Vier Jahre später ging das BASF-Werk Ludwigshafen-Oppau als erste Anlage zur industriellen Ammoniakherstellung nach dem Haber-Bosch-Verfahren in Betrieb.

Doch nicht alle Kesselwagen mit Ammoniak, die Oppau verließen, wurden zur Produktion künstlicher Dünger verwendet. Vielmehr diente das Werk auch zur Herstellung von Sprengstoffen in der Rüstungsindustrie. Da Deutschland mit Ausbruch des Ersten Weltkriegs durch die englische Seeblockade von allen Importen aus Übersee abgeschnitten war, konnte auch der für die Sprengstoffherstellung wichtige Chilesalpeter nicht mehr eingeführt werden. Die künstliche Ammoniaksynthese bildete damit die einzige Möglichkeit einer importunabhängigen Sprengstoffproduktion. Durch das neue Verfahren wurde die anfängliche Munitionskrise der Mittelmächte behoben, was zu einer bedeutenden Verlängerung des Kriegsgeschehens beitrug.

Ein Wissenschaftler, so Habers Devise, gehöre in Zeiten des Friedens der Menschheit, in Kriegszeiten aber seinem Vaterland. Haber überwachte die Produktion Hunderttausender Tonnen verschiedener Giftgase. Verstießen diese Aktivitäten nicht gegen die Haager Konvention, wurde er von Otto Hahn (1879–1968) gefragt. Hahn leitete als Infanterie-Leutnant der Reserve selbst Giftgasangriffe. Haber entgegnete, dass die Franzosen mit dem Einsatz gasgefüllter Gewehrmunition angefangen hätten. Doch das ist heute widerlegt. Und auch sein Argument, durch einen Gaskrieg zahlreiche Menschenleben zu retten, da auf diese Weise der Krieg schneller beendet würde, stellte sich als

Illusion heraus, wenn es nicht von Anfang an bloße Rechtfertigung und Propaganda war.

Für seine wissenschaftlichen Leistungen wurde Haber bereits ein Jahr nach Kriegsende mit dem Nobelpreis für Chemie, rückwirkend für das Jahr 1918, ausgezeichnet. Die Verleihung stieß auch wegen seines maßgeblichen Anteils am Giftgaskrieg auf heftige Kritik. Ein Jahrhundert später ist auch die massenhafte Verwendung von synthetischem Dünger längst nicht mehr unumstritten. Denn in Ländern mit Intensivlandwirtschaft werden im Durchschnitt nur 20 bis 30 Prozent des ausgebrachten Stickstoffs als Pflanzennährstoff genutzt. Der Rest landet in der Umwelt und verursacht Nährstoffüberlastung (Eutrophierung), Versauerung von Ökosystemen und gesundheitliche Beeinträchtigungen. Der moderne Ackerbau mit seinem Dünger ist eine entscheidende Ursache für den gravierenden Artenrückgang von Vögeln, Insekten und Wildpflanzen.

Hochdruckanlagen wie diese 1935 auf dem Gelände der BASF errichtete prägten zunehmend das Gesicht der chemischen Industrie.

Reif für die Museumsinsel

Am 13. Juli 1922 erhielt das Deutsche Museum ein Schreiben aus dem Berliner Kaiser-Wilhelm-Institut für Physikalische Chemie und Elektrochemie, in dem Fritz Haber die Schenkung einer Demonstrationsapparatur zur Synthese des Ammoniaks aus den Elementen anbot. Der Museumsdirektor Oskar von Miller beantwortete das Schreiben am selben Tag und brachte seine große Freude über die geplante Schenkung zum Ausdruck. Die Apparatur wurde schließlich am 31. Juli 1922 in München durch Hermann Lütge, den Chefmechaniker des Kaiser-Wilhelm-Instituts und Konstrukteur der Apparatur, aufgebaut.

Die Funktionsweise der Apparatur

Die Apparatur besteht aus drei nebeneinander auf einer Grundplatte angeordneten, schlanken Behältern, denen von rechts die Gase Stickstoff und Wasserstoff im richtigen Mischungsverhältnis zugeführt werden. Um Spuren von eventuell noch vorhandenem Sauerstoff auszuscheiden, welcher die Reaktion stören würde, wird das Gasgemisch in dem ver-

Schnittzeichnung durch die Versuchsanlage

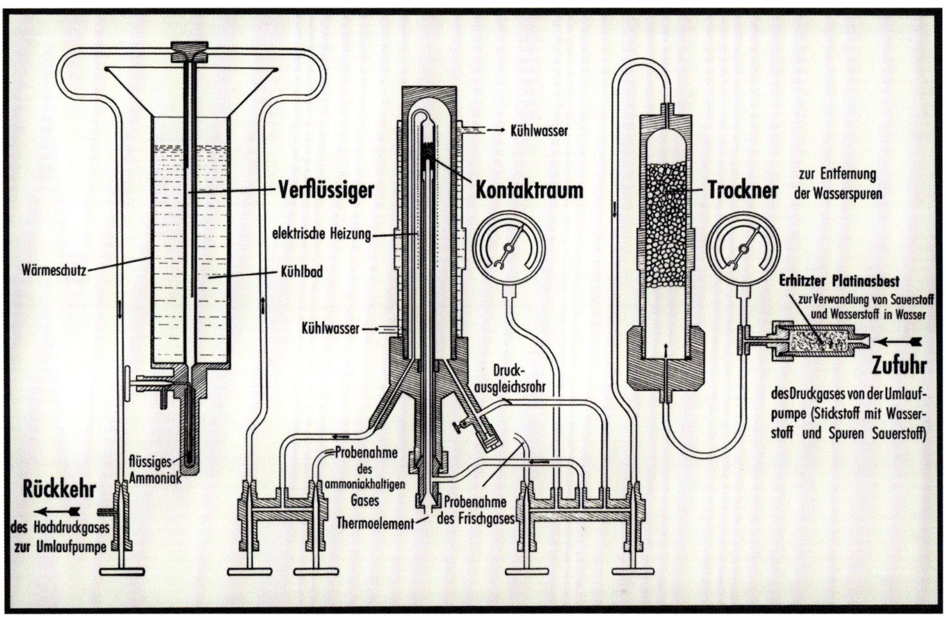

dickten, waagerechten Rohr über einen erhitzten Platinschwamm geleitet. Hier reagiert der Sauerstoff mit dem Wasserstoff des Gasgemisches zu Wasserdampf. Dieser wird zusammen mit dem Synthesegas durch den ersten Stahlbehälter, den Trockenturm, geführt und hier durch ein Trockenmittel gebunden. Im mittleren Behälter, dem sogenannten Kontaktraum und Herzstück der Apparatur, findet die eigentliche Ammoniaksynthese statt. An einem Osmium-Katalysator erfolgt die chemische Umwandlung von Stickstoff und Wasserstoff zu Ammoniak. Bei einem Druck von 175 bar und einer Temperatur von 550 °C beträgt die Ammoniakausbeute ungefähr acht Prozent. Zuletzt wird das gasförmige Ammoniak mit dem nicht umgesetzten Gasgemisch durch den linken Behälter, den Verflüssiger, geleitet. Hier kondensiert das Ammoniak und wird am Sockel über ein Ventil entnommen. Das nicht umgesetzte Gasgemisch wird über eine Umlaufpumpe zurück in den Kontaktraum geführt.

Die erfolgreiche Synthese von Ammoniak aus den Elementen Stickstoff und Wasserstoff ebnete auch den Weg für die Entwicklung neuer Hochdruckverfahren, welche das Bild der chemischen Industrie nachhaltig beeinflusst hat.

Das Haber-Bosch-Verfahren gehört nach wie vor zu den wichtigsten großtechnischen Synthesen der Welt. Heute kommen günstigere Eisenkatalysatoren zum Einsatz. Ansonsten hat sich an dem grundlegenden Verfahren kaum etwas geändert.

RONALD GÖBEL

Versuchsapparatur zur Synthese von Ammoniak (Inv.-Nr. 50956)

Hersteller	Hermann Lütge
Konstruktion	Robert Le Rossignol
Herstellungsjahr	1909
Maße (H × B × T)	765 × 460 × 1060 mm (mit Vitrine)
Masse	81 kg

IA - 2394

1922

Rumpler Tropfenwagen

Rumpler-Motoren-Gesellschaft mbH
Berlin

Wie von einem anderen Stern – so erschien 1921 der Rumpler Tropfenwagen auf der Automobilausstellung in Berlin. Ein Auto, das so radikal mit den gängigen Karosserieformen brach, beeindruckte nicht nur die Besucher, auch die Fachpresse war voll des Lobes und bescheinigte dem Wagen einen großen Sprung in der Automobilentwicklung. Für Aufsehen sorgte vor allem das futuristische Design. Die an einem fallenden Tropfen orientierte Grundform, dazu ein glatter Unterboden und die erstmals im Automobilbau verwendeten gekrümmten Scheiben ermöglichten einen Luftwiderstandsbeiwert von 0,28, der erst 60 Jahre später zum erklärten Ziel der Automobilindustrie wurde.

Ein Flugzeug für die Straße

Um diesen Luftwiderstandsbeiwert zu erreichen, ging sein Entwickler, der erfolgreiche Flugzeugbauer Edmund Rumpler (1872–1940), wissenschaftlich vor. Bekannt war Edmund Rumpler vor allem als Hersteller des Schulflugzeugs «Taube», das vor dem Ersten Weltkrieg einige Verbreitung fand. Die Rumpler-Werke entwickelten sich mit der «Taube», die auf Igo Etrich zurückging, zu einem der größeren Flugzeughersteller der Vorkriegszeit in Deutschland. Nach dem Krieg verboten die Siegermächte Deutschland den Bau von Motorflugzeugen. Rumpler wandte sich daher Straßenfahrzeugen zu – voller Ideen und mit umfangreichen Erfahrungen hinsichtlich der Aerodynamik. Er ließ ein Holzmodell des Wagens im damals noch

Das erste Auto aus dem Windkanal: der Rumpler Tropfenwagen

Science-Fiction in Stromlinienform: ein Rumpler Tropfenwagen 1979 im Windkanal von Volkswagen

relativ neuen Göttinger Windkanal durch den Strömungsforscher Ludwig Prandtl vermessen. Heute sind Windkanaluntersuchungen dieser Art ein Standard; damals waren sie im automobilen Sektor völlig neu. Die außergewöhnliche Formgebung des Tropfenwagens stellte Rumpler vor einige technische Herausforderungen, beispielsweise bei der Wahl und Anordnung des Motors. Rumpler platzierte ihn – anders als damals üblich – nicht vorne, sondern vor der Hinterachse als Mittelmotor. Getriebe und Differential konnte er direkt dahinter anordnen und sich somit eine lange Kardanwelle sparen. Die Hinterräder hängte er im Gegensatz zu den herkömmlichen Starrachsen unabhängig und einzeln gefedert auf. Den Motor selbst lieferte Siemens & Halske als extravaganten 6-Zylinder-Motor mit drei Zylinderpaaren, angeordnet in W-Form.

Zu viele Neuerungen!

Viele Neuerungen des Tropfenwagens waren wegweisend, der kommerzielle Erfolg blieb jedoch aus, da das Auto technisch noch nicht genügend ausentwickelt war. Der unruhige Lauf und thermische Probleme zwangen Rumpler, den 6-Zylinder-Motor durch einen gewöhnlichen 4-Zylinder-Reihenmotor von Benz zu ersetzen. Auch das Fehlen des Kofferraums war für einen Reisewagen ein Nachteil. Rumpler versuchte dieses Problem zu lösen, indem er das Karosserieoberteil verlängerte und Platz für einen Kofferraum schuf. Das Ausschlagen der Lenkung und das Flattern der Vorderräder, das für viel Kritik sorgte, bekam er jedoch nicht in den Griff.

Die aerodynamischen Vorteile in puncto Verbrauch und die reduzierte Staubaufwirbelung konnte das Fahrzeug mit einer Höchstgeschwindigkeit von 115 km/h bei den damaligen Straßenverhältnissen nicht ausspielen. Der in Prospekten beworbene geringe Verbrauch stellte sich mit bis zu 25 Liter auf 100 Kilometern selbst für damalige Maßstäbe als recht hoch dar. Der Kaufpreis lag 1924 mit 17 000 Reichsmark zudem im Bereich heutiger Luxuswagen. Ein Geldgeber steckte nochmals Millionen in das Unternehmen, aber es nützte nichts: 1925 wurden in Berlin-Johannisthal die letzten von knapp einhundert Tropfenwagen gebaut.

Ein Auto aus einer anderen Welt

Neben den technischen Problemen traf auch das futuristische Design des Fahrzeugs nicht den Geschmack der Kunden, erregte aber das Interesse von Fritz Lang. Als der bekannte Filmregisseur Mitte der 1920er-Jahre nach Requisiten für seinen opulenten Science-Fiction-Klassiker *Metropolis* suchte, kam ihm der Tropfenwagen gerade recht: optisch von einer anderen Welt und gebraucht günstig zu bekommen. Zwei Modellanfertigungen des Tropfenwagens verbrannten schließlich in der Schlussszene mit der «Roboter Maria», einer Unheilsgöttin, auf dem Scheiterhaufen als Symbol einer ungeliebten und im Film aus dem Ruder laufenden Moderne.

Zwei Rumpler Tropfenwagen auf dem Scheiterhaufen der Moderne: Szene aus Fritz Langs legendärem Film «Metropolis».

Die Zukunft von gestern im Museum von heute

Einer der beiden erhalten gebliebenen Rumpler Tropfenwagen ist im Besitz des Deutschen Museums. Sein Erbauer übergab ihn Oskar von Miller 1925 anlässlich der Münchner Verkehrsausstellung, die im Ausstellungspark auf der Theresienhöhe stattfand, dem heutigen Sitz des Verkehrszentrums des Deutschen Museums. Rumpler war dem Museum sehr verbunden und hatte bereits 1911 eines seiner ersten Flugzeuge gestiftet.

In der Zeit des Nationalsozialismus, Ende 1937, beschloss das Deutsche Museum, den Wagen des jüdischen Konstrukteurs in einer damals neu geplanten Ausstellung aus ideologischen Gründen durch den stromlinienförmigen Rennwagen «Benz-Tropfenwagen, System Rumpler» zu ersetzen. Erst nach dem Krieg kam der Original-Rumpler wieder in die Ausstellung.

Leider befindet sich der Tropfenwagen nicht mehr in seinem Originalzustand. Seine Restaurierung ist ein Beispiel für den Wandel im Umgang mit technischen Kulturgütern in Museen. Um Konstruktionsdetails zu zeigen, wurde der Wagen einst angeschnitten, später wieder komplettiert. Die ursprünglich mattschwarze Karosserie bekam schon vor Jahrzehnten eine blaue Teillackierung, wahrscheinlich aus primär optischen Gründen. Dieser Umgang entsprach dem damaligen Zeitgeist, wäre heutzutage bei Museumsstücken jedoch nicht mehr vorstellbar, vor allem nicht bei derart seltenen und legendären Objekten wie dem Tropfenwagen von Rumpler.

FRANK STEINBECK

Rumpler Tropfenwagen (Inv.-Nr. 055555)

Motor	6-Zylinder-Viertakt-Motor in W-Form im Wagenheck
Hubraum	2580 cm^3
Leistung	26 kW (36 PS)
Masse	ca. 1650 kg
Höchstgeschwindigkeit	ca. 105 km/h

Aufbruch ins atomare Zeitalter

und die neuen Rechenmaschinen

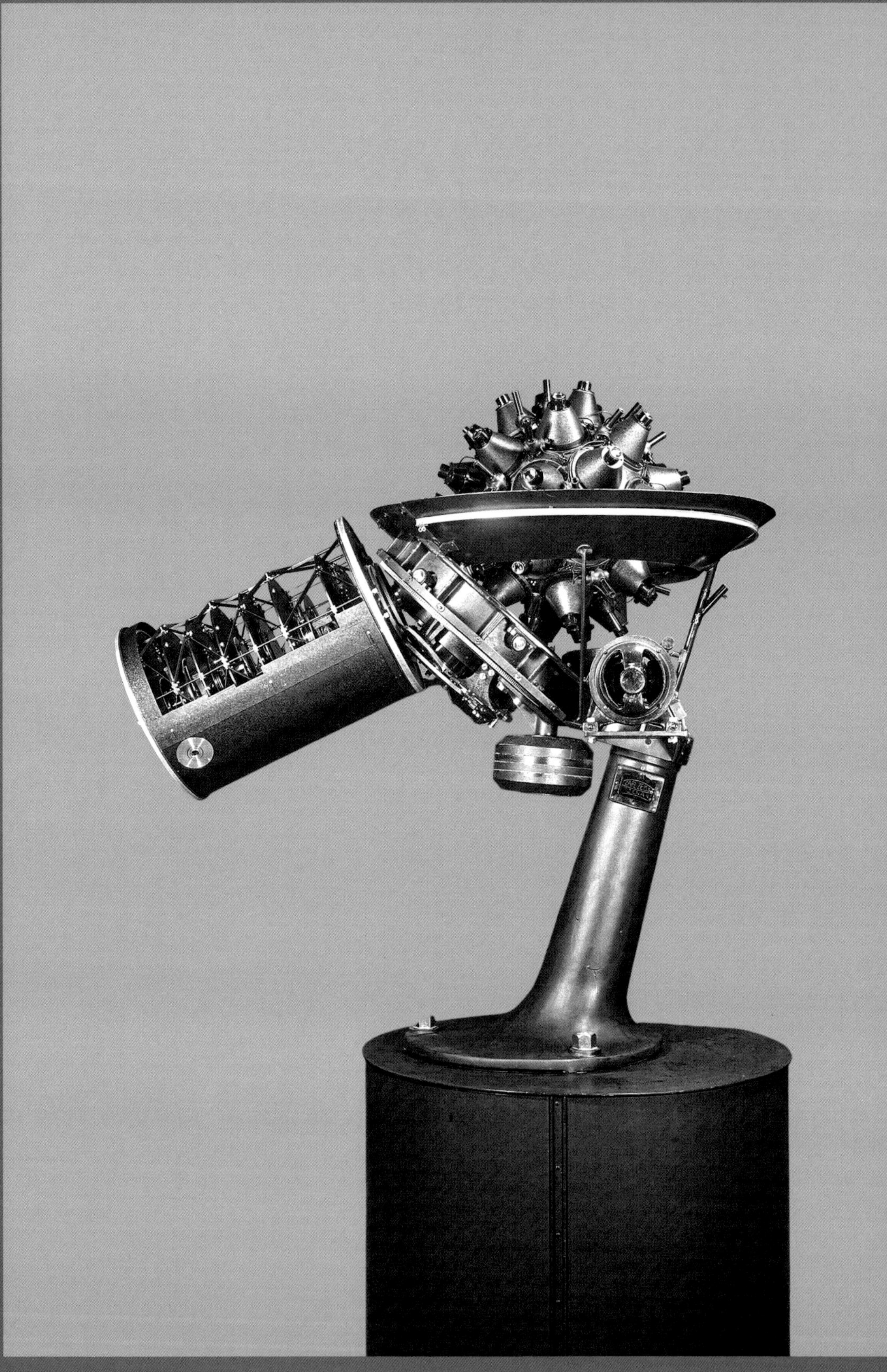

1923

Planetariumsprojektor Zeiss Modell I

Carl Zeiss
Jena

Heute gibt es weltweit ca. 3200 Planetarien in fast allen Ländern der Erde. Man schätzt, dass in der fast hundertjährigen Geschichte des Projektionsplanetariums mehr als eine Milliarde Menschen ein Planetarium besucht haben. Angefangen hat alles in München am Deutschen Museum am 21. Oktober 1923. Der Sammlungsbau auf der Kohleninsel war noch im Rohbau, da wurde der erste Sternenprojektor der Firma Carl Zeiss dem Museumsausschuss des Deutschen Museums vorgeführt. Schon nach dieser Vorstellung war klar: Das Projektionsplanetarium wird eine Sensation. Am 7. Mai 1925 nahm das erste Planetarium weltweit seinen regulären Betrieb auf. Heute wird der Sternenprojektor in vielen Planetarien durch Beamer ersetzt, die Erklärung des Nachthimmels wird durch Projektionen spektakulärer Aufnahmen der großen Teleskope und animierte Filmsequenzen ergänzt. Unter dem Stichwort «Fulldome» öffnet man sich neuen Inhalten. Aber was war die ursprüngliche Idee?

Die Vorgeschichte

Auf der Wunschliste der geplanten Astronomieabteilung, die Museumsgründer Oskar von Miller mit seinen damaligen Mitstreitern im Jahr 1905 erstellte, standen unter anderem zwei Planetarien: ein Planetarium als Anschauungsobjekt für das geozentrische und

Der Himmel auf Erden: der Planetariumsprojektor Zeiss Modell I

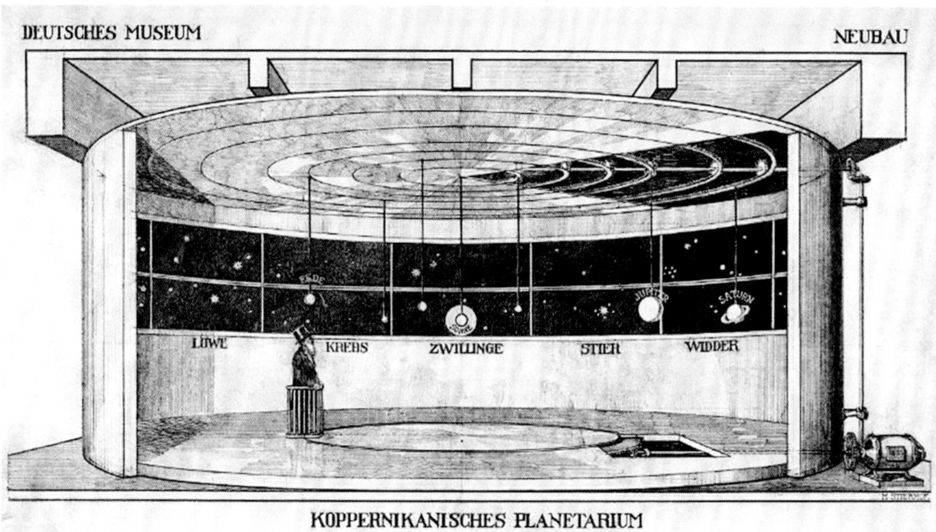

Skizzen des Bauzeichners H. Stierhof vom Planungsstand 1916

eines für das heliozentrische Weltsystem. 1906 bekam die Münchner Firma Michael Sendner den Auftrag zur Ausführung. Das Ergebnis waren zwei mannshohe Glaskugeln, auf denen der Fixsternhimmel aufgemalt ist und in deren Innerem Sonne, Mond und Planeten in Form von kleinen Kugeln durch einen äußeren Kurbelantrieb mechanisch bewegt werden können. In der einen Glaskugel dreht sich alles um die Sonne, in der anderen um die Erde. Ab 1910 konnten die Besucherinnen und Besucher die ideengeschichtliche Wandlung vom ptolemäischen zum kopernikanischen Weltbild in den vorläufigen Ausstellungsräumen des Deutschen Museums anschaulich nachvollziehen.

Die Museumsmacher waren aber offenbar nicht zufrieden. Künftig sollten die Besucher die dynamischen Vorgänge am Nachthimmel im Zeitraffer beobachten können. Einerseits war die Mechanik wartungsanfällig und ständig defekt, andererseits waren die beiden Demonstrationen dem Museumsgründer wohl zu wenig immersiv. Im Verwaltungsbericht von 1911/12 forderte Oskar von Miller deshalb eine größere Lösung. Nach einigen vergeblichen Versuchen, Uhrmacher oder mechanische Werkstätten als Auftragnehmer zu gewinnen, wandte sich Oskar von Miller direkt an die Firma Carl Zeiss in Jena. Für das Ptolemäische Planetarium schwebte ihm als Fixsternsphäre eine riesige begehbare Blechkugel mit von außen beleuchteten Sternlöchern vor. Das Kopernikanische Planetarium hingegen sollte eine Art begehbare Version des Sendner-Planetariums in der heliozentrischen Ausführung werden. Wie diese Ideenskizzen aber technisch umgesetzt werden sollten, war völlig unklar.

Die Idee

Am 24. Februar 1914 reiste Franz Fuchs, seit 1912 Leiter der physikalischen und astronomischen Abteilungen des Deutschen Museums, nach Jena, um die Sache zu besprechen. Von Zeiss waren Franz Meyer als verantwortlicher Konstrukteur sowie Rudolf Straubel und Walter Bauersfeld von der Geschäftsleitung die Gesprächspartner. Bauersfeld erinnerte sich:

> «Bei dieser Gelegenheit wurde viel über die Schwierigkeiten der Konstruktion gesprochen, und das veranlasste mich zu der Frage: Warum wollen Sie denn so eine komplizierte Mechanik bauen? Ich denke es müsste viel besser gehen, wenn man die Bilder von Sonne Mond und Planeten auf die Innenfläche der Blechkugel projiziert. In diesem Falle könnte die ganze komplizierte Mechanik durch eine einfache Konstruktion im Mittelpunkt der Kugel ersetzt werden, die die Projektoren für die Himmelskörper enthält. Ich war kaum mit meinem Satz zu Ende als Professor Straubel [...] ausrief: dann sollte man aber auch die Fixsterne selbst auf die Kugel projizieren.»

Das war die zündende Idee. Leider verhinderte der Erste Weltkrieg die zügige Fortführung des Projektes. Als dann 1919 die Konstruktionsüberlegungen fortgeführt wurden, schienen die technischen Schwierigkeiten unüberwindbar.

Die erste Hürde war die Anordnung der Sternenprojektoren zur lückenlosen Überdeckung des projizierten Sternenhimmels. In dieser Phase trat Bauersfeld wieder in Aktion und fand die Lösung im Ikosaeder mit abgeschnittenen Ecken. Diesen Vielflächner mit seinen 20 Sechsecken und 12 Fünfecken kann man ideal einer Kugelform annähern – Fußbälle haben seit der WM 1970 übrigens die gleiche Struktur. Auf den Grundflächen finden 31 Sternenprojektoren Platz. In die Mitte der Hohlkugel positionierten die Konstrukteure von Zeiss eine starke Lichtquelle. Die Lichtquelle sendete ihre Strahlen auf Diapositive in den Projektoren, die gemäß der Größenklasse der Sterne mit Sternenscheibchen unterschiedlicher Durchmesser versehen sind. Über eine lichtbündelnde Optik erscheinen die Sterne am Ende als Lichtpunkte auf der Planetariumskuppel. Die 31 Sternfelder reichen aus, um den Nachthimmel vollständig zu überdecken. Insgesamt sind rund 4500 Sterne bis zur 6. Größenklasse darstellbar. Das sind genauso viele Sterne, wie unter optimalen Beobachtungsbedingungen mit bloßem Auge sichtbar sind. Das flächige Gebilde der Milchstraße wird mit Hilfe von weiteren 11 kleineren Projektoren realisiert. Als didaktische Zugabe können sogar Sternbildnamen an der richtigen Stelle eingeblendet werden.

Sonne, Mond und Planeten

Die Projektion eines realistischen Sternenhimmels war aber nur der erste Teil der Aufgabe. Gemäß den Anforderungen des Deutschen Museums sollte das Planetarium den Lauf der Sonne, des Mondes und der Planeten von der Erde aus gesehen zeigen. Und das ist schwierig, denn die Planeten bewegen sich in dieser Ansicht nicht gleichmäßig, sondern in Schleifenbahnen, teilweise rückläufig und mit unterschiedlicher Winkelgeschwindigkeit vor dem Fixsternhintergrund. Bauersfelds Lösung war auch hier einfach und genial: Jeder der fünf mit bloßem Auge sichtbaren Planeten sowie die Sonne und der Mond bekamen einen eigenen Projektor.

Bewegungen am Nachthimmel

Die Planetenprojektoren sind in einem zylinderförmigen Gestell unter der Sternenprojektorkugel angebracht und fest mit dieser verbunden. Beides kann um die Polachse rotieren, die gemäß dem Standort von München mit der Horizontalen einen Winkel von 48 ° einschließt. Das ist der Tagesgang. Eine Antriebswelle überträgt die Tagesdrehung auf die einzelnen Getriebe der Wandelsterne. Zahnräder sorgen für die richtige Übersetzung, sodass wie bei einem Uhrwerk letztlich die ganze Projektionsmaschine durch einen einzigen gleichmäßigen Antrieb erfolgen kann. Bei geeigneter Wahl der Geschwindigkeit des Antriebsmotors kann man so einen Tag in 50 Sekunden ablaufen lassen. Das ist aber noch zu langsam, um die Pfade der Wandelsterne verfolgen zu können. Die Erfinder bei Zeiss haben deshalb die Möglichkeit geschaffen, die Antriebe der Wandelsterne von der Tagesdrehung bei Bedarf zu entkoppeln. Ein zweiter Motor treibt dann nur die Projektoren der Wandelsterne an. Am Planetariumshimmel sieht man vor dem Hintergrund der Fixsterne Sonne und Planeten ihren jährlichen Tanz vollführen. Und die Entwickler bei Zeiss gingen bei der naturgetreuen Nachbildung der Vorgänge am Himmel sogar noch weiter: Zusätzlich zum Tages- und Jahresgang kann mit dem Sternenprojektor die Auswirkung der Präzession der Erdachse auf die Ansicht des Sternenhimmels gezeigt werden.

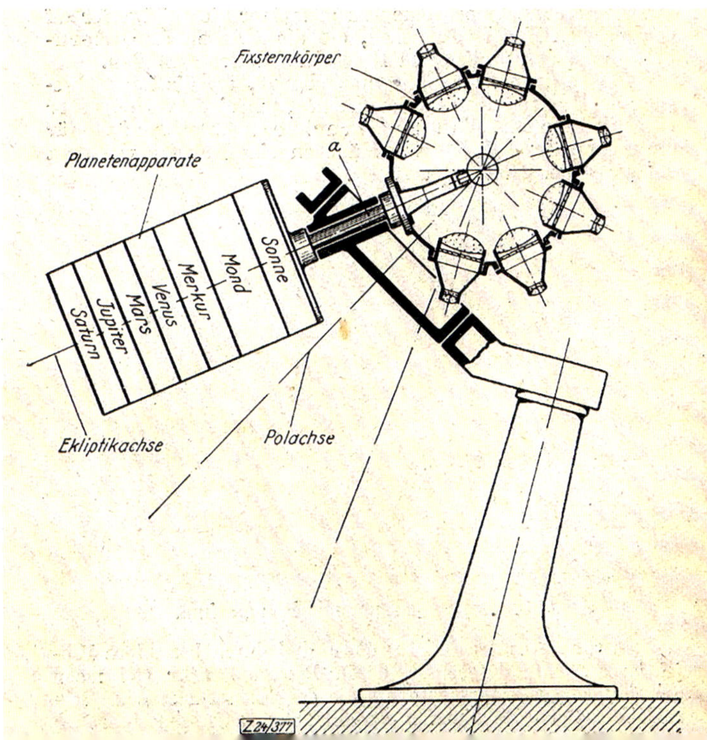

Aufbau des Sternenprojektors

Bauersfeld arbeitete mit seinem Team fast fünf Jahre an der Entwicklung des Projektors und dokumentierte jeden Schritt auf insgesamt sechshundert handbeschriebenen Blättern, dem sogenannten Laborjournal. Mit seiner aufwendigen Himmelssimulation hat sich Bauersfeld weit von dem von Oskar von Miller bestellten Planetarium entfernt. Statt einer Demonstration zur Darstellung des ptolemäischen Weltmodells haben Bauersfeld und die Konstrukteure bei Zeiss eine nahezu perfekte Simulation der Vorgänge am Nachthimmel geschaffen. Der Planetariumsprojektor ist eine Art Analogrechner, der den Himmel zu jedem beliebigen Datum bis weit in die Vergangenheit und Zukunft zeigen kann. Durch den Erfolg des Münchner Projektors eröffnete sich für Zeiss ein neues Geschäftsfeld. Ein zweites Projektormodell war bereits im März 1926 fertig zur Auslieferung: Das Projektionsplanetarium trat seinen Siegeszug rund um die Welt an.

Didaktik verfehlt, Simulation geglückt

Das ebenfalls von Zeiss verwirklichte Kopernikanische Planetarium wurde im Zweiten Weltkrieg zerstört.

Die ursprüngliche Idee Oskar von Millers, ein zweites, Kopernikanisches Planetarium im Museum zu zeigen, wurde von Zeiss ebenso verwirklicht. Es nahm zeitgleich mit dem Projektionsplanetarium 1925 seinen Betrieb auf. In einem zylinderförmigen Raum konnten Besucher in einem kleinen Wagen im Kreis fahren und mit einem Periskop – vom Standpunkt der Erde aus, aber jetzt bewegt – in die Eklip-

tikebene schauen, in der die Sonne, der Mond und die Planeten ihre Bahnen in Form von mechanisch im Kreis laufenden Kugeln zogen. Dieses Planetarium wurde im Zweiten Weltkrieg zerstört und ist in Vergessenheit geraten.

Werbeplakat für das Planetarium aus dem Jahr 1952

Das Ptolemäische Planetarium hingegen hat überlebt – vermutlich, weil es nie wirklich ein Ptolemäisches Planetarium war. Es führt uns nicht zur Erkenntnis der Irrtümer von Ptolemäus mit seinem geometrischen Himmelsmodell der Deferenten und Epizyklen – bereits in der Mechanik des ersten Zeiss-Modells sind die Kepler'schen Gesetze eingearbeitet. Heute denkt niemand primär an den Wandel der Weltbilder, wenn er ein Planetarium besucht. Oskar von Millers anfängliche Intention wurde letztendlich verfehlt, dabei aber etwas viel Eindrucksvolleres geschaffen: die perfekte Simulation des wirklichen Sternenhimmels – funkelnde Lichtpunkte in der unendlichen, dunklen Weite des Weltraums. Einerseits romantischer Sehnsuchtsort und andererseits ein Anschauungsmedium, das uns die Vorgänge am Nachthimmel auf einfache und eindrückliche Weise vor Augen führt.

CHRISTIAN SICKA

Planetariumsprojektor Modell I (Inv.-Nr. 53966)

Masse	770 kg
Technische Daten	4500 projizierte Sterne, gespeist von einer 200-W-Glühlampe

1925

Begehbares Diorama Firstenbau

Deutsches Museum
München

Seit Anfang des 20. Jahrhunderts wurden Dioramen, die Vorläufer der heutigen Virtual-Reality-Erlebniswelten, nicht nur im Deutschen Museum eingesetzt. Ein besonders herausragendes Beispiel für eine solche Erlebniswelt ist das Anschauungsbergwerk. Diese fiktive Welt in natürlicher Größe mit ihren dreidimensionalen Szenerien, lebensgroßen Figuren, gemalten Hintergründen, authentischen Lichtverhältnissen und Gerüchen lädt zum Erleben, Verweilen und Schauen ein. Die echt wirkenden Szenen weisen darüber hinaus eine Spezialform im Innenausbau auf: Die Wände sind in Rabitztechnik ausgeführt, einer Konstruktion, bei der Metallgitter und Drahtgeflecht als Träger für den gipshaltigen Baustoff dienen.

Im sogenannten Firstenbau kam neben dem Mörtel auch echtes Erzgestein zum Einsatz. Nur bei genauer Betrachtung ist es auszumachen und stellt ein echtes Highlight dar. Versuchen wir im Folgenden, der Spur des glitzernden Gesteins zu folgen …

Wo Inszenierung und Realität aufeinandertreffen: Das Anschauungsbergwerk enthält Gestein, das nur noch hier existiert.

Die Inszenierung «Firstenbau»

Nach einer allgemeinen Einführung in die Grundlagen des Bergbaus werden im Anschauungsbergwerk drei unterschiedliche Rohstoffe, Erz, Salz und Kohle, und die für sie typischen Abbaumethoden und

Grubenbauten präsentiert. Bei der Darstellung des Erzbergbaus haben sich die Mitarbeiter des Deutschen Museums am Vorbild des Oberharzer Erzbergbaus orientiert. So beginnt der Bereich «Firstenbau» mit der szenischen Darstellung einer Oberharzer Besonderheit des späten 19. Jahrhunderts, der untertägigen Kahnförderung auf dem wasserführenden Ernst-August-Stollen. Weiter geht es durch eine Zuwegung, eine sogenannte Strecke, an dieser Stelle durch taubes, das heißt nicht erzhaltiges Gestein, zum eigentlichen Herzstück des Ensembles, zur Abbauszene im Firstenbau. Abgeschlossen wird das Thema mit der Präsentation eines Sprengstofflagers.

Der Firstenbau ist eine Abbaumethode, die bei steilstehenden Lagerstätten insbesondere von Erz und Kohle zur Anwendung kommt. Es wird immer vom tiefsten zum höchsten Punkt abgebaut. Auf der untersten Sohle beginnt der Abbau. Blickt der Bergmann über sich, so sieht er das Hangende, die sogenannte Firste. Hier startet seine Arbeit. Das herabfallende, nicht erzhaltige Gestein, der Abraum, wird genutzt, um den entstehenden Hohlraum wieder aufzufüllen. Er bildet die Arbeitsbühne, auf der die Bergleute in der jeweils nächsthöheren Ebene ihre Arbeit verrichten. Die Inszenierung im Deutschen Museum gibt diese Arbeitssituation wieder, geordnet nach den aufeinander folgenden Arbeitsschritten der Bergleute, von unten nach oben. In einer Nische befindet sich eine Hammerbohrmaschine. Es scheint, als hätten hier vor kurzem noch zwei Bergleute Sprenglöcher gebohrt. Und genau hier, an dieser Stelle, treffen Putzmörtel und echtes Erz erstmals aufeinander!

Hinter der Bohrmaschine beginnt sich ein breiter Streifen aus massiven Erzgesteinplatten über den Köpfen der Besucher und Figuren bis auf die obere Sohle hinaufzuziehen. Nach rechts eröffnet sich der erste Einblick zu den weiteren Arbeitsplätzen, auf denen Bergarbeiterfiguren Sprenglöcher bohren und damit beschäftigt sind, Sprengstoff in die Bohrungen einzubringen. Dargestellt ist der Augenblick kurz vor der Sprengung.

Die Entstehungsgeschichte

Zur damaligen Zeit gab es noch keine der breiten Öffentlichkeit zugänglichen Schau- oder Erlebnisbergwerke. So boten nur die Bergwerksdioramen von Museen die Möglichkeit, die Welt unter Tage zu erleben.

Um eine weitestgehend treffende Darstellung der verschiedenen Bergwerkstypen zu erreichen, stand das Deutsche Museum in regem Austausch mit Bergbauunternehmen, Bergämtern und den Bergakademien. Der Erstellung des Bergbau-Dioramas gingen detaillierte Planungen voraus. Mitarbeiter des Museums wie der Ingenieur Friedrich Orth (1879–1931) unternahmen etliche Dienstreisen, um Techniken vor Ort zu studieren, zu skizzieren und ihre Relevanz für die museale Darstellung zu bewerten. Bildhauer fertigten auf ihren Reisen Gipsabdrücke verschiedener Gesteinsformationen für den anstehenden Kulissenbau an und fotografierten die abzubildenden Szenen vor Ort. Den Einsatz von Original-Erzgestein begründete Orth in seinem Bittbrief an die Oberharzer Berg- und Hüttenwerke damit, dass eine Darstellung in «sehr naturgetreuer Weise [...] das lebhafteste Interesse unserer Museumsbesucher wecken [wird].» Das Clausthaler Unternehmen war überzeugt und willigte ein, die gewünschten Gesteinsplatten in Zinkblende, Bleiglanz, Ringelerz und Kalkspat zur Verfügung zu stellen.

Das hier verwendete Erz wurde in den Oberharzer Gruben komplett abgebaut. Dort existiert es nicht mehr. Sicherlich haben die Erbauer der Inszenierung «Firstenbau» nicht damit gerechnet, dass das Deutsche Museum der letzte Ort sein wird, an dem dieses Gestein noch zu finden ist. Ursprünglich lediglich als Requisit für eine möglichst naturgetreue Inszenierung eingesetzt, hat es inzwischen einen Seltenheitswert vergleichbar mit einem Meteoriten erreicht.

VERA LUDWIG

Erzgestein (Inv.-Nr. 55070T10)

Gesamtfläche	ca. 16 m^2
Materialien	Zinkblende, Bleiglanz, Ringelerz Kalkspat
Zugang	Oberharzer Berg- und Hüttenwerke, Clausthal, 1923

Historisches Anschauungsbergwerk

Gesamtfläche der Kulisse	5920 m^2
Materialien	Gipsmörtel, Metall, Holz

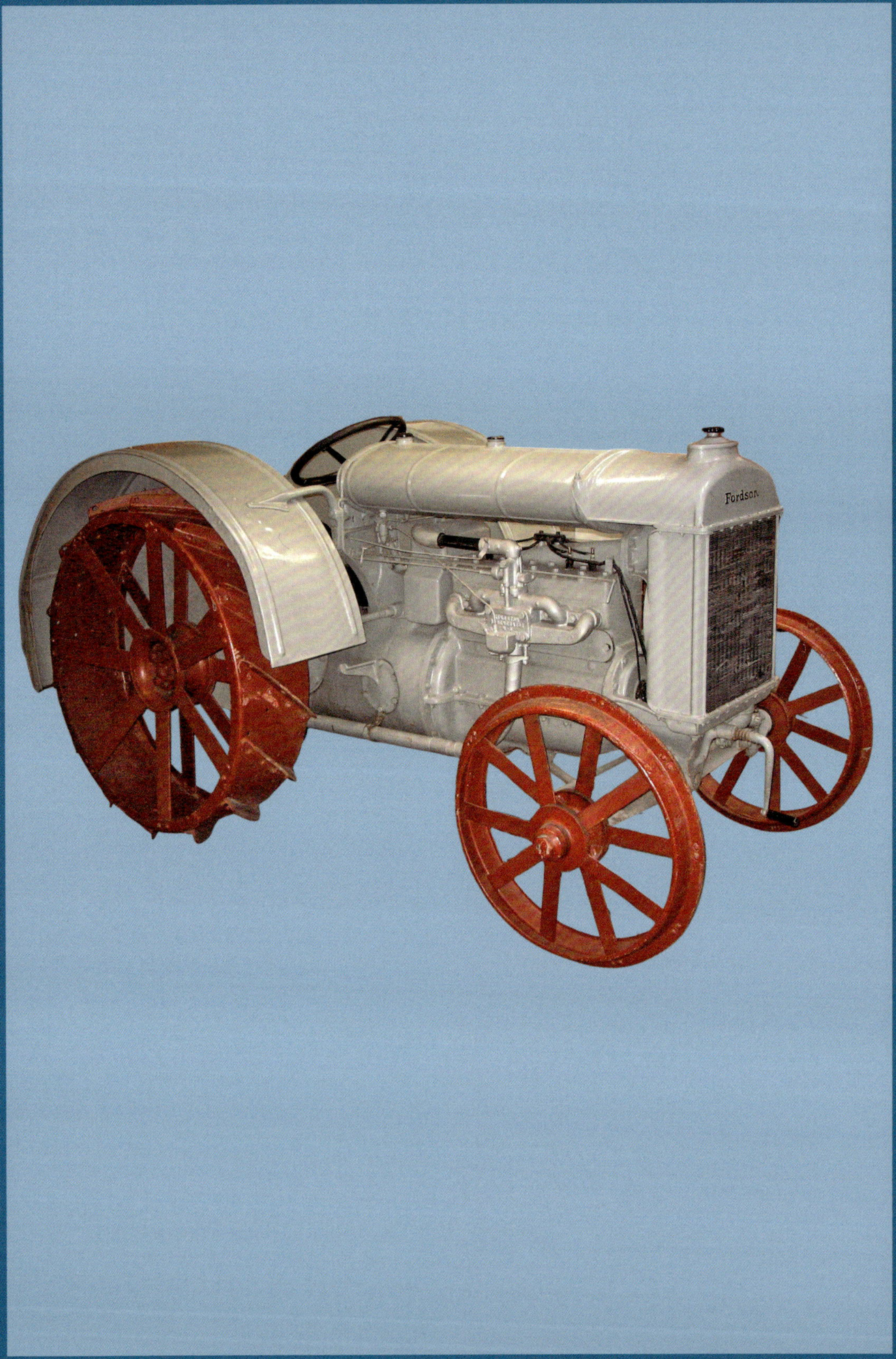
Fordson

1928

Ackerschlepper Fordson Model F

Ford Motor Company
Dearborn (MI)

Der erfolgreiche Autofabrikant und Farmerssohn Henry Ford (1863–1947) experimentierte schon seit 1906 in den USA mit dem Bau kleiner, leichter Traktoren. Erste kommerzielle Erfolge des Schleppers wurden allerdings durch Ereignisse fern dem Heimatland eingeleitet – den Ersten Weltkrieg in Europa. Die Nahrungsmittelversorgung von Großbritannien war durch die U-Boot-Attacken der deutschen Marine auf britische Handelsschiffe in ernsthafter Gefahr. Ein Regierungsprogramm sollte Großbritannien zum Selbstversorger machen. Doch dazu brauchte es Traktoren. Aus den hierfür gefertigten Schleppern wurde die erfolgreichste Traktorserie aller Zeiten. Die am Fließband produzierten Fordson-Model F-Traktoren waren ein wichtiger Schritt in Richtung industrialisierte Landwirtschaft.

Henry Ford und seine Experimente mit dem Traktor

Der aus Irland stammende Amerikaner Henry Ford begann schon in jungen Jahren mit der Entwicklung eigener Fahrzeuge und gründete 1903 die Ford Motor Company. Das Model T, später liebevoll Tin Lizzy genannt, wurde zum Verkaufsschlager und versorgte die amerikanische Bevölkerung mit erschwinglichen Autos vom Fließband.

Trotz des Erfolgs vergaß Henry Ford seine Wurzeln auf der Familienfarm im amerikanischen Dearborn, Michigan, nicht und entwickelte eigene Traktoren. Zwar gab es zum damaligen Zeit-

Ein Traktor erobert die Welt: Fordson Model F.

punkt schon Dampftraktoren, doch diese waren unhandlich, schwer und teuer. Fords oberstes Ziel war es deshalb, einen möglichst leichten, trotzdem ausreichend starken und vor allem erschwinglichen Schlepper auf den Markt zu bringen.

1915 gründete er die Firma Ford & Son und verbrachte den Großteil seiner Zeit in Dearborn, wo er ein großes Stück Land kaufte, um dort seine Traktoren zu testen. Seine Modelle zeichneten sich vor allem dadurch aus, dass sie keine Rahmenkonstruktion hatten, sondern in Blockbauweise gefertigt wurden, das heißt Motor, Getriebe und Hinterachse sind zu einem selbsttragenden Block verbunden, ein Rahmen ist nicht erforderlich. Damit konnte das Gewicht eines Traktors später auf nur 1163 Kilogramm reduziert werden. Zudem eignete sich die Bauweise hervorragend für die geplante Massenproduktion. Bis zu deren Beginn waren sogenannte Umrüstsätze (Conversion Kits) sehr beliebt. Mit ihnen konnte die Tin Lizzy kurzerhand zur Zugmaschine umfunktioniert werden.

Traktoren für Großbritannien

Während die Traktorentwicklung in Dearborn weiter betrieben wurde, ging der Erste Weltkrieg in Europa ins dritte Jahr. Aus Sorge, ausgehungert zu werden, fasste die britische Regierung einen Plan: 1,2 Millionen Hektar Grasland sollten in Ackerland umgewandelt werden, um mehr Nahrungsmittel produzieren zu können. Aber weder arbeitsfähige Männer noch Pferde waren verfügbar, man brauchte also Traktoren. Auf Anfrage versprach Henry Ford Unterstützung: Er überließ kostenlos seine Patente und half beim Aufbau einer Traktorfabrik im irischen Cork.

Doch noch bevor die Produktion starten konnte, musste der Plan Ende 1917 geändert werden. Die Deutschen bombardierten britische Städte, und Rohstoffe und Kapazitäten wurden für den Bau von Kriegsmaschinerie benötigt. Statt selbst Traktoren zu bauen, bestellte die britische Regierung 6000 Traktoren direkt bei Henry Ford aus den USA. Als im November 1918 der Waffenstillstand von Compiègne geschlossen wurde, war die britische Ackerfläche deutlich angewachsen.

Beginn der Massenproduktion

Dank der Großbestellung war die Fabrik in Dearborn nun bereit für die Massenproduktion: 1918 liefen bereits über 34 000 Fordson-Traktoren vom Band. Der große Erfolg war zum einen dem konkurrenzlos günstigen Preis von zeitweise unter 400 US-Dollar geschuldet. Doch auch in Vergleichstests schnitt der Fordson stets hervorragend ab. Aber der Schlepper hatte auch seine Tücken: Verkeilte sich zum Beispiel der angehängte Pflug im Boden, so bäumte sich der leichte Traktor unter Umständen auf und warf seinen Fahrer ab. Auf diese Weise soll es zu über 130 Todesfällen gekommen sein. Seine Schwächen hatten jedoch keinen merklichen Einfluss auf den Erfolg. Bis der Nachfolger auf den Markt kam, liefen über 750 000 Fordson Model F vom Band.

Während der Fordson in den USA und dem restlichen Europa zum Verkaufsschlager wurde, war er in Deutschland als ungeliebtes Instrument der Sieger zunächst verhasst und die Einfuhr verboten. Die Gesetze der Reichsregierung galten jedoch nicht für das besetzte Rheinland. Hier profitierte die Bevölkerung schon 1923 vom günstigen Fordson, den man für 1900 Goldmark erwerben konnte. Da die Traktoren nur etwa ein Viertel des Preises deutscher Fabrikate kosteten und diesen in puncto Qualität um nichts nachstanden, blieb der Reichsregierung 1924 keine andere Wahl, als die Einfuhr von 500 Traktoren zu genehmigen. Damit war der Durchbruch des wendigen Traktors auch in Deutschland besiegelt. Der Fordson-Model-F-Traktor des Deutschen Museums wurde von den Vorbesitzern hellgrau lackiert; seine Originalfarbe konnte bis heute nicht festgestellt werden.

CHRISTINA NEWINGER

Fordson Model F (Inv.-Nr. 1994-0234)

Motor	4-Zylinder-Viertakt-Vergasermotor
Hubraum	4120 cm^3
Zündung	Magnetzünder (16 Fliehkraft-Magnete) im Schwungrad eingebaut
Leistung	16 bis 20 kW (22 bis 28 PS)
Treibstoff	Vergaser umschaltbar: Benzin zum Start, Petroleum zum Betrieb
Geschwindigkeit	2,5 bis 11,1 km/h
Gesamtmasse	1260 kg, also ein sogenannter leichter Schlepper

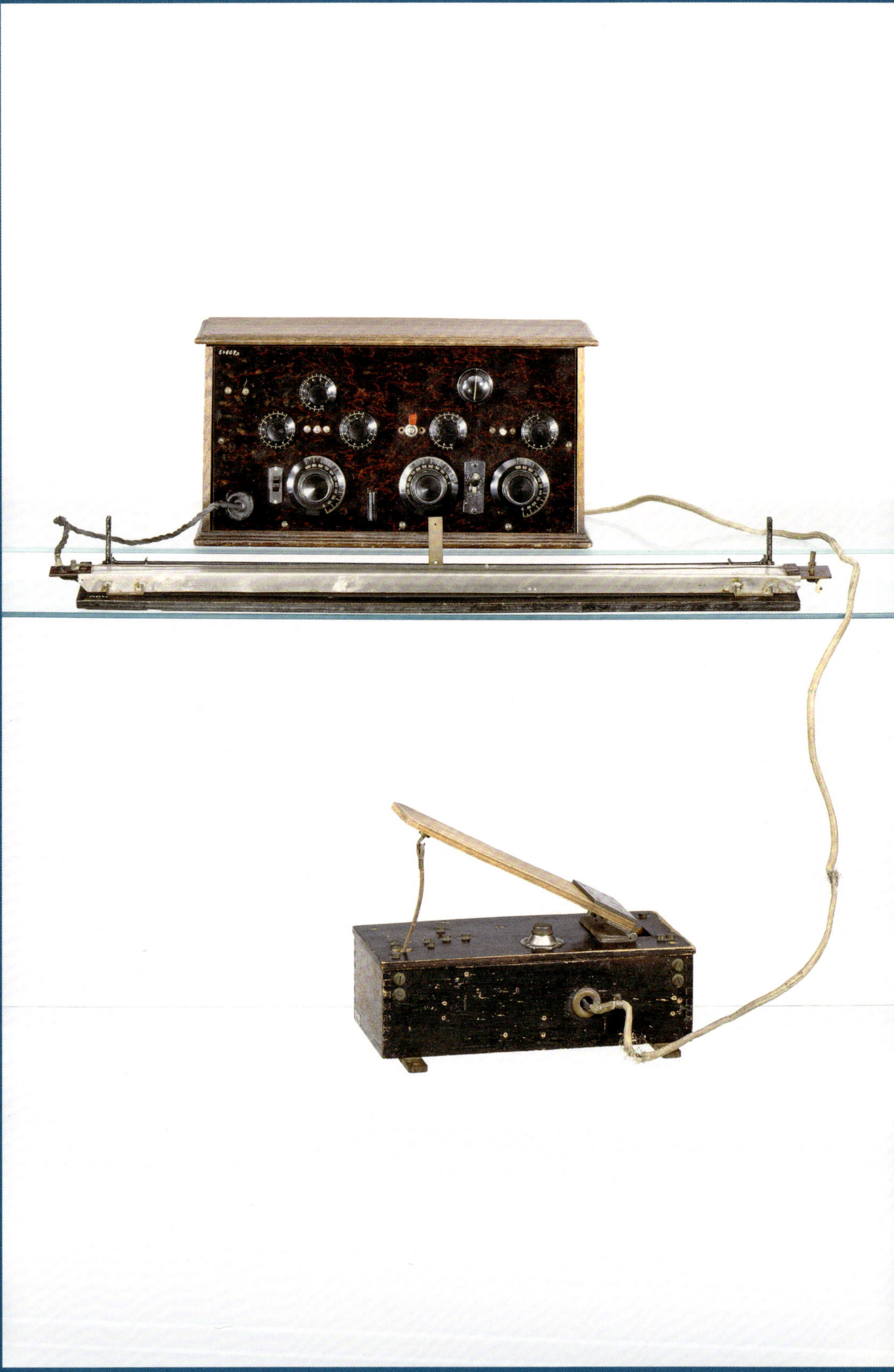

1930

Trautonium

Friedrich Trautwein
Berlin

Mit Erstaunen, Skepsis und Neugier reagierte das Publikum am 20. Juni 1930 auf ein ganz besonderes Konzert. Im Rahmen des Festivals «Neue Musik Berlin» wurde im Großen Saal der Staatlichen Musikhochschule Berlin das Trautonium, ein neu entwickeltes «elektrisches» Musikinstrument, vorgestellt. Zur Uraufführung kamen die von Paul Hindemith (1895–1963) eigens zu diesem Anlass komponierten «Kleinen Stücke für drei Trautonien. Des kleinen Elektromusikers Lieblinge». Hindemith, seit 1927 Professor für Komposition an der Berliner Musikhochschule und an neuen Klängen sehr interessiert, spielte selbst eines der Instrumente. Auch die beiden anderen Interpreten gehörten der Hochschule an: der technisch versierte Kompositionsstudent und Pianist Oskar Sala (1902–2002) und der Klavierprofessor Rudolph Schmidt (1897–1989). Nach dem Konzert hielt der Erfinder des Trautoniums, der Physiker und Ingenieur Friedrich Trautwein, einen Vortrag über «Technische Grundlagen elektrischer Musik».

Neuartige elektrische Musikinstrumente

Das Berliner Festival war gleichermaßen Auftakt und Antrieb für einen Innovationsschub, der vor allem während der 1930er-Jahre zur Entstehung einer großen Fülle neuartiger elektrischer Musikinstrumente führte, die als analoge Vorläufer der heutigen modernen Synthesizer gelten können. Obwohl jeweils elektrischer Strom zur Klangerzeugung genutzt wurde, entstanden vollkommen unterschiedliche Technologien

Elektrische Töne im Konzertsaal: das Trautonium

der Tonerzeugung, Klangfarben und Spielweisen. Die «elektrischen» Klaviere von Bruno Helberger (1884–1951, «Hellertion») und Oskar Vierlings (1904–1986) Elektrochord, elektrifizierte Streich-, Blas- oder Zupfinstrumente nach Benjamin F. Miessner (1890–1976) oder das schon länger existierende Theremin von Lev Termen (1896–1993) waren als «Orchester der Zukunft» gern gesehene Gäste auf Funkausstellungen und speziellen Neue-Musik-Festivals – im alltäglichen Konzertbetrieb konnten sie sich trotz ambitionierter Technik nicht etablieren.

Friedrich Trautwein (1888–1956) war ein Pionier dieser Entwicklung, die eng mit dem ab 1923 aufkommenden Rundfunk verbunden war. Als Postrat war er von Anfang an beim Aufbau und der Einrichtung des ersten deutschen Rundfunksenders beteiligt gewesen und hatte bei den Radiofirmen Loewe, Graetz und Huth gearbeitet. Dort beschäftigte er sich intensiv mit Elektronenröhren, die als grundlegende, aktiv steuerbare Bauelemente die Entwicklung elektronischer Geräte erst ermöglichten. Mit ihrer Hilfe konnten elektrische Audiosignale erzeugt, verstärkt und moduliert werden. Entsprechende Patente hatte Trautwein bereits in den frühen 1920er-Jahren angemeldet. Als im Mai 1928 an der Berliner Musikhochschule die sogenannte Rundfunkversuchsstelle (RVS) eingerichtet wurde, die sich mit technischen und musikalischen Fragen des neuen Mediums Rundfunk beschäftigen sollte, war Trautwein als Leiter dieser Forschungseinrichtung an der Entwicklung neuer Klänge und Musikinstrumente maßgeblich beteiligt. Sein an der RVS konstruiertes Trautonium war so konzipiert, dass die Klänge direkt in den Rundfunk eingespeist werden konnten – ohne den umständlichen und akustisch wenig befriedigenden Umweg über ein Mikrofon.

Das «Trautonium» bestand aus drei Teilen: Eine Metallschiene, über die ein Draht gespannt war, bildete das sogenannte Manual. Der Spieler konnte durch Niederdrücken des Drahtes an einer beliebigen Stelle auf der Metallschiene die jeweilige Tonhöhe bestimmen. Der Klang selbst wurde in einem angeschlossenen Kasten durch einen Glimmlampengenerator erzeugt. Mit einem Schalter war es möglich, den obertonreichen Klang zu filtern und so verschiedene Klangfarben zu generieren. Mit einem Fußpedal wurde die Lautstärke geregelt. Das Trautonium war einstimmig und besaß einen Umfang von etwas mehr als zwei Oktaven, deren Frequenzbereich sich jedoch flexibel auswählen ließ.

Ein Instrument der Zukunft?

In den folgenden Jahren konstruierte Trautwein weitere Trautonien – unterstützt wurde er dabei von Oskar Sala, der jedoch schon bald das Trautonium alleine weiterentwickelte. Dem RVS-Trautonium folgte das Telefunken-Trautonium, auch «Volkstrautonium» genannt. Es sollte als modernes Hausmusikinstrument verkauft werden, was allerdings nicht gelang.

Die RVS an der Berliner Musikhochschule wurde 1935 geschlossen, weil die NS-Kulturpolitiker eine Verbindung zur unerwünschten modernen, «entarteten» Musik vermuteten. Auf Bestellung der Reichsrundfunkgesellschaft fertigte Oskar Sala ab Mitte der 1930er-Jahre das sogenannte Rundfunktrautonium an. Für seine eigene Konzerttätigkeit konstruierte er ab 1938 ein transportables Konzerttrautonium, bevor er sich nach dem Zweiten Weltkrieg ganz der Entwicklung des Mixturtrautoniums widmete. Nach Oskar Salas Tod im Jahr 2002 kam sein umfangreicher Nachlass an das Deutsche Museum, wo sich auch derjenige Friedrich Trautweins befindet.

Als Trautwein und Sala gemeinsam im Mai 1932 bei der Jahrestagung und der feierlichen Eröffnung des Bibliotheksbaus des Deutschen Museums in München zu Gast waren und bei dieser Gelegenheit das Instrument vorführten, übergab der Erfinder höchstpersönlich dem Museum ein RVS-Trautonium. In einem Brief an das Museum schrieb er, es handele sich um «eines der ersten zu öffentlichen Konzerten in Verwendung gewesenen Modelle». Bis heute ist es wohl das einzig erhalten gebliebene RVS-Trautonium.

SONJA NEUMANN

RVS-Trautonium (Inv.-Nr. 64607)

Maße (H × B × T)	230 × 440 × 240 mm
Masse	10,6 kg

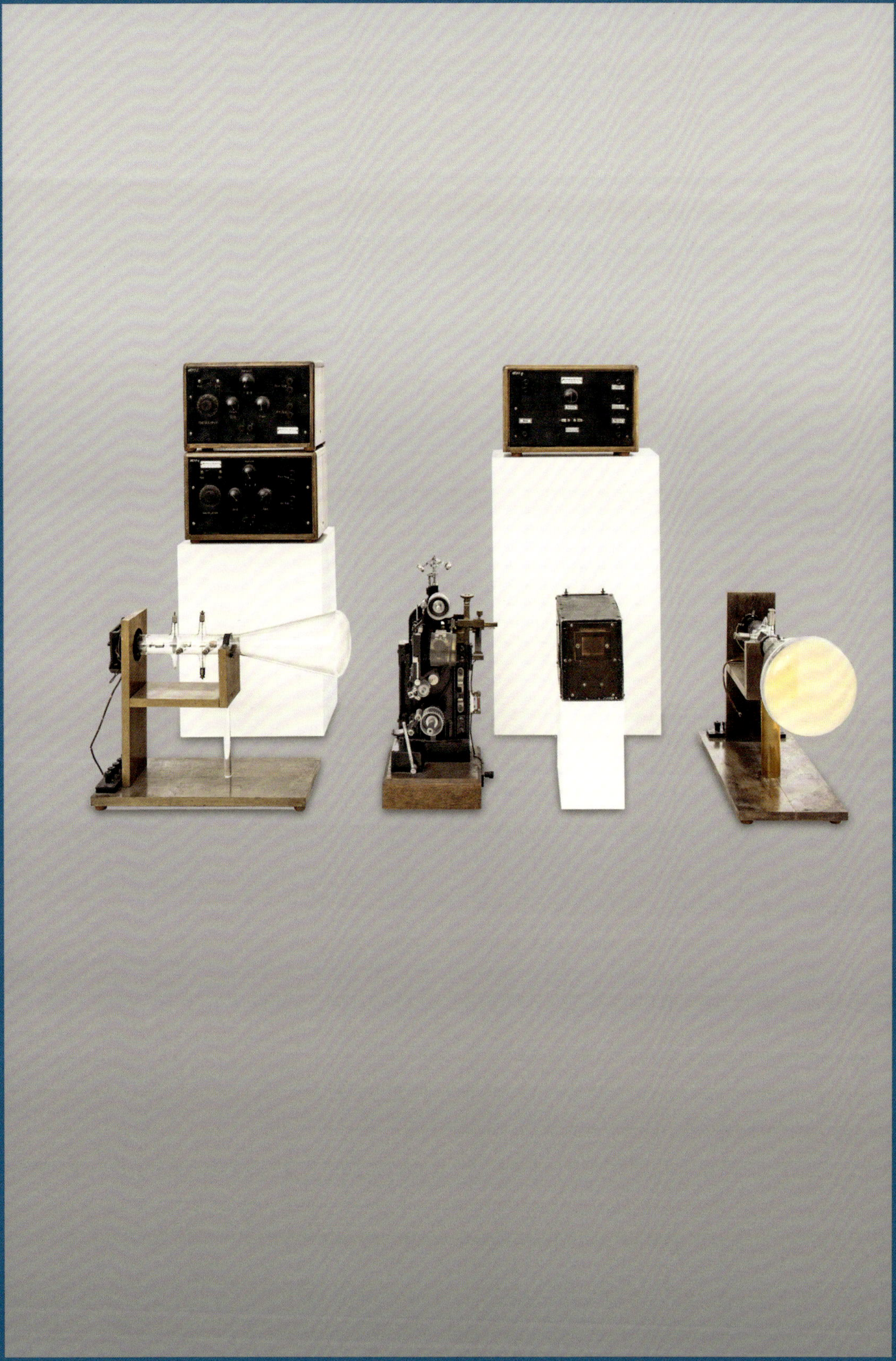

1931

Fernseh-Versuchsanordnung

Baron Manfred von Ardenne
Berlin

Es war nicht die erste Synthese von Elektronik und Fernsehen, die das Publikum 1931, auf der 8. Großen Funkausstellung in Berlin, zu sehen bekam. Die Demonstration markierte jedoch einen Meilenstein in der technischen Übertragung bewegter Bilder und zog die Aufmerksamkeit des Publikums auf sich: Anstelle der nur wenige Zentimeter großen mechanisch übertragenen Bilder hatten die elektronischen bereits Postkartengröße und eine viel höhere Auflösung. So schaffte es die Fernsehanordnung sogar auf die Titelseite der *New York Times*.

Die tollkühnen Männer und ihre flimmernden Kisten

1907 verwendete Boris Rosing (1869–1933) in Russland erstmals erfolgreich eine Photozelle und eine Kathodenstrahlröhre, um ein Bild zu übertragen. Senderseitig setzte er allerdings noch die mechanische Abtastung über zwei Spiegelräder ein. In den USA arbeiteten Vladimir Zworykin (1888–1982) und Philo Farnsworth (1906–1971) parallel, wenn auch nicht gemeinsam, an einem elektronischen Fernsehsystem. Dem einundzwanzigjährigen Farnsworth gelang bereits 1927 eine vollelektronische Übertragung von Bildern mit seiner Erfindung, der Dissektorröhre. Sie brachte ihm allerdings keinen kommerziellen Erfolg, sondern nur einen jahrelangen Patentrechtsstreit mit der mächtigen Radio Corporation of America, RCA, ein.

Versuchsaufbau für die 8. Große Funkausstellung, 1931 in Berlin

Doch das alles war im Berlin des Jahres 1931 weit weg. In Deutschland kannte man bis dahin nur das laute, flimmernde mechanische Fernsehen, bei dem die Abtastung und Wiedergabe mittels einer Nipkow-Spirallochscheibe, einer Spiegelschraube oder eines Spiegelrads erfolgten und nur ein handtellergroßes Bild erzeugten. Der begrenzende Faktor waren die schnellen Bewegungen: Um den Anschein von Bewegung zu erwecken, muss ein Bild mehrere Male pro Sekunde komplett abgetastet werden. Die Mechanik war einfach zu groß und zu träge, um flimmerfrei eine hohe Auflösung zu erzielen. Im Gegensatz dazu stand nun die quasi trägheitsfreie Elektronik. Aus den neun verschiedenen in Berlin vorgestellten Fernsehsystemen der Reichspost und der Unternehmen TeKaDe, Fernseh AG und D. S. Loewe ging das neue vollelektronische System als Sieger hervor.

Das Labor des Barons

Bereits als Schüler interessierte sich Manfred von Ardenne für Naturwissenschaften, insbesondere für die Elektrophysik. Der reguläre Schulbetrieb konnte seine Wissbegier nicht befriedigen, sodass er 1923 vorzeitig und ohne Schulabschluss das Gymnasium verließ. Sigmund Loewe, der das Potenzial des erst Fünfzehnjährigen erkannte, förderte dessen Engagement in der Weiterentwicklung der Rundfunktechnik. In der Folge sicherte sich Ardenne mehrere Patente, verkaufte selbstentwickelte Verstärker und baute auf dieser finanziellen Grundlage sein Forschungslaboratorium für Elektronenphysik auf. Dank der Fürsprache bekannter Wissenschaftler wurde Ardenne 1925 trotz der fehlenden formellen Qualifikation zum Studium an der Universität Berlin zugelassen, wo er zwei Jahre lang Mathematik, Physik und Chemie belegte. Angeregt von seiner Arbeit mit Oszillographen begann er 1930, abermals ermutigt durch Sigmund Loewe, Experimente mit elektronischem Fernsehen. Dabei nutzte er Kathodenstrahlröhren, auch als Braunsche Röhren bezeichnet, um den Verlauf eines elektrischen Signals, in diesem Fall eines Bildes, anzuzeigen.

Der britische Fernsehpionier John Logie Baird (links) zusammen mit Manfred von Ardenne vor dessen erstem Fernsehgerät mit Kathodenstrahlröhre

Die Grundlage seiner vollelektronischen Fernsehanordnung bilden zwei solcher Braunschen Röhren und eine Photozelle, hinzu kamen die Netzgeräte und ein Breitbandverstärker. Auf Seite des Senders trifft der Elektronenstrahl einer Braunschen Röhre auf einen Fluoreszenzschirm und erzeugt dort einen Leuchtpunkt. Dieser wird rasterartig über den Schirm geführt und tastet ein dahinterliegendes Dia oder einen Filmstreifen ab. Das durch das Bild fallende Licht löst in einer Photozelle einen von der Helligkeit des abgetasteten Bildpunktes abhängigen Strom aus, der wiederum die Intensität des Elektronenstrahls einer Braunschen Röhre im Empfänger steuert. Die beiden Elektronenstrahlen der Sender- und Empfängerröhre werden synchron abgelenkt. Auf diese Weise werden die Helligkeitsänderungen des Senders zum Empfänger übertragen und dort auf einem Fluoreszenzschirm in der Röhre wiedergegeben. Die Abtastgeschwindigkeit ist so gewählt, dass sie die Trägheit des menschlichen Auges ausnutzt. Bei 24 Bildern pro Sekunde erscheint die Aneinanderreihung unterschiedlich heller Punkte als weitgehend flimmerfreies, bewegtes Bild – Fernsehen. Im Laufe der folgenden Jahrzehnte wurden die Kameras und Bildröhren besser, die Fernsehbilder wurden farbig, doch das von Ardenne entwickelte Prinzip blieb bis zur Ablösung durch Flachbildschirme um die letzte Jahrtausendwende das gleiche.

Auf der Höhe der Zeit

Das Deutsche Museum besitzt eine bedeutende Sammlung von Versuchsaufbauten und Geräten aus der Anfangszeit des Fernsehens. Insbesondere aus der Sonderschau «Fernsehen» von 1937, in der die technischen Grundlagen des neuen Mediums mit vielen Demonstrationen und zeitgenössischen technischen Errungenschaften vermittelt wurden, konnten etliche Objekte in die Sammlungen überführt werden. Ardennes vollelektronische Versuchsanordnung, auch als Liniensteuerungsanlage bezeichnet, kam in mehreren Etappen in die Sammlung. Komponenten wurden in verschiedenen anderen Versuchsaufbauten im Deutschen Museum, bei der Radio AG D. S. Loewe und im Berliner Institut für Schwingungsforschung weiterverwendet. So bedurfte es einiger Mühe und des Rückgriffs auf die im Archiv erhaltene Korrespondenz des damaligen Kurators Dr. Franz Fuchs (1881–1971) und Manfred von Ardennes, um die Teile wieder zusammenzutragen. Baron von Ardenne hatte, wie er schrieb, höchstpersönlich «auf dem Boden des Laboratoriums die alten Geräte und Röhren aus dem Jahre 1930 herausgesucht». Fotos wurden hin- und hergeschickt, um die Teile zu identifizieren. Auf dem Transport beschädigte Röhren wurden zur Reparatur zurückgesandt, bis die Anlage 1938 endlich im Deutschen Museum wieder vereint war. Nur ein Holzkastennetzteil blieb trotz aller Bemühungen verschollen.

Seit ihrer Ankunft im Museum am 13. Mai 1938 waren die Objekte ein dauerhafter Bestandteil der Ausstellungen. Als schließlich im Jahr 1990, gut fünfzig Jahre nach der Ankunft der Stücke im Museum, im Zuge einer Restaurierung ihr Innenleben untersucht wurde, fand sich neben Polstermaterial auch ein Stück Filmstreifen mit einigen Bildern aus dem Testfilm *Wochenende* von 1929. Der Film von zwei singenden jungen Damen, Imogen Orkutt und die in Auschwitz ermordete Schura (Alexandra) von Finkelstein, diente der Reichspost zu Übertragungsversuchen bei der Fernsehentwicklung und illustrierte in zahlreichen damaligen Lehrbüchern die Qualität des mechanischen Fernsehens.

TINA KUBOT

Der Ende der 1920er-Jahre gedrehte Film «Wochenende» diente Versuchen zur Übertragung von Fernsehbildern. Hier das erhaltene Fragment

Fernseh-Versuchsanordnung (Inv.-Nr. 68347)

Siebenteilig, bestehend aus Senderöhre auf Holzstativ, Filmantrieb ohne Optik, Photozellenkasten mit Verstärkerstufe, Röhre (D 182 × 495 mm) als Empfänger auf Holzstativ, Kippgerät für die Zeile, Kippgerät für die Vertikalablenkung, Netzgerät, Ankopplungskondensator

1938

Gezeitenrechenmaschine

Heinrich Rauschelbach / Mechanoptik, Aude & Reipert
Potsdam-Babelsberg

Im Dezember 1976 reiste ein riesiger Analogrechner durch Deutschland, um seinen neuen Platz im Deutschen Museum einzunehmen. Noch bis Ende der 1960er-Jahre hatte der größte Gezeitenrechner der Welt im Deutschen Hydrographischen Institut in Hamburg seine Dienste geleistet. Doch längst erledigte dort eine elektronische Rechenanlage dessen Arbeit fünfhundertmal so schnell.

Im Auftrag der Kriegsmarine

Im Jahr 1935 hatte das Oberkommando der Kriegsmarine den Rechner bei der Deutschen Seewarte in Hamburg und der Firma Mechanoptik bei Potsdam für 195 000 Reichsmark in Auftrag gegeben. Zwar gab es einen ersten deutschen Gezeitenrechner aus dem Jahr 1916 (heute im Deutschen Schifffahrtsmuseum Bremerhaven), allerdings waren seine Ergebnisse nicht präzise genug. Für den möglicherweise bevorstehenden Krieg benötigte die Kriegsmarine eine Maschine, die dem neuesten Stand der Technik entsprach. Denn in Kriegszeiten war die genaue Kenntnis über Ebbe und Flut vor allem an Küsten mit stark wechselndem Tidenhub von entscheidendem Vorteil. England hatte deshalb im Ersten Weltkrieg nicht weniger als sieben Gezeitenrechenmaschinen entwickeln lassen.

Präzise Analogtechnik vor der Erfindung des Universalcomputers

Ebbe und Flut

Unter Gezeiten versteht man das periodische Steigen und Fallen des Meeresspiegels. Dafür sind die sogenannten Gezeitenkräfte verantwortlich. Zum einen sind das die Anziehungskräfte von Mond und Sonne auf die (beweglichen) Wassermassen der Erde. Diese werden durch die Anziehungskräfte angehoben, während die Erde darunter stetig um ihre eigene Achse rotiert. Der Mond als unser nächster Himmelskörper besitzt dabei den größten Einfluss. Er kreist um die Erde auf einer (nahezu) elliptischen Bahn, und somit verändert sich sein Abstand zur Erde im Monatsverlauf. Zum anderen sind es die Fliehkräfte, die durch die Kreisbewegung von Erde und Mond um einen gemeinsamen Schwerpunkt entstehen sowie durch das Kreisen von Erde und Mond um die Sonne im Jahresverlauf. Diese von Mond und Sonne verursachten Gezeitenkräfte addieren sich.

Keine Küste der Erde ist ohne Gezeiten. Allerdings gibt es starke Unterschiede, was den Tidenhub, die Differenz zwischen Ebbe und Flut, betrifft: wenige Zentimeter an der finnischen Ostseeküste, 21 Meter in der kanadischen Bay of Fundy. Denn Gezeitenwellen äußern sich nicht nur in der wechselnden Meereshöhe, sondern auch in einem horizontalen Gezeitenstrom, dessen Ausmaß von der jeweiligen Küste abhängt. Wäre die Erde eine vollkommen mit Wasser gleicher Tiefe bedeckte Kugel, so ließen sich seit den Erkenntnissen von Isaac Newton (1642–1727) und Pierre-Simon Laplace (1749–1827) die Gezeitenkräfte für jeden Ort der Erde vollständig berechnen. Durch Kontinente, Inseln und unterschiedliche Wassertiefen allerdings werden die astronomisch bedingten Gezeiten stark umgebildet. Eine allgemeine Formel, die nur astronomische Angaben enthält, gibt es also, aber kein allgemeiner mathematischer Ausdruck kann alle ortsabhängigen Faktoren berücksichtigen. Zu Recht zählen die Gezeiten des Meeres zu den kompliziertesten Phänomenen der Geophysik.

Harmonisch analysiert

Frühe Gezeitenvorhersagen gab es bereits um 1683 für London. Bahnbrechend jedoch war die Erkenntnis von William Thomson (1824–1907), dem späteren Lord Kelvin, dass Gezeiten in eine Anzahl einzelner Tiden (Partialtiden) zerlegt werden können, die sich als Kosinusfunktionen darstellen und aufsummieren lassen. Für jeden Ort der Erde sind die Perioden dieser Partialtiden aus astronomischen Berechnungen bekannt. Doch die Phase, also die Eintrittszeit, sowie die Amplitude, die Hubhöhe dieser Partialtide, sind ortsabhängige Gezeitenkonstanten und müssen vorher aus Pegelmessungen über einen längeren Zeitraum gewonnen werden. Dieses Verfahren wird als harmonische Analyse bezeichnet.

1872 entwickelte Thomson eine erste Gezeitenrechenmaschine mit zehn Partialtiden. Für jede Partialtide konnte die Phase und Amplitude der Kosinuswelle eingestellt werden. Um die Partialtiden mechanisch zu summieren, verband man die einzelnen Tidenereignisse mit einer stabilen Schnur, deren eines Ende fixiert und deren anderes Ende mit einem Stift versehen war. Unter dem Stift wurde ein Papierstreifen mit gleichmäßiger Geschwindigkeit hindurchbewegt. So zeichnete der Stift die aufsummierte Wellenbewegung als Kurve auf das Papier.

Die erste Gezeitenrechenmaschine der Welt von William Thomson

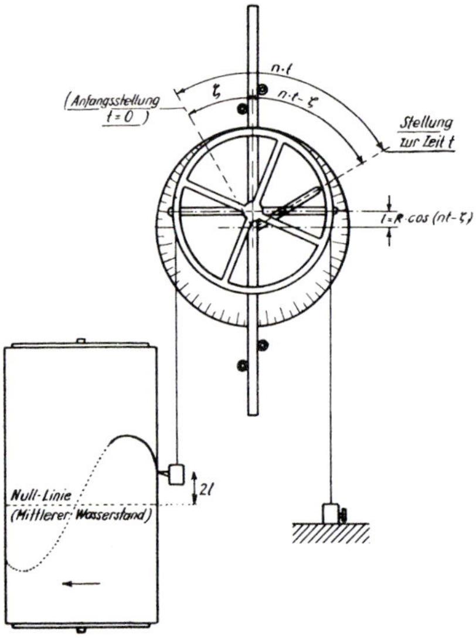
n·t
n·t-ζ
(Anfangsstellung
t=0)
Stellung
zur Zeit t
l=R·cos (nt-ζ)
Null-Linie
(Mittlerer Wasserstand)
2l

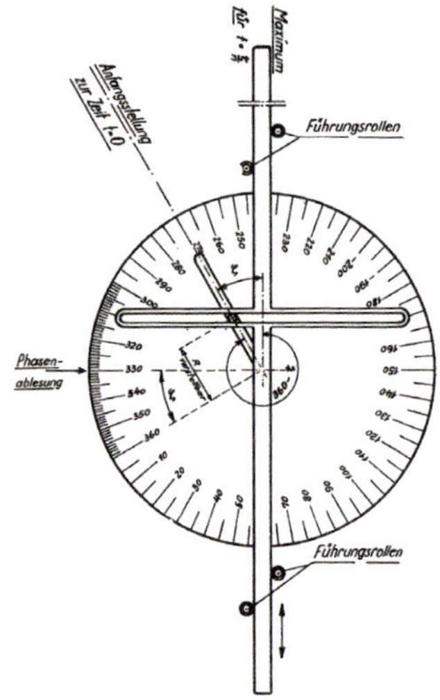
Maximum
Anfangsstellung
zur Zeit t=0
Führungsrollen
Phasen-
ablesung
Führungsrollen

Auf Thomsons Gezeitenrechenmaschine folgten bis 1927 weltweit vierzehn weitere Maschinen. Ihre Genauigkeit und Zuverlässigkeit wurde durch geschicktere mechanische Umsetzungen, eine größere Anzahl an Partialtiden sowie Druckwerke für einfacheres Ablesen der Ebbe- und Flutereignisse stark verbessert. Doch das Grundprinzip, Teiltiden analog mechanisch zu einer Gesamtwelle zu summieren, blieb gleich.

Die größte Gezeitenrechenmaschine der Welt mit 62 Getrieben für Partialtiden

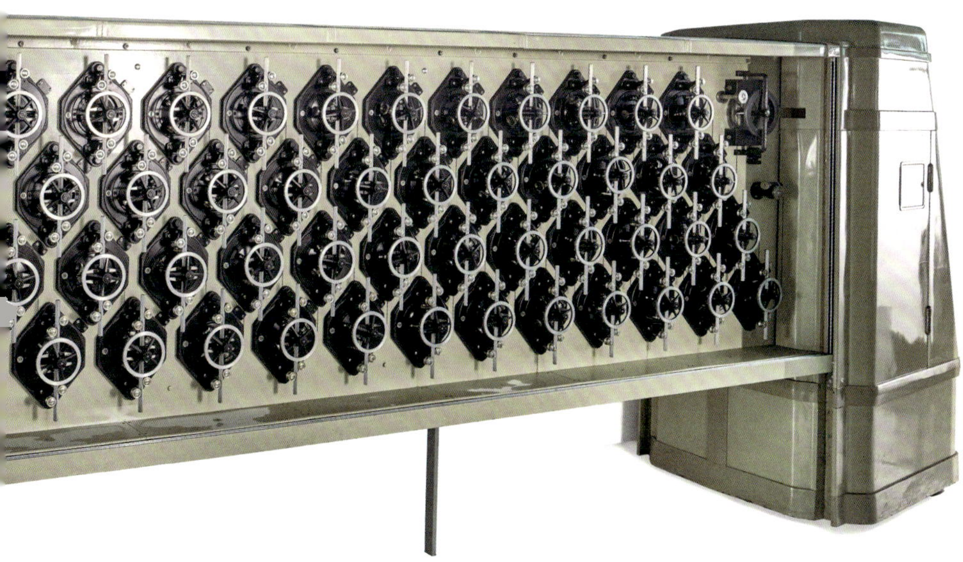

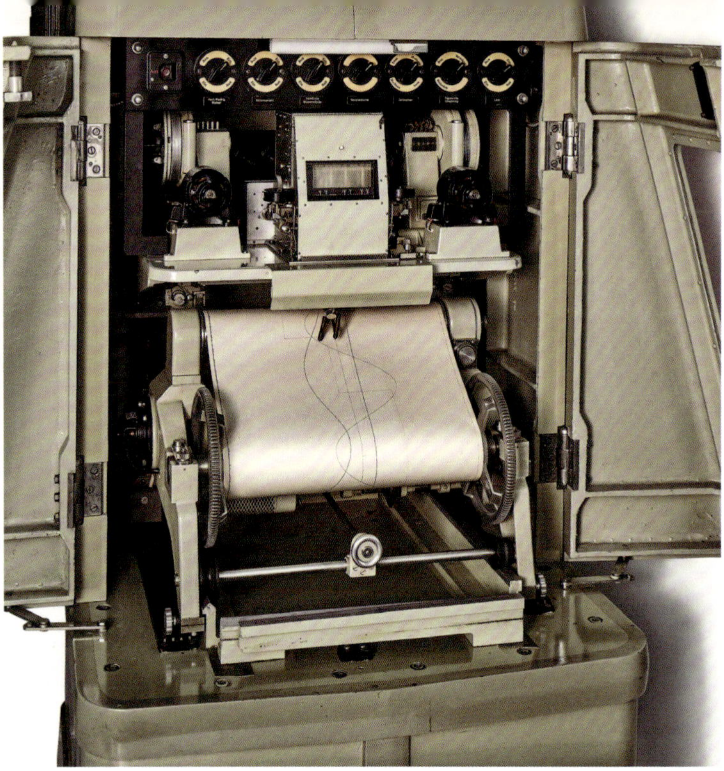

Das Druckwerk der Gezeitenrechenmaschine

Heinrich Rauschelbachs gigantische Umsetzung

Mit den bisherigen Gezeitenrechnern Deutschlands, Englands und der USA wohlvertraut, begann der Astronom und Gezeitenforscher Heinrich Rauschelbach (1888–1978) im Jahr 1935 mit der Entwicklung einer neuen Gezeitenrechenmaschine. Unter seiner Anleitung entstand ein 7,5 Meter langer und 2 Meter hoher Gezeitenrechner mit der stolzen Anzahl von 62 Partialtiden. Die Hälfte davon repräsentierte astronomische Tiden, wie die halbtägige Hauptmondtide oder die halbtägige Hauptsonnentide. Mit der anderen Hälfte konnten sogenannte Seichtwassertiden berücksichtigt werden, die besonders in Küstengebieten mit sehr geringen Meerestiefen einen beträchtlichen Einfluss auf die Gesamtgezeitenwelle haben. Sie setzen sich aus einer oder mehreren astronomischen Tiden zusammen und müssen für jeden Ort über einen längeren Zeitraum aus stündlichen Pegelmessungen bestimmt werden.

Diese 62 Tidengetriebe sind in vier Reihen angeordnet. Die ortsabhängigen Gezeitenkonstanten (Phase und Amplitude) wurden pro Tide jeweils auf der Vorder- und Rückseite der Maschine mit Mikrometerschrauben angepasst. Die Tidengetriebe verband man mit einem 38 Meter langen, künstlich gealterten

Stahlband. Die Vorderseite war dazu da, die Gezeiten aufzusummieren. Auf der Rückseite wurde jede Tide mit einem Versatz der Phase von 90° eingestellt, sodass die Rückseite die erste Ableitung der Vorderseite berechnete. Dies half beim Auswerten der Gezeitenkurve, um die Zeitpunkte der Extremwerte Ebbe und Flut schnell abzulesen.

An beiden Enden des langen Tidenkastens befindet sich ein Schrank. Der eine enthält den Elektromotor, der die Grundgeschwindigkeiten erzeugte und zu den Tidengetrieben leitete. Im anderen Schrank befinden sich das Druckwerk und die Papierrolle, auf der die Gezeitenkurve aufgezeichnet wurde.

Um die Gezeitenkurve eines Hafens zu berechnen, musste jedes Tidengetriebe ortsabhängig eingestellt werden. Dies dauerte für alle 62 Tidengetriebe insgesamt zwei Stunden. Nach gut zwanzig Stunden Rechenzeit erhielt man einen breiten Papierstreifen mit mechanisch aufgezeichneter Kurve, deren Ableitung sowie gedruckte Daten mit genauen Zeitpunkten von Ebbe- und Flutereignissen und den zu erwartenden Wasserständen für ein ganzes Jahr.

Die größte Gezeitenrechenmaschine der Welt konnte sogar für kurze Zeit im Deutschen Museum in Aktion bewundert werden. Doch bereits 1980 musste ihr wartungsintensiver Betrieb eingestellt werden. Für heutige Generationen ist diese Meisterleistung an analoger Präzisionstechnik kaum fassbar: Für trigonometrische Funktionen stehen uns kleine Taschenrechner zur Verfügung, und komplexe Aufgaben wie die harmonische Analyse lassen sich mit dem Allzweckgerät Computer modellieren. Die Zeit der großen Spezialrechner ist längst vorbei.

CAROLA DAHLKE

Gezeitenrechenmaschine (Inv.-Nr. 1976-924)

Maße (H × B × T)	**200 × 750 × 110 cm**
Masse	**7 t**
Partialtiden	**62**
Berechnungsdauer für 1 Jahr	**20 Std.**

PERTRIX
PERTRIX
PERTRIX

1938 [1952]

Kernspaltungstisch von Hahn, Meitner und Straßmann

Max-Planck-Institut für Chemie
Mainz

Die Kernspaltung ist eine der menschlichen Entdeckungen, die unsere Welt mit am nachhaltigsten verändert haben. Ganz im Gegensatz zur natürlichen Radioaktivität, die auch ohne menschliches Zutun abläuft, hat der Mensch mit der Kernspaltung ein Werkzeug in der Hand, das wie die Lösung des globalen Energiebedarfs aussah, den Wissenschaftlern die Veränderung chemischer Elemente in nie geahnter Weise ermöglichte und gleichzeitig zur schrecklichsten Waffe seit Menschengedenken führte.

Die Entdeckung der Kernspaltung

Die Geschichte der Entdeckung der Kernspaltung begann zunächst wie andere Forschungsprojekte auch. Die Physikerin Lise Meitner (1878–1968) und der Chemiker Otto Hahn (1879–1968) führten zwei Abteilungen des Kaiser-Wilhelm-Institutes für Chemie in Berlin-Dahlem. Die beiden kannten sich bereits seit etwa 30 Jahren und hatten schon eine Vielzahl gemeinsamer Publikationen veröffentlicht. Als Professoren am KWI gehörten sie eindeutig zur wissenschaftlichen Elite. Ab 1935 versuchten sie auf der Basis einer von Enrico Fermi (1901–1954) publizierten Idee, Urankerne zu verändern. Fermi hatte gezeigt, dass der Beschuss von Atomkernen mit den ladungslosen Atomkernbestandteilen, den Neutronen, zu Atomen mit

Dieser Tisch veränderte die Welt.

schwereren Kernen führte. Meitner wollte vor allem Thorium und Uran untersuchen: Würde man im Experiment einen Atomkern schwerer als Uran erhalten, hätte man ein künstliches Transuran, ein Element, das in der Natur nicht vorkommt, erschaffen.

Wie liefen die Versuche ab? Ein Papierbriefchen mit einer Uran-Probe lag auf einem Paraffinblock, in dem ein Reagenzglas mit einer Mischung aus Radium und Beryllium als Neutronenquelle steckte. Die Neutronen drangen durch das Wachs und stießen die Reaktion in den Urankernen an. Die erhöhte Radioaktivität der Probe nach der Bestrahlung zeigte eine Veränderung der Kerne gegenüber dem Ausgangszustand an. Besonders anspruchsvoll waren die anschließende chemische Trennung und Identifizierung der Reaktionsprodukte. Dabei wurde das Team von dem

Der Versuchsaufbau von Lise Meitner und Otto Hahn, Detail

analytischen Chemiker Fritz Straßmann (1902–1980) unterstützt. Die radioaktiven Zerfallskurven der Produkte maßen Meitner und Hahn mit einem Geiger-Müller-Zähler aus. Zunächst ging das Team in der Tat davon aus, Transurane erhalten zu haben.

Im Sommer 1938 war Meitner gezwungen, Deutschland zu verlassen. Nach dem «Anschluss» Österreichs durch das nationalsozialistische Deutsche Reich war sie als Jüdin vom Terror der Nazis bedroht, vor dem sie zuvor ihre österreichische Staatsangehörigkeit geschützt hatte. Sie flüchtete ins schwedische Exil und hielt von dort regen Briefverkehr mit Hahn, sodass sie immerhin weiter gut über den Gang der Versuche informiert war.

Gegen Ende 1938 vermuteten Hahn und Straßmann, das Element Radium als eines der Bestrahlungsprodukte erhalten zu haben. Die Reaktionsprodukte entstanden in unwägbaren Mengen, daher musste man der Probe zum Nachweis einen ähnlichen Stoff zugeben, der das Radium bei der Abtrennung «mitreißen» sollte. Dieser Stoff war Barium, das dem Radium chemisch sehr ähnlich ist. Schließlich versuchte man, das Barium wieder aus der Mischung abzutrennen. Aber Hahn und Straßmann stellten fest, dass dies nicht möglich war. Die vermeintliche Mischung von Radium und Barium ließ sich chemisch nicht voneinander trennen. Dies war nur so zu erklären, dass es sich bei dem radioaktiven Bestrahlungsprodukt um Barium handeln musste.

Barium ist ein chemisches Element, das etwa die Hälfte der Kernmasse von Uran besitzt. Es war aber keine Reaktion von Atomkernen bekannt, die zu diesem Element hätte führen können. Beim natürlichen radioaktiven Zerfall entstehen immer Elemente, die nur eine oder zwei Positionen im Periodensystem der Elemente entfernt vom Ausgangsstoff stehen.

In dieser Situation schrieb Hahn an Meitner. Die Forscherin war wie Hahn überrascht und fragte sehr kritisch nach. Gemeinsam mit ihrem Neffen Otto Robert Frisch (1904–1979) entwickelte sie schließlich eine Theorie, die die Ergebnisse erklären konnte: Einem großen Wassertropfen gleich – dieses Modell hatte Niels Bohr einst entwickelt – geriet der Atomkern durch den Neutronenbeschuss in Schwingungen und teilte sich in zwei nahezu gleich große Fragmente. Die Vorstellung ähnelte der Zellteilung, und so wurde der Prozess von Meitner und Frisch auch als «nuclear fission», also Kernspaltung, bezeichnet. Die beiden berechneten auch erstmals den hohen Energiebetrag, der bei der

Spaltung frei wird, und wiesen das andere Spaltprodukt, Krypton, experimentell nach.

Die von Hahn und Straßmann bzw. Meitner und Frisch publizierten Ergebnisse wurden von vielen Arbeitsgruppen innerhalb weniger Monate reproduziert. Man beobachtete, dass bei der Reaktion freie Neutronen entstehen, die in einer Kettenreaktion weitere Spaltungen anregen können. Auch dies wurde bald experimentell bestätigt. Dies und die enorme Energiemenge, die bei der Spaltung frei wird, führte dazu, dass die Möglichkeiten einer «Uran-Maschine» schon weniger als ein Jahr nach der Entdeckung von Hahn, Meitner und Straßmann angedacht wurden. Im August 1945 wurde diese Idee mit den Atombombenabwürfen über Hiroshima und Nagasaki schreckliche Wirklichkeit. Tausende verloren ihr Leben durch den Feuerball, den die plötzliche Spaltung einer kritischen Menge Uran bzw. Plutonium entfachte. Die Welt war danach eine andere. Durch die über 2000 Kernwaffentests, die bislang durchgeführt wurden, finden wir global verteilt radioaktive Isotope, die die Zeitrechnung in «vor dem atomaren Zeitalter» und «im atomaren Zeitalter» einteilen. Das Wettrüsten im 20. Jahrhundert führte im Kalten Krieg einerseits zu dem Horrorszenario eines atomaren Weltkriegs und andererseits zu der skurrilen Sicherheit, vor dem Erstschlag des Gegners geschützt zu sein: Man hätte ja unmittelbar zurückgeschlagen.

Ein Exponat für das Deutsche Museum

Nach dem Krieg arrangierte man im Max-Planck-Institut (MPI) für Chemie in Mainz – der Nachfolgeorganisation des KWI für Chemie – die für Bestrahlung, Analyse und Messung notwendigen Geräte von Hahn, Meitner und Straßmann zum Andenken auf einem Tisch. Auf Initiative von Arnold Flammersfeld (1913–2001), ehemals Schüler von Meitner und Physiker am MPI für Chemie, wurde die Installation 1952 dem Deutschen Museum gestiftet. Das Exponat wurde «Experimentiertisch» oder «Labortisch» bzw. «Otto-Hahn-Tisch» genannt, wobei Hahn selbst von dieser Installation zunächst nicht sehr angetan war. Meitners Beitrag wurde konsequent verschwiegen und erst Ende der 1980er-Jahre ausführlich dargestellt. Diese einseitige Darstellung hat sicherlich auch dazu geführt, dass Hahn heute posthum vorgeworfen wird, er habe Meitner an

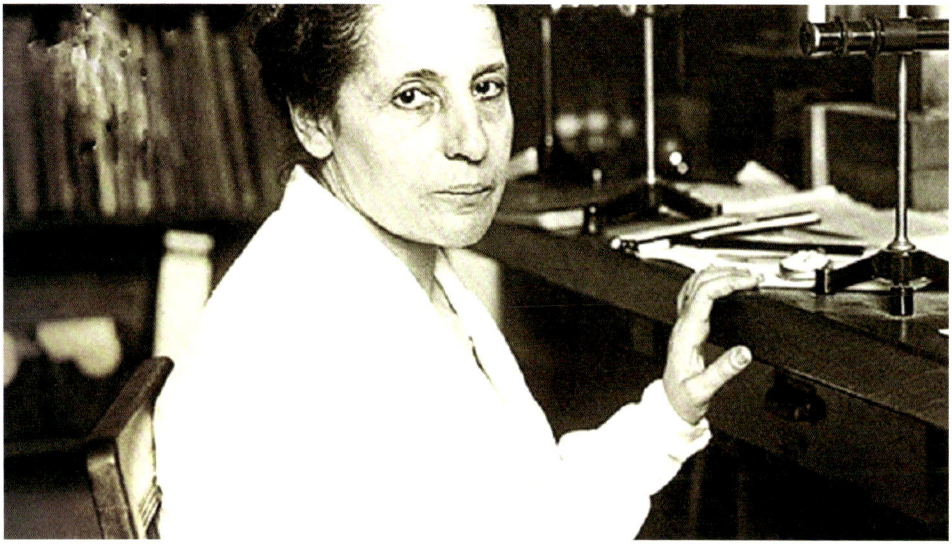

der Entdeckung nicht teilhaben lassen, obwohl er in einer Vielzahl von Publikationen, Fernseh- und Radiointerviews die Geschichte sehr ausführlich dargestellt hat.

Lise Meitners Beitrag wurde im Deutschen Museum lange Zeit verschwiegen.

Der Kernspaltungstisch ist auch ein Beispiel für Legenden, die sich um Museumsobjekte bilden können. Über die Jahrzehnte entstand im Museum die Legende, Hahn persönlich habe die Geräte auf dem Tisch arrangiert. Dies lässt sich aufgrund des Briefwechsels aus den 1950er-Jahren allerdings sehr leicht widerlegen.

So steht der Tisch heute für viele Geschichten: für die Schlichtheit der Instrumente, für eine Entdeckung mit weitreichenden Folgen, für das Versprechen unerschöpflicher Energiereserven und für den Horror eines globalen Zerstörungskrieges, für persönliche Schicksale und museumsgemachte Legenden.

SUSANNE REHN

Kernspaltungstisch (Inv.-Nr. 71930)

Maße (L × B × H)	87 × 140 × 110 cm
Zusammenstellung	1950er-Jahre mit Instrumenten der 1930er-Jahre

1939

Turbinenluftstrahltriebwerk HeS 3B

Ernst Heinkel Flugzeugwerke
Rostock-Marienehe

Der Luftverkehr wächst und wächst. Über vier Milliarden Passagiere stiegen 2017 in ein Flugzeug, in zwanzig Jahren sollen es doppelt so viele sein – so die Prognose. Wie sich aber der Luftverkehr nach der Corona-Pandemie entwickeln wird, ist völlig offen. Vor rund einhundert Jahren, 1919, konnte das erste echte Passagierflugzeug, die Junkers F13, gerade einmal vier Passagiere einige hundert Kilometer weit befördern. Heute transportiert das größte Verkehrsflugzeug der Welt, der Airbus A380, bis zu 850 Fluggäste und fliegt (allerdings mit weniger Passagieren an Bord) nonstop an ein 15 000 Kilometer entferntes Ziel. Militärflugzeuge erreichen seit den 1950er-Jahren hohe Überschallgeschwindigkeiten. Viele Faktoren haben zu dieser Entwicklung beigetragen: die Globalisierung und der wachsende Wohlstand ebenso wie die Dynamik der Technikentwicklung während des Kalten Krieges. Eine besonders wichtige technische Innovation war ein radikal neuer Antrieb des Flugzeuges: das Turbinenluftstrahltriebwerk.

Vom Kolbenmotor zum Strahltriebwerk

Start ins Jet-Zeitalter: das Turbinentriebwerk

In der ersten Phase der Luftfahrtgeschichte bestimmte der Kolbenmotor-Propeller-Antrieb die Leistungspotentiale eines Flugzeugs. Mitte der 1930er-Jahre erreichten Flugzeuge mit diesem Antrieb Geschwindigkeiten um 500 Stundenkilometer, womit die Leistungsgrenze erreicht war. Denn im Kolbenmotor oszillieren schwere Massen (die Kolben) und erzeugen Reibungskräfte, Massenkräfte und Vibrationen, die durch massive und komplizierte Bauweisen aufgefangen werden müssen. Im Viertaktmotor leistet zudem nur einer von vier Takten Arbeit. Ferner geraten die Spitzen der Propellerblätter mit steigender Fluggeschwindigkeit in den Bereich der Schallgeschwindigkeit und verlieren ihre Wirksamkeit.

Im Turbinentriebwerk hingegen erzeugt ein kontinuierlicher Verbrennungsprozess die Leistung. Statt schwingender sind nur drehende Massen (Verdichter und Turbine) beteiligt, was eine leichtere Bauweise ermöglicht. Das Triebwerk saugt über einen Verdichter Luft an, die in der Brennkammer mit Brennstoff (heute Kerosin) verbrannt wird. Der Abgasstrahl treibt über eine Turbine den Verdichter an und wird dann in der Schubdüse auf hohe Ausströmgeschwindigkeit beschleunigt. Proportional zur Höhe dieser Geschwindigkeit und zum Luftmassenstrom entsteht so der Schub nach vorn. Dieses Prinzip erlaubt in Verbindung mit einer verbesserten Flugzeugaerodynamik (Pfeilflügel etc.) weit höhere Fluggeschwindigkeiten als der Kolbenmotor-Propeller-Antrieb.

Zukunftsversion eines Flugzeugantriebes

Ideen zu anderen Antrieben als dem Kolbenmotor gab es schon früher; das zeigt ein Patent des Franzosen Maxime Guillaume von 1921. In Großbritannien meldete dann 1930 ein junger Pilot der Royal Air Force, Frank Whittle (1907–1996), ein Patent auf ein Strahltriebwerk an, das elf Jahre später auch erfolgreich umgesetzt wurde. Mit dem Jungfernflug des britischen Strahlflugzeuges Gloster E.28/39 am 15. Mai 1941 erhielt Whittle die verdiente Anerkennung für seine «Zukunftsversion eines Flugzeugantriebes» (so der Titel seiner Studienarbeit).

Zwei Jahre früher als in England gelang 1939 in Deutschland der weltweit erste Flug eines rein strahlgetriebenen Flugzeugs. Einem eigentlich Fachfremden, dem Göttinger Physikstudenten Hans Joachim Pabst von Ohain (1911–1998), war bei einem Flug 1933 aufgefallen, dass die «Vibrationen und Geräusche des Kolbenmotors so gar nicht zur Eleganz und Geschmeidigkeit des Fliegens passten». Seine Suche nach einer Lösung führte bald zur Turbine und zum Strahlantrieb. Noch während seiner Studienzeit und Promotion baute und erprobte Ohain mit Unterstützung eines befreundeten Automechanikers ein

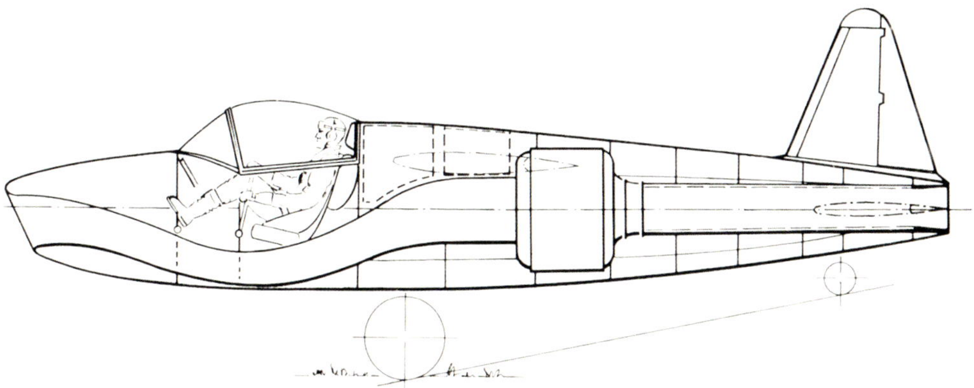

Am 27. August 1939 gelang der weltweit erste Flug eines «Düsenflugzeugs»;
Bild unten: Schema Einbau des Triebwerkes

Versuchsmodell – mit enttäuschendem Ergebnis. Bald jedoch fand er maßgebliche Unterstützung bei seinem Mentor, dem renommierten Physikprofessor Robert W. Pohl (1884–1976). Dieser erkannte die außergewöhnliche Kompetenz seines Studenten, aber auch die Notwendigkeit einer Zusammenarbeit mit der Industrie. Pohl vermittelte Ohain auf dessen Wunsch an den Flugzeugbauer Ernst Heinkel (1888–1958), der in seinem Unternehmen zwar keine Motoren herstellte, aber auf Geschwindigkeitsrekorde versessen war. Heinkel stellte Ohain ab 1936 ein Team und großzügige Mittel zur Verfügung, forderte aber auch schnellen Erfolg. Nach nur drei Jahren waren das Triebwerk und ein kleines Experimentalflugzeug – die Heinkel He 178 – startklar. Am 27. August 1939 hob auf dem Flugplatz Rostock-Marienehe erstmals ein reiner «Jet» ab, gesteuert von dem Testpiloten Erich Warsitz (1906–1983).

Vier Tage später überfiel die deutsche Armee Polen. Künftig bestimmte der Rüstungsbedarf die Ziele in Forschung und Entwicklung. Trotz der erkennbaren Potentiale blieb die Flugmotorenindustrie zunächst bei den herkömmlichen Kolbenmotor-Propeller-Antrieben. Im Zuge der Aufrüstung während des Zweiten Weltkriegs gab es hierfür genug Aufträge. Nicht zuletzt durch den Erfolg des Heinkel-Ohain-Triebwerks angeregt, gab das Reichsluftfahrtministerium die Entwicklung der neuen Technik bei Motorenfirmen (Junkers, BMW, Daimler-Benz) und Flugzeugfirmen in Auftrag. In größeren Stückzahlen kam beispielsweise die Messerschmitt Me 262 mit dem Junkers-Triebwerk (Jumo 004) zum Einsatz.

Nach dem Zweiten Weltkrieg

Ohain blieb bis zum Kriegsende in der Leitung der Triebwerkentwicklung bei Heinkel. 1947 ging er in die USA, wo er bald eine führende Position in der Triebwerkforschung und -entwicklung der US Air Force erreichte. Der neue Turbinenantrieb – mit und ohne Propeller – revolutionierte nach dem Krieg die militärische und zivile Luftfahrt und ist seit Mitte des 20. Jahrhunderts die wichtigste Antriebsart in der Luftfahrt.

Ebenso wie die Heinkel He 178 ging das ursprüngliche Triebwerk HeS 3B im Zweiten Weltkrieg verloren. In den 1980er-Jahren baute es die bundesdeutsche Motorenindustrie in zwei Exemplaren nach, eines für das National Air and

Space Museum der Smithsonian Institution in Washington D. C. und ein weiteres für das Deutsche Museum, wo es seit 1984 seinen Platz in der neu eröffneten Luft- und Raumfahrtausstellung hat.

WALTER RATHJEN

Turbinenluftstrahltriebwerk HeS 3B (Inv.-Nr. 1981/47)

Verdichter	Eine axiale Vorstufe (8 Schaufeln), eine Radialverdichterstufe (16 Schaufeln). Werkstoff: warmfestes Aluminium
Brennkammer	Umlenk-Ringbrennkammer mit 16 Brennern. Werkstoff: warmfester Stahl mit 38 % Nickel
Turbine	Einstufige Zentripedalturbine (14 Schaufeln). Werkstoff: warmfester Stahl P 193
Standschub	4,4 kN (450 kp) bei 11 600 U/min
Triebwerksmasse	360 kg. Luftdurchsatz: 12 kg/s
Außendurchmesser	1200 mm
Verdichter-Druckverhältnis	2,8:1
Brennstoff	Flugbenzin (zum Vorwärmen Wasserstoff)
Spannweite	7,2 m
Flügelfläche	9,1 m^2
Länge	7,48 m
Abflugmasse	ca. 2000 kg
Höchst-, Marsch-, Landegeschwindigkeit	700, 580, 165 km/h

1941/1950

Programmgesteuerte Rechenmaschinen Z 3 und Z 4

Konrad Zuse
Berlin/Hopferau Krs. Füssen/Neukirchen

Am 20. Februar 1961 wandte sich der Unternehmer Konrad Zuse (1910–1995) aus Bad Hersfeld in Hessen an das Deutsche Museum und bot an, dem Museum einen Nachbau der «ersten programmgesteuerten Rechenmaschine der Welt» Z 3 zu stiften und diesen Nachbau gleichzeitig gegen das Original der ein Jahr zuvor gestifteten Rechenmaschine Z 4 auszutauschen. Die Vorgeschichte dieser beiden Rechenmaschinen, die Zuse ursprünglich als V 3 («Versuchsmodell 3») bzw. als V 4 («Versuchsmodell 4») bezeichnet hatte, reicht bis in die Mitte der 1930er-Jahre zurück.

Vom Versuchsmodell V 3 …

1936 hatte sich Zuse entschlossen, seine Stellung als Flugzeugstatiker bei den Henschel-Flugzeugwerken (HFW) in Berlin-Schönefeld zu kündigen und stattdessen als freier Erfinder eine «Rechenmaschine des Ingenieurs» zu entwickeln. Die aufwendigen statischen Rechnungen hatten den sechsundzwanzigjährigen Bauingenieur Zuse auf die Idee gebracht, diese durch eine mit Hilfe eines «Rechenplans» gesteuerte Rechenmaschine automatisch ausführen zu lassen. Nachdem er bis 1939 zwei Versuchsmodelle V 1 und V 2 entwickelt hatte, erhielt Zuse Ende 1940 von der Deutschen Versuchsanstalt für Luftfahrt (DVL) finanzielle Mittel für

Kein Nachbau, sondern ein Original: Konrad Zuses Rechner Z 4

Teilansicht von Zuses «Versuchsmodell 4» in Hopferau (Bayern), ca. 1948

den Bau eines dritten Versuchsmodells. Wegen der mühsamen «Flatterrechnungen» im Flugzeugbau hatte die DVL großes Interesse an Zuses Rechnerentwicklungen.

Nach einer relativ kurzen Bauzeit war die von der technischen Konzeption völlig neuartige programmgesteuerte Rechenmaschine V 3 schon 1941 bereit für erste Proberechnungen. Die V 3 arbeitete elektromechanisch mit einem Rechenwerk aus 600 Relais und einem Speicherwerk aus 1400 Relais. Die Zahlen wurden in die V 3 – ähnlich wie bei einem modernen Taschenrechner – als dezimale Gleitpunktzahlen mit einer Tastatur eingegeben, intern automatisch in binäre Gleitpunktzahlen umgewandelt und nach Beendigung der Rechnung als Dezimalzahlen auf einem Lampenfeld angezeigt. Gesteuert wurde die Maschine über einen gelochten Filmstreifen, wobei der frei programmierbare, aber nicht veränderliche Programmablauf in einem linearen Durchlauf erfolgte und keine Sprünge erlaubte. Mit ihren relativ geringen Baukosten von ca. 25 000 Reichsmark blieb die zu einem großen Teil aus Altmaterial gebaute V 3 ein «Versuchsmodell» mit einigen technischen Mängeln.

Dennoch beeindruckte es Mathematiker und Ingenieure gleichermaßen, wenn bei Versuchsrechnungen ein in einen Filmstreifen gelochtes Programm ablief und beispielsweise ein Gleichungssystem mit drei Unbekannten gelöst wurde. 1944 wurde die V 3 bei einem Bombenangriff zerstört.

… zum einsatzfähigen Rechner Z 4

Ende 1941 wurde Zuse von der DVL beauftragt, ein «voll einsetzbares» und verbessertes «Versuchsmodell 4» als Relaisrechner mit einem mechanischen Speicher zu bauen. Während die 1941 gegründete Firma Zuse Ingenieurbüro und Apparatebau bis 1944 zwei programmgesteuerte Spezialrechner mit einem festen Programm entwickelte, die erfolgreich bei der Produktion von «Gleitbomben» bei den HFW eingesetzt wurden, war die V 4 nach über drei Jahren Bauzeit immer noch nicht fertig. Im Februar 1945 wurde die V 4 auf Befehl des Reichsluftfahrtministeriums an die Aerodynamische Versuchsanstalt in Göttingen evakuiert. Dort konnte Zuse sie so weit fertigstellen, dass er Ende März erste Proberechnungen vorführen konnte. Als die V 4 Anfang April 1945 in das unterirdische Rüstungszentrum Mittelwerk im KZ-Lagerkomplex Mittelbau-Dora im Harz verlagert werden sollte, gelang es Zuse stattdessen einen Befehl für die Verlegung in die sogenannte Alpenfestung zu erhalten. So gelangte die V 4 schließlich auf einem Lastwagen in das Dorf Hinterstein im Allgäu. Im nahe gelegenen Hopferau bei Füssen gründete Zuse 1946 ein neues Ingenieurbüro und machte die V 4 wieder betriebsfähig.

Bei den angloamerikanischen Siegermächten weckte die V 4 kaum Interesse, da man nach Kriegsende auf den Bau von schnelleren elektronischen, speicherprogrammierten Universalrechnern setzte. So erwies es sich als Glücksfall für Zuse, dass sich 1949 der Züricher Mathematiker Eduard Stiefel (1909–1978) für die V 4 interessierte. Um nicht noch Jahre auf einen elektronischen Rechner warten zu müssen, mietete Stiefel die V 4 für fünf Jahre, nachdem Zuse zugesagt hatte, eine Reihe von Erweiterungen einzubauen. 1950 wurde der von Stiefel als «Neukonstruktion» titulierte Rechner, der nun starre Programme in zwei Schleifen und das Überspringen von Befehlen erlaubte, unter dem neuen Namen Z 4 an die ETH Zürich ausgeliefert.

Die Vermietung der Z 4 entwickelte sich in der Folge zu einer Win-win-Situation. Während der Mietvertrag für die Z 4 Zuse die Gründung der ZUSE KG ermöglichte und deren Renommee als «Rechnerfirma» begründete, bot die Maschine Stiefels Institut die technologische Basis für die bedeutsamen Beiträge der Züricher Wissenschaftler zur numerischen Mathematik und zur Informatik. Nach Ende des Mietvertrags mit der ETH verkaufte die ZUSE KG die Z 4 an das französische Forschungsinstitut Laboratoire de Recherches de Saint-Louis und stiftete diese nach deren Rückkauf schließlich 1960 dem Deutschen Museum als «Demonstrationsobjekt für das programmgesteuerte Rechnen».

Der Nachbau und der Ruhm des Erfinders

Anfang 1961 wandte sich Zuse erneut an das Deutsche Museum und bot diesem die Stiftung eines geplanten Nachbaus der Z 3 an, die als «erste programmgesteuerte Rechenmaschine der Welt» eine größere historische Bedeutung als die Z 4 besäße. Zuse argumentierte, dass die «möglichst getreue Nachbildung» der Z 3, welche «sich in allen wich-

Vermutlich von Konrad Zuse angefertigte Skizze des in Z 3 umbenannten Rechners V 3, ca. 1960

tigen funktionsmäßigen Dingen an das ursprüngliche Original» hielte, keinen so großen Platzbedarf wie die Z 4 habe und als funktionsfähiges Demonstrationsobjekt besser geeignet sei. Das Stiftungsangebot für die Z 3 wurde angenommen, ohne dass das Museum seinen Besitzanspruch auf die Z 4 aufgab. Gleichzeitig ging die Z 4 auf Drängen der ZUSE KG zurück nach Bad Hersfeld, um einer gründlichen Überholung unterzogen zu werden; es sollte mehr als zwanzig Jahre dauern, bis sie in das Museum zurückkam.

Während das Deutsche Museum diesem Austausch vor allem aus museumsdidaktischen Erwägungen zustimmte, hatte Zuse nicht nur uneigennützige Gründe für sein Angebot an das Museum. Bis Anfang der 1950er-Jahre war von den drei im Krieg zerstörten Versuchsmodellen nur implizit die Rede gewesen – zumeist wurde ganz allgemein über die bis 1945 gebauten «verschiedenen Geräte» gesprochen. Erst Anfang der 1950er Jahre begann Zuse öffentlich von der im Jahr 1941 fertiggestellten «Z 3» als erster vollständig programmgesteuerter Rechenmaschine zu sprechen – und gleichzeitig eine «Umetikettierung» der V 3 in Z 3 vorzunehmen. Bei den deutschen Computerexperten stieß dieser Prioritätsanspruch auf wenig Resonanz, denn als erste programmgesteuerte Rechenmaschine galt allgemein der in den USA von Howard H. Aiken (1900–1973) entwickelte und ab 1944 im Routinebetrieb eingesetzte Relaisrechner Harvard Mark I. Zuse besaß kaum Belege für die von ihm behauptete Priorität; von dem im Krieg zerstörten «Versuchsmodell 3» existierten weder ein Foto noch nennenswerte Unterlagen. Im Zuge seiner Ende der 1950er-Jahre mit großem Nachdruck betriebenen Aktivitäten, die historische Authentizität der Z 3 nachzuweisen, kam Zuse auf die Idee, dies durch eine Rekonstruktion der Maschine zu tun. Hierfür bot sich das Deutsche Museum als geradezu idealer Partner an. Zum einen wurde mit der Aufnahme von technischen Artefakten in die Sammlungen dieses international renommierten «technischen Nationalmuseums» über den historischen Status dieser Artefakte ‹entschieden›; zum anderen hatte das Museum schon immer auf Rekonstruktionen von «Meisterwerken der Naturwissenschaften und Technik» für seine Ausstellung zurückgegriffen, wenn historisch bedeutsame Originale nicht verfügbar waren.

Zuses Strategie erwies sich in der Folge als außerordentlich erfolgreich. 1962 wurde der Nachbau der Z 3 in München im Rahmen der IFIP-Tagung für Informationsverarbeitung vor mehr als 2600 Teilnehmern aus über vierzig Ländern

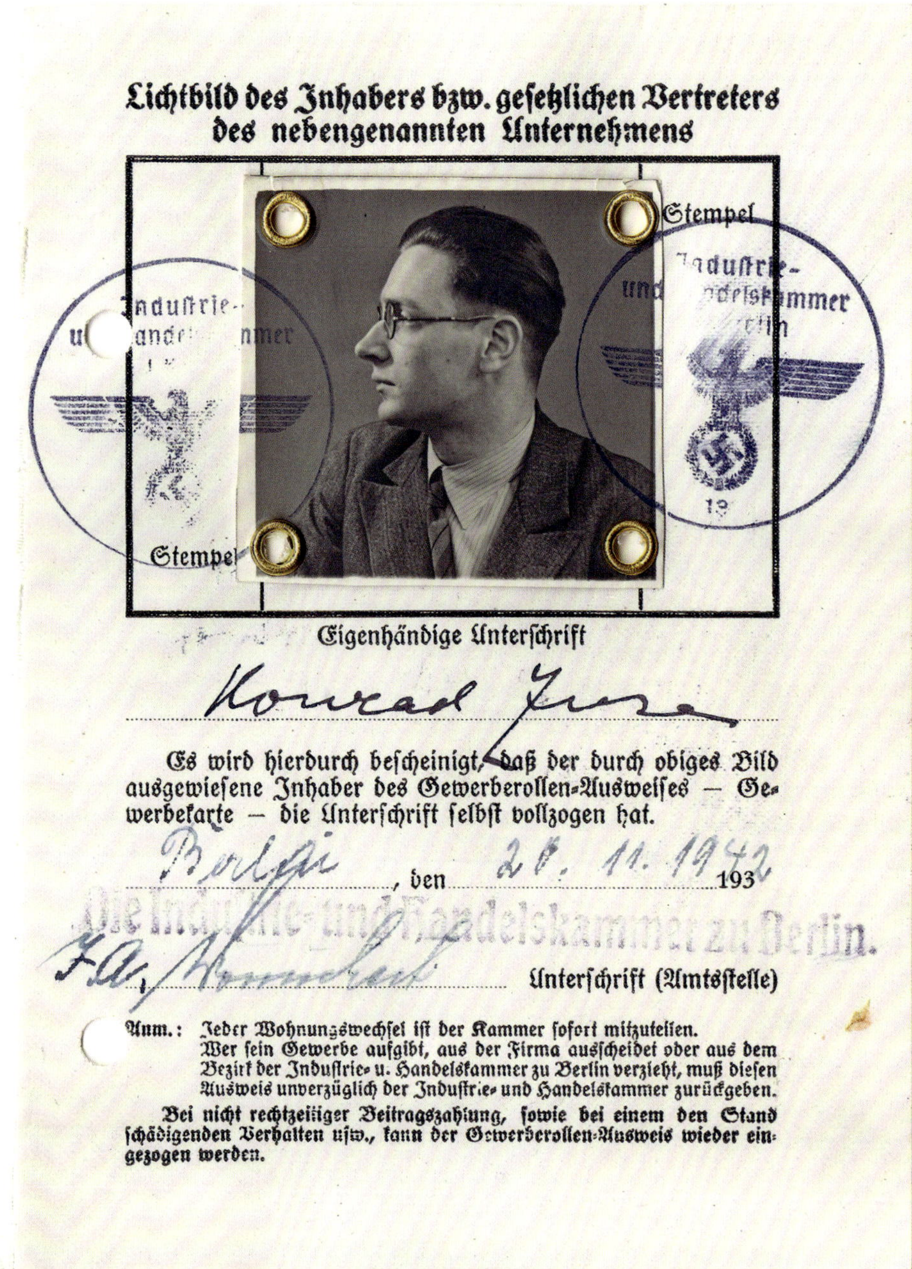

Lichtbild des Inhabers bzw. gesetzlichen Vertreters des nebengenannten Unternehmens

Stempel

Stempel

Eigenhändige Unterschrift

Konrad Zuse

Es wird hierdurch bescheinigt, daß der durch obiges Bild ausgewiesene Inhaber des Gewerberollen-Ausweises – Gewerbekarte – die Unterschrift selbst vollzogen hat.

Berlin, den 26. 11. 1942

Die Industrie- und Handelskammer zu Berlin.

I.A. Unterschrift (Amtsstelle)

Anm.: Jeder Wohnungswechsel ist der Kammer sofort mitzuteilen.
Wer sein Gewerbe aufgibt, aus der Firma ausscheidet oder aus dem Bezirk der Industrie- u. Handelskammer zu Berlin verzieht, muß diesen Ausweis unverzüglich der Industrie- und Handelskammer zurückgeben.

Bei nicht rechtzeitiger Beitragszahlung, sowie bei einem den Stand schädigenden Verhalten usw., kann der Gewerberollen-Ausweis wieder eingezogen werden.

Gewerbeausweis von Konrad Zuse, 1942

präsentiert und stieß auf große Resonanz. Zu Zuses Enttäuschung war ausgerechnet Aiken nicht nach München gekommen. So wandte sich Zuse nach Ende der Tagung an Aiken und forderte diesen auf, seinen Anspruch als Erfinder der ersten programmgesteuerten Rechenmaschine anzuerkennen. Als Beleg diente Zuse lediglich der Nachbau der Z 3 sowie die gegenüber Aiken ausdrücklich erwähnte Übernahme des Nachbaus durch das Deutsche Museum, dessen institutionelle Autorität anscheinend hinreichend schien, um die historische Authentizität des Objekts zu verbürgen.

Das Museum und der Platz des Originals in der Geschichte

Das Deutsche Museum trat in den nächsten Jahren völlig in den Hintergrund, denn die ZUSE KG nutzte den Nachbau der Z 3 zunächst als «Werbemittel», um den internationalen Bekanntheitsgrad der Firma zu steigern. So beteiligte sich die ZUSE KG 1964 an einer vom Bundeswirtschaftsministerium initiierten und in den USA und in Japan gezeigten Ausstellung «Science in Germany» mit zwei aktuellen Computermodellen sowie der nachgebauten Z 3. Letztere wurde dort zusammen mit anderen Nachbauten historischer Artefakte – wie der «ersten» Buchdruckpresse von Gutenberg gezeigt und damit in eine Reihe mit historisch belegten «Meisterwerken deutscher Technik» gestellt. 1968 übergab die ZUSE KG den Nachbau der Z 3 – nachdem dieser zuvor noch auf der Weltausstellung 1967 in Montreal ausgestellt worden war – schließlich an das Deutsche Museum.

Im Deutschen Museum war die Z 3 ab 1968 in der eröffneten Ausstellung «Nachrichtentechnik» zu sehen. In einem Ausstellungsteil über Informationsverarbeitung konnten sich Besucher über die Grundprinzipien der Informationsdarstellung und -speicherung und den Ablauf eines Programms in einer Rechenanlage informieren. Als «besonders interessantes Objekt» wurde in diesem Kontext die «funktionsfähige Rekonstruktion der ersten programmgesteuerten Rechenanlage der Welt» gezeigt, welche «von Konrad Zuse, dem deutschen Pionier programmgesteuerter Rechner, als Z 3 im Jahre 1941 vollendet» wurde.

Im Jahr 1988 erhielt die Z 3 zusammen mit der 1983 nach über zwanzig Jahren in das Deutsche Museum zurückgekehrten Z 4 einen neuen Platz in den Ausstellungen des Museums. In der unter der Leitung des Münchner Infor-

Der Nachbau von Konrad Zuses Rechner Z 3 in der 1968 eröffneten Ausstellung Nachrichtentechnik

matikprofessors Friedrich L. Bauer (1924–2015) geplanten Dauerausstellung «Informatik und Automatik» wurden beide als «Vorläufer der Universalrechner» nebeneinander gezeigt, wobei dem Nachbau eine sehr viel größere Bedeutung zugeschrieben wurde als dem Original. Die Z 4 firmierte im Ausstellungsführer als 1942–1945 entstandenes Original lediglich unter dem Titel «Ein Arbeitspferd». Die Z 3 hingegen erschien dort als um 1962 entstandener «Autorisierter Nachbau des Erfinders, mit kleineren Abweichungen» unter dem Titel «Erster funktionsfähiger programmgesteuerter Rechenautomat» – die historische Authentizität des Objekts war nun durch die persönliche Autorität des Erfinders verbürgt. Bauer, der sich seit längerem mit großem historischem Gespür mit Zuses Pionierarbeiten befasste, hatte schon 1984 in einem Geleitwort zu Zuses Autobiografie diesen zum «Schöpfer der ersten vollautomatischen, programmgesteuerten und frei programmierbaren, in binärer Gleitpunktrechnung arbeitenden Rechenanlage» erklärt und folgte in der Ausstellung diesem Diktum.

Damit hatte Zuses Erfindung einer programmgesteuerten Rechenmaschine ihren Platz in der deutschen Informatikgeschichte gefunden. Aber die Diskussionen über den Status und die Bedeutung der Z 3 waren keineswegs zu Ende. In der Folge setzte in der deutschen Öffentlichkeit eine zunehmende Legendenbildung ein, die Zuse zum alleinigen «Erfinder des Computers» stilisierte. Bauer betonte zwar stets die außerordentlichen Leistungen Zuses, hielt solchen Aussagen aber entgegen, dass die Z 3 nicht die Universalität des von dem ungarisch-amerikanischen Mathematiker John von Neumann (1903–1957) entworfenen Konzepts eines speicherprogrammierten Rechners besaß – und somit Zuse gar nicht der Erfinder des modernen Computers war. In Bauers Ausstellungskatalog war zu lesen: «Konrad Zuses geniales Konzept der schleifengesteuerten frei programmierbaren Rechenmaschine ist mit dem Aufkommen der Universalrechner nach wenigen Jahren überholt.»

ULF HASHAGEN

Programmgesteuerter Relaisrechner Z 3 [Nachbau] (Inv.-Nr. 77515)

Hersteller	Dipl.-Ing. K. Zuse Ingenieurbüro und Apparatebau, Berlin [Nachbau: Zuse KG, Bad Hersfeld]
Baujahr	1940–1941 [Nachbau: um 1962]
Rechenwerk	Relaisrechenwerk (600 Relais): binäre Gleichpunktzahlen mit 22 Bit Wortlänge
Speicher	Relaisspeicher (1400 Relais): Speicherkapazität: 64 Worte
Programmsteuerung	Gelochter Filmstreifen: starres Programm ohne bedingte Befehle
Geschwindigkeit	Multiplikation: ca. 3 Sek.

Programmgesteuerter Relaisrechner Z 4 (Inv.-Nr. 74692)

Hersteller	Dipl.-Ing. K. Zuse Ingenieurbüro und Apparatebau, Berlin; Zuse-Ingenieurbüro, Hopferau Krs. Füssen; Zuse KG, N
Baujahr	1942–1950
Rechenwerk	Relaisrechenwerk; binäre Gleichpunktzahlen mit 32 Bit Wortlänge
Speicher	Mechanischer Speicher; Speicherkapazität: 64 Worte
Programmsteuerung	Gelochter Filmstreifen; starres Programm mit maximal 2 Schleifen [ab 1950]
Geschwindigkeit	Multiplikation: 3,5 Sek.

1941

Rotor-Chiffriermaschine Enigma M4

Arthur Scherbius/Chiffriermaschinengesellschaft Heimsoeth & Rinke ohG
Berlin

Die Chiffriermaschine Enigma und die Geschichte ihrer Entschlüsselung umgibt ein Mythos: Genial, kompliziert, unbrechbar! Im Laufe der Jahrzehnte entstand aus dem Schweigen der Nachkriegszeit, dem leisen Durchsickern von Tatsachen seit den 1970er-Jahren und den zahlreichen filmischen Interpretationen ein verklärtes Bild. Um die vielen Details dieses Abschnitts der Geschichte der Kryptologie aufzuklären, waren und sind auch weiterhin aufwendige Archivrecherchen notwendig, und nicht alles kann zuverlässig ans Tageslicht gebracht werden. Fakt ist jedoch, dass die Geschichte der Enigma bereits während des Ersten Weltkriegs begann.

Der Erfinder der Enigma

Im Jahr 1917 gab das Kriegsministerium heimlich die Entwicklung einer Chiffriermaschine in Auftrag. Arthur Scherbius (1878–1929), ein promovierter Ingenieur des Waffen- und Munitionsbeschaffungsamts WuMBA, Berlin, sollte ein neues Chiffrierverfahren in privater Umgebung entwickeln. Bereits ein Jahr später reichte er sein Patent für eine Maschine mit «Rollen» (was wir heute als Walzen oder Rotoren bezeichnen) und Glühlampenfeld ein. Das Militär zeigte sich beeindruckt. Nach dem Urteil des Marineamts würde eine solche Maschine «mit ca.

Schon ihr Name spricht von Rätsel: die Chiffriermaschine Enigma M4

Dieses Modell von Paul Zetzmann zeigt die komplexe Verdrahtung einer Enigma-M4-Walze.

10 Rollen» und «unter der Voraussetzung, dass die Rollen in beliebiger Reihenfolge auf die Achse aufgesetzt werden können, jeder Anforderung genügen».

Trotz sehr guter Beurteilung wurde Scherbius' Maschine nicht mehr zum Kriegsende hin eingeführt, die vorläufige Reichswehr kaufte aber zwei Exemplare zu Testzwecken. In enger Zusammenarbeit mit dem Militär reduzierte Scherbius 1919 die Zahl der Walzen, fügte aber eine weitere Erfindung hinzu, nämlich das sogenannte Steckerbrett (das «Scherbius'sche Umwürfelungssystem»). Zwar forderte die Reichswehr, dass Scherbius' Erfindung geheim bliebe – allerdings fehlte das Geld für die Bezahlung des Erfinders. Schließlich einigte man sich darauf, dass Scherbius seine Chiffriermaschinen öffentlich vermarkten dürfe, jedoch Maschinen mit Steckerbrett der Reichswehr vorbehalten blieben.

Unter teilweise großem Konkurrenzdruck mit anderen europäischen Erfindern konstruierte Scherbius in den folgenden Jahren Chiffriermaschinen in zwei Varianten: zum einen «schreibende» Maschinen, schwere, klobige Chiffriermaschinen mit integriertem Druckwerk für Handels- und Diplomatiezwecke, zum anderen leichtere Maschinen mit dem charakteristischen Glühlampenfeld. Produktion und Vertrieb erfolgten durch die 1923 gegründete Chiffriermaschinen AG. Im selben Jahr tauchte der Name «Enigma» das erste Mal in der Öffentlichkeit auf.

Zwei Jahre später erteilte die Reichswehr den ersten größeren Auftrag für Glühlampen-Maschinen mit Steckerbrett. Scherbius und Oberingenieur Willi Korn (1893–nach 1945) arbeiteten ständig weiter an der Entwicklung der Glühlampen-Maschinen. Allein in Deutschland gab es in den folgenden Jahren über zwanzig weitere Enigma-Versionen für militärische und für kommerzielle Anwendungen – zählt man ausländische Modelle hinzu, noch viel mehr.

Mit jedem Buchstaben ändert sich der Strompfad

Das Prinzip aller Enigma-Versionen beruht darauf, dass man zur Verschlüsselung nicht nur eines, sondern sehr viele mögliche Geheimtextalphabete (siehe Beispieltabelle) nutzt. Der Buchstabe a kann beispielsweise mit einem F verschlüsselt werden, aber auch mit einem Z oder einem M, je nachdem, welches

Geheimtextalphabet gerade zugrunde liegt. In Fachkreisen wird dies als polyalphabetische Substitution bezeichnet. In den Enigma-Maschinen wurde dieses Prinzip über einen komplex verlaufenden Stromfluss umgesetzt. Je nachdem, welchen Weg der Strom durch die Enigma nahm, folgte die Verschlüsselung einem anderen Geheimtextalphabet, gebildet aus den 26 Buchstaben des lateinischen Alphabets.

Klartextalphabet	a	b	c	d	e	f	g	h	i	j	k	l	m	…
Geheimtextalphabet Nr. 1	F	J	H	U	I	M	O	W	N	V	Y	E	K	…
Geheimtextalphabet Nr. 2	Z	L	D	N	Y	V	Q	K	G	I	A	R	P	…
Geheimtextalphabet Nr. 3	M	P	T	E	B	I	L	X	F	W	U	C	H	…

Die Chiffrierwalzen, auch Rotoren genannt, besaßen je 26 Metallkontakte auf der Vorder- und Rückseite, um den Strom durchzuleiten. Allerdings waren die Eingangskontakte mit den Ausgangskontakten ganz unregelmäßig verdrahtet. Auch wies jeder Walzentyp unterschiedliche Verdrahtungen auf. Je nach Enigma-Version wurden drei bis vier unterschiedliche Walzen hintereinandergeschaltet. Zusätzlich wurde um 1925 noch die sogenannte Umkehrwalze eingeführt, um mit einer einzigen Enigma-Einstellung gleichzeitig verschlüsseln und entschlüsseln zu können. Diese spezielle Walze besaß nur auf einer Seite Metallkontakte, die miteinander verdrahtet waren.

Drückte man einen Klartextbuchstaben auf der Tastatur, schloss sich der Stromkreis. Er führte von der Buchstabentaste durch die komplexe Verdrahtung im Innern der Walzen zur Umkehrwalze, die den Stromfluss umlenkte und wieder durch die Walzen zurückschickte bis zum Glühlämpchenfeld. Dieses zeigte dann den Geheimtextbuchstaben an, mit dem der ursprünglich gedrückte Klartextbuchstabe verschlüsselt werden sollte.

Eine Enigma kann weder drucken noch funken, deswegen benötigt man zwei Schlüssler: einer tippt, der andere schreibt mit.

Drückte man nun erneut einen Buchstaben, rotierte die erste Walze um eine Einstellung weiter, sodass der Stromfluss einen anderen Weg durch die Walzen nahm. Nach 25 Rotationsschritten rotierte

auch die zweite Walze um eine Einstellung weiter, ebenso auch die dritte und vierte Walze nach dem Prinzip eines mechanischen Kilometerstandzählers. Der verschlüsselte Text musste Buchstabe für Buchstabe von einem Schlüssler mitgeschrieben werden. Dieser leitete ihn dann an den Funker zum Senden weiter. Um die Anzahl der möglichen Schlüsseleinstellungen (also der möglichen Stromflüsse und Geheimtextalphabete) zu erhöhen, konnte bei militärischen Enigma-Versionen ihre Walzenzahl auf bis zu acht erweitert werden. Je nach Tagesschlüssel wurden drei oder vier Walzen ausgewählt und in der vorgegebenen Reihenfolge in das Gerät eingelegt.

Das «Scherbius'sche Umwürfelungssystem» war von Anfang an der Reichswehr vorbehalten, und so besaßen alle militärisch genutzten Enigmas ein Steckerbrett. Abhängig von der Tageseinstellung vertauschte man hier meist fünf Buchstabenpaare, sodass der Stromfluss bei diesen Buchstaben noch einmal zusätzlich vor dem Durchlauf durch die Walzen umgelenkt werden konnte. Dies erhöhte zwar die Sicherheit der Enigma, konnte aber ihre Schwächen und die Fehler nicht ausgleichen, die bei der Handhabung und gerade durch die vielzitierte deutsche Gründlichkeit passierten. Ob man sich auf deutscher Seite zu sehr auf die Sicherheit der Enigma, die durch theoretisch berechnete Schlüsseleinstellungen in Trilliarden- oder gar Quadrillionenhöhe suggeriert wurde, verließ, ist aus heutiger Sicht schwer zu sagen. Allerdings war die Fachwelt sehr gut über den wahren Sicherheitsstandard der deutschen Chiffriersysteme informiert.

Die Umkehrwalze: geniale Einrichtung oder Einfallstor?

Wegen ihrer leichteren Handhabung galt die Umkehrwalze als geniale Einrichtung, in kryptologischer Hinsicht muss man sie allerdings als großen Fehler bewerten, der den Alliierten die Entschlüsselung maßgeblich erleichterte. Denn die Umkehrwalze reduzierte die Zahl der möglichen Geheimtextalphabete um ein beträchtliches Maß und lieferte gleichzeitig eine Möglichkeit, sogenannte *cribs* zu positionieren – Klartextstücke, von denen man ahnen konnte, dass sie im verschlüsselten Text vorkommen mussten. Das konnten beispielsweise bedeutungslose Standardnachrichten oder tägliche Wettervorhersagen sein.

Dies erkannten bereits 1932 polnische Mathematiker um Marian Rejewski (1905–1980). Sie begannen, die Verdrahtung der geheimen militärischen Enigma-Walzen zu erschließen, und bauten erfolgreiche Entschlüsselungsmaschinen, sogenannte Bombas. Angesichts der akuten Bedrohung durch Deutschland übergaben die polnischen Kryptologen 1939 alle Erkenntnisse an ihre überraschten Kollegen aus Frankreich und England. Bis dahin hatte man angenommen, die militärisch genutzte Enigma mit Steckerbrett sei unbrechbar. Die britische Government Code and Cipher School in Bletchley Park führte die polnische Arbeit weiter. Gegen Kriegsende arbeiteten unter strengster Geheimhaltung über 9000 Beschäftigte rund um die Uhr an

Keine der originalen Turing-Welchman-Bomben existiert heute noch. Winston Churchill befahl nach dem Krieg, alle aus Geheimhaltungsgründen zu zerstören.

der Entzifferung deutscher sowie internationaler Funksprüche, die zum Teil durch Enigma-Varianten, aber auch durch viele weitere Chiffriermaschinen oder Handschlüsselverfahren verschlüsselt worden waren.

Um die teilweise mehrmals täglich wechselnden Einstellungen der verschiedenen deutschen Enigma-Versionen zu brechen, konzipierten Mathematiker um Alan Turing (1912–1954) und Gordon Welchman (1906–1985) große elektromechanische Maschinen, sogenannte (Turing-Welchman-)Bomben. Diese nutzten die Schwäche der Umkehrwalze auf geniale Weise aus: Sie filterten aus der riesigen Anzahl möglicher Einstellungen die wenigen heraus, die die Buchstabenkombinationen des jeweiligen *cribs* mit dem entsprechenden verschlüsselten Textstück erlaubten. Alles hing davon ab, ob ein geeigneter *crib* im verschlüsselten Text zu finden war. Welchman berichtete lange nach Ende des Krieges, dass seine Leute damals fast freundschaftliche Gefühle für einen deutschen General der Panzerarmee Afrika entwickelten, als er über einen langen Zeitraum täglich berichtete, dass er nichts zu berichten habe. Sein stets pünktlich gesendeter *crib* lautete: «YY KEINE BESONDEREN VORKOMMNISSE YY».

Diese Version der Enigma M4 des Deutschen Museums war einst im Besitz des Marinekommandos der Ostsee. 1984 wurde die komplette Maschine mit Kästen für zusätzliche Chiffrier- und Umkehrwalzen aus privater Hand erworben. Wegen des Befehls zur Vernichtung bei Feindannäherung blieben von den seinerzeit weitverbreiteten Maschinen nur wenige Exemplare erhalten.

CAROLA DAHLKE

Enigma M4 (Inv.-Nr. 1984-584)

Masse	11,43 kg
Zubehör	8 Walzen, 2 Umkehrwalzen
Theoretischer Schlüsselraum	60 176 864 903 260 346 841 600 000 (= 60 Quadrillionen Möglichkeiten, entspricht einer Schlüssellänge von fast 86 bit)

1945

Raketenwaffe Aggregat 4 (V2)

Heeresversuchsanstalt
Peenemünde

Am 27. März 1945 schlug eine der letzten als «Vergeltungswaffe 2» (V2) bezeichneten deutschen Großraketen nach über 300 km Flugstrecke in einem Wohnblock in London ein. Für 134 Männer, Frauen und Kinder kam der Tod ohne jede Vorwarnung. Radar konnte die mit Überschallgeschwindigkeit fliegenden Raketen nicht orten und kein Flugzeug konnte sie abschießen. Jede «V2» trug einen 975 kg schweren Sprengkopf. Insgesamt waren seit September 1944 mehr als 3000 «V2» von mobilen Abschussbasen in den Niederlanden und Deutschland abgefeuert worden. Bei ihren Angriffen auf England und Belgien forderten sie tausende Menschenleben. Bereits beim Bau dieser Raketen starben etwa 20 000 Zwangsarbeiterinnen und Zwangsarbeiter.

Anfänge der militärischen Raketenforschung in Deutschland

Die Idee für eine Terror-Rakete stammte nicht von den Nationalsozialisten. Schon die deutsche Reichswehr förderte in der Weimarer Republik die Raketentechnik, da diese vom Versailler Vertrag nicht eingeschränkt wurde. Die Militärs erhofften sich davon einen Ersatz für schwere Artilleriegeschütze, die Deutschland verboten waren. Schon damals sah die Reichswehr den Einsatz der Raketen gegen Großstädte wie Paris vor. Davon erwarteten sie sich nicht eine vollständige Zerstörung der Stadt, sondern vor allem einen demoralisierenden Effekt auf die Bevölkerung.

Von 1963 bis 1983 war die «V2» des Deutschen Museums im Treppenhaus nahe der Boschbrücke ausgestellt.

A4-Rakete beim Start vom Prüfstand VII in Peenemünde, 1943

Ende der 1920er-Jahre ermöglichte die Raumfahrteuphorie in der Weimarer Republik die schnelle Entwicklung einer militärisch einsetzbaren Rakete. Private Vereinigungen von Hobbyforschern begannen 1929 leistungsfähige Treibstoffe aus Ethanol und Flüssigsauerstoff herzustellen, die das bisher verwendete Schwarzpulver ersetzten und später auch als Antrieb der «V2» dienten. Das Heereswaffenamt ergriff 1932 die Kontrolle über die führende Hobbyforschergruppe, den Verein für Raumschiffahrt, dem auch Wernher von Braun (1912–1977) angehörte. Nachdem die Nationalsozialisten 1933 an die Macht gekommen waren, unterdrückte das Amt jegliche Aktivität anderer freier Raketenforschergruppen. Schließlich unterlag ab April 1934 die gesamte deutsche Raketenforschung der Geheimhaltung durch das NS-Propagandaministerium.

Die Heeresversuchsanstalt Peenemünde und das KZ Mittelbau-Dora

Im Zuge der massiven Aufrüstung wurde 1937 die Heeresversuchsanstalt Peenemünde auf der abgelegenen Ostseeinsel Usedom aus dem Boden gestampft. Dem Aufwand nach war dies vergleichbar mit dem Manhattan-Projekt der USA. Hier konnten Wissenschaftler die Flugbahnen der nach England abgeschossenen Raketen von Land aus verfolgen. Bereits 1936 stand die Grundkonfiguration der Rakete mit dem Namen «Aggregat A4» fest. Dennoch sahen sich der führende Konstrukteur von Braun und sein Forscherteam in den folgenden Jahren mit vielen Schwierigkeiten hinsichtlich der neuen Raketentechnologie konfrontiert. Darüber hinaus gab es Konkurrenzkämpfe um Fördermittel. Während sich in Stalingrad die Kriegswende abzeichnete, gelang am 3. Oktober 1942 der erste erfolgreiche Start einer A4. Die Testrakete flog über 5000 km/h schnell und erreichte mit einer Flughöhe von 85 km erstmals den Grenzbereich zum Weltraum – eine in der Raketenforschung bislang unerreichte Leistung. Die Steuerung der A4 über Gyroskope blieb jedoch so ungenau, dass nur Flächenziele wie Großstädte getroffen werden konnten. Schon die von Peenemünde aus abgefeuerten Testraketen töteten Frauen und Kinder in bewohnten Gebieten Polens.

Als die Luftwaffen der Alliierten im Laufe des Jahres 1943 deutsche Städte in immer größerem Ausmaß angriffen, propagierte Joseph Goebbels die neuen «Vergeltungs-» und «Wunderwaffen». Der Glaube an die innovative Raketentechnik weckte innerhalb der deutschen Gesellschaft die Hoffnung auf eine Kriegswende. Im August 1943 beendete ein schwerer Luftangriff der Alliierten auf Peenemünde die Pläne für die Massenproduktion und den Abschuss der nun als «V2» bezeichneten A4. Hitler hatte ihrer Serienfertigung kurz zuvor höchste Dringlichkeitsstufe erteilt.

Insgesamt blieb Peenemünde als militä-

Der Konstrukteur Wernher von Braun mit Offizieren der Wehrmacht, 1944

rischer Standort strategisch bedeutungslos und erwies sich wegen des enormen Ressourcenverbrauchs als Fehlinvestition. Das Hauptmontagewerk verlagerte die SS unter den Berg Kohnstein bei Nordhausen. Zwangsarbeiter mussten dort in mörderischer Sklavenarbeit riesige unterirdische Hallen in den Stein treiben. Hier entstand das Konzentrationslager Mittelbau-Dora, ein Außenlager des KZ Buchenwald. Zum Jahreswechsel 1943/44 begann in den Hallen die Montage der ersten «V2»-Raketen. Etwa 60 000 Häftlinge wurden während des anderthalbjährigen Bestehens von Dora zur Arbeit gezwungen. Die genaue Anzahl der Häftlinge, die bei der Fertigung von 6000 «V2» und anderen Waffen starben, ist nicht bekannt. Doch forderten unmenschliche Arbeits- und Lebensbedingungen, Folter und Mord in Dora-Mittelbau mindestens 20 000 Todesopfer.

Wernher von Braun und die «V2» im Deutschen Museum

Hier steht eine V2-Rakete im Mai 1946 auf dem Testgelände von White Sands in New Mexico.

Das Deutsche Museum erhielt die «V2» über Wernher von Brauns Kontakte zur Gesellschaft für Weltraumforschung. Die Rakete kam aus dem Redstone Arsenal bei Huntsville, Alabama, nach Deutschland. Es handelt sich um eine jener Raketen, die in den USA aus in Dora erbeuteten Teilen vervollständigt und bis 1952 in White Sands, New Mexico, erprobt wurden. Bis heute trägt sie den amerikanischen

schwarz-weißen Anstrich. Ob es sich um den Originalanstrich handelt, ist bisher unklar. Ursprünglich sollte diese «V2» in Stuttgart einem geplanten Raumfahrtmuseum übereignet werden. Als dieses Projekt scheiterte, erwarb das Deutsche Museum die Rakete 1962 und eröffnete im darauffolgenden Jahr die «Sonderschau Raketentechnik und Raumfahrt», in der erstmals eine vollständige «V2» ausgestellt wurde.

Wernher von Braun war Ende der 1950er-Jahre zur NASA gekommen, wo er seinen Traum vom Weltraumflug mit der Saturn-Mondrakete verwirklichte. Über seine SS-Vergangenheit und seine Kenntnis vom Häftlingseinsatz in Dora schwieg er; sein Ziel sei nur die friedliche Eroberung des Weltraums gewesen. Eine Mitverantwortung für die NS-Verbrechen sah er nicht, versuchte sie vielmehr zu vertuschen. Braun nutzte dafür auch das Deutsche Museum. Im Vorwort seines Buches *Damals in Peenemünde*, welches er 1963 parallel zur genannten Ausstellung veröffentlichte, verklärte er die «V2» zum direkten Vorläufer der Trägerraketen für die Raumfahrt. Tatsächlich aber hatte er die «V2» in den USA zunächst zu nuklearbestückten Interkontinentalraketen weiterentwickelt. Zeitgleich nutzte auch die Sowjetunion die «V2»-Rakete als Vorlage für den Bau eigener Waffensysteme und rekrutierte dazu ehemalige deutsche Raketenforscher. Erst diese militärischen Weiterentwicklungen der Terrorwaffe wurden zum Ausgangspunkt für den Wettlauf der beiden Supermächte um die Vorherrschaft im Weltraum und damit auch für die moderne Raumfahrt.

ANDREAS HEMPFER

Raketenwaffe Aggregat 4 «V2» (Inv.-Nr. 75528)

Hersteller	Elektromechanische Werke/Mittelwerk GmbH u. a., Nordhausen, 1944/45
Länge	14 m
Max. Abflugmasse	12 900 kg
Reichweite	285–330 km
Max. Flughöhe	90 km
Geschwindigkeit bei Aufschlag	ca. 3600 km/h
Schubkraft	270 kN
Treibstoff	Gemisch aus 75 % Alkohol und 25 % Wasser: 3710 kg
Oxidator	flüssiger Sauerstoff: 4900 kg
Sprengkopf	975 kg
Gestartete Raketen	3170

KÜCHE

Alltagshelfer im Wirtschaftswunder und Bilder aus der Nanowelt

BOSCH

1952

Küchenmaschine Bosch HM/KA1/220 B

Robert Bosch GmbH
Stuttgart

Einen Haushalt zu führen war über viele Jahrhunderte hinweg nicht nur zeitraubend, sondern auch körperlich äußerst anstrengend. Die Wäsche musste von Hand im heißen und kalten Wasser gewalkt und anschließend ausgewrungen werden. Der Boden wurde auf Knien geschrubbt und für die Versorgung einer großen Familie waren in der Woche einige Kilo Kartoffeln zu schälen und zu reiben. Schon im 19. Jahrhundert erleichterten einige mechanische Erfindungen die Hausarbeit ein wenig, so die Wäschetrommel mit Kurbel oder von Hand zu drehende Rührgeräte. Doch erst die 1950er-Jahre brachten mit der weitgehenden Elektrifizierung aller deutschen Haushalte frischen Wind in Küche, Bad und Keller. Wer es sich leisten konnte, ersetzte seine mechanischen nach und nach durch elektrisch betriebene Geräte. Dazu gehörten nicht nur Küchengeräte, wie Kühlschrank und Tiefkühltruhe, sondern vor allem auch Waschmaschine und Staubsauger, die die tägliche Arbeit deutlich erleichterten.

Gerührt und geschnitten im Handumdrehen

Einer dieser «Alltagshelfer», die Küchenmaschine Bosch HM/KA1/220 B, kam 2010 über eine private Schenkung ins Deutsche Museum. Sie war erstmals in der Sonderausstellung «Geliebte Technik der 1950er Jahre» (2010 bis 2012) zu besichtigen, wo sie bei vielen Besucherinnen

Als in der Küche die modernen Zeiten begannen: Küchenmaschine «Neuzeit I»

und Besuchern nostalgische Erinnerungen weckte. Die Robert Bosch GmbH hatte das Gerät 1952 auf den Markt gebracht, zunächst mit einem emaillierten Gehäuse, das später zusammen mit anderem Zubehör durch Kunststoff- oder Edelstahlteile ersetzt werden sollte. Um zu unterstreichen, wie hochmodern dieses Gerät war, wurde es von Bosch ab 1962 unter dem Namen «Neuzeit I» vertrieben.

Die 400 Watt starke Küchenmaschine war dank umfangreichen Zubehörs allen Herausforderungen gewachsen: Mit ihr konnte man wahlweise rühren, kneten, hacken, pürieren, schnitzeln, reiben oder mahlen. Bei der Gestaltung des technischen Innenlebens kamen den Konstrukteuren bei Bosch ihre Erfahrungen aus der Entwicklung von Elektrowerkzeugen zugute. Die Küchenmaschine sollte stabil und funktional sein und dabei auch hohen ästhetischen Ansprüchen genügen. Die Mühe lohnte sich – auf der Deutschen Industriemesse in Hannover wurde sie 1956 als «formschönes Industrieerzeugnis» ausgezeichnet.

Da kommt Freude auf: Titelbild der Bedienungsanleitung

Alles neu – und manches noch beim Alten

Im Zuge des Wirtschaftswunders wuchs die Experimentierfreude in der Küche – und mit den modernen Geräten kamen auch neue Rezepte auf. In den Einbauküchen der 1950er-Jahre, die meist mit farbigen Resopal-Schichtplatten verkleidet waren, wurden bislang unbekannte Leckereien zubereitet: Käseigel (igelförmig angeordnete Käse-Frucht-Spieße), Fliegenpilzeier (hartgekochte Eier mit Tomatenhut und Mayonnaisetupfen) und Kalter Hund (geschichtete, mit Kakaocreme bestrichene Butterkekse). Der erste deutsche Fernsehkoch Clemens Wilmenrod (1906–1967) machte seinem Publikum den noch heute bekannten Toast Hawaii schmackhaft. Die Einfuhr von Südfrüchten und aus dem Urlaub mitgebrachte Rezepte bereicherten zusätzlich den Speiseplan.

Zu Beginn der 1950er-Jahre lebten viele Familien jedoch noch in kleinen Übergangswohnungen und konnten sich elektrische Haushaltshelfer und kulinarisch Exotisches nicht leisten. Daher blieben mechanische Geräte, wie Kaffeemühle oder Brotschneidemaschine, die man über eine kleine Handkurbel bediente, weiterhin in Gebrauch. In den folgenden zehn bis fünfzehn Jahren konnten die meisten Familien ihre Wohnsituation verbessern und sich mehr und bessere Nahrungsmittel und Kleidung leisten. Waren die Grundbedürfnisse erst einmal gedeckt, ging es ans Sparen für die Anschaffung der gewünschten neuen Haushaltsgeräte – vielleicht auch für eine Küchenmaschine Bosch HM/KA1/220 B.

Immer mehr, immer schneller, immer besser?

Inzwischen bekommt man bei uns nicht nur eine sehr viel größere Auswahl an unterschiedlichsten Lebensmitteln und Rezepten als in den 1950er-Jahren, auch das Angebot an Küchengeräten hat sich vervielfacht. Heutige Küchenmaschinen vereinen weiterhin mehrere Funktionen in sich, bieten dabei aber mehr Abstufungen an: So können teure Geräte beispielsweise sowohl schwere Brotteige als auch lockere Hefeteige auf den Punkt zubereiten. Mit bis zu 1600 Watt verfügen neue Gerätemotoren im Vergleich zur Bosch HM/KA1/220 B über ein Vierfaches an Leistung und sind zudem deutlich leiser. Extras wie Temperaturregelung oder Timer sind längst selbstverständlich. Doch die Kreativität von Koch oder Köchin beim Zubereiten der Speisen können die Nachfolgerinnen der «Neuzeit I» auch knapp siebzig Jahre später nicht ersetzen.

MARGHERITA KEMPER

Küchenmaschine Bosch HM/KA1/220 B – «Neuzeit I» (Inv.-Nr. 2010-0002)

Maße (L × B × T))	235 × 270 × 430 mm
Masse	10,6 kg

Polzer
DDT
Polzer
sechsagamm
DDT
EIN ORIGINAL Polzer

1955

Zerstäuber für das Schädlingsbekämpfungsmittel DDT

H. J. Polzer
Wien

Um Pflanzen vor Befall mit Schadinsekten zu schützen und die Ernteerträge zu sichern, setzten Landwirte bereits seit Ende des 19. Jahrhunderts auf Feldern, im Forst und in Obstbaumpflanzungen synthetisch hergestellte Insektizide ein. Die seinerzeit verwendeten Mittel enthielten in vielen Fällen blei- und arsenhaltige Verbindungen. Als Fraßgift mussten sie von den Insekten mit der Nahrung aufgenommen werden. Schon damals hatte man immer wieder die missliche Erfahrung gemacht, dass nach dem großflächigen Ausbringen dieser toxischen Substanzen Tiere verendeten. Früchte und Pilze, die von den Mitteln «getroffen» wurden, konnten wegen ihres Schwermetallgehalts nicht mehr verzehrt werden.

Ein vermeintlich ideales Insektizid

Um Ersatz für diese überaus problematischen Präparate zu finden, begannen einige große Chemiekonzerne in den 1930er-Jahren gezielt nach organisch-chemischen Insektenvernichtungsmitteln zu suchen, die keine Schwermetalle mehr enthielten. In der Schweizer Firma Geigy testete der Chemiker Paul Müller (1899–1965) daher hunderte organisch-chemische Verbindungen auf ihre insektizide Wirkung. Im Jahr 1939 prüfte er die bereits in winzigen Dosen wirksame Substanz DDT

Blechzerstäuber für DDT, zum Einsatz gegen lästige oder schädliche Insekten

(Dichlordiphenyltrichlorethan), die fast alle Schadinsekten vernichtete, ohne für Warmblüter, also den Menschen, Säugetiere und Vögel, unmittelbar giftig zu sein. Da die Verbindung sehr langlebig und schwer abbaubar war, genügte es, sie ein einziges Mal auszubringen, um eine wochenlang anhaltende Wirkung zu erzielen. Von Vorteil schien auch, dass sie als Kontaktinsektizid schon durch bloße Berührung wirkte und nicht – wie die schwermetallhaltigen Insektizide – erst gefressen werden musste. Da sich das DDT zudem billig herstellen ließ, glaubte man, endlich das lang gesuchte ideale Insektenvertilgungsmittel gefunden zu haben.

Der Einsatz gegen Insekten – und ein Nobelpreis

Seit 1942 wurde DDT in großen Mengen industriell produziert. Unter dem Namen Gesarol kam es als Pflanzenschutzmittel auf den Markt. Unter der Bezeichnung Neocid wurde es gleichzeitig auch als Hygieneschutzmittel verkauft, das man zum Beispiel einsetzte, um Schadinsekten wie Kleider-, Filz- und Kopfläuse zu vernichten. Während des Zweiten Weltkriegs war der Bedarf an DDT besonders hoch, da man es unter anderem verwendete, um den Ausbruch von Seuchen in den eroberten Gebieten oder in Gefangenenlagern zu verhindern. Die Firma Geigy konnte die große Nachfrage nicht mehr alleine decken und vergab folglich Auslandslizenzen. So kamen 1942 nicht nur die USA, Großbritannien und Japan in den Besitz von DDT, sondern auch das Deutsche Reich. Während das DDT dort bis 1945 nur eine geringe Rolle spielte, nutzten die USA es bei zahlreichen Einsätzen in den Tropen als Mittel gegen die Überträger der Malaria, die Anopheles-Mücken.

Aus Angst vor Typhusepidemien führten die Amerikaner nach Kriegsende in Europa große Entlausungsaktionen mit DDT durch, etwa bei der Befreiung der nationalsozialistischen Konzentrationslager. In Italien gelang es in den frühen Nachkriegsjahren, die Malaria durch den Einsatz von DDT vollständig auszurotten. Vor dem Hintergrund dieser Erfolge galt die Substanz damals als großer Helfer im Kampf gegen Krankheiten, die durch Insekten übertragen wurden. So war es nur folgerichtig, dass Paul Müller 1948 für die Entdeckung der insektiziden Wirkung des DDT den Nobelpreis für Physiologie und Medizin erhielt.

Ein Sprühfahrzeug bei der Arbeit auf einem Kartoffelfeld in der Nähe von Rochester, Kent. Dort wurden Ende der 1940er-Jahre insgesamt etwa 20 Tonnen DDT pro Woche ausgebracht.

In den 1950er-Jahren begann die neu gegründete Weltgesundheitsorganisation WHO die Substanz in ihrem «Malaria-Ausrottungsprogramm» einzusetzen. In Afrika, Asien und Südamerika erkrankten damals jährlich etwa 300 Millionen Menschen an dieser Infektionskrankheit und ein bis zwei Millionen starben. 1972 musste die WHO jedoch das Scheitern ihres Programms eingestehen: Fast überall waren die Anopheles-Mücken resistent gegen DDT geworden.

Ein langwieriger Prozess: die Interpretation der beobachteten Schäden

Auf den riesigen Monokulturen in den USA wurde das DDT in den 1950er- und 1960er-Jahren in enormen Mengen als Insektizid ausgebracht, oft mit dem Flugzeug. Beim großflächigen Versprühen bewirkte die Windabdrift allerdings, dass die schlecht abbaubare Verbindung auch in Gebiete gelangte, die weit vom eigentlichen Zielort entfernt waren. In den 1950er-Jahren wurde allmählich deutlich, dass DDT auf vielerlei Weise störend in das ökologische Gleichgewicht eingriff. Einige Vogelarten, etwa der Weißkopfseeadler, und bestimmte Wildtiere bekamen deutlich weniger Nachwuchs, was Biologen auf den massiven DDT-Einsatz zurückführen konnten. Als Breitbandpestizid tötete die Substanz zudem viele nützliche Insekten, etwa Marienkäfer oder Bienen. Das fett-

I am
Cox's
D.D.T.
Parrot
Perch me in your room and I will kill all those flies.
THIS IS A GENUINE
Cox's
D.D.T. PARROT
Cox's D.D.T. Parrot is Guaranteed 100 per cent. impregnated
Registered Trade Mark
No. 662951
Sole Mftrs. JAMES COX & CO.,
D.D.T. Works
368, Northolt Road
South Harrow, Mdx.

lösliche DDT lagerte sich außerdem im Fettgewebe von Tieren ab und gelangte über die Nahrungskette letztlich auch in den menschlichen Körper. Als man schließlich sogar in der Muttermilch DDT-Rückstände fand, wurde die Befürchtung laut, dass die Einnahme kleinster Mengen langfristig auch für den Menschen, besonders für Babys und Kleinkinder, problematische Folgen haben und möglicherweise Krebs verursachen könnte. Denn Tierversuche hatten gezeigt, dass Mäuse, die hohen DDT-Konzentrationen ausgesetzt waren, eher an Leberkrebs erkrankten als unbehandelte Kontrolltiere. Die Furcht vor möglichen Krebserkrankungen wurde auch deshalb artikuliert, weil die Bevölkerung in den 1950er- und 1960er-Jahren chemische Fremdstoffe in Lebensmitteln kritisch zu bewerten begann, besonders die Nutzung von Lebensmittelfarbstoffen und Konservierungsmitteln. Zeitgleich gerieten auch die Pflanzenschutzmittel und deren Abbauprodukte in die öffentliche Kritik.

Mit DDT imprägniertes, aufhängbares Fliegenpapier in Form eines gelb-rot gefiederten Papageis, 1950er-/1960er-Jahre

Proteste und Verbot

Zunehmend entpuppten sich die Eigenschaften des DDT, die man zunächst für ideal gehalten hatte, als hochproblematisch, vor allem seine Langlebigkeit und seine Breitbandwirkung. Die für Menschen befürchteten Schäden konnten zwar nie durch belastbare Beweise bestätigt werden – DDT wird heute als «für den Menschen möglicherweise karzinogen» klassifiziert. Doch die Gefährdung des Ökosystems durch den Einsatz von DDT ist seit langem unumstritten.

1962 prangerte die amerikanische Biologin Rachel Carson (1907–1964) in *Der stumme Frühling (Silent Spring)* den Missbrauch des DDT an. Das Buch schlug sofort ein. Es führte dazu, dass auch die breite Öffentlichkeit auf die Folgen des Einsatzes synthetischer Pestizide aufmerksam wurde, die man bis dahin in riesigen Mengen und weitgehend bedenkenlos verwendet hatte. «Wir vergiften die Köcherfliegen in einem Bach», schreibt Carson,

> «und die Lachszüge schwinden dahin. Wir vergiften die Mücken in einem See, und das Gift wandert von einem Glied der Futterkette zum nächsten, und bald fallen ihm die Vögel am Ufer des Sees zum Opfer. Wir sprühen unsere Ulmen, und im nächsten Frühling ist der Gesang der Wanderdrosseln verstummt; nicht weil wir die Wanderdrosseln selbst mit einem Sprühmittel töteten, sondern weil das

Gift Schritt für Schritt in dem uns nun schon vertrauten Kreislauf vom Ulmenblatt zum Regenwurm und zur Wanderdrossel gelangte. Dies sind verbürgte Vorkommnisse, die sich beobachten lassen und einen Teil der sichtbaren Welt bilden, die uns umgibt. Sie spiegelt das Gefüge des Lebens – oder des Todes – wider, das die Wissenschaftler als Ökologie bezeichnen.»

Ihr Buch war die Initialzündung der Umweltbewegung: die Meeresbiologin Rachel Carson

Carsons Buch war die Initialzündung der «ökologischen Revolution» auf der ganzen Welt. Im Jahr 1972 sah sich die Politik schließlich gezwungen, zu reagieren: Herstellung und Anwendung des DDT wurden nicht nur in Deutschland, sondern auch in vielen anderen Industrieländern der Welt verboten.

Der Zerstäuber für das Insektenschutzmittel DDT steht für den massiven Einsatz der Chemikalie in privaten Haushalten, wo das Mittel in den 1950er-Jahren in großem Stil verwendet wurde, um lästige Insekten wie Mücken, Fliegen, Motten, gelegentlich auch Flöhe, Läuse, Wanzen oder Kakerlaken zu bekämpfen. Das Objekt wurde 1999, anlässlich des bevorstehenden sechzigsten Jahrestages der Entdeckung der insektiziden Eigenschaften des DDT, für wenig Geld auf einem Flohmarkt in Österreich erworben. Es sollte in einer aus Anlass des «Jubiläums» geplanten Kabinettausstellung über die Geschichte des DDT als Exponat verwendet werden. Dieses Ausstellungsprojekt wurde allerdings nie in die Tat umgesetzt. Die damalige Museumsleitung befürchtete, mit der Thematisierung des jahrzehntelang im Fokus der Öffentlichkeit stehenden Pestizids, dessen Risikobewertung auch im Jahr 1999 – vor allem unter älteren Chemikern – noch sehr kontrovers diskutiert wurde, unbeabsichtigt zwischen die Fronten zu geraten.

Eineinhalb Jahrzehnte später wurde der Zerstäuber aber doch noch öffentlich gezeigt. In der von 2014 bis 2016 gezeigten Sonderausstellung «Willkommen im Anthropozän. Unsere Verantwortung für die Zukunft der Erde» erhielt das Objekt einen prominenten Platz in der Ausstellungseinheit «Natur». Dort repräsentierte es die massiven Eingriffe des Menschen in das Ökosystem.

ELISABETH VAUPEL

DDT-Zerstäuber (Inv.-Nr. 2000-430)

Maße (H × B × T)	120 × 80 × 340 mm
Masse	181 g
Material	Weißblech; Holzgriff

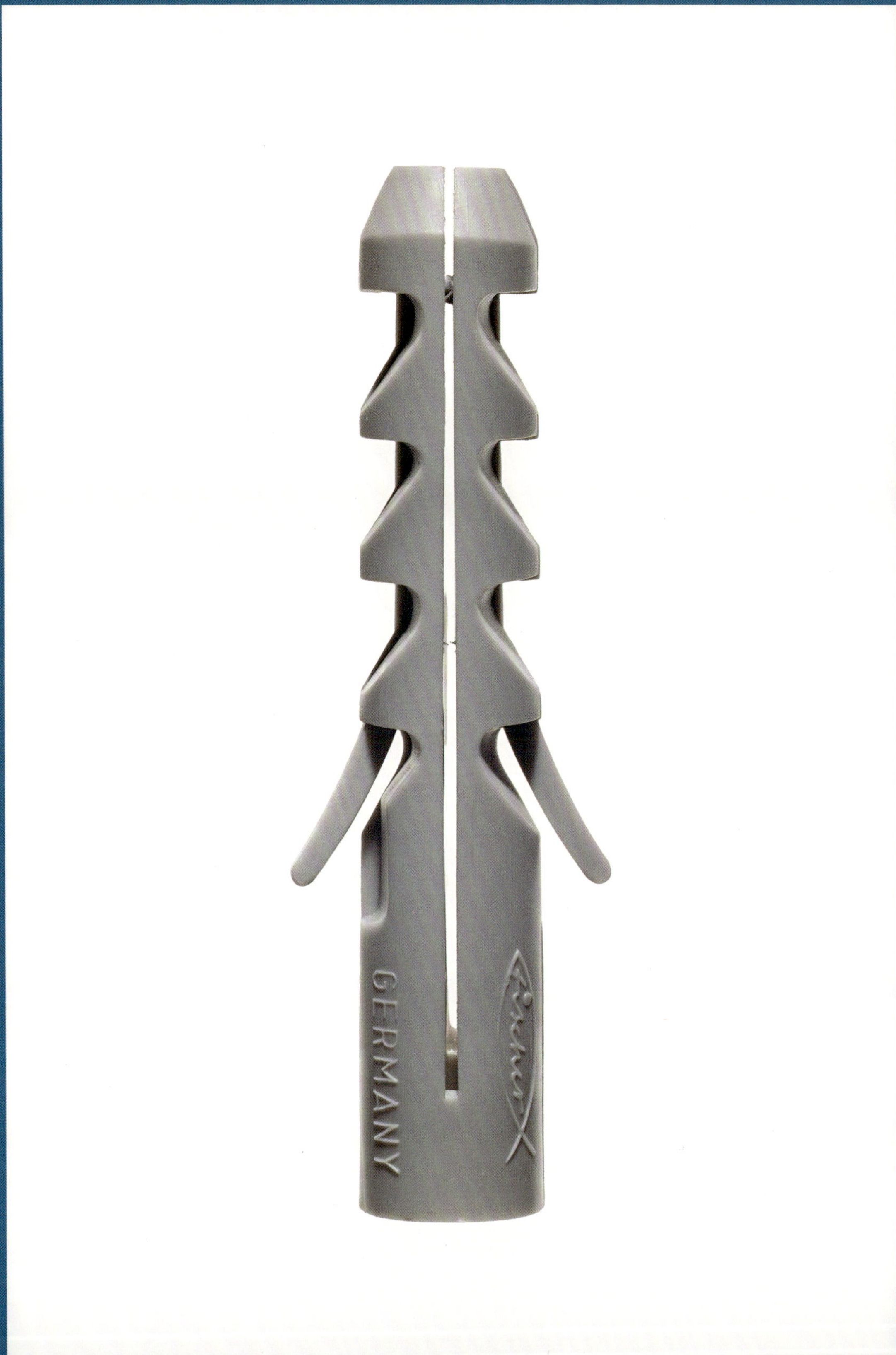
GERMANY

1957

S-Dübel

Artur Fischer
Waldachtal-Tumlingen

Aus unerfindlichen Gründen verschwanden um 1956 die handelsüblichen Dübel englischer Herkunft vom Markt. Mit diesen Blechhülsen, in die jeweils eine Schnur eingearbeitet («eingebördelt») war, hatten Handwerker jahrzehntelang Schrauben in Wänden befestigt. Das Aus der Blechhülsen war für Artur Fischer (1919–2016) kein Verlust, sondern ein Ansporn. Er erinnerte sich an seine Lehrzeit in einer Schlosserei, an die mühevolle Herstellung von Löchern in zu festen oder zu bröseligen Wänden und an diese untauglichen Dübel, die trotz aller Mühe den Schrauben nur ungenügenden Halt boten. Nicht zum ersten Mal stachelten Ärger und Unbehagen ihn zum Tüfteln an. Er optimierte die Form des Dübels im Experiment, überdachte Herstellungstechniken mit Kunststoff und hatte schließlich einen Dübel entworfen, der seinen Ansprüchen genügte. In einem späteren Interview erzählte Artur Fischer, der mit 570 allein in Deutschland erteilten Patenten und noch mehr Gebrauchsmustern als der erfolgreichste deutsche Erfinder gilt:

> «Durch diesen Mangel wurde ich damals auf dieses Thema gebracht, was allerdings ganz außerhalb unserer damaligen Fertigungslinie – Fotoblitzer und Feinmechanik – lag. Die Geburt unseres Fischer-Dübels ‹S› entsprang einer ‹Samstagnachmittagsidee›. Er bestand zunächst aus einem ‹Anguss› aus Polyamid, wie er bei der Spritzgussverarbeitung von Teilen anfiel, die wir zur Fertigung einer Filmwand für Agfa erprobten. Der Werkstoff war für hohe Ansprüche überzeugend – sein Preis allerdings auch! Mit Feile, Säge und

Eine «Samstagnachmittagsidee»: der Fischer-Dübel

Bohrer entstand ein handgeschnitztes Modell, dessen Haltekraft am Samstagabend mindestens so überzeugend war wie die Einfachheit seiner Herstellung.»

Der Dübel bekommt seine Farbe und wird patentiert

Die ersten ausgelieferten Fischer-Dübel waren schwarz, doch Artur Fischer meinte, dass ihre Farbe besser den Arbeitsmänteln der Handwerker nachempfunden sein sollte, da Grau die handwerkliche Alltagstüchtigkeit repräsentiere.

Dank vieler nützlicher Eigenschaften ist der Fischer-Dübel ideal für seine Zwecke. Aufgrund der beiden seitlichen Spalten spreizt sich der Dübel auf, sobald man eine Schraube hineindrückt – das «S» im Namen steht für «Spreizdübel». Er ist gezahnt, damit er sich in hartem oder weichem Material «festbeißen» kann. Wenn eine Schraube eingedreht wird, verklemmt der Dübel sich zudem mit zwei Widerhaken im Loch, sodass er sich beim Montieren nicht mehr drehen kann.

Am 8. November 1958 bescheinigte das Deutsche Patentamt in München Artur Fischer diese Technik – mit einer Patentschrift für den «Fischerdübel S».

Kleiner Dübel, große Folgen

Doch es sollte nicht allein bei dieser von Profis und Heimwerkern gleichermaßen geschätzten Erfindung bleiben. Weil besondere Aufgaben immer speziellere Lösungen erforderten, tüftelte Artur Fischer weiter an innovativen Befestigungssystemen. So entwickelte er Ende der 1960er-Jahre Dübel zur Fixierung von Knochen nach Knochenbrüchen. Der Küchenchef der Werkskantine spielte dabei eine wichtige Rolle. Das Fleisch durfte er gerne verwenden, die Knochen aber musste er so lange ans Entwicklungsteam «Knochendübel» abgeben, bis am 29. Dezember 1969 das erste Patent für das «Verbindungselement für Knochenfrakturen» erteilt war. 1987 erhielt Artur Fischer außerdem ein Patent für den weltweit ersten uneingeschränkt zugzonentauglichen Bolzenanker, mit dessen Hilfe auch Schwerstlasten sicher verankert werden können. Eine seiner komplexesten Erfindungen ist das Zykon-Hinterschnittsystem, für das er 1990 das Patent erhielt und das etwa bei der Befestigung der Kabeltrassen im Eurotunnel eine tragende Rolle spielt.

Artur Fischers Erfinderkarriere begann mit einem Synchronblitzgerät, das von der Firma Agfa unter dem Namen Agfalux vertrieben wurde. Dieses Blitzgerät war mit dem Auslöser der Kamera synchronisiert, sodass erstmals der Blitz nicht wie zuvor unabhängig von der Kamera, sondern gleichzeitig mit deren Verschluss ausgelöst wurde. Weil Artur Fischer auch bei Kindern und Jugendlichen das Interesse an Technik und ihren Erfindungsgeist wecken wollte, entwickelte er für sie Experimentierbaukästen, mit denen sich unendlich viele Geräte bauen lassen, darunter auch eine Pumpe, die mit einer Solarzelle betrieben wird. Anlässlich seines 95. Geburtstags 2015 kommentierte Artur Fischer seine erfolgreiche Karriere als Erfinder gegenüber dem Magazin *Der Spiegel:* «Man soll das machen, was einem gerade einfällt und was man braucht. Das Erfinden geht durch die Seele. Die Seele ist zugleich Empfänger und Sender. Wir sind ein Teil der Schöpfung, deswegen können wir mit ihr umgehen und uns zur Aufgabe machen, schöpferisch zu sein. Das ist alles.»

Vor allem Fischers graue S-Dübel mit dem einprägsamen Firmenemblem sind heute zum universellen Markenzeichen geworden. In den Fischerwerken werden täglich 14 Millionen Dübel produziert, die in alle Welt gehen, um dort den Menschen beim sicheren Befestigen von Gegenständen zu helfen. 1995 präsentierte Artur Fischer seine Erfindungen im Deutschen Museum Bonn. Seitdem ist dort eine großformatige Nachbildung des Spreizdübels zu sehen, wie er heute in jedem Baumarkt erhältlich ist.

DIRK BÜHLER

Fischer Dübel S 8, Nylon (Inv.-Nr. 1995-46)

Maße (L × D)	40 × 8 mm

D-8258

1957

Segelflugzeug fs 24 Phönix

Richard Eppler und Hermann Nägele / Akademische Fliegergruppe Stuttgart

Der Jungfernflug des ersten in Faserverbundbauweise gefertigten Segelflugzeugs verlief unspektakulär: In der schwachen Herbstthermik startete Hermann Nägele (1925–1996) am 27. November 1957 als erster Pilot der fs 24 vom Flugplatz Schweighofen bei Ulm. Erstaunlich lange, länger als andere Segelflieger, hielt er sich in der Luft.

So unaufgeregt dieser Flug auch war, er sollte den Flugzeugbau grundlegend verändern. Wie in den Jahren nach dem Ersten Weltkrieg war den Deutschen auch nach 1945 der Bau motorisierter Flugzeuge zunächst verboten. Die Konstruktion von Segelflugzeugen wurde so zu einem beliebten Experimentierfeld der Ingenieure. Um die aerodynamischen Möglichkeiten moderner Tragflügelprofile wirklich nutzen zu können, war eine Oberflächengüte erforderlich, die fertigungstechnisch mit den herkömmlichen Methoden des Holz- oder Metall-Leichtbaus nicht zu erzielen war. Mitte der 1950er-Jahre wurden zwar noch arbeitsintensive Versuche unternommen, mit technischen Tricks und endlosem Schleifen extrem glatte Oberflächen zu erzeugen, doch der Aufwand war für größere Serien wirtschaftlich nicht vertretbar. Flugzeuge wie etwa die von Haase-Kensche-Schmetz konstruierte HKS 3 im Deutschen Museum blieben bewunderte Einzelstücke.

Da war es noch im Einsatz – das erste Kunststoffflugzeug.

Ein neues Material erfordert neue Bauweisen

Seit 1951 experimentierten Hermann Nägele und Richard Eppler (1924–2021) bei der Akademischen Fliegergruppe Stuttgart mit formgebenden Schalen aus tropischem Balsaholz und verleimten Papierlagen als Stützstoff, um auf diese unkonventionelle Weise ebenfalls glatte Oberflächen zu erzeugen. Als sie dann jedoch von einem neuen Material erfuhren, verbrannten sie ihren ersten Bauversuch. Schon bald darauf nahmen sie ihre Arbeiten aber wieder auf und entwickelten ihn zur fs 24 Phönix weiter. Der Wunderstoff, der den Flugzeugbau revolutionierte, heißt glasfaserverstärkter Kunststoff (GFK) und hat zahlreiche Vorteile. Der Harzanteil (zunächst Polyester, später auch Epoxyd) ermöglichte die ersehnten glatten Flächen, und zusammen mit den einlaminierten Glasfasermatten (später zusätzlich leichtere und festere Kohle- und Aramidfasern) erlaubt er die Gestaltung nahezu jeder beliebigen Form. Darüber hinaus erfüllte der Materialmix alle Anforderungen des Leichtbaus an Festigkeit und Gewicht.

Es gab jedoch kaum Erfahrungen mit der Bauweise, und so besannen sich die Konstrukteure wieder auf die Balsaschalen mit den geleimten Papierlagen aus ihrem ursprünglichen Experiment. Ein ähnliches «Sandwich», also eine schichtweise Verbindung tragender Schalen mit einem stützenden Füllstoff, kam schließlich auch beim Bau des Phönix zum Einsatz.

Der manuelle Aufbau von außen nach innen ist bis heute gleich geblieben. Grundlage ist eine Form, die zunächst von einem Positiv-Urmodell abgenommen werden muss. In ihr entsteht schichtweise das Bauteil, sei es ein halber Flügel, ein halber Rumpf oder eine halbe Leitwerksfläche. Erster Schritt ist die weiß eingefärbte Oberfläche («Gelcoat» genannt), in die – den erforderlichen Festigkeiten entsprechend – mit dem Harz getränkte Fasermatten, meist diagonal, eingelegt werden. Einem Stützstoff (anfangs das erwähnte Balsaholz, heute meist ein Kunststoffschaum) folgt die innere faserverstärkte Kunststoffschicht. Nach dem in der Regel thermisch unterstützten Aushärten werden die Halbschalen unter Einsatz nur weniger Stege oder Rippen als Versteifungselemente miteinander verklebt.

Der Urahn schneller Segelflugzeuge – und des Airbus A350 XWB

Bei den Deutschen Meisterschaften im Segelflug 1959 in Karlsruhe belegte die fs 24 mit Rudolf Lindner (1931–2008) am Steuerknüppel den fünften, drei Jahre später in Freiburg den ersten Platz. Richard Eppler, der Aerodynamiker des Konstrukteur-Duos, hatte für das Flugzeug ein Tragflügelprofil entworfen, das zusammen mit dessen geringer Leermasse von nur gut 160 Kilogramm bei 16 Metern Spannweite vor allem gute Langsam- und Kreisflugeigenschaften besaß, für den Schnellflug aber weniger günstige Voraussetzungen bot.

Tatsächlich ging der Entwicklungstrend sehr bald in eine andere Richtung, denn die neuen Laminarprofile ermöglichten zusammen mit der GFK-Bauweise vor allem immer schnellere Segelflüge. So wurde von dem ersten Kunststoff-Segelflugzeug der Welt, das wohl auch das erste Kunststoff-Flugzeug überhaupt war, nur eine Kleinserie von sieben Exemplaren in leicht modifizierter Form gefertigt. Doch durch die neuartige Kunststoffbauweise, die heute zunehmend Einzug in den Bau von Großflugzeugen wie des Airbus A350 XWB oder des Eurofighters hält, gewann die fs 24 Phönix besondere Bedeutung für die Geschichte des Flugzeugbaus. Als Stiftung des damaligen Werkflugvereins Laupheim von Messerschmitt-Bölkow-Blohm (MBB) hat sie seit 1978 einen Platz in der Sammlung des Deutschen Museums.

ROBERT KLUGE

fs 24 Phönix (Inv.-Nr. 1978-357)

Spannweite	16,00 m
Länge	6,84 m
Flügelstreckung	17,8 m
Rüstmasse	164 kg
Gleitzahl	40 (bei 78 km/h)
Geringstes Sinken	0,49 m/s (bei 68 km/h)

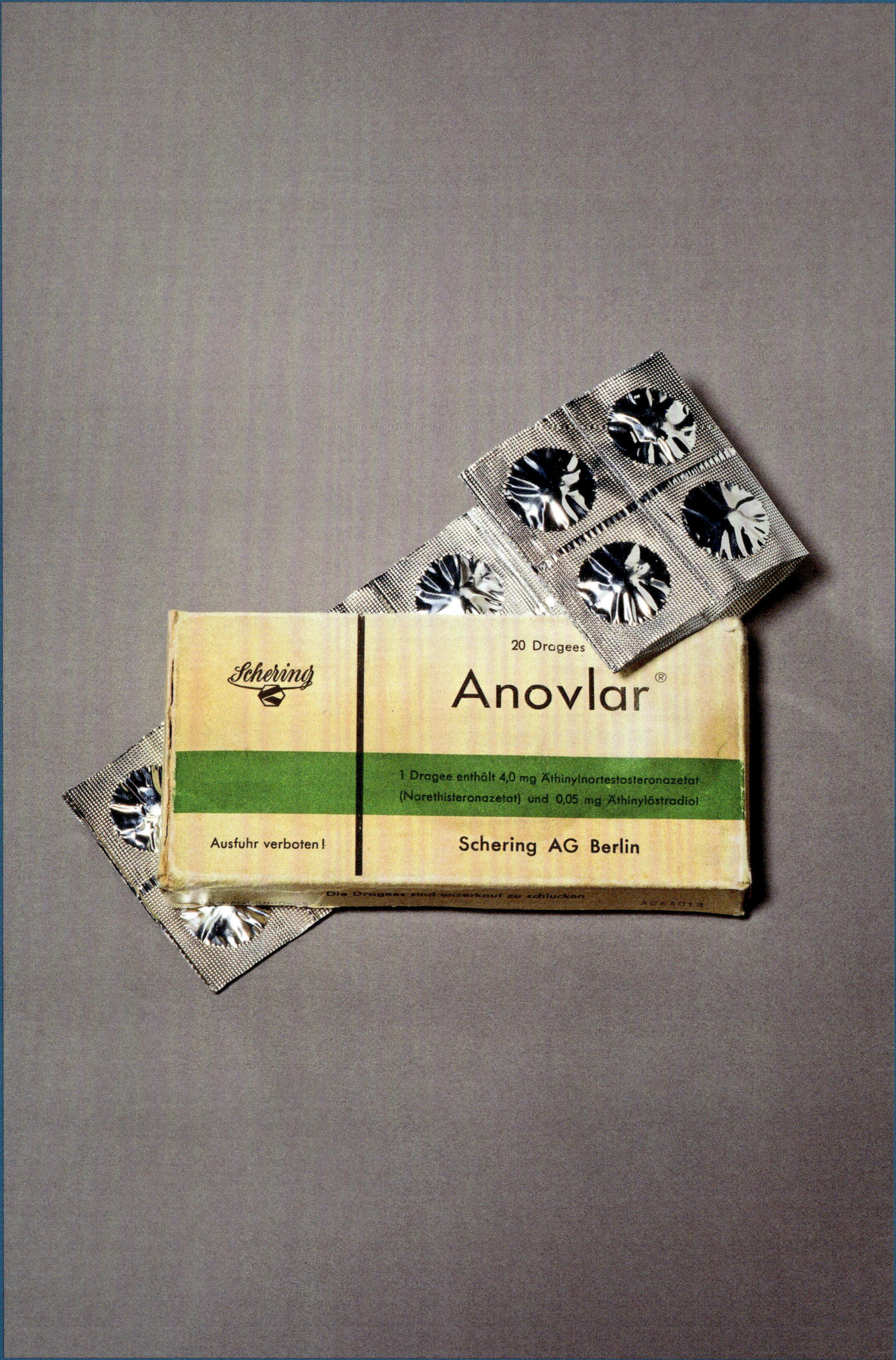
Schering
20 Dragees
Anovlar®
1 Dragee enthält 4,0 mg Äthinylnortestosteronazetat
(Norethisteronazetat) und 0,05 mg Äthinylöstradiol
Ausfuhr verboten!
Schering AG Berlin

1961

Verhütungsmittel Anovlar

**Schering AG
Berlin**

Wie wir aus antiken Schriften wissen, versuchten Frauen bereits im Alten Ägypten und in Griechenland, eine ungewollte Schwangerschaft gezielt zu verhindern. Unter anderem galt die Einnahme von Krokodildung, Ochsengalle oder Kaulquappen als geeignetes Mittel. Auch Turnübungen nach dem Beischlaf, wie beispielsweise neunmaliges Rückwärtshüpfen in Kombination mit heftigem Niesen, wurden zur Empfängnisverhütung empfohlen. Mitte des 17. Jahrhunderts kamen dann Kondome aus Schafsdarm auf, welche die bis dahin üblichen, aber nicht sehr zuverlässigen Stoffkondome ersetzten und etwas höhere Chancen für eine erfolgreiche Verhütung boten.

Ein gänzlich sicheres Verhütungsmittel wurde jedoch erst im 20. Jahrhundert durch die neuen Erkenntnisse über Hormone und deren Biochemie entwickelt. Am 1. Juni 1961 kam das Hormonpräparat Anovlar, heute umgangssprachlich «die Pille», auf den deutschen Markt. Die leuchtend grünen Dragees wurden nach ihrer Zulassung fast ausschließlich als Medikament zur Behandlung von Beschwerden, beispielsweise Regelschmerzen, verschrieben. Zunächst war die Verhinderung von Schwangerschaften nur als «unerwünschte Nebenwirkung» aufgeführt. Bald jedoch wurde diese Wirkung als entscheidende Eigenschaft der Dragees geschätzt: «Wenn es die Pille schon zu meiner Zeit gegeben hätte, ich hätte sie samt der Schachtel gegessen», zitiert die Schering AG eine ältere Dame und Mutter von sechs Töchtern.

1961 begann eine grüne Pille unser Leben zu verändern.

Anfangs bekamen nur verheiratete Frauen, die bereits zwei Kinder zur Welt gebracht hatten, Anovlar verschrieben. Schon bald jedoch erhielten auch unverheiratete Frauen das Präparat, um mit seiner Hilfe den Zeitpunkt einer möglichen Schwangerschaft selbst kontrollieren zu können.

1964 entwickelte die Schering AG die noch heute übliche Kalenderpackung.

Die «Väter» der Antibabypille

Die Frage nach dem Entdecker der Pille ist nicht einfach zu beantworten: Im Lauf der Zeit haben mehrere Wissenschaftler zu ihrer Entwicklung beigetragen. Schon im Jahr 1921 veröffentlichte der österreichische Physiologe Ludwig Haberlandt (1885–1932) entscheidende Forschungsergebnisse. Er hatte entdeckt, dass bei Schwangeren Sexualhormone aus den Eierstöcken freigesetzt werden, die weitere Eisprünge unterdrücken (Anovulation), wodurch eine zusätzliche Schwangerschaft verhindert wird.

Einige Jahre später identifizierte der deutsche Biochemiker Adolf Butenandt (1903–1995) die entsprechenden Sexualhormone als Östrogene und Gestagene, wofür er 1939 den Nobelpreis erhielt. Die beiden Chemiker der Schering AG, Hans-Herloff Inhoffen (1906–1992) und Walter Hohlweg (1902–1992), entdeckten die chemische Struktur dieser natürlichen Sexualhormone und entwickelten schließlich 1938 ein bis heute zur Empfängnisverhütung eingesetztes, synthetisches Östrogen (Ethinylestradiol).

Neben diesem Wirkstoff enthält Anovlar auch ein chemisch hergestelltes Gestagen (Norethisteronacetat), dessen Entwicklung auf den Chemiker Carl Djerassi (1923–2005) zurückgeht. Zusammen mit seinen Kollegen Gregory Pincus (1903–1967) und John Rock (1890–1984) hatte er das amerikanische Pendant zu Anovlar namens Enovid entwickelt.

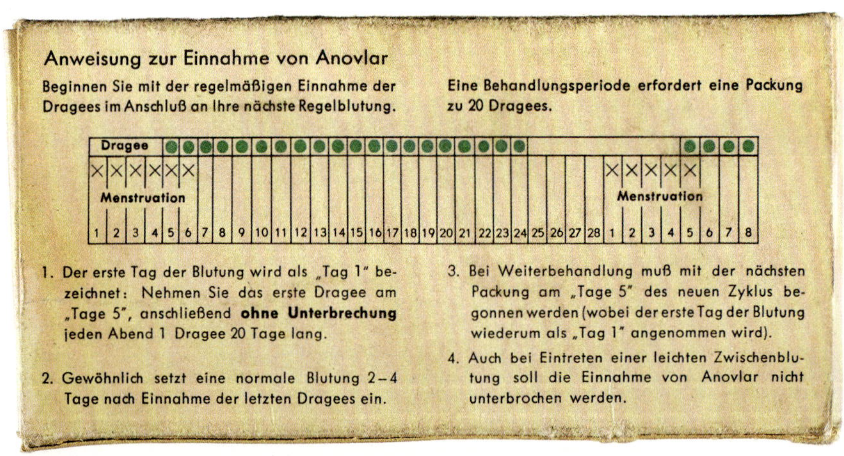

Erst eine optimale Zusammensetzung der synthetischen Hormone unterdrückt den Eisprung sicher und verhindert damit eine Schwangerschaft. Diese Zusammensetzung wurde durch den belgischen Gynäkologen Ferdinand Peeters (1918–1998) gefunden. Schließlich führte die Schering AG 1964 die praktische Kalenderpackung mit 21 + 7 Dragees zur vereinfachten Einnahme der Pille ein, die auch heutzutage noch standardmäßig für Mikropillen verwendet wird.

Die lange Liste wichtiger Entdeckungen und beteiligter Forscher illustriert, wie viele kleine Schritte notwendig waren, um das erfolgreiche Endprodukt Anovlar zu entwickeln. Die kleinen Pillen in ihrer unscheinbaren Verpackung verkörpern ein bewegtes Stück pharmazeutischer Forschungsgeschichte. Eine Packung des Verhütungsmittels fand über einen Aufruf in einer Apothekenzeitung im Jahr 1999 seinen Weg ins Deutsche Museum.

Die Pille und ihre Folgen

Die Einführung eines sicheren Verhütungsmittels stellte vor allem für Frauen eine immense Erleichterung dar. Geschlechtsverkehr ging nicht mehr zwangsläufig mit der Möglichkeit einer (ungewollten) Schwangerschaft einher – Sex und Fortpflanzung konnten getrennt werden. Nun war es möglich, den Zeitpunkt der Empfängnisbereitschaft selbst zu bestimmen. So veränderte die Antibabypille nicht nur die Art der Familienplanung, sondern auch die Einstellung zur Sexualität. Menschen sprachen öffentlich über Empfängnisverhütung und forderten einen offeneren Umgang mit Sexualität. Als Folge befürchtete die katholische Kirche einen Verfall der Sexualmoral; Papst Paul VI. verbot in der Enzyklika «Humanae Vitae» von 1968 die aktive Geburtenkontrolle.

Heute werden immer wieder auch Bedenken hinsichtlich schädlicher Nebenwirkungen von Antibabypillen geäußert. Es gibt Untersuchungen zu einem möglichen Zusammenhang zwischen der Einnahme der Pille und der Entstehung von Krankheiten wie Krebs oder Thrombose. Doch hat sich die hormonelle Empfängnisverhütung inzwischen so weit durchgesetzt, dass die Pille das am häufigsten eingesetzte und beliebteste Verhütungsmittel in Deutschland ist.

LENA BOCKREISS

Originalpackung Anovlar (Inv.-Nr. 2013-1002)

Maße (H × B × L/T)	**64 × 131 × 16 mm**
Masse	**0,026 kg**

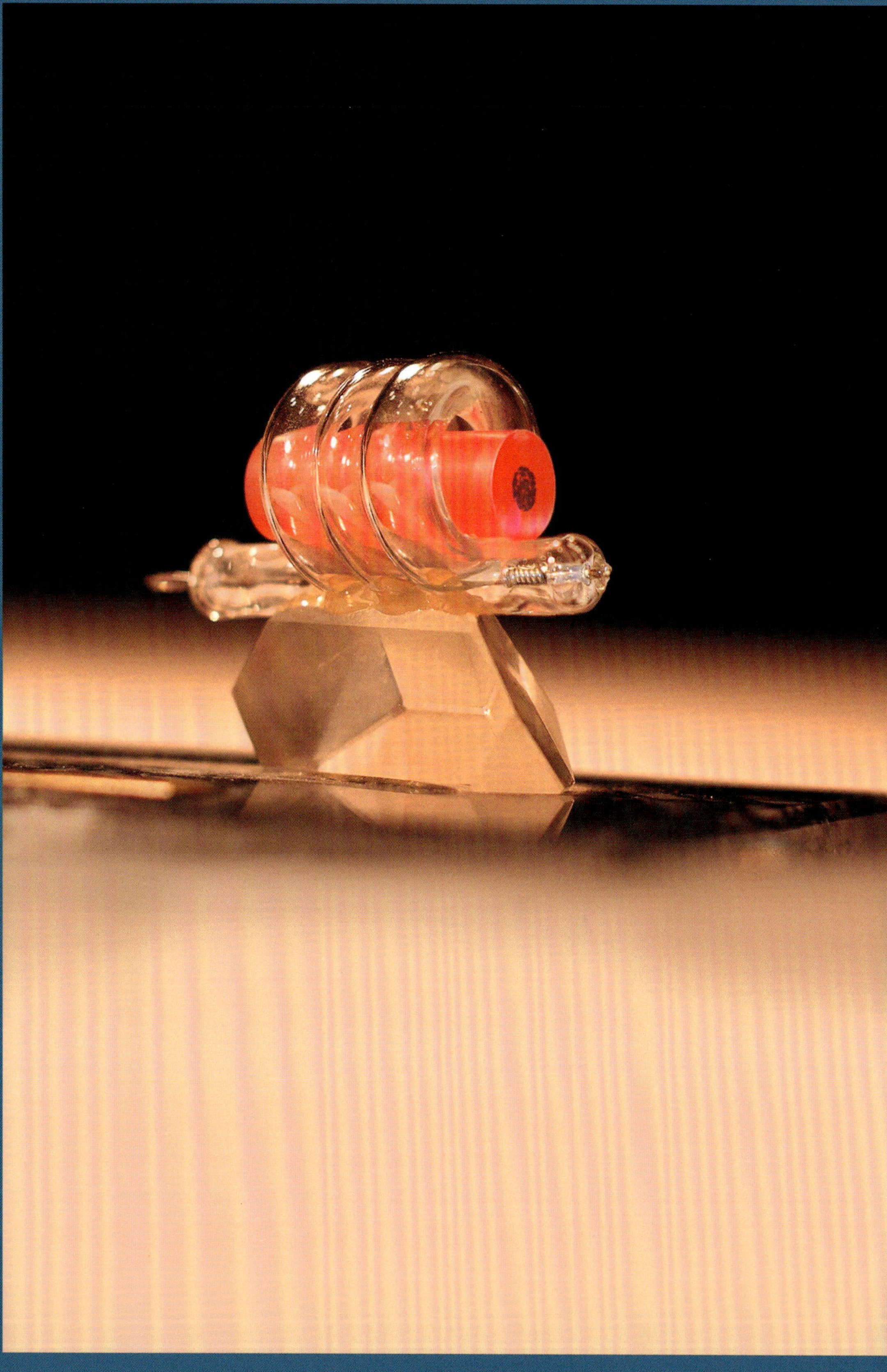

1964

Laser

Theodore Maiman/Hughes Research Laboratories
Malibu (CA)

Wissenschaftler nannten ihn «a solution looking for a problem»: ein Werkzeug, das seine Anwendungen erst finden müsse. Von dieser vornehmen Zurückhaltung zur Zeit seiner Entwicklung aus hat der Laser einen sagenhaften Siegeszug angetreten. Ob bei der Glasfaserübertragung von Daten, ihrem Einsatz in der Industriefertigung, einem chirurgischen Eingriff in der Klinik oder dem Scannen an der Supermarktkasse: Der Laser ist eine täglich millionenfach einsetzte Grundlage unseres modernen Lebens.

Universalwerkzeug der Wissenschaft

Seinen Erfolg verdankt der Laser seinen einzigartigen Eigenschaften als Lichtquelle. Laser erzeugen monochromatisches, also einfarbiges Licht in hohen Intensitäten und bei scharfer Bündelung der Strahlen. Anders als bei Glühlampen, die ihr Licht in alle möglichen Richtungen aussenden, breiten sich beim Laser die Lichtwellenfronten alle in die gleiche Richtung aus. Der Name selbst ist ein Hinweis auf das physikalische Prinzip als Grundlage zur Erzeugung von Laserlicht: Light Amplification by Stimulated Emission of Radiation (Lichtverstärkung durch stimulierte Emission von Strahlung).

Blitzlampe und künstlich hergestellter Rubinstab aus einem frühen Laser Theodore Maimans

Die Idee zum Laser veröffentlichten im Jahr 1958 die Physiker und späteren Nobelpreisträger Arthur L. Schawlow (1921–1999) und Charles H. Townes (1915–2015). In den folgenden Jahren stürzten sich zahlreiche wissenschaftliche Arbeitsgruppen in ein Wettrennen zum

Bau des ersten Lasers. Mit dem amerikanischen Physiker Theodore Harold Maiman (1927–2007) entschied im Jahr 1960 ein Außenseiter jenseits der renommierten Universitäten und Industrielabore das Rennen für sich. Ein Nobelpreis wurde ihm jedoch nicht zuteil.

Mehr Werkstatt als Labor

Was war das Geheimnis seines Erfolgs? Während Historiker sich in dieser Frage uneins sind, gebe ich Ihnen meine ganz persönliche Sicht zur Sache. Maimans Tochter Sheri (*1958) sagte einmal von ihrem Vater, dass er die Gabe habe, alle möglichen Dinge reparieren zu können. Sehen wir uns das Herzstück seines ersten Lasers näher an, erkennen wir genau dieses Reparatur-Gen: ein Rubinstab als Träger für die Verstärkung, mit exakt geschnittenen Endflächen als Spiegel. Dazu: eine leistungsstarke spiralförmige Blitzlichtlampe, die damals in vielen Geschäften als Zubehör für Fotokameras gekauft werden konnte. Der Maiman-Laser hat keineswegs eine Aura von High-Tech, in seiner Anmutung steckt mehr Werkstatt als Labor. Doch gerade in den handwerklichen und explorativen Tätigkeiten liegt manchmal, so auch meine eigene Lebenserfahrung, ein Schlüssel zu wissenschaftlichen Durchbrüchen.

Diese Sichtweise teile ich mit meinem Habilitationsvater Theodor Hänsch (*1941). Die Offenheit der IBM Research Group des frisch gekürten Nobelpreisträgers Gerd Binnig, Hänsch an seinem Institut an der LMU München eine Kooperation anzubieten, führte mich als Postdoc von Gerd Binnig zu Ted Hänsch, den die tiefgründige und trotzdem zugleich spielerische Beschäftigung mit der Physik auszeichnet. Hänsch selbst arbeitete viele Jahre mit Arthur Schawlow zusammen und gehört ebenfalls zu den Pionieren der Laserspektroskopie. In seinen Vorlesungen in Stanford saß sogar Steve Jobs, der damals gerade Apple gründete. Im Jahr 2005 erhielt Hänsch den Nobelpreis für Physik für die Entwicklung des Frequenzkamms. Gerne erinnere ich mich an so manchen Samstagnachmittag, wo wir mit dem neuesten Experimentierequipment spielten. Da ging es etwa um winzige Kameras, die wir auf Modelleisenbahnen in Hänschs Privatlabor kreisen ließen, um uns stundenlang mit der elektromagnetischen Übertragung in das nahe gelegene Büro zu beschäftigen. Ein Highlight waren die Experimente zum Einschluss von winzigen Bärlappsamen in Form von

Staubwolken in eine elektromagnetische Falle, mit der man demonstrieren konnte, wie sich Teilchen in einem Feld sichtbar manipulieren ließen. Wunderbar war es, wie Ted Hänsch dazu die Walzermusik von Johann Strauß nutzte und die im Takt tanzenden Bärlappsamen filmte. Neugier, ein spielerischer und experimenteller Umgang mit Wissenschaft und die Bereitschaft, Dinge trotz Vorbehalten einfach mal auszuprobieren, sind, so denke ich, wichtige Grundlagen für den Erfolg in der Forschung.

Der Weg ins Deutsche Museum

Dass sich in den Sammlungen des Deutschen Museums heute Komponenten eines frühen Lasers von Theodore Maiman befinden, verdanken wir dessen Freundschaft zu einer weiteren herausragenden Persönlichkeit, dem Laserphysiker Herbert Welling (*1929). Von 1960 an arbeitete Welling am US Signal Corps Electronics Laboratory in Fort Monmouth, New Jersey. Die Einrichtung erteilte Forschungsaufträge an öffentliche und private Labors, darunter auch an die Arbeitsgruppe von Theodore Maiman. Bevor Welling 1964 nach Deutschland zurückkehrte, erhielt er von Maiman als Geschenk Rubinstäbe und eine Blitzlichtlampe aus einem seiner frühen Laser – ein Zeichen von Dankbarkeit und Freundschaft. Nach Hannover zurückgekehrt, baute Welling vor Ort über viele Jahre eines der führenden Laserzentren in Deutschland auf. Im Jahr 2015 schenkte Herbert Welling dem Deutschen Museum seinen Maiman-Laser – als Meilenstein der Technik- und Wissenschaftsgeschichte.

WOLFGANG M. HECKL

Maiman-Laser (Inv.-Nr. 2015-1195)

Maße (H × B × L/T)	30 × 16 × 192 mm
Masse	0,45 kg

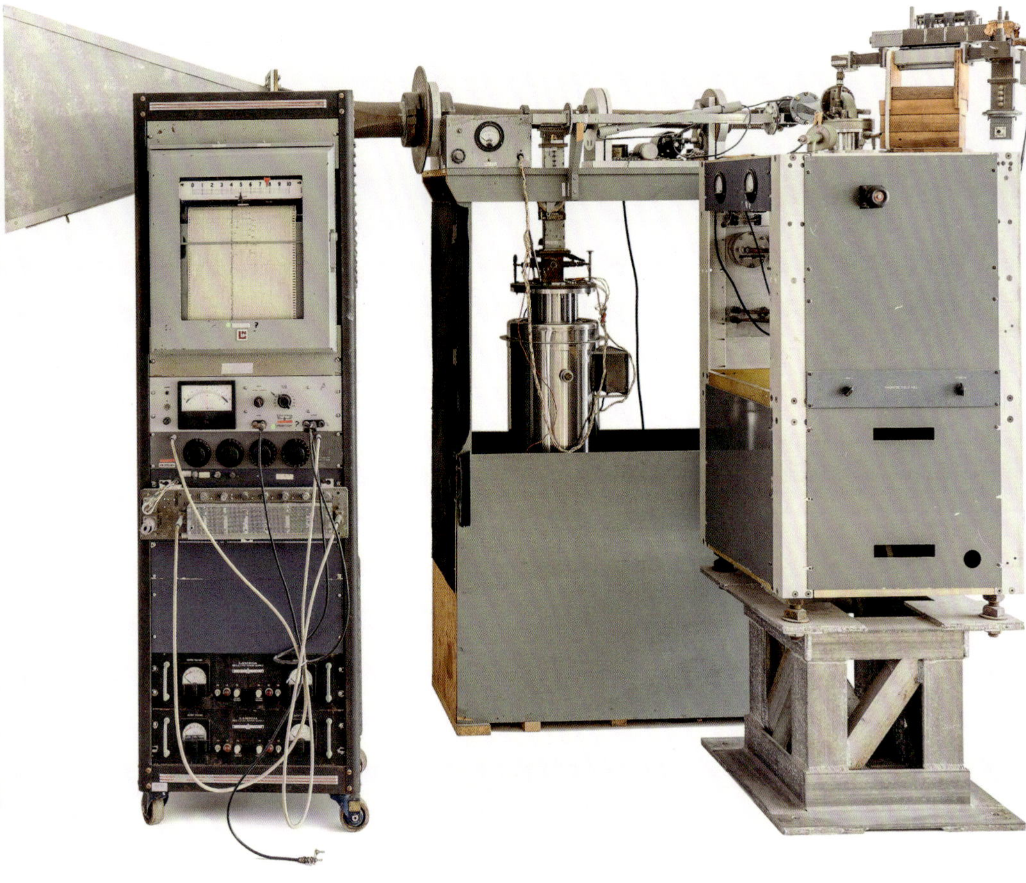

1965

Apparatur zur Messung der kosmischen Hintergrundstrahlung

AT&T Bell Laboratories
Holmdel (NJ)

Frühling 1965, New Jersey: Arno Penzias (*1933) und Robert Wilson (*1936), Angestellte der Bell Laboratories, waren endgültig frustriert. Bereits seit einem ganzen Jahr suchten die beiden Radioastronomen nach der Quelle eines rätselhaften Rauschens, das sie mit ihrer hochempfindlichen Hornantenne aus allen Himmelsrichtungen empfangen hatten. Ursprünglich hatten die beiden Wissenschaftler gehofft, Radiowellen aus dem Halo der Milchstraße zu empfangen, um damit den Aufbau unserer Galaxie entschlüsseln zu können. Das Radiorauschen der Milchstraße war aber schwer zu unterscheiden von dem unvermeidlichen elektrischen Rauschen der Antenne, ihrer Verstärkeranlage und der Erdatmosphäre. Daher gingen Penzias und Wilson zunächst daran, die unterschiedlichen Rauschquellen zu identifizieren. Übrig blieb ein ungeklärtes Restrauschen, dessen Ursache die beiden Wissenschaftler trotz aller Mühen nicht finden konnten. Sie verdächtigten sogar ein in der Hornantenne nistendes Taubenpaar, das Rauschen auszulösen, und quartierten es daraufhin aus.

Mit dieser Messapparatur veränderten Arno Penzias und Robert Wilson unser Bild vom Universum.

Vom unerklärlichen Rauschen zur Entdeckung der kosmischen Hintergrundstrahlung

Erst durch ein Telefonat kam Penzias auf die richtige Spur. Er erwähnte das Restrauschen gegenüber einem Kollegen, der sich gerade mit einem Artikel der Kosmologen Robert Dicke (1916–1997) und James Peebles (*1935) von der Princeton University beschäftigte. Das Team um Robert Dicke beforschte nur 30 Meilen vom Standort der Hornantenne entfernt den Ursprung unseres Kosmos. Wie schon andere theoretische Physiker vor ihnen, etwa George Gamow (1904–1968), hatten Dicke und Kollegen berechnet, dass der Kosmos von einer überall existierenden Hintergrundstrahlung erfüllt sein müsste. Diese Strahlung, ein Überbleibsel aus der heißen Anfangsphase des Universums, sollte vor allem im Radio- und Mikrowellenbereich nachweisbar sein. Als Penzias und Wilson diese Theorie mit ihren Beobachtungen verglichen, war kein Zweifel mehr möglich: Sie hatten mit ihrer großen Hornantenne das Rauschen des Urknalls aufgenommen. Für diese bahnbrechende Entdeckung erhielten sie 1978 den Nobelpreis für Physik.

Die Messapparatur

1992 erhielt das Deutsche Museum – pünktlich zur Eröffnung der Astronomieausstellung – das Herzstück der berühmten Hornantenne: eine rauscharme Verstärkeranlage für schwache Mikrowellensignale. Der 1933 in München geborene Arno Penzias, dessen deutsch-jüdische Familie in die USA geflohen war, hatte das Deutsche Museum aus seiner Kindheit in guter Erinnerung und konnte die AT&T Bell Laboratories von der Leihgabe der Messapparatur an das Deutsche Museum überzeugen. Das eigentliche «Horn» der Hornantenne, ein 15 Meter langer Trichter mit einem metallischen Parabolspiegelsegment, steht noch heute als National Historic Landmark in Holmdel, New Jersey. Dort war die Apparatur in einem kleinen Messhäuschen untergebracht.

Die damals revolutionäre Technik funktionierte folgendermaßen: Die Hornantenne, die auf eine Frequenz von 4080 Megahertz eingestellt war, fing die Mikrowellenstrahlung des Himmels auf. Das Signal gelangte über den Trichter und einen Hohlleiterzug zu einem Maser-Vorverstärker. Der Maser bot den Vor-

teil eines extrem geringen Eigenrauschens und konnte ein Signal bis zu 10 000-fach verstärken. Das vorverstärkte Signal wurde dann auf eine geringere Frequenz heruntergesetzt und konventionell weiterverstärkt. Am Ende zeichnete ein Schreiber die gemessenen Signale auf. Da jeder Körper eine für seine Temperatur charakteristische Rauschstrahlung aussendet, konnte man der mit der Hornantenne aus dem leeren Weltraum empfangenen Strahlung eine bestimmte Temperatur zuordnen.

Penzias und Wilson stellten Vergleichsmessungen mit Strahlungsquellen bekannter Temperatur auf und folgerten daraus, dass die mit der Antenne gemessene Temperatur 7,5 Kelvin betrug. Erklärbar waren aber lediglich 2,3 K atmosphärisches Rauschen und 1 K Rauschen der Antennenwände. Die fehlenden 4,2 K

Die Radioastronomen Arno Penzias (rechts) und Robert Wilson (links) stehen vor der Hornantenne, mit der sie den kosmischen Mikrowellenhintergrund entdeckten. Die Messapparatur war in der Kabine links untergebracht.

blieben zunächst rätselhaft. Mittels genauerer Messungen korrigierten Penzias und Wilson diesen Wert auf 3,5 K, mit einem maximalen Fehler von 1 K. Diese zunächst nicht erklärbare Überschusstemperatur entpuppte sich schließlich als das «Nachleuchten des Urknalls».

Wichtigste Informationsquelle für Kosmologen

Mit ihren Beobachtungen führten Penzias und Wilson nicht nur eine Vorentscheidung bei der Debatte um das zutreffende kosmologische Modell herbei. Ihre Entdeckung eröffnete vor allem ein weites neues Forschungsfeld. Denn schon bald wurde klar, dass im Mikrowellenhintergrund noch sehr viel mehr Information über den Kosmos steckt. Die beiden amerikanischen Astrophysiker Rainer Sachs (*1932) und Arthur M. Wolfe (1939–2014) berechneten im Jahr 1967, dass die kosmischen Mikrowellen eigentlich nicht ganz gleichmäßig aus allen Himmelsrichtungen kommen sollten. Die Dichteverteilung der Urmaterie, aus der später Sterne und Galaxien hervorgingen, musste ihren Berechnungen

Dieses «Foto» vom jungen Universum wurde mit Hilfe des 2009 gestarteten Forschungssatelliten «Planck» (ESA) erstellt.

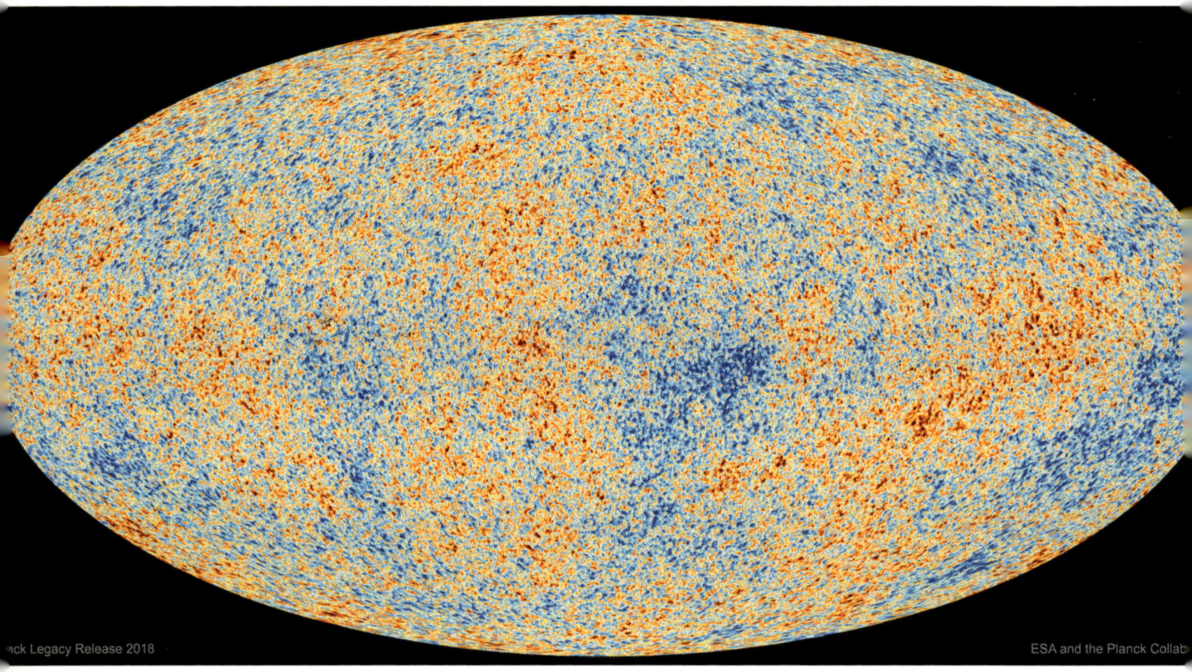

zufolge winzige Temperaturunterschiede im Mikrowellenhimmel hervorrufen. Gemessen wurden diese Dichteunterschiede erstmals 1992 mit einem Forschungssatelliten – George Smoot (*1945) erhielt dafür 2006 den Physik-Nobelpreis. Smoot hatte einen «Scan» des gesamten Himmels im Mikrowellenbereich aufgenommen, das erste «Foto» des Kosmos – und zwar des Kosmos im Alter von 380 000 Jahren, denn ab diesem Zeitpunkt konnte sich die Strahlung frei ausbreiten. Inzwischen werden die Aufnahmen der Hintergrundstrahlung durch Satellitenmessungen stetig verbessert.

Die Beobachtung der kosmischen Mikrowellenstrahlung führte damit nicht nur zum Durchbruch des Urknall-Modells, sondern ermöglicht es auch, Parameter wie das Alter des Universums oder den Beginn und das Ende bestimmter kosmischer Epochen genau zu bestimmen. Am Anfang dieser noch nicht abgeschlossenen Forschungsgeschichte stand eine Zufallsentdeckung zweier Radioastronomen irgendwo in New Jersey.

CHRISTIAN SICKA

Apparatur zur Messung der Kosmischen Hintergrundstrahlung (Inv.-Nr. L1992-0003)

Antennenanschluss	über Hohlleiter mit MASER-Verstärker verbunden
MASER-Verstärker	Rubin-MASER, der einlaufende Mikrowellen um das 10 000-Fache verstärkt
Vergleichsquelle	1,2 m lange Hohlleiter aus Kupfer und Messing, gekühlt mit flüssigem Helium

1969

Modularer Synthesizer Moog IIIp

R. A. Moog Music Co.
Trumansburg (NY)

Es war ein sperriges Gut, das im Sommer 1969 im Haus des Musikers, Dirigenten und Komponisten Eberhard Schoener (*1938) hoch über dem bayerischen Miesbach ankam: vier große Kästen, ein Keyboard, ein Ribbon-Controller sowie Zubehör, darunter unzählige Kabel. Absender war die Firma R. A. Moog in Trumansburg, einem kleinen Ort im Bundesstaat New York/USA. Der Musiker hatte den Synthesizer Moog IIIp bestellt. Das neue elektronische Instrument sah gewaltig und kompliziert aus – und war es auch.

Vom Experiment zum Meilenstein

Der Physiker und promovierte Elektrotechniker Robert Moog (1934–2005) hatte bereits als Jugendlicher in der elterlichen Wohnung Theremine gebaut – elektronische Instrumente, die berührungslos gespielt werden, indem die Hände um Antennen bewegt werden. 1964 stellte Moog auf dem Kongress der Audio Engineering Society in New York den Prototypen eines Synthesizers vor. Es war die Geburtsstunde des modernen Synthesizers. Entscheidenden Anteil an der Entwicklung hatte der Hochschullehrer und Komponist Herbert Deutsch (*1932), der quasi als «Dolmetscher» dem musikalisch unerfahrenen Moog die künstlerischen Erfordernisse erklärt hatte. Bereits die Urform des Moog-Synthesizers verfügte über alle wesentlichen Bestandteile der nachfolgenden Modelle: spannungsgesteuerte Oszillatoren für die Tonerzeugung (VCO), Filter für die Änderung der

«Er war riesig, mit Hunderten von Steckern», meinte George Harrison über den Moog IIIp.

Robert Moog und Herbert Deutsch, im Jahr 1970

Klangfarben (VCF), Verstärker für die Regelung der Lautstärke (VCA) und einen Generator für geräuschhafte Klänge. Doch erschien das neuartige Instrument zunächst als Kuriosität und fristete an akademischen Spezialinstitutionen für elektronische Musik ein Nischendasein. Dies änderte sich 1966, als Walter (später Wendy) Carlos (*1939), ein junger Absolvent des New Yorker Columbia-Princeton Electronic Music Center, begann, mit dem Instrument zu arbeiten. Sein vollständig auf einem maßgefertigten Moog-Synthesizer eingespieltes Album «Switched-on Bach» wurde im Oktober 1968 veröffentlicht und in kurzer Zeit ein Welterfolg. Ausgezeichnet mit drei Grammys machte es den Musiker, das Instrument und dessen Erfinder schlagartig weltberühmt. Obwohl die LP nur Musik von Johann Sebastian Bach (1685–1750) enthielt, erregte sie die Aufmerksamkeit von Musikern aller Stilrichtungen, auch außerhalb der klassischen Musik. Insofern gab diese barocke «Crossover»-Schallplatte auch den Anstoß zur synthetischen Klangerzeugung in der Rock- und Popmusik, ohne die diese Musik nicht mehr denkbar ist.

Ab 1968 baute Moog Synthesizer in Einzelanfertigung, die häufig nach den Wünschen der Künstler individuell zusammengestellt wurden. Zwei Versionen waren erhältlich: mischpultähnliche, fest eingebaute Consolen-Geräte (Typenbezeichnung «c») und portable Systeme (Typenbezeichnung «p»). Bei Größe und Gewicht der einzelnen Komponenten ist die Tragbarkeit, trotz der Tragegriffe, allerdings relativ – mit seinen drei Modulkästen, der Sequenzer-Einheit, dem Keyboard und dem Ribbon-Controller brachte der Moog IIIp ein Gewicht von knapp 100 Kilogramm auf die Waage. Die große Zahl von 39 elektronischen Funktionseinheiten (Modulen) und deren quasi frei wählbare Kombinationen boten ein schier unerschöpfliches Reservoir an nie zuvor gehörten Klängen. Doch war die Arbeit am Instrument aufwendig und mühsam. Bis in die Mitte der 1970er-Jahre waren Moog-Synthesizer «monophon», ein mehrstimmiges Spiel war nicht möglich. Deshalb hatte Walter Carlos jede Spur einzeln eingespielt und dann im Overdub-Verfahren kombiniert.

Berühmte User

Zu den frühen Bestellern des Instruments zählten die bekanntesten Bands der Zeit – die auch die finanziellen Möglichkeiten hatten, es zu erwerben. So kaufte etwa George Harrison (1943–2001), der Leadgitarrist der Beatles, 1969 einen Moog IIIp, den die Band auf dem Album «Abbey Road» einsetzte, ihrer letzten gemeinsamen Studioarbeit. Die Platte, die im Herbst 1969 auf den Markt kam, zeigt ein breites Spektrum an Moog-Klängen, etwa in «Here comes the Sun» und «Maxwell's Silver Hammer».

Nach den Aufnahmen zu «Abbey Road» verwendeten weder die Beatles noch George Harrison allein den Synthesizer weiter. Harrison betrachtete ihn nur mehr als *technical thing* und schickte ihn in die USA zurück. «Es war eine Sache, einen zu haben, und eine andere, ihn zum Laufen zu bringen», bekannte

Eberhard Schoener und sein Moog IIIp, 1969/70

er. John Lennon (1940–1980) meinte, «man würde sein ganzes Leben brauchen, um seine Vielfalt kennenzulernen», und fasste damit die beiden Seiten dieses Moog-Synthesizers, die immensen Möglichkeiten wie die Komplexität, treffend zusammen.

Nicht nur die Beatles erwarben ein solches Instrument. Auch andere Bands wie The Doors, The Byrds, The Monkees oder The Rolling Stones gehörten zu den ersten Anwendern und Käufern. Letztlich war es aber Keith Emerson von Emerson, Lake & Palmer, der dem Moog ab 1970 mit seinen spektakulären Tournee-Auftritten zum Durchbruch verhalf. Zu seiner Show gehörte die enorme Wand aus Modulen und Kabeln, zu der das EMMS (Emerson Moog Modular System) in enger Zusammenarbeit mit Robert Moog angewachsen war.

Eberhard Schoener – Wanderer zwischen den Welten

Auch Eberhard Schoener hatte bereits früh von den neuartigen elektronischen Instrumenten gehört und war im Spätsommer 1968 in die USA gereist, um sie dort selbst zu sehen – und möglichst ein Exemplar zu erwerben. Schoener traf auf die kleine Firma von Robert A. Moog, die in einer Garage aus Einzelstücken Synthesizer zusammenlötete. Er bekam die Möglichkeit, mit Moog und dessen Fachleuten die Bedienung der Synthesizer zu erkunden, nachts die komplizierten Verkabelungen heimlich aufzuzeichnen und zu experimentieren. Monate später erhielt er schließlich sein Instrument. Es war der erste Moog-Synthesizer in Deutschland. Schoener, der besonders an der Verbindung von klassischer, elektronischer und Weltmusik interessiert war, nutzte seinen Moog IIIp vielfach. Auf seiner ersten mit dem Instrument realisierten LP, «Destruction of Harmony» aus dem Jahr 1971, verarbeitete er Musik von Johann Sebastian Bach und Antonio Vivaldi (1678–1741). Neuartige Klänge schuf er auf dem Moog IIIp auch für Großveranstaltungen wie die Weltausstellung 1970 in Osaka, für Filmmusiken und TV-Produktionen. Auch in Projekten mit Jon Lord, Sting und The Police, Gianna Nannini und dem Gamelan-Ensemble Bali Agúng kam das Instrument zum Einsatz. «Eberhards kultivierte Weltoffenheit, sein altmodischer deutscher Hang zur Romantik und sein Beharren darauf, dass auch das moderne Leben ein Abenteuer sein könne, inspirierten mich sehr», bekannte Sting. 2019 übergab Eberhard Schoener seinen Moog IIIp dem Deutschen Museum. In der neuen Dauerausstellung eröffnet diese Ikone der Musikgeschichte die Präsentation historisch bedeutender Synthesizer, in der auch das Erfolgsmodell der Firma Moog, der Minimoog, vertreten ist. Moog-Synthesizer veränderten die Art des Musizierens und erweiterten die Vorstellung davon, was Musik ausmacht und sein kann.

SILKE BERDUX, RÜDIGER HERRMANN

Modularer Synthesizer Moog IIIp (Inv.-Nr. 2019-613)

Maße (H × B × T)	Vier Cases à 640 × 475 × 220 mm; Keyboard 100 × 1090 × 235 mm
Masse	Vier Cases mit insgesamt 82 kg; Keyboard 9,2 kg
Weitere Angaben	Monophon; modularer Aufbau mit 39 Einheiten; analoge subtraktive Klangerzeugung; ungewichtete Tastatur mit 5 Oktaven (61 Tasten)
Seriennummer	1095 (Keyboard)

1971

Europa-Rakete

ELDO

Der 5. November 1971 war ein strahlend schöner Tag im südamerikanischen Französisch-Guayana – und sollte ein düsterer Tag für Europas Forschung werden. Die europäische Organisation ELDO (European Launcher Development Organisation) brachte ihr neues Prestigeprojekt an den Start. Zum ersten Mal hob die Trägerrakete mit dem programmatischen Namen Europa 2 ab, um ins All zu fliegen. Die Gründer von ELDO hatten es sich zum Ziel gesetzt, die Raumfahrt in Europa voranzutreiben, unabhängig von den USA und der Sowjetunion. Als dritte Macht auf diesem Gebiet wollten sie Satelliten in die Erdumlaufbahn transportieren.

Europäische Hoffnungen, ein technisches Desaster und die Folgen

Die Trägerrakete Europa 2 besaß im Unterschied zu ihrer Vorläuferin Europa 1, deren Startversuche alle unbefriedigend verlaufen waren, eine vierte Stufe zum Transport von Satelliten. An diesem Tag sprach zunächst alles für einen Erfolg. Der Countdown verlief reibungslos, die Triebwerke der ersten Stufe zündeten, und die Rakete erhob sich majestätisch in den blauen Himmel. Doch nach nur 104 Sekunden fiel der Computer für das Trägheitslenkungssystem der ersten Stufe aus. Keine Minute später brachte die hohe aerodynamische Belastung die Rakete zum Bersten – Europas Hoffnung verglühte.

Astris, die dritte Stufe der Europa-Rakete, in der Raumfahrt-Ausstellung des Deutschen Museums

Um zu ermitteln, wie es zu diesem technischen Desaster kommen konnte, wurde von der ELDO eine Untersuchungskommission eingesetzt. In ihrem Abschlussbericht benannte sie einige gravierende Fehler bei der Entwicklung der Europa 2. So hatten beispielsweise die Ingenieure elementare technische Regeln bei der Überwachung elektrischer Signale nicht beachtet. Als die an ELDO beteiligten Regierungen den Bericht erhielten, sahen sie keinen anderen Ausweg, als die Organisation, die hunderte Millionen an Beitragszahlungen verschlungen hatte, 1973 aufzulösen.

Das Schicksal der europäischen Raumfahrt hing nun an einem seidenen Faden. Erst nach einem langen, konfliktreichen Prozess fand man 1975 eine zukunftsfähige institutionelle Lösung: Die European Space Agency (ESA) wurde gegründet. Ihr sollte es schließlich gelingen, mit der Ariane ab den späten 1970er-Jahren eine ebenso leistungsfähige wie zuverlässige Trägerrakete an den Start zu bringen.

Politische Verwicklungen und technische Entwicklungen

Die Untersuchungskommission hatte den ELDO-Staaten die letztendliche Verantwortung für das Desaster beim Start der Europa 2 zugewiesen. Ein Hauptproblem lag darin, dass der Leitung der ELDO-Projekte von den ELDO-Mitgliedsstaaten nie das notwendige Maß an Unabhängigkeit zugestanden wurde, das für ein erfolgreiches Management komplexer Großprojekte unabdingbar ist. Die ELDO hing sozusagen am Gängelband der Politik. Die zuständigen Politiker wiederum vertraten oft nationale Interessen, was letztlich zum Scheitern von ELDO führte.

Die überstaatliche Zusammenarbeit hatte sich schon im Vorfeld der ELDO-Gründung ergeben. Großbritannien beschloss in den 1950er-Jahren, eine Mittelstreckenrakete für nukleare Sprengköpfe zu entwickeln, erkannte jedoch rasch, dass die eigene Rakete Blue Streak im Wettbewerb mit den USA nicht bestehen würde. Im Jahr 1960 forderten führende Wissenschaftler ein eigenständiges europäisches Weltraumprogramm, woraufhin die britische Regierung die Blue Streak als zivilen Satellitenträger anbot. Sie nahm Kontakt zu Frankreich auf, das mit der Coralie eine zweite Stufe einbrachte, die aus einem Programm zum Bau von Höhenforschungsraketen stammte. Großbritannien und Frankreich gewannen anschließend die Bundesregierung für die Entwicklung der dritten Stufe, die den Namen Astris (von Asteria) erhielt. In Hesiods *Theo-*

Nationale Arbeitsteilung in der europäischen Raumfahrt: grafische Darstellung der Europa-Rakete

gonie ist Asteria die Tochter des Titanen Koios und der Titanide Phoibe. Italien sollte den Testsatelliten bauen, Australien stellte anfänglich den Startplatz in Woomera zur Verfügung. Belgien, die Niederlande und Luxemburg waren für Telemetrie und Bodenkontrolle zuständig und komplettierten die Gruppe der ELDO-Staaten.

Während die erste und zweite Stufe der Europa-Rakete gleichsam recycelte Raumfahrtprodukte waren, stellte die von Deutschland entwickelte Astris eine technisch anspruchsvolle Neuerung dar. Das Münchner Unternehmen MBB (Messerschmitt-Bölkow-Blohm) und die Bremer Gesellschaft für Raumfahrttechnik ERNO (als «Entwicklungsring Nord» gegründet) fanden sich zur Arbeitsgemeinschaft Satellitenträgersysteme (ASAT) zusammen. Sie mussten nicht nur ein völlig neues Hochleistungstriebwerk entwickeln, sondern auch inno-

Die Europa-Rakete in der Flugwerft Schleißheim – Blick auf die Triebwerke der ersten Stufe Blue Streak

vative Fertigungsverfahren finden. So stellten sie etwa für die Außenhaut der Rakete Strukturen aus 0,1 Millimeter dünnem Titanblech her und verarbeiteten glasfaserverstärkten Kunststoff zu ultraleichten Hochdruckbehältern.

Für die technische Ausführung der Europa-Raketen war die strikte nationale Arbeitsteilung ein echtes Hindernis. Der Computer, der für die Trägheitsnavigation der britischen Stufe zuständig war und beim Start der Europa 2 so tragisch versagte, war im oberen Teil der deutschen Stufe Astris untergebracht. Die deutschen Ingenieure wussten jedoch nichts über das Innere des schwarzen Computerkästchens, denn ihre britischen Kollegen verweigerten jegliche Information darüber. Diese verhängnisvolle Kommunikationsbarriere zwischen den technischen Teams aus verschiedenen Staaten führte letztlich auch zum Fehlstart der Europa 2.

Stufe für Stufe ins Museum

Schon unmittelbar nach dem Scheitern von ELDO bemühte sich das Deutsche Museum um die Europa 2. Tatsächlich gelang es 1973/74, alle Stufen der Rakete zu erhalten. Von Astris kamen dank der engen Verbindungen zu MBB sogar drei Exemplare in die Sammlungen, eines davon ist seit 1984 in der Raumfahrtabteilung zu besichtigen. Die 1992 eröffnete Flugwerft Schleißheim bot schließlich die Möglichkeit, die gesamte Rakete zu zeigen, die mit knapp 32 Meter Länge das zweitgrößte Objekt des Deutschen Museums ist – nach dem U-Boot U 1. Zunächst war nur die erste Stufe, die britische Blue Streak, aufgebaut worden, später folgten die französische Coralie und die deutsche Astris. Zusammen bringen die drei Stufen ein Gewicht von 112 Tonnen auf die Waage, um eine Nutzlast von max. 1440 Kilogramm transportieren zu können.

Seit 1996 können die Besucher der Flugwerft Schleißheim nun die weltweit einzige komplett erhaltene Europa-Rakete bestaunen. Wie kaum ein anderes Exponat steht sie für die Chancen und Risiken, die überstaatliche Projekte mit sich bringen, und verweist nicht zuletzt auf die vielfachen Verknüpfungen zwischen Politik und Technik.

HELMUTH TRISCHLER

1. Stufe «Blue Streak» (Inv.-Nr. 80697)	
Länge	17,04 m
Durchmesser (max.)	3,69 m
Masse (netto)	6168 kg
Masse (brutto)	95 025 kg
2. Stufe «Coralie» (Inv.-Nr. 81047)	
Länge	5,50 m
Durchmesser (max.)	2,00 m
Masse (netto)	2263 kg
Masse (brutto)	12 186 kg
3. Stufe «Astris» (Inv.-Nr. 81157)	
Länge	3,81 m
Durchmesser (max.)	2,02 m
Masse (netto)	1029 kg
Masse (brutto)	4007 kg

1974

Sonnensonde Helios

Messerschmitt-Bölkow-Blohm
München

Ludwig Erhard (1897–1977) war wütend. Der Kanzler der Bundesrepublik Deutschland war kurz vor Weihnachten 1965 nach Washington gereist, um den US-Präsidenten zu bitten, ihm einen Aufschub für die fälligen Devisenzahlungen in Milliardenhöhe zu gewähren. Doch Lyndon B. Johnson (1908–1973) stand wegen der horrenden Ausgaben für den Vietnamkrieg selbst unter finanziellem Druck. Er wies Erhards Anliegen zurück und lud ihn stattdessen zu einem Besuch von Cape Canaveral ein. Der alles andere als raumfahrtbegeisterte Bundeskanzler musste eine vielstündige Besichtigung über sich ergehen lassen, bevor ihm der Präsident anbot, gemeinsam eine Sonde zur Erforschung der Sonne zu entwickeln. Was die bundesdeutsche Weltraumforschung und Raumfahrtindustrie enthusiastisch begrüßte, war für Erhard ein unwillkommenes, weil teures Trostpflaster.

Gemeinsame Erforschung der Sonne

Es bedurfte eines weiteren Besuchs von Bundeskanzler Erhard, einer erneuten Besichtigung von Cape Canaveral und langer Verhandlungen, ehe am 10. Juni 1969 der deutsch-amerikanische Kooperationsvertrag für die nach dem griechischen Sonnengott Helios benannte Mission unterzeichnet wurde.

Was lange währte und zunächst politisch hoch umstritten war, endete im wissenschaftlich ehrgeizigsten und technisch komplexesten Raumfahrtprojekt der Bundesrepublik. Auch für die USA war

Mit der Form einer Garnrolle: die Helios-Raumsonde

die Sonnensonde Helios das bis dahin anspruchsvollste bilaterale Programm zur Erforschung des Weltraums.

Helios 1 und Helios 2 starteten vom Weltraumbahnhof Cape Canaveral mit der Trägerrakete Titan-Centaur am 10. Dezember 1974 bzw. am 15. Januar 1976. Sie näherten sich der Sonne auf 0,29–0,31 astronomische Einheiten (AE), wobei eine AE dem mittleren Abstand der Erde zur Sonne entspricht, das sind 149,6 Millionen Kilometer. Die Sonden kamen der Sonne näher als jedes Raumfahrzeug zuvor und führten jeweils zehn Experimente durch. Die Zusammensetzung des solaren Winds und des ihn begleitenden Magnetfelds untersuchten sie ebenso wie die kosmische Strahlung und den interplanetaren Staub. Daneben fanden zwei erdgebundene Versuche zur Bestätigung der Einstein'schen Relativitätstheorie und zur Dichtemessung der Sonnenkorona statt. Die Fülle der Messergebnisse erbrachte vielfältige neue Erkenntnisse über die Sonne und über die Ausformung und Auswirkungen des Sonnenwinds. Beide Sonden übertrafen ihre auf achtzehn Monate ausgelegte Lebensdauer um ein Vielfaches: Helios 1 sendete rund zehn Jahre lang wissenschaftliche Daten zur Erde, Helios 2 weit über sechs Jahre.

Die Ingenieure des Hauptauftragnehmers Messerschmitt-Bölkow-Blohm (MBB) und seiner 17 Unterauftragnehmer hatten bei der Konstruktion der Sonden enorme technische Herausforderungen zu bewältigen, etwa bei der thermischen Kontrolle. Denn obwohl die Helios-Sonden, die beide die Form einer überdimensionierten Garnrolle hatten, permanent um sich selbst rotierten, erwärmte sich ihre Außenhaut auf bis zu 300 °C. Vor allem aber erfuhr die deutsche Raumfahrtindustrie bei der Zusammenarbeit mit der NASA, wie die amerikanische Behörde komplexe Großprojekte leitete und organisierte. Dieses Know-how erwies sich für künftige Raumfahrtprojekte im internationalen Rahmen als außerordentlich wertvoll.

Helios – ein authentisches Objekt?

Ist es möglich, in einem Museum eine echte, also originale Raumsonde auszustellen? Die Antwort lautet: nein und ja. Sonden werden gebaut, um fern der Erde Messungen im All vorzunehmen und Bilder aufzunehmen. Eine Raumsonde kehrt nie zurück, das Original geht bei der Mission verloren. In diesem

Sinne können Sonden in musealen Sammlungen im reinen Sinne keine authentischen Objekte sein. Bei manchen Missionen werden jedoch nicht nur jene Sonden gebaut, die im All eingesetzt werden sollen, sondern neben Modellen zu Testzwecken auch weitere flugfähige Prototypen.

Um einen solchen am Boden verbliebenen Prototypen handelt es sich auch bei der Helios-Sonde des Deutschen Museums. Drei Exemplare wurden gebaut, zwei kamen zum Einsatz. Das dritte Exemplar, das für eine etwaige Mission Helios 3 gedacht war, diente zunächst als Versuchsmodell und wurde dann als flugtaugliches Exemplar fertiggestellt. Es kam bereits 1976, im Startjahr von Helios 2, in die Sammlungen. Noch 1979 bauten Ingenieure von MBB Originalgeräte aus der ausgestellten Sonde vorübergehend zu Messzwecken aus. Es handelt sich bei dem im Deutschen Museum zu besichtigenden Exemplar somit um ein authentisches Objekt, soweit es in der Weltraumforschung überhaupt authentische Objekte geben kann. Es dokumentiert eine der erfolgreichsten Weltraummissionen, die jemals durchgeführt worden sind.

HELMUTH TRISCHLER

Helios-Raumsonde (Inv.-Nr. 1976/942)

Start	10. 12. 1974 (Helios 1) 15. 1. 1976 (Helios 2)
Missionsende	August 1984 (Helios 1) 3. 3. 1980 (Helios 2)
Startbasis	Cape Canaveral
Startrakete	Titan-Centaur
Masse	370 kg (Helios 1) 376,5 kg (Helios 2)

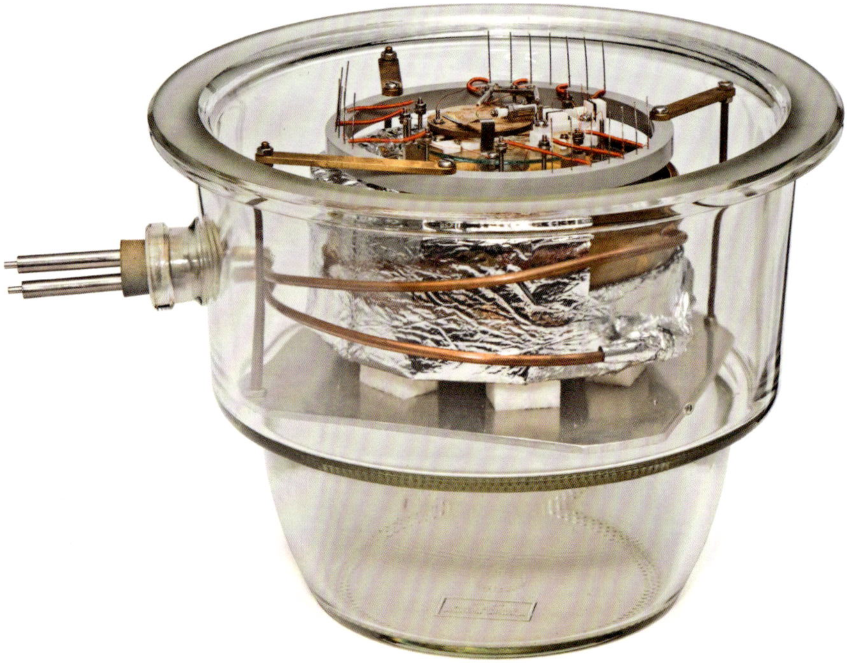

1981

Rastertunnelmikroskop

Gerd Binnig und Heinrich Rohrer/IBM Research GmbH
Rüschlikon (Schweiz)

Wenn es einen kreativen Menschen für mich gibt, dann ist dies der Physiker Gerd Binnig (*1947). Gerne erinnere ich mich daran, wie er eines Morgens mit einer kleinen Dose Nivea-Creme in unser IBM-Labor kam, wo ich gerade als Postdoc angefangen hatte, und sagte: «Wolfgang, probier doch mal, ob du die Fett-Moleküle so präparieren kannst, dass du sie mit dem Rastertunnelmikroskop sichtbar machen kannst.» Ich habe von ihm gelernt, dass es oft klüger ist, Dinge spielerisch auszuprobieren, als lange darüber zu sinnieren, warum es nicht funktionieren könnte, und machte mich sogleich an die Arbeit. Das vor allem ist, glaube ich, seine herausragende Eigenschaft gewesen, die nötig war, um sich wider besseres Wissen daranzumachen, ein Mikroskop zu konstruieren, das mit einer einfachen Nadelspitze Atome einzeln abbilden können sollte.

Eigentlich brauchte er das gar nicht erst zu versuchen, denn laut Lehrmeinung galt dies als nicht realisierbar. Allein die sogenannte Brown'sche Molekularbewegung, die Atome außer am absoluten Nullpunkt bei minus 273 Grad Celsius immer in Bewegung hält, macht dies unmöglich. Natürlich kann man Atome nehmen, die in einem Kristall fixiert sind, und versuchen, die Oberfläche atomar aufgelöst abzubilden. Aber auch da gibt es kleine Schwingungen, die eine Abbildungsmethode meistern muss. Noch schwieriger ist es, grundsätzlich dem Konzept der Auflösung beizukommen. Wie sollte man Auflösungen im Ångströmbereich (10^{-10} Meter, der typischen Dimension von Atomen) erreichen, wo doch seit den theoretischen

Bilder aus der Nanowelt – das Rastertunnelmikroskop

Gerd Binnig zusammen mit Wolfgang M. Heckl 1989 im IBM-Labor am Lehrstuhl Hänsch

Arbeiten von Ernst Abbe (1840–1905) bekannt war, dass die mikroskopische Auflösung immer an die Wellenlänge der verwendeten Strahlung gekoppelt ist?

«Spitzen-Mikroskopie»

Um in den Nanometerbereich vorzudringen, hat sich Gerd Binnig eine andere Lösung überlegt. Man könnte vielleicht eine spitze Nadel benutzen, die durch zeilenförmiges Abrastern ein Bild der Position von geordneten Atomen auf einer Kristalloberfläche erzeugt, sofern die Nadel nur fein genug ist, um zwischen der Position eines Atoms direkt vor ihr und der des Atoms daneben zu unterscheiden. Dafür mussten Gerd Binnig und seine damaligen Mitstreiter bei IBM Research in Rüschlikon (Schweiz), Heinrich Rohrer und Christoph Gerber, eine Methode finden, bei der die Spitze nur die vordersten Atome zur Abbildung benutzt und damit atomare Auflösung garantiert.

Hier kamen Gerd Binnig Erfahrungen zugute, die er in seiner Zeit an der Universität in Frankfurt durch seine Arbeiten mit den physikalischen Phänomenen des sogenannten Tunneleffekts erlangt hatte. Dieser quantenmechanische Effekt erlaubt es einem Strom aus Elektronen, eine klassisch unüberwindbare Energiebarriere über einen gewissen Abstand hinweg zu durchtunneln. Der entscheidende Vorteil dieses Verfahrens ist die äußerst hohe Sensitivität des nur quantenmechanisch erklärbaren Tunnelstroms. Dieser fällt exponentiell ab mit der Distanz zwischen den beiden Objekten, die die Tunnelstrecke bilden. Binnig überlegte sich: Wenn man nun eine spitze Nadel einer Fläche gegenübersetzt, dann könnte man diesen Zusammenhang als Grundlage für die Abbildung nutzen und erreichen, dass nur die vordersten Atome der Nadelspitze zum Abbildungsstrom beitragen. Dazu musste man nur zwischen Tunnelspitze und Probenfläche eine kleine Spannung

Erstes Rastertunnelmikroslop (Detail)

anlegen und den sehr kleinen (Tunnel-)Strom messen, wenn das vorderste Spitzenatom sich über einem Probenatom befindet. Durch zeilenweises Abrastern der Probe mit der Spitze wird so die Position von Atomen nach und nach im Tunnelstrom messbar und mit geeigneter Auswertemethodik auch sichtbar. Damit hatte man de facto eine atomare Auflösung erreicht!

Heureka-Moment in der Mikroskopiegeschichte

Doch zunächst mussten die Forscher natürlich beweisen, dass die Methode auch wirklich funktionierte. Hierzu nahmen sie sich die sogenannte 7×7-Rekonstruktion der Atome auf der Oberfläche eines Siliziumkristalls vor. Die Vermutung war bis dahin, dass sich die Atome dort anders anordnen würden als im Volumen, für die die Kristallstruktur seit Langem mit Hilfe von Röntgenbeugung entschlüsselt wurde. Wie die Atome an der Oberfläche aber genau angeordnet waren, war noch ein Rätsel. Dieses zu lösen war von großer praktischer Bedeutung, da Silizium in der Halbleiterindustrie zur Herstellung von elektronischen Bauelementen ein äußerst wichtiges Material ist. Und dem Moore'schen Gesetz folgend steuerte ja die Entwicklung auch in der Mikroelektronik auf die Nanoelektronik zu, weshalb es notwendig wurde, Strukturen im Nanobereich sehen und bearbeiten zu können.

Die drei Forscher mussten also ein Instrument bauen, das eine Oberfläche zeilenweise im Nanometerbereich abrastern konnte und dabei stabil gegen Erschütterungen war. Zunächst wurde der zeilenweise abgetastete Strom zwischen Tunnelspitze und Probe als Linie auf einem XY-Schreiber dargestellt. Schon diese frühen Aufzeichnungen zeigten zum ersten Mal in atomarer Auflösung die Position einzelner Siliziumatome auf der Oberfläche eines Siliziumkristalls. Damit konnte ein langwieriger theoretischer Streit zwischen unterschiedlichen Modellen der atomaren Anordnung sofort überzeugend entschieden werden – durch direkte Ansicht in einem mikroskopischen Bild. Ein Heureka-Moment in der Mikroskopiegeschichte, vergleichbar der ersten Darstellung von Bakterien durch Antoni van Leeuwenhoek mit seinen einfachen optischen Mikroskopen im 17. Jahrhundert (s. Seite 65 ff.). Der Beweis war erbracht, dass das Rastertunnelmikroskop mit atomarer Auflösung

Zehnmillionenfach vergrößert: 295 Schwefelatome, aus denen mit der Rastertunnelspitze ein einzelnes Atom herausgelöst wurde – das kleinste Loch der Erde!

einzelne Atome abbilden konnte und nicht nur periodische Anordnungen, wie es bis dato die Beugungsmethoden erlaubt hatten. Ein großartiger Durchbruch für die Mikroskopie und der Beginn der praktischen Nanotechnologie, der konsequenterweise 1986 mit dem Nobelpreis für Physik an Gerd Binnig und Heinrich Rohrer (1933–2013) ausgezeichnet wurde. Zusammen mit Binnig und Rohrer wurde auch Ernst Ruska (1906–1988) für seine lange zurückliegende Entwicklung des Elektronenmikroskops geehrt. Als willkommener Nebeneffekt der Entwicklung der Rastertunnelmikroskopie wurde es auch möglich, einzelne Atome oder Moleküle zu manipulieren. Dies zeigt das Bild eines durch die Tunnelspitze aus einer Kristalloberfläche herausgelösten einzelnen Schwefelatoms – das kleinste Loch der Erde, für das der Autor 1993 mit einem Eintrag ins *Guinness Book of Records* ausgezeichnet wurde.

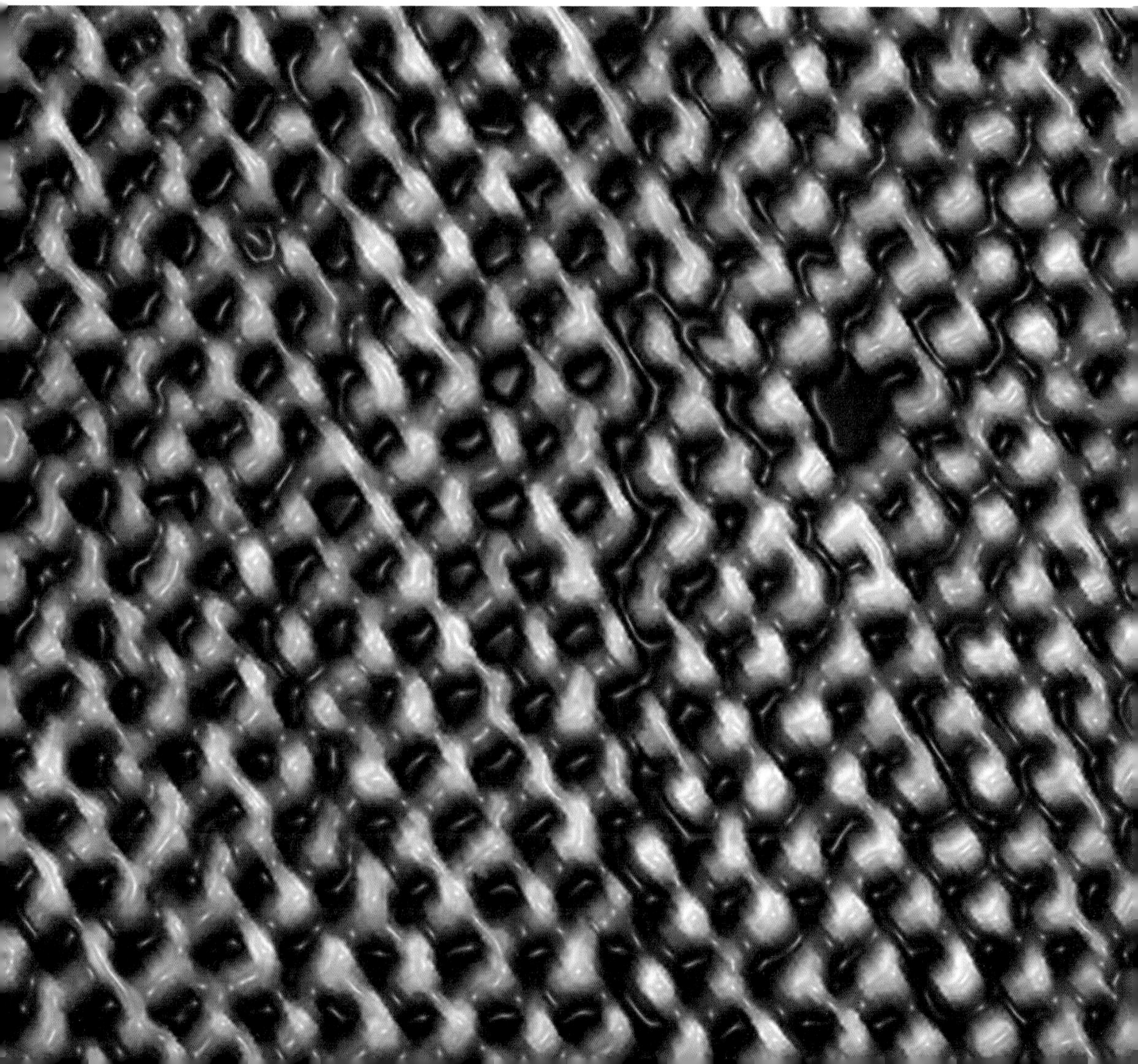

Das unsichtbare Kleine im Deutschen Museum

Im Deutschen Museum kann man sowohl das erste Mikroskop von Antoni van Leeuwenhoek als auch ein Ruska'sches Elektronenmikroskop sowie eines der ersten Rastertunnelmikroskope als Zeugen der sprunghaften Entwicklung der mikroskopischen Methoden bewundern. Dazu gesellt sich das im Jahre 2014 mit dem Nobelpreis für Chemie ausgezeichnete Mikroskopieverfahren von Stefan Hell, der zum ersten Mal das Abbe'sche Auflösungslimit mit Lichtstrahlen überwinden konnte. Die Mikroskopie spielt in der Erkenntnisgeschichte der Naturwissenschaften eine ebenso außerordentliche Rolle wie die Erweiterung des Blicks in das makroskopisch Große des Kosmos mit astronomischen Teleskopen.

Erwähnt sei noch eine Weiterentwicklung des Rastertunnelmikroskops, die Gerd Binnig bei einem Forschungsaufenthalt in Stanford in Zusammenarbeit mit Calvin Quate (1923–2019) geschaffen hat. Der Tunnelstrom-Mechanismus schränkte die Art der Proben, die untersucht werden konnten, auf solche ein, die ein Strom durchtunneln konnte, also beispielsweise Leiter, Halbleiter oder sehr dünne nichtleitende Molekülschichten aus organischen Molekülen, die in geeigneter Weise auf leitende Kristalle aufgebracht wurden. Daher konstruierten die beiden Forscher ein Rasterkraftmikroskop. Dessen Spitze besteht aus einer winzigen Feder, die wie eine Plattenspielernadel beim Abtasten von Oberflächen (in atomaren Dimensionen) so ausgelenkt wird, dass man diese mit optischen oder elektrischen Methoden messen kann. In der Folge entstand eine große Familie von Rastersondenmikroskopen, deren Sonden unter anderem mechanisch (Rasterkraftmikroskop), elektrochemisch oder optisch im Nahfeld der Probe wechselwirken und somit ganz unterschiedliche Materialeigenschaften in bis zu nanometrischer Auflösung mikroskopieren können.

In seinem Labor an der LMU München brachte Gerd Binnig mir bei, wie sich Atome sichtbar machen lassen. Dieser Moment, Atome, also jenes griechische Konstrukt des unteilbaren kleinsten Teilchens, aus dem alle Materie aufgebaut ist, gleichsam mit eigenen Augen zu sehen, war für mich persönlich ein unvergessliches Erlebnis.

Fragen der Menschheit

Bis heute hat sich die von Richard Feynman (1918–1988) in den 1960er-Jahren theoretisch vorhergesagte und von Gerd Binnig praktisch begründete Nanotechnologie stürmisch entwickelt. Das liegt ganz einfach daran, dass zum Verständnis des Aufbaus der Materie und ihrer Eigenschaften der nanoskopische Blick nötig ist. Die Anwendungen sind unzählig: Sie reichen vom Maßschneidern neuer Materialeigenschaften über die Verkleinerungen von Strukturgrößen von Bauelementen in den Nanometerbereich (wie sie etwa bei Quantencomputern gebraucht werden) bis hin zum Verständnis aller lebenden Vorgänge, die letzten Endes auf molekularen nanoskopischen Wechselwirkungen basieren.

An diesen Vorgängen war Gerd Binnig immer besonders interessiert. Hier erkannte er den Schlüssel zur medizinischen Forschung und darüber hinaus zur Klärung einer der spannendsten, bis heute unbeantworteten Fragen der Menschheit: Wie genau konnten molekulare Wechselwirkungen auf der frühen Erde vor 3,4 Milliarden Jahren zu einem selbstorganisierten organischen Molekülsystem von gegenseitig abhängigem DNA-Code und Proteinen führen? Auch wir haben uns dafür interessiert und in den späten 1980er-Jahren in Binnigs Labor Experimente mit dem Rastertunnelmikroskop durchgeführt. Dabei konnten wir zum ersten Mal die Grundbausteine des Lebens, die vier Basenmoleküle aus der Doppelhelix der DNA, direkt sichtbar machen. Trotzdem bleiben noch viele Fragen unbeantwortet, darunter die größte: «Was ist Leben?»

WOLFGANG M. HECKL

Rastertunnelmikroskop (Inv.-Nr. 1993-0432)

Maße (H/L × D)	150 × 260 mm

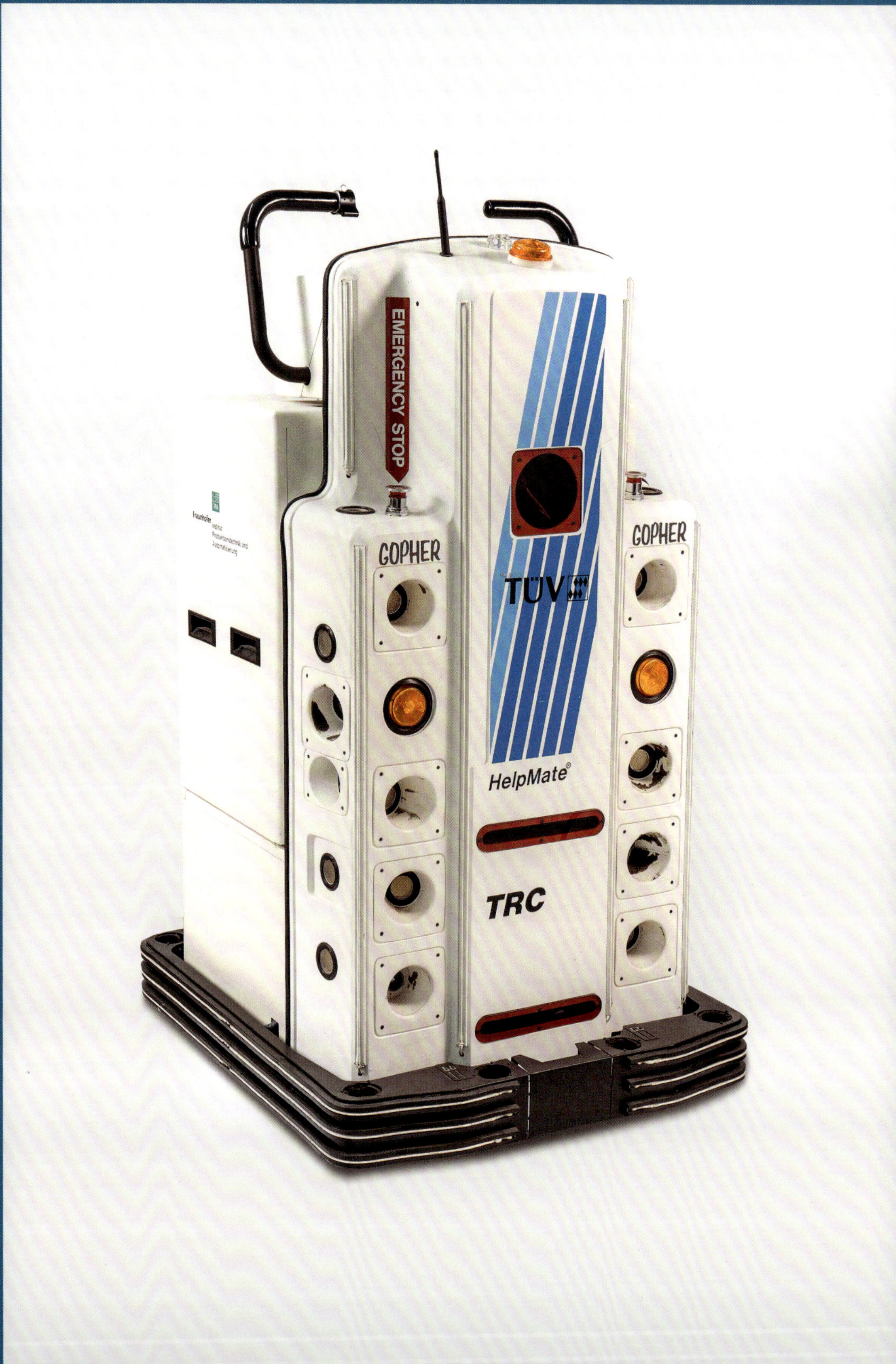
EMERGENCY STOP
GOPHER
TÜV
GOPHER
HelpMate®
TRC

1988 [1991]

Roboter HelpMate

Joseph Engelberger/Transitions Research Corporation
Danbury (CT)

Was ist ein Roboter? Überflüssige Frage, möchte man meinen, scheinen Roboter heutzutage doch omnipräsent zu sein. Kaum vergeht ein Tag, an dem sie uns nicht in Zeitungen, Fernsehen oder Internet begegnen. Und auch Sie haben sicher schon von R2-D2 aus *Star Wars*, dem T-800 aus *Terminator* oder RoboCop aus dem gleichnamigen Spielfilm von 1987 gehört. Diese und viele weitere Robotergestalten begegnen uns in der Popkultur und prägen unsere Vorstellungen, Erwartungen und Ängste wesentlich – und haben nebenbei bemerkt relativ wenig mit der Realität gemein. Wie weitgehend unsere Vorstellungen von den künstlichen Wesen durch Fiktion bestimmt sind, zeigt schon der Umstand, dass sogar der Begriff «Roboter» durch ein Theaterstück in die Welt kam – *R. U. R. – Rossum's Universal Robots* des tschechischen Schriftstellers Karel Čapek (1890–1938) aus dem Jahr 1920.

Abseits des Fiktionalen begegnen die Maschinen uns als Industrieroboter in Fabriken und zunehmend auch als Serviceroboter in unserer privaten Lebenswelt. Doch was ist darunter zu verstehen? Bei klassischen Industrierobotern handelt es sich um Roboter, die nach programmierten Abläufen repetitive Tätigkeiten, beispielsweise Schweißen oder Lackieren, ausführen. Vor allem die Automobilindustrie steht wie keine zweite Branche für den Siegeszug der Industrieroboter. Im Gegensatz dazu verfügen Serviceroboter über Sensoren, mit deren Hilfe sie ihre Umwelt wahrnehmen und auf sie reagieren können. Dadurch müssen sie im Gegensatz zu Industrierobotern nicht aus Sicherheitsgründen vom Menschen sepa-

HelpMate – der erste kommerzielle Serviceroboter der Welt

riert werden, sondern können sich unmittelbar in unserer Lebenswelt bewegen und mit uns interagieren. Sowohl mit dem Industrie- als auch mit dem Serviceroboter ist ein Name eng verknüpft: Joseph Engelberger – genannt auch «der Vater der Robotik».

Von der Leinwand in die Fabrik

Der 1925 in Brooklyn, New York City, geborene Joseph Frederick Engelberger (1925–2015) studierte Physik und Maschinenbau an der Columbia University. Seine anschließende Anstellung als Ingenieur gab er auf, nachdem es 1956 zu einer schicksalhaften Begegnung mit dem Erfinder George Devol (1912–2011) auf einer Cocktailparty kam. Devol hatte zwei Jahre zuvor einen Patentantrag eingereicht. Was er dort recht sperrig als «programmed article transfer» bezeichnete, kennen wir heute als Industrieroboter. Engelberger und Devol – der in Anlehnung an Engelbergers Zuschreibung gerne als «Großvater der Robotik» bezeichnet wird – gründeten noch im Jahr der Cocktailparty die Unimation Inc. – ein Kofferwort aus Universal Automation – und setzten Devols Idee in einen Prototyp um. Installiert wurde dieser im General-Motors-Werk in New Jersey.

Ab 1961 wurden mit der Serie Unimate 1900 die ersten massenproduzierten Industrieroboter der Welt im Werk eingesetzt. Die hydraulisch angetriebenen Arme waren in der Lage, verschiedene auf einer Magnettrommel gespeicherte Befehle auszuführen, und wurden zunächst dafür eingesetzt, Gussteile aus ihrer heißen Form zu heben und zu stapeln. Landesweite Bekanntheit erlangte der Unimate im Jahr 1966, als er in der «Tonight Show» auftrat, in der er einen Golfball einlochte, ein Orchester dirigierte und ein Bier in ein Glas eingoss.

Obwohl die Unimation Inc. zwischenzeitlich zum größten Hersteller der Welt aufgestiegen war, bedeutete die Entscheidung, an hydraulischen Robotern festzuhalten, das Ende des Unternehmens, als in den 1970er-Jahren vermehrt elektrisch angetriebene Konkurrenzprodukte auf den Markt drangen. 1982 kündigte Engelberger an, sich aus der Robotik zurückziehen zu wollen. Schon zwei Jahre später widmete er sich mit einem neugegründeten Unternehmen, der Transition Research Corporation (TRC), wieder der Robotik – jedoch mit Blick auf ein neues Anwendungsgebiet: das Gesundheitswesen.

Von der Fabrik ins Krankenhaus

Die Frage, wie das Personal im Gesundheitswesen entlastet werden könne, wird heutzutage vielfach diskutiert. Eine mögliche Lösung wird im Einsatz von Robotern gesehen. Dass diese Idee nicht neu ist, beweist der ca. 150 Zentimeter hohe und knapp 160 Kilogramm schwere HelpMate, von dem ein Exemplar 2012 als Leihnahme des Fraunhofer Instituts für Produktionstechnik und Automatisierung (IPA) in Stuttgart den Weg in die Sammlung des Deutschen Museums gefunden hat. Auch wenn sich seine kastenförmige Erscheinung nicht mit den klassischen Vorstellungen von einem Roboter deckt, handelt es sich bei HelpMate um ein ganz besonderes Exemplar: Er war der erste kommerzielle Serviceroboter der Welt. Engelbergers TRC setzte ihn ab 1988 im Krankenhaus der Kleinstadt Danbury (Connecticut) ein. HelpMate sollte dem Personal durch die Abnahme von Kurierfahrten mehr Freiraum für andere Tätigkeiten verschaffen. So transportierte der Roboter beispielsweise Laborproben oder Mahlzeiten durch das Krankenhaus.

Doch wie findet er dabei seinen Weg? Der Auftrag erfolgte per Direkteingabe über Bildschirm und zugehörigem Tastenfeld am Robo-

Joseph Engelberger (links) im Jahr 1961 mit der Unimate #001

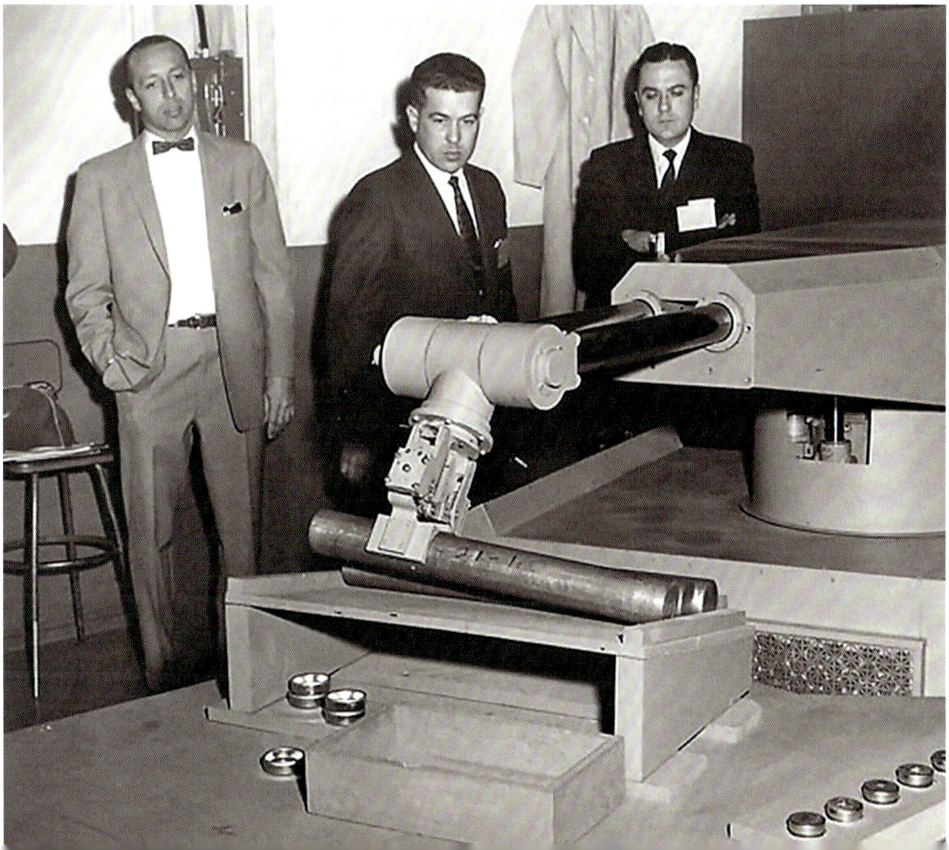

Mit dem «Predigenden Mönch» (ca. 1560) besitzt das Deutsche Museum eine sehr frühe Automatenfigur, die eine Vielzahl von periodisch ablaufenden Einzelbewegungen zeigt: Die Füße imitieren den Gehvorgang (in Wirklichkeit rollt die Figur auf Rädern), die Arme drehen sich, ebenso der Kopf. Besonders erstaunlich ist die zusätzliche Bewegung von Mund und Augen.

ter selbst. Diese von Bankautomaten bekannte Bedienung sollte dem im Umgang mit Robotern ungeübten Personal eine intuitive und einfache Interaktion ermöglichen. Daneben verfügte der Roboter über eine Sprachausgabe, mit der er beispielsweise ankündigt, einen Botengang zu beginnen: «I am about to move, please, stand clear», ließ der Roboter verlauten, bevor er sich in Bewegung setzte. War der Auftrag eingegeben, ermittelte HelpMate anhand einer Karte des Gebäudes die Route und fuhr mit ca. 2,5 km/h in Richtung Ziel. Mit Hilfe von Ultraschall- und Infrarotsensoren erkannte der Roboter unerwartete Hindernisse, wartete, bis die geplante Route wieder passierbar war, oder umfuhr auftretende Hindernisse wie beispielsweise Krankenhausbetten oder Personen. Zusätzliche Bumper stoppten den Roboter, sollte doch einmal ein Hindernis übersehen worden sein. Per Funk konnte HelpMate mit den vorhandenen Aufzügen der Gebäude kommunizieren und damit sogar das Stockwerk wechseln. Ab April 1991 lief das System so zuverlässig, dass erste Mietgebühren erhoben werden konnten, ab 1992 wurden erstmals mehrere Roboter in einer Einrichtung eingesetzt. Als das inzwischen in HelpMate Inc. umbenannte Unternehmen Ende des 20. Jahrhunderts verkauft wurde, verrichteten mehr als einhundert Exemplare ihren Dienst auf den Fluren von Krankenhäusern und Pflegeeinrichtungen.

Vom Krankenhaus in unser Wohnzimmer?

Selbst wenn uns HelpMate in Krankenhäusern inzwischen nicht mehr begegnet, stellt das Gesundheitswesen noch immer ein intensiv beforschtes und gleichzeitig kontrovers diskutiertes Anwendungsfeld dar. Auch in privaten Haushalten tauchen vermehrt Roboter auf, die uns wie HelpMate bei bestimmten Tätigkeiten unterstützen und entlasten sollen. Am bekanntesten dürften wohl Staubsaugerroboter sein – und auch dieser Anwendung widmete sich TRC Ende der 1980er-Jahre.

Ein anthropomorpher Roboterbutler, wie ihn beispielsweise der Science-Fiction-Autor Isaac Asimov beschreibt, ist zwar Gegenstand zahlreicher Forschungsprojekte, jedoch trotz mitunter sehr beeindruckender Fähigkeiten noch nicht in Marktreife verfügbar. Wann dieser uralte Menschheitstraum des künstlichen Dieners Realität wird, lässt sich nicht seriös prognostizieren. Vielmehr drängen Roboter für bestimmte Tätigkeiten und Zwecke auf den Markt, die in ihrer Erscheinungsform genauso divers wie in Bezug auf ihre Fähigkeiten sind. Die zunehmende Verknüpfung der Robotik mit der ebenfalls schwer fassbaren Künstlichen Intelligenz erschwert die Beantwortung der Frage, was ein Roboter ist, noch zusätzlich. Auch Joseph Engelberger sah sich mit dieser Frage konfrontiert und antwortete darauf diplomatisch: «Ich kann nicht definieren, was ein Roboter ist, aber ich erkenne einen, wenn ich ihn sehe» – und das gilt heute mehr denn je.

NICOLAS LANGE

HelpMate (Inv.-Nr. L2012-11)

Maße (H × B × T)	1520 × 810 × 930 mm
Masse	160 kg
Transportierbare Last	15 kg
Geschwindigkeit	2,5 km/h

Umhängetasche aus Safttüten und andere Objekte mit Zukunft

1991

Raumanzug SOKOL-KV-2

RD & PE Zvezda
Tomilino bei Moskau

Am 17. März 1992 startete der deutsche Wissenschaftsastronaut Klaus-Dietrich Flade (* 1952) mit seinen beiden russischen Kollegen Alexander Wiktorenko (* 1949) und Alexander Kaleri (* 1956) zu einer einwöchigen Mission zur damaligen Raumstation MIR. Flade war nach Sigmund Jähn im Jahr 1978 der zweite Deutsche, der eine Raumstation besuchte. Bei Start und Landung des Sojus-Raumschiffs trug Flade einen speziellen maßgeschneiderten Raumanzug vom Typ Sokol-KV-2.

Warum brauchen Raumfahrer einen Druckanzug?

Die wichtigste Funktion eines Raumanzugs ist die Bereitstellung der Atemluft und eines auf den ganzen Körper einwirkenden Drucks. Eine Atemmaske zur Sauerstoffversorgung allein ist nicht ausreichend, um dem Raumfahrer das Überleben zu sichern, denn mit abnehmendem Druck transportieren die Lungen bei einem Atemzug immer weniger Sauerstoff ins Blut. Ein weiterer gefährlicher Effekt des abnehmenden Drucks besteht darin, dass die Siedetemperatur von Wasser und anderen Flüssigkeiten sinkt. Bei normalem Luftdruck auf Meereshöhe kocht Wasser bei 100 °C. In etwa 19 Kilometer Höhe ist der Luftdruck aber so niedrig, dass der Siedepunkt von Wasser nur noch bei 37 °C liegt, also bei der normalen menschlichen Körpertem-

Reine Handarbeit: der Sokol-KV2-Raumanzug mit Schalensitz

DLR

peratur. Ein Pilot, der nur mit Sauerstoffmaske, aber ohne Druckanzug auf diese Höhe aufsteigt, würde innerhalb weniger Sekunden sterben, weil seine Körperflüssigkeiten schlichtweg verdampfen würden.

Klaus-Dietrich Flade (links) mit Alexander Wiktorenko und Alexander Kaleri kurz vor dem Start der Sojus TM-14, 17. März 1992

Hightech-Textilien für den Flug ins Weltall

Der SOKOL-KV-2-Raumanzug wurde von 1979 bis 1980 für Flüge mit dem SOJUS-TM-Raumschiff, das drei Menschen Platz bietet, entwickelt. Er soll die Raumfahrer vor einem plötzlichen Druckabfall in der Kapsel schützen. Der Anzug ist außerdem so beschaffen, dass er bei einer außerplanmäßigen Landung im Wasser Schutz gegen Kälte und Ertrinken bietet.

Unter normalen Bedingungen bei Start, Landung und Ankoppelung erhält die gummierte innere Hülle des Anzugs über Schlauchleitungen Atemluft aus der Kabinenatmosphäre. Diese Luft sorgt auch für die Kühlung. Bei einem Druckabfall schließt sich der Raumanzug hermetisch ab und bekommt über einen separaten Behälter reinen Sauerstoff zugeführt; der Innendruck des Anzugs beträgt maximal 0,35 bar. Eine Kühlung und Abführung der Körperwärme des Raumfahrers ist dann nicht mehr möglich. Die Überlebenszeit in diesem Zustand würde lediglich ein bis zwei Stunden betragen.

Die innere Hülle besteht aus Polyamidgewebe (CAPRON) mit einer Beschichtung aus Naturgummi, covulkanisiert mit chlorsulfoniertem Polyethylen. die äußere Hülle aus LAVSON-Gewebe (eine russische Polyesterfaser). Der Anzug hat leer eine Masse von 8,8 Kilogramm. Am rechten Ärmel ist ein Spiegel zur Orientierung montiert, denn unter Druck ist die Bewegungsfreiheit des Raumfahrers stark eingeschränkt. Die Anzüge werden in Handarbeit hergestellt. An den Ellbogen und an den Knien können sie individuell an die Körpergröße der Raumfahrer angepasst werden.

Auf Umwegen ins Museum

Das Deutsche Museum war lange auf der Suche nach einem Raumanzug für seine Raumfahrt-Ausstellung. Der Versuch, 1993 einen Raumanzug bei Sotheby's zu ersteigern, scheiterte, denn die Preise lagen damals über 100 000 DM. Das überstieg das Budget des Museums bei weitem. Der Autor nahm daraufhin

Klaus-Dietrich Flade und seine Kollegen kurz nach der Landung mit der Sojus TM-13 am 25. März 1992 in Nordkasachstan

direkte Gespräche mit der russischen Herstellerfirma RD & PE Zvezda (НПП Звезда, dt.: Stern) auf. Schnell wurde man handelseinig über den Kauf des Flade-Raumanzugs zu einem deutlich niedrigeren Preis.

Schwieriger gestaltete sich jedoch der Transport des neuen Exponats in das Deutsche Museum. In Russland war man Mitte der 1990er-Jahre sehr zurückhaltend geworden mit der Veräußerung von Kulturgut ins Ausland. Für die Ausfuhr mussten zeitgleich die Genehmigungen und Exportlizenzen verschiedener Ministerien vorliegen, was in der Praxis kaum zu bewerkstelligen war. Die üblichen international arbeitenden Kunstspeditionen sahen sich außerstande, den Transport durchzuführen. Nach gut einem Jahr gelangte der Anzug – auf heute nicht mehr ganz nachvollziehbaren Wegen – dann doch noch ins Deutsche Museum. Angeblich hatte ihn ein Raumfahrt-Ingenieur bei einem Flug von Moskau nach Deutschland im Handgepäck mitgenommen.

Das Deutsche Museum konnte einige Jahre später noch den zum Anzug gehörenden Schalensitz erwerben. Der Raumanzug von Klaus-Dietrich Flade ist mit diesem Sitz in Flugposition mit angewinkelten Beinen ausgestellt.

Wie konserviert man einen Raumanzug?

Der SOKOL-KV-2 zeigte nach wenigen Jahren starke Verfärbungen. Die Ursachen dafür fanden die Wissenschaftlerinnen im Forschungslabor des Museums: Einige Textilien sind sehr lichtempfindlich und die gummierte innere Hülle sowie Klebstoffe geben Schadgase ab. Daher wird das Exponat in der Ausstellung «Raumfahrt» bei einer Beleuchtungsstärke von maximal 50 Lux präsentiert. In der Vitrine sind Ventilatoren und Absorber integriert, die Feuchte regulieren und schädigende Gase aufnehmen. Für den SOKOL-KV-2 und für weitere Raumanzüge wurden Figuren gebaut, die chemische Reaktionen minimieren soll. Die Tragestruktur besteht aus eloxiertem Aluminium, der Körper aus Polyethylenschaumstoff, gepolstert mit Polyesterwatte. Über die Wattierung wurde Jersey aus Baumwolle genäht und mit Aktivkohlegewebe versehen. Der Kopf wurde aus reinem Alabastergips geformt.

MATTHIAS KNOPP

Sokol-KV-2-Raumanzug mit Schalensitz (Inv.-Nr. 1994-612)

Masse	8,8 kg
Innere Hülle	Naturgummi auf chlorsulfoniertem Nylongewebe mit Polyamidüberzug (Capron)
Äußere Hülle	Polyesterfaser (Lavson)
Maximaler Innendruck	0,35 bar

WATER
WASTE
BUFFER

1998

DNA-Sequenzierer ABI Prism 3700

PE Applied Biosystems
Foster City (CA)/Hitachi

Seit 1998 befinden sich Hunderte ABI Prism 3700-DNA-Sequenzierer in einem riesigen Raum der Firma Celera Genomics in Alameda, Kalifornien. Alle laufen unermüdlich, Jahr für Jahr, alle werden Tag für Tag mit neuen Proben bestückt und alle dienen demselben Zweck – der Entschlüsselung des menschlichen Erbguts (Genom).

Acht Jahre zuvor, im Jahr 1990, war in den USA das staatlich geförderte Humangenomprojekt ins Leben gerufen worden. Dieses Projekt hatte das Ziel, die genaue Abfolge der drei Milliarden Bausteine, die unsere Erbsubstanz definieren, zu erforschen. Weltweit versprach sich die Wissenschaft viel von der genauen Kenntnis dieser Basensequenz. Wenn die molekularen Grundlagen von Erbkrankheiten bekannt wären – wäre damit nicht auch ihre Heilung möglich? Wenn man verstünde, welche Gene bei der Entstehung von Krebs beteiligt sind – könnte man die Krankheit dann nicht unter Kontrolle bringen? Ohne die Entwicklung von Hochdurchsatz-Sequenzierern hätte man das Ziel einer kompletten Entschlüsselung des menschlichen Genoms vielleicht bis heute nicht erreicht. Für dieses ambitionierte Projekt war der ABI Prism 3700-DNA-Sequenzierer das ideale Gerät.

Blick ins Innere des DNA-Sequenzierers

Das technische Innenleben des DNA-Sequenzierers

Desoxyribonukleinsäure (DNA) ist die in allen Lebewesen vorkommende Erbsubstanz. Sie ist strickleiterförmig angeordnet und besteht aus einem Zucker-Phosphat-Rückgrat und vier verschiedenen Bausteinen im Inneren, die die Erbinformation enthalten. Sequenziergeräte dienen dazu, die Abfolge (Sequenz) dieser vier DNA-Bausteine zu bestimmen. Man kann damit einzelne Gene sequenzieren oder auch ganze Genome, also die Gesamtheit der Erbinformation eines Lebewesens.

Die Technik des Sequenzierens wurde in den 1970er-Jahren entwickelt, die dafür benötigten Geräte wurden seitdem immer weiter verbessert. 1998 war der ABI Prism 3700 zusammen mit dem GE-Healthcare MegaBACE 1000 der erste kommerziell erhältliche 96-Kapillar-Sequenzierer und somit ein Meilenstein des technischen Fortschritts. Diesen Entwicklungsschritt nannte man Hochdurchsatz-Sequenzierung. Dazu nutzt man eine Methode, bei der die zu analysierenden DNA-Stücke in einer Flüssigkeit unter Einfluss eines elektrischen Felds der Größe nach getrennt werden (Elektrophorese). Bei der sogenannten Kapillarelektrophorese findet die Trennung in haarfeinen Röhrchen statt. Die Röhrchen oder Kapillaren innerhalb der Geräte ermöglichen eine automatische Sequenzierung vieler Proben auf einmal.

Der ABI Prism 3700 enthält 96 Kapillaren, in denen die Analyse von DNA-Fragmenten gleichzeitig erfolgen kann. Die DNA-Bausteine werden dazu mit Fluoreszenz-Farbstoffen markiert, das sind Farbstoffe, die nach Anregung Licht abstrahlen. Insgesamt haben 384 solcher Proben im Sequenziergerät Platz. Sie werden auf speziellen Platten vorbereitet und von dort aus automatisch und nacheinander in die Kapillaren eingespritzt. Als Ergebnis erhält man sequenzierte Abschnitte mit einer Länge von etwa 550 DNA-Bausteinen, die jeweils nur den Bruchteil eines Gens darstellen.

Auch Forscherinnen und Forscher, denen kein eigenes Sequenziergerät zur Verfügung steht, können das zuverlässige Verfahren heute nutzen, indem sie von Dienstleistern kostengünstig und schnell einzelne Gene sequenzieren lassen.

Aktuelle und zukünftige Anwendungsmöglichkeiten

Seit dem Ende das Humangenomprojektes gibt es zahlreiche weiterführende Forschungsprojekte zur Entschlüsselung der genauen Funktion aller 20 000 bis 25 000 menschlichen Gene. Denn die Kenntnis der Sequenz alleine ist noch nicht sehr aussagekräftig – sie kann mit einem Text verglichen werden, dessen Buchstaben man zwar kennt, aber nicht seine Sprache.

Heute werden Gene zuerst mit Hilfe von bioinformatischen Programmen identifiziert und anschließend hinsichtlich ihrer Funktion erforscht, beispielsweise in Experimenten mit Bakterien. Die so gewonnenen Erkenntnisse zieht man inzwischen zu Vaterschaftstests oder zu kriminalistischen Ermittlungen heran. Große Hoffnungen hatte man anfangs auch auf die Gentherapie gesetzt, also darauf, dass man Krankheiten behandeln könnte, indem man DNA direkt in die Körperzellen einführt. Doch musste die Gentherapie mehrere Rückschläge hinnehmen und steckt auch zwanzig Jahre nach der ersten Sequenzierung des menschlichen Genoms noch in den Kinderschuhen. Dennoch besteht heute schon die Möglichkeit, einzelne Gene eines Menschen sequenzieren zu lassen, um Gendefekte festzustellen. In diesem Zusammenhang wird unsere Gesellschaft zunehmend mit schwierigen Fragen konfrontiert: Würden Sie wissen wollen, welche Gendefekte möglicherweise in Ihnen schlummern, die im Laufe des Lebens zu ernsthaften Erkrankungen führen könnten? Wären Sie daran interessiert, Ihr gesamtes Genom sequenzieren zu lassen? Und vor allem: Wer sollte diese sensiblen, persönlichen Daten zu Gesicht bekommen?

Die DNA-Sequenzierer markieren den Aufbruch in eine Zeit, in der derartige Überlegungen nicht nur Betroffene, sondern auch Ethikkommissionen und die Politik beschäftigen. Das hier gezeigte, 1998 gebaute Gerät kam direkt vom Stifter und Hersteller Applied Biosystems ins Deutsche Museum und war viele Jahre lang im Einsatz, bevor es letztendlich durch neuere Modelle abgelöst wurde.

MARGHERITA KEMPER

DNA-Sequenzierer ABI Prism 3700 (Inv.-Nr. 2006-0012)

Maße (H × B × T)	**765 × 760 × 1345 mm**
Masse	**235 kg**

PROMETHEUS

2000

Versuchsfahrzeug für autonome Mobilität

Universität der Bundeswehr München

Ein flüchtiger Blick auf den Mercedes 500 SEL, der im Verkehrszentrum des Deutschen Museums steht, suggeriert ein übliches Fahrzeug dieser bekannten Marke. Schaut man hingegen ins Innere, sieht man hinter der Frontscheibe eine Kamera und ein Teil des Rücksitzes ist mit Computern belegt. Das Besondere an diesem Fahrzeug ist, dass es bereits 1995 die Strecke von München ins dänische Odense und zurück bewältigte – und zwar überwiegend autonom, von Computern gesteuert. Nun sind autonome Fahrzeuge heute nichts Ungewöhnliches mehr, aber wie kam es zu dieser frühen Entwicklung?

Prometheus – ein Programm für sicheren und effizienten Verkehr

1986 startete das Forschungsprogramm Prometheus – das Akronym steht für *Program for a European Traffic with Highest Efficiency and Unprecedented Safety*. Mehrere europäische Automobilhersteller, Unternehmen der Elektronik- und Zulieferindustrie sowie maßgebliche Forschungsinstitute beteiligten sich. In einer Projektvorstellung wird das weitreichende Ziel folgendermaßen beschrieben: «Das Forschungsziel von Prometheus ist, Konzepte und Lösungen zu schaffen, die den Weg zu einem flüssigen Straßenverkehr, hoher Umweltverträglichkeit und Wirtschaftlichkeit mit bisher noch nie erreichter Sicherheit weisen.» Im Zusammenhang mit Unfallver-

Prometheus oder Der Traum vom autonomen Fahren

meidung und Komfort tauchte bereits Mitte der 1980er-Jahre die Idee eines vollautomatischen bzw. autonomen Fahrzeugs auf, das durch «Künstliche Intelligenz» gesteuert wird.

Die Idee war zunächst, die Fahrzeuge entlang von in der Straße verlegten Kabeln zu führen. Im Gegensatz dazu schlug Ernst D. Dickmanns (*1936), der von 1975 bis 2001 eine Professur an der Universität der Bundeswehr in München innehatte, vor, das wesentlich flexiblere maschinelle Sehen zur Spurführung einzusetzen. Dickmanns war zu diesem Zeitpunkt bereits zusammen mit einem Fraunhofer Institut in Karlsruhe am Pilotprojekt «Autonomous Mobile Systems» beteiligt. Dieses wurde vom Bundesministerium für Forschung und Technologie (BMFT) gefördert und sollte die Entwicklung von Verfahren zum «Rechnersehen» fördern. Unterstützung erhielt er bei seinen Arbeiten auch später, u. a. von Lehrstühlen seiner Universität, etwa jenen der Professoren Volker Graefe und Wolfgang Niegel.

VaMoRs und VaMP – Prototypen einer revolutionären Entwicklung

Ab 1984 rüstete das Team um Dickmanns einen Mercedes-Benz-Kleintransporter mit Kameras, Sensoren und umfangreicher Computertechnik aus. Aufgrund der damals geringen Rechenleistung waren ausgefeilte Strategien notwendig, damit das bewegte Fahrzeug überhaupt in Echtzeit reagieren konnte. Bereits 1987 erreichte das Versuchsfahrzeug für autonome Mobilität und Rechnersehen (VaMoRs) bei einer Testfahrt auf einer noch nicht freigegebenen 20 Kilometer langen Neubaustrecke der Autobahn A92 in der Nähe von Dingolfing eine Geschwindigkeit von immerhin 96 km/h und war damit viele Jahre das schnellste autonome Straßenfahrzeug der Welt.

Ab 1993 wurden zwei Mercedes 500 SEL zu autonom fahrenden Pkws umgerüstet, eines diente dem Hersteller für seine Tests und das andere als Forschungsplattform für Dickmanns' Team. Dieses VaMP (Versuchsfahrzeug für autonome Mobilität Passenger Car) genannte Fahrzeug erhielt zwei Weitwinkelkameras unterschiedlicher Brennweiten. Eine aktive Blickrichtungssteuerung gestattete es den Kameras – ähnlich wie das menschliche Auge – einem gekrümmten Straßenverlauf zu

Hier fährt der Computer: das Cockpit des zum VaMP umgerüsteten 500 SEL.

folgen. Aus den digitalisierten Videodaten extrahierte der Bordrechner verkehrsrelevante Strukturen wie Straßenmarkierungen oder wichtige Objekte in der Umgebung und konnte die Position sowie die Geschwindigkeit in Relation zur Fahrspur und zu anderen Fahrzeugen bestimmen. Das war angesichts der geringen Rechenleistung der damals verfügbaren Computer eine enorme Herausforderung. Während heutzutage selbstfahrende Autos Satellitennavigation (GPS) und digitales Kartenmaterial nutzen, konnten die frühen Fahrzeuge lediglich auf jene Daten zurückgreifen, die ihre eigenen Kameras zur Verfügung stellten. Das Team um Dickmanns entwickelte ein schnelles Echtzeit-Sehsystem, den sogenannten 4-D-Ansatz, bei dem neben den drei Raumkoordinaten auch die Zeit eine Rolle spielt. Das aktuelle Bild wird jeweils mit dem vorherigen verglichen, und mit akzeptablem rechentechnischem Aufwand werden so die relevanten Informationen herausgefiltert.

1994 konnte im Rahmen der Prometheus-Abschlusspräsentation in Paris demonstriert werden, dass VaMP in der Lage war, im Realverkehr autonom eine dreispurige Straße zu befahren. Dabei wurden das freie Spurfahren bis zur Maximalgeschwindigkeit von 130 km/h, das Fahren im Konvoi hinter anderen Fahrzeugen sowie ein selbstentschiedener Spurwechsel demonstriert. 1995 fuhr das Versuchsfahrzeug überwiegend autonom von München nach Dänemark und zurück – aus Sicherheitsgründen mit Begleitung. Selbstständig bewältigte es dabei Überholmanöver und die meisten Fahrsituationen. Nur an kritischen Stellen griff der begleitende Fahrer ein. Der längste Abschnitt ohne menschlichen Eingriff betrug 158 Kilometer. Auf der Autobahn fuhr das Fahrzeug dabei bis zu 175 km/h schnell. Damit war VaMP eines der ersten autonomen Fahrzeuge, das sich im Realverkehr als funktionstauglich erwies.

1996 trennten sich die Wege des Stuttgarter Automobilherstellers und des Forschungsteams um Ernst D. Dickmanns. Aus Sicht des Industriepartners sollten die neuen Technologien zunächst in Fahrerassistenzsystemen eingesetzt werden; das autonome Auto schien noch in weiter Ferne. Dickmanns dagegen wollte die Grenzen des technisch Machbaren ausloten und arbeitete am Konzept des Autonomen Fahrzeugs weiter, bei dem sich das Auto selbsttätig seinen Weg sucht, Fahrbahn und Hindernisse erkennt, anfährt, stoppt und überholt. Unterstützung kam nun von amerikanischen Partnern.

Vom Wettkampf zur Alltagstauglichkeit

Nach Dickmanns Emeritierung 2001 entwickelte sich das Autonome Fahren rasant, nicht zuletzt weil in den USA zur Jahrtausendwende entsprechende Forschungsmittel freigegeben wurden. Die großen Fortschritte mag folgendes Beispiel zeigen: 2004 hatte die DARPA – die Defense Advanced Research Projects Agency ist eine US-amerikanische Forschungsförderungseinrichtung zur Unterstützung militärisch interessanter Projekte – die Aufgabe gestellt, dass autonome Fahrzeuge eigenständig eine Strecke von etwa 240 Kilometern durch die Mojave-Wüste in Kalifornien bewältigen sollten. Einhundert Teams aus verschiedenen Ländern meldeten sich an, aber lediglich 15 Fahrzeuge qualifizierten sich überhaupt für das Rennen. Das Preisgeld von einer Million US-Dollar wurde allerdings nicht vergeben, da kein Fahrzeug das Ziel erreichte. Ein Jahr später hatte sich die Situation völlig verändert: Von den dreiundzwanzig gestarteten Autos kamen vier am Ziel an, wobei das schnellste Fahrzeug eine Durchschnittsgeschwindigkeit von gut 30 km/h erreichte. Dabei nutzten fast alle Fahrzeuge die Positionsbestimmung per GPS.

Mittlerweile arbeiten viele Auto- und Technologiekonzerne an der Entwicklung von autonomen Fahrzeugen. Dabei geht es nicht nur um den Individualverkehr, auf den etwa das Google-Auto oder das Model S von Tesla zielen, sondern auch um das Fahren von digital vernetzten Lkws im Konvoi. Von der Öffentlichkeit weitgehend unbemerkt arbeiten Landmaschinenproduzenten an Robotern, die eigenständig die Feldarbeit übernehmen können. Auch das Militär zeigt großes Interesse an solchen Fahrzeugen, etwa um sie zum Minenräumen einzusetzen. Trotz einer fast fünfzigjährigen Vorgeschichte hat die Zeit der autonomen Fahrzeuge gerade erst begonnen. Es wird sich zeigen, ob etwa Robotaxis so präsent werden, wie es Flugzeuge mit Autopiloten oder fahrerlose Bahnen heute bereits sind.

FRANK DITTMANN

Versuchsfahrzeug PKW Mercedes 500 SEL «Sehendes Auto» (Inv.-Nr. L2006-0011)

Maße (H × B L/T); Masse	1495 × 1886 × 5213 mm; 2490 kg
Baujahr	1994
Kilometerstand	72 559 km

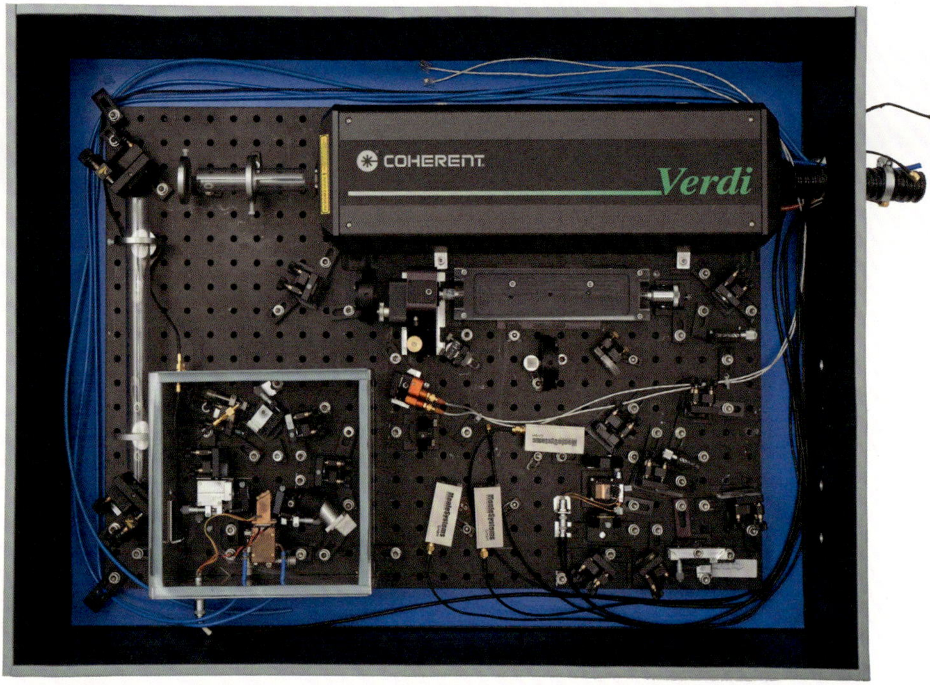
COHERENT
Verdi

2000

Frequenzkamm-Generator

Theodor Hänsch und Thomas Udem
Garching

Seit dem Sommer 2009 steht im Foyer der Bibliothek des Deutschen Museums das historische Uhrwerk der Münchner Frauenkirche. Der Uhrmacher Johann Mannhardt (1798–1878) hatte die Maschine 1842 im Nordturm der Frauenkirche in Betrieb genommen, wo sie bis 1969 den Tagesablauf der Münchnerinnen und Münchner rhythmisch begleitete. Schon ein Jahr zuvor, 2008, kam gewissermaßen der Ururenkel der Mannhardt-Uhr ins Museum: der Frequenzkamm-Generator von Theodor Hänsch (*1941) und Thomas Udem (*1962).

Ein Uhrwerk aus Licht

Auf den ersten Blick will sich die Verwandtschaft nicht so recht erschließen: Hier eine tonnenschwere Maschine aus Zahnrädern, Seilen und Gestängen, dort ein kleiner Aufbau aus einem Physiklabor, mit einem Laser, ein paar Spiegeln und Linsen. Doch diese beiden so unterschiedlichen Geräte erfüllen im Grunde dieselbe Funktion: Sie zählen. Die Mannhardt-Uhr, wie jedes andere mechanische Uhrwerk auch, zählt die Schwingungen eines Pendels. Sechzig Schwingungen, dann rückt der Minutenzeiger um einen Strich weiter, noch neunundfünfzigmal so viele, und der Stundenzeiger rückt von der Zwölf auf die Eins. Dreiundzwanzigmal mehr, und ein Tag ist vergangen.

Ein Uhrwerk aus Licht: der nobelpreiswürdige Frequenzkamm

Die Pendelschwingungen können wir sehen und selbst zählen.

Turmuhr der Münchner Frauenkirche von Johann Mannhardt im Deutschen Museum

Der Frequenzkamm hingegen erlaubt das Zählen von unvorstellbar schnellen Schwingungen: den Schwingungen von Licht. Licht ist eine Welle im elektromagnetischen Feld. Dabei ändert das elektrische Kraftfeld, das uns permanent und überall umgibt, einige hundert Billionen Mal pro Sekunde seine Ausrichtung. Diese Schwingung im Kraftfeld breitet sich wellenartig aus. In unserem Auge bringt sie elektrische Ladungen in den Sinneszellen in Bewegung: Wir sehen etwas! Schwingt das Feld langsamer, etwa nur rund 9 Milliarden Mal pro Sekunde, dann spricht man von Mikrowellen. Diese können zum Beispiel Cäsium-Atome in Schwingung versetzen, die wiederum die heute genauesten Uhren der Welt als mikroskopisch kleine Pendel antreiben. Bereits Mitte des 20. Jahrhunderts hatten Radioingenieure in den USA elektronische Methoden entwickelt, um solche Schwingungen zu zählen. Nach genau 9 192 631 770 Cäsium-Schwingungen springt der Sekundenzeiger einen Strich nach vorne.

Sichtbares Licht schwingt noch rund 50 000-mal schneller – zu schnell für jede Elektronik. Und in der freien Natur auch viel zu unregelmäßig! In etwa wie ein Pendel, das immer wieder in seinem Gang gestört wird, stockt und springt. Erst seit der Erfindung des Lasers in den 1960er-Jahren gibt es Lichtquellen, die tatsächlich gleichförmig und regelmäßig wie Pendel schwingen.

Für die Physik war das gleichförmige, «kohärente» Licht des Lasers ein nützliches Werkzeug, um in Atomen Schwingungen mit den hohen Frequenzen des sichtbaren Lichts anzuregen und so die Theorien über den Aufbau und das Zusammenwirken von Licht und Materie immer neuen Tests zu unterziehen. Die schlechte Zählbarkeit allerdings begrenzte die Präzision solcher Messungen.

Dies galt auch für die Messungen von Theodor Hänsch und seinem Mitarbeiter Thomas Udem am Garchinger Max-Planck-Institut für Quantenoptik. In den späten 1990er-Jahren sollte Udem für seine Doktorarbeit eine ultraviolette Schwingungsfrequenz im Wasserstoffatom untersuchen. Der damals übliche Ansatz, um aus den gut messbaren Mikrowellenfrequenzen eine UV-Frequenz abzuleiten, ähnelte dem Prinzip der Turmuhr. Dort übersetzen die unterschiedlich großen Zahnräder die schnelle Bewegung des Pendels in die langsamen Drehungen der Zeiger. Für die Messungen am Wasserstoffatom startete man bei den Mikrowellenschwingungen des Cäsiums und arbeitete sich hoch. In vielen komplizierten Schritten wurden die Frequenzen verdoppelt und vervielfacht. Das Ergebnis: ein raumfüllender Aufbau, neben dem sich die tonnenschwere Mannhardt-Uhr geradezu kompakt ausnimmt.

Gepulste Präzision

Bei den Garchinger Physikern reifte der Gedanke, dass es auch einfacher gehen könnte. Gepulste Laser, die zu dieser Zeit große Fortschritte machten, erschienen vielversprechend. Die Grundidee ist folgende: 10 Milliarden Mal pro Sekunde wird der Laser an- und ausgeschaltet, 10 Milliarden Lichtpulse pro Sekunde verlassen den Laser. Diese Pulsrate lässt sich mit der altbekannten Mikrowellenelektronik gut kontrollieren. Nun überlagert man den Laser mit der unbekannten Frequenz im Dauerbetrieb mit den Pulsen. Die Pulsfrequenz wird feinjustiert, und wenn man nun weiß, dass genau hunderttausend Laserschwingungen zwischen zwei Pulse passen, dann lässt sich die Laserfrequenz ausrechnen: 10 Milliarden mal hunderttausend, also eine Billiarde Schwingungen pro Sekunde. Tatsächlich ist die Messung der Schwingungen zwischen zwei Pulsen relativ einfach. Bei 100 001 oder 99 999 Schwingungen ergibt sich auf eine Sekunde hochgerechnet ein Differenzbetrag von 10 Milliarden – eben eine Schwingung pro Puls, die fehlt oder zu viel ist.

Im April 1997 war Hänsch von dieser Idee so überzeugt, dass er sie in einem vertraulichen Dokument festhielt, welches er von nur zwei eingeweihten Mitarbeitern, darunter Thomas Udem, als Zeugen beglaubigen ließ. Im Jahr 1999 dann war es so weit: Ein simpler, kompakter Aufbau, der im Wesentlichen dem Frequenzkamm im Deutschen Museum ähnelte, ermöglichte die Vermessung des Wasserstoffatoms mit einer vorher nicht dagewesenen Präzision. John Hall, ein anderer «Lichtvermesser» aus den USA, bezeichnete die Garchinger Arbeit scherzhaft, aber beeindruckt als «diese alberne Technik, die alles hinfällig macht, für das wir so lange gearbeitet haben». Förmlichere Anerkennung erhielt Hänsch mit dem Nobelpreis für Physik, der ihm für seine Arbeiten am Frequenzkamm 2005 verliehen wurde.

Synchronisation und Exoplaneten

Aber warum dieser ganze Aufwand? Anders als Mannhardts Turmuhr wird der Frequenzkamm wohl niemals in einen Kirchturm eingebaut, um die Stunden zu schlagen. In seinem Lebenslauf kommentierte Thomas Udem diesen Sachverhalt lakonisch mit dem Satz, dass er damit das alte Problem der Frequenzmessung von Licht gelöst hatte und sich danach endlich interessanten Dingen, nämlich der Spektroskopie von Wasserstoff, widmen konnte. Also nur ein Werkzeug für die Arbeit im Physiklabor? Nicht ganz! Durch das «Uhrwerk Frequenzkamm» sind Uhren mit noch schnelleren «Pendeln» möglich geworden, die eine noch engere Synchronisation unserer technischen Welt erlauben. Optische Schwingungen tragen schon heute Daten durch die Glasfaserleitungen, deren Ausbau manchem noch nicht schnell genug vorangeht. Die Frequenzkamm-Technologie verspricht eine noch bessere Kontrolle dieser Schwingungen, weniger Übertragungsfehler und daher noch höhere Bandbreiten. Und selbst ferne Planeten rücken durch den Frequenzkamm ein wenig näher. Durch seine Präzision lassen sich winzige Doppler-Verschiebungen in der Frequenz von Sternenlicht detektieren. Diese entstehen, wenn Planeten die Sterne umkreisen und schwach, aber doch messbar durch ihre Schwerkraft am Stern ziehen und ihn ein wenig ins Taumeln bringen.

Das Frequenzlabor im Max-Planck-Institut für Quantenoptik, Garching, vor der Erfindung des Frequenzkamms

Die Mannhardt-Uhr, so könnte man sagen, steht für eine Zeit-

messung im menschlichen Maßstab. Über Jahrzehnte hat sie den Umgang vieler Menschen mit der Zeit bestimmt. Mit etwas Ausdauer kann man nur durch die Betrachtung der Zahnräder die Funktionsweise der Uhr in den Grundzügen verstehen. Im Gegensatz dazu steht der Frequenzkamm für die Komplexität, aber auch den Einfallsreichtum der modernen Physik, die unsere synchronisierte Welt möglich machen und uns selbst Planeten, die um fremde Sonnen kreisen, wenigstens ein kleines bisschen näherbringen.

ECKHARD WALLIS

Frequenzkamm (Inv.-Nr. 2008-863)

Maße (H × B × T)	270 × 625 × 920 mm
Masse	79 kg

Turmuhr der Münchner Frauenkirche von Johann Mannhardt (Inv.-Nr. 2008-752)

Maße (H × B × T)	2200 × 3200 × 1300 mm
Masse	1,7 t

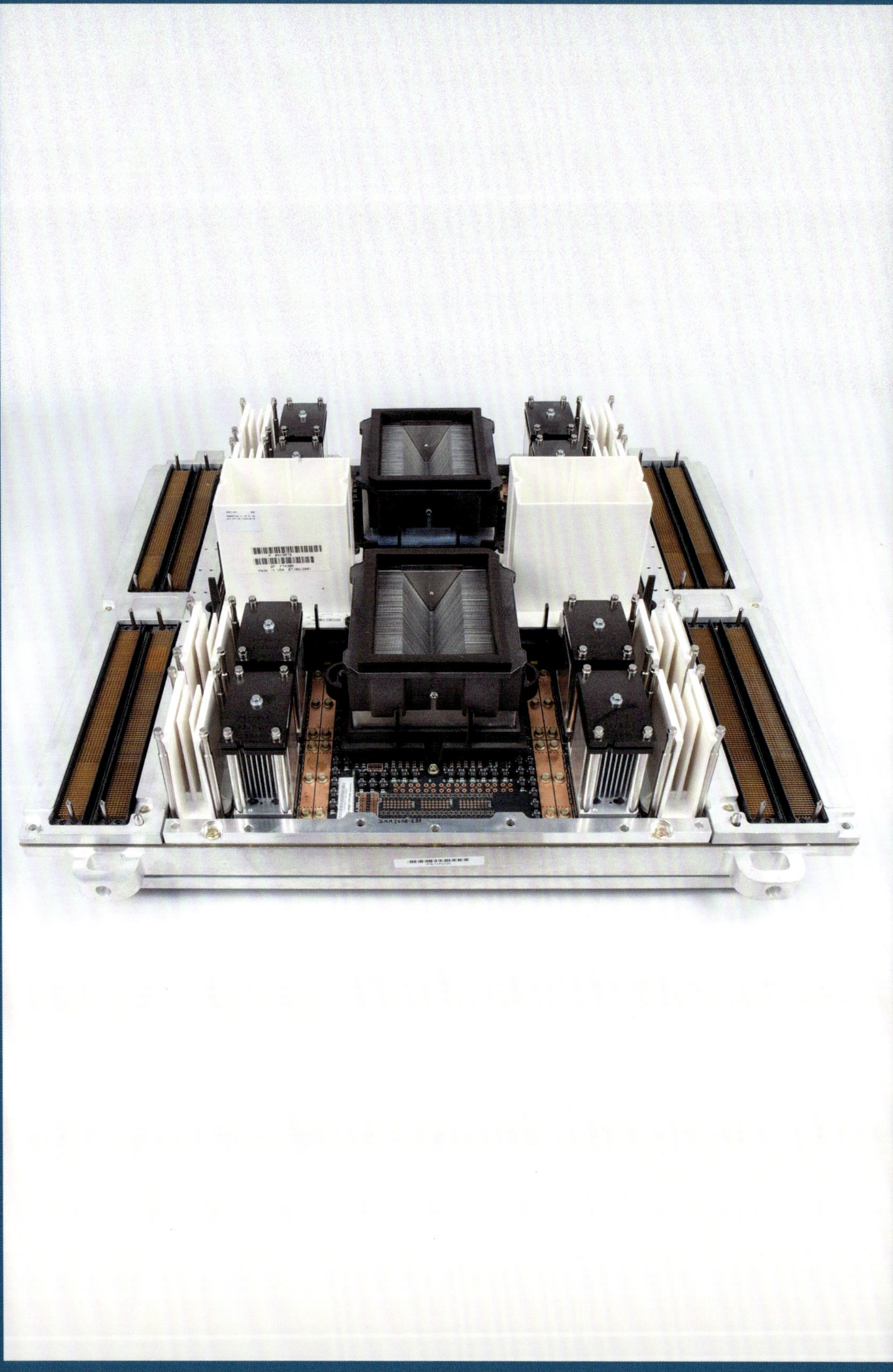

2002

Mainboard Regatta 4 des Supercomputers IBM p690

IBM Corp.
Armonk (NY)

Ein Computerbauteil erscheint zunächst nicht wie ein würdiger Vertreter technischer oder naturwissenschaftlicher Meisterwerke. Bei unserem Bauteil handelt es sich um ein sogenanntes Mainboard, die Hauptplatine eines Computers mit Steckplätzen und Leitern zur Verbindung der Bausteine. Schaltet man jedoch 16 Stück davon zusammen und erhält einen Supercomputer mit 512 Prozessoren, besitzt man ein mächtiges Werkzeug. Stark genug, um den größtmöglichen Gegenstand zu untersuchen: das Universum. Das Mainboard IBM Regatta 4 gehörte zum Supercomputer IBM p690, mit dem im Jahr 2005 die sogenannte Millennium-Simulation durchgeführt wurde. Einen Monat lang rechnete dieser Computer mathematische Gleichungen aus, nur um eine einzige Frage zu beantworten: Wie entstanden Galaxien und Sterne in der Form, wie wir sie heute beobachten können?

Simulation als virtuelles Experiment

Simulationen sind virtuelle Experimente, meistens rechnergestützt, die reale Experimente ersetzen, weil diese selbst nicht umsetzbar sind. Mal sind sie zu teuer, mal technisch nicht durchführbar, und in manchen Fällen ist das Objekt schlicht und einfach zu komplex, um real nachgebaut zu werden. So einen Fall stellt auch das Uni-

Eine der 16 Hauptplatinen des Supercomputers, mit dem die Geschichte des Universums berechnet wurde versum dar. Es ist für uns Menschen unvorstellbar groß und angefüllt mit Galaxien, schwarzen Löchern, Sternen und Planeten. Allein die Dimensionen grundlegender physikalischer Größen wie Temperatur, Dichte, Druck oder Magnetfeldstärke übersteigen alles, was wir in Laboren auf der Erde vermessen könnten. Die Millennium-Simulation sollte eine Brücke bilden zwischen dem Anfang des Universums und der Gegenwart. Über die Welt kurz nach dem Urknall ist sehr viel bekannt, und die heutige Ausdehnung des Alls liefern uns ebenfalls Beobachtungen. Aber was passierte dazwischen? Was passierte in rund 14 Milliarden Jahren zwischen einer annähernd gleichmäßig verteilten Menge von Materie und dem gegenwärtigen Universum, mit seinen Klumpen von Strukturen?

Zunächst stellt sich die Frage, woher wir eigentlich wissen, wie unser Universum zu Beginn ausgesehen hat. Das verrät uns der sogenannte Mikrowellenhintergrund, der seit seiner zufälligen Entdeckung durch die US-Amerikaner Arno Penzias und Robert W. Wilson 1964 vermessen wird (s. Seite 549 ff.). Diese kosmische Hintergrundstrahlung wurde kurz nach dem Urknall von heißem Gas ausgesandt, das uns heute in Form schwacher Mikrowellen erreicht. Aus Aufnahmen dieser Strahlung können Kosmologen rekonstruieren, wie die Materie des noch ganz jungen Universums verteilt war. Die Beobachtungen geben uns den Schlüssel für das Rätsel um die Entstehung von Galaxien. Denn ganz so perfekt gleichmäßig war das All zu Beginn seiner Lebenszeit nicht. Winzige Schwankungen der Temperatur waren vorhanden, die man nun aus dem Mikrowellenhintergrund herauslesen kann. Sie könnten mitverantwortlich für die Entstehung von Strukturen sein, aber reichten sie dafür aus? Mit dieser Anfangshypothese wurde 2005 die Millennium-Simulation durchgeführt. Sie legte die Gesetze der Physik zugrunde und berechnete, wie sich daraus das Universum im Laufe der Zeit entwickelt haben könnte.

Schnappschüsse des Universums

Selbst für einen Supercomputer ist das Universum eine Nummer zu groß. Es wird also angenähert, vereinfacht und reduziert. Für den Rechner ist das Universum eine Menge von Würfeln, deren Kanten immerhin 2 Milliarden Lichtjahre lang sind. Beim Start der Simulation werden die Bewegungen der Teilchen

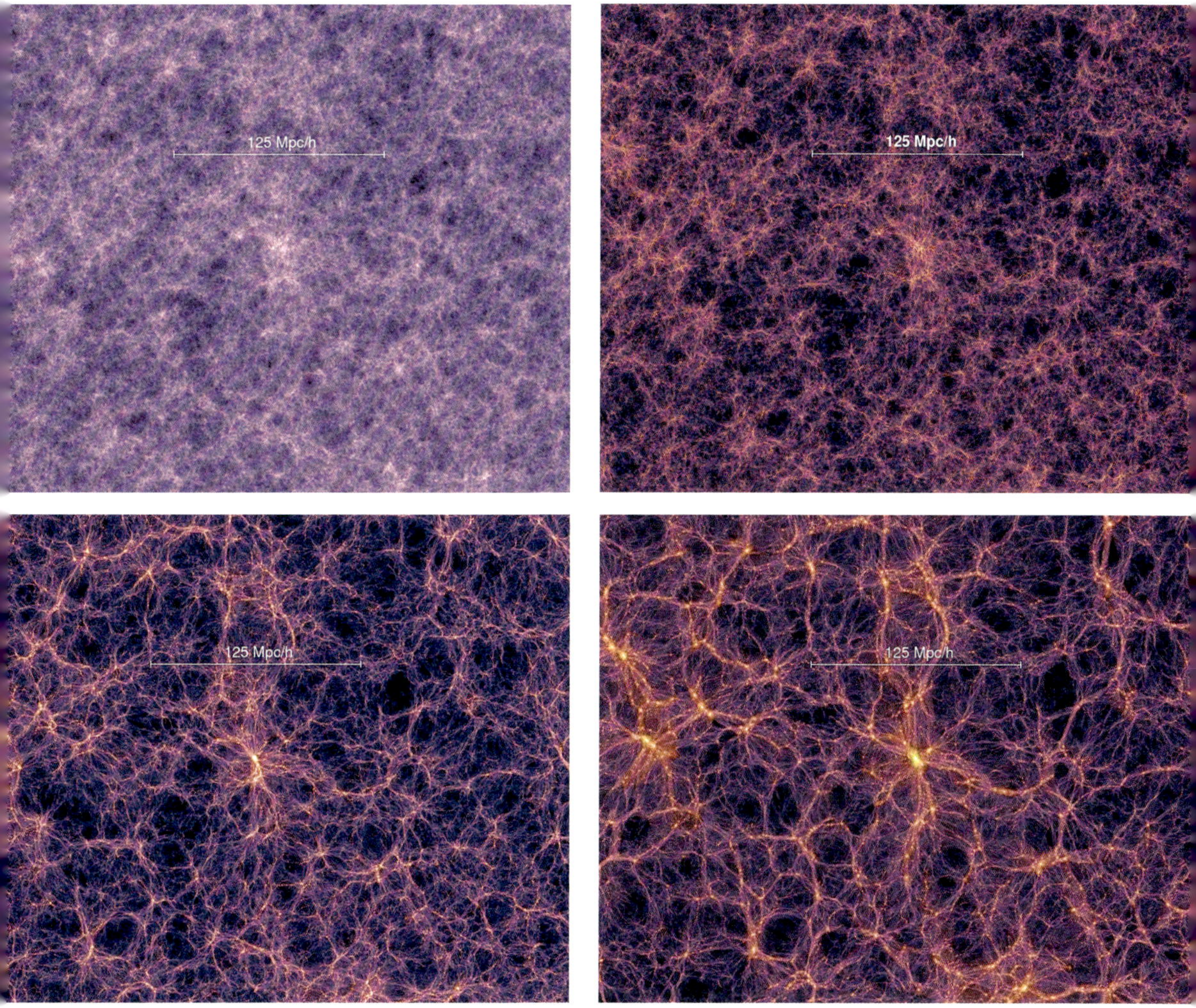

a b
c d

Ausschnitte aus der Millennium-Simulation zu unterschiedlichen Zeitpunkten: (a) 21 Mio. Jahre, (b) 1 Mrd. Jahre, (c) 4,7 Mrd. Jahre und (d) 13,6 Mrd. Jahre (heute) nach dem Urknall. 125 Mpc/h entspricht einer Länge von ca. 5 bis 8 Trilliarden Kilometern.

innerhalb der Würfel aufgrund ihrer Schwerkraft berechnet. Nach heutigem Erkenntnisstand hat das Universum ein Alter von 14 Milliarden Jahren. Würde man versuchen, die Positionen der Würfelteilchen im Abstand von einem Jahr zu berechnen, wären die Rechner heute noch nicht fertig. Also einigte man sich auf eine «Schrittlänge» von 1 Million Jahren. Die Position der Teilchen wurde zu Beginn festgelegt, und die Simulation berechnete danach den Standort im Abstand von 1 Million Jahren. Der Computer brauchte immerhin noch 28 Tage, um damit bis zum heutigen Stand des Universums zu kommen. Ein gewöhnlicher leistungsfähiger PC hätte dafür 38 Jahre lang gearbeitet.

Während der Computer rechnete, speicherte er in Abständen seine Zwischenergebnisse ab. Diese Zwischenergebnisse stellten so etwas wie Schnappschüsse des Universums dar und zeigten, wie die Materie im Würfel verteilt war. Die zustande gekommenen großen Datenmengen bildeten einen Zeitraffer der Geschichte des Alls. Die Daten benötigten einen Speicherplatz von 23 Terrabyte, was einem Turm von 35 000 CD-ROMs entsprechen würde. Die Abbildung auf Seite 611 zeigt Ausschnitte der Simulation. Je heller die Bildpunkte sind, desto größer ist die Dichte der Materie. An Stellen besonders hoher Dichte vermutete man leuchtende Galaxien. Dadurch war die Simulation mit realen Beobachtungen vergleichbar. Tatsächlich zeigte die Millennium-Simulation eine ähnliche Verteilung von Galaxien wie Karten aus großen Himmelsdurchmusterungen. Damit war klar, dass die Grundannahmen der Simulation korrekt waren und tatsächlich winzige Schwankungen in der Materieverteilung ausreichten, um unsere heutigen Strukturen zu erzeugen. Allein bis 2007 veröffentlichten Wissenschaftlerinnen und Wissenschaftler auf der ganzen Welt über tausend Zeitschriftenartikel, die die Daten aus der Millennium-Simulation verwendeten und auswerteten.

Zusammenarbeit von Menschen und Computern

Für die Simulation des Universums brauchen wir nicht nur mehr als einen Computer, sondern auch mehr als eine Kosmologin oder einen Kosmologen. Daher arbeitete eine Gruppe von Wissenschaftlerinnen und Wissenschaftlern zusammen, um die Millennium-Simulation zu erstellen, durchzuführen und auszuwerten. Der Zusammenschluss wurde 1994 als «Virgo Consortium» gegründet und hat seitdem die Aufgabe, kosmologische Simulationen an Großrechnern zu verschiedenen Fragen über die Entwicklung des Universums durchzuführen. Hier kooperieren circa siebzig Physikerinnen und Physiker, hauptsächlich Doktorandinnen, Doktoranden und Postdocs, aus acht verschiedenen Ländern: Kanada, Chile, China, Finnland, Deutschland, den Niederlanden, Großbritannien und den USA.

Computersimulationen sind ein mächtiges Werkzeug nicht nur für die Astrophysik, sondern auch für die Wettervorhersage und die Klimaforschung geworden. In Kombination mit den traditionellen Praktiken wie Beobachtung, reales Experiment und Theorie tragen sie entscheidend zur Forschung bei. Viel hängt von der technischen Entwicklung ab, von der Leistungsfähigkeit und Speicherkapazität der Computer. Seit 2005 fanden bereits zwei weitere Simulationen zur Frage der galaktischen Strukturbildung statt: Millennium II (2009) und Millennium XXL (2010). Weitere Simulationen untersuchen nur ganz bestimmte Teilaspekte oder schauen sich ausschließlich den Einfluss von Schwarzen Löchern oder eine Sorte von Galaxien an. Doch mit den neuen Erkenntnissen vergrößert sich auch die Menge der noch offenen Fragen. Supercomputer wie der IBM p690 in Garching werden uns daher auch in Zukunft bei ihrer Beantwortung helfen müssen.

Unser Objekt, eines der 16 Mainboards aus dem IBM-Supercomputer, kam 2007 als Stiftung des Max-Planck-Instituts für Astrophysik an das Deutsche Museum und lag seitdem im Depot. Obwohl es nur ein Mainboard wie viele andere ist, hat dieses Exponat als Teil eines Supercomputers dazu beigetragen, unser Universum und seine Geschichte besser zu verstehen.

JULIA BLOEMER

Mainboard Regatta 4 (Inv.-Nr. 2008-599)

Maße (H × B × L))	180 × 560 × 560 mm
Masse	50 kg
Leistung	2 Multi-Chip-Module mit je 8 Prozessorkernen, erweiterbar um weitere 16 CPUs (1,7 GHz)

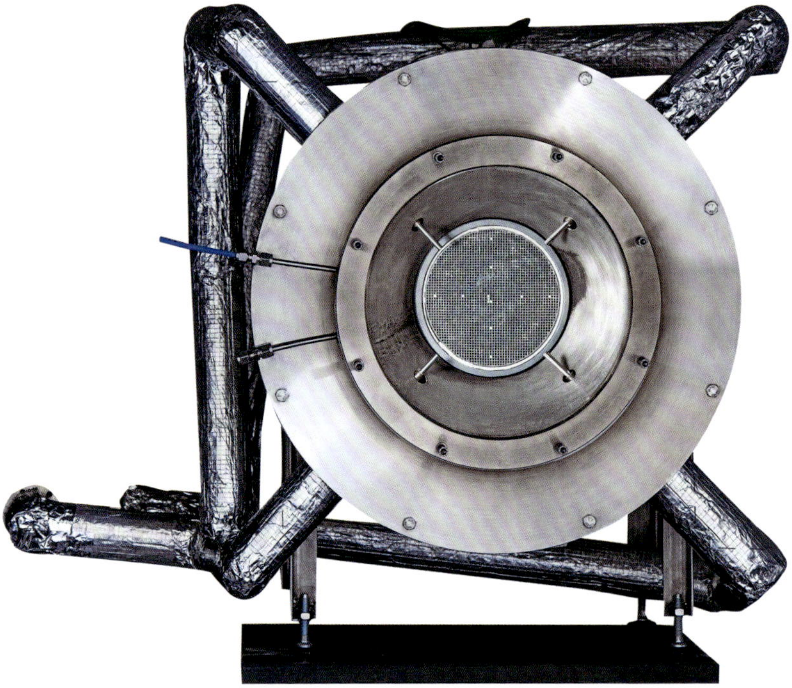

2004

Hydrosol-Reaktor

Deutsches Zentrum für Luft- und Raumfahrt
Köln

Die Sonne strahlt vom blauen Himmel. Viele Spiegel glitzern ihr entgegen. Die Sonnenstrahlen werden reflektiert und auf einen Turm gelenkt. Dort erzeugen die Strahlen hohe Temperaturen und spalten Wasser auf. Wasserstoff entsteht, er wird über Pipelines zu verschiedenen Orten verteilt. Mit diesem Wasserstoff lässt sich Wärme zum Heizen oder für die Stahlindustrie erzeugen. Auch Busse oder Züge lassen sich mit Wasserstoff betanken, als Abgas entsteht lediglich Wasserdampf.

Wie Wasserstoff in Zukunft erzeugt und wo er eingesetzt wird, lässt sich nur vermuten. Aber dass Wasserstoff in unserem zukünftigen Energiesystem eine Rolle spielt, davon ist auszugehen. Die deutsche Regierung und die Europäische Kommission haben im Jahr 2020 jeweils eine Wasserstoffstrategie veröffentlicht, außerdem beschäftigen sich zahlreiche Forschungsprojekte mit dem leichtesten aller Elemente. Das Attraktive am Wasserstoff sind seine vielfältigen Einsatzmöglichkeiten, er kann die Energiewende in den Bereichen Strom, Wärme und Verkehr vorantreiben.

Erzeugung von Wasserstoff

Wasserstoff aus Sonnenwärme: der Hydrosol-Reaktor

Wasserstoff kommt in der Natur nur in gebundener Form vor, zum größten Teil in Wasser. Reinen Wasserstoff zu erzeugen ist energieaufwendig und bisher noch sehr teuer. Im oben beschriebenen Zukunftsszenario wird Wasserstoff in großen Mengen eingesetzt. Um

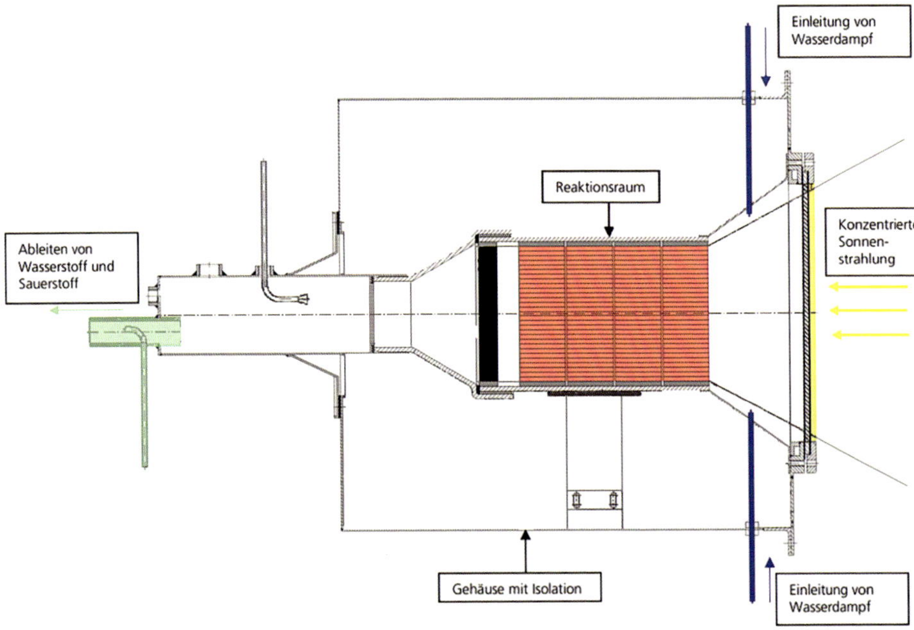

Sonnenlicht spaltet Wasserdampf in Wasserstoff und Sauerstoff auf.

das zu verwirklichen, müssen die Erzeugungskosten gesenkt werden. Es gibt verschiedene Möglichkeiten, um Wasserstoff herzustellen.

Aus kohlenstoffhaltigen Energieträgern und Wasser lässt sich in einer sogenannten Dampfreformierung großindustriell Wasserstoff erzeugen. Methan und Wasserdampf reagieren unter bestimmten Druck- und Temperaturbedingungen miteinander. Es entstehen Wasserstoff und Kohlenstoffdioxid. Diese Methode ermöglicht die relativ günstige Herstellung größerer Volumen, aus diesem Grund wird sie derzeit hauptsächlich verwendet. Sie nutzt jedoch Erdgas als Ausgangsprodukt und es entsteht wiederum ein klimaschädliches Gas. Der heute erzeugte Wasserstoff wird hauptsächlich in der chemischen Industrie, beispielsweise zur Herstellung von Dünger und in der Petrochemie verwendet. Für die Umstellung auf ein klimaneutrales und nicht fossiles Energiesystem ist diese Methode nicht geeignet. Der Wasserstoff soll ja gerade die fossilen Energieträger ersetzen.

Wasser lässt sich mittels Elektrolyse aufspalten. Dafür wird elektrischer Strom durch das Wasser geleitet. Am negativen Pol (Kathode) sammelt sich Wasserstoff und am positiven (Anode) Sauerstoff. Wird für diesen Vorgang grüner – also mittels erneuerbarer Energien erzeugter – Strom verwendet, so wird auch der entstehende Wasserstoff als grün bezeichnet. Der Wasserstoff lässt sich in einer Brennstoffzelle wieder in Strom umwandeln. Auf diese Weise kann Strom in Form von Wasserstoff chemisch gespeichert werden. Diese Variante der Wasserstofferzeugung wird besonders im Zusammenhang mit Strom aus Sonnen- und Windenergie diskutiert.

Ein neuer experimenteller Ansatz nutzt die Sonnenenergie direkt – ohne den Umweg über Strom – zur Erzeugung von Wasserstoff. Mit gebündelten Sonnenstrahlen wird Wasser erhitzt, ab einer Temperatur von 1700 °C spaltet es sich spontan in Wasserstoff und Sauerstoff. Für einen brauchbaren Wirkungsgrad bräuchte es Temperaturen über 2000 °C und damit sehr viel Energie. Mit Hilfe von chemischen Kreisprozessen lässt sich die notwendige Temperatur allerdings senken. Auf diese Weise arbeitet der Hydrosol-Reaktor. Der solar erzeugte Wasserstoff kann als Grundlage für synthetische Brennstoffe dienen. Diese könnten eines Tages die fossilen Ressourcen zum Beispiel im Luft- oder Seeverkehr ersetzen.

Wasserstoff aus Sonnenwärme

Das Geheimnis der Erzeugung von Wasserstoff aus Sonnenwärme versteckt sich im Inneren des Hydrosol-Reaktors. Gebündeltes Sonnenlicht strahlt durch ein Fenster auf eine dahinterliegende Keramikschicht und erzeugt Temperaturen von 1400 °C. Sauerstoff löst sich bei diesen hohen Temperaturen aus der Keramikschicht und wird abgeleitet. Der Hydrosol-Reaktor wird daraufhin aus der Sonne genommen, er kühlt auf 800 °C ab. Nun wird Wasserdampf durch den Reaktor geleitet, er reagiert mit der Keramik: Der Sauerstoff des Wassermoleküls wird an die Keramik abgegeben und die freigewordenen Wasserstoffteilchen können gesammelt werden. Jetzt kann der Reaktor wieder von der Sonne erhitzt werden und der Kreislauf beginnt von Neuem. Dieser chemische Kreisprozess zur solaren, thermochemischen Wasserspaltung fand erstmals 2004 im Inneren des Hydrosol-Reaktors auf dem Solarforschungsgelände des Deutschen Zentrums für Luft- und Raumfahrt (DLR) in Köln statt.

Die Idee für das Hydrosol-Projekt kam 2002 bei einem Brainstorming in der Solarforschungsabteilung des DLR auf. Sie wurde zunächst äußerst kritisch hinterfragt, denn damals galt die Vision einer Wasserstoffwirtschaft noch als exotisch. Erst mit der Unterstützung der chemischen Abteilung des DLR und mit Forschungsteams aus Spanien und Dänemark wurde die Idee, mit Solarwärme Wasserstoff zu erzeugen, weiterverfolgt. Mit weiteren Forscherinnen und Forschern aus Holland und Griechenland wurde das von der EU geförderte Projekt Hydrosol gestartet. Der Weg zur wirtschaftlichen Nutzung des solaren Wasserstoffs ist noch lang, der Hydrosol-Reaktor ist nur der Anfang. Zurzeit läuft in Almería das vierte Forschungsprojekt – ein Hydrosol-Kraftwerk. Ein Feld mit Spiegeln reflektiert das Sonnenlicht auf einen Solarturm, dort befinden sich Solarreaktoren und erzeugen mehrere Kilogramm Wasserstoff am Tag. Es geht also langsam in die Richtung des zu Beginn beschriebenen Zukunftsszenarios.

Wieso Wasserstoff?

Im Sonnenofen: Sonnenstrahlung wird gebündelt auf den Hydrosol-Reaktor gelenkt.

Das Solarforschungs-Team des DLR kam auf die Idee, mit Solarwärme nicht nur Strom zu erzeugen, sondern auch Brennstoffe herzustellen. Dieser Ansatz liegt nahe, da unser Energiesystem immer noch zum großen Teil auf Brennstoffe angewiesen ist. So könnte

Wasserstoff zum einen als chemischer Speicher im Stromsektor eine wichtige Rolle spielen, aber auch fossile Brennstoffe in den Bereichen Wärme und Verkehr ersetzen.

Heute fahren bereits die ersten Autos, Busse und LKW mit Wasserstoffantrieb. In den Fahrzeugen wird Wasserstoff in einer Brennstoffzelle in Strom verwandelt, dieser treibt einen Elektromotor an. Im Vergleich zum Elektroauto mit Batteriespeicher hat Wasserstoff den Vorteil, dass er sich ähnlich wie Benzin oder Diesel in relativ kurzer Zeit tanken lässt, außerdem ermöglicht er eine größere Reichweite. Besonders für große Transportmittel wie Busse oder LKW ist ein Wasserstoffantrieb vorzuziehen, da die Batterien des Elektroautos ein vergleichsweise hohes Gewicht aufweisen. Für den Luft- und Schiffsverkehr wird eher auf CO_2-neutrale, synthetische Brennstoffe gesetzt. Diese können auch auf der Grundlage von Wasserstoff hergestellt werden.

Synthetische Brennstoffe lassen sich ebenfalls für die Wärmeversorgung verwenden. Große Mengen an Wärme werden in der Industrie als Prozesswärme benötigt, zum Beispiel bei der Herstellung von Stahl. Heute werden dafür noch fossile Ressourcen verbrannt. Aber es gibt bereits Pilotprojekte, die den Einsatz von Wasserstoff als Brennstoff testen. Auch in anderen Wärmeerzeugern ist eine Umstellung auf Wasserstoff denkbar. Doch nicht nur in der Herstellung, auch in der Verwendung von Wasserstoff wird noch viel Kreativität und Forschungsarbeit nötig sein.

Eine Wasserstoffwirtschaft könnte vollständig auf fossile Ressourcen verzichten. Die Sonne würde dann wieder die Hauptenergiequelle unseres Energiesystems sein und somit eine erneuerbare Energieversorgung ermöglichen.

SANDRA MARIA FRANK

Hydrosol-Reaktor

Temperaturbereich	**800–1400 °C**
Methode	**Thermochemischer Kreisprozess zur solaren Wasserspaltung**
Wirkprinzip	**Volumetrischer Receiver-Reaktor**
Strahlungsleistung	**ca. 5 kW**
Zielprodukt	**Wasserstoff**

2007

Supraleitende Hohlspiegel

Laboratoire Kastler-Brossel ENS
Paris

Ichthyosaurier sind bemitleidenswerte Kreaturen. Zum einen starben die im Wasser lebenden Reptilien bereits 30 Millionen Jahre vor den Dinosauriern aus: «So klagte der Ichthyosaurus, / Da ward es ihm kreidig zu Muth, / Sein letzter Seufzer verhallte / Im Qualmen und Zischen der Flut», spottete schon Joseph Victor von Scheffel (1826–1886). Zum anderen wurden die fossilisierten Tiere vom Physiker Erwin Schrödinger (1887–1961) auch noch für einen Negativvergleich herangezogen, um die Grenzen der quantenmechanischen Forschung zu verdeutlichen. Im Jahr 1952 schrieb der Mitbegründer der Quantenmechanik in einem philosophischen Essay: «An erster Stelle ist die Feststellung richtig, dass wir heute nicht mit einzelnen Teilchen experimentieren, ebenso wenig wie wir Ichthyosaurier im Zoo aufziehen können. Wir inspizieren Aufnahmen von Ereignissen, lange nachdem sie stattgefunden haben.» Damit veranschaulichte Schrödinger, dass die quantenmechanischen Zustände einzelner Teilchen damals erst nach der Zerstörung der Teilchen beobachtet werden konnten. Mit ihnen arbeiten konnte man nicht.

Nicht von ungefähr wurde diese Aussage Schrödingers vom französischen Physiker Serge Haroche (*1944) zitiert, als er 2012 den Nobelpreis für Physik erhielt. Denn ihm und seinen Kollegen war gelungen, was die Begründer der Quantenmechanik nicht für möglich gehalten hatten: die zerstörungsfreie Messung und Veränderung quantenmechanischer Zustände.

Die vermutlich «hellsten» Spiegel der Welt

Photonen in der Falle

Materie und Licht haben nach den Gesetzen der Quantenmechanik sowohl die Eigenschaften von klassischen Wellen wie auch von klassischen Teilchen. Dieser Dualismus widerspricht unserer Intuition auf Grundlage von täglichen (makroskopischen) Beobachtungen. Tatsächlich können beide Eigenschaften experimentell nachgewiesen werden, beispielsweise für Elektronen oder Lichtteilchen (Photonen). Nun sind quantenmechanische Zustände in der mikroskopischen Welt äußerst sensibel. Bislang führten alle Messungen zwangsläufig dazu, diesen Zustand zu zerstören und, mit Schrödingers Worten, nur das «Fossil» des Teilchens bzw. der Welle untersuchen zu können.

Serge Haroche und seine Kollegen nutzen in ihren Experimenten im Laboratoire Kastler-Brossel in Paris den Hohlraum (Kavität) eines supraleitenden Spiegelpaars. Bei äußerst niedrigen Temperaturen werden darin einzelne oder wenige Photonen für eine begrenzte Zeit eingefangen. Die Kupferspiegel der Apparatur sind mit dem Schwermetall Niob bedampft und dadurch von herausragend hoher Qualität. Ihr Hohlraum bildet eine optische Falle, in der die Lichtteilchen über eine Milliarde Mal hin- und hergeworfen werden. Senkrecht durch diese Falle werden einzelne Atome in besonders hohen Anregungszuständen geschossen. Für die kurze Zeit, in der die Atome durch die Falle treten, kommt es zu einer Wechselwirkung zwischen Licht und Materie nach den Gesetzen der Quantenelektrodynamik, ohne dass die Photonen dabei zerstört würden. Das durchschießende Atom zeichnet den Zustand der Photonen in der Falle auf. Diese «Aufzeichnung» wird nach Wiederaustritt mit einem Detektor ausgelesen, der das Atom mittels elektrischer Felder anregt.

Für seine bahnbrechenden Arbeiten wurde Serge Haroche gemeinsam mit dem amerikanischen Physiker David Wineland (*1944) 2012 mit dem Nobelpreis für Physik ausgezeichnet.

Blue Skies Research

Die im Deutschen Museum zu besichtigenden Hohlspiegel sind lediglich ein kleiner Teil der bedeutend größeren Apparatur, die noch immer im Labor in Paris für Versuche genutzt wird. Serge Haroche überreichte dem Museum dieses Herzstück seines grundlegenden Experiments im September 2013 an seinem 69. Geburtstag. In seinem Vortrag zur Festveranstaltung betonte er, wie wichtig die Mitarbeit zahlreicher weiterer Kolleginnen und Kollegen für die Entdeckung war. Ebenso ausschlaggebend sei das nachhaltige Vertrauen seines Labors gewesen, das die Forschungen an einem Grundlagenthema über 20 Jahre unterstützte. Haroche betonte die Wichtigkeit von «Blue Skies Research», also von Forschungsarbeiten, bei denen die Ziele und die praktischen Anwendungsmöglichkeiten nicht direkt abzusehen sind. Durch sie könnten wesentliche Fortschritte in der Wissenschaft erzielt und neue Technologien gefunden werden. Zeit und Vertrauen waren notwendig, um die Saurier im «Zoo» der Quantenmechanik zu beleben.

JOHANNES-GEERT HAGMANN

Supraleitende Hohlspiegel (Inv.-Nr. 2013-1063)

Maße (L × B × T)	je 22,5 × 60 × 54 mm
Material	Kupfer, Niob

Sunkist
CALAMANSI
FRUIT DRINK
NO PRESERVATIVES
Vitamin C enriched!
200 ml
200
GRAPE DRINK
DALANDAN

2013

Umhängetasche aus Safttüten

Women's Cooperative
Manila

Schon in den 1970er-Jahren kannten Kinder das süße Fruchtsaftgetränk, das auch heute noch auf dem Markt ist: die «Capri-Sonne» im typischen Standbodenbeutel, der aus einer Verbundfolie aus Aluminium und Kunststoff besteht. Im Jahr 1969 von einem deutschen Hersteller auf den Markt gebracht, wird das Produkt heute in über hundert Ländern verkauft. Zahlreiche andere Getränkehersteller verwenden ähnliche Verpackungen, selbst für die Kleinsten gibt es Baby-Fruchtsäfte in den praktischen Safttüten zum Quetschen. Genauso schnell, wie die Tüte leergetrunken ist, landet sie im Müll – wenn überhaupt. In vielen Städten, insbesondere im Globalen Süden, verschmutzen Getränketüten Straßen und Kanalisation und gelangen schließlich in die Ozeane.

Kunststoffe: sehr vielfältig und sehr langlebig

Seit ihren Anfängen im frühen 20. Jahrhundert hat die Kunststoffindustrie einen rasanten Aufstieg erlebt. Zwischen 1930 und 2016 erhöhte sich die Weltjahresproduktion von 10 000 auf 335 Millionen Tonnen. Gerade die herausragenden Eigenschaften – Formbarkeit, Bruchfestigkeit und Beständigkeit – stellen zugleich das größte Problem von Kunststoffen dar: Sie verrotten nur sehr langsam. Einwegbecher für Kaffee und Tee, wie sie täglich zu Zigtausenden allein über deutsche Theken gehen, brauchen beispielsweise mindestens 50 Jahre, bis sie sich im Ozean abgebaut haben. Einwegwindeln, Plastikflaschen oder

«Reduzieren, Wiederverwenden, Recyceln» – eine Tasche aus Safttüten, hergestellt von philippinischen Frauen die ringförmige Verpackung von Dosen-Sixpacks benötigen sogar 500 Jahre. Auch nach dem Zersetzungsvorgang bleiben mikrometer- bis nanometerkleine Kunststoffteilchen zurück, die inzwischen an den Stränden aller Kontinente zu finden sind. Auf der Erde werden derzeit nur rund 14 Prozent des gesamten Kunststoffmülls recycelt, zumeist eher zu minderwertigen Plastikprodukten. In Deutschland wanderten 2016 zwar 45 Prozent in Recyclinghöfe, doch wurden aus diesen nur 15 Prozent zu wiederverwertbarem Rezyclat verarbeitet. Weil hochwertiges Recycling sehr energie- und kostenintensiv ist, können nur wenige Länder sich diese Technologien leisten.

Aus Müll entsteht Mode

Gerade in Städten sind Ideen gefragt, um den zuhauf anfallenden Produktmüll in Wiederverwendbares umzuwandeln. Ein einfaches, aber sehr erfolgreiches Konzept entwickelten 1997 sechs Frauen in Manila. Die Straßen der philippinischen Megacity waren von tausenden achtlos weggeworfenen Trinkbehältern verschmutzt. Da die Mittel und Wege fehlten, die in den Getränketüten enthaltenen Kunststoffe zu recyceln, beschlossen die Frauen, diese zumindest auf sinnvolle Weise umzunutzen. Aus weggeschmissenen Safttüten und aus Plastik-Produktionsabfall, den die Hersteller normalerweise in Deponien abladen, fertigten sie seitdem modische, farbenfrohe und vielseitig verwendbare Accessoires. Täglich sammelten viele Helfer, darunter Schülerinnen und Schüler, über 50 000 Getränketüten von Manilas Straßen. In den Räumen der Kooperative wurden sie gesäubert und in Stücke oder Streifen geschnitten, aus denen dann Etuis, Schlüsselanhänger, Schmuck oder Umhängetaschen genäht und geknüpft wurden. Schnell wuchs die Kooperative auf über 500 Frauen an, die als Anteilseignerinnen ihren eigenen Lebensunterhalt verdienen konnten.

Das etwas andere Meisterwerk

Ins Haus gekommen ist die Tasche für die Sonderausstellung «Willkommen im Anthropozän» (2014–2016), die der Frage nachging, ob wir inzwischen in einem neuen geologischen Zeitalter leben. Dieses wäre dadurch gekennzeichnet, dass der Mensch zum prägenden Akteur der Erdsysteme geworden ist und somit Atmosphäre, Böden, Küsten und Meere langfristig verändert. Eine wichtige Erkenntnis der Debatte um das Anthropozän ist, dass globale und lokale Ebenen untrennbar miteinander verknüpft sind. Die von uns entwickelte Technik und die Art, wie wir sie einsetzen, macht uns zu globalen Akteuren, egal wie klein wir unseren Wirkungsradius bisweilen einschätzen. Denn die Produktions- und Konsumketten umspannen längst den gesamten Planeten, sodass alltägliche Handlungen wie beispielsweise Einkaufen oder die Art unserer Fortbewegung sich erdweit auswirken. Das haben die Frauen der philippinischen Kooperative verstanden. Dort, wo sie sind, packen sie an und nutzen die Mittel, die ihnen zur Verfügung stehen. So übernehmen sie Verantwortung für eine nachhaltigere Zukunft. Ohne neue Technologien und einen grundlegenden Wandel in unserem Konsumverhalten wird die notwendige Entwicklung hin zu einer Rohstoffe und Umwelt schonenden Gesellschaft und Ökonomie nicht gelingen. Genauso wichtig wie die Technologie ist in diesem Zusammenhang die Rückbesinnung auf einfache (Handwerks-)Techniken. Denn sie ermöglichen es allen Menschen, egal wo und unter welchen Umständen sie leben, ihren Beitrag zur Gestaltung eines nachhaltigen Anthropozäns zu leisten.

NINA MÖLLERS

Safttütentasche (Inv.-Nr. 2017-308)

Maße (H × B × L/T)	**ca. 300 × 50 × 370 mm**
Masse	**0,248 kg**
Material	**Kunststoff**
Aufschrift	**Sunkist**

2014

Gezeitenturbine SCHOTTEL SIT

SCHOTTEL Hydro GmbH
Spay am Rhein

Die Idee, die Kraft der Gezeiten zu nutzen, um erneuerbar und umweltfreundlich Strom zu erzeugen, ist keineswegs neu. Bereits im 10. Jahrhundert mahlten Gezeitenmühlen Getreide und im 20. Jahrhundert erzeugte in Frankreich das erste Gezeitenkraftwerk Strom.

Die Gezeitenturbine der Firma Schottel ist ein erfolgreicher Prototyp. Sie sieht ihren Vorgängerinnen nicht besonders ähnlich, und doch hat sie den gleichen Nutzen. Sie wandelt die Gezeitenkraft in eine für den Menschen nutzbare Energieform um.

Wie alles begann

Die erste dokumentierte Gezeitenmühle stand im 10. Jahrhundert am Persischen Golf im heutigen Irak. Mit der Flut stieg der Wasserspiegel an und füllte ein Flussdelta auf. Floss das Wasser bei Ebbe wieder zurück, trieb es ein Wasserrad an und stellte den Menschen mechanische Energie zur Verfügung. Nach diesem Prinzip arbeiteten auch die über 800 weiteren Gezeitenmühlen, die sich in den folgenden Jahrhunderten über die Welt ausbreiteten. Besonders beliebt waren die Anlagen in Westeuropa, Kanada, den USA und China. Der Antrieb der Gezeitenmühlen ist dabei stets der gleiche geblieben: das ansteigende oder absinkende Meerwasser. Infolge von technischen Innovationen haben sich die Komponenten, wie das Mühlrad, das Mühlengebäude und die künstliche Wasserführung, mit der Zeit

Die Turbine wandelt die Kraft der Gezeiten in Strom um.

verändert. Abhängig von den geografischen Gegebenheiten wurden Auffangbecken gegraben, Dämme oder Schleusen gebaut.

Der Wunsch nach Unterstützung bei der täglichen Arbeit brachte die Menschen dazu, Gezeitenmühlen zu entwickeln. In den meisten Fällen wurde die Gezeitenkraft für den Antrieb einer Getreidemühle verwendet. Im Mühlengebäude neben dem Mühlrad waren die Mühlsteine, eine Kraftübertragung vom Rad und oft auch eine Wohnung für den Müller untergebracht. Dieser musste seine Arbeitszeit den Gezeiten unterordnen. Da sich die Gezeiten jeden Tag um 50 Minuten verschieben, veränderten sich die Arbeitszeiten des Müllers täglich. Im Schnitt konnte die Mühle drei Stunden nach der Flut verwendet werden. Bei einer doppelt angetriebenen Gezeitenmühle kann sowohl die Ebb- als auch die Flutströmung Bewegungsenergie bereitstellen. Das ergibt eine Arbeitszeit von zwölf Stunden pro Tag.

Das erste Gezeitenkraftwerk

An einem Ort, an dem ehemals Gezeitenmühlen gestanden hatten, begann man 1960 in Frankreich mit der Planung des ersten Gezeitenkraftwerks. Nahe der Mündung der La Rance in den Ärmelkanal wurde ein 390 m langer Damm über den Fluss gebaut. Die Mauer ist jedoch mit 24 Durchlässen ausgestattet, die jeweils eine Rohrturbine enthalten. Die Gezeiten ändern den Wasserstand des Ärmelkanals und dadurch wird auch das Flusswasser bewegt. Bei Flut fließt Wasser landeinwärts durch den Damm, bei Ebbe läuft es wieder zurück. Die Turbinen drehen sich in beiden Fällen und erzeugen über Generatoren seit 1967 jährlich bis zu 544 000 kWh Strom. Damit lassen sich heute ca. 150 Haushalte mit Strom versorgen.

Für den Betrieb wird die Turbine unter die Plattform geklappt.

In den folgenden Jahren gingen weitere Gezeitenkraftwerke in Russland, China und Kanada ans Netz. Der französische Vorreiter war jedoch lange mit Abstand das größte Projekt. Erst 2011 wurde in Südkorea ein größeres Gezeitenkraftwerk fertiggestellt. Ein 12,7 km langer Damm erzeugt am Sihwa-See eine künstliche Lagune. Auch hier sind in der Mauer Turbinen platziert. Die Errichtung eines Dammes bedeutet allerdings immer einen erheblichen Eingriff in das Ökosystem. Neben Auswirkungen auf die dort lebende Tier- und Pflanzenwelt sind ebenfalls Veränderungen in der Wasserbewegung nachweisbar.

Die Nutzung der Gezeitenströmung

Eine umweltverträgliche Alternative zu einem großen Damm ist die Verwendung der Gezeitenströmung für die Energieerzeugung. Im Gegensatz zu Kraftwerken mit Staumauer wird dabei nicht der variierende Wasserstand genutzt, sondern die von den Gezeiten erzeugte Strömung. So lassen sich beispielsweise in Meerengen geeignete Turbinen in die Strömung platzieren und von der Bewegung des Wassers antreiben. Die Turbinen werden entweder am Meeresboden verankert oder sie hängen wie die Schottel-Gezeitenturbine unter einer schwimmenden Plattform im Wasser. Die Turbinen lassen sich so einfach an die Oberfläche klappen, dort können sie von einem Boot aus gewartet werden.

Technologien, die die Gezeitenströmung nutzen, befinden sich allerdings noch in der Entwicklungs- und Testphase. Die Gezeitenturbine von Schottel wurde 2014 an der nordirischen Küste getestet, darauf folgte eine einjährige Testphase in Indonesien. Die positiven Ergebnisse stießen weitere Forschung mit optimierten Turbinen an und sicherten der Gezeitenturbine einen Platz im Deutschen Museum. Im nächsten Schritt soll eine schwimmende Plattform mit sechs Turbinen 15 Jahre lang an der kanadischen Küste getestet werden.

SANDRA MARIA FRANK

Gezeitenturbine SCHOTTEL SIT (Inv.-Nr. 2018-574)

Durchmesser	4 m
Masse	900 kg
Maximale Leistung	50 kW bei einer Drehzahl von 59 U/min; Anströmgeschwindigkeit 2,75 m/s

2018

Flugauto Pop.Up Next

Italdesign
Turin

US-amerikanische Autohersteller zeigten bereits in den 1930er-Jahren Prototypen in der Öffentlichkeit, oft als «Dream Car» bezeichnet. So präsentierte General Motors zwischen 1949 und 1961 seine Traumwagen der Zukunft im Rahmen einer Art Road-Show, der «General Motors Motorama». Der Konzern zeigte stilistisch herausragende Automobile, aber auch Ausblicke auf die Zukunft der Mobilität: automatisiertes Fahren, alternative Antriebe, mehr Komfort.

Der Trend, Prototypen als Imageträger in der Öffentlichkeit zu zeigen, setzte sich spätestens ab den 1970er-Jahren auch in Europa durch. Vor dem Hintergrund von Umwelt- und Sicherheitsdebatten rund um das Automobil sollten sie Zukunft und Zukunftsfähigkeit des Automobils und zugleich seiner Hersteller unter Beweis stellen.

Das Auto der Zukunft

Italdesign, gegründet und jahrzehntelang geleitet vom «Auto-Designer des 20. Jahrhunderts» Giorgetto Giugiaro (*1938), entwarf seit 1968 Fahrzeuge für viele kleine und große Automobilhersteller, unter anderem den VW Golf und den Fiat Panda. Zur Ikone der Pop-Kultur stieg der von Giugiaro entworfene DeLorean DMC-12 auf, die Zeitmaschine aus der Science-Fiction-Film-Trilogie *Zurück in die Zukunft*, gedreht in den 1980er-Jahren. Mit Pop.Up Next schaut die traditionsreiche Ideenschmiede

Fahren und fliegen in einer Kabine: Pop.Up Next

nun fünfzig Jahre in die Zukunft. Dabei ließen sich die Entwickler von Science-Fiction inspirieren, vor allem der Film *Blade Runner* nach einer Geschichte von Philip K. Dick (1928–1982) stand Pate.

Bei der Entwicklung des Pop.Up Next spielten technische Fragen für das Team von Italdesign zunächst nur eine untergeordnete Rolle. Im Vordergrund standen Lösungsvorschläge für die Probleme innerstädtischer Mobilität: Staus, Abgase, Unfälle. Als ein Kernproblem galt die hohe Zahl an privaten Fahrzeugen. Hier setzte das Projekt an. Die Lösung klingt einfach: Eine zweisitzige Kabine wird wahlweise auf ein Fahrwerk gesetzt oder an einen Quadrocopter, eine viermotorige Riesendrohne, gekoppelt. Statt eines Lenkrads gibt es einen Bildschirm, gesteuert über Gesichtserkennung und Eye-Tracking. Automatisiert und elektrisch werden Menschen an das gewünschte Ziel gefahren oder geflogen. Sie können sich entspannt zurücklehnen und das Stadtpanorama genießen. Mit Pop.Up Next kombiniert Italdesign bereits vorhandene Technologien sinnvoll miteinander: elektrischer Antrieb, fahren und fliegen, Automatisierung und Sharing-Prinzip.

Pop.Up Next ist ein städtisches Verkehrsmittel. Klein und leicht, elektrisch und leise, unterwegs in drei Dimensionen, modular und multimodal. Bei der Technologie zum Fahren unterstützte der Autobauer Audi mit dem elektrischen Antrieb, Ladesystem und den Technologien zum automatisierten Fahren. Der zweite Partner Airbus steuerte das Flugsystem und die Technik zum Andocken der Kapsel bei. Bereits 2017 stellte Italdesign auf dem Automobilsalon Genf eine erste Version vor und entwickelte das Prinzip danach weiter.

Sieht so der städtische Verkehr der Zukunft aus?

Pop.Up Next würde die städtische Mobilität radikal verändern. Staus könnte man einfach überfliegen und sich dabei die Stadt aus einer anderen Perspektive anschauen. Die leidige Parkplatzsuche entfiele. Oder die Suche nach dem eigenen Auto: Per Smartphone bucht man eine Fahrt mit Pop.Up Next und wird wenige Minuten später abgeholt. Schnell, unproblematisch und komfortabel.

Diesen Vorzügen stehen allerdings diverse Bedenken gegenüber: Wie sicher ist so ein fliegendes Auto, und darf es wirklich überall fliegen? Wie kann ausreichend elektrischer Strom umweltschonend produziert werden, um all die neuen elektrischen Fahrzeuge anzutreiben? Ohnehin führt ein einzelnes Verkehrsmittel noch nicht zu einer Mobilitätswende, und das ist auch nicht das Ziel von Italdesign. Der im Deutschen Museum Nürnberg ausgestellte Pop.Up Next weist auf aktuelle Verkehrs- und Umweltprobleme und zugleich auf mögliche Lösungen hin und soll zum Nachdenken anregen.

Objekte mit Zukunft

Wie lässt sich Zukunft ausstellen? Nicht irgendeine Zukunft, sondern aktuelle Problemlagen, kontroverse Themen, die auch ethische Fragen aufwerfen und durchaus Konfliktpotential entwickeln, sowie technische und gesellschaftliche Lösungen dafür – mit all ihren positiven und negativen Konsequenzen. Das ist das Programm des Deutschen Museums Nürnberg. Es zeigt keine Zukunft, die klar umrissen ist und auf die man sich bequem einstellen kann, vielmehr fordert es die Besucherinnen und Besucher heraus, sich mit der Zukunft zu beschäftigen und diese aktiv mitzugestalten.

DANNY KÖNNICKE

Flugauto Pop.UpNext (Inv.-Nr. L2021-31)

Luftmodul	8 Elektromotoren, zusammen 160 kW Leistung
Reichweite	50 km
Höchstgeschwindigkeit	120 km/h
Bodenmodul	elektrisch betriebene Hinterachse, 60 kW Leistung
Reichweite	130 km
Höchstgeschwindigkeit	100 km/h

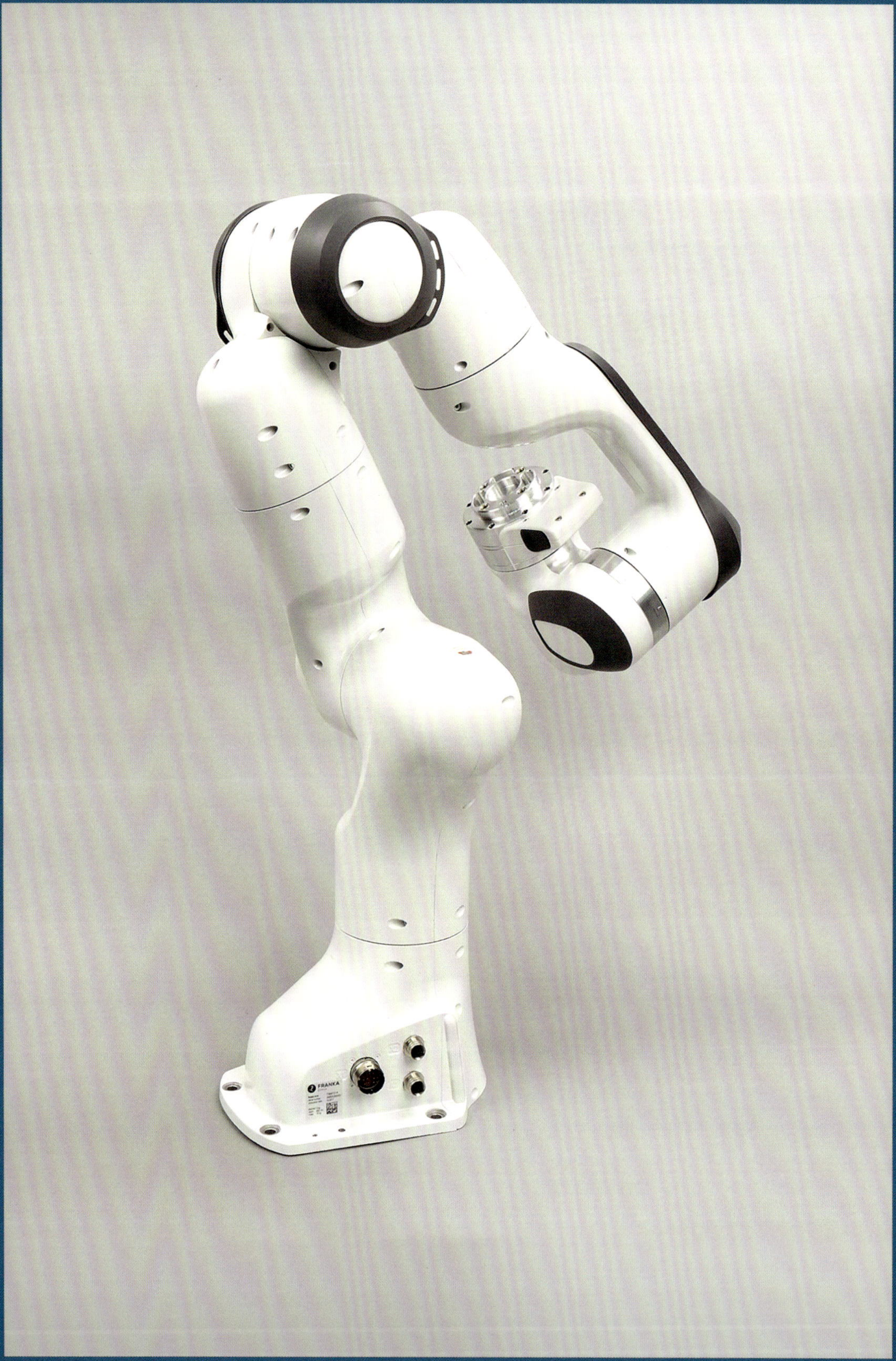
FRANKA

2018

Robotersystem Panda

Franka Emika GmbH
München

Ein verregneter Sonntagmorgen in München. Im Deutschen Museum steht eine Besucherin vor einer Vitrine und bringt auf einem Touchpad Icons in eine von ihr bestimmte Reihenfolge. Ein Roboterarm nimmt daraufhin ein Zahnrad, stockt und bleibt stehen. Die Besucherin verändert die Reihenfolge der Icon-Befehle, der Roboterarm nimmt nun ein anderes Zahnrad, fügt es zwischen weitere Zahnräder ein, nimmt ein drittes Zahnrad, fügt auch das ein. Dann dreht er an einer Kurbel, die Zahnräder greifen ineinander und bewegen sich flüssig. Besucherin und Roboterarm haben manches ausprobiert und dabei schrittweise gelernt, wie die Zahnräder richtig ineinanderzufügen sind. Am Ende haben sie ihre gemeinsame Aufgabe gelöst und einen Industrieprozess erfolgreich in Gang gesetzt.

Maschine mit Tastsinn

Nicht nur im Museum, sondern auch im realen Einsatz werden die Befehle und Instruktionen, die nötig sind, um einen Roboterarm einen Bewegungsablauf «erlernen» zu lassen, über das Bedienelement am Roboterarm eingegeben. Dieses bildet ein Interface, eine Schnittstelle zwischen Mensch und Maschine. Der Roboter agiert also nie alleine, sondern immer zusammen mit dem ihn bedienenden Menschen, dem er dann als Assistent die verschiedensten Arbeiten abnimmt.

Gemeinsam lernen: Robotersystem Panda

Panda, so heißt der Roboterarm, zeigt, wie moderne Maschinen arbeiten. Er gehört zu einer neuen Generation von feinfühligen und einfach zu bedienenden Robotersystemen. Entwickelt wurde er von Sami Haddadin, Simon Haddadin und Sven Parusel, die dafür von Bundespräsident Frank-Walter Steinmeier 2017 mit dem Deutschen Zukunftspreis ausgezeichnet wurden. Dieser Preis des Bundespräsidenten für Technik und Innovation wird seit 1996 verliehen und ist eng mit dem Deutschen Museum verknüpft: Seit 2006 gibt es eine Ausstellung zum Deutschen Zukunftspreis, die die Geschichte der zehn jüngsten ausgezeichneten Projekte von der Idee bis zur Umsetzung erzählt und neben der wissenschaftlichen auch die wirtschaftliche und gesellschaftliche Bedeutung der Projekte aufzeigt.

Fühlen statt sehen

Die Beweglichkeit und Feinfühligkeit des menschlichen Arms inspirierte die Forscher bei der Entwicklung des Roboterarms. Er kann sich frei in alle Richtungen bewegen, weil er über insgesamt sieben hintereinandergeschaltete Rotationsgelenke verfügt, die je nach Aufgabe unterschiedlich starr oder nachgiebig sein können. Dazu sind die Gelenke mit Berührungssensoren ausgestattet, die äußere Kräfte in elektrische Signale umwandeln. Diese Signale werden mit gespeicherten Daten über vorangegangene Bewegungsabläufe verglichen. Der komplexe Regelungsprozess, in dem sie verarbeitet werden, verleiht dem Roboterarm eine Art Tastsinn, der eine sensible Interaktion mit der Außenwelt ermöglicht und den Schutz der Nutzer gewährleistet: Bei Berührung bleibt der Roboterarm stehen – anders als der klassische Industrieroboter, der sein Programm stetig und unveränderbar ausführt.

Für eine leichtere Zukunft

Systeme wie der Panda sind flexibel, intuitiv bedienbar, sicher im Umgang und kostengünstiger als bisherige Systeme. Ihr klassischer Einsatzbereich ist die industrielle Fertigung, in der sie vielerlei schwere, ermüdende, monotone oder auch gefährliche Arbeiten effizient ausführen können. Ein neues, künftig immer wichtiger werdendes Anwendungsfeld ist die Pflege. Hier sollen Roboter einerseits menschliche Pflegekräfte entlasten und andererseits als häusliche Serviceroboter ältere oder kranke Menschen unterstützen.

Wie jedoch ein solches «Zusammenleben» von Mensch und Roboter zu bewerten ist, hängt sicher nicht nur von Faktoren wie Sicherheit, Funktionalität und Alltagstauglichkeit der Roboter ab. Einerseits ist es wünschenswert und durch veränderte Demographie zunehmend notwendig, dass Roboter das Pflegepersonal entlasten und damit Freiräume für eine intensivere persönliche Betreuung der Pflegebedürftigen schaffen. Es ist ein großer Vorteil, dass sie dazu beitragen, körperlich eingeschränkte oder alte Menschen selbstständiger leben zu lassen, beispielsweise indem sie Spülmaschinen ausräumen, Dinge anreichen oder als Notruf fungieren. Außerdem dürfte es manchen leichter fallen, ihre Probleme einem anonymen Roboter anzuvertrauen oder sich von einem nichtmenschlichen Wesen waschen zu lassen. Andererseits drohen mit dem Ersatz von Pflegepersonal durch Roboter Vereinsamung sowie Mangel an Zuneigung, Berührung und Anteilnahme. Schließlich erfassen und verarbeiten intelligente Robotersysteme sensible Daten und eröffnen damit die Möglichkeit der systematischen Kontrolle und Überwachung unserer Privatsphäre. Überwiegen die Chancen oder das Risiko?

Wie sich die Entwickler des Panda die Zukunft mit Robotern vorstellen, erläuterte Sami Haddadin in einem Interview für die Ausstellung im Deutschen Museum:

> «Eines ist sicher: Die Robotik wird in Zukunft überall sein. Wir werden mit Maschinen kommunizieren, es wird so gut wie keine Grenze geben zwischen Mensch und Maschine, es wird ganz andere Möglichkeiten geben zu interagieren und zu leben. In 20 Jahren wird die Robotik hoffentlich das geschafft haben, wofür sie angetreten ist: die Sklaverei auf der Welt abzuschaffen. Wir wollen dafür sorgen, dass nicht Zehnjährige unsere Kleidung herstellen müssen, sondern dass jedes Kind so aufwachsen kann, wie es bei uns möglich ist.»

Die Zukunft wird zeigen, ob die Roboter diesen Wunsch erfüllen können.

SABINE GERBER

Robotersystem Panda (Inv. Nr. 2018-0573)

Maße (H × B × T); Masse	ca. 700 × 250 × 500 mm; 17,95 kg
Technische Daten	Drehmomentsensoren an allen 7 Achsen, Reichweite 80 cm, max. Traglast 3 kg, Wiederholungsgenauigkeit 0,1 mm

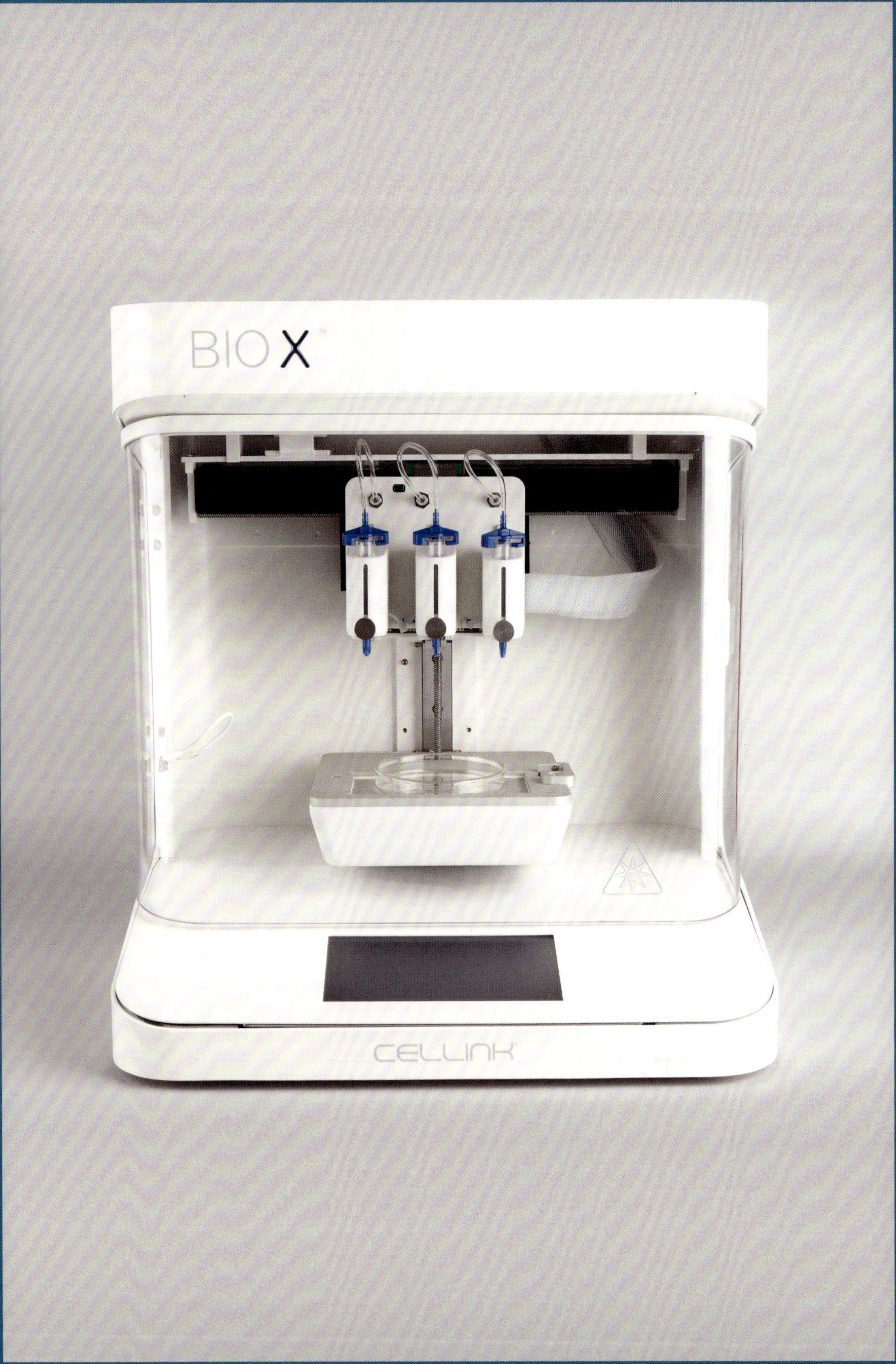
BIO X™
CELLINK

2020

Bioprinter BIO X 3D

CELLINK
Göteborg

Was wäre, wenn Herzinsuffizienz, Nierenversagen oder ein Leberschaden nicht mehr mit der bangen Hoffnung auf ein Spenderorgan und damit irgendwie auch auf den Tod eines anderen Menschen verbunden wären? Und wenn man dann endlich eines bekommt, mit der Angst vor der Abstoßung des fremden Organs?

Was wäre, wenn stattdessen die Notwendigkeit eines neuen Organs lediglich die Entnahme eigener Stammzellen zur Folge hätte sowie die Vereinbarung eines OP-Termins? Und wenn dieses neue, aus den eigenen Stammzellen hergestellte Organ während der OP frisch gedruckt und direkt implantiert werden würde? Klingt das nach Science-Fiction?

Der Bio-3D-Drucker und die Forschung

Bioprinting – das Drucken biologischen Gewebes – gehört derzeit noch in den Bereich der Grundlagenforschung. Bisher konnten erst Gewebemodelle zur Wirkstoffprüfung sowie einfach aufgebaute Strukturen, wie Muskel, Knorpel, Haut oder Teile von Leber und Niere, durch Bioprinting hergestellt werden. Herausfordernder wird da der Druck voll funktionsfähiger Organe – für diese muss ein Gerüst gedruckt werden, welches den darin befindlichen Zellen die Wuchsform vorgibt. In der Regel zerfällt dieses Gerüst wieder, sodass am Ende nur das zum Organ gewachsene Zellgewebe bleibt. Damit es so weit kommt, müssen die Zellen innerhalb des Gerüsts an den perfekten Ort zum Wachsen platziert werden. Zudem muss

Druckt er irgendwann ganze Organe? Der Bioprinter BIO X 3D

dieses frisch gedruckte Gerüst mit den darin enthaltenen Zellen noch mit Nährstoffen versorgt werden, sodass die Zellen nach dem Druckvorgang auch zu wachsen beginnen. Erst wenn alle diese Bedingungen erfüllt sind, ist das Organ lebensfähig und kann in einen Menschen transplantiert werden. Das Drucken des Gerüsts ist heute keine wirkliche Herausforderung mehr. Aber wie man die Zellen an die richtige Stelle im Gerüst bekommt und dann zum Wachsen animiert, ist Gegenstand der aktuellen Forschung.

Da Zellen sehr empfindlich sind und ihre natürliche Umgebung lieben, jede Zelle zudem einen anderen Trägerstoff für den Druck des Gerüsts bevorzugt, wird der Druckvorgang zu einem komplexen Prozess, der absolut kontrollierbare Bedingungen benötigt. So muss beim Drucken nicht nur eine bestimmte Temperatur, sondern auch ein bestimmter physiologischer pH-Wert eingehalten werden. Auch die Geschwindigkeit des Druckens kann das Wohlfühlambiente der Zellen merklich beeinflussen – eine zu hohe Druckgeschwindigkeit mögen sie gar nicht. Eine zu langsame Druckgeschwindigkeit wiederum kann die Fluidität des Trägermaterials beeinträchtigen. Aus diesem Grund ist die Suche nach der idealen Biotinte inzwischen ein eigener Forschungszweig geworden. Von Gelatine und algenbasierter Tinte über Spinnenseide bis hin zu verschiedensten Kunststoffen – es gilt herauszufinden, welche Zelle welches Material unter welchen Bedingungen bevorzugt, damit sie wächst.

Damit auch aus dieser komplexen Grundlagenforschung bald Realität werden kann, hat die Firma CELLINK einen Bio-3D-Drucker entwickelt, der sich nach den Forschungsbedingungen der Wissenschaftler richtet. Der BIO X ist der erste Bioprinter mit intelligenten Druckerköpfen, die austauschbar sind und somit ganz den Bedürfnissen der verschiedenen Zellen und Trägermittel angepasst werden können. Ein weiterer Vorteil für die Arbeit im Labor ist, dass der BIO X eine kleine und damit platzsparende autonome Einheit bildet. Er verfügt nicht nur über einen integrierten Kompressor, sondern auch über ein Kühlsystem. Zugleich lässt sich der BIO X an das laborinterne Druckluftsystem anschließen, um auch mit höherem Druck arbeiten zu können, wenn es die Trägermaterialien erfordern. Damit ist der BIO X in der Lage, mit allen möglichen Materialien zu drucken – was notwendig ist, da man immer noch nicht weiß, welche Zellen mit welchem Material am besten kompatibel sind.

Science und Fiction

Das Deutsche Museum Nürnberg präsentiert Visionen, die an der Grenze zwischen Wissenschaft und Fiktion stehen. Es stellt sogenannte Zukunftstechnologien – Technologien, die mit hoher Wahrscheinlichkeit einen Einfluss auf das Leben von morgen haben – utopischen und dystopischen Visionen aus der Science-Fiction gegenüber.

Der Utopie des 3D-gedruckten Organs auf der Science-Seite stehen die Dystopien des Klonens, des lebenden Ersatzteillagers und des Organraubs auf der Fiction-Seite gegenüber. Damit wird schnell deutlich, dass es sich bei der Vision der 3D-gedruckten Organe um eine echte Utopie handelt; denn Folgeschäden für andere Menschen oder auch Tiere wären auf den ersten Blick nicht vorhanden. Dennoch stellen sich selbst angesichts dieser erwünschten Technologie unvermeidlicherweise auch ethische Fragen und Fragen der Gerechtigkeit. Etwa: Wie vermeiden wir es, dass nur vermögende Menschen Zugang zu den 3D-gedruckten Organen erhalten? Und was würde passieren, wenn man die Technologie des Organdrucks mit den Fortschritten der Gentechnik kombiniert? Schaffen wir auf diese Weise nicht vielleicht sogar einen nicht regulierbaren Markt für gentechnisch optimierte 3D-gedruckte Organe? Und öffnen damit die Türen zur unkontrollierten gentechnischen Optimierung des Menschen?

MELANIE SAVERIMUTHU

BIO X 3D Bioprinter (Inv.-Nr. L2020-79)

Maße (H × B × T)	365 × 441 × 477 mm
Masse	18 kg
Druckbereich (interne Pumpe)	0–200 kPa
Druckbereich (externe Luftversorgung)	0–700 kPa
Temperatur Druckbett	4–65 °C
Temperatur Druckerkopf	4–250 °C (je nach Druckkopf)
UV-sterilization	UV-C 275 nm

2021

Fallturm

VOLKE Kommunikations-Design GmbH
Nürnberg

Reisen durchs All zu neuen, unbekannten Welten sind ein «klassisches» Thema der Science-Fiction. Wie wir alle wissen, ist das aber gar nicht so einfach: Die Entfernungen – und damit die erforderlichen Reisezeiten – sind im wahrsten Sinne des Wortes astronomisch, die Lebensbedingungen im Weltall für höhere Lebewesen gänzlich ungeeignet. Die tiefen Temperaturen, die Intensität der kosmischen Strahlung, das Fehlen einer schützenden Atmosphäre wie auf der Erde, von Wasser und Sauerstoff und nicht zuletzt der Erdanziehungskraft stellen uns vor große Herausforderungen.

Bilder von im Raumschiff umherschwebenden Astronauten, Instrumenten und Lebensmitteln mögen eher «putzig» wirken. Aber die fehlende Schwerkraft ist für den menschlichen Körper eine Belastungsprobe. Fehlt die Schwerkraft, bleibt das automatische Training der Muskulatur beim Gehen oder Heben aus, die Stabilität des Knochengerüsts und die Kontrolle des Flüssigkeitshaushalts des Körpers sind beeinträchtigt. Astronautinnen und Astronauten trainieren deswegen besonders intensiv vor und auch während ihres Aufenthalts im All. Trotzdem kehren sie geschwächt zur Erde zurück, mit weniger Muskelmasse, einem gestörten Gleichgewichtssinn oder einer Beeinträchtigung der Sehkraft. Auch die Technik an Bord der Raumstation muss diesen Herausforderungen standhalten und ohne die Schwerkraft alternative Lösungen ermöglichen – das beginnt schon bei der Toilettenspülung.

Blick in den Schacht des Fallturms im Deutschen Museum Nürnberg

Forschen in Schwerelosigkeit – Versuche auf der Erde

Wie bei allem, so gilt auch hier das Prinzip «Studieren geht über probieren», auch wenn das im Weltall nicht gerade einfach ist. Seit Beginn der bemannten Raumfahrt wird die Auswirkung von Schwerelosigkeit im erdnahen Orbit intensiv erforscht. Um auf der Erde einen Zustand der Mikrogravitation (μg) – der Fachbegriff für annähernde Schwerelosigkeit – zu erzeugen, gibt es zwei Vorgehensweisen. Für sehr kurze Zeit kann ein solcher Zustand während eines Parabelflugs in großen Höhen erzeugt werden. Für Langzeitexperimente eignet sich dieses Vorgehen weniger, aber es ist doch deutlich einfacher zu realisieren als ein Raumflug. Die zweite Möglichkeit bieten Falltürme, in denen zur Erzeugung kurzzeitiger Schwerelosigkeit (bis etwa zehn Sekunden Dauer) Fallversuche durchgeführt werden. Zumeist im Vakuum fallen dabei Gegenstände und

Experimente aus großer Höhe frei Richtung Erdmittelpunkt. Instrumente zeichnen die Veränderungen und Messwerte dabei auf. Ein solcher, rund 150 Meter hoher Fallturm steht in Deutschland an der Universität Bremen und ist dort primär für wissenschaftliche Experimente reserviert.

Parabelflug: zwölf Sekunden Schwerelosigkeit

Ein «kleiner Bruder» dieses Fallturms befindet sich nun im Deutschen Museum Nürnberg. Mit rund 16 Meter Gesamthöhe, davon knapp 11 Meter reine Fallstrecke, ist dieser zwar deutlich kürzer als sein Bremer Vorbild – dafür nicht weniger beeindruckend. Und vor allem: Es ist, von Miniaturausgaben im Labormaßstab abgesehen, der weltweit einzige Fallturm, der für die Nutzung durch die Öffentlichkeit zugänglich ist! Die Fallstrecke reicht für rund 1,5 Sekunden freien Fall aus. Die Besucherinnen und Besucher können im dritten Stock des Museums, in dem es um das Thema «Raum & Zeit» und dabei konkret um Fragen bemannter Weltraumforschung und des Weltraumtourismus geht, eines von drei Experimenten auswählen und anschließend die Fallsequenz auslösen. Anders als in Bremen herrscht in der Röhre kein Vakuum; aufgrund des großen Durchmessers und der kurzen Strecke ist der Luftwiderstand aber nahezu vernachlässigbar, und die Fallkapsel mit den Experimenten erreicht am Ende eine Geschwindigkeit von ungefähr 14,5 Metern pro Sekunde (das entspricht gut 52 Stundenkilometern).

Experimente im freien Fall

Eine in der Fallkapsel montierte Spezialkamera und Sensoren stürzen zusammen mit dem Experiment in die Tiefe. Am Steuerpult im dritten Stock lässt sich in Zeitlupe betrachten, was mit dem ausgewählten Experiment unter den Bedingungen der Schwerelosigkeit passiert. Kurz vor dem Aufprall im Erdgeschoss wird die gesamte Fallkapsel wie von unsichtbarer Hand durch eine Wirbelstrombremse abgefangen und anschließend für den nächsten Start wieder nach oben transportiert. Bei der Steuerung der Station war es uns besonders wichtig, dass die entstandenen Videos im Detail betrachtet werden können. So lassen sich eigene Hypothesen direkt vor Ort aufstellen und prüfen.

Drei Standardexperimente stehen immer zur Verfügung und illustrieren verschiedene Sachverhalte:

1. «Eine Kugel aus Luft»: Der kleine Lufteinschluss im Probeglas bildet während des Falls eine Kugel, die geometrische Form mit der geringsten Oberflächenspannung. Ähnliches passiert bei Flüssigkeiten auf der Internationalen Raumstation ISS.
2. Gravimeter: Ein Paar sich abstoßender Magnete ist entlang eines Stabes angebracht. Der Magnet am unteren Ende des Stabes wird arretiert, der andere ruht in einem bestimmten Abstand aufgrund des sich einstellenden Kräftegleichgewichts. Während des Falls ändert sich dieses Gleichgewicht, die Schwerkraft wird «ausgeschaltet» und die magnetischen Feldkräfte werden nicht mehr von ihr beeinflusst; als Resultat stoßen sich die Magneten weiter ab, die Distanz zwischen ihnen vergrößert sich. Die Eigenschaften von magnetischen Kräften sind für viele Bauteile in der Raumfahrt, besonders im Bereich der Sensorik, extrem wichtig.
3. Kapillareffekt: Die Flüssigkeit in der Kapillare (einer dünnen Röhre) steigt während des Falls weiter nach oben. Flüssigkeiten in Kapillaren steigen auch unter «normalen» Bedingungen mit Schwerkrafteinwirkung auf, die Steighöhe ist aber durch den Einfluss der Erdbeschleunigung g begrenzt. Im Versuch geht der Wert von g gegen null. Infolgedessen steigt die Flüssigkeit in der Kapillare immer weiter an. Das ist unter anderem für das Wachstum von Pflanzen in der Schwerelosigkeit entscheidend.

Die Fallturm-Auslösestation im 3. OG des Deutschen Museums Nürnberg

Darüber hinaus ist in der Fallkapsel zusätzlich Platz für weitere Experimente, die individuell gestaltet und getestet werden können. Der Fallturm ist im engeren Sinne kein Exponat des Deutschen Museums, sondern ein eigens für das Thema gebautes reales Experiment und eine weltweit einmalige Einrichtung.

ANDREAS GUNDELWEIN, KATHARINA BOCK

Fallturm (Obj.-ID 869018)	
Gesamthöhe	ca. 16 m
Reine Fallstrecke	10,74 m
Fallzeit (bis zum Beginn der Wirbelstrombremse)	ca. 1,48 s
Erreichbare Endgeschwindigkeit	ca. 14,52 m/s

SCHWERELOS

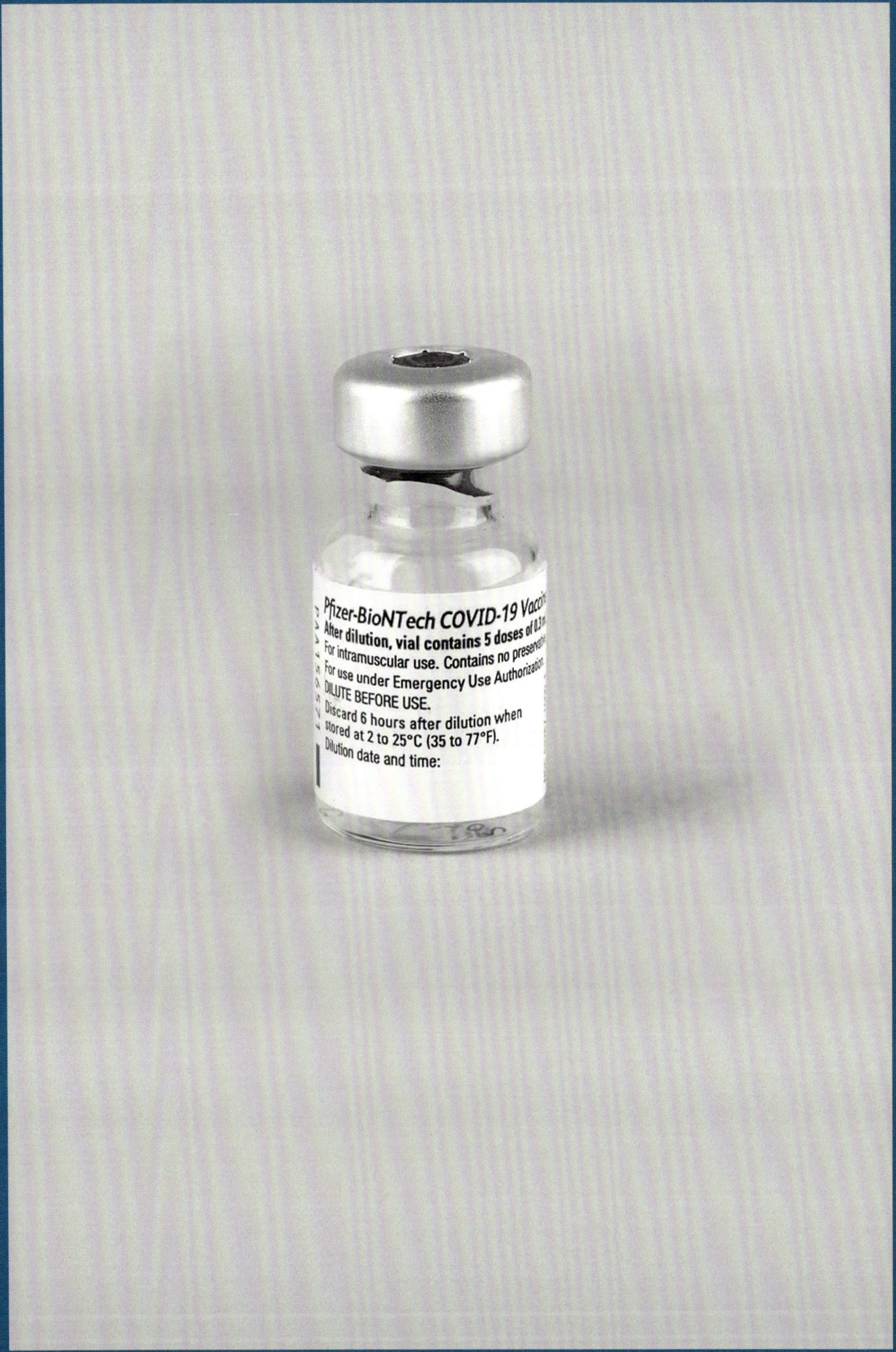
Pfizer-BioNTech COVID-19
After dilution, vial contains 5 doses of
For intramuscular use. Contains no
For use under Emergency Use Authorization.
DILUTE BEFORE USE.
Discard 6 hours after dilution when
stored at 2 to 25°C (35 to 77°F).
Dilution date and time:

2021

COVID-19-Impfstoff

Özlem Türeci und Uğur Şahin/Pfizer-BioNTech
Mainz

«Ich war überhaupt nicht nervös», sagte die Britin Margaret Keenan am 8. Dezember 2020 der anwesenden Presse im University Hospital in Coventry. Kurz zuvor hatte sie als erster Mensch die Spritze mit dem erst sechs Tage zuvor zugelassenen Impfstoff gegen das SARS-CoV-2-Virus erhalten. «Macht es einfach, es kostet nichts und ist das Beste, was passieren konnte!», riet Keenan, die eine Woche vor ihrem 91. Geburtstag im Weihnachtspullover mit Pinguin-Motiv zum Impftermin erschienen war, ihren Landsleuten. Und sie fügte noch hinzu: «Wenn ich das kann, dann könnt ihr alle das auch.»

Ein Impfstoff «Made in Germany»

Der Impfstoff von BioNTech/Pfizer, der am 2. Dezember 2020 im Vereinigten Königreich seine weltweit erste Zulassung erhalten hatte, war nicht nur der erste Impfstoff gegen das Corona-Virus SARS-CoV-2, sondern auch der erste mRNA-Impfstoff überhaupt, der für die Anwendung am Menschen zugelassen wurde. Von über 90 Projekten, die im Herbst 2020 an der Entwicklung eines Impfstoffes arbeiteten, war ausgerechnet eine deutsche Biotech-Firma mit einer bis dahin kaum bekannten Technologie als Erste erfolgreich. «Ein Impfstoff ‹Made in Mainz›, ‹Made in Germany› ist tatsächlich in dieser Pandemie für die Welt Anlass zur Zuversicht», kommentierte der damalige deutsche Gesundheitsminister Jens Spahn stolz die Wirksamkeit des Impfstoffes von 95 Prozent kurz vor

Made in Germany: leere Ampulle des BioNTech-Impfstoffs gegen COVID-19

Özlem Türeci und Uğur Şahin

der Zulassung in der EU am 21. Dezember 2020. Wenige Tage später erhielt auch der Impfstoff der amerikanischen Firma Moderna die Zulassung, der ebenfalls mRNA nutzt. Zwei weitere Impfstoffe, die auf der Vektor-Technologie basieren, folgten in den nächsten Wochen. Selbst Menschen mit langjähriger Erfahrung in der Pharmaforschung waren völlig überrascht, dass es gelungen war, in nur elf Monaten einen hochwirksamen Impfstoff gegen ein Virus zu entwickeln, das kurz vorher noch völlig unbekannt gewesen war.

Von der Idee zum Produkt – Projekt Lightspeed

«Ich kann mich an den Tag genau erinnern: Wir haben am 24. Januar 2020 am Frühstückstisch die Entscheidung getroffen, dass wir einen Startschuss geben müssen», beschreibt Özlem Türeci diesen Morgen mit ihrem Mann Uğur Şahin. Das Ehepaar, beide Mediziner, hatte 2008 das Biotechnologieunternehmen BioNTech mit Sitz in Mainz gegründet.

Auslöser für diese Entscheidung war ein Artikel in der Fachzeitschrift *The Lancet*, in dem über das neue Corona-Virus berichtet wurde. Es war in Wuhan aufgetreten, einer Elf-Millionen-Stadt in China mit Direktflugverbindungen nach New York, London und Tokio. Uğur Şahin überlegte und folgerte daraus, dass sich das Virus rasant verbreiten und daraus eine Pandemie entstehen könnte. Wirklichen Schutz könnte dann nur ein Impfstoff bieten. Doch Impfstoffentwicklung dauert normalerweise viele Jahre.

Könnte die mRNA-Technologie, an der BioNTech seit Jahren arbeitete, hier schneller zum Ziel führen? Da die Gensequenz des neuen Virus schon bekannt war, konnte bereits am Montagmorgen die Arbeit aufgenommen werden. Ab sofort sollte mit Hochdruck ein Impfstoff gegen eine Infektionskrankheit entwickelt werden, die gerade erst begann, sich langsam über den Globus auszubreiten. «Projekt Lightspeed» war angelaufen. Im Mittelpunkt: ein Molekül namens mRNA.

Der unbeachtete Bote

Als 1953 die chemische Struktur der Erbsubstanz, die doppelsträngige DNA (Desoxyribonukleinsäure), aufgeklärt war, blieb immer noch unklar, wie die darauf gespeicherten genetischen Informationen in den Zellen genutzt werden, um Proteine herzustellen. Erst 1961 gelang es zwei Forschergruppen gleichzeitig, das Rätsel zu knacken. Die Lösung ist eine sogenannte Boten-RNA, englisch «messenger-RNA», mRNA, die eine Abschrift des Protein-Bauplans von der DNA aus dem Zellkern zu den Protein-aufbauenden Ribosomen bringt.

mRNA ist eine einzelsträngige Ribonukleinsäure, die ein kodierendes Segment für das gewünschte Protein enthält – mit einem Start- und einem abschließenden Stoppsignal für die Proteinbiosynthese. Außerhalb des Zellkerns lesen die Ribosomen als Proteinfabriken der Zelle diesen Bauplan auf der mRNA ab und stellen das entsprechende Protein her, indem die Aminosäuren in der richtigen Reihenfolge aneinandergeknüpft werden. Da mRNA in der Biochemie der Zelle nur als Bote dienen soll, wird sie normalerweise schon nach kurzer Zeit in der Zelle wieder abgebaut. Und so wurde sie vorerst nicht weiter beachtet, da sich die Forschung auf die deutlich stabilere DNA konzentrierte.

Die Idee wird geboren

Dies änderte sich, als 1990 der amerikanische Gentherapie-Pionier Jon Wolff (1956–2020) ein Experiment in der Fachzeitschrift *Science* veröffentlichte, das heute als grundlegend für die komplette Entwicklung der mRNA-Forschung angesehen wird. Wolff spritzte mRNA direkt in den Muskel einer Maus und konnte nachweisen, dass das Boten-Molekül nicht nur von den Zellen aufgenommen, sondern auch tatsächlich das Protein produziert wurde, das darauf kodiert gewesen war. Das unscheinbare Molekül hatte gezeigt, dass es gewaltiges Potential besitzt – es war in der Lage, Zellen dazu zu bringen, fremde Proteine zu produzieren! Um zu verstehen, was dies bedeutet, hilft es sich klarzumachen, wie unser Immunsystem arbeitet und wie Impfungen überhaupt funktionieren.

Eine Impfung ist wie eine Unterrichtsstunde für unser Immunsystem – es soll lernen, sich auf eine mögliche Bedrohung vorzubereiten, ohne dass es einer echten Gefahr ausgesetzt wird. Trotz ihrer beträchtlichen Unterschiede war bis dahin allen Impfstoffen eines gemeinsam – dem Körper werden bei der Impfung Stoffe gespritzt, die er als fremd erkennen und gegen die er Antikörper ausbilden soll. Das können noch lebende, abgeschwächte Viren sein, aber auch ganze abgetötete Erreger oder nur Bruchstücke davon. Heutzutage ist es möglich, diese «Bruchstücke», auf die der Körper reagieren soll, gentechnisch herzustellen.

Wie wirksam solche gentechnisch hergestellten Impfstoffe sein können, zeigt eindrucksvoll das Beispiel der Impfstoffe gegen Humane Papillomviren. Dies sind die häufigsten sexuell übertragenen Viren der Welt; eine Infektion kann die Entstehung von Gebärmutterhalskrebs begünstigen. Bei der HPV-Impfung werden nur einzelne Proteine aus der Virenhülle verschiedener HP-Virentypen gespritzt, auf die der Körper dann reagiert. Der Trick dabei ist, dass diese Hüllenproteine nicht aus den Viren selbst, sondern mit Hilfe gentechnisch veränderter Hefezellen gewonnen werden, in deren Erbgut der Bauplan für das Antigen-Protein eingebracht wurde. Die Entwicklung solcher genveränderten Zelllinien für die biotechnologische Produktion ist schwierig und der Weg von der Idee bis zur tatsächlichen Massenproduktion des Impfstoffes lang und zeitaufwendig. Findige Menschen suchten deshalb nach einem Weg, dieses Verfahren zu vereinfachen.

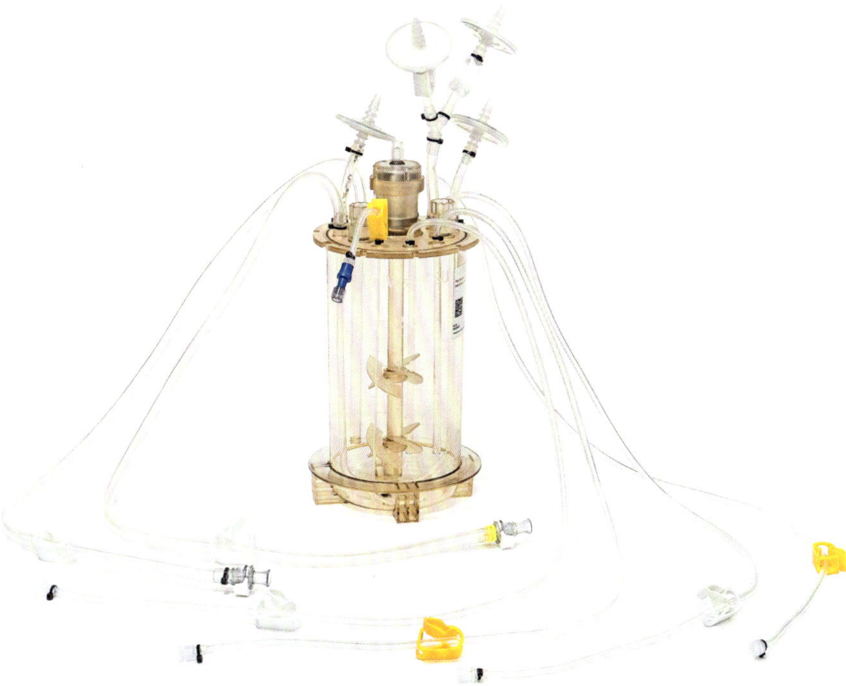

Einweg-Bioreaktor von BioNTech

So entstand das Grundkonzept der mRNA-Impfstoffe: Statt ein mühsam hergestelltes Antigen zu verabreichen, wird bei einem mRNA-Impfstoff nur der genetische Bauplan für dieses Antigen übermittelt. Die Zellen der geimpften Person produzieren darauf basierend selbst das Protein, auf das das Immunsystem reagieren soll.

Im Fall der Corona-Impfstoffe hat sich das sogenannte Spike-Protein als günstiger Angriffspunkt herausgestellt. Es ist ein gemeinsames Merkmal aller Corona-Viren und wird von diesen benötigt, um Zugang zu den Zellen zu erhalten und eine Infektion auslösen zu können. Sobald im Körper der geimpften Person das in der mRNA kodierte Spike-Protein gebildet wird, läuft das Standardprozedere für das Eindringen von Fremdproteinen ab – das Protein wird vom Immunsystem als körperfremd identifiziert und den T-Helferzellen präsentiert. Diese wiederum aktivieren das adaptive Immunsystem. Im Rahmen dessen produzieren B-Zellen spezifische Antikörper, die sich gegen das Antigen richten. Es bilden sich außerdem B- und T-Gedächtniszellen aus, das sogenannte Immungedächtnis. Wenn die geimpfte Person nun später mit Corona-Viren in Kontakt kommt, erkennt das Immunsystem anhand des charakteristischen Spike-Proteins die Eindringlinge und kann diese schnell und gezielt ausschalten, noch bevor es zu einer Infektion kommt.

Eine Idee umsetzbar machen

Bereits am 2. März 2020 wurde im Einweg-Bioreaktor von BioNTech erstmals die mRNA für den späteren COVID-19-Impfstoff hergestellt. Nach der Aufreinigung wurde die Impfstoff-mRNA weiterverarbeitet, in Lipid-Nanopartikel verpackt und für die nötigen klinischen Studien genutzt.

BioNTech, eine Firma, die gewaltiges Knowhow angesammelt, aber zuvor gerade einmal rund 400 Patienten mit experimentellen mRNA-Krebstherapien behandelt hatte, musste mitten in einer Pandemie zu etwas Neuem werden – zu einem Impfstoffhersteller. Dafür war ein starker Partner nötig, und da man bereits mit dem US-amerikanischen Pharmaunternehmen Pfizer gemeinsam an einem mRNA-basierten Grippe-Impfstoff forschte, war es naheliegend, auch bei diesem Projekt wieder Pfizer einzubinden. Am 17. März 2020 wurde die Kollaboration bekannt gegeben. «Projekt Lightspeed» nahm weitere Fahrt auf und wurde mit der Zulassung des Impfstoffes, der später «Comirnaty» getauft wurde, mit Erfolg gekrönt.

Ausgeliefert wird der Impfstoff in Durchstechampullen, deren Inhalt vor der Verwendung aufgetaut und mit Kochsalzlösung verdünnt werden muss. Der Inhalt auf der abgebildeten Ampulle wurde im Januar 2021 im Klinikum Traunstein an das dortige medizinische Personal verimpft und die Ampulle dem Deutschen Museum als Schenkung überlassen. Zu diesem Zeitpunkt wurde der Impfstoff noch unter der Bezeichnung «Pfizer-BioNTech COVID-19 vaccine» ausgeliefert, spätere Ampullen tragen den korrekten Markennamen «Comirnaty».

Gefahren? Weniger als sonst!

Ein großer Vorteil von mRNA-Impfstoffen ist, dass bei der gesamten Produktionskette nie das Virus eingesetzt wird, gegen das der Impfstoff gerichtet ist. So kann es nicht zu Verunreinigungen des Impfstoffes mit dem Virus kommen und eine versehentliche Infektion ausgelöst werden.

Auch die Angst, dass der Einsatz von mRNA zur Veränderung der DNA in den Zellen führen könnte, ist unbegründet. Zwar gelangt die mRNA bei der Impfung in die Zellen, aber der Weg in den Zellkern, in dem sich die DNA befindet, bleibt ihr verwehrt. Die Enzyme, die nötig wären, um mRNA wieder in DNA umzuschreiben, sind in den Körperzellen schlicht nicht vorhanden. Da der Körper außerdem die mRNA trotz aller Optimierungen innerhalb kurzer Zeit wieder abbaut, sind auch längerfristige Effekte ausgeschlossen.

Einer der größten Vorteile ist jedoch, dass die mRNA-Plattform es erlaubt, sehr schnell auf Veränderungen zu reagieren. So ist eine Anpassung des mRNA-Impfstoffs an eine durch Mutationen entstandene Virus-Variante mit verändertem Ziel-Protein (im Falle von SARS-CoV-2 das Spike-Protein) sehr schnell möglich.

Alle drei Unternehmen (BioNTech, Moderna und CureVac), die vor der Corona-Pandemie am Einsatz der mRNA forschten, konzentrierten sich auf deren Einsatz in der Krebstherapie. Ziel ist es hier, das Immunsystem darin zu schulen, gezielt Tumorzellen anzugreifen, also keine Impfung als Schutz vor Krebs zu entwickeln, sondern durch den Einsatz von mRNA die Krebszellen für das Immunsystem angreifbar zu machen. Aber es wird auch an mRNA-Impfstoffen gegen Malaria und HIV geforscht, und auch ein mRNA-basierter Grippe-Impfstoff ist geplant. Noch scheinen die Grenzen der mRNA-Technologie längst nicht ausgelotet!

FLORIAN BREITSAMETER

Durchstechampullen (Inv.-Nr. 2021-164) und mRNA-Bioreaktor (Inv.-Nr. 2021-545)

Maße (H × D)	**33 × 17 mm (Ampulle); 330 × 160 mm (Bioreaktor)**

Anhang

Bibliographie

EINLEITUNG

Boyle, Alison; Hagmann, Johannes-Geert (Hg.): Challenging Collections: Approaches to the Heritage of Recent Science and Technology. Washington D. C. 2017.

Füßl, Wilhelm: Oskar von Miller, 1855–1934. Eine Biographie. München 2005.

–: Trischler, Helmuth (Hg.): Geschichte des Deutschen Museums. Akteure, Artefakte, Ausstellungen. München 2003.

Hashagen, Ulf; Blumtritt, Oskar; Trischler, Helmuth (Hg.): Circa 1903. Artefakte in der Gründungszeit des Deutschen Museums. München 2003.

Hilz, Helmut: Die Bibliothek des Deutschen Museums. Geschichte – Sammlung – Bücherschätze. München 2017.

Klingan, Katrin; Rosol, Christoph: Technosphäre. Berlin 2019.

Möllers, Nina; Schwägerl, Christian; Trischler, Helmuth (Hg.): Willkommen im Anthropozän. Unsere Verantwortung für die Zukunft der Erde. München 2014.

Schneider, Birgit: Mensch-Maschinen-Schnittstellen in Technosphäre und Anthropozän. In: Liggieri, Kevin; Müller, Oliver (Hg.): Mensch-Maschine-Interaktion. Handbuch zur Geschichte – Kultur – Ethik. Stuttgart 2019, S. 95–105.

Trischler, Helmuth: Das Forschungsmuseum – Ein Essay über die Position und Bedeutung forschungsorientierter Museen in der Wissensgesellschaft. In: Brüggerhoff Stefan; Farrenkopf, Michael; Geerlings, Wilhelm (Hg.): Montan- und Industriegeschichte. Dokumentation und Forschung, Industriearchäologie und Museum. Paderborn 2006, S. 587–604.

–: Das Technikmuseum im langen 19. Jahrhundert: Genese, Sammlungskultur und Problemlagen der Wissenskommunikation. In: Graf, Bernard; Möbius, Hanno (Hg.): Zur Geschichte der Museen im 19. Jahrhundert 1789–1918. Berlin 2006, S. 81–92.

–: Modes, constraints and perspectives of research. The place of scholarship at museums of science and technology in a knowledge-based society. In: Arrhenius, Birgit; Cavalli-Björkman, Görel; Lindqvist, Svante (Hg.): Research and Museums. Stockholm 2008, S. 51–67.

–: Die Kodifizierung von Wissensordnungen. Das Wissenschafts- und Technikmuseum im langen 19. Jahrhundert, in: Förster, Larissa (Hg.): Transforming Knowledge Orders. Museums, Collections and Exhibitions. München 2014, S. 137–161.

Vaupel, Elisabeth; Wolff, Stefan (Hg.): Das Deutsche Museum in der Zeit des Nationalsozialismus. Eine Bestandsaufnahme. Göttingen 2010.

OBJEKTE

1482 – Poeticon Astronomicon

Blume, Dieter: Regenten des Himmels. Astrologische Bilder in Mittelalter und Renaissance. Berlin 2000.

–: Sternbilder des Mittelalters. Bd. 2,1. Berlin 2016.

1561 – Cembalo

Boalch, Donald H.: Makers of the Harpsichord and Clavichord 1440 to 1821. 3. Auflage. Oxford 1995, S. 63 und 319 f.

Finscher, Ludwig (Hg.): Die Musik des 15. und 16. Jahrhunderts. (Neues Handbuch der Musikwissenschaft, Bd. 3). Laaber 1989.

Henkel, Hubert: Besaitete Tasteninstrumente. Deutsches Museum. Kataloge der Sammlungen. Musikinstrumentensammlung. Frankfurt am Main 1994, S. 70–73.

Koster, John: Italian Harpsichords and the Fugger Inventory. In: Galpin Society Journal 34 (1981), S. 149–151.

Wraight, Ralph Denzil: The stringing of Italian keyboard instruments c. 1500 – c. 1650. PhD The Queen's Universtiy of Belfast, 1996. Ann Arbor, MI 1997.

«Ich gieng einmal spatieren». Musik von Jacob und Hans Leo Hassler. Léon Berben auf dem Cembalo von Franciscus Patavinus, Venedig 1561, des Deutschen Museums. CD: Ramée 2006.

1561 – Multifunktionszirkel

Bobinger, Maximilian: Christoph Schißler der Ältere und der Jüngere. Augsburg 1954.

Kern, Ralf: Wissenschaftliche Instrumente in ihrer Zeit. Bd. 1: Vom Astrolab zum mathematischen Besteck. 15. und 16. Jahrhundert. Köln 2010.

Plaßmeyer, Peter: Christoph Schissler: The Elector's Dealer. In: Giorgio Strano u. a. (Hg.): European Collections of Scientific Instruments, 1550–1750. Leiden 2009, S. 15–25.

1588 – Astrolabium

Eckhardt, Wolfgang: Studien zu Erasmus Habermel. Sonderdruck aus: Jahrbuch der Hamburger Kunstsammlungen, Band 21 (1976), S. 55–92 und Band 22 (1977) S. 13–74.

Stautz, Burkhard: Die Astrolabiensammlungen des Deutschen Museums und des Bayerischen Nationalmuseums. München 1999, S. 273–293.

Timmermann, Gerhard: Vom Pfahlewer zum Motorkutter. Hamburg 1957.

1652 – Klappsonnenuhr

Gouk, Penelope: The ivory sundials of Nuremberg. Cambridge 1988.

Kern, Ralf: Wissenschaftliche Instrumente in ihrer Zeit. Bd. 2: Vom Compendium zum Einzelinstrument. 17. Jahrhundert. Köln 2010.

Lloyd, Steven A.: Ivory Diptych Sundial, 1570–1750. With Introductions by Penelope Gouk and A. J. Turner. Cambridge, MA 1992.

1662 – Magedeburger Halbkugeln mit Luftpumpe

Guericke, Otto von: Neue Magdeburger Versuche über den leeren Raum. Hrsg. v. Fritz Kraft und Hans Schimank. Düsseldorf 1996.

Guericke, Otto von; Leibniz, Gottfried Wilhelm: Leibniz und Guericke im Diskurs. Hrsg. v. Berthold Heinecke u. a. Berlin 2018.
Puhle, Matthias (Hg.): Die Welt im leeren Raum. Otto von Guericke 1602–1686. Leipzig 2002.
Schneider, Ditmar: Otto von Guericke. Ein Leben für die Alte Stadt Magdeburg. Leipzig, Stuttgart 1997.
Weigl, Engelhard: «Das Zyklotron des 17. Jahrhunderts. Otto von Guericke als Erfinder der Luftpumpe». In: Weigel, Engelhard: Instrumente der Neuzeit. Die Entdeckung der modernen Wirklichkeit. Stuttgart 1990.

1670 – Einfaches Mikroskop

Cocquyt, Tiemen; Zhou, Zhou; Plomp, Jeroen; van Eijck, Lambert: Neutron tomography of Van Leeuwenhoek's microscopes. In: Science Advances (2021) vol. 7, Nr. 20.
Hooke, Robert: Micrographia, or, Some Physiological Descriptions of Minute Bodies Made by Magnifying Glasses: with Observations and Inquiries thereupon. London 1665.
Meyer, Klaus: Geheimnisse des Antoni van Leeuwenhoek. Ein Beitrag zur Frühgeschichte der Mikroskopie. Lengerich u. a. 1998.
Zuidervaart, Huib J.; Anderson, Douglas: Antony van Leeuwenhoek's Microscopes and Other Scientific Instruments: New Information from the Delft Archives. In: Annals of Science 73 (2016), S. 257–288.

1700 – Doppelbrennlinsenapparat

Böttcher, Hans-Joachim: Ehrenfried Walther von Tschirnhaus. Das bewunderte, bekämpfte und totgeschwiegene Genie. Dresden 2014.
Staatliche Kunstsammlung Dresden (Hg.): Ehrenfried Walther von Tschirnhaus (1651–1708). Experimente mit dem Sonnenfeuer. Sonderausstellung im Mathematisch- Physikalischen Salon im Dresdner Zwinger, 2001. Dresden 2001.

1719 – Verwandlung der surinamischen Insekten

Beuys, Barbara: Maria Sibylla Merian. Künstlerin, Forscherin, Geschäftsfrau. Berlin 2017.
Merian, Maria Sybilla; Oosterwyk, Johannes van: Maria Sybilla Meriaen Over de Voortteeling en Wonderbaerlyke Veranderingen Der Surinaemsche Insecten. Amsterdam 1719.
Schmidt-Loske, Katharina: Die Tierwelt der Maria Sibylla Merian (1647–1717). Arten, Beschreibungen und Illustrationen. Marburg 2007.
Zemon Davies, Natalie: Metamorphosen. Das Leben der Maria Sibylla Merian. Berlin 2016.

1764 – Spinning Jenny

Aspin, Christopher; Chapman, Stanley D.: James Hargreaves and the Spinning Jenny. Preston 1964.
Bohnsack, Almut: Spinnen und Weben. Reinbek 1981.
Grothe, Hermann: Bilder und Studien zur Geschichte von Spinnen, Weben und Nähen. Berlin 1875.
Linder, Alfred: Spinnen und Weben einst und jetzt. Luzern 1967.

1780 – Cembalo mit Hammerflügelregister und Notenschreibeinrichtung

Debenham, Margaret: Joseph Merlin in London, 1760–1803: The Man behind the Mask. New Documentary Sources. Royal Musical Association Research Chronicle 45 (1), S. 130–163.

French, Anne; Wright, Michael; Palmer, Frances: John Joseph Merlin: The Ingenious Mechanick. London 1985; siehe besonders Frances Palmer, ›Merlin and Music‹, S. 85–110.
Documentary Sources. In: Royal Musical Association Research Chronicle 45/1 (2014), S. 130–163.
Henkel, Hubert: Besaitete Tasteninstrumente. Deutsches Museum Kataloge der Sammlungen. Musikinstrumenten-Sammlung. Frankfurt am Main 1994, S. 98–102.

1788 – Beschreibung der Entwürfe und des Baus der Brücken von Neuilly

Bühler, Dirk: Brücken. Tragende Verbindungen. München 2019.
Hilz, Helmut: Die Bibliothek des Deutschen Museums. Geschichte – Sammlung – Bücherschätze. München 2017.
Marrey, Bernard: Les ponts modernes 18e–19e siècles. Paris 1990.

1792 – Rechenmaschinen

Martin, Ernst: Die Rechenmaschinen und ihre Entwicklungsgeschichte. Burghagen 1925.
Die Rechenmaschine von Johann Christoph Schuster 1820/1822. Arithmeum, Kulturstiftung der Länder. Bonn 2004.

1792 – Reisebarometer

Humboldt, Alexander von: Nivellement barométrique. Paris 1808.
Luz, Johann Friedrich: Vollständige und auf Erfahrung gegründete Beschreibung von allen sowohl bisher bekannten als auch einigen neuen Barometern, wie sie zu verfertigen, zu berichtigen und übereinstimmend zu machen, dann auch zu meteorologischen Beobachtungen und Höhenmeßungen anzuwenden. Nebst einem Anhang, seine Thermometer betreffend. Leipzig 1784.
Middleton, William Edgar Knowles: The History of the Barometer. Baltimore 2002.
Voigt, Friedrich W.: Versuch kritischer Nachträge und Supplemente zur Lutischen Beschreibung älterer und neuerer Barometer, und anderer meteorologischer Werkzeuge. Leipzig 1802.

1797 – Stangenpresse

Schöbel, Hanns-Peter: Alois Senefelder – der Steindrucker. Freiburg 2016.
Zeidler, Jürgen: Franz Maria Ferchl und die Annalen der Lithographie. Über ein verschollen geglaubtes Manuskript zur Frühzeit von Steindruck und Lithographie. Gransee 2017.

1800 – Kempelen'scher Sprechapparat

Berdux, Silke; Steinbeißer, Alexander: Speaking Apparatus Now Speaking: A Project at the Deutsches Museum in Munich. In: Pucher, Michael; Trouvain, Jürgen; Lozo, Carina (Hg.): HSCR 2019. Proceedings of the Third International Workshop on the History of Speech Communication Research, Vienna, September 13–14, 2019. Dresden 2019, S. 59–67.
Brackhane, Fabian: «Kann was natürlicher, als Vox humana, klingen?». Ein Beitrag zur Geschichte der mechanischen Sprachsynthese. Saarbrücken 2015.
Hochadel, Oliver: Öffentliche Wissenschaft. Elektrizität in der deutschen Aufklärung. Göttingen 2003.
Kempelen, Wolfgang von: Mechanismus der menschlichen Sprache nebst der Beschreibung seiner sprechenden Maschine / Le Mécanisme de la Parole suivi de la description d'une machine parlante. Wien 1791.

–: Mechanismus der menschlichen Sprache. The Mechanism of Human Speech. Kommentierte Transliteration & Übertragung ins Englische von Fabian Brackhane, Richard Sproat & Jürgen Trouvain. Dresden 2017.

1806 – Repetitionstheodolit

Alder, Ken: Das Maß der Welt: Die Suche nach dem Urmeter. München 2003.

Brachner, Alto: G. F. Brander 1713–1783. Wissenschaftliche Instrumente aus seiner Werkstatt. München, Deutsches Museum 1983.

Schlögl, Daniel: Der planvolle Staat. München 2002.

1814 – Prismenspektralapparat

Teichmann, Jürgen: Der Geheimcode der Sterne. Eine neue Landschaft des Himmels und die Geburt der Astrophysik. Deutsches Museum 2016, 2018.

1817 – Wassersäulenmaschine

Kurtz, Heinrich: Die Soleleitung von Reichenhall nach Traunstein 1617–1619. München/Düsseldorf 1978.

Von Dyck, Walther: Georg von Reichenbach. München 1912.

1820 – Langsiebpapiermaschine

Clapperton, Robert H.: The Paper-Making Machine: Its Invention, Evolution, and Development. Oxford 1967.

Holt, Neil; Velsen, Nicola von; Jacobs, Stephanie (Hg.): Papier. Material, Medium und Faszination. München, London, New York 2018.

1820 – Lithografie Ballonfahrt der Madame Reichard

Baumgartner, Anton: Die Oktober-Feste auf der Theresienwiese bey München von 1810 bis 1820. Nebst der Luftfahrt der Frau Wilhelmine Reichard. München 1820.

Haaland, Dorothea: Leichter als Luft – Ballone und Luftschiffe. Bonn 1997 (Die deutsche Luftfahrt, Bd. 26).

Monjau, Heide: Wilhelmine Reichard – erste deutsche Ballonfahrerin 1788 bis 1848. «Gleich einem Sonnenstäubchen im Weltall …». Eine dokumentarische Biographie. Freital 1998.

1829 – Refraktor für die Sternwarte Berlin

Fuchs, Franz: Der Aufbau der Astronomie im Deutschen Museum (1905–1925). Abhandlungen und Berichte des Deutschen Museums 23, München 1955.

Hamel, Jürgen: Die Entdeckung des Planeten Neptun an Enckes 55. Geburtstag. Die Sterne 68 (1992), S. 161–174.

Sheehan, William u. a.: Die Neptun-Affaire. Spektrum der Wissenschaft, April 2005, S. 82–88.

Standage, Tom: Die Akte Neptun. Frankfurt am Main 2001. Siehe besonders S. 113–128.

1833 – Fahrkunst

Krassmann, Thomas: Fahrkünste – vom Harz in die Welt. Ein montanhistorischer Beitrag zur Geschichte und Verbreitung der Fahrkünste. Bad Windsheim 2014.

Ließmann, Wilfried: Historischer Bergbau im Harz. Berlin, Heidelberg 2010

1835 – Balancier-Betriebsdampfmaschine

Berdrow, Wilhelm: Alfred Krupp. Berlin 1937.

Jindra, Zdenek: Der Bahnbrecher des Stahl- und Eisenbahnzeitalters. Stuttgart 2013.

Manchester, William: Krupp. Zwölf Generationen. München 1968.

1839 – Schiebekastenkamera Le Daguerreotype

Kemp, Cornelia: Foto und Film. Die Technik der Bilder. München 2017.

Pinson, Stephen C.: Speculating Daguerre: Art and Enterprise in the Work of L. J. M. Daguerre. Chicago, Ill. 2011.

Siegel, Steffen (Hg.): Neues Licht. Daguerre, Talbot und die Veröffentlichung der Fotografie im Jahr 1839. München 2014.

1842 – Optischer Gehaltmesser

Franz, Helmut: Steinheil – Münchener Optik mit Tradition. Stuttgart 2001.

Teich, Mikuláš: Bier, Wissenschaft und Wirtschaft in Deutschland 1800–1914. Ein Beitrag zur deutschen Industrialisierungsgeschichte. Wien 2000.

1845 – Metallisches Aluminium

Marschall, Luitgard: Aluminium. Das Metall der Moderne. München 2008.

Schäfke, Werner; Schleper, Thomas; Tauch, Max (Hg.): Aluminium. Das Metall der Moderne. Gestalt, Gebrauch, Geschichte. Köln 1991.

1848 – Zylinderflöte

Böhm, Theobald: Über den Flötenbau und die neuesten Verbesserungen desselben. Mainz 1847.

–: Die Flöte und das Flötenspiel in akustischer, technischer und artistischer Beziehung. München 1871.

Powell, Ardal: The Flute. New Haven, London 2002.

Schmid, Manfred Hermann: Die Revolution der Flöte. Theobald Boehm 1794–1881. Katalog der Ausstellung zum 100. Todestag von Boehm im Musikinstrumentenmuseum im Münchner Stadtmuseum. Tutzing 1981.

Ventzke, Karl: Die Boehmflöte. Werdegang eines Musikinstruments. Frankfurt/Main 1966.

1855 – Schutzpocken-Impfungs-Zeugniß

Henderson, D. A.: Smallpox – Death of a Disease. The Inside Story of Eradicating a Worldwide Killer. New York 2009.

Michalewsky, Nikolai von: Sieger in Weiß. Ein Virus wird gejagt. Freiburg im Breisgau 1987.

1863 – Telefon

Blumtritt, Oskar: Ein Telephon von Philipp Reis. In: Deutsches Museum (Hg.): Meisterwerke aus dem Deutschen Museum Band IV. München 2002, S. 48–51.

Hartmann, Eugen: Philipp Reis, der Erfinder des Telefons. Sonderdruck aus dem Jahresbericht des Physikalischen Vereins zu Frankfurt am Main 1897/1889, 1899.

1866 – Dynamomaschine

Heintzenberg, Friedrich: Werner Siemens und die Entstehung der Dynamomaschine. Abhandlungen und Berichte 13/4, S. 103–124. München 1941.

Leukert, Wilhelm (1966). 100 Jahre dynamoelektrisches Prinzip – 100 Elektromaschinenbau. ETZ-A 87/24 (1966), S. 841–847.
Müller, Carl: (1907). Nachträgliches zum 40. Geburtstag der Dynamomaschine. ETZ, Bd. 28/24 (1907), S. 86.
Siemens, Carl Wilhelm: On the conversion of dynamical into electrical force without the aid of permanent magnetism. Proc. R. Soc. Lond. 15 (1867), S. 367–369.
Siemens, Werner: Über die Umwandlung von Arbeitskraft in elektrischen Strom ohne Anwendung permanenter Magnete. Annalen der Physik 206/2 (1867), S. 332–335.
Wheatstone, Charles: On the Augmentation of the Power of a Magnet by the Reaction Thereon of Currents Induced by the Magnet Itself. Proc. R. Soc. Lond. 15 (1867), S. 369–372.

1867 – Atmosphärischer Gasmotor

Kolin, Ivo: The evolution of the heat engine. Thermodynamics Atlas Vol. 2. London 1972.
Langen, Arnold: Nicolaus August Otto, der Schöpfer des Verbrennungsmotors. Stuttgart 1949.
Sass, Friedrich: Geschichte des Deutschen Verbrennungsmotorenbaues. Berlin 1962.
Timmermann, Gerhard: Vom Pfahlewer zum Motorkutter. Hamburg 1957.

1875 – Schreibmaschine Sholes & Glidden

Baggenstos, August: Von der Bilderschrift zur Schreibmaschine. Zürich und Herrliberg 1977.
Martin, Ernst: Die Schreibmaschine und ihre Entwicklungsgeschichte. Aachen 1981 (Erstausgabe St. Gallen 1921).

1876 – Zementprüfapparat

Haegermann, Gustav: Vom Caementum zum Spannbeton. Beiträge zur Geschichte des Beton. Wiesbaden 1964.
Michaëlis, Dr. Wilhelm: Zur Beurtheilung des Cementes. Für Architekten, Ingenieure und Fabrikanten. Berlin 1876.
Stark, Jochen; Wicht, Bernd: Geschichte der Baustoffe. Weimar 1995.

1879 – Differentialbogenlampe

Dittmann, Frank; Luxbacher, Günther (Hg.): Geschichte der elektrischen Beleuchtung. Geschichte der Elektrotechnik Band 26, Berlin 2017.
Hefner-Alteneck, Friedrich von: Ueber die elektrischen Beleuchtungs-Versuche in den Straßen Berlins. In: ETZ 3 (1882), S. 443–450.
Krause, Ernst (als Carus Sterne): Neue Beleuchtungsvorrichtungen für Straßen, Plätze, Schiffsräume, Fabriksäle, Theater und Zimmer, in: Die Gartenlaube. Illustrirtes Familienblatt 1876, H. 42, S. 713 f.
Miller, Oskar von: Erinnerungen an die Internationale Elektrizitätsausstellung im Glaspalast zu München im Jahre 1882. In: Deutsches Museum, Abhandlungen u. Berichte 4 (1932), H. 6, S. 2.
Rotter, Alexander: Wasser und Strom für München. Vom Cholera-Nest zur leuchtenden Metropole, Weißenhorn 2018.

1879 – Elektrische Lokomotive

Förster, B. R.: Die electrische Grubeneisenbahn beim Oppelschachte des Königlichen Steinkohlenwerkes zu Zauckeroda. In: Jahrbuch für das Berg- und Hüttenwesen im Königreiche Sachsen 1883, S. 39–51.

Reichel, Walter: Die erste elektrische Lokomotive der Welt. In: Wechmann, Wilhelm; Michel, Otto (Hg.): Fünfzig Jahre Elektrische Lokomotive. Berlin 1929, S. 1–3.

Schaltenbrand, Carl: Die electro-dynamische Locomotive, in Betrieb in der Gewerbe-Ausstellung in Berlin 1879. In: Organ für die Fortschritte des Eisenbahnwesens 1879, S. 249–253.

Siemens, Werner: Ein kurzgefaßtes Lebensbild nebst einer Auswahl seiner Briefe, Bd. 2. Berlin 1916.

Winkler, Dirk: Die elektrische Ausstellungsbahn der Berliner Gewerbeausstellung von 1879. In: Verkehrsgeschichtliche Blätter 31 (2004) H. 3, S. 68–74.

1880 – Ewer Maria HF 31

Broelmann, Jobst; Weski, Timm: Maria HF 31. Seefischerei unter Segeln. München 1992.

Timmermann, Gerhard: Vom Pfahlewer zum Motorkutter. Hamburg 1957.

1881 – Brutschrank

Koch, Robert: Die Ätiologie der Tuberkulose. In: Berliner Klinische Wochenschrift. Organ für practische Ärzte (1882), Nr. 15, S. 428–445.

Suerbaum, Sebastian; Hahn, Helmut; Burchard, Gerd-Dieter; Kaufmann, Stefan H.; Schulz, Thomas F. (Hg.): Medizinische Mikrobiologie und Infektiologie. Berlin 2012.

1882 – Modelle zur Reliefperspektive

Burmester, Ludwig: Grundzüge der Reliefperspective nebst Anwendungen zur Herstellung reliefperspectivischer Modelle. Leipzig 1883.

–: Grundlehren der Theaterperspektive. In: Allgemeine Bauzeitung 49 (1884).

Lordick, Daniel: Präzise Täuschung. Mathematische Modelle zur Reliefperspektive. In: Ludwig, David; Weber, Cornelia; Zauzig, Oliver: Das materielle Modell. Objektgeschichten aus der wissenschaftlichen Praxis. Paderborn 2014.

1882 – Organette Ariston

Heise, Birgit: Die Hersteller von selbstspielenden Musikinstrumenten aus Leipzig von 1876–1930. Online-Lexikon http://mfm.uni-leipzig.de/hsm/index.php (freigeschaltet 2009).

–: Leipzig als Zentrum des Musikautomatenbaus von 1880 bis 1930. Halle (Saale) – Wittenberg 2018.

Hocker, Jürgen: Friedrich Ernst Paul Ehrlich und die Fabrik Leipziger Musikwerke. Eine Dokumentation. In: Das mechanische Musikinstrument 7. Jg., 1982, Nr. 25, S. 4–28, 8. Jg., 1983, Nr. 29, S. 2–33, 9. Jg., Nr. 35, 1985, S. 5–25.

Jüttemann, Herbert: Mechanische Musikinstrumente. Einführung in Technik und Geschichte. Köln 2019.

1885 – Benz-Patent-Motorwagen

Benz, Carl: Lebensfahrt eines deutschen Erfinders. Erinnerungen eines Achtzigjährigen. Leipzig 1925.

Gundler, Bettina: Benz & Co. – 125 Jahre Benz-Patent-Motorwagen. München 2011.

Seidel, Winfried A.: Carl Benz: Eine badische Geschichte. Die Vision vom «Pferdelosen Wagen» verändert die Welt. 2. Auflage. Diesbach 2007.
Timmermann, Gerhard: Vom Pfahlewer zum Motorkutter. Hamburg 1957.

1889 – Dampfturbine mit Generator

Galas, Elisabeth: 300 Jahre Dampfkraft – Die Geschichte der modernen Energietechnik. Erlangen 1992.
Legget, Don: Spectacle and Witnessing: Constructing Readings of Charles Parsons's Marine Turbine. Technology and Culture, vol. 52, no. 2, 2011, S. 287–309.
Mühlhäuser, Helmut: Aus der Pionierzeit der Dampfturbine. Wettingen 2016.

1890 – Luftreifen-Fahrrad Victoria Fire Fly

Gundler, Bettina (Hg.): Balanceakte – 200 Jahre Radfahren/ Deutsches Museum Verkehrszentrum. München 2017.
Pearson, Henry C.: Gummireifen und alles darauf Bezügliche. Pneumatikreifen, Vollgummireifen, Luftreifen, Kombinationen verschiedener Systeme für Automobile, Omnibusse, Fahrräder und Fuhrwerke aller Art. Wien, Leipzig 1910.
Rauck, Max. J. B.; Volke, Gerd; Paturi, Felix R.: Mit dem Rad durch zwei Jahrhunderte. Das Fahrrad und seine Geschichte. Stuttgart 1979.

1890 – Präzisionspendeluhr

Ermert, Jürgen: Präzisionspendeluhren in Deutschland von 1730 bis 1940, Band 5. Observatorien, Astronomen, Zeitdienststellen und ihre Uhren. Overath 2019.
Riefler, Dieter: Riefler-Präzisionspendeluhren 1890–1965. München 1991.

1890 – Zeilensetz- und Gießmaschine Linotype

Robak, Brigitte: Vom Pianotyp zur Zeilensetzmaschine. Setzmaschinenentwicklung und Geschlechterverhältnis 1840–1900. Marburg 1996.
Romano, Frank: History of the Linotype Company. Rochester (NY) 2014.

1891 – Generator zur Drehstromübertragung

Miller, Oskar von: Die geschichtliche Entwicklung der elektrischen Kraftübertragung auf weite Entfernung. In: ETZ 52 (1931), 1241–1245.
Neidhöfer, Gerhard: Michael von Dolivo-Dobrowolsky und der Drehstrom. Anfänge der modernen Antriebstechnik und Stromversorgung. Berlin/Offenbach 2004.
Steen, Jürgen (Hg.): Eine neue Zeit ...! Die Internationale Elektrotechnische Ausstellung 1891, Ausstellungskatalog Historisches Museum Frankfurt am Main. Frankfurt am Main 1991.
Wessel, Horst A. (Hg.): Moderne Energie für eine neue Zeit. Düsseldorf 1991.

1892 – Interferometer

Krehl, Peter O. K.: History of Shock Waves, Explosions and Impact. Heidelberg 2009.
Mach, Ludwig: Weitere Versuche mit Projektilen. Sitzungsberichte der Kaiserlichen Akademie der Wissenschaften (Wien), Mathematisch-Naturwissenschaftliche Classe, Bd. 105, Abtheilung IIa, 1896, S. 605–633.

1892 – Vakuumspektrograph

Hentschel, Klaus: Mapping the Spectrum. Oxford 2002.

Lyman, Theodore: Spectroscopy of the Extreme Ultraviolett. London 1914.

1893 – The Great Barrier Reef of Australia

Harrison, Anthony J.: Kent, William Saville. In: Oxford Dictionary of National Biography, 2004, https://doi.org/10.1093/ref:odnb/63022

Saville-Kent, William: The Great Barrier Reef of Australia: its products and potentialities. London 1893.

1893 – Dieselmotor DM 250/400

Diesel, Rudolf: Die Entstehung des Dieselmotors. Berlin 1913.

Sass, Friedrich: Geschichte des Deutschen Verbrennungsmotorenbaues. Berlin 1962.

Smil, Vaclav: Prime Movers of Globalization. Cambridge, MA 2010.

1894 – Motorrad Hildebrand & Wolfmüller

Reese, Karl: Motorräder aus München. Lemgo 2005.

Schwipps, Werner: Alois Wolfmüller. Erfinder und Flugtechniker. 2. Auflage, Planegg 2005.

1894 – Normal-Segelapparat

Heinzerling, Werner; Trischler, Helmuth (Hg.): Otto Lilienthal. Flugpionier, Ingenieur, Unternehmer. Dokumente und Objekte. München 1991.

Kopfermann, Klaus (Hg.): Otto Lilienthal: Über meine Flugversuche 1889–1896. Ausgewählte Schriften. Düsseldorf 1987.

Lilienthal, Otto: Der Vogelflug als Grundlage der Fliegekunst. Berlin 1889.

Nitsch, Stephan: Die Flugzeuge von Otto Lilienthal. Technik – Dokumentation – Rekonstruktion. Friedland 2016.

Schwipps, Werner: Lilienthal. Die Biographie des ersten Fliegers. Gräfelfing 1986.

1895 – Aufnahme der Hand von Anna Bertha Röntgen

Dommann, Monika: Durchsicht, Einsicht, Vorsicht. Eine Geschichte der Röntgenstrahlung 1896–1963. Zürich 2003.

Hübner, Klaus: Eine Original-Versuchsapparatur von Röntgen für das Deutsche Museum. Diepholz 2003.

1895 – Cinématographe

Loiperdinger, Martin: Film und Schokolade. Stollwercks Geschäfte mit lebenden Bildern. Frankfurt am Main 1999.

Thun, Rudolph: Entwicklung der Kinotechnik. Abhandlungen und Berichte 8, Heft 5. Berlin 1936.

1898 – Apparatur zur Messung der Radioaktivität

Lykknes, Annette; Opitz, Donald L.; Van Tiggelen, Brigitte (Hg.): For Better or For Worse? Collaborative Couples in the Sciences. Basel 2012.

Lykknes, Annette; Van Tiggelen, Brigitte (Hg.): Women in Their Element: Selected Women's Contributions to the Periodic System. Singapur 2019.

Quinn, Susan: Marie Curie: Biographie. Aus dem Englischen übersetzt von Isabella König. Berlin 1999.

1900 – Fadenmodell zur Darstellung eines einschaligen Hyperboloids

Fischer, Gerd: Mathematische Modelle: Aus den Sammlungen von Universitäten und Museen. Berlin 1986.

–: Mathematische Modelle: Aus den Sammlungen von Universitäten und Museen, Kommentarband. Berlin 1986.

Schilling, Martin: Catalog mathematischer Modelle für den höheren mathematischen Unterricht. Halle a. d. S. 1903

1900 – Teerfarbstoffe

Burmester, Ralph et. al.: Kekulés Traum. Von der Benzolformel zum Bonner Chemiepalast. München 2011.

Kase, Oliver; Skowranek, Heide (Hg.): Farbenmensch Kirchner. Katalog zur Ausstellung in der Pinakothek der Moderne, München, 22. Mai bis 31. August 2014. Berlin 2014.

1902 – Fünfmast-Vollschiff Preussen

Pedersen, Peter: Die große Zeit der Windjammer. Hamburg 1985.

Villiers, Alan: Auf blauen Tiefen. Hamburg 1955.

1905 – Schüttelrutsche

Bleidick, Dietmar: Bergtechnik im 20. Jahrhundert. Mechanisierung in Abbau und Förderung. In: Ziegler, Dieter (Hg.): Rohstoffgewinnung im Strukturwandel. Der deutsche Bergbau im 20. Jahrhundert. Münster 2013, S. 355–411.

Burghardt, Uwe: Die Mechanisierung des Ruhrbergbaus 1890–1930. München 1995.

1906 – Unterseeboot U1

Broelmann, Jobst: U1 – die unsichtbare Waffe. In: Circa 1903. Artefakte in der Gründungszeit des Deutschen Museums. Hrsg. v. Hashagen, Ulf; Blumtritt, Oskar; Trischler, Helmuth. München 2003.

–: Das Unterseeboot. Auftauchende Technologien. Objekte und Archivalien aus dem Deutschen Museum. München 2012.

Wislicenus, Georg: Unterseeboote als Seekriegswaffe. In: Kraemer, Hans (Hg.): Weltall und Menschheit, Bd. 5. Berlin o. J., S. 416.

1907 – Protos Wettfahrtwagen

Fenster, Julie M.: Race of the Century. The Heroic True Story of the 1908 New York to Paris Auto Race. New York 2005.

Koeppen, Hans: Im Auto um die Welt. Berlin 1909.

Schuster, George; Mahony, Tom: New York–Moskau–Paris (1908). Das längste Autorennen aller Zeiten. 1968 (Reprint Stuttgart 1997).

Timmermann, Gerhard: Vom Pfahlewer zum Motorkutter. Hamburg 1957.

1909 – Nobelurkunde und Nobelmedaille von Ferdinand Braun

Braun, Karl Ferdinand: Geheimnisse der Zahl und Wunder der Rechenkunst. Mit einer Einführung von Hans-Erhard Lessing. Reinbek bei Hamburg 2000.

Hars, Florian: Ferdinand Braun. Ein wilhelminischer Wissenschaftler. Berlin, Diepholz 1999.

1909 – Präparat 606

Bäumler, Ernst: Paul Ehrlich. Forscher für das Leben. Frankfurt am Main 1979.

Hüntelmann, Axel: Paul Ehrlich – Leben, Forschung, Ökonomien, Netzwerke. Göttingen 2011.

1909 – Wright Model A

Culick, Fred E. C.; Dunmore, Spencer: Den Himmel stürmen – Die Gebrüder Wright und der Wettlauf um den ersten Motorflug. München 2001.

Schwipps, Werner: Die Brüder Wright und ihre Flugzeuge in Deutschland, Schwerin 1998

Trischler, Helmut; Holzer, Hans: Die symbolische Dimension des Artefakts: Der Doppeldecker der Gebrüder Wright und der Beginn des Motorflugs in Deutschland. In: Ulf Hashagen, Oskar Blumtritt, Helmuth Trischler (Hg.): Circa 1903 – Artefakte in der Gründerzeit des Deutsches Museums, München 2003.

1913 – Röhrensender

Beauchamp, Kenneth G.: History of Telegraphy. London 2001.

Blumtritt, Oskar: Meissner's generator of electrical waves: On the history of an artifact. 2008 IEEE History of Telecommunications Conforence. DOI 10 1109/HISTELCON.2008.4668711.

Fürst, Arthur: Im Bannkreis von Nauen. Stuttgart und Berlin 1922.

Meißner, Alexander: Über Röhrensender. ETZ 1919, Heft 7 und 8.

25 Jahre Telefunken. Festschrift der Telefunken-Gesellschaft. Berlin 1928.

1917 – Barkhausen-Kurz-Röhre

Barkhausen, Heinrich; Kurz, Karl: Die kürzesten, mit Vakuumröhren herstellbaren Wellen. In: Physikal. Zeitschrift, Band 21, Nr. 1. Leipzig 1920, S. 1–6.

Brown, Louis: Technical and Military Imperatives: A Radar History of World War 2. New York 1999.

1919 – Verkehrsflugzeug Junkers F13

Hofmann, Angelika: Als das Auto fliegen lernte. Die Geschichte der Junkers F 13. Reinbek 2020.

Schmitt, Günter: Hugo Junkers. Ein Leben für die Technik. Oberhaching 1991.

Wagner, Wolfgang: Hugo Junkers. Pionier der Luftfahrt. Bad Neuenahr/Ahrweiler 1996.

1922 – Segelflugzeug HAWA H 1 Vampyr

Brinkmann, Günter; Zacher, Hans: Die Evolution der Segelflugzeuge (Die deutsche Luftfahrt Bd. 19). Bonn 1992.

Martens, Arthur: Motorlos in den Lüften. Von Weltrekordmännern, Weltrekordflügen und Weltrekordflugzeugen. Frankfurt am Main 1927.

Riedel, Peter: Erlebte Rhöngeschichte 1911–1926. Hrsg. v. Jochen von Kalckreuth. Stuttgart 1977.

Simons, Martin: Segelflugzeuge. 1920–1945. Bonn 2001.

1922 – Aufnahme des Spektrums eines Spiralnebels

Hetherington, Norriss S.: Hubble's Cosmology: A Guided Study of Selected Texts. Tucson 1996.

Hubble, Edwin Powell: The Realm of the Nebulae. Yale 1936. – In deutscher Übersetzung: Das Reich der Nebel. Wiesbaden 1938.

Humason, Milton Lasell: Apparent velocity-shifts in the spectra of faint nebulae. Astrophysical Journal, 74, S. 35–42 (1931).

1922 – Versuchsapparatur zur Synthese von Ammoniak

Smil, Vaclav: Enriching the earth: Fritz Haber, Carl Bosch, and the Transformation of the World Food Production. Massachusetts [u. a.] 2004.

Szöllösi-Janze, Margit: Fritz Haber 1868–1934. Eine Biographie. München 2015.

1922 – Rumpler Tropfenwagen

Holzer, Hans; Trischler, Helmuth: Zuschreibungen, Umdeutungen, Ausgrenzungen: Rumpler, Etrich und das «Taube»-Flugzeug des Deutschen Museums. In: Das Deutsche Museum in der Zeit des Nationalsozialismus. Hrsg. von Elisabeth Vaupel und Stephan L. Wolff, Göttingen 2010, S. 449–472.

Wolff Metternich, Michael: Edmund Rumpler – Konstrukteur und Erfinder. München 1986.

1923 – Erster Planetariumsprojektor Zeiss Modell I

Hartl, Gerhard: Der Himmel auf Erden. In: Kultur und Technik 4/1987.

King, Henry C.: Geared to the Stars. Toronto 1978.

Meier, Ludwig: Die Erfindung des Projektionsplanetariums. In: Jenaer Jahrbuch zur Technik- und Industriegeschichte, Jena 2003.

Werner, Helmut: Vom Arat-Globus zum Zeiss-Planetarium. Oberkochen 1953.

1925 – Begehbares Diorama Firstenbau

Bluma, Lars; Farrenkopf, Michael; Prizigoda, Stefan: Geschichte des Bergbaus. Berlin 2018.

Füßl, Wilhelm; Lucas, Andrea; Röschner, Matthias: Wirklichkeit und Illusion. Dioramen im Deutschen Museum. München 2017.

1928 – Ackerschlepper Fordson Model F

Sandrieser, Gerald; Lindner, Hartmut: Fordson. Traktoren von Ford und Fordson 1917–1964. Willich 2011.

Williams, Michael: Ford & Fordson Tractors. London 1986.

1930 – Trautonium

Donhauser, Peter: Elektrische Klangmaschinen. Die Pionierzeit in Deutschland und Österreich. Wien/Köln/Weimar 2007.

Patteson, Thomas: Instruments for New Music. Sound, Technology, and Modernism. Oakland 2016.

1931 – Fernseh-Versuchsanordnung

Ardenne, Manfred von: Eine glückliche Jugend im Zeichen der Technik. Berlin 1962.

Barkleit, Gerhard: Manfred von Ardenne: Selbstverwirklichung im Jahrhundert der Diktaturen. Berlin 2006.

Fisher, David E.; Fisher, Marshall Jon: Tube – The Invention of Television. San Diego 1997.
Fuchs, Franz: Das Fernsehen. München 1937.
Keller, Wilhelm: Hundert Jahre Fernsehen. Berlin/Offenbach 1983.

1938 – Gezeitenrechenmaschine

Defant, Albert: Ebbe und Flut des Meeres, der Atmosphäre und der Erdfeste. Berlin 1953.
Rauschelbach, Heinrich: Harmonische Analyse der Gezeiten des Meeres. In: Aus dem Archiv der Deutschen Seewarte. Hamburg 1924.
Sager, Günther: Gezeitenvoraussagen und Gezeitenrechenmaschinen. Warnemünde 1955.
Thomson, William: The Tide Gauge, Tidal Harmonic Analyser, and Tide Predicter. Proceedings of the Institution of Civil Engineers (65) 1881, S. 3–24.

1938 – Kernspaltungstisch von Hahn, Meitner und Straßmann

Krafft, Fritz: Im Schatten der Sensation. Leben und Wirken von Fritz Straßmann. Weinheim 1981
Meitner, Lise: Wege und Irrwege zur Kernenergie (1963). In: Lise Meitner: Erinnerungen an Otto Hahn. Hrsg. v. Dietrich Hahn, Stuttgart 2005

1939 – Turbinenluftstrahltriebwerk HeS 3B

Pabst von Ohain, Hans Joachim: Das erste Strahltriebwerk der Welt – Aufbruch in den Überschallflug. In Kultur & Technik 2/1981, S 65–72.
Rathjen, Walter: 50 Jahre Strahltriebwerk. In Kultur & Technik 4/1989, S. 206–215.
von Gersdorff, Kyrill; Schubert, Helmut; Ebert, Stefan: Flugmotoren und Strahltriebwerke. Bonn 2007.

1941 – Programmgesteuerte Rechenmaschinen Z 3 und Z 4

Bauer, Friedrich L.: Informatik: Führer durch die Ausstellung (Neuauflage). München 2004.
–: Historische Notizen zur Informatik. Berlin 2009.
Hellige, Hans Dieter (Hg.): Geschichten der Informatik: Visionen, Paradigmen, Leitmotive. Berlin 2004.
Petzold, Hartmut: Rechnende Maschinen: Eine historische Untersuchung ihrer Herstellung und Anwendung vom Kaiserreich bis zur Bundesrepublik. Düsseldorf 1985.
Rojas, Raul; Hashagen, Ulf (Hg.): The First Computers: History and Architectures. Cambridge, MA 2000.

1941 – Rotor-Chiffriermaschine Enigma M4

Erskine, Ralph; Smith, Michael: The Bletchley Park Codebreakers. London 2011.
Kahn, David: The Codebreakers. The Story of Secret Writing. New York 1996.
Turing, Dermot: X, Y & Z. The Real Story of How Enigma Was Broken. Stroud (Gloucestershire) 2018.

1945 – Raketenwaffe Aggregat 4 (V2)

Aumann, Philipp; Köhler, Thomas: Vernichtender Fortschritt. Serienfertigung und Kriegseinsatz der Peenemünder «Vergeltungswaffen». Berlin 2018.
Historisch-Technisches Museum Peenemünde (Hg.): Wunder mit Kalkül: Die Peenemünder Fernwaffenprojekte als Teil des deutschen Rüstungssystems. Berlin 2016.

Neufeld, Michael J.: Die Rakete und das Reich. Wernher von Braun, Peenemünde und der Beginn des Raketenzeitalters. Berlin 1999.

–: Visionär des Weltraums. Ingenieur des Krieges. München 2009.

1952 – Küchenmaschine Bosch HM/KA1/220 B

Andersen, Arne: Der Traum vom guten Leben. Alltags- und Konsumgeschichte vom Wirtschaftswunder bis heute. Frankfurt am Main 1997.

Bühler, Dirk; Lasi, Margherita (Hg.): Geliebte Technik der 1950er Jahre. Zeitzeugen aus unserem Depot (Katalog zur gleichnamigen Sonderausstellung im Deutschen Museum). München 2010.

Gerber, Sophie: Küche, Kühlschrank, Kilowatt: Zur Geschichte des privaten Energiekonsums in Deutschland, 1945–1990. Bielefeld 2014.

1955 – Zerstäuber für das Schädlingsbekämpfungsmittel DDT

Böschen, Stefan: Risikogenese. Prozesse gesellschaftlicher Gefahrenwahrnehmung: FCKW, DDT, Dioxin und Ökologische Chemie. Opladen 2000.

Simon, Christian: DDT. Kulturgeschichte einer chemischen Verbindung. Basel 1999.

1957 – S-Dübel

Bühler, Dirk: Erfinder und Unternehmer, Mäzen und Freund – Dankschrift des Deutschen Museums für Artur Fischer. München 2009.

Engisch, Helmut; Zerhusen, Michael: Die Fischers, eine schwäbische Dübel-Dynastie. Stuttgart 1998.

1957 – Segelflugzeug fs 24 Phönix

Brinkmann, Günter; Zacher, Hans: Die Evolution der Segelflugzeuge. Bonn 1992.

Brütting, Georg: Die berühmtesten Segelflugzeuge. Stuttgart 1970.

Geistmann, Dietmar: Die Entwicklung der Kunststoff-Segelflugzeuge. Stuttgart 1976.

1961 – Verhütungsmittel Anovlar

Guillebaud, John: Die Pille. Berlin 1992.

Staupe, Gisela; Vieth, Lisa: Die Pille. Von der Lust und von der Liebe. Berlin 1996.

1964 – Laser

Albrecht, Helmuth: Laserforschung in Deutschland 1960–1970. Diepholz 2019.

Bromberg, Joan Lisa: The Laser in America 1950–1970. Cambridge, MA 1991.

1965 – Apparatur zur Messung der kosmischen Hintergrundstrahlung

Hawking, Stephen; Mlodinow, Leonard: Die kürzeste Geschichte der Zeit. Reinbek 2005.

Silk, Joseph: The infinite Cosmos: Questions from the frontiers of cosmology. Oxford 2006; deutschsprachige Ausgabe: Das fast unendliche Universum: Grenzfragen der Kosmologie. München 2006.

Singh, Simon: Big Bang. München 2005 und 2007.

1969 – Modularer Synthesizer Moog IIIp

Babiuk, Andy: Der Beatles-Sound. Die Fab Four und ihre Instrumente auf der Bühne und im Studio. Bergkirchen 2002.

Pinch, Trevor; Trocco, Frank: Analog Days: The Invention and Impact of the Moog Synthesizer. Cambridge (MA) 2002.
Schoener, Stefanie: Eberhard Schoener – Grenzen gibt es nicht. Biografie. München 2009.
Vail, Mark: Keyboard Magazine Presents Vintage Synthesizers: Pioneering Designers, Groundbreaking Instruments, Collecting Tips, Mutants of Technology. 2nd edition. San Francisco 2000.

1971 – Europa-Rakete

Kohlrausch, Martin; Trischler, Helmuth: Building Europe on Expertise. Innovators, Organizers, Networkers. London 2014.
Trischler, Helmuth: A Talkative Artefact: Germany and the Development of a European Launcher in the 1960s. In: Collins, Martin; Millard, Doug (Hg.): Showcasing Space. London 2005, S. 7–28.

1974 – Sonnensonde Helios

Krige, John; Long Callahan, Angelina; Mahara, Ashok: NASA in the World. Fifty Years of International Collaboration in Space. New York 2013.
Reinke, Niklas: Geschichte der deutschen Raumfahrtpolitik. Konzepte, Einflußfaktoren und Interdependenzen 1923–2002. München 2004.

1981 – Rastertunnelmikroskop

Fricke, Jochen: Das Tunnel-Mikroskop. Physik in unserer Zeit, Heft 4, 1982, S. 123.
–: Erfindung des Tunnel-Mikroskops. Physik in unserer Zeit, Heft 6, 1986, S. 189–191.
Hennig, Jochen: Bildpraxis. Visuelle Strategien in der frühen Nanotechnologie. Bielefeld 2011.

1988 – Roboter HelpMate

Evans, John M.: HelpMate. An autonomous mobile robot courier for hospitals. In: IROS '94. Proceedings of the IEEE/RSJ/GI International Conference on Intelligent robots and systems. Advanced robotic systems and the real world, September 12–16 1994, S. 1695–1700.
Evans, John M.; Krishnamurthy, Bala: Helpmate, the trackless robotic courier. A perspective on the development of a commercial autonomous mobile robot. In: Almeida, Anibal T. de; Khatib, Oussama (Hg.): Autonomous robotic systems, London 1998, S. 182–210.
Schraft, Rolf Dieter; Volz Hansjörg: Serviceroboter. Innovative Technik in Dienstleistung und Versorgung, Berlin/Heidelberg 1996, S. 87–89.

1991 – Raumanzug SOKOL-KV-2

Abramov, Isaak P.; Skoog, Å. Ingemar: Russian spacesuits. London u. a. 2003.

1998 – DNA-Sequenzierer ABI Prism 3700

Lottspeich, Friedrich; Engels, Joachim W.: Bioanalytik. Heidelberg und Berlin
Wasserloos, Arnd: Wessen Gene, wessen Ethik? Die genetische Diversität des Menschen als Herausforderung für Bioethik und Humanwissenschaften. Berlin 2005.

2000 – Versuchsfahrzeug für autonome Mobilität

Dickmanns, Ernst D.: Vision for Ground Vehicles. History and Prospects. In: International Journal of Vehicle Autonomous Systems 1 (2002), No. 1, S. 1–44.

–: Vision. Von Assistenz zum Autonomen Fahren. In: Maurer, Markus u. a. (Hg.): Fahrerassistenzsysteme mit maschineller Wahrnehmung. Berlin 2005, S. 203–237.

–: Developing the Sense of Vision for Autonomous Road Vehicles at UniBwM. In: IEEE Computer 50 (2017) H. 12, S. 24–31.

Kröger, Fabian: Das automatisierte Fahren im gesellschaftsgeschichtlichen und kulturwissenschaftlichen Kontext. In: Maurer, Markus u. a. (Hg.): Autonomes Fahren. Berlin 2015, S. 41–67.

Voy, Christian u. a.: Prometheus, ein europäisches Forschungsprojekt zur Gestaltung des Straßenverkehrs der Zukunft. In: Elektronik im Kraftfahrzeugbau. Düsseldorf 1986, S. 1–13.

2000 – Frequenzkamm-Generator

Hänsch, Thomas W.: Passion for Precision. In: Grandin, Karl (Hg.): Les Prix Nobel 2005. Stockholm 2006, S. 149–173.

Jüttemann, Herbert: Mechanische Musikinstrumente. Einführung in Technik und Geschichte. Köln 2010

Udem, Thomas u. a.: Uhrenvergleich auf der Femtosekundenskala. In: Physik Journal 1 (2002), S. 39.

2002 – Mainboard Regatta 4 des Supercomputers IBM p690

Beisbart, Claus: Wie viel Experiment braucht die Physik? Experiment, Gedankenexperiment und Computersimulation. In: Physik in unserer Zeit (2015), H. 6, S. 281–287.

Springel, Volker: Die Millennium-Simulation. Mit einem Superrechner auf den Spuren der Galaxien. In: Sterne und Weltraum (2006), H. 11, S. 30–40.

Winsberg, Eric: Science in the Age of Computer Simulation. Chicago, London 2010.

2004 – Hydrosol-Reaktor

Klell, Manfred; Eichlseder, Helmut; Trattner, Alexander: Wasserstoff in der Fahrzeugtechnik – Erzeugung, Speicherung, Anwendung. 4. Auflage, Wiesbaden 2018.

Quaschning, Volker: Erneuerbare Energien und Klimaschutz. 4. Auflage, München 2008.

2007 – Supraleitende Hohlspiegel

Haroche, Serge: Controlling Photons in a Box and Exploring the Quantum to Classical Boundary. Stockholm 2012.

Schrödinger, Erwin: Are there Quantum Jumps? Part II, British Journal for the Philosophy of Science 3 (11). Oxford 1952, S. 233–242.

2013 – Umhängetasche aus Safttüten

Kersten, Jens (Hg.): Inwastement – Abfall in Umwelt und Gesellschaft. Bielefeld 2016.

Sommer, Bernd; Welzer, Harald: Transformationsdesign. Wege in eine zukunftsfähige Moderne. München 2014.

2014 – Gezeitenturbine SCHOTTEL SIT

Charlier, Roger H.; Finkl, Charles W.: Ocean Energy. Tide and Tidal Power. Berlin/Heidelberg 2009.

Sager, Günter: Mensch und Gezeiten. Wechselwirkungen in zwei Jahrtausenden. Köln 1988.

Theiß, Eric: Regenerative Energietechnologien. Anlagenkonzepte, Anwendungen, Praxistipps. Stuttgart 2008.

2018 – Flugauto Pop.Up Next

Dick, Philip K.: Do Androids dream of electric Sheeps. New York 1968.

Rammler, Stephan: Volk ohne Wagen: Streitschrift für eine neue Mobilität. Frankfurt am Main 2017.

2018 – Robotersystem Panda

Maier, Helmut: Grundlagen der Robotik. 2. überarbeitete und erweiterte Auflage. Berlin 2019

Zentrum für Qualität der Pflege, Berlin (Hg): ZQP-Report Pflege und digitale Technik. Berlin 2019: https://www.zqp.de/wp-content/uploads/ZQP-Report-Technik-Pflege.pdf

2020 – Bioprinter BIO X 3D

Noor, Nadav; Shapira, Assaf; Edri, Reuven; Gal, Idan; Wertheim, Lior; Dvir, Tal: 3D Printing of Personalized Thick and Perfusable Cardiac Patches and Hearts. In: Advanced Science 6 (2019), H. 11

Tibbetts, John H.: The Future of Bioprinting. Multidisciplinary teams seek to create living human organs. In: BioScience 71 (2021), H. 6

2021 – Fallturm

Deutsche Physikalische Gesellschaft: (Nahezu) völlig losgelöst – Experimente unter Mikrogravitation. In: Physik Konkret 33 (2018).

Ganse, Bergita; Ganse, Urs: Alltag im Weltall. In –: Das kleine Handbuch für angehende Raumfahrer. Raketen, Hyper-G und Shrimpscocktail. Berlin, Heidelberg 2007, S. 119–154.

Messerschmid, Ernst; Bertrand, Reinhold; Pohlemann, Frank: Mikrogravitation. In –: Raumstationen. Berlin, Heidelberg 1997, S. 291–320.

2021 – COVID-19-Impfstoff

Dolgin, Elie: The tangled history of mRNA vaccines, Nature 597, 318–324 (2021). https://doi.org/10.1038/d41586-021-02483-w

Miller, Joe; Şahin, Uğur; Türeci, Özlem: Projekt Lightspeed. Der Weg zum BioNTech-Impfstoff – und zu einer Medizin von morgen. Hamburg 2021.

Pardi, Norbert; Hogan, Michael J.; Porter, Frederick W.; Weissman, Drew: mRNA vaccines – a new era in vaccinology. Nature Reviews Drug Discovery 17, 261–279 (2018). https://doi.org/10.1038/nrd.2017.243

Bildnachweis

Deutsches Museum: Seite 63, 142, 146, 185, 232, 234, 247, 370, 374, 382, 384, 388, 448, 464, 548, 585, 596, 608, 632, 650 | Deutsches Museum Archiv: Seite 48, 135, 136, 138, 141, 152, 176, 206, 210, 213, 248, 266, 295, 296, 299, 317, 318, 322, 326, 327, 328, 331, 332, 335, 358 oben, 376, 381, 383, 402, 405, 409, 421, 425, 426, 432, 438, 450, 454, 455, 456, 472, 491 unten, 498, 500, 502, 512, 514, 563 | Deutsches Museum Bibliothek: Seite 74, 79, 96, 98/99, 101, 308, 311 | Deutsches Museum, Hans-Joachim Becker: Seite 92, 94, 99 unten, 120, 123, 124, 156, 163, 166, 182, 201, 202, 208, 244, 264, 270, 320, 342, 354, 360, 400, 422, 428, 440, 460, 482, 488, 532, 578 | Deutsches Museum, Hubert Czech: Seite 28, 32, 34, 37, 38, 58, 64, 67, 178, 276, 300, 303, 304, 324, 484, 520, 524, 560, 564, 599, 602 | Deutsches Museum, Dirk Dahmer: Seite 70, 620 | Deutsches Museum, Gerhard Friedinger: Seite 412, 640 | Deutsches Museum, Christian Illing: Seite 164, 220, 223, 236, 241, 242, 292, 366, 378, 649 | Deutsches Museum, Andreas Kaufmann: Seite 636 | Deutsches Museum, Reinhard Krause: Seite 46, 50, 186, 188, 192, 198, 226, 250, 260, 263, 282, 392, 398, 540, 542, 554, 570, 573, 592, 604, 655 | Deutsches Museum, Reinhard Krause und Hubert Czech: Seite 418, 494, 566 | Deutsches Museum, Sebastian Linstädt: Seite 644 | Deutsches Museum, Klaus Mosch: Seite 160 | Deutsches Museum, Konrad Rainer: Seite 27, 40, 43, 44, 52, 54, 81, 82, 88, 102, 106, 109, 110, 113, 114, 116, 126, 129, 130/131, 132, 148, 172, 214, 230, 254, 257, 258, 259, 289, 314, 336, 348, 351, 406, 434, 468, 474, 478/479 unten, 504, 507, 582, 586, 624 | Deutsches Museum, Konrad Rainer und Hubert Czech: Seite 286, 418, 494 | Deutsches Museum, Stephan Rumpf: Seite 416 | Deutsches Museum, Susanne Weiß: Seite 194 | Deutsches Museum, Rolf Zwillsperger: Seite 447

Seite 31: mauritius images/DCarreño/Alamy/Alamy Stock Photos | Seite 61: aus: Otto von Guericke: Experimenta Nova (ut vocantur) Magdeburgica de Vacuo Spatio, Amsterdam 1672, Deutsches Museum Archiv | Seite 68: Wellcome Collection, London | Seite 73: Staatliche Kunstsammlungen Dresden, Mathematisch-Physikalischer Salon, Jürgen Karpinski | Seite 77: Kunstmuseum Basel, Sammlung Online | Seite 85: aus: Abraham Rees, The Cyclopaedia, London 1819, Deutsches Museum Archiv | Seite 86: aus: Edward Baines, History of the Cotton Manufacture in Great Britain, London 1835, Deutsches Museum Archiv | Seite 91: National Archives, Kew, London, C210/15 | Seite 107: Arithmeum, Rheinische Friedrich-Wilhelms-Universität Bonn | Seite 168: Historisches Archiv Krupp, Essen | Seite 171: akg-images | Seite 175: Bayerisches Nationalmuseum | Seite 191: aus: Adolph Goldberg (Hrsg.), Porträts und Biographien hervorragender Flöten-Virtuosen, – Dilettanten und – Komponisten, Berlin 1906, Deutsches Museum Archiv | Seite 197: Wellcome Collection, London | Seite 204: Archiv Stadt Friedrichsdorf | Seite 218: aus: Illustrirte Zeitung, Leipzig 1870, Deutsches Museum Archiv | Seite 224: akg-images/Voller Ernst/collector | Seite 238: Siemens Historical Institute | Seite 253: aus: Die Gartenlaube, Leipzig

1891, S. 15 | Seite 268: Daimler AG, Stuttgart | Seite 274: Alfred John West | Seite 279: heritage-images, 1 157 793 | Seite 280/281: mauritius images/FALKENSTEINFOTO/Alamy/Alamy Stock Photos | Seite 338: Archives Château Lumière | Seite 340: https://commons.wikimedia.org/wiki/File:Cinematographe_Lumiere.jpg | Seite 344: https://upload.wikimedia.org/wikipedia/commons/6/6c/Pierre_and_Marie_Curie.jpg | Seite 346: Wellcome Collection, London | Seite 350 oben links: akg-images/TT News Agency | Seite 350 oben rechts: Jochen Peters | Seite 358 unten: https://commons.wikimedia.org/wiki/File:Ernst_Ludwig_Kirchner_Sitzende_Dame_(Dodo)_1907–1.jpg | Seite 363: State Library of Victoria, Malcolm Brodie shipping collection, H91.250/378 | Seite 364: State Library of Victoria, Malcolm Brodie shipping collection, H99.220/2132 | Seite 373: picture-alliance/arkivi | Seite 375: Archiv Hans J. Möllenberg | Seite 380: Bain News Service, United States Library of Congress's Prints and Photographs division, ID ggbain. 00127 | Seite 387: © Deutsche Kinemathek – Horst von Harbou | Seite 395: Paul-Ehrlich-Institut, Langen | Seite 397: Wellcome Collection, London | Seite 410: Patric Sokoll | Seite 431: Image courtesy of the Observatories of the Carnegie Institution for Science Collection at the Huntington Library, San Marino, California | Seite 437: BASF Corporate History, Ludwigshafen/Rhein | Seite 443: Clemens Kirchner, SDTB | Seite 444: © Deutsche Kinemathek – Horst von Harbou | Seite 453: aus: Walter Bauersfeld, Das Zeißische Projektionsplanetarium, Jena 1925, Deutsches Museum Archiv | Seite 470: Museumsstiftung Post und Telekommunikation | Seite 477: Science Museum, Picture Library | Seite 478 oben: Günther Sager, 1955 | Seite 480: Otto Reich, Hamburg | Seite 487: https://www.dpma.de/dpma/veroeffentlichungen/patentefrauen/lisemeitner/index.html | Seite 491 oben: SZ Photo/Süddeutsche Zeitung Photo | Seite 496: ETH Zürich, Bildarchiv / Fotograf: Unbekannt / Ans_03556 / Public Domain | Seite 508: www.nachrichtentruppe.de, Stefan Häuser | Seite 510: Crown Copyright | Seite 515: picture-alliance/dpa | Seite 516: akg-images | Seite 519, 522: Robert Bosch GmbH, Stuttgart | Seite 527: ullstein bild – TopFoto | Seite 528: Wellcome Collection, London | Seite 530: © Alfred Eisenstaedt/Time Life Pictures/Getty Images | Seite 536: Airbus | Seite 544: aus: Physik in unserer Zeit, R. Wengenmayr | Seite 551: National Park Service | Seite 552: European Space Agency, Planck Collaboration 2018 | Seite 556: Robert Moog papers, #8629. Division of Rare and Manuscript Collections, Cornell University Library | Seite 558: Eberhard Schoener | Seite 572, 575: Wolfgang M. Heckl | Seite 581: Archiv Gay Engelberger | Seite 588, 590: Deutsches Zentrum für Luft- und Raumfahrt e. V. (DLR) | Seite 607: Thomas Udem | Seite 611: Max-Planck-Institut für Astrophysik | Seite 614, 616, 618: Deutsches Zentrum für Luft- und Raumfahrt e. V. (DLR) | Seite 628, 630: SCHOTTEL Hydro GmbH | Seite 634: Italdesign | Seite 646: https://de.wikipedia.org/wiki/Parabelflug#/media/Datei:Zero_G.jpg | Seite 652: © F.A.Z.-Foto/Wolfgang Eilmes

Personenregister